2

松坂和夫｜数学入門シリーズ

線型代数入門

Linear Algebra
Kazuo Matsuzaka's
Introduction to Mathematics

JN135147

岩波書店

まえがき

線型代数学の基礎的部分は現代数学全般に対する基礎という性格をも具えている．それらは今日の数学のあらゆる部門において不断に使用されるから，それらに対する十分な理解なしには，現代数学の実のある部分を学ぶことは困難である．他方，数学を応用する方面からみても，線型代数学の学習は，多くの分野の学徒にとって不可欠である．このことはいわゆる理工系の分野のみにはとどまらない．たとえば，経済学の研究者には，しばしば，平均的な理工系の学徒以上に，線型代数学の高度の知識が要求されるのである．

本書は，このような意味で，純粋・応用の両面にわたり，今日の数学の１つの大きな基盤をなすと考えられる線型代数学の基礎事項を，高校数学の必修課程以上の予備知識はほとんど仮定せずに，発端からゆっくりと解説した入門書である．

通常，本書で述べる程度の内容は，理工系大学の1,2年級において教えられている．文系大学でも，社会科学系の学部などでは，ある程度体系的な線型代数学の講義が行われているのが普通であるが，理工系にくらべて，授業時間数や授業内容には一般にやはり多くの制約が強いられるであろう．また実際には，理工系の学部でも，数学専攻あるいはそれに近い課程を除けば，1,2年級のうちに学生を本書程度の内容全般に十分に習熟させるような訓練を行うことは，かなり困難であるように思われる．さらにまた，経験の示すところによれば，学生はその専門課程にはいってから，ある時期に，あらためて数学の基礎的勉強の必要あるいは欲求を感ずることが少なくないのである．

上述のような意味で，線型代数学の学習希望者にはいろいろな専攻分野の人がいると考えられるし，学習の時期も必ずしも一様でないと想像される．著者は，本書がそのような多様な人々に対して，参考書または自習書として効果的に役立つことを願っている．

もう少し具体的にいえば，著者が本書を書くにあたって１つの目安としたことは，通常理工系学部の講義において扱われているような内容のものを，文系の人にも分かるように書く，ということであった．そのため著者は，本書を読むための予備知識を，原則として高校数学の必修課程までに与えられるものだけに限定した．(このことは，著者が，大学の文系学部への進学者は高校において数学の必修科目の部分を学ぶだけで十分である，と考えているという意味ではけっしてない．) 一方，基礎的な事項の説明をはじめ，本書のどの部分においても叙述はできるだけていねいにして，数学の基礎的教養に幾分乏しく，演習などの数学的訓練の機会にもあまり恵まれない人々も，勉学の意志および能力さえ具えているならば，それほど苦労せずに理論の筋道がたどっていけるようにした．

ただし，数学的帰納法による証明は，高校数学の必修部分には含まれていないけれども，本書の各所で用いられている．$n=2,3$ の場合から一般の n の場合へ進むのは，初学者にとって1つの関所となるところであるが，その関所を越える際に，しばしば数学的帰納法の使用を避けることができないからである．もし読者がまだそれを学んでいないならば，巻末の付録Iを先に読まれたい．また，本書中で * 印がつけられている解析学的な例や問題は，それらを省略して読んでも，本書の全体的な理解には支障がないようになっている．しかし，解析学への線型代数学の応用は非常に重要な事項であるし，本書に書かれている程度のことはごく初歩的なことであるから，それらも理解できるように，読者が進んで解析学の勉強をもされることを望みたい．

本書は10章から成るが，各章の構成は目次にみられる通りである．各章のはじめには，その章で扱われる内容の簡単な紹介または要約が載せられている．冒頭の第1章で2次元および3次元の簡単な幾何学を概観したのは，高校数学との円滑な連絡をはかったためである．それに続く第2章から第5章までは本書の中でも特に基礎的な部分であって，これらの章を読めば，ベクトル空間，線型写像，連立1次方程式，行列式などに関する基礎理論をひと通り学ぶことができる．

第6章以後で扱われる中心的な課題は，線型変換や行列の固有値問題および標準化の理論である．第8章のジョルダンの標準形はその1つの頂点であるが，その章のはじめにも述べたように，著者は，そこにいたる道筋を終始初等的な概念だけを用いた議論によって進め，抽象的と思われる概念は推論の過程にもちこむことを避けた．また，読者にとっての分かりやすさということを常に優先させて考え，必ずしも論理的に最短な道はとらなかった.（このことは本書全般についてもいえることである.）第9,10章では，内積空間，双1次形式，2次形式などの基礎理論，およびそれに関連して対称行列などの固有値問題が扱われる．これらの章では，他に述べるべき事項も多数残されていることと思うが，ページ数の考慮もあって基本的なことがらの解説だけにとどめた.

なお，固有値問題や行列の標準化の問題は，もともと，定数係数の線型微分方程式の研究から始まったものであり，今も線型微分方程式は固有値や標準化の理論の1つのいちじるしい応用対象といえよう．そのことについては本文中にもある程度述べたが，解析学について若干の知識をもつ読者は，さらに付録II, IIIを読まれるとよい．これらの付録を読めば，標準形と線型微分方程式との関係，標準形の意義などについて，もう一歩進んだ理解を得ることができるであろう.

先にも述べたように，本書の議論はすべて初等的な概念の枠組みの中で展開されている．しかし全体としては，本書の内容は，線型代数学の基礎的部分としてほぼ標準的とみなされるものであって，一応の水準には達しているように思う．ただし，数学的に重要な概念や理論であっても，初学者にとってなじみにくく抵抗があると思われるものは，あえて割愛した．たとえば，双対空間の概念や単因子論には本書では触れなかった．また行列式の理論にその一端は現れているわけであるが，テンソル積や交代積などの多重線型代数の一般的理論も，本書では述べなかった．それらはいわゆる‘基礎的部分’からはいくらか超えたものと思われるからである.

それよりもむしろ著者が当初本書に入れることを予定していたのは，線型不等式論，線型計画法，非負行列の理論など，工学や経済学に関係が深い理論である．しかし，全般的に説明をくわしくしたために予想外にページ数がかさみ，これらの材料を取り入れることは断念せざるを得なかった．この点については著者は若干心残りに思っている.

線型代数学の書物は，文系のためあるいは経済学のためと銘打ってあるものを含めて，すでに膨大な数が出版されており，定評のある名著も多い．それらにさらに一書をつけ加えるのは，いささか気のひけることであるけれども，著者なりにいろいろ苦心をし，工夫をしてみたところもあり，いくらかは新鮮な個所や特徴もあるのではないかと思う．本書が線型代数学を学ぼうとする人々のために役立つことができれば，著者としてたいへんに嬉しいことである．

一橋大学の岩崎史郎氏，山田裕理氏には本書の原稿の閲読をお願いし，いろいろ有益な注意を受けた．厚く御礼申し上げたい．なお，いちいちは挙げないが，本書を書くにあたって参考にさせていただいた書物もいくつかある．これらの先著の著者の方々にもあわせて謝意を表したい．また，岩波書店の方々，特に荒井秀男氏には，本書の出版についていろいろお世話になった．深く感謝の意を表するしだいである．

1980年7月

著　者

目　　次

第1章　2次元と3次元の簡単な幾何学

本章は序奏部である．線型代数学の体系的な展開は次章からはじまる．本章では，平面上のベクトルや空間内のベクトルについて，二,三の基本的な事項ならびに幾何学的応用が述べられる．これらの大部分は高等学校の課程でも扱われているが，高等学校における科目選択のしかたによって，こうした事項に対する読者の親近の度合には，さまざまな濃淡があろう．したがってここでは，一応最も未経験な読者を想定して筆を進めることにする．経験のある読者は本章を復習にあてられたい．いずれにせよ，2次元や3次元の具体的なイメージをもつベクトルとその効用について，この章で述べる程度の背景をもつことなしに，高次元の数空間や抽象的なベクトル空間の一般論に直接はいることは，勧められることではない．

§1　数直線，座標平面

直線や平面に座標を導入することは，われわれは中学や高校で学んだ．はじめにそのことを，ひととおり思い出しておこう．

1つの直線 l 上に相異なる2点 O, E をとる．O を**原点**，E を**単位点**と名づけ，O から E へ向かう方向を **正の方向**，その反対の方向を**負の方向**，線分 OE の長さを**単位の長さ**と名づける．X を l 上の O 以外の点とすれば，OE を単位として測った線分 OX の長さは正の実数である．そこで，O からみて X が正の方向にあるときには $x=OX$，また X が負の方向にあるときには $x=-OX$ とおいて，点 X に数 x を対応させる．原点 O には数0を対応させる．単位点

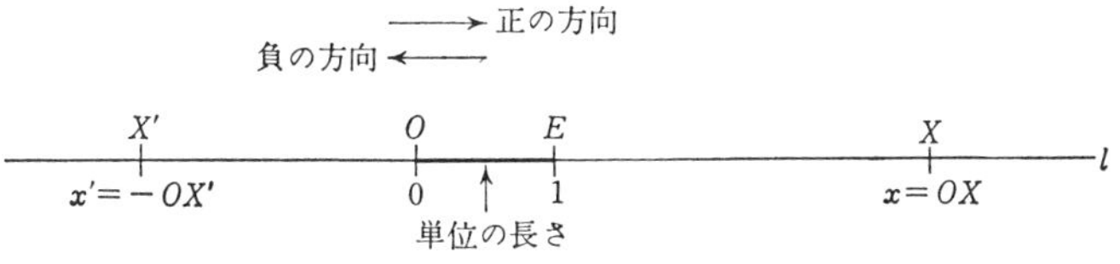

第1図

E に対応する数は1である．（第1図参照．）

そうすれば，l 上の各点にそれぞれ1つの実数が対応し，逆に任意の実数には l 上の1点が対応する．O からみて正の方向にある点に対応する数は正の数，負の方向にある点に対応する数は負の数である．

このように，直線 l 上の各点にそれぞれ実数を対応させたとき，l を**数直線**という．また l 上の点 X に対応する実数を X の**座標**という．X の座標が x であることを $X(x)$ と書く．数直線においては，点とその座標とをしばしば同一視して，座標が x である点を単に点 x ともいう．

第2図に，数直線上のいくつかの点を示した．

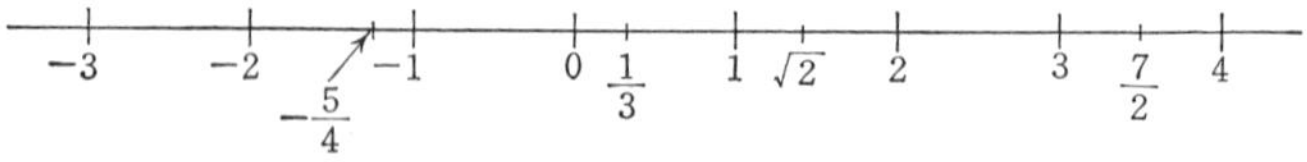

第2図

平面の場合には，まず直交する2直線をひく．それらを**座標軸**とよび，交点 O を**原点**と名づける．また，2本の座標軸の上にそれぞれ**単位点** E_1, E_2 を $OE_1 = OE_2$ であるようにとる．そうすれば，2本の座標軸は同じ単位の長さをもつ数直線となる．普通，紙の上にかくときには，2本の座標軸の一方を水平に，他方を垂直にかく．また単位点は第3図のようにとる．したがって，水平軸の正の方向は右の向き，垂直軸の正の方向は上の向きである．水平軸，垂直軸をそれぞれ横軸，縦軸ともいう．

平面上の点 P の座標を定めるには次のようにする．P から横軸，縦軸に下した垂線の足をそれぞれ Q, R とし，Q の横軸上での座標を x，R の縦軸上で

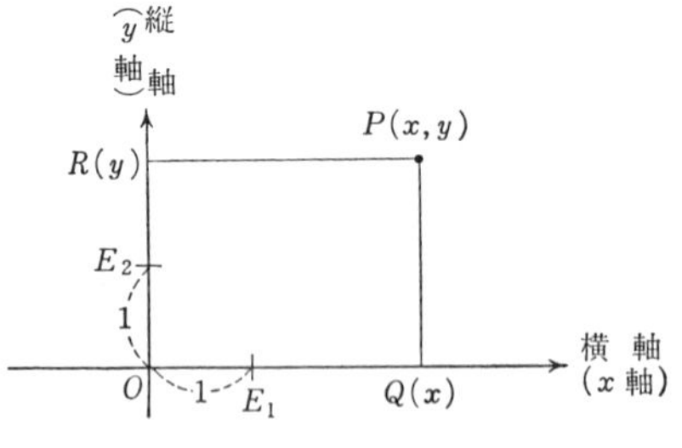

第3図

の座標を y とする．そうすれば P から2数の組 (x,y) が定まる．逆に2数の組 (x,y) が与えられたとき，横軸上の座標 x の点，縦軸上の座標 y の点において，それぞれ横軸，縦軸に垂線を立てれば，それらの交点として平面上の1つの点が決定される．このようにして，平面上のすべての点と2つの実数の組の全体とが1対1に対応する．点 P に対応する2つの実数の組を P の**座標**といい，P の座標が (x,y) であることを，$P(x,y)$ あるいは $P=(x,y)$ と書く．またこのとき，P を点 (x,y) ともいう．

このように，平面上の点の座標が定められたとき，その平面を**座標平面**という．また，上のように座標平面の一般の点の座標を (x,y) と書くときには，横軸，縦軸をそれぞれ x **軸**，y **軸**といい，その平面を xy 平面という．もちろん (x,y) のかわりに，一般の点の座標をたとえば (s,t), (x_1,x_2) などと書くこともできる．

第4図に，座標平面上のいくつかの点を示した．

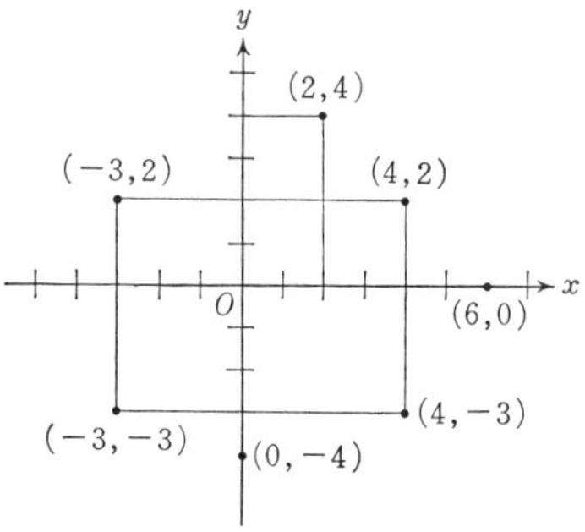

第4図

たとえば，第4図の点 $(2,4)$ に対して，2をその第1座標，4を第2座標という．座標軸を x 軸，y 軸と名づけているときには，第1座標，第2座標のかわりに x 座標，y 座標ともいう．またもちろん，点 $(2,4)$ と点 $(4,2)$ とは等しくない．すなわち，座標は2つの数の‘順序づけられた組’である．

原点 O の座標は $(0,0)$，2つの単位点 E_1, E_2 の座標はそれぞれ $(1,0)$, $(0,1)$ である．座標軸の正の方向をはっきり示すためには，第3図あるいは第4図のように矢印を用いる．

座標平面は2つの座標軸によって4つの部分に分けられる．

これらの部分をそれぞれ**象限**とよび，第5図のように第1，第2，第3，第4

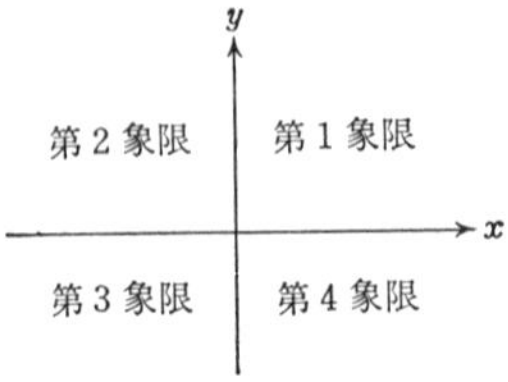

第 5 図

象限と名づける．したがって，たとえば第１象限は $x>0$, $y>0$ を満たす点 (x, y) 全体の集合，第４象限は $x>0$, $y<0$ を満たす点 (x, y) 全体の集合である．第１象限のことを**正象限**ともいう．

普通，座標軸はどの象限にも含めない．しかし，たとえば $x \geqq 0$, $y \geqq 0$ を満たす点 (x, y) 全体の集合を**非負象限**とよぶこともある．

§2　平面上のベクトル

平面上の２点の順序対（つい）――順序づけられた組――A, B を考える．われわれはこの順序対を，視覚的に，線分 AB に矢印をつけたもので表す（第６図参照）．このように‘向きをつけた線分’ AB のことを**有向線分** AB とよび，A をその**始点**，B を**終点**という．以後本節では記号 AB は主として有向線分の意味に用いる．

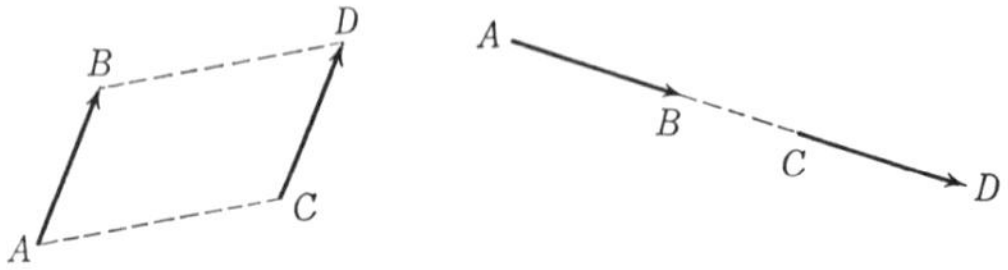

(a)　　(b)

第 6 図

有向線分 AB は“点 A から点 B までの移動”を表現していると考えられる．いま，そのように考え，また移動については，移動の大きさと向きだけに注目して点の位置は考えないことにすれば，第６図(a)あるいは(b)に示したような２つの有向線分 AB, CD は‘同じ移動’を表していることになる．このような有向線分 AB, CD は**対等**であるという．いいかえれば，有向線分 AB, CD は，それらの“長さと向きがそれぞれ等しい”ときに対等である．

AB と CD が対等ならば，AB を平行に移動して CD に重ねる(始点は始点に，終点は終点に重ねる)ことができる．したがって，AB と CD が対等で A, B, C が同一直線上になければ，第6図(a)のように，AB, AC を2辺とする平行四辺形の第4の頂点が D になっている．

AB を1つの有向線分とするとき，それと対等であるような有向線分全体の集合を，AB の定める**ベクトル**という．それを $\overrightarrow{AB}$ で表す．

定義から明らかに，有向線分 AB の定めるベクトルと有向線分 CD の定めるベクトルとが一致するのは，AB と CD が対等であるとき，またそのときに限る．すなわち，AB と CD が対等であることと

$$\overrightarrow{AB} = \overrightarrow{CD}$$

であることとは同じことである．

われわれは以後ベクトルを $\boldsymbol{a}, \boldsymbol{b}$ などの太い小文字で表す．($\vec{a}, \vec{b}$ のように普通の小文字の上に矢印をつけて表すこともあるが，本書ではこの記法は用いない.)

$\boldsymbol{a}$ が有向線分 AB の定めるベクトルであるとき，すなわち

$$\boldsymbol{a} = \overrightarrow{AB}$$

であるとき，AB を $\boldsymbol{a}$ の(1つの)**代表**という．与えられたベクトル $\boldsymbol{a}$ に対して，その代表のとり方は無数にある．実際，平面上の任意の点 P に対して，P を始点とする有向線分 PQ で $\boldsymbol{a}$ の代表となるもの，すなわち $\boldsymbol{a}=\overrightarrow{PQ}$ となるものが必ず存在する．しかもそのような PQ は，与えられたベクトル $\boldsymbol{a}$ と始点 P からただ1通りに定まる．(第7図をみよ.)

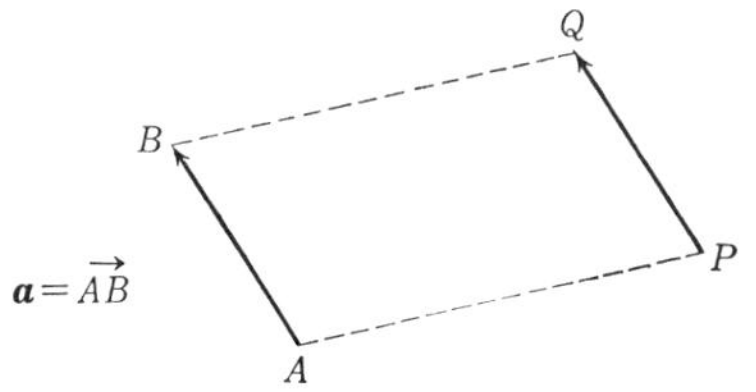

第7図

$\boldsymbol{a}=\overrightarrow{AB}$ であるとき，$\boldsymbol{a}$ は“始点 A, 終点 B のベクトル”とよばれる．しかし上にいったように $\boldsymbol{a}$ の代表のとり方は無数にあるから，ベクトルの始点や終点は定まった点ではない．ベクトルの始点は平面上のどこにとってもよい．それ

に対して有向線分の始点や終点は定まった点である．ベクトルとは，“有向線分の向きと長さだけを考え，位置を無視したもの”，あるいは“有向線分の向きと長さを変えずに，始点を自由に動かせるようにしたもの”と解釈してもよいであろう．(逆にいえば，有向線分は1つのベクトルの始点を固定して考えたものとみなされる．その意味で有向線分のことを**固定ベクトル**ともいう．)

ベクトル $\boldsymbol{a}=\overrightarrow{AB}$ の向きというのは，もちろん有向線分 AB の向きのことである．またベクトル $\boldsymbol{a}=\overrightarrow{AB}$ の**長さ**または**大きさ**というのは，線分 AB の長さのことである．それを $|\boldsymbol{a}|$ で表す．すなわち

$$|\boldsymbol{a}| = |\overrightarrow{AB}| = AB \text{の長さ}$$

である．

ベクトル $\boldsymbol{a}$ と長さが同じで，向きが反対のベクトルを $-\boldsymbol{a}$ で表す(第8図)．$\boldsymbol{a}=\overrightarrow{AB}$ ならば，$-\boldsymbol{a}=\overrightarrow{BA}$ である．

第8図

本節のはじめに，有向線分 AB を“A から B までの移動”の表現と考えた．もし始点と終点とが一致しているならば，AA には‘向きがない’ことになるが，これは，“任意の向きへの長さ0の移動”(全く移動しないこと)を表現していると考えられる．そこで，$\overrightarrow{AA}$ も1つのベクトルと考え，それを**零ベクトル**とよび，$\mathbf{0}$ で表す．これは任意の向きをもつベクトルで，もちろん

$$|\mathbf{0}| = 0$$

である．

さて，いま平面上に1つの直交座標軸が与えられたとしよう．

$\boldsymbol{a}$ を1つのベクトルとし，PQ を $\boldsymbol{a}$ の1つの代表とする．P の座標を (p_1, p_2)，Q の座標を (q_1, q_2) とし，

$$a_1 = q_1 - p_1, \quad a_2 = q_2 - p_2$$

とおく．この値 a_1, a_2 は $\boldsymbol{a}$ のみによって決定され，代表 PQ には関係しない．実際，有向線分 $P'Q'$ を $\boldsymbol{a}$ の他の代表とし，P', Q' の座標を (p_1', p_2'), (q_1', q_2') とすれば，第9図からわかるように

$$q_1 - p_1 = q_1' - p_1', \quad q_2 - p_2 = q_2' - p_2'$$

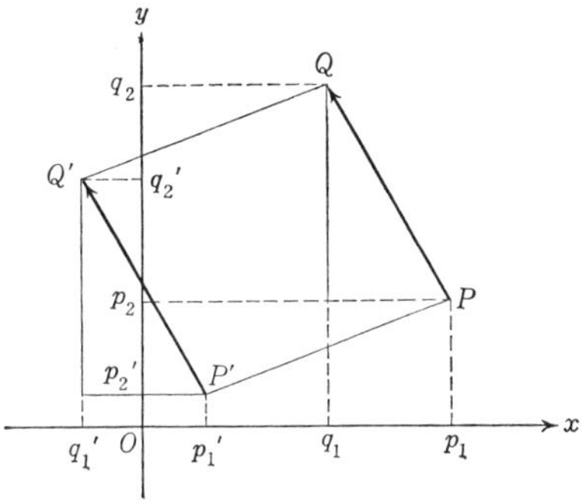

第 9 図

となるからである.

このようにベクトル $\boldsymbol{a}$ から一意的に定まる 2 数の組(a_1, a_2)を，与えられた座標軸に関する $\boldsymbol{a}$ の**成分**という．くわしくは a_1 を第 1 成分または x 成分，a_2 を第 2 成分または y 成分という．そして $\boldsymbol{a}$ を，その成分を用いて

$$\boldsymbol{a} = (a_1, a_2)$$

と書き表す．これを与えられた座標軸に関する $\boldsymbol{a}$ の**成分表示**という.

特にベクトル $\boldsymbol{a}$ の始点を原点にとって

$$\boldsymbol{a} = \overrightarrow{OA}$$

とすれば，明らかに A の座標は $\boldsymbol{a}$ の成分(a_1, a_2)に等しい．(第 10 図をみよ.)すなわちベクトル $\boldsymbol{a}$ の成分は，始点を原点にとったときの $\boldsymbol{a}$ の終点の座標にほかならない.

$\boldsymbol{a}=(a_1, a_2)$ならば，明らかに $-\boldsymbol{a}=(-a_1, -a_2)$である.

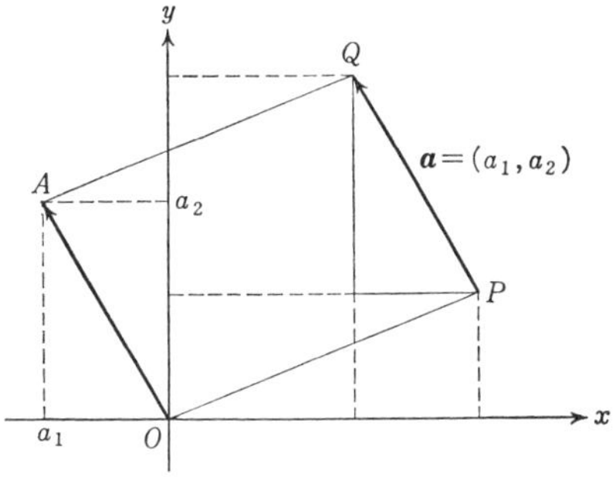

第 10 図

もちろん座標軸を変えればベクトルの成分表示も変わる.(ただし零ベクトルは例外で,どの座標軸についてもその成分表示は $\mathbf{0}=(0,0)$ である.)ベクトルの成分表示は与えられた座標軸に依存するものであることを忘れてはならない.

§3 ベクトルの加法と実数倍

以後本章では,ことわらない限り,平面上に1つの定まった直交座標軸が与えられているものとする.

$\boldsymbol{a}, \boldsymbol{b}$ を2つのベクトルとし,与えられた座標軸に関するその成分表示を

$$\boldsymbol{a} = (a_1, a_2), \qquad \boldsymbol{b} = (b_1, b_2)$$

とする.そのとき $\boldsymbol{a}, \boldsymbol{b}$ の和 $\boldsymbol{a}+\boldsymbol{b}$ を次のように定める:

$$\boldsymbol{a}+\boldsymbol{b} = (a_1+b_1, a_2+b_2). \tag{1.1}$$

この定義は代数的で,きわめて簡単であるが,前節で注意したようにベクトルの成分表示は座標軸に関係している.上の定義(1.1)はその成分表示を用いているから,われわれはまず,この(1.1)の右辺のベクトルが,座標軸に無関係に,$\boldsymbol{a}, \boldsymbol{b}$ から一意的に定まることを確かめておかなければならない.

しかしそのことは,次のように容易に確かめられる.

いま第11図(a)のように,座標原点 O を始点とするベクトル $\boldsymbol{a}$ の終点を P とし,次に P を始点とするベクトル $\boldsymbol{b}$ の終点を Q とする.そうすれば点 Q の座標は (a_1+b_1, a_2+b_2) となる.実際,たとえば x 座標についてみれば,P の x 座標は a_1 で,Q の x 座標は a_1 からさらに x 軸の正の方向に b_1 だけ進んでいるからである.(第11図(a)では $b_1<0$ であるから,a_1 から正の方向に b_1 だけ

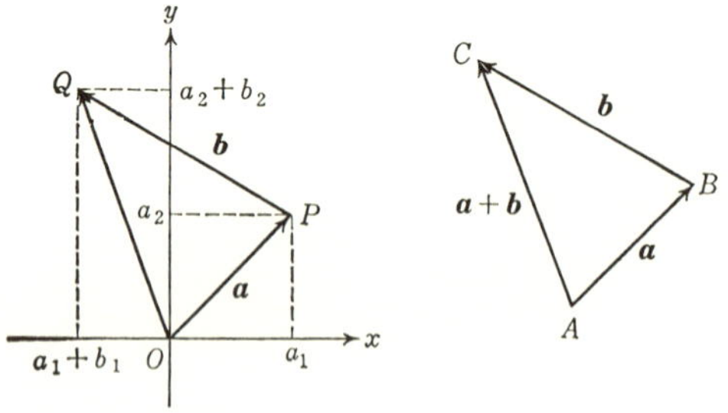

(a) (b)

第11図

進むというのは a_1 から負の方向に $|b_1|$ だけ進むことを意味する.）したがってベクトル $\overrightarrow{OQ}$ の成分が (a_1+b_1, a_2+b_2) となる．すなわち(1.1)の右辺はベクトル $\overrightarrow{OQ}$ を表している.

一般に，第11図(b)のように，平面上の任意の点 A から出発して，$\boldsymbol{a}=\overrightarrow{AB}$ となるように点 B をとり，ついで $\boldsymbol{b}=\overrightarrow{BC}$ となるように点 C をとれば,

(1.2)　$$\boldsymbol{a}+\boldsymbol{b} = \overrightarrow{AC}$$

となる．これが $\boldsymbol{a}+\boldsymbol{b}$ の幾何学的な意味である.

もしわれわれが $\boldsymbol{a}+\boldsymbol{b}$ を(1.2)の右辺によって定義したとすれば，われわれは上で，(1.1)による定義と(1.2)による定義とが一致することを示したことになる．(1.2)による幾何学的な定義はもちろん座標軸には関係しない．したがって，与えられた座標軸に関する成分表示を用いた代数的な定義(1.1)も，実は座標軸に関係しないのである.

ベクトルの加法については次の法則が成り立つ.

1. $\boldsymbol{a}+\boldsymbol{b} = \boldsymbol{b}+\boldsymbol{a}$.
2. $(\boldsymbol{a}+\boldsymbol{b})+\boldsymbol{c} = \boldsymbol{a}+(\boldsymbol{b}+\boldsymbol{c})$.
3. $\boldsymbol{a}+\mathbf{0} = \boldsymbol{a}$.
4. $\boldsymbol{a}+(-\boldsymbol{a}) = \mathbf{0}$.

これらは定義(1.1)によればほとんど明らかであろう.

ベクトル $\boldsymbol{a}$ と $\boldsymbol{b}$ に対して，$\boldsymbol{a}+(-\boldsymbol{b})$ を $\boldsymbol{a}-\boldsymbol{b}$ と書き，$\boldsymbol{a}$ から $\boldsymbol{b}$ を引いた差という．第12図のように，これは

$$\boldsymbol{b}+\boldsymbol{x} = \boldsymbol{a}$$

を満たすただ1つのベクトル $\boldsymbol{x}$ である．$\boldsymbol{a}=(a_1, a_2)$, $\boldsymbol{b}=(b_1, b_2)$ ならば

$$\boldsymbol{a}-\boldsymbol{b} = (a_1-b_1, a_2-b_2)$$

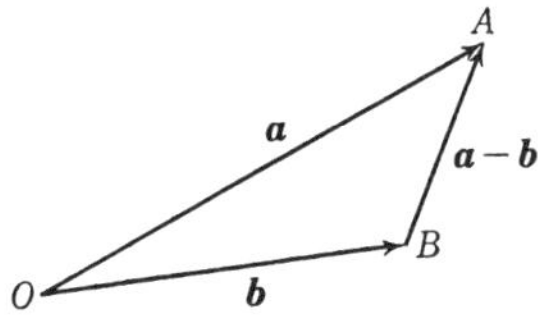

第12図

となる.

次に，ベクトル $\boldsymbol{a}=(a_1, a_2)$ と実数 c に対して，$\boldsymbol{a}$ の c 倍 $c\boldsymbol{a}$ を次のように定義する:

(1.3) $$c\boldsymbol{a} = (ca_1, ca_2).$$

今度の場合は定義が座標軸によらないことはほとんど明らかである．すなわち，幾何学的にいえば，$c\boldsymbol{a}$ の定義は次のようになる:

まず $\boldsymbol{a}\neq\boldsymbol{0}$ とする．そのとき $c>0$ ならば，$c\boldsymbol{a}$ は $\boldsymbol{a}$ と同じ向きで長さが c 倍のベクトル，$c<0$ ならば，$c\boldsymbol{a}$ は $\boldsymbol{a}$ と反対の向きで長さが $|c|$ 倍のベクトル，$c=0$ ならば $c\boldsymbol{a}=\boldsymbol{0}$ である．また $\boldsymbol{a}=\boldsymbol{0}$ ならば，任意の実数 c に対して $c\boldsymbol{a}=\boldsymbol{0}$ である．(第13図参照.)

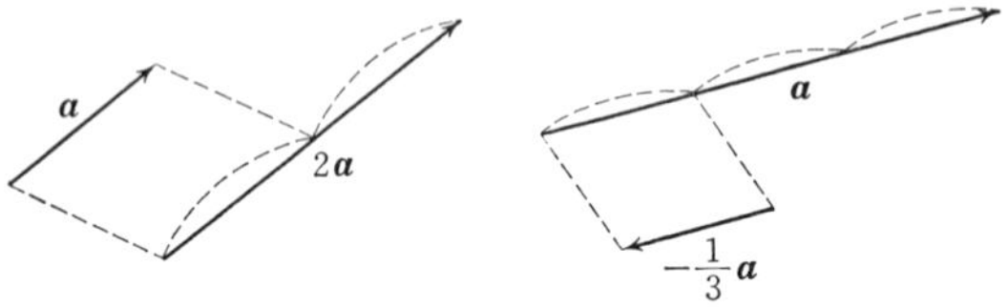

第13図

ベクトルの実数倍をつくる演算のことを**スカラー倍**という．(ベクトルに対して数のことをスカラーというのである.) この演算について次の法則が成り立つ.

5. $c(\boldsymbol{a}+\boldsymbol{b}) = c\boldsymbol{a}+c\boldsymbol{b}.$

6. $(c_1+c_2)\boldsymbol{a} = c_1\boldsymbol{a}+c_2\boldsymbol{a}.$

7. $(c_1c_2)\boldsymbol{a} = c_1(c_2\boldsymbol{a}).$

もちろん c, c_1, c_2 は任意の実数である.

これらの法則も定義(1.3)と(1.1)から直ちに検証される．たとえば**5**については，$\boldsymbol{a}=(a_1, a_2)$，$\boldsymbol{b}=(b_1, b_2)$ とすれば，$\boldsymbol{a}+\boldsymbol{b}=(a_1+b_1, a_2+b_2)$ であるから，

$$\begin{aligned} c(\boldsymbol{a}+\boldsymbol{b}) &= (c(a_1+b_1), c(a_2+b_2)) \\ &= (ca_1+cb_1, ca_2+cb_2) \\ &= (ca_1, ca_2)+(cb_1, cb_2) = c\boldsymbol{a}+c\boldsymbol{b}. \end{aligned}$$

他の法則も同様である．

また明らかに

$$1\boldsymbol{a} = \boldsymbol{a}, \qquad (-1)\boldsymbol{a} = -\boldsymbol{a}$$

が成り立つ．

一般に **1-7** のような演算法則を検証するのには，代数的定義によるほうが簡単である．しかし前に注意したように，代数的定義については，それが与えられた座標軸に無関係であることを，前もって保証しておかなければならない．幾何学的定義によれば後者の点は面倒がないが，一方，演算法則のほうは代数的定義の場合ほど自明ではない．たとえば法則 **5** の検証には，第 14 図のような，相似形に関する初等幾何学の知識が必要である．

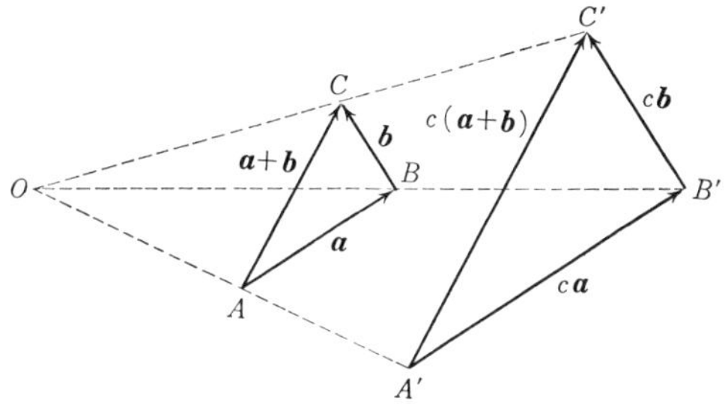

第 14 図

0 でない 2 つのベクトル $\boldsymbol{a}, \boldsymbol{b}$ は，それが同じ向きあるいは反対の向きをもつとき**平行**であるという．定義によって，$\boldsymbol{a} \neq \boldsymbol{0}$，$c \neq 0$ ならば $c\boldsymbol{a}$ は $\boldsymbol{a}$ に平行である．

逆に $\boldsymbol{a}, \boldsymbol{b}$ が平行ならば，明らかに $\boldsymbol{b} = c\boldsymbol{a}$ となるような実数 c が存在する．$\boldsymbol{b}$ が $\boldsymbol{a}$ と同じ向きならば $c>0$，反対の向きならば $c<0$ である．

長さが 1 のベクトルを**単位ベクトル**という．一般に $|c\boldsymbol{a}| = |c||\boldsymbol{a}|$ であるから，$\boldsymbol{a}$ が **0** でないベクトルならば，

$$\left|\frac{1}{|\boldsymbol{a}|}\boldsymbol{a}\right| = \frac{1}{|\boldsymbol{a}|}|\boldsymbol{a}| = 1$$

となって，$\dfrac{1}{|\boldsymbol{a}|}\boldsymbol{a}$ は単位ベクトルである．しかもこれは $\boldsymbol{a}$ と同じ向きをもっている．このベクトルを **$\boldsymbol{a}$ 方向の単位ベクトル**という．これをしばしば

$$\frac{\boldsymbol{a}}{|\boldsymbol{a}|}$$

とも書く．(一般に $c \neq 0$ のとき $\dfrac{1}{c}\boldsymbol{a}$ を $\dfrac{\boldsymbol{a}}{c}$ とも書くのである．)

与えられた座標軸の2つの単位点を E_1, E_2 とし，

$$\overrightarrow{OE_1} = \boldsymbol{e}_1, \quad \overrightarrow{OE_2} = \boldsymbol{e}_2$$

とおけば，これらは単位ベクトルである(第15図)．$\boldsymbol{e}_1, \boldsymbol{e}_2$ をそれぞれ x **軸方向の基本単位ベクトル**，y **軸方向の基本単位ベクトル**という．基本単位ベクトルを略して単に**基本ベクトル**ともいう．

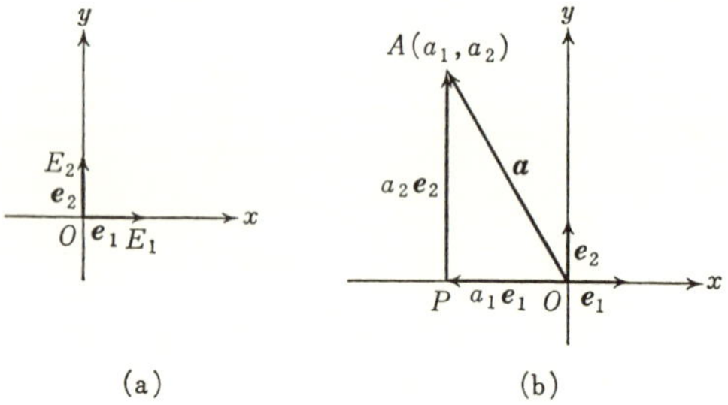

第15図

$\boldsymbol{a}=(a_1, a_2)$ を任意のベクトルとし，$\boldsymbol{a}=\overrightarrow{OA}$ とする．第15図(b)のように，A から x 軸に下した垂線の足を P とすれば，$\boldsymbol{a}=\overrightarrow{OA}=\overrightarrow{OP}+\overrightarrow{PA}$ であって，明らかに $\overrightarrow{OP}=a_1\boldsymbol{e}_1$，$\overrightarrow{PA}=a_2\boldsymbol{e}_2$ であるから，

(1.4)　　$$\boldsymbol{a} = a_1\boldsymbol{e}_1+a_2\boldsymbol{e}_2$$

となる．(1.4)を，与えられた座標軸に関する $\boldsymbol{a}$ の**基本ベクトル表示**という．$\boldsymbol{a}$ の成分表示 $\boldsymbol{a}=(a_1, a_2)$ は基本ベクトル表示(1.4)の略記法とも考えられる．

問　　題

1. 三角形 ABC の辺 BC, CA, AB の中点をそれぞれ L, M, N とするとき，次の等式を証明せよ．

(a) $\overrightarrow{BN}+\overrightarrow{CM}=\overrightarrow{LA}$　　(b) $\overrightarrow{BL}+\overrightarrow{CM}+\overrightarrow{AN}=\boldsymbol{0}$

2. 前問で $\overrightarrow{AB}=\boldsymbol{a}$，$\overrightarrow{AC}=\boldsymbol{b}$ として，$\overrightarrow{AL}, \overrightarrow{BM}, \overrightarrow{CN}$ を $\boldsymbol{a}, \boldsymbol{b}$ で表せ．

3. 平行四辺形 $ABCD$ において，$\overrightarrow{AC}=\boldsymbol{a}$，$\overrightarrow{BD}=\boldsymbol{b}$ として，$\overrightarrow{AB}, \overrightarrow{AD}$ を $\boldsymbol{a}, \boldsymbol{b}$ で表せ．

4. 第11図(b)，第12図を用いて，$|\boldsymbol{a}+\boldsymbol{b}| \leqq |\boldsymbol{a}|+|\boldsymbol{b}|$，$|\boldsymbol{a}-\boldsymbol{b}| \leqq |\boldsymbol{a}|+|\boldsymbol{b}|$ を証明せよ．

これらで等号が成り立つのはそれぞれどのようなときか.

5. 三角形 ABC の辺 BC を3等分する点を D, E とするとき，$\overrightarrow{AD}, \overrightarrow{AE}$ をそれぞれ $\overrightarrow{AB}, \overrightarrow{AC}$ で表せ．また $\overrightarrow{AD}+\overrightarrow{AE}=\overrightarrow{AB}+\overrightarrow{AC}$ であることを証明せよ.

6. 四辺形 $ABCD$ の辺 AD, BC の中点をそれぞれ M, N とするとき，$\overrightarrow{MN}$ を $\overrightarrow{AB}$, $\overrightarrow{DC}$ で表せ.

7. 前問で辺 AD を3等分する点を M_1, M_2，辺 BC を3等分する点を N_1, N_2 とすれば，$\overrightarrow{M_1N_1}+\overrightarrow{M_2N_2}=\overrightarrow{AB}+\overrightarrow{DC}$ であることを証明せよ.

§4　ベクトルの内積

前節と同じく，ある定まった座標軸のもとで考える.

ベクトル $\boldsymbol{a}=(a_1, a_2)$ と $\boldsymbol{b}=(b_1, b_2)$ に対して，それらの**内積** $\boldsymbol{a}\cdot\boldsymbol{b}$ を

(1.5)
$$\boldsymbol{a}\cdot\boldsymbol{b} = a_1b_1+a_2b_2$$

と定義する．$\boldsymbol{a}\cdot\boldsymbol{b}$ は1つの数であって，ベクトルではない．内積を表すのに，$\boldsymbol{a}\cdot\boldsymbol{b}$ のかわりに $(\boldsymbol{a}, \boldsymbol{b})$ という記号もよく用いられる.

われわれはここでもまず代数的な定義を与えた．この定義によれば，次のような公式の検証はどれも全く簡単である.

1. $\boldsymbol{a}\cdot\boldsymbol{b} = \boldsymbol{b}\cdot\boldsymbol{a}$.

2. $(\boldsymbol{a}+\boldsymbol{b})\cdot\boldsymbol{c} = \boldsymbol{a}\cdot\boldsymbol{c}+\boldsymbol{b}\cdot\boldsymbol{c}$.

2′. $\boldsymbol{a}\cdot(\boldsymbol{b}+\boldsymbol{c}) = \boldsymbol{a}\cdot\boldsymbol{b}+\boldsymbol{a}\cdot\boldsymbol{c}$.

3. $(c\boldsymbol{a})\cdot\boldsymbol{b} = c(\boldsymbol{a}\cdot\boldsymbol{b})$.

3′. $\boldsymbol{a}\cdot(c\boldsymbol{b}) = c(\boldsymbol{a}\cdot\boldsymbol{b})$.

一例として **2′** を証明してみよう.

$\boldsymbol{a}=(a_1, a_2)$，$\boldsymbol{b}=(b_1, b_2)$，$\boldsymbol{c}=(c_1, c_2)$ とおけば

$$\boldsymbol{b}+\boldsymbol{c} = (b_1+c_1, b_2+c_2).$$

したがって

$$\boldsymbol{a}\cdot(\boldsymbol{b}+\boldsymbol{c}) = a_1(b_1+c_1)+a_2(b_2+c_2)$$
$$= (a_1b_1+a_2b_2)+(a_1c_1+a_2c_2) = \boldsymbol{a}\cdot\boldsymbol{b}+\boldsymbol{a}\cdot\boldsymbol{c}.$$

これで **2′** が証明された.

さて次に，内積の幾何学的な意味を考察しよう．この考察から，定義(1.5)が座標軸のとり方には無関係であることが，自然に導かれるのである．

まず，$\boldsymbol{a}=(a_1, a_2)$とそれ自身の内積$\boldsymbol{a}\cdot\boldsymbol{a}=a_1{}^2+a_2{}^2$は，$\boldsymbol{a}$の長さの平方$|\boldsymbol{a}|^2$に等しいことに注意する．すなわち

$$\boldsymbol{a}\cdot\boldsymbol{a} = |\boldsymbol{a}|^2.$$

実際ピタゴラスの定理によって，$\boldsymbol{a}$の長さは

$$|\boldsymbol{a}| = \sqrt{a_1{}^2+a_2{}^2}$$

で与えられるからである(第16図)．

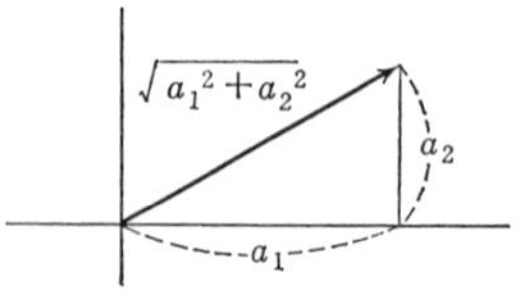

第16図

次に$\boldsymbol{a}, \boldsymbol{b}$を$\boldsymbol{0}$でない2つのベクトルとし，$\boldsymbol{a}=\overrightarrow{OA}$，$\boldsymbol{b}=\overrightarrow{OB}$とする．そのとき$\overrightarrow{BA}=\boldsymbol{a}-\boldsymbol{b}$であるが，もしベクトル$\boldsymbol{a}, \boldsymbol{b}$が直交するならば，ピタゴラスの定理によって

$$AB^2 = OA^2+OB^2, \tag{1.6}$$

したがって

$$|\boldsymbol{a}-\boldsymbol{b}|^2 = |\boldsymbol{a}|^2+|\boldsymbol{b}|^2 \tag{1.7}$$

が成り立つ．(第17図参照．)

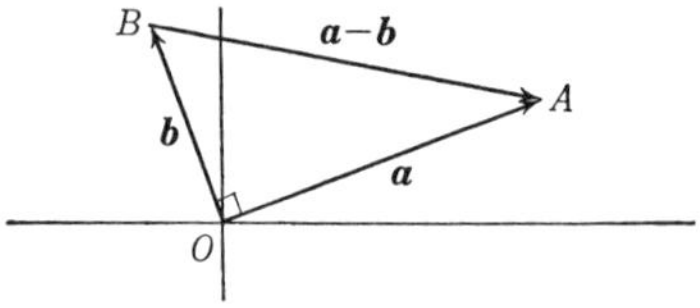

第17図

内積の演算法則を用いて(1.7)の左辺を計算すれば

$$\begin{aligned}|\boldsymbol{a}-\boldsymbol{b}|^2 &= (\boldsymbol{a}-\boldsymbol{b})\cdot(\boldsymbol{a}-\boldsymbol{b})\\ &= \boldsymbol{a}\cdot\boldsymbol{a}-\boldsymbol{a}\cdot\boldsymbol{b}-\boldsymbol{b}\cdot\boldsymbol{a}+\boldsymbol{b}\cdot\boldsymbol{b}\\ &= |\boldsymbol{a}|^2-2(\boldsymbol{a}\cdot\boldsymbol{b})+|\boldsymbol{b}|^2.\end{aligned}$$

したがって(1.7)が成り立つ場合には

$$\boldsymbol{a}\cdot\boldsymbol{b} = 0 \tag{1.8}$$

となる.

逆に(1.8)が成り立てば，(1.7)したがって(1.6)が成り立つから，$\boldsymbol{a}$ と $\boldsymbol{b}$ は垂直である．なぜなら(1.6)は，三角形 OAB が(O を直角の頂点とする)直角三角形であるための十分条件でもあるからである．これで

<u>$\boldsymbol{a}, \boldsymbol{b}$ が直交するための必要十分条件は $\boldsymbol{a}\cdot\boldsymbol{b} = 0$</u>

であることがわかった.

次に，一般の場合を考える．前のように $\boldsymbol{a}=\overrightarrow{OA}$，$\boldsymbol{b}=\overrightarrow{OB}$ とし，B から直線 OA に下した垂線の足を P とする(第18図).

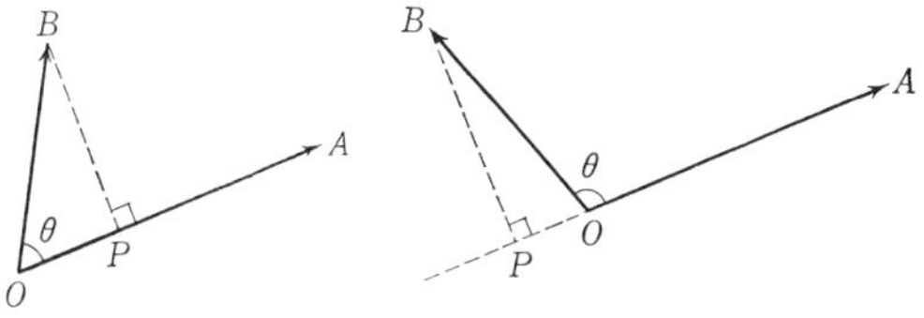

第18図

ベクトル $\overrightarrow{OP}$ は $\boldsymbol{a}$ に平行であるから，適当な数 c によって

$$\overrightarrow{OP} = c\boldsymbol{a}$$

と書くことができる．このときベクトル $\overrightarrow{PB}=\overrightarrow{OB}-\overrightarrow{OP}=\boldsymbol{b}-c\boldsymbol{a}$ はベクトル $\boldsymbol{a}$ に垂直であるから，

$$(\boldsymbol{b}-c\boldsymbol{a})\cdot\boldsymbol{a} = 0.$$

これより $\boldsymbol{b}\cdot\boldsymbol{a}-c(\boldsymbol{a}\cdot\boldsymbol{a})=0$．ゆえに

$$c = \frac{\boldsymbol{a}\cdot\boldsymbol{b}}{|\boldsymbol{a}|^2}. \tag{1.9}$$

これで c の値が定められた.

いま第18図のように $\angle AOB=\theta$ とする．この θ をベクトル $\boldsymbol{a}, \boldsymbol{b}$ のなす**角**という．($\boldsymbol{a}, \boldsymbol{b}$ が直交するというのは，$\boldsymbol{a}, \boldsymbol{b}$ のなす角が直角であることにほかならない.) そうすれば余弦の性質によって，$|\overrightarrow{OB}|\cos\theta$ は，$0\leqq\theta\leqq\pi/2$ ならば $|\overrightarrow{OP}|$ に等しく，$\pi/2<\theta\leqq\pi$ ならば $-|\overrightarrow{OP}|$ に等しい．一方明らかに，$0\leqq\theta\leqq\pi/2$ ならば $|\overrightarrow{OP}|=c|\boldsymbol{a}|$，$\pi/2<\theta\leqq\pi$ ならば $|\overrightarrow{OP}|=-c|\boldsymbol{a}|$ である．ゆえに

$$|\boldsymbol{b}|\cos\theta = c|\boldsymbol{a}| \tag{1.10}$$

となる．そこで(1.9)の c の値を(1.10)に代入すれば

$$\text{(1.11)} \qquad \boldsymbol{a}\cdot\boldsymbol{b} = |\boldsymbol{a}||\boldsymbol{b}|\cos\theta$$

が得られる．これが内積の幾何学的意味である．

上にいったように(1.11)の右辺における θ は，ベクトル $\boldsymbol{a}, \boldsymbol{b}$ のなす角を表している．(1.11)の右辺の値はもちろん座標軸のとり方には関係しない．これで定義(1.5)による内積が，実は与えられた座標軸から独立な概念であることがわかった．

(1.11)によって，2つの $\boldsymbol{0}$ でないベクトル $\boldsymbol{a}, \boldsymbol{b}$ のなす角 θ が鋭角ならば $\boldsymbol{a}\cdot\boldsymbol{b}>0$ であり，θ が鈍角ならば $\boldsymbol{a}\cdot\boldsymbol{b}<0$ である．θ が直角ならば $\boldsymbol{a}\cdot\boldsymbol{b}=0$ であることはすでに述べた．またもちろん $\boldsymbol{a}, \boldsymbol{b}$ の少なくとも一方が $\boldsymbol{0}$ のときにも $\boldsymbol{a}\cdot\boldsymbol{b}=0$ である．

なお，内積 $\boldsymbol{a}\cdot\boldsymbol{b}$ を(1.11)によって定義した場合には，その幾何学的意味は最初から明瞭であるが，p. 13 の演算法則 **2**, **2′** などの証明は，必ずしも容易ではないものになることを注意しておこう．

問　　題

1. $\boldsymbol{a}=(2,3)$, $\boldsymbol{b}=(1,-1)$ とするとき，次の各組のベクトルが直交するように実数 t の値をそれぞれ求めよ．

(a) $\boldsymbol{a}, \boldsymbol{a}+t\boldsymbol{b}$　　(b) $\boldsymbol{a}-\boldsymbol{b}, \boldsymbol{a}+t\boldsymbol{b}$　　(c) $\boldsymbol{a}+t\boldsymbol{b}, \boldsymbol{a}-t\boldsymbol{b}$

2. $\boldsymbol{a}, \boldsymbol{b}$ を2つのベクトルとするとき，次の等式が成り立つことを証明せよ．

(a) $|\boldsymbol{a}+\boldsymbol{b}|^2+|\boldsymbol{a}-\boldsymbol{b}|^2 = 2(|\boldsymbol{a}|^2+|\boldsymbol{b}|^2)$.

(b) $|\boldsymbol{a}+\boldsymbol{b}|^2-|\boldsymbol{a}-\boldsymbol{b}|^2 = 4(\boldsymbol{a}\cdot\boldsymbol{b})$.

3. ベクトル $\boldsymbol{a}, \boldsymbol{b}$ に対して，シュヴァルツの不等式 $|\boldsymbol{a}\cdot\boldsymbol{b}| \leqq |\boldsymbol{a}||\boldsymbol{b}|$ を証明せよ．ここに左辺は内積 $\boldsymbol{a}\cdot\boldsymbol{b}$ の絶対値を表す．

4. $\boldsymbol{a}\cdot\boldsymbol{b}=|\boldsymbol{a}||\boldsymbol{b}|$ が成り立つのはどのような場合か．

5. 1辺の長さが1である正三角形 OAB において，$\overrightarrow{OA}=\boldsymbol{a}$, $\overrightarrow{OB}=\boldsymbol{b}$ とし，辺 AB を3等分する点を M, N とする．

(a) $\boldsymbol{a}\cdot\boldsymbol{b}$ の値を求めよ．

(b) $\overrightarrow{OM}, \overrightarrow{ON}$ を $\boldsymbol{a}, \boldsymbol{b}$ で表して，$\overrightarrow{OM}\cdot\overrightarrow{ON}$ の値を求めよ．

6. 直角三角形 OAB において，直角をはさむ2辺 OA, OB の長さがそれぞれ 4, 3 であるとする．O から斜辺 AB に下した垂線の足を H とするとき，内積 $\overrightarrow{OA}\cdot\overrightarrow{OH}$ の値を求めよ．

7. $\boldsymbol{a}, \boldsymbol{b}$ を $\mathbf{0}$ でない2つのベクトルとし，$\boldsymbol{a}=\overrightarrow{OA}$, $\boldsymbol{b}=\overrightarrow{OB}$ とする．OA, OB を2辺とする平行四辺形の面積 S は

$$S=\sqrt{|\boldsymbol{a}|^2|\boldsymbol{b}|^2-(\boldsymbol{a}\cdot\boldsymbol{b})^2}$$

で与えられることを証明せよ．この平行四辺形をベクトル $\boldsymbol{a}, \boldsymbol{b}$ を2辺とする平行四辺形ともいう．

8. $\boldsymbol{a}=(a_1, a_2)$, $\boldsymbol{b}=(b_1, b_2)$ とすれば，$\boldsymbol{a}, \boldsymbol{b}$ を2辺とする平行四辺形の面積 S は

$$S=|a_1b_2-a_2b_1|$$

で与えられることを示せ．

9. 3頂点の座標が $(2, 1)$, $(-1, 3)$, $(3, 6)$ である三角形の面積を求めよ．

§5 位置ベクトル

平面上の任意の点 A に対して，ベクトル $\overrightarrow{OA}=\boldsymbol{a}$ をその**位置ベクトル**という．ただし O は座標の原点である．くわしくは $\overrightarrow{OA}=\boldsymbol{a}$ は原点 O を**基準**とする位置ベクトルとよばれる．

平面上の点 A からはこのようにその位置ベクトルが定まるが，逆に $\boldsymbol{a}$ を平面上の任意のベクトルとすれば，$\boldsymbol{a}=\overrightarrow{OA}$ となるような平面上の点 A がただ1つだけ定まる．したがって点 A を表すのに，座標のかわりに位置ベクトル $\boldsymbol{a}=\overrightarrow{OA}$ を用いることができる．誤解の恐れがなければ，点 A とその位置ベクトル $\boldsymbol{a}$ とを同一視して，点 A のことを‘点 $\boldsymbol{a}$’とよんでもよい．明らかに，A の位置ベクトル $\boldsymbol{a}$ の成分 (a_1, a_2) は A の座標に等しい．

A, B が平面上の2点で，それらの位置ベクトルがそれぞれ $\boldsymbol{a}, \boldsymbol{b}$ ならば，

$$\overrightarrow{AB}=\boldsymbol{b}-\boldsymbol{a}$$

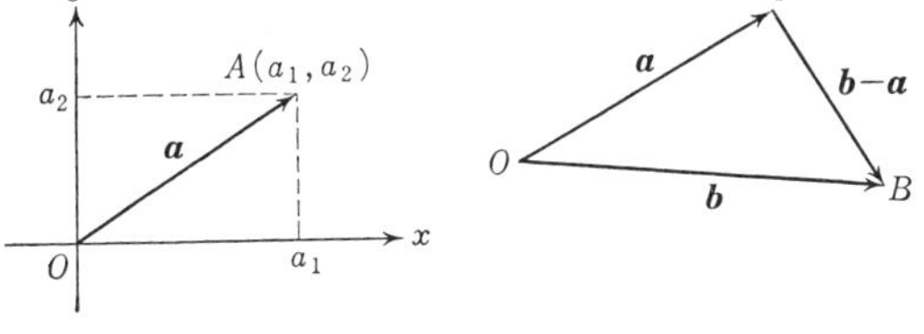

第19図

である(第19図).

以下にわれわれはベクトル概念の二,三の初等的な幾何学的応用について述べる．その際，記述の簡約のため，点の位置ベクトルについて考えるときには，点とその位置ベクトルとをそれぞれ対応する大文字と小文字によって表すことと約束し，そのことをいちいち断らない．

例 1.1　A, B を平面上の異なる2点とするとき，線分 AB を $m:n(m>0,\ n>0)$ の比に内分する点 C の位置ベクトルは

$$\boldsymbol{c} = \frac{m\boldsymbol{b}+n\boldsymbol{a}}{m+n} \tag{1.12}$$

である．

証明　第20図(a)において，ベクトル $\overrightarrow{AC}=\boldsymbol{c}-\boldsymbol{a}$ と $\overrightarrow{CB}=\boldsymbol{b}-\boldsymbol{c}$ は向きが同じで，長さが $m:n$ であるから，$n\overrightarrow{AC}=m\overrightarrow{CB}$，すなわち

$$n(\boldsymbol{c}-\boldsymbol{a}) = m(\boldsymbol{b}-\boldsymbol{c}).$$

この式を $\boldsymbol{c}$ について解けば(1.12)が得られる． ▌

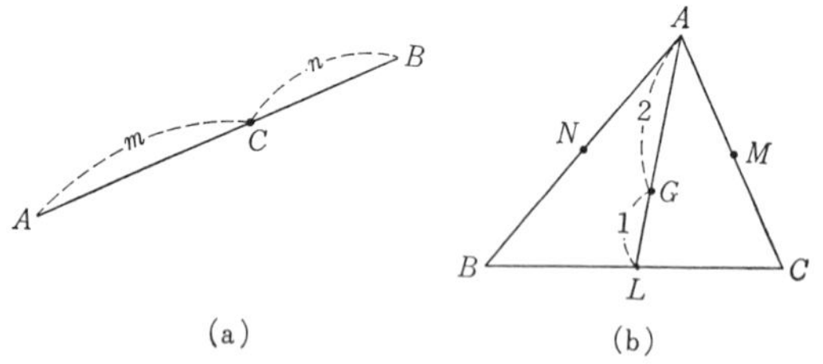

第20図

例 1.2(三角形の重心)　三角形の3中線は1点で交わる．その点(三角形の**重心**)は各中線をそれぞれ2:1に内分する．

証明　第20図(b)のように，三角形 ABC の辺 BC の中点を L，中線 AL を2:1に内分する点を G とすれば，例1.1によって

$$\boldsymbol{l} = \frac{\boldsymbol{b}+\boldsymbol{c}}{2},$$

$$\boldsymbol{g} = \frac{2\boldsymbol{l}+\boldsymbol{a}}{2+1} = \frac{\boldsymbol{a}+\boldsymbol{b}+\boldsymbol{c}}{3}.$$

この $\boldsymbol{g}$ は $\boldsymbol{a}, \boldsymbol{b}, \boldsymbol{c}$ について対称的であるから，他の中線 BM, CN をそれぞれ2:1に内分する点を求めても，同じ結果が得られる．ゆえに3中線は G におい

て交わる. ▌

例 1.3 A, B を平面上の異なる2点とし, $\boldsymbol{u}$ を1つのベクトルとする. $\boldsymbol{u}$ がベクトル $\overrightarrow{AB}$ と(あるいは直線 AB と)直交するための必要十分条件は

$$\boldsymbol{a}\cdot\boldsymbol{u} = \boldsymbol{b}\cdot\boldsymbol{u}$$

である.

証明 $\overrightarrow{AB}=\boldsymbol{b}-\boldsymbol{a}$ であるから, $\boldsymbol{u}$ が $\overrightarrow{AB}$ と直交する条件は

$$(\boldsymbol{b}-\boldsymbol{a})\cdot\boldsymbol{u} = 0.$$

これを書き直せば $\boldsymbol{a}\cdot\boldsymbol{u}=\boldsymbol{b}\cdot\boldsymbol{u}$ となる. ▌

原点 O のかわりに他の定点 P を基準にとって位置ベクトルを考えることもある. ある定点 P を基準とする点 A の位置ベクトルというのは, ベクトル $\overrightarrow{PA}$ のことである. この場合にも, 誤解の恐れがなければ, 点とその位置ベクトルとを対応する大文字・小文字で表す. ただし1つの問題を考える間は, もちろん基準の点を一定にしておかなければならない.

例 1.4(三角形の垂心) 三角形の3頂点からそれぞれ対辺に下した3つの垂線は同一点で交わる. この点を三角形の**垂心**という.

証明 第21図のように, 三角形 ABC の頂点 B, C からそれぞれ対辺 CA, AB に下した垂線の交点を H とする. このとき, A から対辺 BC に下した垂線も H を通ること, すなわちベクトル $\overrightarrow{HA}$ が直線 BC に垂直であることを示せばよい.

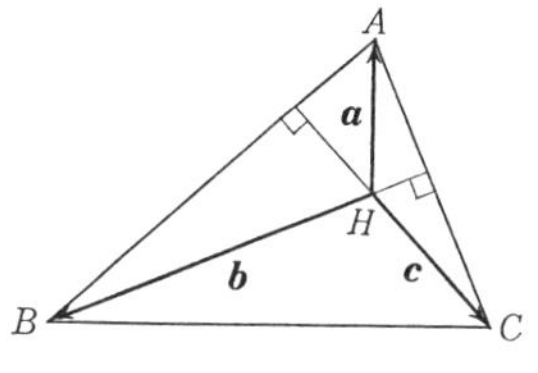

第21図

そのために H を基準とする点 A, B, C の位置ベクトル $\boldsymbol{a}, \boldsymbol{b}, \boldsymbol{c}$ を考え, 例1.3を用いる.

ベクトル $\boldsymbol{b}$ は直線 AC に垂直, ベクトル $\boldsymbol{c}$ は直線 AB に垂直であるから

$$\boldsymbol{a}\cdot\boldsymbol{b} = \boldsymbol{c}\cdot\boldsymbol{b} \quad \text{かつ} \quad \boldsymbol{a}\cdot\boldsymbol{c} = \boldsymbol{b}\cdot\boldsymbol{c}.$$

上の2式の右辺どうしは等しいから

$$\boldsymbol{a}\cdot\boldsymbol{b} = \boldsymbol{a}\cdot\boldsymbol{c}.$$

ふたたび例1.3によれば，この結果は $\boldsymbol{a}=\overrightarrow{HA}$ が直線 BC に垂直であることを意味している．▌

例 1.5　任意の三角形において，その外心(外接円の中心)，重心，垂心は同一直線上にある．重心は外心と垂心とを結ぶ線分を1:2の比に内分する．

証明　今度は三角形 ABC の外心 O を基準とする位置ベクトルを考える．(もちろんこの O はあらかじめ与えられた座標原点とは一般には等しくないが，もし簡明を欲するなら，はじめからこの外心を座標原点に選んでおけばよい．)

いま，外心 O を基準とする頂点の位置ベクトルの和を $\boldsymbol{h}=\boldsymbol{a}+\boldsymbol{b}+\boldsymbol{c}$ とし，$\boldsymbol{h}$ を位置ベクトルとする点を H とする(第22図)．

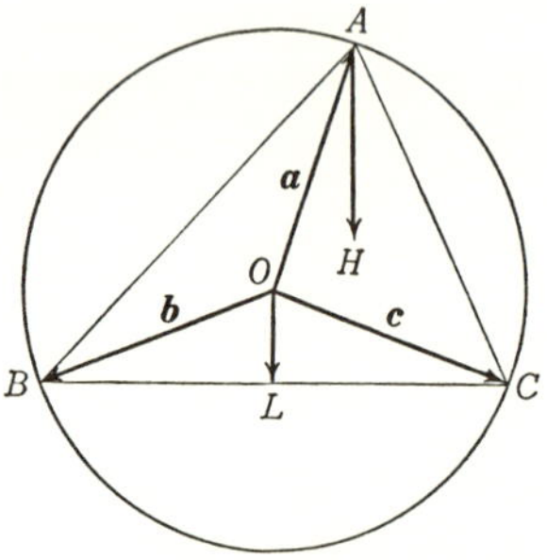

第22図

そのとき，$\overrightarrow{AH}=\boldsymbol{b}+\boldsymbol{c}$. 一方，辺 BC の中点を L とすれば

$$\overrightarrow{OL}=\frac{\boldsymbol{b}+\boldsymbol{c}}{2}.$$

したがって，ベクトル $\overrightarrow{AH}$ はベクトル $\overrightarrow{OL}$ に平行である．しかるに $\overrightarrow{OL}$ は BC に垂直であるから，$\overrightarrow{AH}$ も BC に垂直となる．ゆえに H は A から BC に下した垂線の上にある．

$\boldsymbol{h}$ の対称性によって，H は B から CA に下した垂線の上にも，C から AB に下した垂線の上にもあることがわかる．すなわち H は三角形 ABC の垂心である．(以上の議論は前例1.4の別証を与えている．)

さて G を三角形 ABC の重心とすれば，例1.2で示したように

$$\boldsymbol{g}=\frac{\boldsymbol{a}+\boldsymbol{b}+\boldsymbol{c}}{3}$$

である．したがって

$$\overrightarrow{OH}=3\overrightarrow{OG}.$$

ゆえに3点 O, G, H は同一直線上にあって，G は線分 OH を 1:2 に内分する．これでわれわれの主張が証明された．▌

なお上の証明で垂心の位置ベクトルが $\boldsymbol{a}+\boldsymbol{b}+\boldsymbol{c}$ で与えられることをみたが，むろんこの簡明な結果は基準を外心にとったことによるものである．このことは任意の基準に対しては成り立たない．それに対して重心の位置ベクトルが $(\boldsymbol{a}+\boldsymbol{b}+\boldsymbol{c})/3$ であるというのは，任意の基準に対して成り立つことである．

問　　題

1. 平面上の三角形 ABC の重心を G，任意の点を P とするとき，

$$\overrightarrow{PA}+\overrightarrow{PB}+\overrightarrow{PC}=3\overrightarrow{PG}$$

が成り立つことを証明せよ．

2. 六角形の6つの辺の中点を順に A, A', B, B', C, C' とすれば，三角形 ABC と三角形 $A'B'C'$ は同じ重心をもつことを証明せよ．

3. 三角形の各頂点から垂心までの距離は，外心からその頂点の対辺に下した垂線の長さの2倍に等しいことを示せ．

4. 平面上の2つの三角形 ABC, PQR の間に

$$\overrightarrow{PA}+\overrightarrow{PB}+\overrightarrow{PC}=\overrightarrow{BC},$$
$$\overrightarrow{QA}+\overrightarrow{QB}+\overrightarrow{QC}=\overrightarrow{CA},$$
$$\overrightarrow{RA}+\overrightarrow{RB}+\overrightarrow{RC}=\overrightarrow{AB}$$

という関係がある．この2つの三角形の位置関係について調べ，その面積の比を求めよ．

5. 円に内接する四辺形 $ABCD$ の対角線が点 P において直交するとき，辺 AB の中点 M と P を結ぶ直線は CD に垂直であることを証明せよ．

§6　直線の方程式 (I)

本節と次節では，平面上の直線の方程式を，ベクトルの観点から考察する．

平面上の直線の方程式を決定するには，基本的にいって2通りの方法がある．1つは，与えられた点を通り与えられたベクトルに平行な直線の方程式を求めること，他の1つは，与えられた点を通り与えられたベクトルに垂直な直線の方程式を求めることである．

本節ではまず第1の場合を考察する．

Pを与えられた1つの点，$\boldsymbol{a}$を与えられた$\boldsymbol{0}$でないベクトルとする．Pを通って$\boldsymbol{a}$に平行な直線をlとすれば，点Xがl上にあることは，ベクトル$\overrightarrow{PX}$が$\boldsymbol{a}$に平行であること，すなわち

(1.13)
$$\overrightarrow{PX} = t\boldsymbol{a}$$

であるような実数tが存在することと同等である．(第23図参照．)

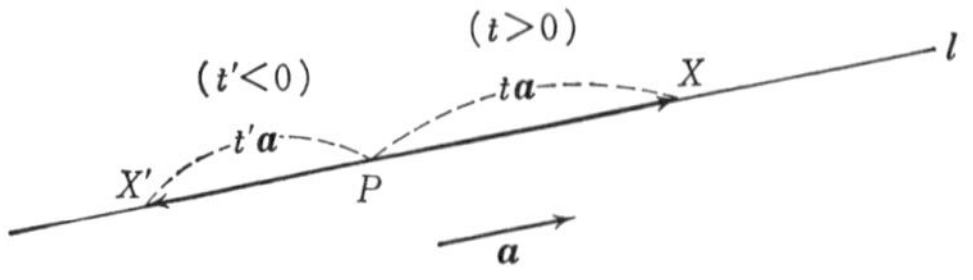

第23図

P, Xの位置ベクトルをそれぞれ$\boldsymbol{p}, \boldsymbol{x}$とすれば，(1.13)は$\boldsymbol{x}-\boldsymbol{p}=t\boldsymbol{a}$，あるいは

(1.14)
$$\boldsymbol{x} = \boldsymbol{p}+t\boldsymbol{a}$$

と書き直される．ここでtがあらゆる実数値をとれば，Xはl上のあらゆる位置をとる．(1.14)をtを**媒介変数**(**パラメータ**)とする直線lの**ベクトル方程式**といい，$\boldsymbol{a}$をlの**方向ベクトル**という．

通常のように，ベクトルを成分表示して，$\boldsymbol{a}=(a, b)$，$\boldsymbol{p}=(x_0, y_0)$，$\boldsymbol{x}=(x, y)$とすれば，(1.14)は

$$(x, y) = (x_0, y_0)+t(a, b),$$

すなわち

(1.15)
$$x = x_0+ta, \qquad y = y_0+tb$$

と表される．これはベクトル方程式を座標を用いて書き表したものである．$\boldsymbol{a}$は$\boldsymbol{0}$ではないから，(1.15)においてa, bの少なくとも一方は0ではない．

われわれは(1.15)からtを‘消去’して，これをx, yの1つの1次方程式の形に書きあらためることができる．すなわち，(1.15)の左の式にbを掛け，右の式にaを掛けて，前者から後者を引けば，$\alpha=b$，$\beta=-a$，$\gamma=ay_0-bx_0$として，

(1.16)
$$\alpha x+\beta y+\gamma = 0$$

となる．これは平面上の直線の方程式のよく知られた形である．

逆にわれわれは，(1.16)の形で与えられた直線の方程式を，(1.15)のように媒介変数を用いて表すことができる．そのことを示すために，いま(1.16)で表

される直線を m とし，またたとえば $\beta\neq 0$ とする．((1.16)は直線の方程式であるから，α, β の少なくとも一方は 0 ではない．）そのとき x_0 を任意の 1 つの実数として，$y_0=-(\alpha x_0+\gamma)/\beta$ とおけば，(x_0, y_0) は m 上の 1 つの点となり，方程式(1.16)は

$$\alpha x+\beta y+\gamma = \alpha x_0+\beta y_0+\gamma,$$

すなわち

$$\beta(y-y_0) = -\alpha(x-x_0)$$

と同等となる．そこで $x-x_0=t$ とおけば，上の式は

$$x = x_0+t, \qquad y = y_0-\frac{\alpha}{\beta}t$$

と書きかえられる．これは直線 m を媒介変数で表した 1 つの形である．ここでは $\boldsymbol{a}=(1, -\alpha/\beta)$ となっている．

もちろん(1.16)の形で与えられた直線を(1.15)のように媒介変数で表示する方法は 1 通りではない．点 (x_0, y_0) は直線上の任意の点をとることができるし，方向ベクトル $\boldsymbol{a}$ もそれと平行な任意のベクトルに代えることができるからである．

例 1.6　$|\boldsymbol{a}|=|\boldsymbol{b}|\neq 0$，$\boldsymbol{a}\neq\boldsymbol{b}$ のとき，$\angle AOB$ の 2 等分線(延長も含む)のベクトル方程式は

(1.17)　$$\boldsymbol{x} = t(\boldsymbol{a}+\boldsymbol{b})$$

で与えられる．ただし O は座標の原点である．

証明　第 24 図からわかるように，この 2 等分線の方向ベクトルは $(\boldsymbol{a}+\boldsymbol{b})/2$，あるいは同じことであるが $\boldsymbol{a}+\boldsymbol{b}$ で与えられる．したがって，ベクトル方程式(1.17)が得られる．∎

例 1.7　2 点 A, B(ただし $A\neq B$)を通る直線のベクトル方程式は

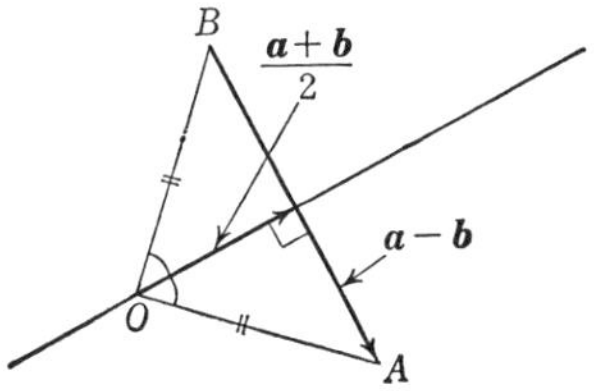

第 24 図

(1.18)
$$\boldsymbol{x} = \boldsymbol{a}+t(\boldsymbol{b}-\boldsymbol{a}),$$
あるいは

(1.18)′
$$\boldsymbol{x} = (1-t)\boldsymbol{a}+t\boldsymbol{b}$$
で与えられる．

証明　この直線は点Aを通り，ベクトル$\overrightarrow{AB}=\boldsymbol{b}-\boldsymbol{a}$に平行である．したがってそのベクトル方程式は(1.18)で与えられる．(1.18)′は(1.18)を書き直しただけである．▌

$1-t=s$とおけば(1.18)′は次の形にも書かれる：

(1.18)″
$$\boldsymbol{x} = s\boldsymbol{a}+t\boldsymbol{b}, \qquad s+t = 1.$$
ここでs, tは$s+t=1$を満たすようなすべての実数の組を動くのである．

例 1.8　平面上の3点A, B, Cが同一直線上にあるための必要十分条件は，少なくとも1つは0でない適当な実数a, b, cに対して

(1.19)
$$a\boldsymbol{a}+b\boldsymbol{b}+c\boldsymbol{c} = \boldsymbol{0}, \qquad a+b+c = 0$$
が成り立つことである．

証明　まずA, B, Cが同一直線上にあるとしよう．もし$A=B$ならば，$a=1$，$b=-1$，$c=0$として(1.19)が成り立つ．また$A \neq B$ならば，直線ABの方程式は(1.18)″で与えられ，点Cはその直線上にあるから，
$$\boldsymbol{c} = a\boldsymbol{a}+b\boldsymbol{b}, \qquad a+b = 1$$
となるような実数a, bが存在する．そこで$c=-1$とおけば明らかに(1.19)が成り立ち，cは0ではない．

逆に(1.19)を成り立たせるような，少なくとも1つは0でない数a, b, cが存在したとしよう．もし$A=B$ならばもちろんA, B, Cは1直線上にあるから，$A \neq B$と仮定する．そうすれば(1.19)においてcは0ではない．なぜなら，もし$c=0$ならば
$$a\boldsymbol{a}+b\boldsymbol{b} = \boldsymbol{0}, \qquad a = -b$$
となり，$a\boldsymbol{a}=-b\boldsymbol{b}=a\boldsymbol{b}$，$a \neq 0$であるから，$\boldsymbol{a}=\boldsymbol{b}$となる．これはわれわれの上の仮定に反する．

さて$c \neq 0$であるから，(1.19)から
$$\boldsymbol{c} = -\frac{a}{c}\boldsymbol{a}-\frac{b}{c}\boldsymbol{b}, \qquad -\frac{a}{c}-\frac{b}{c} = 1$$

が得られる．よって $-a/c=a'$，$-b/c=b'$ とおけば，$\boldsymbol{c}=a'\boldsymbol{a}+b'\boldsymbol{b}$，$a'+b'=1$. ゆえに C は直線 AB 上にある．▌

問　題

1. $\boldsymbol{a}, \boldsymbol{b}, \boldsymbol{c}$ を任意のベクトルとするとき，位置ベクトルが $2\boldsymbol{a}+\boldsymbol{c}$, $3\boldsymbol{a}-\boldsymbol{b}$, $2\boldsymbol{b}+3\boldsymbol{c}$ である3点は1直線上にあることを示せ．

2. 一般に $\angle AOB$ の2等分線のベクトル方程式は

$$\boldsymbol{x}=t\left(\frac{\boldsymbol{a}}{|\boldsymbol{a}|}+\frac{\boldsymbol{b}}{|\boldsymbol{b}|}\right)$$

で与えられることを証明せよ．ただし O は座標原点とする．

3. $A(4,2), B(-1,3)$ であるとき，前問を用いて $\angle AOB$ の2等分線の傾きを求めよ．

4. 線分 AB は，位置ベクトルが

$$\boldsymbol{x}=s\boldsymbol{a}+t\boldsymbol{b},\quad s+t=1,\quad s\geqq 0,\ t\geqq 0$$

の形に表される点 X の全体から成ることを証明せよ．

§7　直線の方程式(II)

今度は，平面上の与えられた点 P を通り，与えられた $\boldsymbol{0}$ でないベクトル $\boldsymbol{a}$ に垂直な直線 l を考える(第25図)．

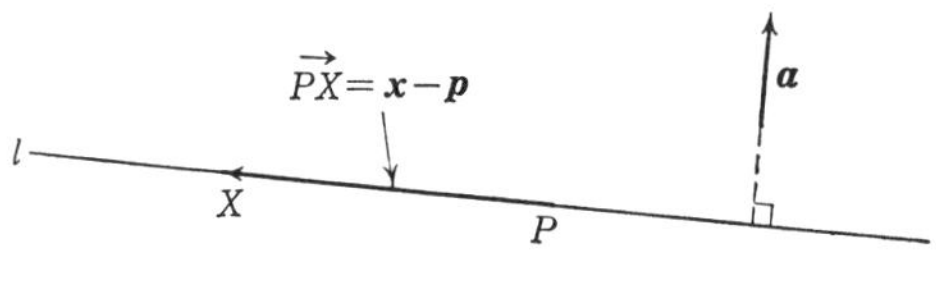

第25図

点 X が直線 l 上にあるためには，ベクトル $\overrightarrow{PX}$ が $\boldsymbol{a}$ に垂直であることが必要かつ十分である．$\overrightarrow{PX}=\boldsymbol{x}-\boldsymbol{p}$ であるから，このことは

(1.20)　$$\boldsymbol{a}\cdot(\boldsymbol{x}-\boldsymbol{p})=0 \quad \text{または} \quad \boldsymbol{a}\cdot\boldsymbol{x}=\boldsymbol{a}\cdot\boldsymbol{p}$$

と表される．これが点 P を通ってベクトル $\boldsymbol{a}$ に垂直な直線の方程式である．

前のように $\boldsymbol{a}=(a,b)$，$\boldsymbol{p}=(x_0,y_0)$，$\boldsymbol{x}=(x,y)$ とおけば，(1.20)は

(1.21)　$$a(x-x_0)+b(y-y_0)=0$$

または

(1.21)′　$$ax+by=ax_0+by_0$$

と書かれる．(1.21)′ の右辺は1つの定数であるから，これを c とおけば，方程式は

$$ax+by=c \tag{1.22}$$

となる．これはふたたび平面上の直線の方程式のよく知られた形である．

逆に(1.22)の方程式で表される直線が与えられたとき，その上に1つの点 (x_0, y_0) をとれば，(1.22)は(1.21)′ あるいは(1.21)の形に書き直される．したがってこの直線は，点 (x_0, y_0) を通ってベクトル (a, b) に垂直な直線である．方程式(1.22)における係数の組 (a, b) は，この直線に垂直な1つのベクトルを表しているのである．このベクトルを直線の**法ベクトル**という．もちろん法ベクトルも一意的には定まらない．$\boldsymbol{a}$ が1つの法ベクトルならば $k\boldsymbol{a}\,(k\neq 0)$ も同じ直線の法ベクトルである．

例 1.9　前節の例1.6で考えた $\angle AOB$ の2等分線は，方程式

$$(\boldsymbol{a}-\boldsymbol{b})\cdot\boldsymbol{x}=0 \tag{1.23}$$

でも表される．

証明　求める2等分線は，原点を通ってベクトル $\boldsymbol{a}-\boldsymbol{b}$ に垂直な直線である．(p.23の第24図参照．) したがってその方程式は(1.23)で与えられる．読者はこれを前に求めたベクトル方程式(1.17)と比較されたい．▌

例 1.10　原点からの距離が $d(>0)$ である直線 l の方程式は

$$ax+by=d \qquad (a^2+b^2=1) \tag{1.24}$$

で与えられる．ここに $\boldsymbol{a}=(a, b)$ は原点から l に下した垂線と同じ向きの単位ベクトルである．(第26図参照．)

証明　O から l に下した垂線の足を P とすれば，OP の長さは d であって，ベクトル $\boldsymbol{a}$ はベクトル $\overrightarrow{OP}$ と同じ向きの単位ベクトルであるから，

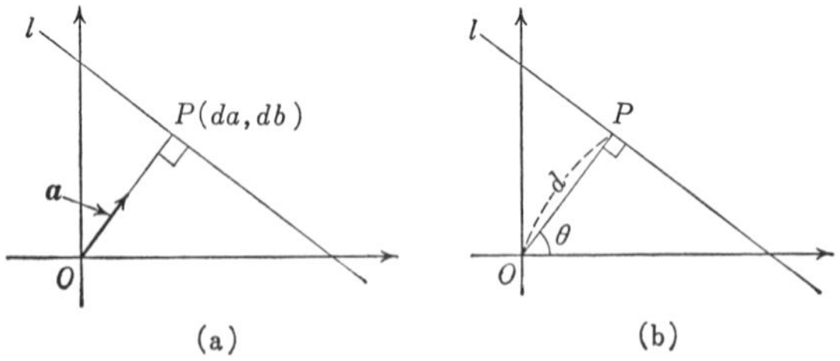

第26図

$$\overrightarrow{OP} = d\boldsymbol{a}$$

となる．したがって P の座標は (da, db) である．l は P を通ってベクトル $\boldsymbol{a}=(a, b)$ に垂直な直線であるから，(1.21)′ によってその方程式は，

$$ax+by = a(da)+b(db)$$

で与えられる．$\boldsymbol{a}=(a, b)$ は単位ベクトルであるから，この右辺は $d(a^2+b^2)=d$ に等しい．▌

(1.24)を平面上の直線の方程式の**標準形**という．第26図(b)のように，垂線 OP が x 軸の正の方向となす角を θ とすれば，(1.24)を

$$x\cos\theta+y\sin\theta = d$$

とも書くことができる．なぜなら $\boldsymbol{a}=(\cos\theta, \sin\theta)$ であるからである．

例 1.11　直線 l の方程式を $\boldsymbol{a}\cdot\boldsymbol{x}=c$ とし，P を平面上の与えられた点とする．P から l に下した垂線の足を求めよ．また，その垂線の長さを求めよ．

解　P から l に下した垂線の足を Q とする．法ベクトル $\boldsymbol{a}$ は l に垂直であるから，$\overrightarrow{PQ}$ は $\boldsymbol{a}$ に平行である(第27図)．

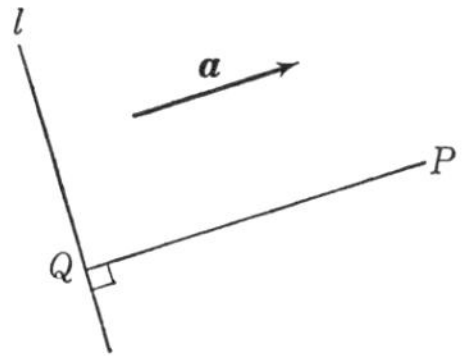

第27図

したがって，適当な実数 k によって $\overrightarrow{PQ}=k\boldsymbol{a}$ と書くことができる．これより

$$\boldsymbol{q}-\boldsymbol{p} = k\boldsymbol{a} \quad \text{あるいは} \quad \boldsymbol{q} = \boldsymbol{p}+k\boldsymbol{a}.$$

そして Q は l 上にあるから

$$\boldsymbol{a}\cdot\boldsymbol{q} = c \quad \text{すなわち} \quad \boldsymbol{a}\cdot\boldsymbol{p}+k(\boldsymbol{a}\cdot\boldsymbol{a}) = c.$$

ゆえに

$$k = \frac{c-\boldsymbol{a}\cdot\boldsymbol{p}}{|\boldsymbol{a}|^2}.$$

これを $\boldsymbol{q}=\boldsymbol{p}+k\boldsymbol{a}$ に代入して

$$\boldsymbol{q} = \boldsymbol{p}-\frac{\boldsymbol{a}\cdot\boldsymbol{p}-c}{|\boldsymbol{a}|^2}\boldsymbol{a}.$$

これが垂線の足 Q の位置ベクトルである．

また垂線 PQ の長さを d とすれば，$d=|\overrightarrow{PQ}|=|k||\boldsymbol{a}|$ であって，これに上に得た k の値を代入すれば

$$d=\frac{|\boldsymbol{a}\cdot\boldsymbol{p}-c|}{|\boldsymbol{a}|}.$$

これが垂線の長さである．▌

問　　題

1. 媒介変数 t によって $x=x_0+\alpha t$，$y=y_0+\beta t$ と表される直線と，方程式 $ax+by=c$ で表される直線とが平行である(一致する場合も含む)ための必要十分条件，直交するための必要十分条件を，それぞれ係数 α,β,a,b によって表せ．

2. 2直線 $3x-2y=5$，$4x+2y=1$ の交角 θ の余弦の値を求めよ．

3. $|\boldsymbol{a}|=|\boldsymbol{b}|\neq 0$，$\boldsymbol{a}\neq\boldsymbol{b}$ のとき，ベクトル方程式(1.17)で表される直線と方程式(1.23)で表される直線とが一致することを，計算によって確かめよ．

4. 一般に $\angle AOB$ の2等分線の方程式は

$$\left(\frac{\boldsymbol{a}}{|\boldsymbol{a}|}-\frac{\boldsymbol{b}}{|\boldsymbol{b}|}\right)\cdot\boldsymbol{x}=0$$

で与えられることを示せ．ただし O は座標原点である．

5. $A(13,7),B(1,2),C(-2,6)$ のとき，$\angle ABC$ の2等分線の方程式を求めよ．

6. 例1.11の結果を用いて次のことを示せ：方程式 $ax+by+c=0$ で表される直線 l に点 $P(x_0,y_0)$ から下した垂線の足 Q の座標 (x',y') は

$$x'=x_0-\frac{ax_0+by_0+c}{a^2+b^2}a,\qquad y'=y_0-\frac{ax_0+by_0+c}{a^2+b^2}b$$

で与えられる．また垂線 PQ の長さ(P から l までの距離)は

$$\frac{|ax_0+by_0+c|}{\sqrt{a^2+b^2}}$$

で与えられる．

7. 原点から次の各直線に下した垂線の足の座標，およびその垂線の長さを求めよ．また原点のかわりに点 $(2,-10)$ をとって，同じ問題を考えよ．

(a)　$3x-2y=13$　　　(b)　$4x+3y+18=0$

8. 前問の2つの直線をそれぞれ標準形で表せ．

§8　平面幾何学への応用

この節では，前節までの結果を応用して，2つの有名な平面幾何学の古典的

定理の証明を与える．はじめの定理の証明は，例 1.5 の証明に用いた構図の中で簡単に与えられる．第 2 の定理の証明は，実際にはベクトルの手法によるよりも，いわゆる射影幾何学式の巧妙な推論によるほうが，ずっとエレガントである．しかし，ベクトルを用いれば，下に示すように，この種の定理にも，ある意味で機械的な，'計算による証明' を与えることができる．本節を設けた目的の 1 つは，ベクトルのこのような効用を示すことである．また目的の他の 1 つは，今日の教育課程では閑却されている初等幾何学の豊富で興味深い諸結果の一端に，ベクトルを通じて触れてみるということである．この種のことに興味をもたない読者は本節を省略してさしつかえない．

例 1.12(九点円)　三角形 ABC において 3 辺 BC, CA, AB の中点をそれぞれ L, M, N, 3 頂点 A, B, C から対辺に下した垂線の足をそれぞれ D, E, F, さらに 3 頂点 A, B, C と垂心 H とを結ぶ線分の中点をそれぞれ P, Q, R とする．そのとき，9 点 $L, M, N, D, E, F, P, Q, R$ は同一円周上にある(第 28 図(a))．

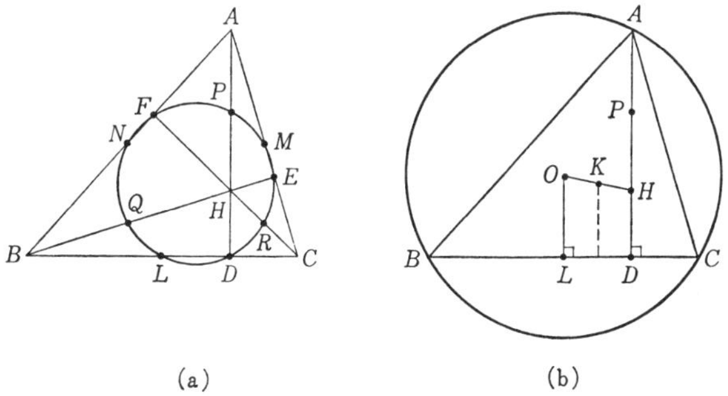

第 28 図

この円は三角形 ABC の **九点円**とよばれる．下の証明でみるように，この円の中心は外心 O と垂心 H を結ぶ線分 OH の中点で，半径は三角形 ABC の外接円の半径の 1/2 に等しい．

証明　例 1.5 の証明でしたように，三角形 ABC の外心 O を基準とする位置ベクトルを考える．外心 O と垂心 H を結ぶ線分 OH の中点を K とする．そのとき第 28 図(b)の 3 点 L, P, D がいずれも点 K から $|\boldsymbol{a}|/2$ の距離にあることを示そう．

例1.5の証明でみたようにHの位置ベクトルは$\boldsymbol{h}=\boldsymbol{a}+\boldsymbol{b}+\boldsymbol{c}$であるから，$K$の位置ベクトルは

$$\boldsymbol{k}=\frac{\boldsymbol{a}+\boldsymbol{b}+\boldsymbol{c}}{2} \tag{1.25}$$

である．またL, Pの位置ベクトルはそれぞれ

$$\boldsymbol{l}=\frac{\boldsymbol{b}+\boldsymbol{c}}{2}, \tag{1.26}$$

$$\boldsymbol{p}=\frac{\boldsymbol{a}+\boldsymbol{h}}{2}=\boldsymbol{a}+\frac{\boldsymbol{b}+\boldsymbol{c}}{2} \tag{1.27}$$

となる．(1.25), (1.26), (1.27)によって

$$\boldsymbol{l}-\boldsymbol{k}=-\frac{\boldsymbol{a}}{2}, \quad \boldsymbol{p}-\boldsymbol{k}=\frac{\boldsymbol{a}}{2}.$$

ゆえにKL, KPの長さはともに$|\boldsymbol{a}|/2$に等しい．(なお上の式からわかるようにKは線分LPの中点である．) またKはOHの中点であるから，KからBCに下した垂線は線分LDを2等分し，したがって三角形KLDはKL, KDを等辺とする2等辺三角形である．よってKDの長さも$|\boldsymbol{a}|/2$に等しい．以上でL, P, DはいずれもKから$|\boldsymbol{a}|/2$の距離にあることが証明された．

全く同様にして，3点M, Q, Eは点Kから$|\boldsymbol{b}|/2$の距離に，3点N, R, FはKから$|\boldsymbol{c}|/2$の距離にあることがわかる．そして$|\boldsymbol{a}|=|\boldsymbol{b}|=|\boldsymbol{c}|$であるから，結局9点$L, M, N, D, E, F, P, Q, R$はすべて点$K$を中心とする半径$|\boldsymbol{a}|/2$の円周上にある．これで証明が終った．▌

次の例を述べる前に，1つの簡単な事実に注意しておく．それはベクトル$\boldsymbol{m}$, $\boldsymbol{n}$(ただし$\boldsymbol{m}\neq\boldsymbol{0}$, $\boldsymbol{n}\neq\boldsymbol{0}$)が平行でないならば，

$$a\boldsymbol{m}+b\boldsymbol{n}=a'\boldsymbol{m}+b'\boldsymbol{n}$$

が成り立つのは$a=a'$, $b=b'$のときに限る，ということである．実際，上式が成り立つとき，もし$a\neq a'$ならば

$$\boldsymbol{m}=\frac{b'-b}{a-a'}\boldsymbol{n}$$

となって，$\boldsymbol{m}, \boldsymbol{n}$が平行でないという仮定に反する．ゆえに$a=a'$, $b=b'$でなければならない．

例 1.13(**デザルグの定理**)　第29図のように，2つの三角形ABC, $A'B'C'$の

対応する頂点を結ぶ直線 AA', BB', CC' が1点 O で交わるとする．そのとき，対応する辺 $BC, B'C'$; $CA, C'A'$; $AB, A'B'$（またはその延長）がそれぞれ点 P, Q, R で交わるとすれば，これらの交点 P, Q, R は1直線上にある．

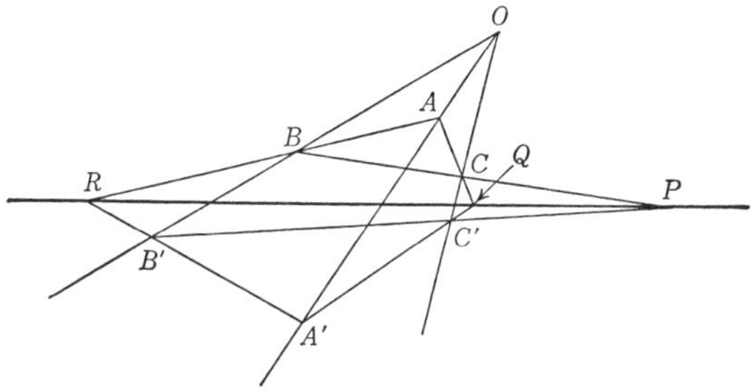

第29図

証明　点 O を基準とする位置ベクトルを考える．O, A, A'; O, B, B'; O, C, C' はそれぞれ1直線上にあるから，適当な数 a, b, c によって

$$\boldsymbol{a}' = a\boldsymbol{a}, \quad \boldsymbol{b}' = b\boldsymbol{b}, \quad \boldsymbol{c}' = c\boldsymbol{c}$$

と書くことができる．われわれの図形の意味によって $a \neq 1$, $b \neq 1$, $c \neq 1$ と考えてよい．これらの数 a, b, c とベクトル $\boldsymbol{a}, \boldsymbol{b}, \boldsymbol{c}$ によって，点 P, Q, R の位置ベクトル $\boldsymbol{p}, \boldsymbol{q}, \boldsymbol{r}$ を表してみよう．

例1.7によって，直線 BC のベクトル方程式は

$$\boldsymbol{x} = (1-t)\boldsymbol{b} + t\boldsymbol{c}$$

で与えられ，直線 $B'C'$ のベクトル方程式は

$$\boldsymbol{x} = (1-t)\boldsymbol{b}' + t\boldsymbol{c}' = (1-t)b\boldsymbol{b} + tc\boldsymbol{c}$$

で与えられる．P はこれらの直線の交点であるから

$$\boldsymbol{p} = (1-\alpha)\boldsymbol{b} + \alpha\boldsymbol{c},$$
$$\boldsymbol{p} = (1-\beta)b\boldsymbol{b} + \beta c\boldsymbol{c}$$

を満たすような実数 α, β が存在する．上の2式から

$$(1-\alpha)\boldsymbol{b} + \alpha\boldsymbol{c} = (1-\beta)b\boldsymbol{b} + \beta c\boldsymbol{c}.$$

そこで，例の前に述べた注意を用いれば

$$1-\alpha = (1-\beta)b, \quad \alpha = \beta c$$

が得られ，α, β に関するこの連立1次方程式を解けば

$$\alpha = \frac{c(b-1)}{b-c}, \qquad \beta = \frac{b-1}{b-c}$$

となる．（われわれは直線 BC と $B'C'$ とが交わると仮定しているから，b と c とは等しくない．もし $b=c$ ならば両直線は平行となる.）上に求めた α の値を $\boldsymbol{p}=(1-\alpha)\boldsymbol{b}+\alpha\boldsymbol{c}$ に代入すれば

$$\boldsymbol{p} = \frac{b(1-c)}{b-c}\boldsymbol{b} - \frac{c(1-b)}{b-c}\boldsymbol{c}.$$

これが交点 P の位置ベクトルである．

同様にして，交点 Q, R の位置ベクトルはそれぞれ

$$\boldsymbol{q} = \frac{c(1-a)}{c-a}\boldsymbol{c} - \frac{a(1-c)}{c-a}\boldsymbol{a},$$

$$\boldsymbol{r} = \frac{a(1-b)}{a-b}\boldsymbol{a} - \frac{b(1-a)}{a-b}\boldsymbol{b}$$

であることがわかる．上の3つの式にそれぞれ $(1-a)(b-c)$, $(1-b)(c-a)$, $(1-c)(a-b)$ を掛けて加えれば，簡単な計算によって

$$(1-a)(b-c)\boldsymbol{p}+(1-b)(c-a)\boldsymbol{q}+(1-c)(a-b)\boldsymbol{r} = \boldsymbol{0}$$

が得られる．しかも

$$(1-a)(b-c)+(1-b)(c-a)+(1-c)(a-b) = 0$$

である．例1.8によれば，これは3点 P, Q, R が同一直線上にあることを示している．これで定理は証明された．▌

問　　題

1. 第30図のような四辺形 $OACB$ の辺 OA, BC の延長の交点を D，辺 OB, AC の延長の交点を E とすれば，線分 AB, OC, DE の中点 P, Q, R は1直線上にある(ニュー

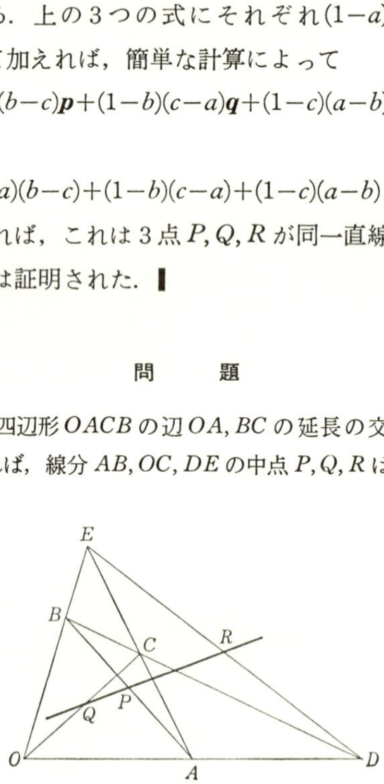

第30図

トンの定理)．このことを位置ベクトルを用いて証明せよ．

§9　空間の座標と空間内のベクトル

われわれはすでに直線上の点や平面上の点を座標を用いて表すことを知っているが，空間の点の座標は次のようにして定められる．

空間の座標は1点 O で互いに直交する3本の**座標軸**によって決定される．普通，これらを x **軸**，y **軸**，z **軸**とよぶ．これらは O を原点とする(同じ単位の長さと第31図のような正の向きとをもつ)数直線である．点 O を座標の**原点**とよぶ．

x 軸と y 軸によって定められる平面は，この空間内の xy 平面とよばれる．yz 平面，zx 平面についても同様である．

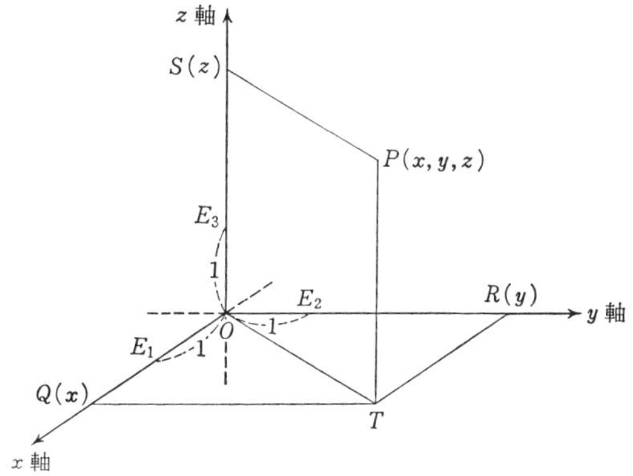

第31図

空間の点 P の座標は第31図のようにして定められる．すなわち第31図のように点 Q, R, S を定め，これらの点の各座標軸上での座標をそれぞれ x, y, z とする．このとき，3つの数の組 (x, y, z) が点 P の**座標**である．P の座標が (x, y, z) であることを $P(x, y, z)$ あるいは $P=(x, y, z)$ と書く．

第31図で，たとえば点 Q は，点 P を通り yz 平面に平行な平面が x 軸と交わる点である．またそれは P から x 軸に下した垂線の足にも等しい．第31図で T と記されている点は P から xy 平面に下した垂線の足である．

逆に3つの数の組 (x, y, z) を与えれば，それから空間内の1点が決定される．

このようにして，空間のすべての点と3つの実数の組とが1対1に対応する．空間の座標を(x, y, z)のかわりに(x_1, x_2, x_3)と書くことも多い．

第31図のE_1, E_2, E_3は3つの**単位点**である．

空間の3本の座標軸は空間を8つの部分に分ける．これらの部分をそれぞれ**象限**とよぶが，平面の場合と違ってそれらに特定の順番はつけられていない．しかし，$x>0$, $y>0$, $z>0$を満たす点(x, y, z)全体の集合を**正象限**，$x \geqq 0$, $y \geqq 0$, $z \geqq 0$を満たす点(x, y, z)全体の集合を**非負象限**などとよぶことは，平面の場合と同様である．

空間における有向線分やベクトルの定義は，平面の場合と全く同様にしてなされる．すなわち空間の**有向線分**ABは空間の2点A, Bの順序づけられた組である．2つの有向線分AB, CDが**対等**であるとは，両者の長さと向きがそれぞれ等しいこと，いいかえれば平行移動によって一方が他方に移ることである．ベクトル$\overrightarrow{AB}$とは，有向線分ABに対等な有向線分全体の集合である．より感覚的にいうならば，有向線分の長さと向きだけに注目して位置を無視したものがベクトルである．

座標軸を設ければ，空間の任意のベクトル$\boldsymbol{a}$は，3つの成分によって

$$\boldsymbol{a} = (a_1, a_2, a_3)$$

と表される．a_1, a_2, a_3はそれぞれ$\boldsymbol{a}$のx**成分**，y**成分**，z**成分**である．$\boldsymbol{a}=\overrightarrow{OA}$（$O$は座標の原点）とすれば，点$A$の座標が$(a_1, a_2, a_3)$に等しい．

ベクトル$\boldsymbol{a}=(a_1, a_2, a_3)$の長さは$|\boldsymbol{a}|=\sqrt{a_1{}^2+a_2{}^2+a_3{}^2}$で与えられる．実際ピタゴラスの定理により，第32図(b)において，

$$OA^2 = OT^2+TA^2 = OQ^2+QT^2+TA^2$$

であるからである．

ベクトルの加法や実数倍，ベクトルの内積などの定義も——代数的な意味でも幾何学的な意味でも——平面の場合と全く同様である．たとえば，ベクトル$\boldsymbol{a}=(a_1, a_2, a_3)$と$\boldsymbol{b}=(b_1, b_2, b_3)$の内積は

$$\boldsymbol{a}\cdot\boldsymbol{b} = a_1b_1+a_2b_2+a_3b_3, \tag{1.28}$$

あるいは

$$\boldsymbol{a}\cdot\boldsymbol{b} = |\boldsymbol{a}||\boldsymbol{b}|\cos\theta \tag{1.29}$$

によって定義される．θは$\boldsymbol{a}, \boldsymbol{b}$の間の角である．この代数的な定義(1.28)と幾

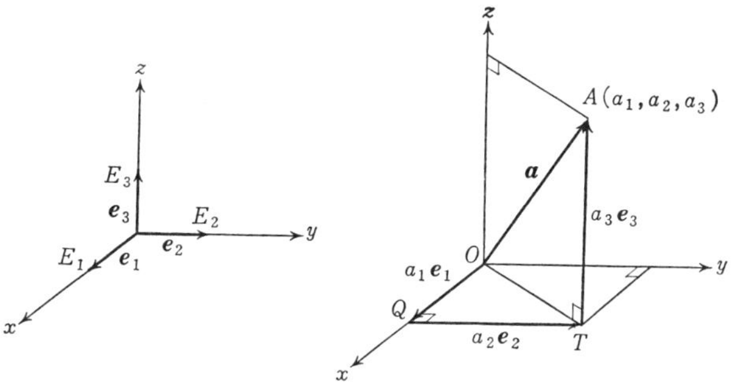

(a)　　　　　　　　　(b)

第 32 図

何学的な定義(1.29)とが一致することは，§4の場合と同様の議論によって証明される．$\boldsymbol{a}, \boldsymbol{b}$ が直交するための必要十分条件は $\boldsymbol{a}\cdot\boldsymbol{b}=0$ である．またベクトル $\boldsymbol{a}$ の長さ $|\boldsymbol{a}|$ は $\sqrt{\boldsymbol{a}\cdot\boldsymbol{a}}$ に等しい．

空間の場合には第32図(a)に示したように，3つの**基本ベクトル** $\overrightarrow{OE_1}=\boldsymbol{e}_1$, $\overrightarrow{OE_2}=\boldsymbol{e}_2$, $\overrightarrow{OE_3}=\boldsymbol{e}_3$ がある．これらは互いに直交し，いずれも長さが1である．これらの基本ベクトルを用いれば，ベクトル $\boldsymbol{a}=(a_1, a_2, a_3)$ は

$$\boldsymbol{a} = a_1\boldsymbol{e}_1+a_2\boldsymbol{e}_2+a_3\boldsymbol{e}_3$$

と表される．

問　　題

1. 空間の2点 $A(a_1, a_2, a_3), B(b_1, b_2, b_3)$ の距離は

$$\sqrt{(a_1-b_1)^2+(a_2-b_2)^2+(a_3-b_3)^2}$$

で与えられることを示せ．

2. 空間において方程式 $(x-a)^2+(y-b)^2+(z-c)^2=r^2$ $(a, b, c, r$ は定数で $r>0)$ で表される図形は何か．

3. $A(2, 0, 0), B(0, -1, 0)$ とする．$AP:PB=2:1$ であるような空間の点 P 全体の集合はどんな図形となるか．

4. $A(1, 2, 3), B(2, 3, 1), C(3, 1, 2)$ とする．

(a) 三角形 ABC は正三角形であることを示せ．

(b) この三角形を1つの面とする正四面体の第4の頂点 D の座標を求めよ．

(c) 内積 $\overrightarrow{AB}\cdot\overrightarrow{CD}$ を求めよ．

5. $\boldsymbol{a}=(3,0,-2)$, $\boldsymbol{b}=(1,2,-2)$ とする. $|\boldsymbol{a}-t\boldsymbol{b}|$ が最小となるような t の値 t_0 を求めよ. また $\boldsymbol{a}-t_0\boldsymbol{b}$ と $\boldsymbol{b}$ は直交することを確かめよ.

§10　空間における直線・平面の方程式

前に§6,§7で平面上の直線の方程式を求めたが, それと同様の方法によって, 空間における直線や平面の方程式を求めることができる. 以下本節で点あるいはベクトルというのは, 空間における点とベクトルとを意味する.

まず空間においても, その任意の点 A の**位置ベクトル**が, ベクトル $\boldsymbol{a}=\overrightarrow{OA}$ として定義される. O は座標の原点である. (もちろん必要に応じて原点以外に基準の点をとることもできる.) そのとき, たとえば例1.1の内分点の公式は平面の場合と全く同様に成り立つ. また空間の三角形 ABC の重心の位置ベクトルが $(\boldsymbol{a}+\boldsymbol{b}+\boldsymbol{c})/3$ で与えられることなども, 前と同様である.

P を1つの点とし, $\boldsymbol{a}$ を $\boldsymbol{0}$ でない1つのベクトルとする. P を通って $\boldsymbol{a}$ に平行な直線 l の**ベクトル方程式**は, 前と同様に

(1.30)
$$\boldsymbol{x}=\boldsymbol{p}+t\boldsymbol{a}$$

によって与えられる. t は**媒介変数**(**パラメータ**)である.

ベクトルを成分表示して $\boldsymbol{a}=(a,b,c)$, $\boldsymbol{p}=(x_0,y_0,z_0)$, $\boldsymbol{x}=(x,y,z)$ とすれば, (1.30)は

(1.31)
$$x=x_0+ta,\qquad y=y_0+tb,\qquad z=z_0+tc$$

と書かれる. これが座標を用いて表した空間内の直線の方程式である. $\boldsymbol{a}$ は $\boldsymbol{0}$ ではないから, a,b,c の少なくとも1つは0ではない.

平面上の直線の場合には, 媒介変数 t で表された方程式から t を消去して, それを x,y の単一の方程式の形に表すことができた. 空間内の直線の場合にはこのことは不可能である. しかし a,b,c がどれも0でなければ, (1.31)から t を'消去'して, これを次の形に書くことができる:

(1.32)
$$\frac{x-x_0}{a}=\frac{y-y_0}{b}=\frac{z-z_0}{c}.$$

この式はみかけ上1つにみえるけれども, 実際は2つの方程式である. 式のうちに2つの等号が含まれているからである.

$\boldsymbol{a}=(a,b,c)$ を直線(1.32)の**方向ベクトル**という. a,b,c のうちに0があると

きにも，適当な解釈を与えれば，やはり(1.32)によって直線を表すことができる．たとえば $a=0$ で，$b\neq 0$，$c\neq 0$ の場合には，(1.32)は

$$x=x_0,\qquad \frac{y-y_0}{b}=\frac{z-z_0}{c}$$

を意味すると解釈すればよい．

次に空間における平面の方程式を考える．

前と同じく，P を与えられた点，$\boldsymbol{a}$ を $\boldsymbol{0}$ でないベクトルとする．そのとき第33図にえがかれているように，P を通って $\boldsymbol{a}$ に垂直な1つの平面 α が定められる．(空間においては，点 P を通ってベクトル $\boldsymbol{a}$ に垂直な直線というのは一意的には定まらない．点 P を通り平面 α に含まれる直線はすべて $\boldsymbol{a}$ に垂直である.)

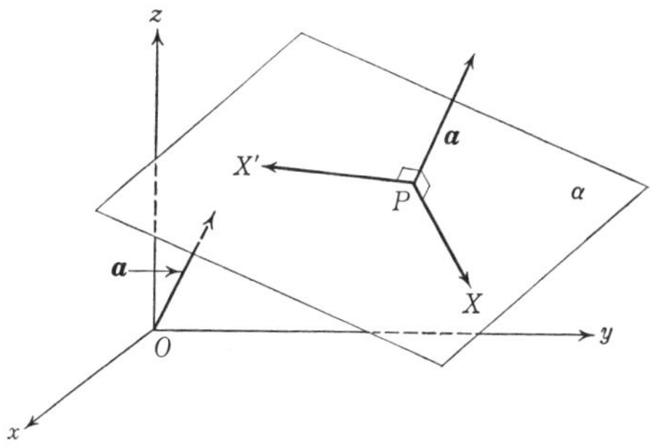

第33図

空間の点 X がその平面上にあるためには，ベクトル $\overrightarrow{PX}=\boldsymbol{x}-\boldsymbol{p}$ が $\boldsymbol{a}$ に垂直であることが必要かつ十分であるから，平面 α の方程式は

(1.33)　$$\boldsymbol{a}\cdot(\boldsymbol{x}-\boldsymbol{p})=0\quad\text{または}\quad \boldsymbol{a}\cdot\boldsymbol{x}=\boldsymbol{a}\cdot\boldsymbol{p}$$

となる．ふたたび前のように $\boldsymbol{a}=(a,b,c)$，$\boldsymbol{p}=(x_0,y_0,z_0)$，$\boldsymbol{x}=(x,y,z)$ とおけば，これは

(1.34)　$$a(x-x_0)+b(y-y_0)+c(z-z_0)=0$$

と書かれる．さらに定数 $ax_0+by_0+cz_0$ を d とおけば，(1.34)は

(1.35)　$$ax+by+cz=d$$

となる．

逆に (a,b,c) が零ベクトルでないならば，方程式(1.35)は空間内の1つの平

面を表す．なぜなら，(1.35)を満たす(x, y, z)の1組を(x_0, y_0, z_0)とすれば——たとえば$a \neq 0$ならば，$x_0=d/a$，$y_0=0$，$z_0=0$とすればよい——(1.35)は(1.34)の形に書き直され，それは点(x_0, y_0, z_0)を通ってベクトル(a, b, c)に垂直な平面を表すからである．

これで空間においてはx, y, zの(単一の)1次方程式は1つの平面を表すことがわかった．

方程式(1.34)あるいは(1.35)における(a, b, c)はその平面に垂直な1つのベクトルである．これをその平面の**法ベクトル**という．

§7の例1.10や例1.11は，直線・平面の語をそれぞれ平面・空間におきかえれば，空間の場合にも成り立つ．すなわち次の通り：

例 1.14 空間において原点からの距離がdである平面の方程式は

(1.36) $$ax+by+cz = d \qquad (a^2+b^2+c^2=1)$$

と表される．ここに$\boldsymbol{a}=(a, b, c)$は原点からこの平面に下した垂線と同じ向きの単位ベクトルである．(1.36)を空間内の平面の方程式の**標準形**という．

例 1.15 平面αの方程式が$\boldsymbol{a}\cdot\boldsymbol{x}=d$で与えられているとき，空間内の1点$P$からこの平面に下した垂線の足$Q$の位置ベクトルは

$$\boldsymbol{q} = \boldsymbol{p} - \frac{\boldsymbol{a}\cdot\boldsymbol{p}-d}{|\boldsymbol{a}|^2}\boldsymbol{a},$$

またその垂線の長さ(点Pから平面αまでの距離)は

$$\frac{|\boldsymbol{a}\cdot\boldsymbol{p}-d|}{|\boldsymbol{a}|}$$

である．——

これらの例の証明は前と全く同様であるから再説しない．

最後にもう1つ，簡単な，しかし少し種類の違った例を述べておく．

例 1.16 rを正の定数とするとき，空間内で

(1.37) $$|\boldsymbol{x}| = r$$

を満たす点X全体の集合は，原点を中心とする半径rの**球**(正しくは**球面**)である．(すなわち(1.37)は‘球のベクトル方程式’である．) 座標を用いれば，(1.37)は

$$x^2+y^2+z^2 = r^2$$

と書かれる．$X_0(x_0, y_0, z_0)$をこの球面上の１点とするとき，X_0を通ってベクトル $\boldsymbol{x}_0$ に垂直な平面は，X_0 におけるこの球の**接平面**とよばれる．(1.33)によって，その方程式は

$$\boldsymbol{x}_0\cdot\boldsymbol{x} = \boldsymbol{x}_0\cdot\boldsymbol{x}_0 \quad \text{あるいは} \quad \boldsymbol{x}_0\cdot\boldsymbol{x} = r^2$$

となる．座標を用いて書けば

$$x_0x+y_0y+z_0z = r^2$$

である．たとえば，球 $x^2+y^2+z^2=50$ 上の点$(3, 4, 5)$における接平面の方程式は $3x+4y+5z=50$ で与えられる．

むろんこの例に述べたことは平面上の**円**に対しても成り立つ．すなわち，平面上の円 $x^2+y^2=r^2$ において，その上の１点(x_0, y_0)における接線の方程式は

$$x_0x+y_0y = r^2$$

である．

問　　題

1. ２点$(1, 2, 3)$, $(3, 1, -5)$を通る直線と xy 平面との交点を求めよ．また zx 平面との交点を求めよ．

2. 点$(-1, 2, 3)$を通って方向ベクトルが$(4, 0, 7)$である直線と平面 $x-4y+4z=5$ との交点を求めよ．

3. 次の平面の方程式を求めよ．

(a)　点$(-3, 1, 2)$を通り，ベクトル$(2, 4, -5)$に垂直な平面.

(b)　点$(5, 3, -2)$を通り，平面 $2x-3y+z=0$ に平行な平面.

(c)　３点$(3, 4, -1)$, $(1, 4, 5)$, $(3, 0, 5)$を通る平面.

4. ３点$(a, 0, 0)$, $(0, b, 0)$, $(0, 0, c)$ $(abc\neq 0)$を通る平面の方程式は

$$\frac{x}{a}+\frac{y}{b}+\frac{z}{c} = 1$$

であることを証明せよ.

5. 問題 3, 4 の平面を標準形で表せ.

6. 直線 $6(x-1)=3(y+2)=2(z+1)$を含み，原点を通る平面の方程式を求めよ．またこの直線を含み，点$(1, -1, 2)$を通る平面の方程式を求めよ.

7. 次の２直線を含む平面の方程式を求めよ：

$$x = \frac{y+5}{3} = \frac{z-1}{-3}, \qquad \frac{x}{6} = \frac{y+5}{-2} = \frac{z-1}{5}.$$

8. 2平面 $2x-y+z=3$, $x+2y-4z=0$ の法ベクトルのなす角(鋭角)の余弦を求めよ.

9. 問題8の2平面の交線の方程式とその方向ベクトルを求めよ.

10. 点 (x_0, y_0, z_0) から平面 $ax+by+cz+d=0$ までの距離は

$$\frac{|ax_0+by_0+cz_0+d|}{\sqrt{a^2+b^2+c^2}}$$

で与えられることを示せ.

11. 点 $(10, -5, 4)$ から平面 $6x-y-z=4$ に下した垂線の足を求めよ. また, その垂線の長さを求めよ.

12. $(3,0,0)$, $(0,3,0)$, $(0,0,3)$, $(4,4,4)$ を4頂点とする四面体の体積を求めよ.

13. 球 $(x-1)^2+(y+2)^2+(z-2)^2=11$ 上の点 $(2, -1, -1)$ における接平面の方程式を求めよ.

14. 球 $x^2+y^2+z^2=9$ の接平面で法ベクトル $(1,2,3)$ をもつものを求めよ.

15. $\boldsymbol{u}_1, \boldsymbol{u}_2$ を互いに直交する空間の2つの単位ベクトルとする. $\boldsymbol{a}$ を空間の任意に与えられたベクトルとし, $\boldsymbol{a}\cdot\boldsymbol{u}_1=c_1$, $\boldsymbol{a}\cdot\boldsymbol{u}_2=c_2$ とおく.

(a) $\boldsymbol{a}-c_1\boldsymbol{u}_1-c_2\boldsymbol{u}_2$ は $\boldsymbol{u}_1$ にも $\boldsymbol{u}_2$ にも直交することを示せ.

(b) t_1, t_2 を実数の変数とするとき, $|\boldsymbol{a}-t_1\boldsymbol{u}_1-t_2\boldsymbol{u}_2|$ は $t_1=c_1$, $t_2=c_2$ であるときに最小となることを証明せよ.

第2章　ベクトル空間

本章から本論がはじまる．本章ではまず，数ベクトルや行列などの基本的な例からはじめて，ベクトル空間の一般概念を導入し，基底・次元など，それに関する基礎的諸事項を説明する．いくつかの例や問題においては，ごくわずかではあるが，解析学の知識が要求される．解析学に不慣れな読者はそれらの例や問題(*印がつけられている)を省略してさしつかえない．

なお本章以後，しばしば集合に関する用語，記号を用いるので，周知のことであろうが，はじめにひととおり述べておく．

Sが集合であるとき，Sを構成するおのおののものをSの**要素**または**元**という．xがSの要素であることを$x \in S$と書く．またこのとき，xはSに**属する**，xはSの**中にある**，などという．$x \in S$の否定は$x \notin S$で表す．またたとえば"Sの任意の元xに対して"という文章を，"任意の$x \in S$に対して"のようにも書く．

元$a, b, c, \cdots$から成る集合を$\{a, b, c, \cdots\}$で表す．また$\{** | \cdots\cdots\}$という記号で"条件$\cdots\cdots$を満足するような$**$全体の集合"を表す．

S, S'が2つの集合で，Sのすべての要素がS'の要素であるとき，SはS'の**部分集合**であるといい，$S \subset S'$と書く．（高等学校の教科書では通常，記号$\subseteqq$が用いられているが，本書では$\subseteqq$のかわりに記号$\subset$を用いる.）明らかに，$S \subset S'$かつ$S' \subset S$ならば$S = S'$である．

要素を1つももたない集合を**空集合**という．少なくとも1つの要素をもつ集合は**空でない**という．

SとS'を2つの集合とする．SまたはS'の少なくとも一方の要素であるもの全体の集合はSとS'の**和集合**とよばれ，SとS'の共通の要素であるもの全体の集合はSとS'の**共通部分**とよばれる．和集合は$S \cup S'$で，共通部分は$S \cap S'$で表す．（もっとも和集合の記号は本書では以後使う機会がない.）またSの元xとS'の元x'との順序づけられた組(x, x')全体の集合はSとS'の**直積**または**デカルト積**とよばれる．これを$S \times S'$で表す．

もちろん和集合，共通部分，直積などの概念は，2つより多くの集合に対しても定義することができる．たとえば，3つの集合 S, S', S'' の直積 $S\times S'\times S''$ とは，$x\in S$, $x'\in S'$, $x''\in S''$ であるような x, x', x'' の順序づけられた組 (x, x', x'') 全体の集合である．

§1 数空間 $\boldsymbol{R}^n$

以後本書ではわれわれは実数全体の集合を太文字の $\boldsymbol{R}$ で表す．$\boldsymbol{R}$ の要素すなわち実数は，数直線上の点と1対1に対応させることができる．

またわれわれは，$\boldsymbol{R}$ の2つの直積 $\boldsymbol{R}\times\boldsymbol{R}$ を $\boldsymbol{R}^2$ で，3つの直積 $\boldsymbol{R}\times\boldsymbol{R}\times\boldsymbol{R}$ を $\boldsymbol{R}^3$ で表す．$\boldsymbol{R}^2$ の元は2つの実数の順序づけられた組 (x, y)，$\boldsymbol{R}^3$ の元は3つの実数の順序づけられた組 (x, y, z) である．

幾何学的には，これらはそれぞれ，座標軸を設けた平面あるいは空間の点として表される．この表示によって，$\boldsymbol{R}^2$ の元全体は平面上の点全体と，$\boldsymbol{R}^3$ の元全体は空間の点全体と1対1に対応する．

この意味でわれわれは，集合 $\boldsymbol{R}, \boldsymbol{R}^2, \boldsymbol{R}^3$ をしばしば‘直線 $\boldsymbol{R}$’，‘平面 $\boldsymbol{R}^2$’，‘空間 $\boldsymbol{R}^3$’とよぶ．より一般的には，空間の語を広義に用いて，$\boldsymbol{R}, \boldsymbol{R}^2, \boldsymbol{R}^3$ をそれぞれ **1次元**，**2次元**，**3次元**の**数空間**（くわしくは**実数空間**）という．

われわれはまた，$\boldsymbol{R}^2$ の元 (x, y) を平面上のベクトル，$\boldsymbol{R}^3$ の元 (x, y, z) を空間内のベクトルとして解釈することができる．また (x, y) や (x, y, z) のかわりに，(x_1, x_2) や (x_1, x_2, x_3) という記法を用いることもできる．

このように，その要素を‘点’あるいは‘ベクトル’と解釈することによって，数空間 $\boldsymbol{R}^2$ や $\boldsymbol{R}^3$ 上の幾何学——2次元および3次元の幾何学——が展開され

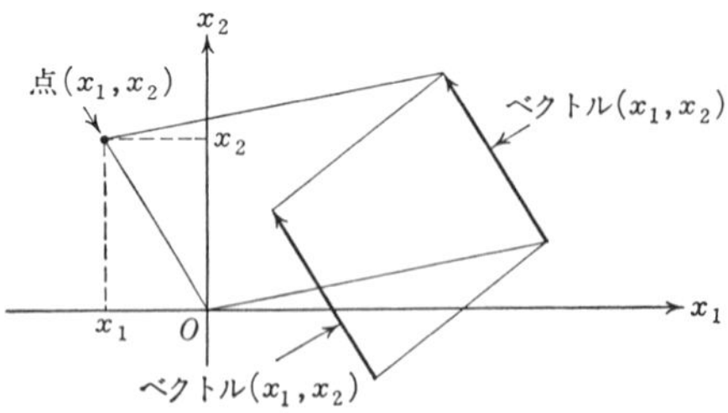

第1図

る．それについては基本的な事項を第1章で述べた．(第1図参照.)

$\boldsymbol{R}^2$ や $\boldsymbol{R}^3$ からさらに進んで，われわれは集合 $\boldsymbol{R}^4, \boldsymbol{R}^5, \boldsymbol{R}^6, \cdots$ を考えることができる．たとえば，$\boldsymbol{R}^5$ は5つの実数の組

$$(x_1, x_2, x_3, x_4, x_5)$$

全体の集合である．一般に n を正の整数とするとき，$\boldsymbol{R}^n$ は n 個の実数の組

$$(x_1, x_2, \cdots, x_n)$$

全体の集合である．(特に必要がなければ，‘順序づけられた’という語は以後省略する.)

集合 $\boldsymbol{R}^n$ を n **次元数空間**(または n **次元実数空間**)という．またその元を n **次元数空間の点**あるいは $\boldsymbol{R}^n$ **の点**という．

$n \geqq 4$ の場合には，われわれは $\boldsymbol{R}^n$ の点や部分集合を具体的な図に描くことはできない．しかし，2次元や3次元の場合(特に2次元の場合)の図を援用すれば，われわれは，われわれの取り扱う対象にある程度幾何学的なイメージを与えることができる．適切な幾何学的言語の使用はそのために有用である．

もちろん，“具体的な図がえがけない”という理由によって，$n \geqq 4$ の場合の考察を拒否すべきではない．なぜなら，自然現象や社会現象の数学的記述において，われわれはきわめて自然に，高次元の空間の考察へ導かれるからである．たとえば，ある経済現象は5つの変数 x_1, x_2, x_3, x_4, x_5 に関する1組の連立方程式あるいは連立不等式によって記述されるとしよう．そのときわれわれは，その1つの解 $(x_1, x_2, x_3, x_4, x_5)$ を $\boldsymbol{R}^5$ の1つの点として，また解全体の集合を $\boldsymbol{R}^5$ のある部分集合($\boldsymbol{R}^5$ の中のある‘図形’)として解釈することができる．このようにしてわれわれは自然に5次元数空間 $\boldsymbol{R}^5$ の点や部分集合の考察へ導かれる．

以後本書では，数空間 $\boldsymbol{R}^n$ の点を $\boldsymbol{a}, \boldsymbol{b}, \cdots$ などの太い小文字で表す．$\boldsymbol{a}=(a_1, a_2, \cdots, a_n)$ であるとき，$a_1, a_2, \cdots, a_n$ を $\boldsymbol{a}$ の**座標**，a_i を**第 i 座標**という．

第1章でみたように，$n=2$ のとき，(a_1, a_2) は場合により平面上の点を，また場合により平面上のベクトルを表していた．そこで一般に $\boldsymbol{R}^n$ の要素のことを，われわれはまた n **次元数空間のベクトル**ともよぶことにする．形式的にいえば，$\boldsymbol{R}^n$ の‘点’と‘ベクトル’との関係は次のようになる:

$\boldsymbol{R}^n$ の2点 $\boldsymbol{p}=(p_1, p_2, \cdots, p_n)$ と $\boldsymbol{q}=(q_1, q_2, \cdots, q_n)$ に対して，$\boldsymbol{p}$ を始点，$\boldsymbol{q}$ を終

点とするベクトルは，

$$\text{ベクトル}(q_1-p_1, q_2-p_2, \cdots, q_n-p_n)$$

である．また $\boldsymbol{R}^n$ の点 $\boldsymbol{p}=(p_1, p_2, \cdots, p_n)$ とベクトル $\boldsymbol{a}=(a_1, a_2, \cdots, a_n)$ に対して，$\boldsymbol{p}$ を始点とするベクトル $\boldsymbol{a}$ の終点は，

$$\text{点}(p_1+a_1, p_2+a_2, \cdots, p_n+a_n)$$

である．特に原点を始点とする'ベクトル $\boldsymbol{a}$'の終点は'点 $\boldsymbol{a}$'である．点 $\boldsymbol{a}$ はしばしばその'位置ベクトル'と同一視される．（第2図参照．）

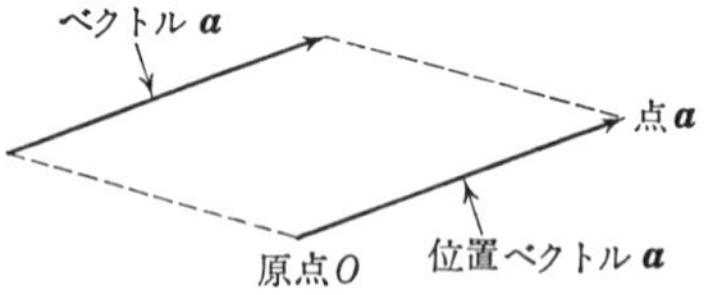

第2図

$\boldsymbol{a}=(a_1, a_2, \cdots, a_n)$ を点のかわりにベクトルとよぶときには，$a_1, a_2, \cdots, a_n$ を座標のかわりに**成分**ともいう．

なおもちろんわれわれは，$\boldsymbol{R}^n$ の要素 $(a_1, a_2, \cdots, a_n)$ を，幾何学的意味から離れて単に'n 個の数の組'と考えることもある．その場合には，それを **n-ベクトル**または **n-数ベクトル**（くわしくは **n-実数ベクトル**）という．

すなわち，n 次元数空間の点あるいは n 次元数空間のベクトルとよぶときには幾何学的なニュアンスが，n-数ベクトルとよぶときには代数的なニュアンスが，それぞれこめられているわけである．しかしこのような区別はニュアンス以上のものではない．

次に $\boldsymbol{R}^n$ における加法とスカラー倍を定義しよう．

$\boldsymbol{a}=(a_1, a_2, \cdots, a_n)$，$\boldsymbol{b}=(b_1, b_2, \cdots, b_n)$ を $\boldsymbol{R}^n$ の2つの元とし，c を任意の実数とする．われわれは $\boldsymbol{a}, \boldsymbol{b}$ の**和** $\boldsymbol{a}+\boldsymbol{b}$ を

(2.1) $$\boldsymbol{a}+\boldsymbol{b} = (a_1+b_1, a_2+b_2, \cdots, a_n+b_n)$$

と定める．また $\boldsymbol{a}$ の c **倍** $c\boldsymbol{a}$ を

(2.2) $$c\boldsymbol{a} = (ca_1, ca_2, \cdots, ca_n)$$

と定める．$\boldsymbol{a}$ の実数倍を作る演算のことを**スカラー倍**という．

第1章§3で2次元の場合についてみたように，一般に n 次元の数空間においても，加法とスカラー倍に関して次の法則が成り立つ．

I. 加法について.

1. $\boldsymbol{a}+\boldsymbol{b}=\boldsymbol{b}+\boldsymbol{a}$.

2. $(\boldsymbol{a}+\boldsymbol{b})+\boldsymbol{c}=\boldsymbol{a}+(\boldsymbol{b}+\boldsymbol{c})$.

3. $\boldsymbol{a}+\boldsymbol{0}=\boldsymbol{a}$.

4. $\boldsymbol{a}+(-\boldsymbol{a})=\boldsymbol{0}$.

II. スカラー倍について.

1. $c(\boldsymbol{a}+\boldsymbol{b})=c\boldsymbol{a}+c\boldsymbol{b}$.

2. $(c_1+c_2)\boldsymbol{a}=c_1\boldsymbol{a}+c_2\boldsymbol{a}$.

3. $(c_1c_2)\boldsymbol{a}=c_1(c_2\boldsymbol{a})$.

ただし上記で $\boldsymbol{a}, \boldsymbol{b}, \boldsymbol{c}$ は $\boldsymbol{R}^n$ の任意の元，c, c_1, c_2 は任意の実数である．また $\boldsymbol{0}$ は**零ベクトル** $\boldsymbol{0}=(0, 0, \cdots, 0)$ であり，$\boldsymbol{a}=(a_1, a_2, \cdots, a_n)$ に対して

$$-\boldsymbol{a}=(-a_1, -a_2, \cdots, -a_n)$$

である．点と考える場合には $\boldsymbol{0}$ は‘原点’である．

以上の法則はいずれも実数の演算法則から直ちに検証される．

また明らかに

$$1\boldsymbol{a}=\boldsymbol{a}, \quad (-1)\boldsymbol{a}=-\boldsymbol{a}$$

が成り立つ．ここで 1 は実数の 1 である．

$\boldsymbol{R}^n$ の要素 $\boldsymbol{a}, \boldsymbol{b}$ に対して $\boldsymbol{a}+(-\boldsymbol{b})$ を $\boldsymbol{a}-\boldsymbol{b}$ と書く．$\boldsymbol{a}, \boldsymbol{b}$ を点と解釈するならば，$\boldsymbol{a}-\boldsymbol{b}$ は，点 $\boldsymbol{b}$ を始点，点 $\boldsymbol{a}$ を終点とするベクトルを表している．

$\boldsymbol{R}^n$ のベクトルの間の演算については，もう 1 つ‘内積’とよばれる重要な演算が残っている．($n=2, 3$ の場合には第 1 章 §4, §9 で述べた.) しかし，この演算の一般の場合の定義は少し後にのばして，第 3 章 §6 で述べることにする．

便宜上，$\boldsymbol{R}^n$ のベクトルはしばしば

$$\begin{bmatrix} a_1 \\ a_2 \\ \vdots \\ a_n \end{bmatrix}$$

の形にも書かれる．成分を横に並べて書いたベクトルは**行ベクトル**，縦に並べ

て書いたベクトルは**列ベクトル**とよばれる.

§2 行 列

m, n を正の整数とする. mn 個の数 $a_{ij}(i=1,2,\cdots,m;\ j=1,2,\cdots,n)$ を次の形に配置したものを $m\times n$ **行列**という:

$$\begin{bmatrix} a_{11} & a_{12} & \cdots & a_{1n} \\ a_{21} & a_{22} & \cdots & a_{2n} \\ & \cdots\cdots\cdots & & \\ a_{m1} & a_{m2} & \cdots & a_{mn} \end{bmatrix}. \tag{2.3}$$

整数の組 (m, n) はこの行列の**型**とよばれる.

特に $n\times n$ 行列を n **次の正方行列**または単に n **次の行列**という. n をこの行列の**次数**という.

$m\times n$ 行列は m 個の行ベクトルと n 個の列ベクトルとをもっていると考えられる. m 個の行ベクトルを上から順に第1行, 第2行, …, 第 m 行とよび, n 個の列ベクトルを左から順に第1列, 第2列, …, 第 n 列とよぶ.

上の行列(2.3)の **第 i 行**(または第 i 行ベクトル)は

$$(a_{i1}, a_{i2}, \cdots, a_{in}),$$

第 j 列(または第 j 列ベクトル)は

$$\begin{bmatrix} a_{1j} \\ a_{2j} \\ \vdots \\ a_{mj} \end{bmatrix}$$

である.

行列を構成するおのおのの数はその**成分**とよばれる. 第 i 行と第 j 列の交差位置にある成分 a_{ij} は (i, j) **成分**とよばれる.

一般的な行列の成分を表すには, 上のように '2重の添数' をつけて a_{ij} のように書くのが普通である. a_{ij} の第1の添数 i は行の番号, 第2の添数 j は列の番号を表している. 読者はまずこのような慣習に慣れなければならない.

もちろん型が小さい場合には, たとえば 2×3 行列を

$$\begin{bmatrix} a_1 & a_2 & a_3 \\ b_1 & b_2 & b_3 \end{bmatrix}$$

のように書くことができる．しかし，より一般的な記法で書けば

$$\begin{bmatrix} a_{11} & a_{12} & a_{13} \\ a_{21} & a_{22} & a_{23} \end{bmatrix}$$

である．

行列はそれを完全な形で書くと，一般に大きなスペースを要する．そこで，たとえば行列(2.3)を

$$(a_{ij});\ i=1,\cdots,m;\ j=1,\cdots,n$$

のように略記する．もし型を明記する必要がないならば，さらに略して(a_{ij})と書く．

行列を1つの文字で表すときには，通常 $A, B, \cdots$ などの大文字を用いる．

2つの $m\times n$ 行列 $A=(a_{ij})$, $B=(b_{ij})$は，対応する成分がそれぞれ等しいとき，すなわち $a_{ij}=b_{ij}(i=1,\cdots,m;\ j=1,\cdots,n)$が成り立つとき，**等しい**といわれる．そのとき $A=B$ と書く．

われわれはここでは実数を成分とする行列を考えている．そのことをはっきり示したいときには**実行列**(または**実数行列**)という．われわれは後に複素数を成分とする行列も考える．

$1\times n$ 行列は n-行ベクトル，$m\times 1$ 行列は m-列ベクトルである．これらはそれぞれ $\boldsymbol{R}^n, \boldsymbol{R}^m$ の元と考えられる．したがって行列の概念は，数ベクトルの概念を拡張したものである．

(実数成分の)$m\times n$ 行列全体の集合を通常 $M(m,n;\boldsymbol{R})$で表す．特に$M(n,n;\boldsymbol{R})$は $M_n(\boldsymbol{R})$と書く．(M は‘行列’の英語 matrix の頭字である．) 本書ではまた簡単のため $M(m,n;\boldsymbol{R})$, $M_n(\boldsymbol{R})$のかわりに $\boldsymbol{R}^{m\times n}$, $\boldsymbol{R}^{n\times n}$ という記号も用いる．

次に行列の加法とスカラー倍の定義を述べよう．これは数ベクトルの加法とスカラー倍の定義の単純な拡張である．

2つの $m\times n$ 行列 $A=(a_{ij})$と $B=(b_{ij})$の**和** $A+B$ は，$a_{ij}+b_{ij}$ を(i,j)成分とする行列である．また $A=(a_{ij})$の c **倍**(c は任意の実数)cA は，ca_{ij} を(i,j)成分とする行列である．すなわち

$$A+B=(a_{ij}+b_{ij}),\qquad cA=(ca_{ij}).$$

型が違う行列の間では和は定義されない．

例 2.1

$$A=\begin{bmatrix}2 & -1 & 5\\ 0 & 3 & -6\end{bmatrix},\quad B=\begin{bmatrix}3 & 0 & -7\\ 2 & 4 & -2\end{bmatrix}$$

ならば,

$$A+B=\begin{bmatrix}5 & -1 & -2\\ 2 & 7 & -8\end{bmatrix},\quad 3A=\begin{bmatrix}6 & -3 & 15\\ 0 & 9 & -18\end{bmatrix}.$$

例 2.2 次の表A, Bは我が国とアメリカ, カナダ, 中国, オーストラリア, インドネシアとの間の昭和52年度および昭和53年度における貿易額を示したものである.

表 **A**(昭和52年度)

	米	加	中	豪	イ
輸 出	15,690	1,552	1,663	2,309	1,639
輸 入	11,809	2,715	1,371	5,361	4,091

表 **B**(昭和53年度)

	米	加	中	豪	イ
輸 出	19,717	1,708	1,939	2,330	1,797
輸 入	12,396	2,881	1,547	5,288	4,997

単位=百万ドル

表A, Bをそのまま2×5行列とみるならば

$$A+B=\begin{bmatrix}35{,}407 & 3{,}260 & 3{,}602 & 4{,}639 & 3{,}436\\ 24{,}205 & 5{,}596 & 2{,}918 & 10{,}649 & 9{,}088\end{bmatrix}$$

は, 各国との貿易額の52年度, 53年度にわたる合計を示している. また仮りに政府が54年度において各国との輸出入が一律に53年度の5%増しになることを予想したとすれば, 54年度における予想貿易額は

$$\frac{105}{100}B=\begin{bmatrix}20{,}703 & 1{,}793 & 2{,}036 & 2{,}447 & 1{,}887\\ 13{,}016 & 3{,}025 & 1{,}624 & 5{,}552 & 5{,}247\end{bmatrix}$$

である. ——

すべての成分が0である行列を**零行列**といい, O で表す. その型(m, n)を明示したいときには $O_{m,n}$ と書く.

行列の加法とスカラー倍についても, もちろん数ベクトルの場合と同様の法

則が成り立つ．次がその法則である．

I. **1.** $A+B = B+A$.

2. $(A+B)+C = A+(B+C)$.

3. $A+O = A$.

4. $A+(-A) = O$.

（ただし $A=(a_{ij})$ に対して $-A=(-a_{ij})$ とする.）

II. **1.** $c(A+B) = cA+cB$.

2. $(c_1+c_2)A = c_1A+c_2A$.

3. $(c_1c_2)A = c_1(c_2A)$.

上記の法則において行列はもちろんすべて同じ型のものである．

行列の演算についても，なお乗法の定義が残っている．それは数ベクトルの内積の拡張にあたるものである．それについては，第3章§6,7で述べる．

§3 ベクトル空間

われわれはすでに集合 $\boldsymbol{R}^n$ や $\boldsymbol{R}^{m\times n}(=M(m,n;\boldsymbol{R}))$ においては，加法およびスカラー倍が定義され，それについて p. 45 または前節の終りに挙げたような法則が成り立つことをみた．これを一般化して，次のように**ベクトル空間**の概念が定義される．

V を1つの空でない集合とする．V 上に**加法**が定義されているというのは，V の任意の元の対 (u,v) に対して，それらの**和**とよばれ，$u+v$ で表される V の1つの元が対応させられていることをいう．また V 上に（実数をスカラーとする）**スカラー倍**が定義されているというのは，V の任意の元 v と任意の実数 c に対して，v の c **倍**とよばれ，cv で表される V の1つの元が対応させられていることをいう．

さて，そこで次の定義を与える．

定義 空でない集合 V 上に加法およびスカラー倍が定義され，それについて次の法則が満たされているとき，V を**ベクトル空間**（または**線型空間**）という．

I. 加法について．

1. $u+v = v+u$.

2. $(u+v)+w = u+(v+w)$.

3. V の中に 0 で表される 1 つの元があって，V の任意の元 v に対して $v+0=v$ が成り立つ.

4. V の任意の元 v に対して $v+v'=0$ となるような V の元 v' が存在する.

II. スカラー倍について.

1. $c(u+v) = cu+cv$.

2. $(c_1+c_2)v = c_1v+c_2v$.

3. $(c_1c_2)v = c_1(c_2v)$.

4. $1v = v$.

ここに u, v, w は V の任意の元，c, c_1, c_2 は任意の実数である.

上の I. **1–4**, II. **1–4** は**ベクトル空間の公理**とよばれる.

V がベクトル空間であるとき，その元を**ベクトル**とよび，それに対して実数を**スカラー**という．ただし，ここでベクトルというのは，スカラーに対比する意味での一般的な呼称であって，なんら特定の意味をもっていない．たとえば，集合 $\boldsymbol{R}^{m\times n}$ は前節の終りに挙げた法則からわかるように 1 つのベクトル空間をなしているが，このベクトル空間のベクトルというのは‘行列’である.

なお後に，われわれは複素数をスカラーとするベクトル空間も考える．今の段階でわれわれが考えているのは，くわしくいえば，**実ベクトル空間**あるいは**$\boldsymbol{R}$ 上のベクトル空間**である.

公理 I. **3** の 0 をベクトル空間 V の**零元**または**零ベクトル**という．また I. **4** の v' を v の**逆元**または**逆ベクトル**という.

命題 2.1 V をベクトル空間とすれば，その零ベクトルはただ 1 つである．また V の元 v の逆ベクトル v' は v に対して一意的に定まる.

証明 1. 0 および $\bar{0}$ がともに V の零ベクトルであるとすれば，0 が零ベクトルであることから，I. **3** によって $\bar{0}+0=\bar{0}$ が成り立ち，他方 $\bar{0}$ が零ベクトルであることから，I. **1**, I. **3** によって $\bar{0}+0=0+\bar{0}=0$ が成り立つ．したがって $0=\bar{0}$. ゆえに零ベクトルはただ 1 つである.

2. v', v'' がともに v の逆ベクトルであるとすれば，逆ベクトルの性質 I.**4** によって

$$v+v' = 0, \qquad v+v'' = 0$$

である．そこでさらに I.**1**, I.**2**, I.**3** を用いれば，

$$\begin{aligned} v' &= v'+0 = v'+(v+v'') = (v'+v)+v'' \\ &= (v+v')+v'' = 0+v'' = v''+0 = v''. \end{aligned}$$

これで逆ベクトルの一意性が証明された．▌

v の逆ベクトルを $-v$ で表す．

命題 2.2 V をベクトル空間とすれば，その任意の元 u, v に対して

$$v+z = u \tag{2.4}$$

を満たす V の元 z がただ1つ存在し，それは $u+(-v)$ に等しい．

証明 V の元 z が(2.4)を満たすならば，

$$z = 0+z = ((-v)+v)+z = (-v)+(v+z) = (-v)+u,$$

したがって $z=u+(-v)$ でなければならない．逆に $z=u+(-v)$ とおけば，

$$v+z = v+(u+(-v)) = (v+(-v))+u = 0+u = u$$

となって，(2.4)が成り立つ．▌

(2.4)を満たす z，すなわち $u+(-v)$ を $u-v$ で表す．明らかに $v-v=0$ である．

上の定義や命題2.1, 2.2においては，われわれはベクトル空間 V の元を u, v, w で表した．今後も($\boldsymbol{R}^n, \boldsymbol{R}^{m\times n}$ などの具体的なベクトル空間の場合を除き)一般のベクトル空間について論ずる場合には，その元――ベクトル――をこのようにアルファベットの終りのほうの文字で表すことにする．それに対して実数――スカラー――は a, b, c などで表す．ただし，この約束はそれほど強い約束ではない．文字の用法をあまり厳格に規定すると不自由であるし，どの文字がベクトルでどの文字がスカラーであるかは，通常，文脈から直ちにわかるからである．(文字 x, y などはスカラーにもベクトルにも用いる．)

零ベクトルの0とスカラーの0(実数0)も同じ記号で表す．読者が正常な判断力をもっている限り，そうしても混乱の起こる恐れは全くない．たとえば，次の命題2.3の**2**において，等式 $0v=0$ の左辺の0はスカラーの0，右辺の0は零ベクトルを表している．

命題 2.3 V をベクトル空間とするとき，次のことが成り立つ．

1. $(c_1-c_2)v = c_1v-c_2v$.

2. 任意の $v\in V$ に対して $0v=0$.

3. $c(u-v) = cu-cv$.

4. 任意の実数 c に対して $c0=0$.

5. 実数 c と V の元 v に対して，もし $cv=0$ が成り立つならば，

$$c = 0 \quad \text{または} \quad v = 0.$$

証明 **1.** II.**2** によって

$$c_2v+(c_1-c_2)v = (c_2+(c_1-c_2))v = c_1v.$$

したがって命題 2.2 により $(c_1-c_2)v=c_1v-c_2v$ となる．

2. **1** において $c_1=c_2$ とおけばよい．

3, 4 の証明は練習問題とする．

5. $cv=0$, $c\neq 0$ とする．そのとき $v=0$ であることを証明すればよい．$cv=0$ の両辺を $c^{-1}(=1/c)$ 倍すれば

$$c^{-1}(cv) = c^{-1}0.$$

上の **4** によって右辺は零ベクトル 0 に等しい．他方 II.**3**, II.**4** によれば，

$$c^{-1}(cv) = (c^{-1}c)v = 1v = v.$$

これで $v=0$ が証明された．▌

本節の最後にベクトル空間の公理について一言注意を述べておく．ベクトル空間の公理のうち，公理 II.**4** は一見奇異にみえるかも知れない．それは公理の内容が奇異であるというのではなく，このように‘当り前’のことをなぜ公理のうちに書き加えておく必要があるのかという疑問を，読者がもつかも知れないということである．たしかに $\boldsymbol{R}^n$ や $\boldsymbol{R}^{m\times n}$ などの場合には，そこに定義されているスカラー倍の意味から，この法則は自明であって，わざわざ書くまでもない．しかし，$\boldsymbol{R}^n$ や $\boldsymbol{R}^{m\times n}$ の場合に成り立つ諸法則から原理的なものを抽出し，それを公理としてベクトル空間という概念を定義しようとする場合には，公理 II.**4** は必要である．なぜなら，この公理は他の公理 I.**1**, **2**, **3**, **4**, II.**1**, **2**, **3** からは‘独立’である——他の公理からは導かれない——からである．そのことを示すために，次の考察をしてみよう．いま，集合 $\boldsymbol{R}^n$ において，加法は普通のように定義するが，スカラー倍は

“すべての実数 c とすべての $\boldsymbol{a}\in\boldsymbol{R}^n$ に対して $c\boldsymbol{a}=\boldsymbol{0}$”

と定義したとする．そうすると直ちにわかるように，公理II.**4** を除いてベクトル空間の他の公理はすべて満たされてしまう．しかし，上に定義したような‘スカラー倍’がほとんど無意味であることは明らかである．このような‘つまらない’事態を避けるためには，公理II.**4** をおいておかなければならないのである．

問　　題

1. 命題2.3の **3, 4** を証明せよ．

2. ベクトル空間 V において，$(-c)v=-cv$ を示せ．また $c(-v)=-cv$ を示せ．

§4　ベクトル空間の例

この節ではベクトル空間のいくつかの例を挙げる．はじめの例はすでに述べたものである．

例 2.3　n-ベクトルの集合 $\boldsymbol{R}^n$ は $\boldsymbol{R}$ 上のベクトル空間である．$m\times n$ 行列の集合 $\boldsymbol{R}^{m\times n}$ も $\boldsymbol{R}$ 上のベクトル空間である．

例 2.4　前例の $\boldsymbol{R}^n$ で $n=1$ とすれば，$\boldsymbol{R}$ 自身 $\boldsymbol{R}$ 上の1つのベクトル空間となる．$\boldsymbol{R}$ を $\boldsymbol{R}$ 上のベクトル空間と考える場合には，$\boldsymbol{R}$ の元(実数)はベクトルとスカラーの両様の意味をもつ．$\boldsymbol{R}$ の元 x, y のベクトルとしての和 $x+y$ は実数としての和である．また $\boldsymbol{R}$ の元 c, x に対し，c をスカラー，x をベクトルとみたときのスカラー倍 cx は実数としての積である．

例 2.5　実数を項とする無限数列

$$a_0,\ a_1,\ a_2,\ \cdots,\ a_n,\ \cdots$$

を考える．便宜上ここでは項の‘添数’を0からはじめる．この無限数列を

$$(a_0, a_1, a_2, \cdots, a_n, \cdots)\quad \text{または略して}\quad (a_n)$$

で表し，さらに無限数列全体の集合を $\boldsymbol{R}^\infty$ で表すことにする．(∞ は‘無限大’を意味する記号である．) $\boldsymbol{R}^\infty$ の2つの要素 $\alpha=(a_n)$, $\beta=(b_n)$ に対し，和 $\alpha+\beta$ を

$$\alpha+\beta=(a_0+b_0, a_1+b_1, a_2+b_2, \cdots, a_n+b_n, \cdots)$$

と定義する．また $\alpha=(a_n)$ と実数 c に対し，α の c 倍 $c\alpha$ を

$$c\alpha = (ca_0, ca_1, ca_2, \cdots, ca_n, \cdots)$$

と定義する．そうすれば，この加法とスカラー倍に関して $\boldsymbol{R}^\infty$ は1つのベクトル空間となる．$\boldsymbol{R}^\infty$ の零ベクトルは数列 $(0,0,0,\cdots,0,\cdots)$ である．

例 2.6　前例の無限数列のうち，たかだか有限個の項を除けばすべての項が0であるようなものを考え，そのような数列全体の集合を $\boldsymbol{R}^{(\infty)}$ とする．$\boldsymbol{R}^{(\infty)}$ 上で加法とスカラー倍を前例と同じように定義すれば，$\boldsymbol{R}^{(\infty)}$ も1つのベクトル空間となる．

例 2.7　例2.6の $\boldsymbol{R}^{(\infty)}$ の要素は，

$$\alpha = (a_0, a_1, a_2, \cdots, a_n, 0, 0, \cdots, 0, \cdots)$$

という形の数列である．いま，この数列に文字 x の多項式

$$f(x) = a_0+a_1x+a_2x^2+\cdots+a_nx^n$$

を対応させてみよう．たとえば

$$(3, -2, 1, \underline{0, 0, \cdots}) \quad には \quad 3-2x+x^2,$$
$$(1, 0, 1/2, -4, \underline{0, 0, \cdots}) \quad には \quad 1+(1/2)x^2-4x^3$$

を対応させるのである．ただし上記で下線の部分の成分はすべて0とする．(特に $\boldsymbol{R}^{(\infty)}$ の零ベクトル $(0,0,\cdots,0,\cdots)$ には‘零多項式’——多項式0——が対応する．）そうすれば，$\boldsymbol{R}^{(\infty)}$ の各要素に，それぞれ，実数を係数とする x の1つの多項式が対応し，しかも明らかに，$\boldsymbol{R}^{(\infty)}$ の要素 α, β にそれぞれ多項式 $f(x)$, $g(x)$ が対応していれば，$\alpha+\beta, c\alpha\,(c\in\boldsymbol{R})$ には多項式 $f(x)+g(x), cf(x)$ が対応する．このことから，実数を係数とする x の多項式全体の集合も1つのベクトル空間を作っており，しかもそのベクトル空間は本質的には $\boldsymbol{R}^{(\infty)}$ と同じものであることがわかる．(‘本質的に同じ’ということの正確な意味については第3章§5参照.）実係数の x の多項式全体が作るベクトル空間を $\boldsymbol{R}[x]$ で表す．

例 2.8*　I を実数 t のある区間，たとえば閉区間 $0\leqq t\leqq 1$ とする．V を I で定義された実数値連続関数全体の集合とする．V の元 f, g および実数 c に対し，関数の和 $f+g$ や関数の実数倍 cf を通常のように定義する．すなわち $f+g, cf$ は，それぞれすべての $t\in I$ に対して

$$(f+g)(t) = f(t)+g(t), \qquad (cf)(t) = cf(t)$$

と定義された関数とする．連続関数の和や実数倍はまた連続関数であるから，

$f+g\in V$, $cf\in V$ であって，この加法とスカラー倍に関して V は $\boldsymbol{R}$ 上の1つのベクトル空間となる．このベクトル空間の零ベクトルは，区間 I で恒等的に値0をとる関数である．

例 2.9* 前例と同じく，I を実数のある区間とする．I を定義域とし，実数値をとる微分可能な関数全体の集合を W とする．W も関数の和および関数の実数倍という演算に関して，やはり1つのベクトル空間となる．

§5 部分空間

V を1つのベクトル空間とする．

> **定義** V の部分集合 W は，次の条件 **1, 2, 3** を満たすとき，V の**部分空間**といわれる．
>
> **1.** W は V の零ベクトル $\mathbf{0}$ を含む．
>
> **2.** $u, v\in W$ ならば，$u+v\in W$.
>
> **3.** $u\in W$ ならば，任意の実数 c に対して $cu\in W$.

W が部分空間ならば，条件 **2, 3** によって W は加法とスカラー倍に関して'閉じている'から，W 上でも加法とスカラー倍が定義されていることになる．それは V の加法とスカラー倍を W に制限して考えたものである．さらに条件 **1** によって $\mathbf{0}\in W$ であり，また条件 **3** によって $u\in W$ ならば $(-1)u=-u\in W$ である．このことから，ベクトル空間の公理は W においても満たされていることがわかる．すなわち，部分空間はそれ自身1つのベクトル空間である．

例 2.10 V 自身はもちろん V の1つの部分空間である．また，V の零ベクトル $\mathbf{0}$ のみから成る集合 $\{\mathbf{0}\}$ も，明らかに条件 **1, 2, 3** を満たすから，V の1つの部分空間である．前者は V の最大の部分空間，後者は最小の部分空間である．零ベクトルのみから成る部分空間 $\{\mathbf{0}\}$ を V の**零部分空間**という．誤解の恐れがないときには，これも単に $\mathbf{0}$ で表す．

例 2.11 例2.6のベクトル空間 $\boldsymbol{R}^{(\infty)}$ は例2.5のベクトル空間 $\boldsymbol{R}^{\infty}$ の部分空間である．

例 2.12* 例2.9の W は例2.8の V の部分空間である．なぜなら，微分可能な関数は連続であるからである.

例 2.13　$V=\boldsymbol{R}^n\ (n\geqq 2)$ とし，第 n 座標が0であるような V の元全体の集合を W とする．W は V の部分空間である(問題1).

例 2.14　実係数の x の多項式全体が作るベクトル空間 $\boldsymbol{R}[x]$ (例2.7)を P とする．また m を与えられた1つの正の整数とし，次数が m をこえない x の多項式全体の集合を P_m とする．P_m は P の部分空間である(問題2). ——

V をベクトル空間とし，$v_1, v_2, \cdots, v_n$ を V の元とする．$c_1, c_2, \cdots, c_n$ を実数として

$$c_1v_1+c_2v_2+\cdots+c_nv_n \tag{2.5}$$

の形に表される V の元を，(c_i を**係数**とする) $v_1, v_2, \cdots, v_n$ の **1次結合**または**線型結合**という．(2.5)はしばしば総和記号 $\sum$ (シグマ)を用いて

$$\sum_{i=1}^{n} c_iv_i$$

とも書かれる.

命題 2.4　V をベクトル空間とし，$v_1, v_2, \cdots, v_n$ を V の与えられた元とする．$v_1, v_2, \cdots, v_n$ の1次結合の全体を W とすれば，W は V の部分空間である.

証明　零ベクトル 0 は $0=0v_1+0v_2+\cdots+0v_n$ と表されるから，$0\in W$ である．また $u, v\in W$ ならば，ある係数 a_i, b_i によって

$$u = a_1v_1+\cdots+a_nv_n, \qquad v = b_1v_1+\cdots+b_nv_n$$

と書かれるから，

$$u+v = (a_1+b_1)v_1+\cdots+(a_n+b_n)v_n,$$
$$cu = (ca_1)v_1+\cdots+(ca_n)v_n$$

となる．ただし c は任意の実数である．すなわち $u+v$ や cu も $v_1, v_2, \cdots, v_n$ の1次結合で，したがって W の元である．これで W は部分空間の条件を満たしていることが示され，われわれの主張が証明された. ▌

命題2.4の W を $v_1, v_2, \cdots, v_n$ **によって張られる**(または**生成される**)**部分空間**という．本書ではこれを，しばしば記号

$$\langle v_1, v_2, \cdots, v_n\rangle$$

で表す．定義によって，$v\in\langle v_1, v_2, \cdots, v_n\rangle$ であることは，v が $v_1, v_2, \cdots, v_n$ の1次結合であることと同等である.

例 2.15　n 次元数空間 $\boldsymbol{R}^n$ において，第 i 座標だけが 1 で他の座標が 0 であるベクトルを $\boldsymbol{e}_i$ とする．すなわち

$$\boldsymbol{e}_1 = (1, 0, 0, \cdots, 0),$$
$$\boldsymbol{e}_2 = (0, 1, 0, \cdots, 0),$$
$$\cdots\cdots\cdots$$
$$\boldsymbol{e}_n = (0, 0, \cdots, 0, 1).$$

これらを $\boldsymbol{R}^n$ の**基本ベクトル**という．基本ベクトルによって張られる $\boldsymbol{R}^n$ の部分空間 $\langle \boldsymbol{e}_1, \boldsymbol{e}_2, \cdots, \boldsymbol{e}_n \rangle$ は $\boldsymbol{R}^n$ 自身と一致する．実際，$\boldsymbol{R}^n$ の任意の元 $\boldsymbol{a}=(a_1, a_2, \cdots, a_n)$ は $\boldsymbol{e}_1, \boldsymbol{e}_2, \cdots, \boldsymbol{e}_n$ の 1 次結合として

$$\boldsymbol{a} = a_1\boldsymbol{e}_1 + a_2\boldsymbol{e}_2 + \cdots + a_n\boldsymbol{e}_n$$

と表されるからである．

問　　題

1. 例 2.13 を証明せよ．

2. 例 2.14 を証明せよ．

3. 次のおのおのの条件について，その条件を満たす $\boldsymbol{R}^3$ の元 $\boldsymbol{x}=(x_1, x_2, x_3)$ 全体の集合は $\boldsymbol{R}^3$ の部分空間となるか否かを調べよ．

(a)　$x_1 \geqq 0$　　(b)　$x_1 = 0$　　(c)　${x_1}^2 = x_1$

(d)　$x_1 = 0$　または　$x_3 = 0$　　(e)　$x_1 = 0$　かつ　$x_3 = 0$

(f)　$x_1 + x_2 = 2x_3$　　(g)　$x_1 + x_2 = 3$

4. $\boldsymbol{R}^2$ の，$\boldsymbol{0}$ とも $\boldsymbol{R}^2$ 自身とも異なる部分空間は，それを点の集合とみれば，原点を通る直線であることを証明せよ．

5. $\boldsymbol{R}^3$ の，$\boldsymbol{0}$ とも $\boldsymbol{R}^3$ 自身とも異なる部分空間は，それを点の集合とみれば，原点を通る直線あるいは原点を通る平面であることを証明せよ．

6. $\boldsymbol{a}=(1, 2, -3)$，$\boldsymbol{b}=(-2, 0, 5)$ とする．

(a)　$\boldsymbol{R}^3$ の部分空間 $\langle \boldsymbol{a} \rangle$ は $\boldsymbol{R}^3$ の原点を通る直線であることを示し，その方程式を (1.31) または (1.32) の形に表せ．

(b)　$\boldsymbol{R}^3$ の部分空間 $\langle \boldsymbol{a}, \boldsymbol{b} \rangle$ は $\boldsymbol{R}^3$ の原点を通る平面であることを示し，その方程式を (1.35) の形に表せ．

7. V をベクトル空間，W_1, W_2 を V の部分空間とする．

(a)　共通部分 $W_1 \cap W_2$ は V の部分空間であることを示せ．

(b)　W_1 の元 w_1 と W_2 の元 w_2 との和 $w_1 + w_2$ 全体の集合を $W_1 + W_2$ で表す．す

なわち

$$W_1+W_2=\{w_1+w_2 \mid w_1\in W_1,\ \ w_2\in W_2\}.$$

これは V の部分空間であることを示せ．この部分空間を W_1 と W_2 の和とよぶ．

§6 1次従属と1次独立

V を1つのベクトル空間とし，$v_1, v_2, \cdots, v_n$ を V の元とする．もし，

$$c_1v_1+c_2v_2+\cdots+c_nv_n=0 \tag{2.6}$$

を成り立たせる，少なくとも1つは0でない実数 $c_1, c_2, \cdots, c_n$ が存在するならば，$v_1, v_2, \cdots, v_n$ は**1次従属**または**線型従属**であるといわれる．そうでないときには，$v_1, v_2, \cdots, v_n$ は**1次独立**または**線型独立**であるという．

いいかえれば，$v_1, v_2, \cdots, v_n$ が1次独立であるというのは，(2.6)が成り立つのは $c_1=c_2=\cdots=c_n=0$ のときに限る，ということである．

1次独立，1次従属を略してしばしば単に**独立**，**従属**という．

次の命題は容易に証明される．

命題 2.5 V の元 $v_1, v_2, \cdots, v_n$ が1次独立ならば，次のことが成り立つ．

1. $v_1, v_2, \cdots, v_n$ はどれも0ではない．

2. $v_1, v_2, \cdots, v_n$ は互いに相異なる．

3. $v_1, v_2, \cdots, v_n$ の‘一部分’$v_{i_1}, v_{i_2}, \cdots, v_{i_r}$ も1次独立である．ただし $i_1, i_2, \cdots, i_r$ は $1\leqq i_1<i_2<\cdots<i_r\leqq n$ を満たす任意の整数とする．

証明 どれも背理法による．

1. たとえば $v_1=0$ ならば，$c_1=1,\ c_2=\cdots=c_n=0$ として(2.6)が成り立つから，$v_1, v_2, \cdots, v_n$ は1次従属である．

2. たとえば $v_1=v_2$ ならば，$c_1=1,\ c_2=-1,\ c_3=\cdots=c_n=0$ として(2.6)が成り立つ．よって $v_1, v_2, \cdots, v_n$ は1次従属である．

3. たとえば，もし $v_1, v_2, \cdots, v_r\,(r<n)$ が1次従属であったとすれば，少なくとも1つは0でない適当な数 $c_1, c_2, \cdots, c_r$ に対して

$$c_1v_1+c_2v_2+\cdots+c_rv_r=0$$

が成り立ち，したがって

$$c_1v_1+\cdots+c_rv_r+0v_{r+1}+\cdots+0v_n=0$$

が成り立つ．ゆえに $v_1, \cdots, v_r, \cdots, v_n$ も1次従属となる．▌

例 2.16　V の1つの元 v が1次独立であるというのは $v\neq 0$ と同等である．実際 v が独立ならば命題2.5の**1**によって $v\neq 0$ である．他方 $v\neq 0$ ならば，命題2.3の**5**によって $cv=0$ から $c=0$ が導かれるから，v は独立である．

例 2.17　$\boldsymbol{a}, \boldsymbol{b}$ を平面 $\boldsymbol{R}^2$ の $\boldsymbol{0}$ でないベクトルとする．もし $\boldsymbol{a}, \boldsymbol{b}$ が1次従属ならば，少なくとも1つは0でない実数 a, b で

$$a\boldsymbol{a}+b\boldsymbol{b}=\boldsymbol{0} \tag{2.7}$$

を成り立たせるものが存在する．たとえば $b\neq 0$ とすれば，$\boldsymbol{b}=-(a/b)\boldsymbol{a}$ となるから $\boldsymbol{a}, \boldsymbol{b}$ は平行である．逆に $\boldsymbol{a}, \boldsymbol{b}$ が平行ならば，$\boldsymbol{b}=c\boldsymbol{a}$ となるような実数 c が存在するから(第3図)，$a=c$, $b=-1$ として(2.7)が成り立つ．よって $\boldsymbol{a}, \boldsymbol{b}$ は1次従属である．

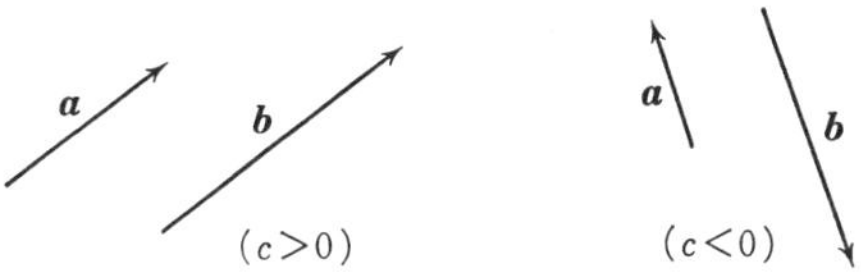

第3図

$\boldsymbol{a}, \boldsymbol{b}$ の少なくとも一方が $\boldsymbol{0}$ の場合には，命題2.5の**1**によって $\boldsymbol{a}, \boldsymbol{b}$ は1次従属である．したがって，零ベクトル $\boldsymbol{0}$ は任意のベクトルと平行であるということにすれば，$\boldsymbol{a}$ あるいは $\boldsymbol{b}$ が $\boldsymbol{0}$ である場合をも含めて，“$\boldsymbol{a}, \boldsymbol{b}$ が1次従属である”ことと“$\boldsymbol{a}, \boldsymbol{b}$ が平行である”こととは同等となる．また $\boldsymbol{a}, \boldsymbol{b}$ を $\boldsymbol{R}^2$ の‘点’と解釈すれば，このことは明らかに，“点 $\boldsymbol{0}, \boldsymbol{a}, \boldsymbol{b}$ ($\boldsymbol{0}$ は原点)が1直線上にある”こととも同等である．

例 2.18　前例の結果をベクトルの成分を用いて表せば次のようになる：$\boldsymbol{a}=(a_1, a_2)$, $\boldsymbol{b}=(b_1, b_2)$ とするとき，

$$a_1b_2-a_2b_1=0 \quad \text{ならば} \quad \boldsymbol{a}, \boldsymbol{b} \text{ は1次従属,}$$
$$a_1b_2-a_2b_1\neq 0 \quad \text{ならば} \quad \boldsymbol{a}, \boldsymbol{b} \text{ は1次独立}$$

である．この証明は読者の練習問題としよう(問題1)．

例 2.19　$\boldsymbol{a}, \boldsymbol{b}, \boldsymbol{c}$ を空間 $\boldsymbol{R}^3$ のベクトルとする．$\boldsymbol{a}, \boldsymbol{b}, \boldsymbol{c}$ が1次従属であるための必要十分条件は，$\boldsymbol{R}^3$ の任意の点を始点としてベクトル $\boldsymbol{a}, \boldsymbol{b}, \boldsymbol{c}$ をかいたとき，その始点と $\boldsymbol{a}, \boldsymbol{b}, \boldsymbol{c}$ の終点とが $\boldsymbol{R}^3$ 内の同一平面上にあることである．$\boldsymbol{a}, \boldsymbol{b}, \boldsymbol{c}$ を‘点’と解釈すれば，これは点 $\boldsymbol{0}, \boldsymbol{a}, \boldsymbol{b}, \boldsymbol{c}$ ($\boldsymbol{0}$ は原点)が同一平面上にあることと同

等である．たとえば第4図(a)の $\boldsymbol{a}, \boldsymbol{b}, \boldsymbol{c}$ は1次従属である．しかし第4図(b)の $\boldsymbol{a}, \boldsymbol{b}, \boldsymbol{c}$ は1次独立である．この例に述べたことの証明も練習問題としよう(問題3).

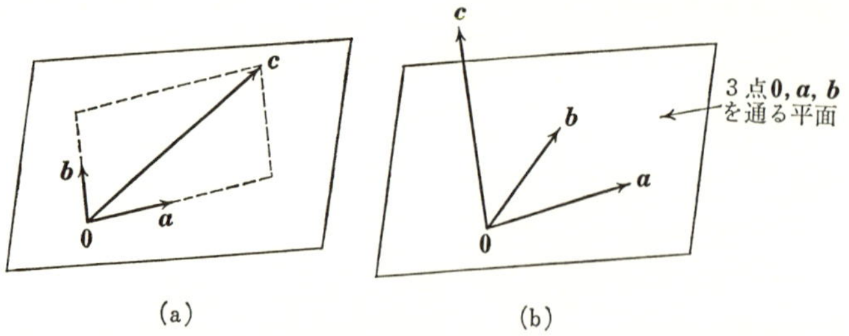

第4図

例 2.20　数空間 $\boldsymbol{R}^m$ の m 個の基本ベクトル $\boldsymbol{e}_1, \boldsymbol{e}_2, \cdots, \boldsymbol{e}_m$ ($\boldsymbol{e}_i$ は第 i 成分が1で他の成分が0であるベクトル)は1次独立である．実際

$$c_1\boldsymbol{e}_1+c_2\boldsymbol{e}_2+\cdots+c_m\boldsymbol{e}_m = (c_1, c_2, \cdots, c_m)$$

であるから，$c_1\boldsymbol{e}_1+c_2\boldsymbol{e}_2+\cdots+c_m\boldsymbol{e}_m=\boldsymbol{0}$ となるのは $c_1=c_2=\cdots=c_m=0$ のときに限る．

例 2.21　より一般に，数空間 $\boldsymbol{R}^m$ の n 個のベクトル $\boldsymbol{a}_1, \boldsymbol{a}_2, \cdots, \boldsymbol{a}_n$ を考える．便宜上，それらを列ベクトルの形に書いて，

$$\boldsymbol{a}_1 = \begin{bmatrix} a_{11} \\ a_{21} \\ \vdots \\ a_{m1} \end{bmatrix}, \quad \boldsymbol{a}_2 = \begin{bmatrix} a_{12} \\ a_{22} \\ \vdots \\ a_{m2} \end{bmatrix}, \quad \cdots, \quad \boldsymbol{a}_n = \begin{bmatrix} a_{1n} \\ a_{2n} \\ \vdots \\ a_{mn} \end{bmatrix}$$

とする．$x_1, x_2, \cdots, x_n$ を実数として

$$x_1\boldsymbol{a}_1+x_2\boldsymbol{a}_2+\cdots+x_n\boldsymbol{a}_n = \boldsymbol{0} \tag{2.8}$$

とする．両辺の成分を比較すれば，(2.8)は $x_1, x_2, \cdots, x_n$ に関する次の連立1次方程式の形に書かれる：

$$\begin{cases} a_{11}x_1+a_{12}x_2+\cdots+a_{1n}x_n = 0 \\ a_{21}x_1+a_{22}x_2+\cdots+a_{2n}x_n = 0 \\ \qquad\cdots\cdots\cdots \\ a_{m1}x_1+a_{m2}x_2+\cdots+a_{mn}x_n = 0. \end{cases} \tag{2.9}$$

(2.9)のように右辺の定数項が0である連立1次方程式を**同次連立1次方程式**という．もちろん $x_1=x_2=\cdots=x_n=0$ は(2.9)の1つの解である．この解は**自明な解**とよばれる．m-ベクトル $\boldsymbol{a}_1, \boldsymbol{a}_2, \cdots, \boldsymbol{a}_n$ は，(2.9)が自明でない解をもつときまたそのときに限って1次従属である．——

上の例でみたように，数空間のいくつかの与えられたベクトルが1次従属であるか1次独立であるかについて考察すれば，われわれは自然に(2.9)のような連立1次方程式の考察に導かれるのである．

これについて次の命題が成り立つ．

命題 2.6　実数を係数とする同次連立1次方程式(2.9)において，$n>m$ ならば，(2.9)は自明でない実数解をもつ．

証明　方程式の個数 m に関する数学的帰納法によって証明する．

まず $m=1$ とする．そのとき(2.9)はただ1つの方程式

$$a_{11}x_1+a_{12}x_2+\cdots+a_{1n}x_n=0 \tag{2.10}$$

から成る．ただしわれわれの仮定によって $n>1$ である．もし $a_{11}, a_{12}, \cdots, a_{1n}$ がすべて0ならば，任意の $(x_1, x_2, \cdots, x_n)$ $(x_i\in\boldsymbol{R})$ が(2.10)の解となる．また，たとえば $a_{11}\neq0$ ならば，

$$x_1=-(a_{12}+\cdots+a_{1n})/a_{11}, \qquad x_2=\cdots=x_n=1$$

が(2.10)の1つの自明でない実数解となる．

次に $m\geqq2$ とし，$m-1$ 個の方程式から成る同次連立1次方程式についてはわれわれの主張が成り立つものと仮定して，m 個の場合を証明する．もし(2.9)のすべての係数 a_{ij} が0ならば，やはり任意の $(x_1, x_2, \cdots, x_n)$ が解となる．そこで a_{ij} のうちに0でないものがあると仮定し，必要があれば未知数や方程式の順番を入れかえて $a_{11}\neq0$ とする．そのとき，(2.9)の第1式にそれぞれ $-a_{21}/a_{11}, \cdots, -a_{m1}/a_{11}$ を掛けて第2式，…，第 m 式に加えれば，第2式から先は x_1 が消去されて，(2.9)は次の形に変形される：

$$\left\{\begin{array}{l} a_{11}x_1+a_{12}x_2+\cdots+a_{1n}x_n=0 \\ \text{◎}\boxed{\begin{array}{r} a_{22}'x_2+\cdots+a_{2n}'x_n=0 \\ \cdots\cdots\cdots \\ a_{m2}'x_2+\cdots+a_{mn}'x_n=0. \end{array}} \end{array}\right. \tag{2.11}$$

ただし $a_{ij}'=a_{ij}-(a_{i1}/a_{11})a_{1j}\,(i=2,\cdots,m;\ j=2,\cdots,n)$ である．逆に(2.11)からは，第1式の a_{21}/a_{11} 倍，…，a_{m1}/a_{11} 倍をそれぞれ第2式，…，第 m 式に加えることによって(2.9)が得られる．したがって(2.9)と(2.11)とは同じ解をもつ．(2.11)の ◎ の部分は，方程式の個数が $m-1$，未知数の個数が $n-1$ で，$n-1>m-1$ であるから，帰納法の仮定によって ◎ は自明でない実数解をもつ．その1つを

$$x_2=\alpha_2,\qquad \cdots,\qquad x_n=\alpha_n$$

とし，$\alpha_1=-(a_{12}\alpha_2+\cdots+a_{1n}\alpha_n)/a_{11}$ とおけば，

$$x_1=\alpha_1,\qquad x_2=\alpha_2,\qquad \cdots,\qquad x_n=\alpha_n$$

は(2.11)の第1式をも満たすから，これは連立1次方程式(2.11)，したがって(2.9)の自明でない実数解となる．これで証明が終った．▌

例2.21と命題2.6から次の系が得られる．

系 $\boldsymbol{a}_1,\boldsymbol{a}_2,\cdots,\boldsymbol{a}_n$ を $\boldsymbol{R}^m$ のベクトルとする．もし $n>m$ ならば $\boldsymbol{a}_1,\boldsymbol{a}_2,\cdots,\boldsymbol{a}_n$ は1次従属である．——

最後に1つ解析的な例を挙げておく．

例 2.22* V を，すべての実数 t に対して定義された実数値連続関数全体が作る $\boldsymbol{R}$ 上のベクトル空間とする．V の元として，関数

$$e^t,\qquad e^{2t}$$

は1次独立であることを示せ．ただし e は自然対数の底である．

証明 まず，このベクトル空間 V の零ベクトルというのは，恒等的に値0をとる関数，すなわち，すべての $t\in\boldsymbol{R}$ に0を対応させる関数であることに注意する．a,b を2つの実数とし，すべての $t\in\boldsymbol{R}$ に対して

$$ae^t+be^{2t}=0 \tag{2.12}$$

が成り立つとする．このとき $a=b=0$ であることを証明すればよい．そのことはいろいろな方法によって証明される．たとえば(2.12)を t で微分すれば

$$ae^t+2be^{2t}=0. \tag{2.13}$$

(2.12), (2.13)は‘恒等式’であるから，特に $t=0$ とおけば，

$$a+b=0,\qquad a+2b=0.$$

これから $a=b=0$ が得られる．▌

問　　題

1. 例2.18を証明せよ.

2. $\boldsymbol{R}^2$ のベクトル $\boldsymbol{a}=(1+x, 2x)$ と $\boldsymbol{b}=(2x, 1+x)$ が1次従属となるような実数 x の値を求めよ.

3. 例2.19を証明せよ.

4. V を $\boldsymbol{R}$ 上のベクトル空間とし, u, v, w を V の1次独立な元とする. また a を実数とする. ベクトル $u+av$, $v+aw$, $w+au$ が1次従属となる場合があるかどうかを調べよ.

5*. V を例2.22のベクトル空間とする. V の元として次の各組の関数は1次独立であることを示せ.

(a)　$\cos t, \sin t$　　(b)　e^t, t^2　　(c)　e^t, e^{2t}, e^{3t}

§7　基底と次元(I)

この節と次節で述べることは, 線型代数学の学習において読者が克服しなければならない最初の峰である.

まず簡単な例からはじめよう.

2次元数空間 $\boldsymbol{R}^2$ を考える. このベクトル空間はただ1つの元では生成されない. しかし, たとえば基本ベクトル $\boldsymbol{e}_1=(1,0)$, $\boldsymbol{e}_2=(0,1)$ をとれば, $\boldsymbol{R}^2$ はこの2つのベクトルで生成される. $\boldsymbol{e}_1, \boldsymbol{e}_2$ でなくても, 一般に $\boldsymbol{R}^2$ の平行でない2つのベクトル $\boldsymbol{a}, \boldsymbol{b}$ をとれば, 第5図にみられるように, $\boldsymbol{R}^2$ の任意の要素 $\boldsymbol{u}$ は $\boldsymbol{a}, \boldsymbol{b}$ の1次結合として

$$\boldsymbol{u} = k\boldsymbol{a}+l\boldsymbol{b} \tag{2.14}$$

と表される. しかも(2.14)の係数 k, l は $\boldsymbol{u}$ に対して明らかに一意的に定まる.

もちろん $\boldsymbol{a}, \boldsymbol{b}$ にさらに他のベクトル $\boldsymbol{c}$ をつけ加えれば, $\boldsymbol{R}^2$ は $\boldsymbol{a}, \boldsymbol{b}, \boldsymbol{c}$ によっても生成されるが, $\boldsymbol{R}^2$ のどのベクトルもすでに $\boldsymbol{a}, \boldsymbol{b}$ の1次結合として表され

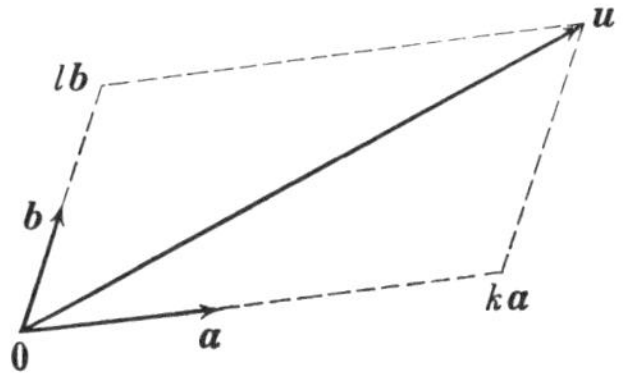

第5図

るのであるから，$\boldsymbol{c}$ をつけ加えることは実際上‘むだ’である．のみならず，$\boldsymbol{c}$ をつけ加えた場合には，$\boldsymbol{R}^2$ の元を $\boldsymbol{a}, \boldsymbol{b}, \boldsymbol{c}$ の1次結合として表す方法は一意的ではない．たとえば $\boldsymbol{c}$ 自身 $\boldsymbol{a}, \boldsymbol{b}$ の1次結合として $\boldsymbol{c}=a\boldsymbol{a}+b\boldsymbol{b}$ と表されるから，$\boldsymbol{c}$ は‘$\boldsymbol{a}, \boldsymbol{b}, \boldsymbol{c}$ の1次結合’として

$$\boldsymbol{c} = a\boldsymbol{a}+b\boldsymbol{b}+0\boldsymbol{c}$$

と書かれるが，他方また $\boldsymbol{c}=0\boldsymbol{a}+0\boldsymbol{b}+1\boldsymbol{c}$ である．

上のような $\boldsymbol{a}, \boldsymbol{b}$ は $\boldsymbol{R}^2$ の**基底**とよばれる．<u>それらは1次独立で</u>(例2.17参照)，<u>$\boldsymbol{R}^2$ を生成する</u>．これらを‘基底’とよぶのは，$\boldsymbol{R}^2$ の任意の要素 $\boldsymbol{u}$ が(2.14)の形に<u>一意的に表示される</u>からである．もちろん $\boldsymbol{R}^2$ の基底のとり方は無数にあるが，どの基底も2つの平行でないベクトルによって構成される．$\boldsymbol{R}^2$ が‘2次元’であるというのは実はその意味である．

$\boldsymbol{R}^3$ の場合には $\boldsymbol{0}, \boldsymbol{a}, \boldsymbol{b}, \boldsymbol{c}$ が同一平面上にないような3点 $\boldsymbol{a}, \boldsymbol{b}, \boldsymbol{c}$ をとる．そうすれば，任意の $\boldsymbol{u} \in \boldsymbol{R}^3$ が，一意的に

$$\boldsymbol{u} = k\boldsymbol{a}+l\boldsymbol{b}+m\boldsymbol{c}$$

と表される(第6図)．これらの $\boldsymbol{a}, \boldsymbol{b}, \boldsymbol{c}$ は1次独立で(例2.19)，かつ $\boldsymbol{R}^3$ を生成する．このような $\boldsymbol{a}, \boldsymbol{b}, \boldsymbol{c}$ は $\boldsymbol{R}^3$ の**基底**とよばれる．もちろんこの場合にも基底のとり方は無数にあるが，$\boldsymbol{R}^3$ の基底はどれも上のような3個の元から成るのである．

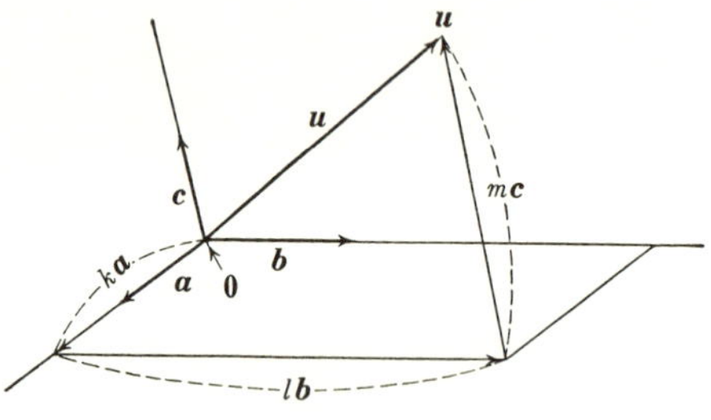

第6図

さて以上の考察から，われわれは次の一般的定義へ導かれる．

> **定義**　ベクトル空間 V の元 $v_1, v_2, \cdots, v_n$，あるいはそれらの集合 $\{v_1, v_2, \cdots, v_n\}$ は，次の条件**1, 2**が満たされるとき，V の**基底**とよば

れる.

1. $v_1, v_2, \cdots, v_n$ は1次独立である.

2. $v_1, v_2, \cdots, v_n$ は V を生成する．すなわち V の任意の元は $v_1, v_2, \cdots, v_n$ の1次結合の形に書かれる.

上の意味の基底をくわしくは**有限基底**という．しかし本書でわれわれが考えるのは有限基底のみである.

(有限)基底をもつようなベクトル空間を**有限次元ベクトル空間**という．零ベクトル0のみから成るベクトル空間$\{0\}$は‘空集合’を基底にもつと考え，これも有限次元ベクトル空間のうちに含める.

われわれはここで，まず，V が有限次元ベクトル空間ならば，その基底は必ず一定の個数の元から成るという事実を証明しよう．そのためにまず次の命題2.7を証明する．この命題は本質的には前の命題2.6に含まれている.

命題 2.7 $v_1, \cdots, v_m, w_1, \cdots, w_n$ をベクトル空間 V の元とし，$w_1, \cdots, w_n$ はいずれも $v_1, \cdots, v_m$ の1次結合であるとする．このときもし $n>m$ ならば，$w_1, \cdots, w_n$ は1次従属である.

証明 仮定により $w_j \in \langle v_1, \cdots, v_m \rangle$ $(j=1, \cdots, n)$ であるから，

$$(2.15)\qquad \begin{cases} w_1 = a_{11}v_1+a_{21}v_2+\cdots+a_{m1}v_m \\ w_2 = a_{12}v_1+a_{22}v_2+\cdots+a_{m2}v_m \\ \qquad \cdots\cdots\cdots \\ w_n = a_{1n}v_1+a_{2n}v_2+\cdots+a_{mn}v_m \end{cases}$$

となるような実数 a_{ij} が存在する．そこで $x_1, x_2, \cdots, x_n$ を実数として $w_1, w_2, \cdots, w_n$ の1次結合 $x_1w_1+x_2w_2+\cdots+x_nw_n$ を作れば，(2.15)によって，それは $v_1, v_2, \cdots, v_m$ の1次結合として

$$(2.16)\qquad x_1w_1+\cdots+x_nw_n = \lambda_1v_1+\cdots+\lambda_mv_m$$

と書かれる．ただし

$$(2.17)\qquad \begin{cases} \lambda_1 = a_{11}x_1+a_{12}x_2+\cdots+a_{1n}x_n \\ \qquad \cdots\cdots\cdots \\ \lambda_m = a_{m1}x_1+a_{m2}x_2+\cdots+a_{mn}x_n \end{cases}$$

である．(たとえば λ_1 は(2.15)の v_1 の係数にそれぞれ $x_1, x_2, \cdots, x_n$ を掛け，

それを'縦に加えて'得られる.）さて $n>m$ とすれば，(2.17)の $\lambda_1, \cdots, \lambda_m$ を $=0$ とおいて得られる $x_1, x_2, \cdots, x_n$ に関する連立1次方程式

$$\lambda_1 = 0, \quad \lambda_2 = 0, \quad \cdots, \quad \lambda_m = 0$$

は，命題2.6によって自明でない解 $x_1=\alpha_1$, $x_2=\alpha_2$, $\cdots$, $x_n=\alpha_n$ をもつ. (2.16)により，この $\alpha_1, \alpha_2, \cdots, \alpha_n$ に対して $\alpha_1 w_1+\alpha_2 w_2+\cdots+\alpha_n w_n=0$ が成り立つから，$w_1, w_2, \cdots, w_n$ は1次従属である. ▌

定理 2.8 V をベクトル空間とし，$\{v_1, \cdots, v_m\}$, $\{w_1, \cdots, w_n\}$ を V の2つの基底とする. そのとき $m=n$ である.

証明 $v_1, \cdots, v_m$ は V を生成するから $w_1, \cdots, w_n$ はいずれも $v_1, \cdots, v_m$ の1次結合である. そして $w_1, \cdots, w_n$ は1次独立であるから，命題2.7の対偶によって $n \leqq m$ でなければならない. v と w の役割を交換して考えれば，全く同様にして $m \leqq n$ であることもわかる. ゆえに $m=n$ である. ▌

定理2.8によって，ベクトル空間 V が n 個の元から成る基底をもつならば，他のどんな基底も n 個の元から成る. このとき V の**次元**(dimension)は n であるという. V の次元を $\dim V$ で表す. $V=\{0\}$ の場合には $\dim V=0$ とする.

例 2.23 n 次元数空間 $\boldsymbol{R}^n$ は，上の定義の意味でベクトル空間として n 次元である. 実際，例2.15，例2.20からわかるように，基本ベクトル $\boldsymbol{e}_1, \boldsymbol{e}_2, \cdots, \boldsymbol{e}_n$ がその1つの基底をなすからである. この基底 $\{\boldsymbol{e}_1, \boldsymbol{e}_2, \cdots, \boldsymbol{e}_n\}$ を $\boldsymbol{R}^n$ の**標準基底**または**自然基底**という.

命題 2.9 V を n 次元ベクトル空間とし，$\{v_1, v_2, \cdots, v_n\}$ を V の基底とする. そのとき V の任意の元 v は $v_1, v_2, \cdots, v_n$ の1次結合として

$$v = a_1 v_1+a_2 v_2+\cdots+a_n v_n \tag{2.18}$$

の形に一意的に表される.

証明 $V=\langle v_1, v_2, \cdots, v_n\rangle$ であるから，任意の $v \in V$ は(2.18)の形に書かれる. 一意性を示すために，$v=b_1 v_1+b_2 v_2+\cdots+b_n v_n$ とも書かれるとする. そのとき

$$(a_1-b_1)v_1+(a_2-b_2)v_2+\cdots+(a_n-b_n)v_n = 0.$$

$v_1, v_2, \cdots, v_n$ は1次独立であるから，すべての $i=1, 2, \cdots, n$ に対して $a_i-b_i=0$,

したがって $a_i=b_i$. これで主張が証明された. ▌

(2.18)の係数からできる $\boldsymbol{R}^n$ のベクトル

$$(a_1, a_2, \cdots, a_n)$$

を, V の元 v の, 基底$\{v_1, v_2, \cdots, v_n\}$に関する**座標ベクトル**または**成分ベクトル**(あるいは略して単に**座標**または**成分**)という.

座標ベクトルにおいては, 成分 $a_1, a_2, \cdots, a_n$ の順序も当然考慮に入れなければならない. したがってこの場合, 基底$\{v_1, v_2, \cdots, v_n\}$というのも, 単に元 $v_1, v_2, \cdots, v_n$ の集合ではなく, その順序も考慮に入れたものとみなすべきである. 今後も状況に応じ, われわれは基底をこのように'順序づけられた組'と考える. 基底をこの意味に解していることをはっきり示したいときには, **順序基底**という語を用いる.

例 2.24 $\boldsymbol{R}^n$ の点 $\boldsymbol{a}=(a_1, a_2, \cdots, a_n)$ の標準基底$\{\boldsymbol{e}_1, \boldsymbol{e}_2, \cdots, \boldsymbol{e}_n\}$に関する座標は$(a_1, a_2, \cdots, a_n)$, すなわち $\boldsymbol{a}$ 自身である. しかし他の基底について考えた場合には, その座標は$(a_1, a_2, \cdots, a_n)$とは異なるものとなる. 後の章でみるように, 数空間 $\boldsymbol{R}^n$ においても, 取り扱う問題の種類によっては, 標準基底以外の基底をとって考えたほうが都合のよいことがあるのである.

命題 2.10 $\dim V=n$ とすれば, V には n 個の1次独立な元が存在する. しかし n 個より多くの1次独立な元は存在しない.

証明 このことはすでに述べられている. 実際 V の1つの基底を$\{v_1, \cdots, v_n\}$とすれば, $v_1, \cdots, v_n$ は1次独立である. 他方 V の元 $w_1, \cdots, w_r$ が1次独立ならば, それらはいずれも $v_1, \cdots, v_n$ の1次結合であるから, 命題2.7(の対偶)によって $r \leqq n$ である. ▌

§8 基底と次元(II)

有限次元ベクトル空間, すなわち(有限)基底をもつベクトル空間はもちろん有限個の元によって生成される. 逆に, ベクトル空間 V が有限個の元で張られるときには, V は基底をもち, したがって有限次元である. そのことを示すために, まず次の命題2.11を証明する.

命題 2.11 V をベクトル空間, $v_1, \cdots, v_n, w$ を V の元とし, $v_1, \cdots, v_n$ は1次独立, $v_1, \cdots, v_n, w$ は1次従属であるとする. そのとき w は $v_1, \cdots, v_n$ の1

次結合である.

証明　$v_1, \cdots, v_n, w$ が1次従属であるから,

$$c_1v_1+\cdots+c_nv_n+cw = 0$$

が成り立つような, 少なくとも1つは0でない数 $c_1, \cdots, c_n, c$ が存在する. ここで c は0ではない. もし $c=0$ ならば, 少なくとも1つは0でない $c_1, \cdots, c_n$ に対して $c_1v_1+\cdots+c_nv_n=0$ が成り立つことになり, $v_1, \cdots, v_n$ が1次独立であるという仮定に反するからである. そこで上の式を $cw=(-c_1)v_1+\cdots+(-c_n)v_n$ と書きかえ, 両辺を c^{-1} 倍すれば

$$w = (-c^{-1}c_1)v_1+\cdots+(-c^{-1}c_n)v_n$$

が得られる. これで命題が証明された. ▌

定理 2.12　$V \neq \{0\}$ とし, V は有限個の元 $v_1, v_2, \cdots, v_s$ によって張られるとする. そのとき V は基底をもつ. しかもその基底は $v_1, v_2, \cdots, v_s$ のうちから選び出すことができ, したがって $\dim V \leqq s$ である.

証明　$v_1, \cdots, v_s$ はどれも0でなく, 互いに異なると仮定してよい. 0は生成元からとり除いてもよいし, また生成元のうちに同じ元があれば, 1つを残して他をとり去ってもよいからである.

さて $S=\{v_1, \cdots, v_s\}$ とおく. S の部分集合で, たとえば1個の元から成るものは1次独立である. S のすべての独立な部分集合のうち, 最も多くの元を含むものの1つを, (必要があれば番号をつけかえて)

$$T = \{v_1, v_2, \cdots, v_n\} \qquad (n \leqq s)$$

とする. もし $n=s$ すなわち $T=S$ ならば, S 自身が V の基底である. $n<s$ ならば, $n<k \leqq s$ である任意の k に対し, $v_1, \cdots, v_n$ は1次独立, $v_1, \cdots, v_n, v_k$ は1次従属であるから, 命題2.11によって v_k は $v_1, \cdots, v_n$ の1次結合となる. したがって $v_1, \cdots, v_n, v_{n+1}, \cdots, v_s$ の任意の1次結合

$$a_1v_1+\cdots+a_nv_n+a_{n+1}v_{n+1}+\cdots+a_sv_s$$

は, $v_{n+1}, \cdots, v_s$ をそれぞれ $v_1, \cdots, v_n$ の1次結合の形に表すことによって, 明らかに $v_1, \cdots, v_n$ のみの1次結合の形に書き直すことができる. ゆえに $v_1, \cdots, v_n$ は V を生成し, $T=\{v_1, \cdots, v_n\}$ は V の基底である. ▌

有限個の元で生成されるベクトル空間はしばしば**有限生成**のベクトル空間とよばれる．(ベクトル空間$\{0\}$ももちろん有限生成である．) 定理2.12によって，ベクトル空間については，'有限次元'と'有限生成'とは結局同義語である．

有限次元でないベクトル空間は**無限次元**であるといわれる．たとえば，例2.5の$\boldsymbol{R}^\infty$，例2.6の$\boldsymbol{R}^{(\infty)}$，例2.7の$\boldsymbol{R}[x]$は無限次元のベクトル空間である(問題2)．

本書で以後取り扱うベクトル空間は主として有限次元のベクトル空間である．無限次元のベクトル空間については，ここでは次の命題だけを述べておく．

命題 2.13 Vが無限次元のベクトル空間ならば，任意の正の整数kに対してVの中にk個の1次独立な元が存在する．(いいかえれば，Vの中に'いくらでも多くの'1次独立な元が存在する．)

証明 仮りにVの中にn個の1次独立な元$v_1, \cdots, v_n$が存在するが，n個より多くの1次独立な元は存在しないとしよう．そのとき，wをVの任意の元とすれば，$v_1, \cdots, v_n, w$は1次従属であるから，命題2.11によって，wは$v_1, \cdots, v_n$の1次結合となる．したがってVは$v_1, \cdots, v_n$で生成されるが，これはVが無限次元であることに反する．▌

最後に，ある意味で定理2.12と'双対的な'次の定理を証明しておく．

定理 2.14 Vをn次元ベクトル空間とし，$v_1, \cdots, v_r$をVの1次独立な元とする．(命題2.10によって$r \leqq n$である．) そのとき，Vの適当な$n-r$個の元$v_{r+1}, \cdots, v_n$を$v_1, \cdots, v_r$につけ加えて，Vの基底$\{v_1, \cdots, v_r, v_{r+1}, \cdots, v_n\}$を作ることができる．もし$r=n$ならば$\{v_1, \cdots, v_r\}$自身$V$の基底である．

証明 $v_1, \cdots, v_r$で生成されるVの部分空間をWとする．

まず$r=n$の場合を考える．その場合には$W=V$である．なぜなら，もし$W \neq V$ならば，Wに含まれないVの1つの元vをとれば，命題2.11(の対偶)によって$v_1, \cdots, v_r, v$は1次独立となり，Vが$r+1=n+1$個の1次独立な元を含むことになる．それはVがn次元であることに反するから，$W=V$でなければならない．したがって$\{v_1, \cdots, v_r\}$はVの基底である．

次に $r<n$ とする．この場合には $\{v_1, \cdots, v_r\}$ は V の基底ではないから，当然 $W \neq V$ である．そこで W に含まれない V の1つの元 v_{r+1} をとれば，$v_1, \cdots, v_r, v_{r+1}$ は1次独立となる．もし $r+1=n$ ならば，上に示したように $\{v_1, \cdots, v_r, v_{r+1}\}$ は V の基底である．また $r+1<n$ ならば，上と同様にして $v_1, \cdots, v_r, v_{r+1}, v_{r+2}$ が1次独立となるような V の元 v_{r+2} をみいだすことができる．この操作を続ければ，最後にわれわれは V の基底 $\{v_1, \cdots, v_r, v_{r+1}, \cdots, v_n\}$ に達する．∎

前の定理2.12は，V の生成元の集合からは V の基底が選び出せることを示している．それに対して定理2.14は，V の1次独立な元の集合は V の基底に拡大できることを示している．

問　　題

1. V を n 次元のベクトル空間とする．V の元 $v_1, \cdots, v_n$ が V を生成するならば，$\{v_1, \cdots, v_n\}$ は V の基底であることを示せ．

2. 例2.5の $\boldsymbol{R}^\infty$，例2.6の $\boldsymbol{R}^{(\infty)}$，例2.7の $\boldsymbol{R}[x]$ はいずれも無限次元であることを示せ．

3. 多項式のベクトル空間 $\boldsymbol{R}[x]$ を P とし，その要素のうち次数が m をこえないもの全体の集合を P_m とする(例2.14参照)．ただし m は与えられた1つの正の整数である．P_m は有限次元のベクトル空間であることを示せ．その次元および1つの基底を求めよ．

4. $\boldsymbol{R}^{m\times n}$ は何次元のベクトル空間か．

5. $\boldsymbol{a}=(2,-1)$，$\boldsymbol{b}=(1,3)$ は $\boldsymbol{R}^2$ の基底をなすことを示せ．この基底 $\{\boldsymbol{a}, \boldsymbol{b}\}$ に関する $\boldsymbol{u}=(1,0)$ の座標を求めよ．また $\boldsymbol{v}=(-5,8)$ の座標を求めよ．

6. $\boldsymbol{a}=(0,1,-1)$，$\boldsymbol{b}=(1,1,0)$，$\boldsymbol{c}=(1,0,2)$ は $\boldsymbol{R}^3$ の基底をなすことを示せ．この基底に関する $\boldsymbol{u}=(-1,2,4)$ の座標を求めよ．

7. $\{\boldsymbol{a}, \boldsymbol{b}, \boldsymbol{c}\}$ は $\boldsymbol{R}^3$ の基底で，この基底に関する $\boldsymbol{e}_1=(1,0,0)$，$\boldsymbol{e}_2=(0,1,0)$，$\boldsymbol{e}_3=(0,0,1)$ の座標ベクトルはそれぞれ $(0,1,1)$，$(1,0,1)$，$(1,1,0)$ である．$\boldsymbol{a}, \boldsymbol{b}, \boldsymbol{c}$ を求めよ．

8. $\{v_1, \cdots, v_n\}$ を n 次元ベクトル空間 V の基底とし，

$$v_1' = v_1, \quad v_2' = v_1+v_2, \quad \cdots, \quad v_n' = v_1+v_2+\cdots+v_n$$

とおく．$\{v_1', \cdots, v_n'\}$ も V の基底であることを示せ．

9. 前問において，V の元 v の基底 $\{v_1, \cdots, v_n\}$ に関する座標を $(a_1, \cdots, a_n)$ とする．同じ元 v の基底 $\{v_1', \cdots, v_n'\}$ に関する座標を求めよ．

§9 部分空間の次元

この節では部分空間の次元に関する2つの基本的な定理を証明する.

定理 2.15 V を n 次元ベクトル空間とし, W を V の部分空間とする. そのとき次のことが成り立つ.

1. W も有限次元で $\dim W \leqq n$.

2. $\dim W = n$ であるとき, またそのときに限って $W = V$ である.

3. W の任意の基底に対して, それを拡大した V の基底が存在する.

証明 **1, 2, 3** を同時に証明する.

V の1次独立な元の個数の最大値は n であるから, W の中の1次独立な元の個数は n をこえない. したがって命題 2.13 により W も有限次元である.

$\dim W = m$ とし, $\{v_1, \cdots, v_m\}$ を W の基底とする. $v_1, \cdots, v_m$ は V の1次独立な元であるから $m \leqq n$ である. もし $m < n$ ならば, もちろん $W \neq V$ であり, 定理 2.14 によって $\{v_1, \cdots, v_m\}$ を拡大して V の基底 $\{v_1, \cdots, v_m, v_{m+1}, \cdots, v_n\}$ を作ることができる. また $m = n$ ならば, 同じく定理 2.14 によって $\{v_1, \cdots, v_m\}$ はそれ自身 V の基底となっているから, $W = V$ である. 以上で定理は証明された. ▌

V をベクトル空間とし, U, W を V の部分空間とする. そのとき, 共通部分 $U \cap W$ も V の部分空間である. また, U の元 u と W の元 w の和 $u + w$ 全体の集合

$$\{u + w \mid u \in U, \ w \in W\}$$

も V の部分空間である. この集合は U, W の**和**とよばれ, $U + W$ で表される. $U \cap W$ や $U + W$ が部分空間であることの証明は容易であるから, 読者の練習問題とする. (これらはすでに§5の問題7に提出した.)

定理 2.16 V をベクトル空間, U, W を V の有限次元部分空間とする. そのとき $U \cap W$, $U + W$ はいずれも有限次元で, 次の等式が成り立つ:

(2.19) $\dim(U\cap W)+\dim(U+W) = \dim U+\dim W.$

証明 まず$U\cap W$はUおよびWの部分空間であること，またUおよびWは$U+W$の部分空間であることに注意しておく．UやWは有限次元であるから，定理2.15によって$U\cap W$も有限次元である．

いま$\dim(U\cap W)=r$とし，$\{v_1, \cdots, v_r\}$を$U\cap W$の1つの基底とする．定理2.15によって，われわれはこれを拡大してUの基底およびWの基底を作ることができる．$\{v_1, \cdots, v_r\}$を拡大して得られるUの1つの基底を$\{v_1, \cdots, v_r, u_1, \cdots, u_s\}$，また$W$の1つの基底を$\{v_1, \cdots, v_r, w_1, \cdots, w_t\}$とする．ただし$\dim U=r+s$，$\dim W=r+t$である．(もちろん$r, s, t$は0であることもあり得る.)

さてUの任意の元は$v_1, \cdots, v_r, u_1, \cdots, u_s$の1次結合として表され，$W$の任意の元は$v_1, \cdots, v_r, w_1, \cdots, w_t$の1次結合として表されるから，$U+W$の定義から直ちにわかるように，$U+W$の任意の元は

(2.20) $$v_1, \cdots, v_r, u_1, \cdots, u_s, w_1, \cdots, w_t$$

の1次結合の形に書かれる．いいかえれば，$U+W$は(2.20)の$r+s+t$個の元によって張られる．したがって$U+W$も有限次元である．そこでわれわれは，(2.20)の$r+s+t$個の元が1次独立であることを示そう．そうすれば，これらの元は$U+W$の基底となるから，$\dim(U+W)=r+s+t$となり，

$$r+(r+s+t) = (r+s)+(r+t)$$

であるから，(2.19)が成り立つこととなる．

(2.20)の元が1次独立であることを示すために，a_i, b_j, c_kをスカラーとして

(2.21) $$\sum_{i=1}^{r} a_i v_i+\sum_{j=1}^{s} b_j u_j+\sum_{k=1}^{t} c_k w_k = 0$$

とする．これを書き直せば

(2.22) $$\sum_{i=1}^{r} a_i v_i+\sum_{j=1}^{s} b_j u_j = -\sum_{k=1}^{t} c_k w_k.$$

等式(2.22)の左辺はUに，右辺はWに属するから，この両辺は$U\cap W$に属する．ゆえに適当なスカラーd_iによって

$$-\sum_{k=1}^{t} c_k w_k = \sum_{i=1}^{r} d_i v_i$$

と書くことができる．これより

$$\sum_{i=1}^{r} d_i v_i + \sum_{k=1}^{t} c_k w_k = 0$$

となるが，$v_1, \cdots, v_r, w_1, \cdots, w_t$ は1次独立であるから，$d_1 = \cdots = d_r = 0$, $c_1 = \cdots = c_t = 0$ でなければならない．したがって(2.22)の右辺は0となり，今度は $v_1, \cdots, v_r, u_1, \cdots, u_s$ の1次独立性によって $a_1 = \cdots = a_r = 0$, $b_1 = \cdots = b_s = 0$ となる．これで(2.21)が成り立つときには，そのすべての係数 a_i, b_j, c_k が0でなければならないことが証明された．ゆえに(2.20)の $r+s+t$ 個の元は1次独立である．以上で証明が完了した．▌

定理2.16で U, W が零ベクトル0のみを共有するとき，すなわち $U \cap W = \{0\}$ であるときには，

$$\dim(U+W) = \dim U + \dim W$$

となる．またその場合には，上の証明における $\{v_1, \cdots, v_r\}$ の部分が空集合となるから，U の基底 $\{u_1, \cdots, u_s\}$ と W の基底 $\{w_1, \cdots, w_t\}$ とを合わせた $\{u_1, \cdots, u_s, w_1, \cdots, w_t\}$ が $U+W$ の基底となる．この場合 $U+W$ は U と W の**直和**とよばれる．この重要な概念については，後の章でふたたびくわしく述べるであろう．

問　　題

1. 次の各集合は $\boldsymbol{R}^3$ の部分空間をなすことを示し，その1つの基底を求めよ．

(a)　$x_1 + x_2 + x_3 = 0$ を満たす $\boldsymbol{x} = (x_1, x_2, x_3)$ 全体の集合．

(b)　$(x, -2x, 3x)$ の形のベクトル全体の集合．

2. $\dim V = n$ とし，U, W を V の部分空間とする．もし $\dim U + \dim W > n$ ならば，U, W は0以外の元を共有することを証明せよ．

3. $V = \boldsymbol{R}^2$, $\boldsymbol{e}_1 = (1, 0)$, $\boldsymbol{e}_2 = (0, 1)$ とし，$W_1 = \langle \boldsymbol{e}_1 \rangle$, $W_2 = W_3 = \langle \boldsymbol{e}_2 \rangle$ とするとき，

$$(W_1 + W_2) \cap W_3 \quad \text{および} \quad (W_1 \cap W_3) + (W_2 \cap W_3)$$

を求めよ．$W_1 = \langle \boldsymbol{e}_1 \rangle$, $W_2 = \langle \boldsymbol{e}_2 \rangle$, $W_3 = \langle \boldsymbol{e}_1 + \boldsymbol{e}_2 \rangle$ とした場合はどうか．

4. V をベクトル空間，W_1, W_2, W_3 を V の部分空間とするとき，

$$(W_1 \cap W_3) + (W_2 \cap W_3) \subset (W_1 + W_2) \cap W_3$$

であることを示せ．また，もし上の式で等号が成り立つならば，1, 2, 3 を任意に並べかえた i, j, k に対しても

$$(W_i \cap W_k) + (W_j \cap W_k) = (W_i + W_j) \cap W_k$$

が成り立つことを証明せよ．

第3章　線 型 写 像

ベクトル空間においては加法とスカラー倍の2種類の演算，いわゆる線型演算が定義されている．この線型演算を保存するような，ベクトル空間からベクトル空間への写像が，線型写像である．この概念は数学のあらゆる部門で日常的に現れるきわめて基本的なものであって，線型代数学の中心的な研究課題をなすものである．本章ではこの線型写像に関する最も基本的ないくつかの概念と命題とが述べられる．なお線型写像にはいるのに先立って，冒頭の2節で，写像一般に関する基礎的な用語などがひととおり解説される．

本章の§6以下に説明されるように，線型写像と行列の両概念の間には密接な関係がある．この関係は今後も，より一般的な形で，またより精細に，本書でくり返し論ぜられるであろう．

本章の最後の2つの節では連立1次方程式の解法が扱われる．いわゆる‘解の公式’などについては後の第5章でも解説されるが，それはむしろ理論的なものであって，連立1次方程式の実際的解法としては本章で述べる方法のほうがはるかに効率的である．

§1　写 像 (I)

S, T を2つの集合とする．S のおのおのの元 x に，それぞれ，T のただ1つの元 y を対応させる‘対応’のことを，S から T への**写像**という．写像を f, g, F, G, φ などの文字で表す．

f が S から T への写像であることを，記号で

$$f:\ S \longrightarrow T$$

と書く．またこのとき，S を f の**定義域**，T を f の**終域**という．

f が S から T への写像であるとき，f によって S の元 x に T の元 y が対応しているならば，そのことを

$$f:\ x \longmapsto y$$

と書く．また y を <u>f の x における**値**</u>，あるいは <u>f による x の**像**</u>とよび，$f(x)$

で表す.

上にいったように，矢印 $\rightarrow$ は写像の定義域から終域へ向けて書かれ，矢印 $\mapsto$ は定義域の元からその像へ向けて書かれる．これが2つの矢印 $\rightarrow$, $\mapsto$ の，写像に関する用法の原則上の区別である．しかし，図などにおいては，みやすさを考慮して，後者についても普通の矢印 $\rightarrow$ を用いる.

例 3.1　a, b を2つの実数の定数とし，おのおのの実数 t に実数 $at+b$ を対応させれば，$\boldsymbol{R}$ から $\boldsymbol{R}$ への1つの写像が得られる．この写像を f で表せば，すべての $t\in\boldsymbol{R}$ に対して $f(t)=at+b$ である．これは実数全体を定義域とする‘1次関数’にほかならない．矢印 $\mapsto$ を用いれば，これを“$t\mapsto at+b$ によって定義される $\boldsymbol{R}$ から $\boldsymbol{R}$ への写像”というように述べ表すこともできる.

例 3.2　S, T を任意の2つの集合とし，b を T の1つの元とする．S のすべての元 x に b を対応させれば，S から T への1つの写像が得られる．これを S から T への値 b の**定値写像**という.

例 3.3　V を $\boldsymbol{R}$ 上のベクトル空間とすれば，V 上で加法と(実数をスカラーとする)スカラー倍が定義されている．V 上の加法というのは，$(u, v)\in V\times V$ に V の元 $u+v$ を対応させる $V\times V$ から V への1つの写像である．また V 上のスカラー倍は，$(c, v)\in\boldsymbol{R}\times V$ に V の元 cv を対応させる $\boldsymbol{R}\times V$ から V への写像である.

例 3.4　$\boldsymbol{R}^2$ においてはその任意の元 $\boldsymbol{a}, \boldsymbol{b}$ に対して内積 $\boldsymbol{a}\cdot\boldsymbol{b}$ が定義される．$\boldsymbol{R}^2\times\boldsymbol{R}^2$ の要素 $(\boldsymbol{a}, \boldsymbol{b})$ に内積 $\boldsymbol{a}\cdot\boldsymbol{b}$ を対応させるのは，$\boldsymbol{R}^2\times\boldsymbol{R}^2$ から $\boldsymbol{R}$ への写像である．——

一般に2つの集合の直積 $S_1\times S_2$ から集合 T への写像は**2変数の写像**とよばれる．例3.3，例3.4に挙げた写像はいずれも2変数の写像である．もっと一般に，n 個の集合の直積 $S_1\times S_2\times\cdots\times S_n$ を定義域とする写像

$$f:\ S_1\times S_2\times\cdots\times S_n \longrightarrow T$$

は **n 変数の写像**とよばれる．このとき定義域の元 $(x_1, x_2, \cdots, x_n)$ $(x_i\in S_i)$ の f による像を $f(x_1, x_2, \cdots, x_n)$ と書く.

S, T を集合とし，$f: S\rightarrow T$ を写像とする．S の元 x, x' に対し，$x\neq x'$ ならば必ず $f(x)\neq f(x')$ であるとき，すなわち S の異なる2元の像がいつも異なるとき，f は S から T への**単射**であるという．単射はまた**1対1の写像**ともよ

ばれる．

ふたたび $f: S \to T$ を写像とし，A を S の部分集合とする．x が A の元を動くとき，像 $f(x)$ 全体の集合

$$\{f(x) \mid x \in A\}$$

を f による A の**像**とよび，$f(A)$ で表す．もちろんこれは T の部分集合である．特に定義域 S 自身の像 $f(S)$ は，簡単に f の**像**あるいは f の**値域**とよばれる．

写像 $f: S \to T$ において，f の値域 $f(S)$ が終域 T と一致するとき，f は S から T への**全射**であるという．これは，T の任意の元 y に対して $f(x)=y$ となるような S の元 x が存在することにほかならない．この場合また，f は S から T の**上への写像**であるともいう．

$f: S \to T$ が全射であると同時に単射でもあるとき，f を S から T への**全単射**という．(全単射のかわりに**双射**という語を用いている書物もある．) これは T の任意の元 y に対して，$f(x)=y$ となるような S の元 x が1つ，しかもただ1つだけ存在することを意味する．

例 3.5　第1図には，定義域，終域がともに有限集合である4つの写像が図示されている．たとえば(a)は，定義域が $S=\{1,2,3,4\}$，終域が $T=\{a,b,c,d,e\}$ で，

$$1 \longmapsto c, \quad 2 \longmapsto e, \quad 3 \longmapsto a, \quad 4 \longmapsto d$$

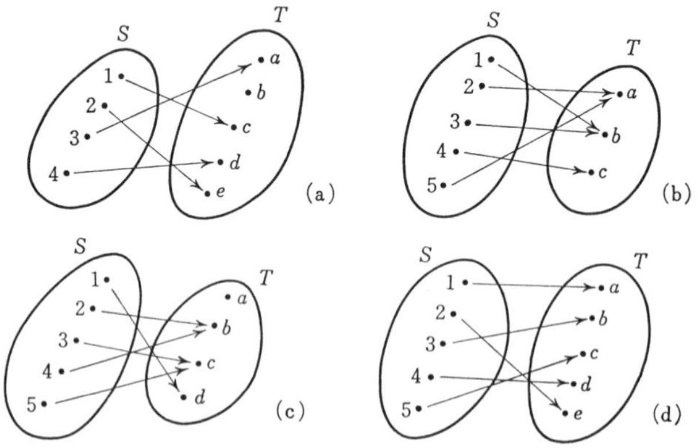

第1図

によって定義される写像を表している．これはSからTへの単射である．また第1図(b)で表される写像はSからTへの全射であり，(d)で表される写像はSからTへの全単射である．第1図(c)で表されるSからTへの写像は単射でも全射でもない．

例 3.6　f_1, f_2, f_3, f_4をそれぞれ次の式によって定義される$\boldsymbol{R}$から$\boldsymbol{R}$への写像とする：

$$f_1(t) = 2t-3, \qquad f_2(t) = t^3-t,$$
$$f_3(t) = 2^t, \qquad f_4(t) = t^2.$$

f_1は$\boldsymbol{R}$から$\boldsymbol{R}$への全単射，f_2は$\boldsymbol{R}$から$\boldsymbol{R}$への全射，f_3は$\boldsymbol{R}$から$\boldsymbol{R}$への単射である．f_4は単射でも全射でもない．読者はこれらの関数のグラフをかいて，上記のことを確かめよ．

例 3.7　Sを任意の集合とするとき，Sの各元xにx自身を対応させるSからSへの写像はもちろん全単射である．この写像をSの**恒等写像**とよぶ．本書ではこれを記号I_Sで表す．——

$f: S \to T$が全単射ならば，任意の$y \in T$に対して$f(x)=y$となるSの要素xがただ1つ存在するから，yにそのxを対応させることによって，TからSへの写像を定義することができる．これをfの**逆写像**とよび，f^{-1}で表す．定義によって，$x \in S$, $y \in T$に対し，$f(x)=y$であることと$f^{-1}(y)=x$であることとは同等である．また明らかに$f^{-1}: T \to S$はTからSへの全単射である．

例 3.8　第1図(d)のSからTへの全単射をfとすれば，その逆写像f^{-1}: $T \to S$は

$$f^{-1}: a \longmapsto 1, \quad b \longmapsto 3, \quad c \longmapsto 5, \quad d \longmapsto 4, \quad e \longmapsto 2$$

によって定義される写像である．

例 3.9　tを実変数とし，fを指数関数$f(t)=2^t$とする．$\boldsymbol{R}^+$を正の実数全体の集合とすれば，fは$\boldsymbol{R}$から$\boldsymbol{R}^+$への全単射で，その逆写像$f^{-1}: \boldsymbol{R}^+ \to \boldsymbol{R}$は対数関数$t \mapsto \log_2 t$である．——

$f: S \to T$が全単射でない場合にも，次の意味でf^{-1}という記号を用いることがある．すなわち，Tの元yに対し，$f(x)=y$となるようなSの元x全体の集合を$f^{-1}(y)$で表し，これをfによるyの**逆像**とよぶのである．yがfの値域に含まれていなければ$f^{-1}(y)$は空集合である．$y \in f(S)$ならば$f^{-1}(y)$は空

集合ではないが，その元はただ1つであるとは限らない．さらに一般にBをTの任意の部分集合とするとき，$f(x)\in B$となるようなSの元x全体の集合を，fによるBの**逆像**とよび，$f^{-1}(B)$で表す．すなわち

$$f^{-1}(B)=\{x\,|\,x\in S,\ \ f(x)\in B\}$$

である．

例 3.10　$f: S\to T$を第1図(c)で定義された写像とするとき，$f^{-1}(a)$は空集合である．また

$$f^{-1}(b)=\{2,4\},\qquad f^{-1}(\{b,c\})=\{2,3,4,5\}$$

である．——

上の意味で，一般の写像$f: S\to T$についても，Tの要素y，Tの部分集合Bに対して$f^{-1}(y), f^{-1}(B)$が定義される．しかし，f^{-1}が写像としての意味をもつのはfが全単射であるときだけである．

写像の同義語として，**関数**，**変換**などの語が用いられることもある．ただし慣習的には，関数という語は終域が‘数の集合’である場合に，また変換という語は定義域と終域とが同じ集合である場合に用いられることが多い．たとえば，Sを任意の集合とするとき，Sから$\boldsymbol{R}$への写像は‘S上で定義された実数値関数’とよばれ，またSからS自身への写像は，しばしば‘Sの変換’とよばれる．本書でも以後，関数や変換の語は，主として上記の意味に用いる．

§2　写像 (II)

R, S, Tを集合とし，

$$f: R\longrightarrow S,\qquad g: S\longrightarrow T$$

を写像とする．そのとき，Rの各元xにTの元$g(f(x))$を対応させるRから

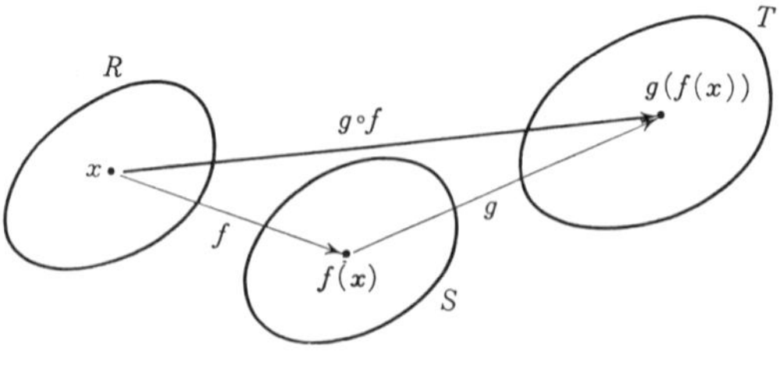

第2図

T への写像を，f と g との**合成写像**といい，$g\circ f$ で表す(第2図)．すなわち，任意の $x\in R$ に対して

$$(g\circ f)(x) = g(f(x))$$

である．ときには $g\circ f$ を略して単に gf と書く．

読者は，合成写像 $g\circ f$ は f の終域と g の定義域とが同じ集合である場合にだけ定義されることに注意されたい．

合成写像については次のような命題が成り立つ．

命題 3.1 $f: R\to S$, $g: S\to T$ がともに単射ならば，$g\circ f: R\to T$ も単射である．f, g がともに全射ならば $g\circ f$ も全射である．

証明 **1.** f, g がともに単射であるとする．そのとき x, x' を R の異なる元とすれば，f が単射であるから $f(x)\neq f(x')$ となり，さらに g も単射であるから $g(f(x))\neq g(f(x'))$，すなわち $(g\circ f)(x)\neq(g\circ f)(x')$ となる．ゆえに $g\circ f$ は単射である．

2. f, g がともに全射であるとする．そのとき z を T の任意の元とすれば，g が全射であるから $g(y)=z$ となるような S の元 y が存在し，f が全射であるからこの y に対して $f(x)=y$ となるような R の元 x が存在する．したがって $z=g(y)=g(f(x))=(g\circ f)(x)$．ゆえに $g\circ f$ は全射である．▌

系 $f: R\to S$, $g: S\to T$ がともに全単射ならば，$g\circ f: R\to T$ も全単射である．——

次の命題の前に，形式的なことであるが‘写像の相等’の定義を述べておく．2つの写像 $f: S\to T$, $f': S'\to T'$ が**等しい**(記号：$f=f'$)というのは，$S=S'$ かつ $T=T'$ であって，任意の $x\in S$ に対して $f(x)=f'(x)$ が成り立つことである．

命題 3.2 写像の合成については結合律が成り立つ．すなわち R, S, T, U を集合とし，$f: R\to S$, $g: S\to T$, $h: T\to U$ を写像とすれば，

$$h\circ(g\circ f) = (h\circ g)\circ f. \tag{3.1}$$

証明 (3.1)の両辺はともに R から U への写像であって，任意の $x\in R$ に対して

$$(h\circ(g\circ f))(x) = h((g\circ f)(x)) = h(g(f(x))),$$
$$((h\circ g)\circ f)(x) = (h\circ g)(f(x)) = h(g(f(x))).$$

ゆえに等式(3.1)が成り立つ．▌

命題3.2によって，写像の合成については，(合成が可能である限り)$h\circ g\circ f$, $k\circ h\circ g\circ f$ のように括弧をはぶいて書くことができる.

しかし写像の合成について，交換律は(一般には)成り立たない.

例 3.11 $f: \boldsymbol{R}\to\boldsymbol{R}$, $g: \boldsymbol{R}\to\boldsymbol{R}$ をそれぞれ $f(t)=2t$, $g(t)=t^2+1$ によって定義された写像とすれば,

$$(f\circ g)(t) = 2(t^2+1) = 2t^2+2,$$
$$(g\circ f)(t) = (2t)^2+1 = 4t^2+1.$$

したがって $f\circ g\neq g\circ f$ である.

命題 3.3 f を S から T への任意の写像とすれば,

(3.2) $$f\circ I_S = f, \quad I_T\circ f = f.$$

ただし I_S, I_T はそれぞれ S, T の恒等写像(例3.7)である. ——

証明は読者にまかせる(問題1).

命題 3.4 $f: S\to T$ が全単射ならば,

(3.3) $$f^{-1}\circ f = I_S, \quad f\circ f^{-1} = I_T.$$

ここに f^{-1} は f の逆写像である. ——

この証明も読者にまかせる(問題2).

命題 3.5 写像 $f: S\to T$ に対して，もし

(3.4) $$g\circ f = I_S, \quad f\circ h = I_T$$

となるような写像 $g: T\to S$, $h: T\to S$ が存在するならば，f は S から T への全単射であって，g や h は f の逆写像 f^{-1} に等しい.

証明 まず f が全単射であることを示そう．はじめに x, x' を S の元とし，$f(x)=f(x')$ とする．そのとき

$$g(f(x)) = g(f(x')).$$

(3.4)の第1式によって上式の左辺は $(g\circ f)(x)=I_S(x)=x$ に等しく，同様に右辺は x' に等しい．したがって $x=x'$. ゆえに $f: S\to T$ は単射である．次に y を T の任意の元とすれば，(3.4)の第2式によって

$$y = I_T(y) = (f\circ h)(y) = f(h(y)).$$

したがって $h(y)=x$ とおけば $y=f(x)$ となり，$f: S\to T$ は全射である．これで f は全単射であることが証明された.

g や h がこの全単射 f の逆写像 f^{-1} に等しいことは，(3.1), (3.2), (3.3),

(3.4)を用いて証明される．たとえば g については

$$g = g\circ I_T = g\circ(f\circ f^{-1}) = (g\circ f)\circ f^{-1} = I_S\circ f^{-1} = f^{-1}.$$

h についても同様である．▌

系　写像 $f\colon S\to T$, $g\colon T\to S$ に対して，$g\circ f=I_S$, $f\circ g=I_T$ が成り立つならば，f,g はともに全単射で互いに他の逆写像に等しい．

問　　題

1. 命題3.3を証明せよ．

2. 命題3.4を証明せよ．

3. $f\colon R\to S$, $g\colon S\to T$ のとき，次のことを示せ．

(a)　$g\circ f$ が全射ならば，g は全射である．

(b)　$g\circ f$ が単射ならば，f は単射である．

4. $f\colon R\to S$ を全射とする．そのとき $g\colon S\to T$, $g'\colon S\to T$ に対して $g\circ f=g'\circ f$ が成り立つならば，$g=g'$ であることを示せ．

5. $g\colon S\to T$ を単射とする．そのとき $f\colon R\to S$, $f'\colon R\to S$ に対して $g\circ f=g\circ f'$ が成り立つならば，$f=f'$ であることを示せ．

6. $f\colon R\to S$, $g\colon S\to T$ において，$g\circ f$ が全射，g が単射ならば，f は全射，g は全単射であることを示せ．

7. $f\colon S\to T$, $g\colon T\to S$ に対して $g\circ f=I_S$ が成り立つとする．そのとき f や g は全単射であるといえるか．いえなければ反例を示せ．

8. $f\colon \boldsymbol{R}\to\boldsymbol{R}$, $g\colon \boldsymbol{R}\to\boldsymbol{R}$ を1次関数 $f(t)=at+b$, $g(t)=bt+a\,(a\neq 0,\ b\neq 0)$ とする．$f\circ g=g\circ f$ が成り立つのはどのような場合か．

§3　線型写像の定義と例

第2章で述べたように，ベクトル空間においては加法およびスカラー倍という2種類の演算が定義されている．これら2種類の演算を合わせて**線型演算**という．要約すれば，ベクトル空間というのは，p. 49–50の公理I. **1–4**, II. **1–4** を満たすような線型演算の定義された集合である．

このようにベクトル空間という概念の基礎にあるものは線型演算であるから，ベクトル空間からベクトル空間への写像については，その演算を‘保存する’ようなものが自然に最も重要な研究対象となる．そのような写像は**線型写像**とよ

ばれる．次に述べるのがその正確な定義である．(本章でもベクトル空間というのは，$\boldsymbol{R}$ 上のベクトル空間を意味する．)

定義 V, W をベクトル空間とする．写像 $F: V \to W$ は，次の2つの条件を満たすとき，V から W への**線型写像**とよばれる．

1. V の任意の元 v, v' に対して

$$F(v+v') = F(v)+F(v').$$

2. V の任意の元 v と任意の実数 c に対して

$$F(cv) = cF(v).$$

特に，V からそれ自身への線型写像は，V の**線型変換**または V の**自己準同型**(くわしくは**線型自己準同型**)とよばれる．

線型写像の例を挙げよう．

例 3.12 $\boldsymbol{R}$ 自身を $\boldsymbol{R}$ 上のベクトル空間と考えるとき，任意の $x \in \boldsymbol{R}$ に対して

$$f(x) = ax \qquad (a \text{ は定数}) \tag{3.5}$$

と定義された関数——‘正比例関数’——は $\boldsymbol{R}$ の線型変換である．実際，f が(3.5)で定義された関数ならば，任意の実数 x, y, c に対して

$$f(x+y) = a(x+y) = ax+ay = f(x)+f(y),$$
$$f(cx) = a(cx) = c(ax) = cf(x)$$

となる．

例 3.13 前例とは逆に，$\boldsymbol{R}$ の任意の線型変換は(3.5)の形の関数であることを示そう．f を $\boldsymbol{R}$ の任意の線型変換とし，f による数1の像を a とする．そのとき線型性の条件 **2** によって，任意の $x \in \boldsymbol{R}$ に対し

$$f(x) = f(x \cdot 1) = xf(1) = xa = ax.$$

ゆえに f は正比例関数である．——

上の2つの例に述べたのは線型変換の最も原始的な例である．なお上の議論から，$\boldsymbol{R}$ の線型変換の場合には，線型性の条件 **1** は条件 **2** に吸収されてしまうことがわかる．例3.13で示したように，**2** を満たす写像 $f: \boldsymbol{R} \to \boldsymbol{R}$ は正比例関数で，例3.12によりそれは **1** も満たすからである．図にえがけば，$\boldsymbol{R}$ の線型

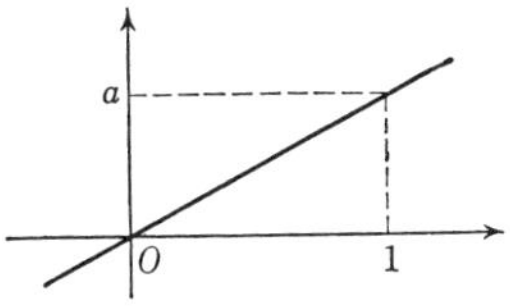

第 3 図

変換のグラフは原点を通る直線となる(第 3 図).

例 3.14 ある企業は 3 種類の製品 A_1, A_2, A_3 を生産し，各製品について単位生産あたりそれぞれ a_1, a_2, a_3 円の収益を得るものとする．そのとき，企業の総収益は，'生産ベクトル' $\boldsymbol{x}=(x_1, x_2, x_3)$ (x_i は A_i の生産量)の関数として

$$g(\boldsymbol{x}) = a_1x_1+a_2x_2+a_3x_3$$

で与えられる．この g は $\boldsymbol{R}^3$ から $\boldsymbol{R}$ への線型写像である．(実際には $x_1\geqq 0$, $x_2\geqq 0$, $x_3\geqq 0$ であるから，g の定義域は $\boldsymbol{R}^3$ の非負象限であるが，われわれはいまそれを $\boldsymbol{R}^3$ 全体に拡大して考える.) 実際，$\boldsymbol{x}=(x_1, x_2, x_3)$, $\boldsymbol{y}=(y_1, y_2, y_3)$ とし，c を任意の実数とすれば，

$$\begin{aligned} g(\boldsymbol{x}+\boldsymbol{y}) &= a_1(x_1+y_1)+a_2(x_2+y_2)+a_3(x_3+y_3) \\ &= (a_1x_1+a_2x_2+a_3x_3)+(a_1y_1+a_2y_2+a_3y_3) \\ &= g(\boldsymbol{x})+g(\boldsymbol{y}), \\ g(c\boldsymbol{x}) &= a_1(cx_1)+a_2(cx_2)+a_3(cx_3) \\ &= c(a_1x_1+a_2x_2+a_3x_3) \\ &= cg(\boldsymbol{x}) \end{aligned}$$

であるから，g は線型性の条件 **1, 2** を満たしている．

例 3.15 平面 $\boldsymbol{R}^2$ において，"原点のまわりの角 θ の回転"，すなわち，平面

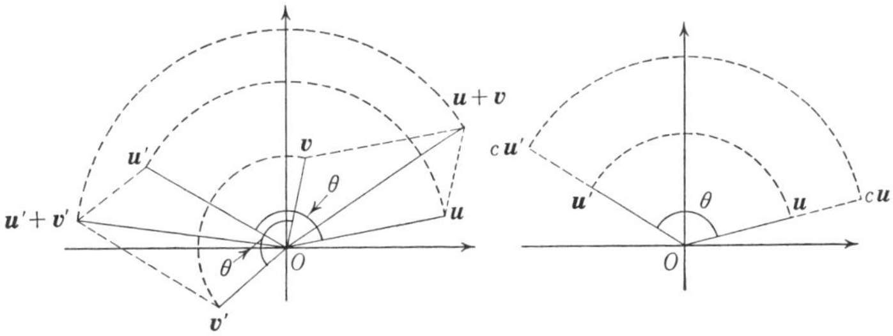

第 4 図

の各点に，その点を原点のまわりに角θだけ回転した点を対応させる写像を考える．この写像をφとすれば，φは$\boldsymbol{R}^2$の線型変換である．なぜなら，第4図にえがかれているように，φによって点$\boldsymbol{u}, \boldsymbol{v}$がそれぞれ$\boldsymbol{u}', \boldsymbol{v}'$にうつるならば，点$\boldsymbol{u}+\boldsymbol{v}, c\boldsymbol{u}$はそれぞれ点$\boldsymbol{u}'+\boldsymbol{v}', c\boldsymbol{u}'$にうつるからである．

例 3.16　変数xの実係数の多項式全体が作るベクトル空間$\boldsymbol{R}[x]$をPとする．各多項式$f(x)$にその導関数$f'(x)$を対応させる写像は，Pの線型変換である．なぜなら

$$(f(x)+g(x))' = f'(x)+g'(x),$$
$$(cf(x))' = cf'(x) \qquad (c\text{は定数})$$

であるからである．この写像$f(x) \mapsto f'(x)$はしばしばDで表され，**微分作用子**とよばれる．

例 3.17*　すべての実数tに対して定義された無限回微分可能な実数値関数全体の集合をVとすれば，Vは$\boldsymbol{R}$上の1つのベクトル空間である．前例の微分作用子DはVにおいても定義され——$f \in V$ならば$Df=f'$もVの元である——DはVの線型変換となる．(前章と同じく今後も多少解析学の知識を要する例には＊印をつける．)

例 3.18　例3.16のベクトル空間$P=\boldsymbol{R}[x]$の各元$f=f(x)$に対し，積分$\int_0^1 f(x)dx$の値を$I(f)$で表せば，積分の性質によって

$$I(f+g) = I(f)+I(g), \qquad I(cf) = cI(f)$$

であるから，IはPから$\boldsymbol{R}$への線型写像である．

例 3.19*　実数の閉区間$0 \leqq t \leqq 1$上で定義された実数値連続関数全体が作るベクトル空間をVとする．連続関数はすべて積分可能であるから，$f \in V$に対しても$I(f)=\int_0^1 f(t)dt$が定義され，$I\colon V \to \boldsymbol{R}$は$V$から$\boldsymbol{R}$への線型写像となる．

例 3.20　V, Wを任意のベクトル空間とするとき，Vのすべての元をWの0に対応させる定値写像はVからWへの1つの線型写像である．これをVからWへの**零写像**とよび，混乱の恐れがなければこれも0で表す．——

次の命題は線型写像の定義から直ちに導かれる．

命題 3.6　V, Wをベクトル空間，$F\colon V \to W$を線型写像とすれば，次のことが成り立つ．

1.　$F(0)=0$．(左辺の0はVの零ベクトル，右辺の0はWの零ベクトル．)

2. V の任意の元 $v_1, v_2, \cdots, v_n$ および任意の実数 $c_1, c_2, \cdots, c_n$ に対して

$$F(c_1v_1+c_2v_2+\cdots+c_nv_n) = c_1F(v_1)+c_2F(v_2)+\cdots+c_nF(v_n).$$

証明 **1.** 線型写像の条件 **1**：$F(v+v')=F(v)+F(v')$ において，$v=v'=0$ とおけば $F(0)=F(0)+F(0)$. これから $F(0)=0$ が得られる．（あるいは条件 **2**：$F(cv)=cF(v)$ において $c=0$ とおけばよい．）

2. $n=1$ の場合は条件 **2** から明らかである．$n=2$ ならば，条件 **1**, **2** によって

$$F(c_1v_1+c_2v_2) = F(c_1v_1)+F(c_2v_2) = c_1F(v_1)+c_2F(v_2).$$

一般の場合は n に関する数学的帰納法によって容易に証明される．その証明は読者の練習問題に残しておこう（問題 2). ▌

例 3.21 平面 $\boldsymbol{R}^2$ において，原点のまわりの角 θ の回転を φ とすれば，φ は $\boldsymbol{R}^2$ の線型変換で（例 3.15），基本ベクトル $\boldsymbol{e}_1=(1,0)$，$\boldsymbol{e}_2=(0,1)$ の φ による像は

$$\varphi(\boldsymbol{e}_1) = (\cos\theta, \sin\theta), \qquad \varphi(\boldsymbol{e}_2) = (-\sin\theta, \cos\theta)$$

である．（第 5 図参照．）したがって，$\boldsymbol{R}^2$ の任意の元 $\boldsymbol{x}=(x,y)=x\boldsymbol{e}_1+y\boldsymbol{e}_2$ の φ による像は，命題 3.6 の **2** によって

$$\begin{aligned}\varphi(\boldsymbol{x}) &= x\varphi(\boldsymbol{e}_1)+y\varphi(\boldsymbol{e}_2)\\ &= x(\cos\theta, \sin\theta)+y(-\sin\theta, \cos\theta)\\ &= (x\cos\theta-y\sin\theta, x\sin\theta+y\cos\theta).\end{aligned}$$

すなわち点 (x,y) を原点のまわりに角 θ 回転した点の座標 (x',y') は

$$\begin{cases} x' = x\cos\theta-y\sin\theta \\ y' = x\sin\theta+y\cos\theta \end{cases}$$

で与えられる．

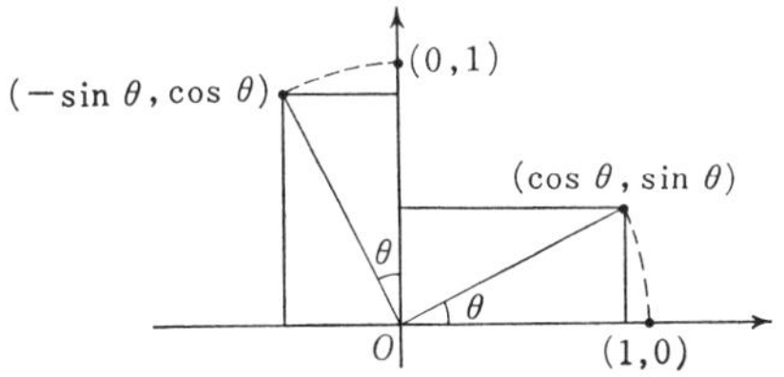

第 5 図

問 題

1. $F\colon V\to W$ が線型写像ならば，$F(v-v')=F(v)-F(v')$ が成り立つことを示せ.

2. 命題3.6の**2**の証明を完成せよ.

3. 次の写像 F のうち線型であるものを挙げよ.

(a) $F(x,y)=(x+1,y)$ で定義される $F\colon \boldsymbol{R}^2\to\boldsymbol{R}^2$.

(b) $F(x,y)=(y,x)$ で定義される $F\colon \boldsymbol{R}^2\to\boldsymbol{R}^2$.

(c) $F(x,y)=(x,-2y,0)$ で定義される $F\colon \boldsymbol{R}^2\to\boldsymbol{R}^3$.

(d) $F(x,y)=(x^2,y)$ で定義される $F\colon \boldsymbol{R}^2\to\boldsymbol{R}^2$.

(e) $F(x,y,z)=(y+z,z+x)$ で定義される $F\colon \boldsymbol{R}^3\to\boldsymbol{R}^2$.

(f) $F(\boldsymbol{x})=a\boldsymbol{x}+\boldsymbol{b}$ (a は定数，$\boldsymbol{b}$ は $\boldsymbol{R}^n$ の定ベクトル) で定義される $F\colon \boldsymbol{R}^n\to\boldsymbol{R}^n$.

4. V を1次元ベクトル空間とし，$F\colon V\to V$ を線型写像とすれば，ある定数 a が存在して，すべての $v\in V$ に対して $F(v)=av$ が成り立つことを示せ.

5. 平面の点 $(3,4)$ を原点のまわりに $60°$ 回転した点を求めよ．また $-135°$ 回転した点を求めよ.

§4 線型写像の存在，線型写像の合成

V を n 次元ベクトル空間とし，$\{v_1,v_2,\cdots,v_n\}$ を V の1つの基底とする．また W を任意のベクトル空間とし，$w_1,w_2,\cdots,w_n$ を W の任意の元とする．($w_1,w_2,\cdots,w_n$ のうちには同じものがあってもよい.) このとき，次の問題を考える:

(3.6) $$F(v_1)=w_1,\quad F(v_2)=w_2,\quad \cdots,\quad F(v_n)=w_n$$

となるような V から W への線型写像 F は存在するか．存在するならば，それは一意的か.

まず，そのような線型写像 $F\colon V\to W$ が存在したとすれば，それは条件(3.6)によって一意的に決定される．なぜなら，V の任意の元 v は一意的に

(3.7) $$v=a_1v_1+a_2v_2+\cdots+a_nv_n$$

と表され(命題2.9)，命題3.6の**2**と条件(3.6)によって，v の F による像は

$$F(v)=a_1F(v_1)+\cdots+a_nF(v_n)=a_1w_1+\cdots+a_nw_n$$

とならなければならないからである.

逆に，V から W への写像 F を

(3.8) $$F(a_1v_1+\cdots+a_nv_n)=a_1w_1+\cdots+a_nw_n$$

によって定義したとする．上にいったように V の任意の元は一意的に(3.7)の形に書かれ，係数 a_i がすべての実数値をとれば $a_1v_1+\cdots+a_nv_n$ は V のすべての元にわたるから，(3.8)によって V から W への1つの写像 F が定義されるのである．このとき $v, v'\in V$，$v=a_1v_1+\cdots+a_nv_n$，$v'=b_1v_1+\cdots+b_nv_n$ とすれば，

$$v+v' = (a_1+b_1)v_1+\cdots+(a_n+b_n)v_n$$

であるから，

$$\begin{aligned} F(v+v') &= (a_1+b_1)w_1+\cdots+(a_n+b_n)w_n \\ &= (a_1w_1+\cdots+a_nw_n)+(b_1w_1+\cdots+b_nw_n) \\ &= F(v)+F(v'). \end{aligned}$$

また c を実数とすれば，$cv=(ca_1)v_1+\cdots+(ca_n)v_n$ であるから

$$F(cv) = (ca_1)w_1+\cdots+(ca_n)w_n = cF(v).$$

ゆえに $F\colon V\to W$ は線型写像である．さらに，この F について(3.6)が成り立つことは，その定義から明らかである．

以上で次の定理が証明された．

定理 3.7　V, W をベクトル空間，$\dim V=n$ とし，$\{v_1, v_2, \cdots, v_n\}$ を V の1つの基底とする．また $w_1, w_2, \cdots, w_n$ を W の任意の元とする．そのとき

$$F(v_1) = w_1, \quad F(v_2) = w_2, \quad \cdots, \quad F(v_n) = w_n$$

を満たすような V から W への線型写像 F がただ1つ存在し，それは

$$F(a_1v_1+\cdots+a_nv_n) = a_1w_1+\cdots+a_nw_n$$

によって定義される．ここに係数 a_i はすべての実数にわたる．

この定理は，V が有限次元のベクトル空間であるとき，線型写像 $F\colon V\to W$ は，V の1つの基底に含まれるすべての要素の像を与えれば——それは任意に与えることができる——それによって一意的に定まることを示している．

本節ではもう1つ，線型写像の合成に関する簡単な命題を述べておく．

命題 3.8　V, W, Z をベクトル空間とし，$F\colon V\to W$，$G\colon W\to Z$ を線型写像とする．そのとき合成写像 $G\circ F\colon V\to Z$ も線型写像である．

証明 F, G がともに線型であるから，任意の $v, v' \in V$ と実数 c に対して

$$\begin{aligned}(G\circ F)(v+v') &= G(F(v+v')) = G(F(v)+F(v')) \\ &= G(F(v))+G(F(v')) = (G\circ F)(v)+(G\circ F)(v'), \\ (G\circ F)(cv) &= G(F(cv)) = G(cF(v)) \\ &= cG(F(v)) = c[(G\circ F)(v)].\end{aligned}$$

ゆえに $G\circ F$ も線型である．▌

§5 同型写像

引き続いて，V, W を $\boldsymbol{R}$ 上のベクトル空間とする．

> **定義** 線型写像 $F\colon V\to W$ が V から W への全単射であるとき，F を V から W への**同型写像**(くわしくは**線型同型写像**，略して**線型同型**)という．また V から W への同型写像が存在するとき，V は W に**同型**であるという．

V が W に同型であるとき，V から W への1つの同型写像を F とすれば，F によって V の元 $v, v', \cdots$ は W の元 $F(v)=w$, $F(v')=w'$, $\cdots$ と1対1に対応し，しかも $v+v', cv, \cdots$ には $w+w', cw, \cdots$ が対応する(第6図)．それゆえ，V の元 v が W においては $F(v)=w$ におきかえられる，という違いだけを除けば，V と W はベクトル空間として実質的に‘全く同じ構造’をもっていると考えられる．V が W に同型であることを，本書では $V\cong W$ という記号で表す．

同型写像の合成および同型写像の逆写像(同型写像は全単射であるからその

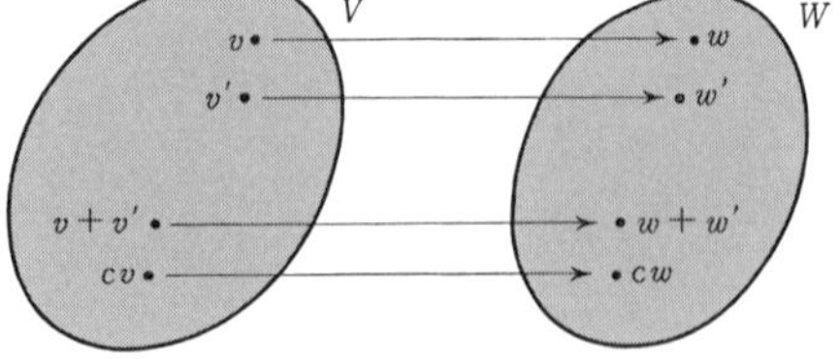

第6図

逆写像が存在する)については次の命題が成り立つ.

命題 3.9 V, W, Z をベクトル空間とする.

1. $F\colon V\to W$, $G\colon W\to Z$ が同型写像ならば，合成写像 $G\circ F\colon V\to Z$ も同型写像である.

2. $F\colon V\to W$ が同型写像ならば，逆写像 $F^{-1}\colon W\to V$ も同型写像である.

証明 **1.** これは命題3.8と命題3.1の系から明らかである. **2**の証明は読者の練習問題とする(問題1). ▌

命題3.9によって $V\cong W$, $W\cong Z$ ならば $V\cong Z$, また $V\cong W$ ならば $W\cong V$ である.

有限次元のベクトル空間の場合には，同型に関して次の基本的な定理が成り立つ.

> **定理 3.10** V, W が有限次元のベクトル空間ならば，$V\cong W$ となるのは，$\dim V=\dim W$ であるとき，またそのときに限る.

証明 まず $\dim V=\dim W=n$ とし，$\{v_1, \cdots, v_n\}$ を V の任意の基底，$\{w_1, \cdots, w_n\}$ を W の任意の基底とする. 定理3.7のように，F を

$$F(a_1v_1+\cdots+a_nv_n) = a_1w_1+\cdots+a_nw_n \tag{3.9}$$

によって定義される V から W への線型写像とする. いまの場合これは全単射である. なぜなら $w_1, \cdots, w_n$ は W を張るから，(3.9)の右辺は W の元全体にわたる. すなわち F は全射である. また $a_1v_1+\cdots+a_nv_n$ と $b_1v_1+\cdots+b_nv_n$ が V の異なる元ならば，少なくとも1つの i に対して $a_i\neq b_i$ であって，$w_1, \cdots, w_n$ は1次独立であるから，$a_1w_1+\cdots+a_nw_n$, $b_1w_1+\cdots+b_nw_n$ は W の異なる元となる. よって F は単射である. ゆえに F は同型写像で，$V\cong W$ である.

逆に $V\cong W$ とし，$F\colon V\to W$ を1つの同型写像とする. $\dim V=n$ とし，前のように $\{v_1, \cdots, v_n\}$ を V の基底とする. $F(v_1)=w_1$, $\cdots$, $F(v_n)=w_n$ とおく. そのとき，任意の係数 a_i に対して(3.9)が成り立ち，F は全射であるから，(3.9)の右辺は W の元全体にわたる. いいかえれば $w_1, \cdots, w_n$ は W を生成する. また $F(0)=0$ で(命題3.6の**1**)，F は単射であるから，もし，ある係数 a_i に対して $a_1w_1+\cdots+a_nw_n=0$ が成り立つならば，$a_1v_1+\cdots+a_nv_n=0$ が成り立ち，

$v_1, \cdots, v_n$ は1次独立であるから，$a_1 = \cdots = a_n = 0$ となる．ゆえに $w_1, \cdots, w_n$ も1次独立である．したがって $\{w_1, \cdots, w_n\}$ は W の基底で，$\dim W = n$ となる．これで証明が完了した．▌

数空間 $\boldsymbol{R}^n$ は n 次元であるから，定理3.10から次の系が得られる．

系　$\boldsymbol{R}$ 上の任意の n 次元ベクトル空間 V は n 次元数空間 $\boldsymbol{R}^n$ と同型である．――

$\dim V = n$ であるとき，$\boldsymbol{R}^n$ から V への同型写像を具体的に与えるには次のようにすればよい．すなわち，V の1つの基底 $\{v_1, v_2, \cdots, v_n\}$ をとって，$\boldsymbol{R}^n$ の各ベクトル $\boldsymbol{a} = (a_1, a_2, \cdots, a_n)$ に，基底 $\{v_1, v_2, \cdots, v_n\}$ に関して $\boldsymbol{a}$ を座標ベクトルにもつ V の元

$$a_1v_1 + a_2v_2 + \cdots + a_nv_n$$

を対応させるのである．この同型写像は，

$$\varphi(\boldsymbol{e}_1) = v_1, \quad \varphi(\boldsymbol{e}_2) = v_2, \quad \cdots, \quad \varphi(\boldsymbol{e}_n) = v_n$$

という条件によって一意的に決定される $\boldsymbol{R}^n$ から V への線型写像 φ にほかならない．ここに $\{\boldsymbol{e}_1, \boldsymbol{e}_2, \cdots, \boldsymbol{e}_n\}$ は $\boldsymbol{R}^n$ の標準基底である．

定義　ベクトル空間 V からそれ自身への同型写像は，V の**正則な線型変換**または V の**自己同型**(くわしくは**線型自己同型**)とよばれる．

V の恒等変換 I_V はもちろん V の正則な線型変換である．これを V の**恒等変換**という．また F が V の正則な線型変換ならば，F^{-1} も V の正則な線型変換である．F^{-1} を F の**逆変換**という．“逆変換をもつ”という意味で，正則な線型変換は**可逆な線型変換**ともよばれる．

例 3.22　$\boldsymbol{R}^2$ において，原点のまわりの角 θ の回転を φ とすれば，φ は $\boldsymbol{R}^2$ の正則な線型変換である．その逆変換 φ^{-1} は角 $-\theta$ の回転である．

例 3.23　無限次元のベクトル空間の自己同型の一例を与えよう．例2.5 (p. 53)のように，無限数列全体が作る $\boldsymbol{R}$ 上のベクトル空間を $\boldsymbol{R}^\infty$ とする．$\boldsymbol{R}^\infty$ の元

$$\alpha = (a_0, a_1, a_2, \cdots, a_n, \cdots)$$

に対し，

$$s_0 = a_0, \qquad s_n = \sum_{k=0}^{n} a_k \quad (n \geqq 1)$$

とおいて定められる数列$(s_0, s_1, s_2, \cdots, s_n, \cdots)$を$S(\alpha)$とする．そうすれば，写像$S$: $\boldsymbol{R}^\infty \to \boldsymbol{R}^\infty$はベクトル空間$\boldsymbol{R}^\infty$の自己同型である．$S$の逆変換を$T$とすれば，

$$\sigma = (s_0, s_1, s_2, \cdots, s_n, \cdots)$$

に対して，$T(\sigma)$は

$$a_0 = s_0, \qquad a_n = s_n - s_{n-1} \quad (n \geqq 1)$$

によって定義される数列$(a_0, a_1, a_2, \cdots, a_n, \cdots)$となる．この例に述べたことの証明は読者の練習問題としよう(問題 2).

例 3.24 前例に関連して次の考察をこころみる．いまs_nがn, n^2, n^3であるような数列$\sigma=(s_n)$をそれぞれ$\sigma_1, \sigma_2, \sigma_3$とし，$T(\sigma_1)=\alpha$，$T(\sigma_2)=\beta$，$T(\sigma_3)=\gamma$とおく．$\alpha=(a_n)$，$\beta=(b_n)$，$\gamma=(c_n)$とすれば，$T$の定義によって，$n \geqq 1$のとき

$$\begin{aligned} a_n &= n-(n-1) = 1, \\ b_n &= n^2-(n-1)^2 = 2n-1, \\ c_n &= n^3-(n-1)^3 = 3n^2-3n+1 \end{aligned}$$

である．したがってp, q, rを定数として

$$T(p\sigma_1+q\sigma_2+r\sigma_3) = p\alpha+q\beta+r\gamma$$

を$\delta=(d_n)$とすれば，

$$\begin{aligned} d_n &= pa_n+qb_n+rc_n \\ &= p+q(2n-1)+r(3n^2-3n+1) \\ &= 3rn^2+(2q-3r)n+(p-q+r). \end{aligned}$$

そこで$d_n=n^2$となるように定数p, q, rを定めれば，

$$3r = 1, \qquad 2q-3r = 0, \qquad p-q+r = 0$$

より$p=1/6$，$q=1/2$，$r=1/3$．すなわち

$$T(\sigma_1/6+\sigma_2/2+\sigma_3/3) = \delta, \qquad \delta = (n^2)$$

である．TはSの逆写像であったから，

$$\delta = (n^2) \quad \text{のとき} \quad S(\delta) = \sigma_1/6+\sigma_2/2+\sigma_3/3.$$

上の$S(\delta)$の式の右辺を$\sigma=(s_n)$とすれば，

$$s_n = \frac{1}{6}n+\frac{1}{2}n^2+\frac{1}{3}n^3 = \frac{n(n+1)(2n+1)}{6}.$$

写像 $S: \boldsymbol{R}^\infty \to \boldsymbol{R}^\infty$ の定義を考えれば，この結果は

$$\sum_{k=1}^{n} k^2 = \frac{n(n+1)(2n+1)}{6}$$

を意味している．

問　題

1. 命題3.9の2を証明せよ．
2. 例3.23に述べたことを証明せよ．
3. 例3.24にならって，$\sum_{k=1}^{n} k^3$ を n の式で表せ．
4. $F: V \to W$，$G: W \to V$，$G': W \to V$ を線型写像とし，$G \circ F = I_V$，$F \circ G' = I_W$ が成り立つとする．このとき F は V から W への同型写像で，G, G' はともに F の逆写像に等しいことを示せ．

§6　数ベクトルの内積，行列と列ベクトルの積

定理3.10の系でみたように，($\boldsymbol{R}$ 上の)任意の n 次元ベクトル空間は $\boldsymbol{R}^n$ に同型である．したがって，n 次元ベクトル空間 V から m 次元ベクトル空間 W への線型写像の研究は，原理的には $\boldsymbol{R}^n$ から $\boldsymbol{R}^m$ への線型写像の研究に帰着させられる．(この問題については後の第6章でふたたびくわしく述べる．) そこで本節では，数空間 $\boldsymbol{R}^n$ から数空間 $\boldsymbol{R}^m$ への線型写像について考察する．

まず，数ベクトルの内積の定義からはじめよう．$\boldsymbol{R}^n$ の2つの要素 $\boldsymbol{a}=(a_1, \cdots, a_n)$，$\boldsymbol{b}=(b_1, \cdots, b_n)$ に対し，それらの**内積** $\boldsymbol{a}\cdot\boldsymbol{b}$ を

$$\boldsymbol{a}\cdot\boldsymbol{b} = a_1b_1 + a_2b_2 + \cdots + a_nb_n$$

と定義する．これは $n=2, 3$ の場合の内積の定義(第1章§4, §9)の自然な拡張である．またもちろん，この定義は $\boldsymbol{a}, \boldsymbol{b}$ が行ベクトルの形に書かれているか列ベクトルの形に書かれているかにはよらない．$\boldsymbol{a}, \boldsymbol{b}$ の一方が行ベクトル，他方が列ベクトルであってもよい．

$n=2, 3$ の場合と同様に，内積について次の法則が成り立つ．

1. $\boldsymbol{a}\cdot\boldsymbol{b} = \boldsymbol{b}\cdot\boldsymbol{a}$.
2. $(\boldsymbol{a}+\boldsymbol{b})\cdot\boldsymbol{c} = \boldsymbol{a}\cdot\boldsymbol{c}+\boldsymbol{b}\cdot\boldsymbol{c}$.　　2′. $\boldsymbol{a}\cdot(\boldsymbol{b}+\boldsymbol{c}) = \boldsymbol{a}\cdot\boldsymbol{b}+\boldsymbol{a}\cdot\boldsymbol{c}$.
3. $(c\boldsymbol{a})\cdot\boldsymbol{b} = c(\boldsymbol{a}\cdot\boldsymbol{b})$.　　3′. $\boldsymbol{a}\cdot(c\boldsymbol{b}) = c(\boldsymbol{a}\cdot\boldsymbol{b})$.

ただし $\boldsymbol{a}, \boldsymbol{b}, \boldsymbol{c}$ は $\boldsymbol{R}^n$ の任意のベクトル，c は任意の実数である．これらの法則の検証は容易である．

次の定義に進む前に，行列の行ベクトル表示および列ベクトル表示について述べておく．

A を $m\times n$ 行列とし，その m 個の行を上から順に $\boldsymbol{a}^1, \boldsymbol{a}^2, \cdots, \boldsymbol{a}^m$ とする．また n 個の列を左から順に $\boldsymbol{a}_1, \boldsymbol{a}_2, \cdots, \boldsymbol{a}_n$ とする．そのとき，行列 A を

$$A=\begin{bmatrix}\boldsymbol{a}^1\\ \boldsymbol{a}^2\\ \vdots\\ \boldsymbol{a}^m\end{bmatrix} \quad \text{または} \quad A=(\boldsymbol{a}_1, \boldsymbol{a}_2, \cdots, \boldsymbol{a}_n) \tag{3.10}$$

で表す．(3.10)の左側の書き方を A の**行ベクトル表示**，右側の書き方を A の**列ベクトル表示**という．

上の表示において，$\boldsymbol{a}^i\,(i=1,2,\cdots,m)$ は n–行ベクトル，$\boldsymbol{a}_j\,(j=1,2,\cdots,n)$ は m–列ベクトルである．行ベクトルの添数を上につけたのは，列ベクトルの添数と区別するためである．$A=(a_{ij})$ ならば，

$$\boldsymbol{a}^i=(a_{i1}, a_{i2}, \cdots, a_{in}), \qquad \boldsymbol{a}_j=\begin{bmatrix}a_{1j}\\ a_{2j}\\ \vdots\\ a_{mj}\end{bmatrix}$$

である．

いま，上のような $m\times n$ 行列 A と，n–列ベクトル($n\times 1$ 行列)

$$\boldsymbol{x}=\begin{bmatrix}x_1\\ x_2\\ \vdots\\ x_n\end{bmatrix} \tag{3.11}$$

に対し，A と $\boldsymbol{x}$ との**積** $A\boldsymbol{x}$ を

$$A\boldsymbol{x}=\begin{bmatrix}\boldsymbol{a}^1\cdot\boldsymbol{x}\\ \boldsymbol{a}^2\cdot\boldsymbol{x}\\ \vdots\\ \boldsymbol{a}^m\cdot\boldsymbol{x}\end{bmatrix} \tag{3.12}$$

と定義する．この右辺は m–列ベクトル($m\times 1$ 行列)で，その第 i 成分は

$$\boldsymbol{a}^i\cdot\boldsymbol{x}=a_{i1}x_1+a_{i2}x_2+\cdots+a_{in}x_n$$

である．したがってくわしく書けば

$$(3.13)\qquad A\boldsymbol{x}=\begin{bmatrix}a_{11}x_1+a_{12}x_2+\cdots+a_{1n}x_n\\a_{21}x_1+a_{22}x_2+\cdots+a_{2n}x_n\\\vdots\\a_{m1}x_1+a_{m2}x_2+\cdots+a_{mn}x_n\end{bmatrix}$$

である．

われわれはまた，積 $A\boldsymbol{x}$ を A の列ベクトルを用いて述べることもできる．実際

$$\begin{bmatrix}a_{1j}x_j\\a_{2j}x_j\\\vdots\\a_{mj}x_j\end{bmatrix}=x_j\boldsymbol{a}_j$$

であるから，(3.13)の右辺は $x_1\boldsymbol{a}_1+x_2\boldsymbol{a}_2+\cdots+x_n\boldsymbol{a}_n$ に等しい．すなわち

$$(3.14)\qquad A\boldsymbol{x}=x_1\boldsymbol{a}_1+x_2\boldsymbol{a}_2+\cdots+x_n\boldsymbol{a}_n$$

である．ただし $\boldsymbol{x}$ は(3.11)で与えられた列ベクトルで x_j はその第 j 成分である．(3.12)および(3.14)は，積 $A\boldsymbol{x}$ の二様の定義，あるいは二様の解釈を表している．

行列と列ベクトルの積については次の法則**4**, **5**が成り立つ．ただし A は今まで通り $m\times n$ 行列，$\boldsymbol{x},\boldsymbol{y}$ は n-列ベクトル，c は任意の実数である．

4. $A(\boldsymbol{x}+\boldsymbol{y})=A\boldsymbol{x}+A\boldsymbol{y}$.

5. $A(c\boldsymbol{x})=c(A\boldsymbol{x})$.

証明 **4.** 定義(3.12)によって

$$A(\boldsymbol{x}+\boldsymbol{y})=\begin{bmatrix}\boldsymbol{a}^1\cdot(\boldsymbol{x}+\boldsymbol{y})\\\vdots\\\boldsymbol{a}^m\cdot(\boldsymbol{x}+\boldsymbol{y})\end{bmatrix}.$$

内積の法則**2′**によって $\boldsymbol{a}^i\cdot(\boldsymbol{x}+\boldsymbol{y})=\boldsymbol{a}^i\cdot\boldsymbol{x}+\boldsymbol{a}^i\cdot\boldsymbol{y}$．よって

$$A(\boldsymbol{x}+\boldsymbol{y})=\begin{bmatrix}\boldsymbol{a}^1\cdot\boldsymbol{x}\\\vdots\\\boldsymbol{a}^m\cdot\boldsymbol{x}\end{bmatrix}+\begin{bmatrix}\boldsymbol{a}^1\cdot\boldsymbol{y}\\\vdots\\\boldsymbol{a}^m\cdot\boldsymbol{y}\end{bmatrix}=A\boldsymbol{x}+A\boldsymbol{y}.$$

上の証明では定義(3.12)を用いた．もちろん定義(3.14)を用いても，**4**を証

明することができる．すなわち，$\boldsymbol{y}$ の第 j 成分を y_j とすれば，$\boldsymbol{x}+\boldsymbol{y}$ の第 j 成分は x_j+y_j であるから，(3.14)によって

$$A(\boldsymbol{x}+\boldsymbol{y}) = (x_1+y_1)\boldsymbol{a}_1+\cdots+(x_n+y_n)\boldsymbol{a}_n.$$

この右辺は $(x_1\boldsymbol{a}_1+\cdots+x_n\boldsymbol{a}_n)+(y_1\boldsymbol{a}_1+\cdots+y_n\boldsymbol{a}_n)=A\boldsymbol{x}+A\boldsymbol{y}$ に等しい．▌

5 の証明は練習問題に残しておく(問題 1)．

さて本章では，これから以後，断らない限りわれわれは $\boldsymbol{R}^n$ や $\boldsymbol{R}^m$ をそれぞれ n-列ベクトル，m-列ベクトルの集合と考えることにしよう．(いいかえれば，$\boldsymbol{R}^n, \boldsymbol{R}^m$ をそれぞれ $\boldsymbol{R}^{n\times 1}, \boldsymbol{R}^{m\times 1}$ の略記と考えるのである．) そうすれば，上の法則 **4, 5** は，$\boldsymbol{x}\in\boldsymbol{R}^n$ に $A\boldsymbol{x}\in\boldsymbol{R}^m$ を対応させる写像が，$\boldsymbol{R}^n$ から $\boldsymbol{R}^m$ への線型写像であることを示している．これを**行列 A で定まる線型写像**という．それを L_A で表せば，定義によって，任意の $\boldsymbol{x}\in\boldsymbol{R}^n$ に対し

$$L_A(\boldsymbol{x}) = A\boldsymbol{x} \tag{3.15}$$

である．このように $m\times n$ 行列 A は線型写像 $L_A\colon \boldsymbol{R}^n\to\boldsymbol{R}^m$ を定めるのである．

$\boldsymbol{R}^n$ の標準基底を $\{\boldsymbol{e}_1, \boldsymbol{e}_2, \cdots, \boldsymbol{e}_n\}$ (ここでは $\boldsymbol{e}_j$ も列ベクトルと考える) とすれば，(3.14)から明らかに

$$L_A(\boldsymbol{e}_j) = A\boldsymbol{e}_j = \boldsymbol{a}_j \qquad (j=1, \cdots, n)$$

である．すなわち L_A は $\boldsymbol{e}_1, \cdots, \boldsymbol{e}_n$ をそれぞれ A の列ベクトル $\boldsymbol{a}_1, \cdots, \boldsymbol{a}_n$ にうつしている．

このことから，A, B が異なる $m\times n$ 行列ならば，それから定まる線型写像 $L_A\colon \boldsymbol{R}^n\to\boldsymbol{R}^m$，$L_B\colon \boldsymbol{R}^n\to\boldsymbol{R}^m$ も異なることが直ちにわかる(問題 2)．

逆に，L を $\boldsymbol{R}^n$ から $\boldsymbol{R}^m$ への任意の線型写像とすれば，$L=L_A$ となるような $m\times n$ 行列 A がただ 1 つ存在することを示そう．いま $L\colon \boldsymbol{R}^n\to\boldsymbol{R}^m$ を線型写像とし，L による $\boldsymbol{e}_1, \cdots, \boldsymbol{e}_n$ の像をそれぞれ

$$L(\boldsymbol{e}_1) = \boldsymbol{a}_1, \quad L(\boldsymbol{e}_2) = \boldsymbol{a}_2, \quad \cdots, \quad L(\boldsymbol{e}_n) = \boldsymbol{a}_n$$

とする．そのとき，任意の $x_1, \cdots, x_n\in\boldsymbol{R}$ に対して

$$L(x_1\boldsymbol{e}_1+\cdots+x_n\boldsymbol{e}_n) = x_1\boldsymbol{a}_1+\cdots+x_n\boldsymbol{a}_n.$$

そこで前のように x_j を第 j 成分とする n-列ベクトルを $\boldsymbol{x}$ とし，$\boldsymbol{a}_1, \cdots, \boldsymbol{a}_n$ を列ベクトルとする $m\times n$ 行列 $(\boldsymbol{a}_1, \cdots, \boldsymbol{a}_n)$ を A とすれば，上の式は

$$L(\boldsymbol{x}) = A\boldsymbol{x}$$

と表される．これと L_A の定義(3.15)から，$L=L_A$ であることがわかる．A の

一意性は上に注意したことから明らかである.

以上で次の定理が証明された.

定理 3.11 A を $m\times n$ 行列とすれば,

$$L_A(\boldsymbol{x}) = A\boldsymbol{x} \qquad (\boldsymbol{x}\in\boldsymbol{R}^n)$$

によって定義される写像 L_A: $\boldsymbol{R}^n\to\boldsymbol{R}^m$ は線型写像である. 逆に, 任意の線型写像 L: $\boldsymbol{R}^n\to\boldsymbol{R}^m$ はただ1つの $m\times n$ 行列 A によって $L=L_A$ と表される. $\boldsymbol{R}^n$ の標準基底を $\{\boldsymbol{e}_1, \cdots, \boldsymbol{e}_n\}$, A の列ベクトル表示を $(\boldsymbol{a}_1, \cdots, \boldsymbol{a}_n)$ とすれば,

$$L_A(\boldsymbol{e}_j) = \boldsymbol{a}_j \qquad (j=1, \cdots, n)$$

である.

線型写像 L: $\boldsymbol{R}^n\to\boldsymbol{R}^m$ に対して, $L=L_A$ となる $m\times n$ 行列 A を**線型写像 L の行列**という.

例 3.25 I を $\boldsymbol{R}^n$ の恒等変換とすれば, $I(\boldsymbol{e}_j)=\boldsymbol{e}_j$ $(j=1, \cdots, n)$ であるから, I の行列は $(\boldsymbol{e}_1, \boldsymbol{e}_2, \cdots, \boldsymbol{e}_n)$, すなわち

$$\begin{bmatrix} 1 & 0 & 0 & \cdots & 0 \\ 0 & 1 & 0 & \cdots & 0 \\ 0 & 0 & 1 & \cdots & 0 \\ \vdots & \vdots & \vdots & & \vdots \\ 0 & 0 & 0 & \cdots & 1 \end{bmatrix}$$

となる. これを n 次の**単位行列**といい, やはり I で表す. 次数を明記する必要がある場合には I_n と書く.

問　　題

1. p. 94 の法則 5 を証明せよ.

2. A, B が $m\times n$ 行列で $A\neq B$ ならば, $L_A\neq L_B$ であることを示せ.

3. L: $\boldsymbol{R}^n\to\boldsymbol{R}$ を線型写像とすれば, ある $\boldsymbol{a}\in\boldsymbol{R}^n$ が存在して, すべての $\boldsymbol{x}\in\boldsymbol{R}^n$ に対し $L(\boldsymbol{x})=\boldsymbol{a}\cdot\boldsymbol{x}$ が成り立つことを示せ.

4. φ: $\boldsymbol{R}^2\to\boldsymbol{R}^2$ を, 原点のまわりの角 θ の回転とする. φ の行列を求めよ.

5. L は $\boldsymbol{R}^2$ の線型変換で,

$$L\left(\begin{bmatrix}3\\1\end{bmatrix}\right)=\begin{bmatrix}-7\\5\end{bmatrix},\quad L\left(\begin{bmatrix}2\\-1\end{bmatrix}\right)=\begin{bmatrix}-8\\0\end{bmatrix}$$

である．L の行列を求めよ．

§7 行列の積

A を $m\times n$ 行列，B を $l\times m$ 行列とする．前節でみたように，これらはそれぞれ線型写像 L_A: $\boldsymbol{R}^n\to\boldsymbol{R}^m$, L_B: $\boldsymbol{R}^m\to\boldsymbol{R}^l$ を定める．命題 3.8 によって，合成写像

$$L_B\circ L_A:\ \boldsymbol{R}^n\longrightarrow\boldsymbol{R}^l$$

は $\boldsymbol{R}^n$ から $\boldsymbol{R}^l$ への線型写像である．したがって定理 3.11 により $L_B\circ L_A=L_C$ となるような $l\times n$ 行列 C がただ 1 つ存在する．この C を行列 B と行列 A の**積** BA と定義する．定義によって

$$L_B\circ L_A=L_{BA}\tag{3.16}$$

である．

いま $C=BA$ および A の列ベクトル表示を，それぞれ

$$C=(\boldsymbol{c}_1,\cdots,\boldsymbol{c}_n)\qquad(\boldsymbol{c}_j\text{ は }l\text{-列ベクトル}),$$
$$A=(\boldsymbol{a}_1,\cdots,\boldsymbol{a}_n)\qquad(\boldsymbol{a}_j\text{ は }m\text{-列ベクトル})$$

とする．$\boldsymbol{R}^n$ の標準基底を $\{\boldsymbol{e}_1,\cdots,\boldsymbol{e}_n\}$ とすれば，定理 3.11 によって $L_C(\boldsymbol{e}_j)=\boldsymbol{c}_j$, $L_A(\boldsymbol{e}_j)=\boldsymbol{a}_j$ であるが，$L_C=L_B\circ L_A$ であるから，

$$\boldsymbol{c}_j=L_B(L_A(\boldsymbol{e}_j))=L_B(\boldsymbol{a}_j)=B\boldsymbol{a}_j$$

となる．したがって

$$C=BA=(B\boldsymbol{a}_1,\cdots,B\boldsymbol{a}_n)\tag{3.17}$$

である．さらに B の行ベクトル表示を

$$B=\begin{bmatrix}\boldsymbol{b}^1\\\vdots\\\boldsymbol{b}^l\end{bmatrix},\qquad \boldsymbol{b}^h\,(h=1,\cdots,l)\text{ は }m\text{-行ベクトル}$$

とすれば，行列と列ベクトルの積の定義(3.12)によって，(3.17)の第 j 列は

$$B\boldsymbol{a}_j=\begin{bmatrix}\boldsymbol{b}^1\cdot\boldsymbol{a}_j\\\vdots\\\boldsymbol{b}^l\cdot\boldsymbol{a}_j\end{bmatrix}$$

となる．したがって

$$\text{(3.18)} \qquad C = BA = (B\boldsymbol{a}_1, \cdots, B\boldsymbol{a}_n) = \begin{bmatrix} \boldsymbol{b}^1 \cdot \boldsymbol{a}_1 & \cdots & \boldsymbol{b}^1 \cdot \boldsymbol{a}_n \\ \vdots & & \vdots \\ \boldsymbol{b}^l \cdot \boldsymbol{a}_1 & \cdots & \boldsymbol{b}^l \cdot \boldsymbol{a}_n \end{bmatrix}$$

である．

行列 A, B および $C=BA$ を，具体的に成分で表して

$$A = (a_{ij});\ \ i = 1, \cdots, m;\ j = 1, \cdots, n,$$
$$B = (b_{hi});\ \ h = 1, \cdots, l;\ \ i = 1, \cdots, m,$$
$$C = (c_{hj});\ \ h = 1, \cdots, l;\ \ j = 1, \cdots, n$$

とすれば，

$$\boldsymbol{b}^h = (b_{h1}, \cdots, b_{hm}), \qquad \boldsymbol{a}_j = \begin{bmatrix} a_{1j} \\ \vdots \\ a_{mj} \end{bmatrix}$$

であるから，(3.18)から次の式が得られる：

$$\text{(3.19)} \qquad c_{hj} = \boldsymbol{b}^h \cdot \boldsymbol{a}_j = \sum_{i=1}^{m} b_{hi} a_{ij} \qquad (h=1, \cdots, l;\ j=1, \cdots, n).$$

これが積 $C=BA$ の成分を与える公式である．

念のために再記しよう．行列の積 BA は，B の列の個数と A の行の個数とが等しい場合にだけ定義される．B が $l \times m$ 行列，A が $m \times n$ 行列ならば，BA は $l \times n$ 行列である．また，その (h, j) 成分は B の第 h 行と A の第 j 列の内積である．

前節で定義した行列と列ベクトルの積は，行列と行列の積の特別な場合である．また $\boldsymbol{b}$ が $1 \times n$ 行列(n-行ベクトル)，$\boldsymbol{a}$ が $n \times 1$ 行列(n-列ベクトル)ならば，行列としての積 $\boldsymbol{ba}$ は 1×1 行列，すなわち1つの数となるが，それは $\boldsymbol{R}^n$ の要素としての $\boldsymbol{b}, \boldsymbol{a}$ の内積 $\boldsymbol{b} \cdot \boldsymbol{a}$ にほかならない．

例 3.26

$$B = \begin{bmatrix} 2 & -1 \\ 0 & 4 \end{bmatrix}, \qquad A = \begin{bmatrix} 1 & -5 & 3 \\ 8 & -2 & 0 \end{bmatrix}$$

ならば，

$$BA = \begin{bmatrix} 2 \cdot 1 + (-1) \cdot 8 & 2 \cdot (-5) + (-1) \cdot (-2) & 2 \cdot 3 + (-1) \cdot 0 \\ 0 \cdot 1 + 4 \cdot 8 & 0 \cdot (-5) + 4 \cdot (-2) & 0 \cdot 3 + 4 \cdot 0 \end{bmatrix}$$
$$= \begin{bmatrix} -6 & -8 & 6 \\ 32 & -8 & 0 \end{bmatrix}.$$

——

次の2つの命題は(3.16)から直ちに導かれる.

命題 3.12 A が $m\times n$ 行列ならば,

$$I_mA = A, \qquad AI_n = A.$$

ただし I_m, I_n はそれぞれ m 次, n 次の単位行列である.

証明 $I=I_m$ とすれば, $L_A: \boldsymbol{R}^n\to\boldsymbol{R}^m$, $L_I: \boldsymbol{R}^m\to\boldsymbol{R}^m$ であるが, L_I は $\boldsymbol{R}^m$ の恒等変換であるから, $L_{IA}=L_I\circ L_A=L_A$. ゆえに $IA=A$ である. 他方の式も同様にして証明される. ▌

命題 3.13 A, B, C が行列で, 積 CB, BA が定義されるならば,

$$(CB)A = C(BA).$$

証明 (3.16)によって

$$L_{(CB)A} = L_{CB}\circ L_A = (L_C\circ L_B)\circ L_A,$$
$$L_{C(BA)} = L_C\circ L_{BA} = L_C\circ(L_B\circ L_A).$$

写像の合成については結合律が成り立つから(命題3.2), $L_{(CB)A}=L_{C(BA)}$. これから結論が得られる. ▌

命題3.13では行列の型などを明記しなかった. 完全な叙述を欲する読者はみずから補足されたい.

問 題

1. 次の積を計算せよ.

(a) $\begin{bmatrix} 2 & 3 & -1 \\ 4 & 5 & 6 \end{bmatrix}\begin{bmatrix} -1 \\ 0 \\ 1 \end{bmatrix}$ (b) $\begin{bmatrix} 5 & 3 \\ 2 & 1 \end{bmatrix}\begin{bmatrix} -1 & 3 \\ 2 & -5 \end{bmatrix}$

(c) $\begin{bmatrix} 2 & 4 & -1 \\ 0 & 3 & -2 \end{bmatrix}\begin{bmatrix} 1 & -5 & 0 \\ 2 & -2 & 4 \\ 0 & 3 & 1 \end{bmatrix}$ (d) $\begin{bmatrix} 5 & 0 \\ -10 & 2 \\ 3 & -1 \end{bmatrix}\begin{bmatrix} 1 & 2 & 3 \\ 4 & 5 & 6 \end{bmatrix}$

(e) $(5 \quad 6 \quad -3)\begin{bmatrix} 6 \\ -3 \\ 4 \end{bmatrix}$ (f) $\begin{bmatrix} 10 \\ -1 \\ 5 \end{bmatrix}(-2 \quad 3 \quad 1)$

2. 2×2 行列 A, B で, $AB\neq BA$ となるものの例を挙げよ.

3. 2×2 行列 A, B で, $A\neq O$, $B\neq O$, $AB=O$ となるものの例を挙げよ.

4. 平面 $\boldsymbol{R}^2$ において, 原点のまわりの角 α の回転を φ_α とし, その行列を A_α とする.

(a) $\varphi_\alpha\circ\varphi_\beta=\varphi_{\alpha+\beta}$, $A_\alpha A_\beta=A_{\alpha+\beta}$ を示せ.

(b)　(a)の結果から次の加法定理を導け．

$$\cos(\alpha+\beta) = \cos\alpha\cos\beta-\sin\alpha\sin\beta,$$
$$\sin(\alpha+\beta) = \sin\alpha\cos\beta+\cos\alpha\sin\beta.$$

5.　$A=\begin{bmatrix} 1 & a \\ 0 & 2 \end{bmatrix}$とする．$AA=A^2$，$A^2A=A^3$，$\cdots$ を求めよ．この結果から一般に A^n を予想し，その予想を数学的帰納法によって証明せよ．

6.　$A=\begin{bmatrix} 1 & 1 & 1 \\ 0 & 1 & 1 \\ 0 & 0 & 1 \end{bmatrix}$とする．$A^2, A^3, \cdots$ を求めよ．この結果から A^n を予想し，その予想を数学的帰納法によって証明せよ．

7.　A を 2×2 行列とする．$A^3=O$ ならば $A^2=O$ であることを証明せよ．

8.　i, j を $1\leqq i\leqq n$，$1\leqq j\leqq n$ を満たす1組の整数とするとき，(i, j)成分だけが1で他の成分が0である n 次の正方行列を E_{ij} とする．

(a)　n^2 個の行列 E_{ij} は，ベクトル空間 $M_n(\boldsymbol{R})=\boldsymbol{R}^{n\times n}$ の基底をなすことを示せ．

(b)　$E_{ij}E_{kl}$ は，$j=k$ ならば E_{il} に等しく，$j\neq k$ ならば O(零行列)に等しいことを証明せよ．

9.　A を n 次の行列とし，E_{ij} を前問の行列とする．$AE_{ij}, E_{ij}A$ はそれぞれどんな行列となるか．

10.　$A\in M_n(\boldsymbol{R})$ とし，任意の $X\in M_n(\boldsymbol{R})$ に対して $AX=XA$ が成り立つとする．そのとき $A=cI$ (I は n 次の単位行列)であることを証明せよ．

11.　A_{ij} を $m_i\times n_j$ 行列，B_{ij} を $l_i\times m_j$ 行列($i=1, 2$; $j=1, 2$)とし，

$$B = \begin{bmatrix} B_{11} & B_{12} \\ B_{21} & B_{22} \end{bmatrix}, \qquad A = \begin{bmatrix} A_{11} & A_{12} \\ A_{21} & A_{22} \end{bmatrix}$$

とおく．(A は4つの‘行列’$A_{11}, A_{12}, A_{21}, A_{22}$ を上のように配置して得られる$(m_1+m_2)\times(n_1+n_2)$行列である．同様に B は$(l_1+l_2)\times(m_1+m_2)$行列である．) このとき

$$BA = \begin{bmatrix} B_{11}A_{11}+B_{12}A_{21} & B_{11}A_{12}+B_{12}A_{22} \\ B_{21}A_{11}+B_{22}A_{21} & B_{21}A_{12}+B_{22}A_{22} \end{bmatrix}$$

であることを示せ．この結果を一般化せよ．

§8　線型写像の空間

一般の場合にもどって，V, W を $\boldsymbol{R}$ 上の任意のベクトル空間とする．

V から W への線型写像全体の集合を $L(V, W)$ で表す．われわれは，この集合がそれ自身また1つのベクトル空間となるように，線型写像の和およびスカラー倍を定義することができる．すなわち，$F, G\in L(V, W)$ および実数 c に対して，$F+G$ および cF を，それぞれ次の式(3.20)，(3.21)によって定義された

V から W への写像と定めるのである:

$$(F+G)(v) = F(v)+G(v), \tag{3.20}$$

$$(cF)(v) = cF(v). \tag{3.21}$$

もちろんここで v は V の任意の元である.

これらの写像が V から W への線型写像となることは容易に確かめられる. たとえば

$$\begin{aligned}(F+G)(v+v') &= F(v+v')+G(v+v')\\ &= (F(v)+F(v'))+(G(v)+G(v'))\\ &= (F(v)+G(v))+(F(v')+G(v'))\\ &= (F+G)(v)+(F+G)(v'),\\ (F+G)(av) &= F(av)+G(av)\\ &= aF(v)+aG(v)\\ &= a(F(v)+G(v))\\ &= a[(F+G)(v)].\end{aligned}$$

これは $F+G$ が線型写像であることを示している. cF が線型写像であることの証明は読者にまかせよう(問題 1).

命題 3.14 $L(V, W)$ は, 上に定義した加法とスカラー倍に関して, それ自身1つのベクトル空間となる.

証明 p. 49–50 のベクトル空間の公理 I. **1–4**, II. **1–4** を1つ1つ検証すればよいが, それは'型通りの手順'によって容易になされる. よってここでは省略し, 読者の練習問題に残しておく(問題 2). ▌

ベクトル空間 $L(V, W)$ の零元は V から W への零写像(例 3.20)である.

線型写像の合成と, 上に定義した和およびスカラー倍の間には, 次のような演算法則が成り立つ.

命題 3.15 V, W, Z をベクトル空間とし, $F, F' \in L(V, W)$, $G, G' \in L(W, Z)$ とする. また c を任意の実数とする. そのとき, 次の等式が成り立つ.

1. $G\circ(F+F') = G\circ F+G\circ F'$.

2. $(G+G')\circ F = G\circ F+G'\circ F$.

3. $G\circ(cF) = (cG)\circ F = c(G\circ F)$.

証明 この証明も'型通り'である. ここでは**1**だけを証明し, 他の証明は練習問題とする(問題3).

1. V の任意の元 v に対して

$$[G\circ(F+F')](v) = G[(F+F')(v)] = G[F(v)+F'(v)]$$
$$= G(F(v))+G(F'(v)) = (G\circ F)(v)+(G\circ F')(v) = (G\circ F+G\circ F')(v).$$

ゆえに $G\circ(F+F')=G\circ F+G\circ F'$ である. ▌

線型写像 F, G の合成 $G\circ F$ はしばしば**積**ともよばれ, GF と書かれる. 加法やスカラー倍などといっしょに合成の演算を考えるときには, この乗法記号のほうが簡便で扱いやすい.

ベクトル空間 V の線型変換全体の集合 $L(V, V)$ は, 通常, 単に $L(V)$ と書かれる. $L(V)$ は加法とスカラー倍についてベクトル空間をなすが, さらにこの集合においては乗法も定義されている. V の2つの線型変換の積(合成)はまた V の線型変換であるからである. その乗法については次のような法則が成り立つ.

4. $(F_1F_2)F_3 = F_1(F_2F_3)$.

5. $G(F+F') = GF+GF'$. **5′.** $(G+G')F = GF+G'F$.

6. $G(cF) = (cG)F = c(GF)$.

7. $IF = FI = F$ (I は V の恒等変換).

要約すれば, $L(V)$ の加法と乗法については, 乗法の交換法則を除いて, 普通の数の間の加法, 乗法に関する演算法則がそのまま成り立つのである. またスカラー倍は乗法と‘交換可能’で(法則**6**), 恒等変換 I は乗法に関する‘単位元’である(法則**7**).

以下, 特に数ベクトル空間 $\boldsymbol{R}^n$ から $\boldsymbol{R}^m$ への線型写像について考えよう. 定理3.11でみたように, 任意の $m\times n$ 行列 A は線型写像 $L_A: \boldsymbol{R}^n\to\boldsymbol{R}^m$ を定め, 逆に任意の線型写像 $L: \boldsymbol{R}^n\to\boldsymbol{R}^m$ は一意的に $L=L_A$ と書かれる. いいかえれば, $A\in\boldsymbol{R}^{m\times n}$ に $L_A\in L(\boldsymbol{R}^n, \boldsymbol{R}^m)$ を対応させる写像

$$A\longmapsto L_A \tag{3.22}$$

は, $\boldsymbol{R}^{m\times n}$ から $L(\boldsymbol{R}^n, \boldsymbol{R}^m)$ への全単射である.

さらに, この写像(3.22)は線型演算を保存する. そのことをみるために, A, B を2つの $m\times n$ 行列とし, その第 j 列をそれぞれ $\boldsymbol{a}_j, \boldsymbol{b}_j$ とする. また $\boldsymbol{x}=\sum_{j=1}^{n} x_j\boldsymbol{e}_j$ を $\boldsymbol{R}^n$ の任意の要素とする. そのとき, $A+B$ の第 j 列は $\boldsymbol{a}_j+\boldsymbol{b}_j$ で

あるから，定義(3.14)によって

$$(A+B)\boldsymbol{x} = \sum_{j=1}^{n} x_j(\boldsymbol{a}_j+\boldsymbol{b}_j) = \sum_{j=1}^{n} x_j\boldsymbol{a}_j+\sum_{j=1}^{n} x_j\boldsymbol{b}_j = A\boldsymbol{x}+B\boldsymbol{x}.$$

この左辺は $L_{A+B}(\boldsymbol{x})$ に，右辺は $L_A(\boldsymbol{x})+L_B(\boldsymbol{x})$ に等しいから，

$$L_{A+B}(\boldsymbol{x}) = L_A(\boldsymbol{x})+L_B(\boldsymbol{x}) = (L_A+L_B)(\boldsymbol{x}).$$

ゆえに $L_{A+B}=L_A+L_B$ である．同様にして $L_{cA}=cL_A$ (c は実数)であることもわかる(問題4)．これで次の命題が証明された．

命題 3.16　$m\times n$ 行列 A に，その行列で定まる $\boldsymbol{R}^n$ から $\boldsymbol{R}^m$ への線型写像 L_A を対応させる写像 $A\mapsto L_A$ は，ベクトル空間 $\boldsymbol{R}^{m\times n}$ からベクトル空間 $L(\boldsymbol{R}^n, \boldsymbol{R}^m)$ への同型写像である．——

命題3.16と前節の結果によって，数空間の間の線型写像の和，c 倍，積には，それぞれ行列の和，c 倍，積が対応していることがわかる．したがって一方に関する演算法則は，他方に関する類似の演算法則を導く．たとえば，下の問題5の命題は，命題3.15を行列について述べかえたものである．

問　　題

1. F: $V\to W$ が線型写像で，c が実数のとき，(3.21)によって定義される cF: $V\to W$ は線型写像であることを示せ．

2. 命題3.14を証明せよ．

3. 命題3.15の等式 **2, 3** を証明せよ．

4. $L_{cA}=cL_A$ を証明せよ．

5. A, A' を $m\times n$ 行列，B, B' を $l\times m$ 行列，c を実数とする．次の等式を示せ:

$$B(A+A') = BA+BA', \qquad (B+B')A = BA+B'A,$$
$$B(cA) = (cB)A = c(BA).$$

6. ベクトル空間 $L(\boldsymbol{R}^n, \boldsymbol{R}^m)$ の次元を決定し，その1つの基底を求めよ．

§9　線型写像の像と核

V, W をベクトル空間とし，F: $V\to W$ を線型写像とする．§1でいったように，$F(V)=\{F(v)\mid v\in V\}$ は F の**値域**または F の**像**とよばれる．これは W の部分集合である．

また $F(v)=0$ となるような V の元 v 全体の集合，すなわち W の元 0 の F に

よる逆像$F^{-1}(0)=\{v\,|\,F(v)=0\}$は線型写像$F$の**核**とよばれる．これは$V$の部分集合である．

命題 3.17 F: $V\to W$を線型写像とし，その像をW'，核をV'とすれば，

1. W'はWの部分空間である．

2. V'はVの部分空間である．

証明 **1.** まず$F(0)=0$であるから，Wの零ベクトル0はW'に含まれる．また$w_1, w_2\in W'$とすれば，$F(v_1)=w_1$，$F(v_2)=w_2$となる$v_1, v_2\in V$が存在し，

$$w_1+w_2 = F(v_1)+F(v_2) = F(v_1+v_2),$$
$$cw_1 = cF(v_1) = F(cv_1) \qquad (c\text{ は実数})$$

となるから，w_1+w_2, cw_1もW'の元である．ゆえにW'はWの部分空間である．

2. 上と同じく$F(0)=0$であるから，Vの零ベクトル0はV'の元である．また$v_1, v_2\in V'$とすれば，$F(v_1)=0$，$F(v_2)=0$であるから，

$$F(v_1+v_2) = F(v_1)+F(v_2) = 0+0 = 0,$$
$$F(cv_1) = cF(v_1) = c0 = 0.$$

よってv_1+v_2, cv_1もV'に含まれる．ゆえにV'はVの部分空間である．▌

線型写像F: $V\to W$の像と核を，しばしば，それぞれ$\mathrm{Im}\,F$, $\mathrm{Ker}\,F$で表す．Im, Kerはそれぞれimage, kernelの略である．

命題 3.18 線型写像F: $V\to W$が単射であるためには，その核が0のみから成ること，すなわち$F(v)=0$となるようなVの元vが0のみに限ることが必要かつ十分である．

証明 線型写像F: $V\to W$においては$F(0)=0$であるから，もしFが単射ならば$F(v)=0$となる元vは0のみに限る．逆にFの核が0のみから成るとする．そのとき$v, v'\in V$に対し$F(v)=F(v')$ならば，

$$F(v)-F(v') = F(v-v') = 0$$

であるから，$v-v'=0$したがって$v=v'$となる．すなわちFは単射である．▌

Vが有限次元のベクトル空間である場合には，線型写像F: $V\to W$の像と核の次元について次の基本的な定理が成り立つ．

定理 3.19 V, Wをベクトル空間とし，Vは有限次元であるとす

る．そのとき，線型写像 $F\colon V\to W$ の像を W'，核を V' とすれば，

(3.23) $$\dim W'+\dim V' = \dim V$$

が成り立つ．

証明 もし F が V から W への零写像ならば $V'=V$，$W'=\{0\}$ であるから，明らかに(3.23)が成り立つ．そこで F は零写像ではないとし，$\dim V'=s$，$\dim V=n\,(s<n)$ とする．V' の1つの基底を $\{v_1, \cdots, v_s\}$ とすれば，定理2.15によってそれを拡大した V の基底 $\{v_1, \cdots, v_s, u_1, \cdots, u_r\}$ が存在する．ただし $s+r=n$ である．（もし F が単射ならば $V'=\{0\}$，$s=0$ であるが，その場合には以下で v_i の関与する部分をとり除いて考えるものとする．）いま

$$F(u_1) = w_1, \quad \cdots, \quad F(u_r) = w_r$$

とおく．このとき $\{w_1, \cdots, w_r\}$ が W' の基底であることが示されれば，$\dim W'=r=n-s$ となって，(3.23)の証明が完了する．

まず，$w_1, \cdots, w_r$ が W' を生成することを示そう．v を V の任意の元とすれば，

$$v = a_1v_1+\cdots+a_sv_s+b_1u_1+\cdots+b_ru_r$$

となるような実数 a_i, b_j が存在し，$F(v_i)=0\,(i=1, \cdots, s)$ であるから，

$$F(v) = b_1F(u_1)+\cdots+b_rF(u_r) = b_1w_1+\cdots+b_rw_r.$$

すなわち W' の任意の元 $F(v)$ は $w_1, \cdots, w_r$ の1次結合となる．ゆえに $w_1, \cdots, w_r$ は W' を生成する．

次に $w_1, \cdots, w_r$ が1次独立であることを示そう．$c_1, \cdots, c_r$ を実数として

$$c_1w_1+\cdots+c_rw_r = 0$$

とする．この左辺は $c_1F(u_1)+\cdots+c_rF(u_r)=F(c_1u_1+\cdots+c_ru_r)$ に等しいから，$c_1u_1+\cdots+c_ru_r$ は F の核 V' に属する．したがって適当な数 $d_1, \cdots, d_s$ により

$$c_1u_1+\cdots+c_ru_r = d_1v_1+\cdots+d_sv_s$$

と表される．これより

$$(-d_1)v_1+\cdots+(-d_s)v_s+c_1u_1+\cdots+c_ru_r = 0$$

となるが，$v_1, \cdots, v_s, u_1, \cdots, u_r$ は1次独立であるから，$d_1, \cdots, d_s, c_1, \cdots, c_r$ はすべて0でなければならない．ゆえに $w_1, \cdots, w_r$ は1次独立である．

以上で $\{w_1, \cdots, w_r\}$ は W' の基底であることが証明された．ゆえに W' の次元

は $r=n-s$ に等しい. ▌

V が有限次元であるとき, 線型写像 $F\colon V\to W$ の像の次元を F の**階数**(rank), 核の次元を F の**退化次数**(nullity)という. すなわち

$$\dim(\mathrm{Im}\,F) = F\text{ の階数},\qquad \dim(\mathrm{Ker}\,F) = F\text{ の退化次数}$$

である. この言葉を用いれば, (3.23)は

(3.23)′ $$\underline{(F\text{ の階数})+(F\text{ の退化次数}) = \dim V}$$

と表される. F の階数をしばしば $\mathrm{rank}\,F$ で表す. 退化次数も必要がある場合には $\mathrm{nullity}\,F$ と書く.

例 3.27 行列

$$A = \begin{bmatrix} 1 & 1 & 3 \\ 1 & -1 & 1 \\ -1 & 0 & -2 \end{bmatrix}$$

で定められる $\boldsymbol{R}^3$ の線型変換 L を考える. $L(\boldsymbol{e}_i)=\boldsymbol{a}_i\,(i=1,2,3)$ とすれば

$$\boldsymbol{a}_1 = \begin{bmatrix} 1 \\ 1 \\ -1 \end{bmatrix},\quad \boldsymbol{a}_2 = \begin{bmatrix} 1 \\ -1 \\ 0 \end{bmatrix},\quad \boldsymbol{a}_3 = \begin{bmatrix} 3 \\ 1 \\ -2 \end{bmatrix}$$

で, $\mathrm{Im}\,L$ は $\boldsymbol{a}_1, \boldsymbol{a}_2, \boldsymbol{a}_3$ で生成される $\boldsymbol{R}^3$ の部分空間であるが, $\boldsymbol{a}_3=2\boldsymbol{a}_1+\boldsymbol{a}_2$ であるから, 結局 $\mathrm{Im}\,L=\langle \boldsymbol{a}_1, \boldsymbol{a}_2\rangle$, したがって $\mathrm{rank}\,L=2$ となる.

一方 $L(\boldsymbol{x})=0$, すなわち

$$\begin{cases} x+y+3z = 0 \\ x-y+\ z = 0 \\ -x\quad -2z = 0 \end{cases} \text{ を満たす }\quad \boldsymbol{x} = \begin{bmatrix} x \\ y \\ z \end{bmatrix}$$

を求めると, $x=2t$, $y=t$, $z=-t$ (t は任意の実数)となるから,

$$\mathrm{Ker}\,L = \langle \boldsymbol{b}\rangle,\qquad \boldsymbol{b} = \begin{bmatrix} 2 \\ 1 \\ -1 \end{bmatrix}$$

で, L の退化次数は1となる. ——

次の定理は V, W が同じ次元である場合に成り立つものである.

定理 3.20 V, W をともに n 次元のベクトル空間とする. そのとき, 線型写像 $F\colon V\to W$ に関する次の5つの条件は互いに同等である.

1. F は同型写像である.

2. F は単射である.

3. F の退化次数$=0$.

4. F は全射である.

5. F の階数$=n$.

証明 **2** と **3** が同等であることは命題 3.18 から，**4** と **5** が同等であることは定理 2.15 からわかる．また(3.23)′ によって **3** と **5** も同等である．したがって **2** と **4** は同等となる．ゆえに **2**, **4** のいずれか一方を仮定すれば他方が導かれ，したがって **1** が導かれる．逆に **1** から **2** および **4** が導かれることは明らかである．▌

系 $\dim V=\dim W$ とし，$F: V\to W$ を線型写像とする．次の **1**, **2** のいずれかを仮定すれば F は同型写像であって，仮定における G や G' は F の逆写像 F^{-1} に等しい.

1. $G\circ F=I_V$ となるような線型写像 $G: W\to V$ が存在する.

2. $F\circ G'=I_W$ となるような線型写像 $G': W\to V$ が存在する.

証明 仮定 **1** のもとでは，V の元 v に対し $F(v)=0$ ならば，

$$v = I_V(v) = G(F(v)) = G(0) = 0$$

であるから，$\mathrm{Ker}\,F=\{0\}$，したがって F は単射となる．また仮定 **2** のもとでは，W の任意の元 w に対して $G'(w)=v$ とおけば，

$$w = I_W(w) = F(G'(w)) = F(v)$$

であるから，$\mathrm{Im}\,F=W$，すなわち F は全射となる．ゆえに仮定 **1**, **2** いずれの場合にも定理 3.20 によって F は同型写像となる．G や G' が F の逆写像 F^{-1} に等しいことは明らかである．▌

合成写像の階数については次の命題が成り立つ.

命題 3.21 V, W, Z を有限次元のベクトル空間とし，$F: V\to W$，$G: W\to Z$ を線型写像とする．そのとき $\mathrm{rank}(G\circ F)$ は $\mathrm{rank}\,F$, $\mathrm{rank}\,G$ のいずれをもこえない.

証明 $\mathrm{Im}\,F=W'$ とし，$G: W\to Z$ の定義域を W' に制限して得られる線型写像を $G': W'\to Z$ とする．明らかに $\mathrm{Im}\,G'\subset\mathrm{Im}\,G$ であるから，

$$\dim(\mathrm{Im}\, G') \leqq \dim(\mathrm{Im}\, G) = \mathrm{rank}\, G.$$

他方，定理3.19によって

$$\dim(\mathrm{Im}\, G') \leqq \dim W' = \mathrm{rank}\, F.$$

しかるに $\mathrm{Im}\, G' = G'(W') = G(F(V)) = \mathrm{Im}(G \circ F)$ であるから，$\dim(\mathrm{Im}\, G')$ は $\mathrm{rank}(G \circ F)$ に等しい．▌

問　　題

1. V, W をベクトル空間，$F\colon V \to W$ を線型写像とする．V_1 が V の部分空間ならば，その F による像 $F(V_1)$ は W の部分空間となることを示せ．

2. 前問において，W_1 を W の部分空間とすれば，その F による逆像 $F^{-1}(W_1)$ は V の部分空間であることを示せ．

3. V, W を有限次元ベクトル空間とし，$F\colon V \to W$ を線型写像とする．次のことを証明せよ．

(a) F が単射ならば $\dim V \leqq \dim W$.

(b) F が全射ならば $\dim V \geqq \dim W$.

4. V, W を有限次元ベクトル空間とする．$\dim V \leqq \dim W$ ならば，V から W への線型単射が存在することを示せ．また $\dim V \geqq \dim W$ ならば，V から W への線型全射が存在することを示せ．

5. $\dim V = \dim W$ とし，$F\colon V \to W$，$G\colon W \to V$ を，$G \circ F = I_V$ を満たす線型写像とする．そのとき F, G は同型写像で，互いに他の逆写像となっていることを証明せよ．

6. $\dim V = \dim W$ を仮定しない場合に前問の結論は成り立つか．

7. 次のおのおのの行列で定義される線型写像 L について，その階数と退化次数を求めよ．また $\mathrm{Im}\, L, \mathrm{Ker}\, L$ の基底を求めよ．

(a) $\begin{bmatrix} 1 & 1 \\ 1 & -1 \\ 0 & 1 \end{bmatrix}$ で定義される $L\colon \boldsymbol{R}^2 \to \boldsymbol{R}^3$.

(b) $\begin{bmatrix} 1 & 0 & 0 \\ 0 & 0 & 0 \\ 0 & 1 & 0 \end{bmatrix}$ で定義される $L\colon \boldsymbol{R}^3 \to \boldsymbol{R}^3$.

(c) $\begin{bmatrix} 1 & 0 & 1 \\ 1 & -2 & 0 \end{bmatrix}$ で定義される $L\colon \boldsymbol{R}^3 \to \boldsymbol{R}^2$.

8. $A = \begin{bmatrix} 1 & -1 \\ -4 & 4 \end{bmatrix}$ とする．任意の2次の行列 X に対して $F(X) = AX$ と定義すれば，F は $M_2(\boldsymbol{R})$ の線型変換であることを示せ．この線型変換の階数と退化次数を求めよ．

また $\mathrm{Im}\,F, \mathrm{Ker}\,F$ の基底を求めよ.

9. V を有限次元のベクトル空間, F, G を V の線型変換とする.

$$\mathrm{rank}\,(F+G) \leqq \mathrm{rank}\,F + \mathrm{rank}\,G$$

を証明せよ.

10. V, W, Z を有限次元のベクトル空間, F: $V \to W$, G: $W \to Z$ を線型写像とする. もし $G \circ F = 0$ ならば

$$\mathrm{rank}\,F + \mathrm{rank}\,G \leqq \dim W$$

であることを証明せよ.

§10 行列の階数

A を $m \times n$ 行列 $A = (a_{ij})$ とし, 前のように A で定められる $\boldsymbol{R}^n$ から $\boldsymbol{R}^m$ への線型写像を L_A とする. この線型写像の像と核を調べよう.

そのために, これも前のように A の行ベクトルを $\boldsymbol{a}^1, \cdots, \boldsymbol{a}^m$, 列ベクトルを $\boldsymbol{a}_1, \cdots, \boldsymbol{a}_n$ とする. 各 $\boldsymbol{a}^i\,(i=1, \cdots, m)$ は n-行ベクトル, 各 $\boldsymbol{a}_j\,(j=1, \cdots, n)$ は m-列ベクトルである.

まず $\boldsymbol{R}^n$ の元 $\boldsymbol{x} = \sum_{j=1}^{n} x_j \boldsymbol{e}_j$ ($\boldsymbol{e}_j$ は $\boldsymbol{R}^n$ の基本列ベクトル)に対して

$$L_A(\boldsymbol{x}) = A\boldsymbol{x} = \sum_{j=1}^{n} x_j \boldsymbol{a}_j$$

であったから(p. 94 の(3. 14)), L_A の像は $\boldsymbol{a}_1, \cdots, \boldsymbol{a}_n$ によって張られる $\boldsymbol{R}^m$ の部分空間である.

一方 L_A の核は, $L_A(\boldsymbol{x}) = \boldsymbol{0}$, すなわち

$$A\boldsymbol{x} = \boldsymbol{0} \tag{3.24}$$

を満たす $\boldsymbol{x} \in \boldsymbol{R}^n$ 全体の集合である. (3. 12) (p. 93)によれば, これは

$$\boldsymbol{a}^1 \cdot \boldsymbol{x} = 0, \quad \boldsymbol{a}^2 \cdot \boldsymbol{x} = 0, \quad \cdots, \quad \boldsymbol{a}^m \cdot \boldsymbol{x} = 0, \tag{3.25}$$

あるいはさらにくわしく

$$\begin{cases} a_{11}x_1 + a_{12}x_2 + \cdots + a_{1n}x_n = 0 \\ a_{21}x_1 + a_{22}x_2 + \cdots + a_{2n}x_n = 0 \\ \quad\cdots\cdots\cdots \\ a_{m1}x_1 + a_{m2}x_2 + \cdots + a_{mn}x_n = 0 \end{cases} \tag{3.26}$$

と表される. すなわち, L_A の核は同次連立 1 次方程式(3. 26)の解全体の集合である. この解全体が作る $\boldsymbol{R}^n$ の部分空間を, 方程式(3. 26) (あるいは(3. 25),

(3.24))の**解空間**という.

さて，線型写像L_A: $\boldsymbol{R}^n \to \boldsymbol{R}^m$の像は，$A$の列ベクトル$\boldsymbol{a}_1, \cdots, \boldsymbol{a}_n$によって張られる$\boldsymbol{R}^m$の部分空間$\langle \boldsymbol{a}_1, \cdots, \boldsymbol{a}_n \rangle$であった．これを行列$A$の**列空間**とよび，その次元

$$\dim \langle \boldsymbol{a}_1, \cdots, \boldsymbol{a}_n \rangle$$

をAの**列階数**という．定義によって，L_Aの階数はAの列階数に等しい.

定理2.12の証明でみたように，$\boldsymbol{a}_1, \cdots, \boldsymbol{a}_n$のうち1次独立であるものの最大個数を$r$とし，たとえばはじめの$r$個$\boldsymbol{a}_1, \cdots, \boldsymbol{a}_r$が1次独立であったとすれば，$\boldsymbol{a}_1, \cdots, \boldsymbol{a}_r$は列空間$\langle \boldsymbol{a}_1, \cdots, \boldsymbol{a}_n \rangle$の基底となり，$r$が$A$の列階数となる．すなわち，$A$の列階数は，$A$の1次独立な列ベクトルの最大個数に等しい.

同様の意味で，行列Aの行空間，行階数の概念が定義される．すなわち，Aの**行空間**とは，Aの行ベクトル$\boldsymbol{a}^1, \cdots, \boldsymbol{a}^m$によって張られる$\boldsymbol{R}^n$の部分空間$\langle \boldsymbol{a}^1, \cdots, \boldsymbol{a}^m \rangle$である．（ここでは$\boldsymbol{R}^n$を$\boldsymbol{R}^{1\times n}$と考える！）また，その次元が$A$の**行階数**で，それは$A$の1次独立な行ベクトルの最大個数に等しい.

ここで，われわれは次の定理を証明する.

定理 3.22　行列Aの列階数と行階数とは等しい.

証明　Aを上のような$m\times n$行列とし，その列階数をrとする．そのとき，L_A: $\boldsymbol{R}^n \to \boldsymbol{R}^m$の階数は$r$で，$L_A$の核は(3.24)の解空間であったから，定理3.19によって

(3.27)　　(3.24)の解空間の次元 $= n-r$

である.

次にAの行階数をsとし，必要があれば番号をつけかえて，$\boldsymbol{a}^1, \cdots, \boldsymbol{a}^s$を$A$の行空間の基底とする．そのとき，$\boldsymbol{a}^k\,(s<k\leqq m)$は$\boldsymbol{a}^1, \cdots, \boldsymbol{a}^s$の1次結合として

$$\boldsymbol{a}^k = \sum_{i=1}^{s} c_{ki} \boldsymbol{a}^i$$

と表される．よって，もし$\boldsymbol{x} \in \boldsymbol{R}^n$が

(3.25)′　　$\boldsymbol{a}^1 \cdot \boldsymbol{x} = 0, \quad \boldsymbol{a}^2 \cdot \boldsymbol{x} = 0, \quad \cdots, \quad \boldsymbol{a}^s \cdot \boldsymbol{x} = 0$

を満たせば，

$$\boldsymbol{a}^k\cdot\boldsymbol{x}=\sum_{i=1}^{s}c_{ki}(\boldsymbol{a}^i\cdot\boldsymbol{x})=0 \qquad (s<k\leqq m)$$

となり，$\boldsymbol{x}$は(3.25)を満たす．もちろん(3.25)を満たす$\boldsymbol{x}$は(3.25)$'$を満たすから，結局(3.25)と(3.25)$'$とは同じ解をもつことになる．いいかえれば，(3.26)はそのはじめのs個の方程式から成る同次連立1次方程式と同値となる．Aのはじめのs個の行から成る$s\times n$行列を

$$A'=\begin{bmatrix}\boldsymbol{a}^1\\ \vdots\\ \boldsymbol{a}^s\end{bmatrix}$$

とすれば，(3.25)$'$は簡単に

(3.24)$'$ $$A'\boldsymbol{x}=\mathbf{0}$$

と表される．

行列A'の列階数をr'とする．そうすれば前と同じ理由によって

(3.27)$'$ (3.24)$'$の解空間の次元 $= n-r'$

となるが，上に示したように(3.24), (3.24)$'$の解空間は等しいから，(3.27), (3.27)$'$によって$r=r'$でなければならない．

r'は線型写像$L_{A'}$: $\boldsymbol{R}^n\to\boldsymbol{R}^s$の階数に等しいから，当然それは$\dim\boldsymbol{R}^s=s$をこえない．ゆえに$r\leqq s$である．

われわれは上で，任意の行列に対して“列階数≦行階数”を証明した．そこで，Aの行と列とをとりかえた行列についてこの結果を適用すれば，$s\leqq r$であることもわかる．これで$r=s$が証明された．▌

上の証明の最後に述べた部分を形式的に整備するため，ここで次の定義を述べておく．

$A=(a_{ij})$を$m\times n$行列とするとき，$b_{ij}=a_{ji}\,(i=1,\cdots,n;\ j=1,\cdots,m)$とおいて定められる$n\times m$行列

$$B=(b_{ij});\quad i=1,\cdots,n;\quad j=1,\cdots,m$$

をAの**転置行列**という．本書ではそれをA^{T}で表す．(Tはtransposeの頭字である．）上の証明の最後の部分では，行列Aについて証明された結果を転置行列A^{T}に適用したのである．

例 3.28

$$A=\begin{bmatrix}1 & -5 & 10\\ 6 & 3 & -4\end{bmatrix} \quad ならば \quad A^{\mathrm{T}}=\begin{bmatrix}1 & 6\\ -5 & 3\\ 10 & -4\end{bmatrix}. \qquad ——$$

定理3.22によって，行列 A の列階数と行階数とは等しいから，それを単に A の**階数**とよぶ．それを $\operatorname{rank} A$ で表す．A が $m\times n$ 行列ならば，もちろん $\operatorname{rank} A$ は m, n のいずれをもこえない．

なお，上の定理3.22の証明の中には次の命題の証明も含まれている．読者はそのことを確かめられたい．

命題 3.23 $m\times n$ 行列 A の階数が r ならば，同次連立1次方程式 $A\boldsymbol{x}=\boldsymbol{0}$ の解空間の次元は $n-r$ に等しい．——

最後に A が n 次の正方行列である場合を考える．次の2つの命題は定理3.20とその系から導かれる．

命題 3.24 n 次の正方行列 A に関する次の5つの条件は互いに同等である．

1. 線型変換 $L_A\colon \boldsymbol{R}^n\to\boldsymbol{R}^n$ は正則である．

2. 1次方程式 $A\boldsymbol{x}=\boldsymbol{0}$ は自明な解しかもたない．

3. 任意の $\boldsymbol{b}\in\boldsymbol{R}^n$ に対して $A\boldsymbol{x}=\boldsymbol{b}$ を満たす $\boldsymbol{x}\in\boldsymbol{R}^n$ が存在する．

4. $\operatorname{rank} A=n$.

5. $AB=BA=I_n$ を満たす n 次の行列 B が存在する．

証明 われわれはここでは**1**と**5**が同等であることの証明だけを与える．他については練習問題とする(問題1)．

線型変換 L_A が正則ならば，L_A は逆変換をもち，その逆変換の行列を B とすれば，$L_A\circ L_B=L_{AB}$, $L_B\circ L_A=L_{BA}$ はともに $\boldsymbol{R}^n$ の恒等変換であるから，

$$AB = BA = I_n \tag{3.28}$$

となる．逆に(3.28)を満たす行列 B が存在するならば，$L_A\circ L_B, L_B\circ L_A$ は $\boldsymbol{R}^n$ の恒等変換であるから，L_A は正則である．▌

命題3.24の条件の1つ(したがって全部)を満たす n 次の正方行列 A を，n 次の**正則行列**または**可逆行列**という．また(3.28)を満たす行列 B を A の**逆行列**とよび，A^{-1} で表す．明らかに A^{-1} は(L_A の逆変換の行列として) A に対して一意的に定まる．

命題 3.25 A を n 次の正方行列とする．もし $AB=I_n$ あるいは $CA=I_n$ を

満たす n 次の行列 B あるいは C が存在すれば，A は正則行列であって，B や C は A の逆行列 A^{-1} に等しい．——

この証明は読者の練習問題に残しておこう(問題2).

問　　題

1. 命題3.24の証明を完成せよ.

2. 定理3.20の系を用いて，命題3.25を証明せよ.

3. A, B を n 次の正方行列とするとき，次のことを示せ.

(a) A が正則ならば，A^{-1} も正則で $(A^{-1})^{-1}=A$.

(b) A, B が正則ならば，AB も正則で $(AB)^{-1}=B^{-1}A^{-1}$.

4. A を $l\times m$ 行列，B を $m\times n$ 行列とする．$(AB)^{\mathrm{T}}=B^{\mathrm{T}}A^{\mathrm{T}}$ を証明せよ.

5. A が n 次の正則行列ならば，A^{T} も正則行列で，$(A^{\mathrm{T}})^{-1}=(A^{-1})^{\mathrm{T}}$ であることを証明せよ.

6. 命題3.21を用いて次のことを証明せよ: 行列 A, B の積 AB が定義されるならば，$\mathrm{rank}\,(AB)$ は $\mathrm{rank}\,A$, $\mathrm{rank}\,B$ のいずれをもこえない.

7. 前節の問題9,10の命題を，それぞれ，行列に関する命題に述べかえよ.

§11　基本変形

本節では，行列の階数を求めるための1つの具体的な計算手段を説明する.

行列に関する次の操作を**基本変形**という.

1. 2つの行を入れかえる.

2. ある行を c 倍 $(c\neq 0)$ する.

3. ある行を c 倍して他の行に加える.

1′. 2つの列を入れかえる.

2′. ある列を c 倍 $(c\neq 0)$ する.

3′. ある列を c 倍して他の列に加える.

ただし c は任意のスカラー(2, 2′ では $c\neq 0$)である．**1, 2, 3** を**行基本変形**，**1′, 2′, 3′** を**列基本変形**という.

命題 3.26　基本変形によって行列の階数は不変である.

証明　行基本変形について証明する．われわれは，変形**1, 2, 3** によって，実は行列の行空間そのものが不変であることを証明しよう．A を $m\times n$ 行列，そ

の行ベクトルを $\boldsymbol{a}^1, \cdots, \boldsymbol{a}^m$ とする．A の行空間は $\boldsymbol{a}^1, \cdots, \boldsymbol{a}^m$ で張られる $\boldsymbol{R}^n$ の部分空間

$$U = \langle \boldsymbol{a}^1, \cdots, \boldsymbol{a}^m \rangle$$

である．変形**1**, **2** によって U が不変であることは明らかである．変形**3** の場合には，ある行 $\boldsymbol{a}^p$ が $\tilde{\boldsymbol{a}}^p = \boldsymbol{a}^p + c\boldsymbol{a}^q \ (p \neq q)$ にとりかえられ，行空間は

$$\tilde{U} = \langle \boldsymbol{a}^1, \cdots, \tilde{\boldsymbol{a}}^p, \cdots, \boldsymbol{a}^m \rangle$$

となる．しかし $\tilde{\boldsymbol{a}}^p$ は $\boldsymbol{a}^p, \boldsymbol{a}^q$ の1次結合，逆に $\boldsymbol{a}^p = \tilde{\boldsymbol{a}}^p - c\boldsymbol{a}^q$ は $\tilde{\boldsymbol{a}}^p, \boldsymbol{a}^q$ の1次結合であるから，明らかに

$$\langle \boldsymbol{a}^p, \boldsymbol{a}^q \rangle = \langle \tilde{\boldsymbol{a}}^p, \boldsymbol{a}^q \rangle$$

であり，したがってまた $U = \tilde{U}$ である．すなわち変形**3** によっても U は不変である．これで行基本変形は行列の行空間を変えないことが証明された．したがってもちろん，行基本変形によって行列の(行)階数は不変である．列基本変形については，同様にして，行列の列空間が，したがってまた(列)階数が不変であることが証明される．∎

定理 3.27 $m \times n$ 行列 A は，基本変形を有限回くり返して，次の'標準形'に変形することができる：

$$\begin{bmatrix} I_r & O_{r,n-r} \\ O_{m-r,r} & O_{m-r,n-r} \end{bmatrix}. \tag{3.29}$$

ここに r は A の階数である．(3.29)は $(1,1), (2,2), \cdots, (r,r)$ 成分が1で，他の成分がすべて0である $m \times n$ 行列を表している．

証明 $A = (a_{ij})$ の成分がすべて0ならば $\operatorname{rank} A = 0$ であって，証明すべきことは何もない．a_{ij} のうちに0でないものがあれば，変形**1**, **1'** によって，その0でない成分を(1,1)成分にもってくることができる．さらに変形**2**(あるいは**2'**)によって，その成分は1であるとしてよい．すなわち，A は

$$\begin{bmatrix} 1 & b_{12} & \cdots & b_{1n} \\ b_{21} & b_{22} & \cdots & b_{2n} \\ \vdots & \vdots & & \vdots \\ b_{m1} & b_{m2} & \cdots & b_{mn} \end{bmatrix} \tag{3.30}$$

の形に変形される．そこで変形**3**, **3′**を用い，行列(3.30)の第1行の $-b_{21}$ 倍，…，$-b_{m1}$ 倍をそれぞれ第2行，…，第 m 行に加え，ついで第1列の $-b_{12}$ 倍，…，$-b_{1n}$ 倍を第2列，…，第 n 列に加えれば，(3.30)は下の左の A' の形に変形される：

$$A'=\begin{bmatrix}1 & 0 & \cdots & 0\\ 0 & a_{22}' & \cdots & a_{2n}'\\ \vdots & \vdots & & \vdots\\ 0 & a_{m2}' & \cdots & a_{mn}'\end{bmatrix},\qquad A''=\begin{bmatrix}1 & 0 & 0 & \cdots & 0\\ 0 & 1 & 0 & \cdots & 0\\ 0 & 0 & a_{33}'' & \cdots & a_{3n}''\\ \vdots & \vdots & \vdots & & \vdots\\ 0 & 0 & a_{m3}'' & \cdots & a_{mn}''\end{bmatrix}.$$

もし $a_{ij}'=0\,(2\leqq i\leqq m,\ 2\leqq j\leqq n)$ ならば，これで操作は終りである．a_{ij}' のうちに0でないものがあれば，上と同様に，まず**1**, **1′**によってその成分を(2, 2)成分にうつし，**2**(あるいは**2′**)によってそれを1とし，ついで**3**および**3′**を用いて，A' を上の右の A'' の形に変形することができる．この操作を可能な限り続ければ，最後に A は次のような行列に到達する．ここで空白の部分の成分はすべて0である．

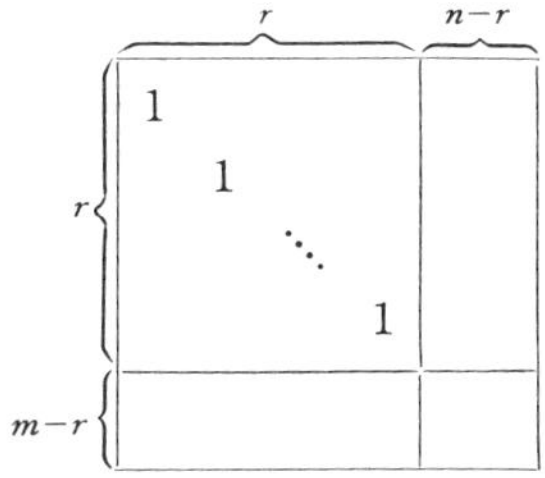

この行列，すなわち‘標準形’(3.29)の階数は明らかに r であって，それは与えられた行列 A の階数に等しい．▌

例 3.29　行列

$$A=\begin{bmatrix}1 & 2 & 10 & -1 & 1\\ 2 & -8 & 8 & 1 & 5\\ -5 & -2 & 6 & 0 & -4\\ 2 & -6 & -14 & 2 & 3\end{bmatrix}$$

に基本変形をほどこして，標準形に直してみよう：

$$
\begin{bmatrix} 1 & 2 & 10 & -1 & 1 \\ 2 & -8 & 8 & 1 & 5 \\ -5 & -2 & 6 & 0 & -4 \\ 2 & -6 & -14 & 2 & 3 \end{bmatrix}
\xrightarrow{3,3'}
\begin{bmatrix} 1 & 0 & 0 & 0 & 0 \\ 0 & -12 & -12 & 3 & 3 \\ 0 & 8 & 56 & -5 & 1 \\ 0 & -10 & -34 & 4 & 1 \end{bmatrix}
$$

$$
\xrightarrow{\mathbf{1}',\mathbf{2}}
\begin{bmatrix} 1 & 0 & 0 & 0 & 0 \\ 0 & 1 & -4 & 1 & -4 \\ 0 & 1 & 56 & -5 & 8 \\ 0 & 1 & -34 & 4 & -10 \end{bmatrix}
\xrightarrow{3,3'}
\begin{bmatrix} 1 & 0 & 0 & 0 & 0 \\ 0 & 1 & 0 & 0 & 0 \\ 0 & 0 & 60 & -6 & 12 \\ 0 & 0 & -30 & 3 & -6 \end{bmatrix}
$$

$$
\xrightarrow{\mathbf{1}',\mathbf{2}}
\begin{bmatrix} 1 & 0 & 0 & 0 & 0 \\ 0 & 1 & 0 & 0 & 0 \\ 0 & 0 & 1 & -10 & -2 \\ 0 & 0 & 3 & -30 & -6 \end{bmatrix}
\xrightarrow{3,3'}
\begin{bmatrix} 1 & 0 & 0 & 0 & 0 \\ 0 & 1 & 0 & 0 & 0 \\ 0 & 0 & 1 & 0 & 0 \\ 0 & 0 & 0 & 0 & 0 \end{bmatrix}.
$$

ゆえに rank $A=3$ である．上記で矢印上の数字はそこで用いた操作の型を表している．（実際にどういう操作が行われたかは容易に認識されよう．）——

明らかに，基本変形のなかの操作 **1, 1′** は，いわば‘体裁を整える’(左上隅に 1 を並べる)ためのものであって，実質的に重要なものではない．また実際には，多くの場合，われわれは標準形に到達する以前に，途中の段階ですでに行列の階数をよみとることができる．

なお実は，次の命題に示すように，行基本変形のみでもわれわれは行列の階数をみいだすことができる．(次の命題では，列基本変形について操作 **1′** を許容しているが，これも‘体裁を整える’ためのものであって，本質的に必要なものではない．)

命題 3.28　$m\times n$ 行列 A の階数が r ならば，行基本変形 **1, 2, 3** および操作 **1′** によって，A を次の第7図の形の行列に変形することができる．ここで空白の部分の成分はすべて 0 である．

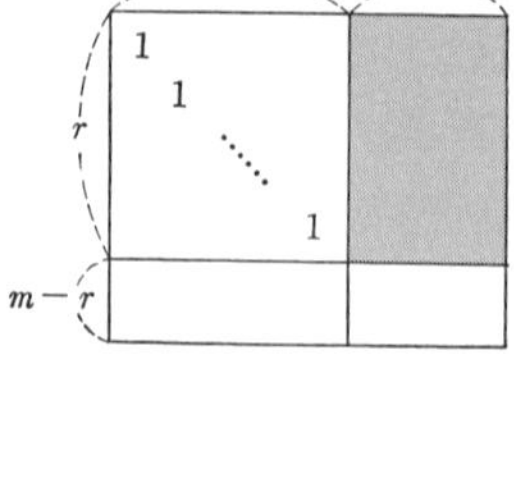

第7図

証明 定理3.27の証明を少し修正すればよい．まず前と同様に，操作**1, 1′, 2**によってAを(3.30)の形に変える．次に操作**3**によって，(3.30)を

$$\begin{bmatrix} 1 & * & \cdots & * \\ 0 & & & \\ \vdots & & A_1 & \\ 0 & & & \end{bmatrix}$$

と変形する．次に(A_1の成分に0でないものがあれば)，操作**1, 1′, 2**によって，これを下の左の行列のように変形し，さらに**3**によって(第2行の$-a_{12}'$倍，$-a_{32}'$倍，…，$-a_{m2}'$倍をそれぞれ第1行，第3行，…，第m行に加えて)，下の右の行列のように変形する：

$$\begin{bmatrix} 1 & a_{12}' & \cdots\cdots \\ 0 & 1 & \cdots\cdots \\ 0 & a_{32}' & \cdots\cdots \\ \vdots & \vdots & \cdots\cdots \\ 0 & a_{m2}' & \cdots\cdots \end{bmatrix}, \qquad \begin{bmatrix} 1 & 0 & * & \cdots & * \\ 0 & 1 & * & \cdots & * \\ 0 & 0 & & & \\ \vdots & \vdots & & A_2 & \\ 0 & 0 & & & \end{bmatrix}.$$

この操作を続ければ，最後にわれわれは第7図の形の行列に到達する．与えられた行列Aはこの第7図の行列と同じ階数をもつが，後者の階数がrであることは明らかである．▌

引用の便宜上，上のようにして行列Aから得られる第7図の形の行列をAの**行標準形**とよぶことにする．ただし行標準形はAから一意的には定まらない．

例 3.30 前例3.29の行列Aを次のように変形してみる：

$$\begin{bmatrix} 1 & 2 & 10 & -1 & 1 \\ 2 & -8 & 8 & 1 & 5 \\ -5 & -2 & 6 & 0 & -4 \\ 2 & -6 & -14 & 2 & 3 \end{bmatrix} \xrightarrow{3(a)} \begin{bmatrix} 1 & 2 & 10 & -1 & 1 \\ 0 & -12 & -12 & 3 & 3 \\ 0 & 8 & 56 & -5 & 1 \\ 0 & -10 & -34 & 4 & 1 \end{bmatrix}$$

$$\xrightarrow{3(b)} \begin{bmatrix} 1 & -6 & -46 & 4 & 0 \\ 0 & -36 & -180 & 18 & 0 \\ 0 & 8 & 56 & -5 & 1 \\ 0 & -18 & -90 & 9 & 0 \end{bmatrix} \xrightarrow{2,\,3(c)} \begin{bmatrix} 1 & 2 & -6 & 0 & 0 \\ 0 & 0 & 0 & 0 & 0 \\ 0 & -2 & 6 & 0 & 1 \\ 0 & -2 & -10 & 1 & 0 \end{bmatrix}.$$

ただし**3**(a), **3**(b)等はそれぞれ次のような操作である．

3(a)．第1行の-2倍，5倍，-2倍を第2行，第3行，第4行に加えた．

3(b). 第3行の -1 倍，-3 倍，-1 倍を第1行，第2行，第4行に加えた．

2, 3(c). 第4行を9で割り，次にそれを -4 倍，-18 倍，5倍して第1行，第2行，第3行に加えた．

上の変形では操作 **1, 1′** を行なっていないから，最終の結果は第7図のような行標準形にはなっていない．しかし，上の結果から，行列 A の階数は3であることがわかる．また上の変形では行基本変形のみを用いた(操作 **1′** は一度も使っていない)から，命題 3.26 の証明で述べたように，行列 A の行空間もそれ自身不変である．したがって上に得た結果から，3つのベクトル

$$(1, 2, -6, 0, 0), \qquad (0, -2, 6, 0, 1), \qquad (0, -2, -10, 1, 0)$$

は，A の行空間の1つの基底を作っていることがわかる．

問　題

1. 次の行列の階数をみいだせ．

$$\begin{bmatrix} 4 & -2 & 2 \\ -4 & 1 & -5 \\ -3 & -3 & -3 \end{bmatrix} \quad \begin{bmatrix} 1 & 2 & 3 \\ 3 & 0 & 5 \\ 0 & -3 & -2 \end{bmatrix} \quad \begin{bmatrix} 1 & 2 & 3 & 4 & 5 \\ 6 & 7 & 8 & 9 & 10 \\ 11 & 12 & 13 & 14 & 15 \end{bmatrix}$$

2. 次の行列の階数をみいだせ．また，その行空間の1つの基底をみいだせ．

$$\text{(a)} \begin{bmatrix} 2 & 3 & 2 & 3 & 0 \\ 4 & 9 & 0 & 5 & -2 \\ -1 & -3 & 1 & -1 & 1 \\ 1 & 0 & 3 & 2 & 1 \end{bmatrix} \qquad \text{(b)} \begin{bmatrix} 0 & 1 & 0 & 0 & 0 \\ -1 & 0 & 1 & 0 & 0 \\ 0 & -1 & 0 & 1 & 0 \\ 0 & 0 & -1 & 0 & 1 \\ 0 & 0 & 0 & -1 & 0 \end{bmatrix}$$

3. a を1つの実数とし，ベクトル $(a, 1, 1)$, $(1, a, 1)$, $(1, 1, a)$ によって張られる $\boldsymbol{R}^3$ の部分空間を U とする．U の次元について調べよ．

§12　連立1次方程式 (I)

本節では，行列の行基本変形について，より内容的な解釈を与える．その解釈によって，前節の終りに挙げた命題 3.28 の実質的な意味が明らかになる．またわれわれは，それを応用して，本節と次節で，連立1次方程式の実際的な解法を与える．

まず次の命題を証明しよう．

命題 3.29　V を m 次元ベクトル空間とし，$\{v_1, v_2, \cdots, v_m\}$ をその1つの基

底とする．$w \in V$ とし，

$$w = c_1 v_1 + \cdots + c_s v_s + \cdots + c_m v_m \tag{3.31}$$

とする．このとき，もし $c_s \neq 0$ ならば，v_s を w でおきかえた $\{v_1, \cdots, v_{s-1}, w, v_{s+1}, \cdots, v_m\}$ も V の基底である．また，V の元 z の，旧基底 $\{v_1, \cdots, v_s, \cdots, v_m\}$ に関する座標ベクトルを $(a_1, \cdots, a_m)$，新基底 $\{v_1, \cdots, w, \cdots, v_m\}$ に関する座標ベクトルを $(b_1, \cdots, b_m)$ とすれば，

$$b_s = \frac{a_s}{c_s}, \qquad b_i = a_i - c_i \frac{a_s}{c_s} \quad (i \neq s) \tag{3.32}$$

となる．

証明　$c_s \neq 0$ であるから，(3.31)を v_s について

(3.33)

$$v_s = \left(-\frac{c_1}{c_s}\right)v_1 + \cdots + \left(-\frac{c_{s-1}}{c_s}\right)v_{s-1} + \frac{1}{c_s}w + \left(-\frac{c_{s+1}}{c_s}\right)v_{s+1} + \cdots + \left(-\frac{c_m}{c_s}\right)v_m$$

と解くことができる．すなわち v_s は $v_1, \cdots, v_{s-1}, w, v_{s+1}, \cdots, v_m$ の1次結合である．これから直ちに $v_1, \cdots, v_{s-1}, w, v_{s+1}, \cdots, v_m$ も V を生成することがわかる．したがって，これら m 個のベクトルは V の基底となる(第2章§8問題1)．次に z を V の任意の元とし，

$$z = a_1 v_1 + \cdots + a_s v_s + \cdots + a_m v_m$$

とする．この v_s に上の(3.33)を代入して整理すれば，

$$z = \left(a_1 - c_1 \frac{a_s}{c_s}\right)v_1 + \cdots + \frac{a_s}{c_s}w + \cdots + \left(a_m - c_m \frac{a_s}{c_s}\right)v_m.$$

ゆえに，z の旧基底 $\{v_1, \cdots, v_s, \cdots, v_m\}$ に関する座標ベクトル $(a_1, \cdots, a_m)$ と，新基底 $\{v_1, \cdots, w, \cdots, v_m\}$ に関する座標ベクトル $(b_1, \cdots, b_m)$ との間には，(3.32)という関係がある．▌

いま，V の元 z の，基底 $\{v_1, \cdots, v_m\}$ に関する座標ベクトルが $(a_1, \cdots, a_m)$ であることを，

	z
v_1	a_1
$\vdots$	$\vdots$
v_m	a_m

と書くことにする．V のいくつかの元 $\cdots, z, \cdots, w, \cdots, z', \cdots$ の基底$\{v_1, \cdots, v_m\}$に関する座標ベクトルの表が次のように与えられているとし，この表で $c_s \neq 0$ とする．

(3.34)

	$\cdots$	z	$\cdots$	w	$\cdots$	z'	$\cdots$
v_1	$\cdots$	a_1	$\cdots$	c_1	$\cdots$	a_1'	$\cdots$
$\vdots$		$\vdots$		$\vdots$		$\vdots$	
v_s	$\cdots$	a_s	$\cdots$	$\textcircled{c_s}$	$\cdots$	a_s'	$\cdots$
$\vdots$		$\vdots$		$\vdots$		$\vdots$	
v_m	$\cdots$	a_m	$\cdots$	c_m	$\cdots$	a_m'	$\cdots$

このとき，命題3.29によって，基底$\{v_1, \cdots, v_s, \cdots, v_m\}$のうちの<u>$v_s$ を w でおきかえる</u>ことができる．そして(3.32)により，新基底$\{v_1, \cdots, w, \cdots, v_m\}$に関する座標ベクトルの表は次のようになる．

(3.35)

	$\cdots$	z	$\cdots$	w	$\cdots$	z'	$\cdots$
v_1	$\cdots$	$a_1 - c_1\dfrac{a_s}{c_s}$	$\cdots$	0	$\cdots$	$a_1' - c_1\dfrac{a_s'}{c_s}$	$\cdots$
$\vdots$		$\vdots$		$\vdots$		$\vdots$	
w	$\cdots$	$\dfrac{a_s}{c_s}$	$\cdots$	1	$\cdots$	$\dfrac{a_s'}{c_s}$	$\cdots$
$\vdots$		$\vdots$		$\vdots$		$\vdots$	
v_m	$\cdots$	$a_m - c_m\dfrac{a_s}{c_s}$	$\cdots$	0	$\cdots$	$a_m' - c_m\dfrac{a_s'}{c_s}$	$\cdots$

この表(3.35)の行列は，表(3.34)の行列から次のようにして得られる．

A． まず第 s 行を $1/c_s$ 倍して，○の成分を1とする．

B． 次に，第 s 行の c_1 倍，…，c_{s-1} 倍，c_{s+1} 倍，…，c_m 倍をそれぞれ第1行，…，第$(s-1)$行，第$(s+1)$行，…，第 m 行から引く．

この操作は，前節に述べた行基本変形**2, 3**にほかならない．われわれは，この種の変形を何回か行い，さらに操作**1, 1′**を何回か行えば，階数 r の行列が第7図のような行列――‘行標準形’――に変形されることを，命題3.28でみたのであった．上の**A, B**を合わせた操作は，しばしば，○で囲んだ成分を**かなめ**(pivot)とする**掃き出し計算**または**とりかえ計算**とよばれる．

さて次に，われわれは上記の演算を利用して，連立1次方程式の解をみいだす問題を論じよう．本節ではまず，同次連立1次方程式

(3.36)
$$A\boldsymbol{x} = \mathbf{0}$$

を考察する．ただし $A=(a_{ij})$ は $m\times n$ 行列，$\boldsymbol{x}$ は未知数 x_j を第 j 成分とする n-列ベクトルである．A はこの方程式の**係数行列**，$\boldsymbol{x}$ は**未知数ベクトル**とよばれる．A の n 個の列ベクトルを $\boldsymbol{a}_1, \cdots, \boldsymbol{a}_n$ とすれば，(3.14)(p.94)によって，(3.36)は

(3.36)′
$$x_1\boldsymbol{a}_1+x_2\boldsymbol{a}_2+\cdots+x_n\boldsymbol{a}_n = \mathbf{0}$$

とも書かれる．また，次の(3.37)のように，$\boldsymbol{a}_1, \cdots, \boldsymbol{a}_n$ を $\boldsymbol{R}^m$ の標準基底 $\{\boldsymbol{e}_1, \cdots, \boldsymbol{e}_m\}$ ($\boldsymbol{e}_i$ は $\boldsymbol{R}^m$ の基本列ベクトル)に関して座標ベクトルで表示して得られる表は，係数行列 A 自身にほかならない．

(3.37)

	$\boldsymbol{a}_1$	$\cdots$	$\boldsymbol{a}_n$
$\boldsymbol{e}_1$	a_{11}	$\cdots$	a_{1n}
$\vdots$	$\vdots$		$\vdots$
$\boldsymbol{e}_m$	a_{m1}	$\cdots$	a_{mn}

いま，基本変形**1, 2, 3** と操作**1′** によって，行列 A が命題3.28の第7図のような行列に変形されたとする．そのことは，上記の掃き出し計算**A, B**をくり返し行なって，$\boldsymbol{e}_1, \cdots, \boldsymbol{e}_m$ のうちの適当な r 個を $\boldsymbol{a}_1, \cdots, \boldsymbol{a}_n$ のうちの適当な r 個 $\boldsymbol{a}_{p_1}, \cdots, \boldsymbol{a}_{p_r}$ でおきかえ，さらに行および列の並べかえを行うと，表(3.37)から次の表(第8図)が得られることを意味する．ここに r は A の階数である．

簡単のため，必要があれば番号をつけかえて，第8図が

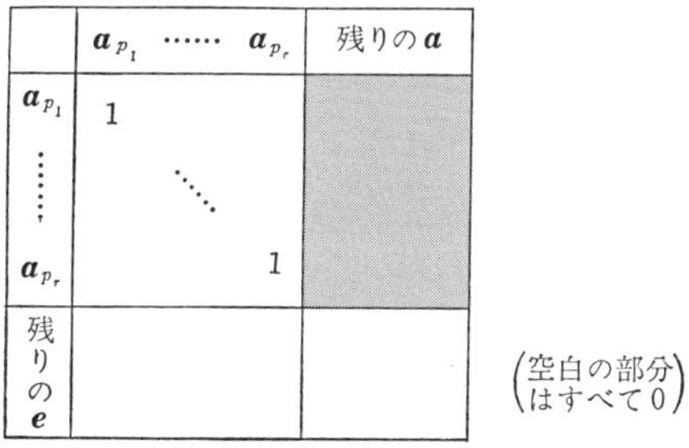
$\boldsymbol{a}_{p_1}$ …… $\boldsymbol{a}_{p_r}$
残りの $\boldsymbol{a}$
$\boldsymbol{a}_{p_1}$
$\boldsymbol{a}_{p_r}$
1
1
残りの $\boldsymbol{e}$
(空白の部分はすべて0)

第8図

(3.38)

	$\boldsymbol{a}_1$	$\cdots$	$\boldsymbol{a}_r$	$\boldsymbol{a}_{r+1}$	$\cdots$	$\boldsymbol{a}_n$
$\boldsymbol{a}_1$	1			$d_{1,r+1}$	$\cdots$	d_{1n}
$\vdots$		$\ddots$		$\vdots$		$\vdots$
$\boldsymbol{a}_r$			1	$d_{r,r+1}$	$\cdots$	d_{rn}
$\vdots$	零行列			零行列		

となったとしよう．そのとき

$$\boldsymbol{a}_{r+1} = d_{1,r+1}\boldsymbol{a}_1 + \cdots + d_{r,r+1}\boldsymbol{a}_r$$

であるから，

$$x_1 = -d_{1,r+1}, \quad \cdots, \quad x_r = -d_{r,r+1},$$
$$x_{r+1} = 1, \quad x_{r+2} = \cdots = x_n = 0,$$

あるいはベクトルの形で書けば，

$$(-d_{1,r+1}, \cdots, -d_{r,r+1}, 1, 0, \cdots, 0)^{\mathrm{T}}$$

は(3.36)′，したがって(3.36)の1つの解となる．（未知数ベクトルは‘列ベクトル’であるが，縦に書くと長すぎるので，上のように行ベクトルの形に書いて転置の記号Tを付した．）

同様にして，(3.38)から次の $n-r$ 個のベクトルはいずれも(3.36)の解となることがわかる：

(3.39)
$$\begin{cases} \boldsymbol{u}_1 = (-d_{1,r+1}, \cdots, -d_{r,r+1}, 1, 0, \cdots, 0)^{\mathrm{T}} \\ \boldsymbol{u}_2 = (-d_{1,r+2}, \cdots, -d_{r,r+2}, 0, 1, \cdots, 0)^{\mathrm{T}} \\ \cdots\cdots\cdots \\ \boldsymbol{u}_{n-r} = (-d_{1n}, \cdots, -d_{rn}, 0, 0, \cdots, 1)^{\mathrm{T}}. \end{cases}$$

明らかに，(3.39)の $n-r$ 個のベクトルは1次独立である．そして命題3.23によって，(3.36)の解空間の次元は $n-r$ であるから，これらが解空間の基底をなす．すなわち，同次連立1次方程式(3.36)の任意の解 $\boldsymbol{x}$ は，上の $\boldsymbol{u}_1, \boldsymbol{u}_2, \cdots, \boldsymbol{u}_{n-r}$ の1次結合として表される．

この $\boldsymbol{u}_1, \boldsymbol{u}_2, \cdots, \boldsymbol{u}_{n-r}$ のように，解空間の基底をなす解は，しばしば**基本解**とよばれる．

もし第7図あるいは第8図において，陰影の部分が現れなかったとすれば，すなわち行列 A の行標準形が

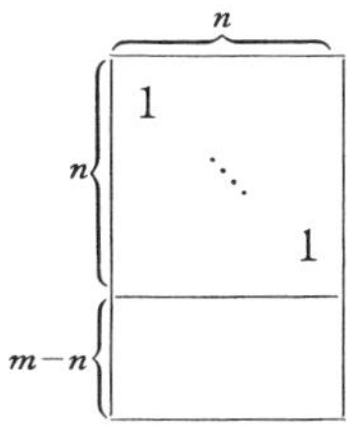

の形になったとすれば(この場合 rank $A=n$ である)，方程式(3.36)の解空間は $\mathbf{0}$ のみから成る．いいかえれば，(3.36)は自明な解しかもたない．

例 3.31　連立１次方程式

$$
(3.40)\qquad \begin{cases} x_1+2x_2+10x_3-x_4+x_5=0 \\ 2x_1-8x_2+8x_3+x_4+5x_5=0 \\ -5x_1-2x_2+6x_3\qquad -4x_5=0 \\ 2x_1-6x_2-14x_3+2x_4+3x_5=0 \end{cases}
$$

を解け．

解　この方程式の係数行列 A は例 3.29, 3.30 の行列である．この行列 A に掃き出し計算を適用して変形すると次のようになる．変形の各段階で‘かなめ’とした成分は○で囲んである．(なお，この変形は実はすでに例 3.30 で示したものである．)

[I]

	$\boldsymbol{a}_1$	$\boldsymbol{a}_2$	$\boldsymbol{a}_3$	$\boldsymbol{a}_4$	$\boldsymbol{a}_5$
$\boldsymbol{e}_1$	①	2	10	−1	1
$\boldsymbol{e}_2$	2	−8	8	1	5
$\boldsymbol{e}_3$	−5	−2	6	0	−4
$\boldsymbol{e}_4$	2	−6	−14	2	3

↓

[II]

$\boldsymbol{a}_1$	1	2	10	−1	1
$\boldsymbol{e}_2$	0	−12	−12	3	3
$\boldsymbol{e}_3$	0	8	56	−5	①
$\boldsymbol{e}_4$	0	−10	−34	4	1

↓

[III]

$\boldsymbol{a}_1$	1	−6	−46	4	0
$\boldsymbol{e}_2$	0	−36	−180	18	0
$\boldsymbol{a}_5$	0	8	56	−5	1
$\boldsymbol{e}_4$	0	−18	−90	⑨	0

↓

[IV]

$\boldsymbol{a}_1$	1	2	−6	0	0
$\boldsymbol{e}_2$	0	0	0	0	0
$\boldsymbol{a}_5$	0	−2	6	0	1
$\boldsymbol{a}_4$	0	−2	−10	1	0

特に必要なことではないが，さらに[IV]で，行および列を並べかえて標準形にすれば，次の[V]となる．

[V]

	$\boldsymbol{a}_1$	$\boldsymbol{a}_5$	$\boldsymbol{a}_4$	$\boldsymbol{a}_2$	$\boldsymbol{a}_3$
$\boldsymbol{a}_1$	1	0	0	2	−6
$\boldsymbol{a}_5$	0	1	0	−2	6
$\boldsymbol{a}_4$	0	0	1	−2	−10
$\boldsymbol{e}_2$	0	0	0	0	0

これより(標準形における列ベクトルの順序に注意して)

$$\boldsymbol{u}_1 = (-2,1,0,2,2)^{\mathrm{T}}, \qquad \boldsymbol{u}_2 = (6,0,1,10,-6)^{\mathrm{T}}$$

が(3.40)の1組の基本解であることがわかる．したがって最終的な結果を記せば，(3.40)の‘一般解’は次のようになる：

$$x_1 = -2\alpha+6\beta, \qquad x_2 = \alpha, \qquad x_3 = \beta,$$
$$x_4 = 2\alpha+10\beta, \qquad x_5 = 2\alpha-6\beta.$$

ただしα, βは任意のスカラーである．▌

なお，たとえば上の[I]から[II]にうつる操作は，(3.40)の第1の方程式を−2倍，5倍，−2倍して第2，第3，第4の方程式に加え，第1の方程式以外から未知数x_1を‘消去’するという操作に対応している．したがって上でわれわれがしたことは，本質的には，方程式を解くためのいわば最も原始的な方法である‘消去法’を(係数行列だけに注目して)実行したのに過ぎない．(読者はこの観点から上の表[IV]がどんな方程式を表しているかを考えてみよ．) 方程式解法の立場からは，掃き出し計算は消去法の別名と思ってもよい．

問　　題

1. 次の同次連立1次方程式を解け．

(a) $\begin{cases} 4x_1-2x_2+\ \ 2x_3 = 0 \\ -4x_1+\ x_2-\ 5x_3 = 0 \\ 4x_1+\ x_2+11x_3 = 0 \end{cases}$ (b) $\begin{cases} x_1+2x_2+3x_3 = 0 \\ 3x_1 \qquad +5x_3 = 0 \\ \qquad -4x_2+3x_3 = 0 \end{cases}$

2. 次の同次連立1次方程式を解け．

$$\begin{cases} 2x_1+3x_2+2x_3+3x_4 \qquad = 0 \\ 4x_1+9x_2 \qquad +5x_4-2x_5 = 0 \\ -x_1-3x_2+\ x_3-\ x_4+\ x_5 = 0 \\ x_1 \qquad +3x_3+2x_4+\ x_5 = 0 \end{cases}$$

§13　連立1次方程式(II)

前節では'同次'の連立1次方程式を考えた．本節では一般の連立1次方程式

(3.41)
$$\begin{cases} a_{11}x_1+\cdots+a_{1n}x_n = b_1 \\ \cdots\cdots\cdots \\ a_{m1}x_1+\cdots+a_{mn}x_n = b_m \end{cases}$$

について考察する．行列記法で書けば，(3.41)は簡単に

(3.41)′
$$A\boldsymbol{x} = \boldsymbol{b}$$

と書かれる．$A=(a_{ij})$は前のような$m\times n$行列，$\boldsymbol{x}$はn-列ベクトル，$\boldsymbol{b}$はb_iを第i成分とするm-列ベクトルである．$\boldsymbol{b}$を(3.41)′の**定数項ベクトル**という．Aの列ベクトルを今まで通り$\boldsymbol{a}_1, \cdots, \boldsymbol{a}_n$とすれば，(3.41)′は

(3.41)″
$$x_1\boldsymbol{a}_1+x_2\boldsymbol{a}_2+\cdots+x_n\boldsymbol{a}_n = \boldsymbol{b}$$

とも書かれる．(3.41)′に対して

(3.42)
$$A\boldsymbol{x} = \boldsymbol{0}$$

を，(3.41)′に**随伴する**同次連立1次方程式という．

同次連立1次方程式の場合と違って，一般の連立1次方程式は解をもつとは限らない．解をもつための条件については次の命題が成り立つ．

命題 3.30　連立1次方程式(3.41)′が解をもつための必要十分条件は，

(3.43)
$$\operatorname{rank} A = \operatorname{rank}(A, \boldsymbol{b})$$

が成り立つことである．ここに$(A, \boldsymbol{b})$は，$m\times n$行列Aにm-列ベクトル$\boldsymbol{b}$をつけ加えた$m\times(n+1)$行列である．

証明　(3.41)′すなわち(3.41)″が解をもつことは，$\boldsymbol{b}$が$\boldsymbol{a}_1, \cdots, \boldsymbol{a}_n$の1次結合であることを意味する．そのための必要十分条件は，明らかに

(3.44)
$$\langle \boldsymbol{a}_1, \cdots, \boldsymbol{a}_n \rangle = \langle \boldsymbol{a}_1, \cdots, \boldsymbol{a}_n, \boldsymbol{b} \rangle$$

と表される．ここで$\langle\cdots\rangle$は…で張られる$\boldsymbol{R}^m$の部分空間を表す．もちろん$\langle \boldsymbol{a}_1, \cdots, \boldsymbol{a}_n \rangle \subset \langle \boldsymbol{a}_1, \cdots, \boldsymbol{a}_n, \boldsymbol{b} \rangle$であるから，(3.44)が成り立つためには

(3.45)
$$\dim \langle \boldsymbol{a}_1, \cdots, \boldsymbol{a}_n \rangle = \dim \langle \boldsymbol{a}_1, \cdots, \boldsymbol{a}_n, \boldsymbol{b} \rangle$$

の成り立つことが必要かつ十分である(定理2.15)．定義によって(3.45)の左辺は$\operatorname{rank} A$に，右辺は$\operatorname{rank}(A, \boldsymbol{b})$に等しい．これで命題が証明された．▌

(3.43)の右辺の$m\times(n+1)$行列$\tilde{A}=(A, \boldsymbol{b})$は，連立1次方程式(3.41)′の**係数拡大行列**とよばれる．

さて，命題3.30の条件が満たされているとし，なんらかの方法によって(3.41)′の1つの解——**特殊解**——$\boldsymbol{x}_0$ がみいだされたとする．そのとき $\boldsymbol{x}$ を**一般解**とすれば，$A\boldsymbol{x}=\boldsymbol{b}$，$A\boldsymbol{x}_0=\boldsymbol{b}$ であるから，$\boldsymbol{x}-\boldsymbol{x}_0=\boldsymbol{y}$ とおけば，

$$A\boldsymbol{y} = A\boldsymbol{x}-A\boldsymbol{x}_0 = \boldsymbol{b}-\boldsymbol{b} = \boldsymbol{0}$$

となり，$\boldsymbol{y}$ は(3.42)の解となる．逆に $\boldsymbol{y}$ を(3.42)の任意の解とし，$\boldsymbol{x}=\boldsymbol{x}_0+\boldsymbol{y}$ とおけば，

$$A\boldsymbol{x} = A\boldsymbol{x}_0+A\boldsymbol{y} = \boldsymbol{b}+\boldsymbol{0} = \boldsymbol{b}$$

であるから，$\boldsymbol{x}$ は(3.41)′の解となる．すなわち(3.41)′の一般解は

$$\boldsymbol{x} = \boldsymbol{x}_0+\boldsymbol{y}$$

で表される．これを次の命題として述べておこう．

命題 3.31　連立1次方程式 $A\boldsymbol{x}=\boldsymbol{b}$ が解をもつとき，その1つの特殊解を $\boldsymbol{x}_0$ とすれば，一般解 $\boldsymbol{x}$ は $\boldsymbol{x}=\boldsymbol{x}_0+\boldsymbol{y}$ で与えられる．ただし $\boldsymbol{y}$ は $A\boldsymbol{x}=\boldsymbol{b}$ に随伴する同次連立1次方程式 $A\boldsymbol{x}=\boldsymbol{0}$ の任意の解である．——

次に，掃き出し計算によって，連立1次方程式(3.41)の解を実際に求める問題を考えよう．

今度は，前の(3.37)のかわりに，表

(3.46)

	$\boldsymbol{a}_1$	$\cdots$	$\boldsymbol{a}_n$	$\boldsymbol{b}$
$\boldsymbol{e}_1$	a_{11}	$\cdots$	a_{1n}	b_1
$\vdots$	$\vdots$		$\vdots$	$\vdots$
$\boldsymbol{e}_m$	a_{m1}	$\cdots$	a_{mn}	b_m

から出発する．そして前のように基底のとりかえ計算を可能な限り行って(ただし定数項ベクトル $\boldsymbol{b}$ はとりかえの対象としない)，(3.46)から次の表(3.47)が得られたとする．

(3.47)

	$\boldsymbol{a}_1$	$\cdots$	$\boldsymbol{a}_r$	$\boldsymbol{a}_{r+1}$	$\cdots$	$\boldsymbol{a}_n$	$\boldsymbol{b}$
$\boldsymbol{a}_1$	1			$d_{1,r+1}$	$\cdots$	d_{1n}	q_1
$\vdots$		$\ddots$		$\vdots$		$\vdots$	$\vdots$
$\boldsymbol{a}_r$			1	$d_{r,r+1}$	$\cdots$	d_{rn}	q_r
$\vdots$							*
							*

ただし r は A の階数で，下部の空白の部分は零行列である．なお実際には，このような‘標準形’を作るためには，行や列の並べかえが必要であるから，列 $\boldsymbol{a}_1, \cdots, \boldsymbol{a}_r, \boldsymbol{a}_{r+1}, \cdots, \boldsymbol{a}_n$ は一般にはこのままの順には並ばない．しかし列の順序は理論の本質には関係がないから，簡単のため上のように書いた．

さて(3.47)で，$**$ の部分にはむろん0でない成分もあり得る．しかし，もしこの部分に0でない成分が残っているならば，係数拡大行列

$$\tilde{A} = (A, \boldsymbol{b})$$

の階数は r より大きいことになるから，命題3.30によってその場合われわれの方程式は解をもたない．

$**$ の部分の成分がすべて0ならば，

$$\operatorname{rank} \tilde{A} = r$$

であるから，われわれの方程式は解をもつ．そしてその場合，(3.47)より

$$\boldsymbol{b} = q_1\boldsymbol{a}_1 + \cdots + q_r\boldsymbol{a}_r$$

であるから，

$$x_1 = q_1, \quad \cdots, \quad x_r = q_r, \quad x_{r+1} = \cdots = x_n = 0,$$

あるいはベクトル

$$\boldsymbol{x}_0 = (q_1, \cdots, q_r, 0, \cdots, 0)^{\mathrm{T}}$$

が(3.41)′の1つの特殊解となる．

したがって命題3.31により，一般解は

$$\boldsymbol{x} = \boldsymbol{x}_0 + c_1\boldsymbol{u}_1 + c_2\boldsymbol{u}_2 + \cdots + c_{n-r}\boldsymbol{u}_{n-r}$$

で与えられる．ただし $\boldsymbol{u}_1, \boldsymbol{u}_2, \cdots, \boldsymbol{u}_{n-r}$ は(3.39)のベクトルで，$c_1, c_2, \cdots, c_{n-r}$ は任意のスカラーである．

例 3.32 連立1次方程式

$$\begin{cases} x_1 + x_2 + 2x_3 + 2x_4 + 3x_5 = a \\ x_1 + 2x_2 + 2x_3 + 3x_4 + 3x_5 = b \\ 2x_1 + 2x_2 + 3x_3 + 3x_4 + 4x_5 = c \\ 2x_1 + 3x_2 + 3x_3 + 4x_4 + 4x_5 = d \end{cases}$$

が解をもつために，a, b, c, d が満たすべき条件を求めよ．解がある場合，その解を求めよ．

解 いつものように○印で掃き出し計算の‘かなめ’を示す．

	$\boldsymbol{a}_1$	$\boldsymbol{a}_2$	$\boldsymbol{a}_3$	$\boldsymbol{a}_4$	$\boldsymbol{a}_5$	$\boldsymbol{b}$
$\boldsymbol{e}_1$	①	1	2	2	3	a
$\boldsymbol{e}_2$	1	2	2	3	3	b
$\boldsymbol{e}_3$	2	2	3	3	4	c
$\boldsymbol{e}_4$	2	3	3	4	4	d

↓

$\boldsymbol{a}_1$	1	1	2	2	3	a
$\boldsymbol{e}_2$	0	①	0	1	0	$b-a$
$\boldsymbol{e}_3$	0	0	−1	−1	−2	$c-2a$
$\boldsymbol{e}_4$	0	1	−1	0	−2	$d-2a$

↓

$\boldsymbol{a}_1$	1	0	2	1	3	$2a-b$
$\boldsymbol{a}_2$	0	1	0	1	0	$b-a$
$\boldsymbol{e}_3$	0	0	(−1)	−1	−2	$c-2a$
$\boldsymbol{e}_4$	0	0	−1	−1	−2	$d-a-b$

↓

$\boldsymbol{a}_1$	1	0	0	−1	−1	$-2a-b+2c$
$\boldsymbol{a}_2$	0	1	0	1	0	$-a+b$
$\boldsymbol{a}_3$	0	0	1	1	2	$2a-c$
$\boldsymbol{e}_4$	0	0	0	0	0	$a-b-c+d$

したがって解があるための必要十分条件は $a-b-c+d=0$，あるいは

$$a+d = b+c$$

である．またその場合，特殊解 $\boldsymbol{x}_0$，および随伴同次1次方程式の解空間(それは5−3=2次元である)の1つの基底 $\boldsymbol{u}_1, \boldsymbol{u}_2$ は，

$$\boldsymbol{x}_0 = (-2a-b+2c, -a+b, 2a-c, 0, 0)^{\mathrm{T}},$$

$$\boldsymbol{u}_1 = (1, -1, -1, 1, 0)^{\mathrm{T}}, \qquad \boldsymbol{u}_2 = (1, 0, -2, 0, 1)^{\mathrm{T}}$$

で与えられる．よって一般解は $\boldsymbol{x}=\boldsymbol{x}_0+\alpha\boldsymbol{u}_1+\beta\boldsymbol{u}_2$，すなわち

$$x_1 = -2a-b+2c+\alpha+\beta, \qquad x_2 = -a+b-\alpha,$$

$$x_3 = 2a-c-\alpha-2\beta, \qquad x_4 = \alpha, \qquad x_5 = \beta$$

で与えられる．ここに α, β は任意のスカラーである．▌

掃き出し計算によって，(3.46)を変形して得られる(3.47)が

(3.48)
$$\begin{array}{c|ccc|c|} \multicolumn{1}{c}{} & \multicolumn{3}{c}{\overbrace{\hphantom{1 \ \ddots \ 1}}^{n}} & \multicolumn{1}{c}{\boldsymbol{b}} \\ \cline{2-5} & 1 & & & q_1 \\ n & & \ddots & & \vdots \\ & & & 1 & q_n \\ \cline{2-5} m-n & \multicolumn{4}{c|}{\text{零 行 列}} \\ \cline{2-5} \end{array}, \qquad \begin{array}{c|ccc|c|} \multicolumn{1}{c}{} & \multicolumn{3}{c}{\overbrace{\hphantom{1 \ \ddots \ 1}}^{n}} & \multicolumn{1}{c}{\boldsymbol{b}} \\ \cline{2-5} & 1 & & & q_1 \\ n & & \ddots & & \vdots \\ & & & 1 & q_n \\ \cline{2-5} \end{array}$$

のような形となる場合には，$\mathrm{rank}\, A=\mathrm{rank}\, \tilde{A}=n$ であって，方程式 $A\boldsymbol{x}=\boldsymbol{b}$ はただ1つの解をもつ．特に A が n 次の正則行列である場合には，‘標準形’は(3.48)の右側の図のようになり，任意の $\boldsymbol{b}\in\boldsymbol{R}^n$ に対して

(3.49)
$$A\boldsymbol{x} = \boldsymbol{b}$$

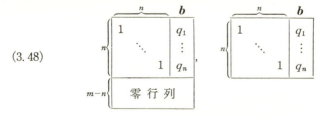

はつねにただ１つの解をもつ．逆行列を用いれば，(3.49)の解 $\boldsymbol{x}$ は

$$\boldsymbol{x} = A^{-1}\boldsymbol{b}$$

と表される．

例 3.33　次の連立１次方程式を解け．

$$\begin{cases} 3x+\ y+z = -5 \\ 4x+3y-z = -2 \\ 5x+4y+z = 6 \end{cases}$$

解

	$\boldsymbol{a}_1$	$\boldsymbol{a}_2$	$\boldsymbol{a}_3$	$\boldsymbol{b}$
$\boldsymbol{e}_1$	3	1	①	−5
$\boldsymbol{e}_2$	4	3	−1	−2
$\boldsymbol{e}_3$	5	4	1	6
$\boldsymbol{a}_3$	3	1	1	−5
$\boldsymbol{e}_2$	⑦	4	0	−7
$\boldsymbol{e}_3$	2	3	0	11

→

$\boldsymbol{a}_3$	0	−5/7	1	−2
$\boldsymbol{a}_1$	1	4/7	0	−1
$\boldsymbol{e}_3$	0	(13/7)	0	13
$\boldsymbol{a}_3$	0	0	1	3
$\boldsymbol{a}_1$	1	0	0	−5
$\boldsymbol{a}_2$	0	1	0	7

ゆえに　$x = -5,\ y = 7,\ z = 3.$　▌

例 3.34(**逆行列の計算**)　連立１次方程式の解を求める掃き出し計算を応用して，われわれは正則行列 A の逆行列 A^{-1} をみいだすことができる．いま A を n 次の正則行列とする．その逆行列 $A^{-1}=B$ の列ベクトル表示を

$$B = (\boldsymbol{x}_1, \boldsymbol{x}_2, \cdots, \boldsymbol{x}_n)$$

とすれば，(3.18)(p.98)により

$$AB = (A\boldsymbol{x}_1, A\boldsymbol{x}_2, \cdots, A\boldsymbol{x}_n)$$

であるが，それが単位行列 $I=(\boldsymbol{e}_1, \boldsymbol{e}_2, \cdots, \boldsymbol{e}_n)$ に等しいから，

$$(3.50)\qquad A\boldsymbol{x}_1 = \boldsymbol{e}_1, \quad A\boldsymbol{x}_2 = \boldsymbol{e}_2, \quad \cdots, \quad A\boldsymbol{x}_n = \boldsymbol{e}_n$$

である．すなわち(3.50)の n 個の方程式の解 $\boldsymbol{x}_1, \cdots, \boldsymbol{x}_n$ を求めれば，逆行列 A^{-1} が得られる．この場合，n 個の方程式の係数行列は同じであるから，１つの表の中で同時に掃き出し計算を行うことができる．たとえば

$$A = \begin{bmatrix} 2 & 3 & -1 \\ 1 & 0 & 2 \\ 1 & 1 & 1 \end{bmatrix}$$

の逆行列は次のように求められる：

	$\boldsymbol{a}_1$	$\boldsymbol{a}_2$	$\boldsymbol{a}_3$	$\boldsymbol{e}_1$	$\boldsymbol{e}_2$	$\boldsymbol{e}_3$
$\boldsymbol{e}_1$	2	3	−1	1	0	0
$\boldsymbol{e}_2$	①	0	2	0	1	0
$\boldsymbol{e}_3$	1	1	1	0	0	1
$\boldsymbol{e}_1$	0	3	−5	1	−2	0
$\boldsymbol{a}_1$	1	0	2	0	1	0
$\boldsymbol{e}_3$	0	①	−1	0	−1	1

→

$\boldsymbol{e}_1$	0	0	(−2)	1	1	−3
$\boldsymbol{a}_1$	1	0	2	0	1	0
$\boldsymbol{a}_2$	0	1	−1	0	−1	1
$\boldsymbol{a}_3$	0	0	1	−1/2	−1/2	3/2
$\boldsymbol{a}_1$	1	0	0	1	2	−3
$\boldsymbol{a}_2$	0	1	0	−1/2	−3/2	5/2

$$\text{ゆえに}\quad A^{-1}=\begin{bmatrix} 1 & 2 & -3 \\ -1/2 & -3/2 & 5/2 \\ -1/2 & -1/2 & 3/2 \end{bmatrix}. \qquad ——$$

本章では§11以降，行列の階数，連立1次方程式の解，正則行列の逆行列などを求める具体的な計算法を示してきた．これらの計算法は計算機向きでもあり，実用に適している．われわれは後の章で，A が正則である場合の方程式 $A\boldsymbol{x}=\boldsymbol{b}$ の解の公式や，逆行列 A^{-1} の成分の公式などについて学ぶが，それらは実用的というよりもむしろ理論的な色彩が強いものである．

問　　題

1. 次の連立1次方程式を解け．

(a) $\begin{cases} x-4y+3z=0 \\ 4x+5y-2z=0 \\ x+y-z=2 \end{cases}$　　(b) $\begin{cases} x+2y-z-w=3 \\ x-y+z+w=3 \\ x-y-z=4 \\ x+w=4 \end{cases}$

2. 次の連立1次方程式を解け．

(a) $\begin{cases} x_1+2x_2+3x_3=1 \\ 2x_1+3x_2-2x_4=3 \\ x_1-5x_3+2x_4=-5 \\ x_2+2x_3-4x_4=7 \end{cases}$　　(b) $\begin{cases} x_1-2x_2-2x_3+x_4=-11 \\ 2x_1+3x_2-2x_4=10 \\ 10x_1+x_2-8x_3-2x_4=-14 \\ 4x_1-x_2-4x_3=-12 \end{cases}$

3. 次の連立1次方程式が解をもつとき，a,b,c,d の間にはどんな関係があるか．また，その解を求めよ．

$$\begin{cases} x_1-2x_2+3x_3=a \\ 2x_1+5x_2-x_4=b \\ -x_1-2x_2-4x_3+4x_4=c \\ x_1-7x_2+10x_3-3x_4=d \end{cases}$$

4. 次の行列の逆行列を求めよ.

$$\begin{bmatrix} 1 & -2 & 0 \\ -2 & 1 & -2 \\ 0 & -2 & 1 \end{bmatrix} \qquad \begin{bmatrix} 1 & 0 & 0 \\ 1 & 2 & -5 \\ -3 & -5 & 12 \end{bmatrix}$$

5. a, b が少なくとも一方は0でない実数ならば,

$$A = \begin{bmatrix} a & -b \\ b & a \end{bmatrix} \quad \text{は正則で,} \quad A^{-1} = \frac{1}{a^2+b^2}\begin{bmatrix} a & b \\ -b & a \end{bmatrix}$$

であることを示せ.

第4章　複素数，複素ベクトル空間

本章の§1-§5では，主要航路の進行から一時離れて，複素数について述べる．数学の他のほとんどすべての分野と同様に，線型代数学においても，数の範囲を複素数まで拡大しないと，十分実りある結果が得られないからである．

複素数の語は高校数学の指導要領にも現れているが，そこではごく軽く触れられているに過ぎない．そのためここでは，まず複素数を‘論理的に定義すること’からはじめて，複素数の代数的ならびに幾何学的な基本性質を，かなりの紙数をかけてていねいに解説する．本章の最後の2節(§6,§7)では，われわれはふたたび本道にもどって，複素ベクトル空間の概念を導入し，一,二の簡単なコメントを与える．

§1　複素数

読者はおそらく高等学校で，2次方程式の解に関連して，複素数の概念を学んだであろう．それは次のようなものであった．

実数の範囲では負の数は平方根をもたないから，たとえば $x^2=-1$ のような簡単な2次方程式さえ，解くことができない．そこで，このような方程式も解をもつようにするために，数の範囲を拡張することを考える．まず $i^2=-1$ となるような1つの‘新しい数’i を考え，それを**虚数単位**と名づける．さらに a, b を実数として

$$a+bi$$

の形に表される数を考え，それを**複素数**とよぶ．このように数の範囲を複素数まで拡張すれば，実係数のどんな2次方程式も複素数の範囲では必ず解をもつことになる．

複素数 $a+0i$ は実数 a と同じである．複素数 $a+bi$ と $a'+b'i$ とが等しいというのは，$a=a'$ かつ $b=b'$ が成り立つことである．また複素数の間の加減乗除の四則は，実数の場合と全く同様の法則に従って行われ，演算の過程で i^2 が現れたときには，いつもそれが -1 におきかえられる．したがって，たとえば

$$(a+bi)(c+di) = ac+adi+bci+bdi^2$$
$$= (ac-bd)+(ad+bc)i$$

となり，2つの複素数の積はまた複素数である．2つの複素数の和や差が複素数であることは明らかである．さらに$c+di \neq 0$(これは‘$c \neq 0$ または $d \neq 0$’ということと同等である)ならば，商$(a+bi)/(c+di)$を計算することができて，

$$\frac{a+bi}{c+di} = \frac{(a+bi)(c-di)}{(c+di)(c-di)}$$
$$= \frac{ac+bd}{c^2+d^2} + \frac{bc-ad}{c^2+d^2}i$$

となる．すなわち，複素数の範囲においても，実数の範囲と同じように，加減乗除の四則演算が(0で割ることを除いて)自由に行われる．――以上に要約したのが，おそらく，読者がすでに学んでいると思われる内容である．

しかし，たとえば上記のように，“$i^2=-1$ となる数 i を考える”というだけでは，複素数は‘想像上の数’にとどまっていて，実在感が稀薄である．そこで本節では，まず，複素数を‘想像上の数’ではなく‘実在する数’として，より明確に構成することをこころみる．

複素数の論理的構成にはいろいろな方法がある．ここでは，すでに知っている行列の演算を利用して，$M_2(\boldsymbol{R})$の中に複素数の体系を作ってみることにしよう．

いま，実数を成分とする2次の正方行列で

$$A = \begin{bmatrix} a & -b \\ b & a \end{bmatrix} \tag{4.1}$$

という形のものを考える．この形の行列全体の集合を S とすれば，S は $M_2(\boldsymbol{R})$ の部分集合である．特に，行列

$$I = \begin{bmatrix} 1 & 0 \\ 0 & 1 \end{bmatrix}, \qquad J = \begin{bmatrix} 0 & -1 \\ 1 & 0 \end{bmatrix}$$

はともに S に属し，S の任意の要素(4.1)は，行列 I, J を用いて

$$A = aI+bJ$$

と表される．2次の零行列 O もやはり S の要素である．

この S について次の **A, B, C** が成り立つ．

A. S は加法，減法，乗法に関して閉じている．すなわち A, B が S の要素

ならば，$A+B, A-B, AB$ も S の要素である．実際，$A=aI+bJ$, $B=cI+dJ$ $(a, b, c, d \in \boldsymbol{R})$ とすれば，

$$A+B = (a+c)I+(b+d)J,$$
$$A-B = (a-c)I+(b-d)J$$

であるから，$A+B, A-B$ は S の要素である．また

(4.2) $$J^2 = \begin{bmatrix} 0 & -1 \\ 1 & 0 \end{bmatrix}\begin{bmatrix} 0 & -1 \\ 1 & 0 \end{bmatrix} = \begin{bmatrix} -1 & 0 \\ 0 & -1 \end{bmatrix} = -I$$

であるから，

$$\begin{aligned} AB &= (aI+bJ)(cI+dJ) \\ &= acI^2+adIJ+bcJI+bdJ^2 \\ &= acI+adJ+bcJ-bdI, \end{aligned}$$

したがって

(4.3) $$AB = (ac-bd)I+(ad+bc)J.$$

ゆえに AB も S の要素である．

B. S の加法について交換律と結合律，乗法について結合律，加法と乗法の間に分配律が成り立つことは，行列の演算法則から明らかである．また(4.3)からわかるように，S の要素 A, B については $AB=BA$ が成り立つから，S の乗法は交換律も満たしている．

C. $B=cI+dJ$ を S の O でない要素とすれば，c, d の少なくとも一方は0でないから，第3章§13問題5によって，B は正則で，その逆行列は

$$B^{-1} = \frac{1}{c^2+d^2}\begin{bmatrix} c & d \\ -d & c \end{bmatrix} = \frac{c}{c^2+d^2}I - \frac{d}{c^2+d^2}J$$

となる．ゆえに B^{-1} も S の要素である．これからまた $A, B \in S$, $B \neq O$ ならば，$AB^{-1}=B^{-1}A$ も S の要素となることがわかる．すなわち，S は除法についても閉じている．——

以上で，S においては加減乗除の四則演算が自由に行われ，加法と乗法について，交換律，結合律，分配律が成り立っていることがわかった．

一般に，1つの集合 F において加減乗除の四則演算が自由に行われ，加法と乗法について上記の演算法則が成り立つとき，F は**体**であるといわれる．（その正確な定義は節末に述べる．）上記の S は1つの体をなしているわけである．

もちろん，実数全体の集合 $\boldsymbol{R}$ も１つの体をなしている．

いま，実数 a に S の要素 aI を対応させる写像を φ とすれば，φ は明らかに $\boldsymbol{R}$ から S への単射で，かつ

$$\varphi(a\pm b)=(a\pm b)I=aI\pm bI=\varphi(a)\pm\varphi(b),$$
$$\varphi(ab)=(ab)I=(aI)(bI)=\varphi(a)\varphi(b),$$
$$\varphi(a/b)=(a/b)I=(aI)(bI)^{-1}=\varphi(a)\varphi(b)^{-1}\qquad(b\neq 0)$$

である．すなわち，aI という形の行列全体の集合を $\boldsymbol{R}'$ とすれば，φ によって実数 a と $\boldsymbol{R}'$ の要素 aI とは１対１に対応し，しかも対応する元どうしの和・差・積・商がまた互いに対応している．いいかえれば，$\boldsymbol{R}'$ は S の中で‘$\boldsymbol{R}$ と同型な’１つの体を作っている．（第１図参照．）

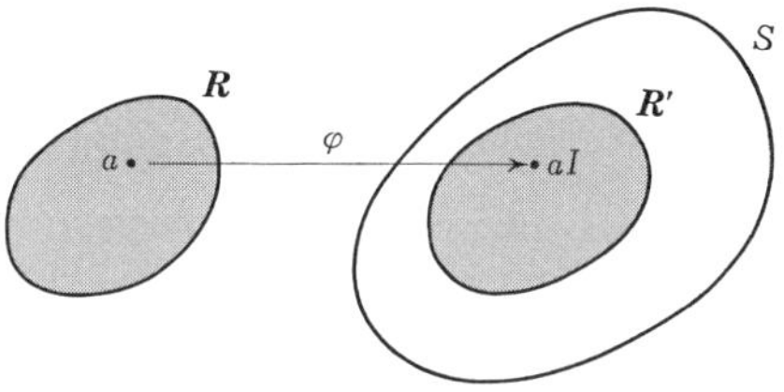

第１図

そこでわれわれは，行列 aI を実数 a と‘同一視’してしまうことにする．（ただし，この‘同一視’はこの場かぎりのものである．）そうすれば $\boldsymbol{R}\subset S$ となり，$\boldsymbol{R}$ は S の‘部分体’となる．さらに記号をあらためて，S の要素 J を i で表せば，上の同一視によって，S の任意の要素 $aI+bJ=aI+(bI)J$ は

(4.4) $$a+bi$$

と表され，また(4.2)によって $i^2=-1$ である．

S 自身もあらためて $\boldsymbol{C}$ と書くことにすれば，上でわれわれは，次のような体 $\boldsymbol{C}$ の存在を示したことになる．

1. $\boldsymbol{C}$ は $\boldsymbol{R}$ を部分体として含む．

2. $\boldsymbol{C}$ は $i^2=-1$ となる元 i を含む．

3. $\boldsymbol{C}$ の任意の元は $a+bi\,(a,b\in\boldsymbol{R})$ の形に一意的に表される．

ここではこれ以上こまかく立ち入らないが，上の性質 **1, 2, 3** をもつような体が，本質的にはただ１つである(どれも互いに‘同型である’)ことも容易に証明

される．この体 $\boldsymbol{C}$ を**複素数体**とよび，その元を**複素数**という．

複素数体 $\boldsymbol{C}$ に対して，体 $\boldsymbol{R}$ を**実数体**とよぶ．$\boldsymbol{R}$ は $\boldsymbol{C}$ の部分体である．

以上で複素数体 $\boldsymbol{C}$ の存在が確認されたから，われわれはもはや，上に用いた S のような集合からは離れてよい．S は $\boldsymbol{C}$ の1つの‘モデル’にしか過ぎないからである．これからは慣用の記法にもどって複素数を(4.4)のように表す．この記法によれば，複素数の和・差・積・商は(積と商については前にも述べたが)次のようになる：

$$(a+bi)\pm(c+di) = (a\pm c)+(b\pm d)i,$$
$$(a+bi)(c+di) = (ac-bd)+(ad+bc)i,$$
$$\frac{a+bi}{c+di} = \frac{ac+bd}{c^2+d^2}+\frac{bc-ad}{c^2+d^2}i.$$

もちろん商においては $c+di \neq 0$ とする．またこれも前に書いたように，商 $(a+bi)/(c+di)$ を実際に計算するときには，分母・分子に $c-di$ を掛けるとよい．そのとき，分母 $(c+di)(c-di)=c^2+d^2$ は正の実数となる．

複素数 $\alpha=a+bi$ に対して，a をその**実部**(real part)，b を**虚部**(imaginary part)とよぶ．$b \neq 0$ のとき(すなわち α が実数でないとき)，α を**虚数**という．特に $bi\,(b \neq 0)$ の形の複素数は**純虚数**とよばれる．

また $\alpha=a+bi$ に対して，$a-bi$ をその**共役複素数**という．これを $\bar{\alpha}$ で表す．$\bar{\alpha}$ の共役は α である．α の実部，虚部をそれぞれ $\mathrm{Re}(\alpha)$, $\mathrm{Im}(\alpha)$ で表せば，明らかに

$$\mathrm{Re}(\alpha) = \frac{\alpha+\bar{\alpha}}{2}, \qquad \mathrm{Im}(\alpha) = \frac{\alpha-\bar{\alpha}}{2i} \tag{4.5}$$

である．(複素数の虚部を表す記号 Im は線型写像の像を表す記号と同じであるが，混乱の起きる恐れはもちろんない．) α が実数であることは $\alpha=\bar{\alpha}$ と同等である．また四則と共役に関して

$$\overline{\alpha\pm\beta} = \bar{\alpha}\pm\bar{\beta}, \qquad \overline{\alpha\beta} = \bar{\alpha}\bar{\beta}, \qquad \overline{\alpha/\beta} = \bar{\alpha}/\bar{\beta} \tag{4.6}$$

が成り立つ．(4.6)の検証は練習問題としよう(問題2)．

なお上で複素数を $\alpha=a+bi$ のように書いたが，複素数とその実部，虚部に対するこのような文字の用法は慣習的なものである．$\beta=c+di$, $z=x+yi$, $w=u+vi$ などの記法も同様である．

本節の最後に，概念の明確化のため‘体の公理’について述べておく．

F を空でない場合とし，F 上に加法および乗法が定義されているとする．すなわち，加法とよばれる写像 $f: F\times F\to F$，乗法とよばれる写像 $g: F\times F\to F$ が定義されていて，$F\times F$ の元 (a,b) の f による像が $a+b$，g による像が ab と書かれるものとする．この加法と乗法について次の公理 **1-9** が満たされるとき，F は**体**であるといわれる．

1. $a+b=b+a$.　　(加法の交換律)

2. $(a+b)+c=a+(b+c)$.　　(加法の結合律)

3. F の中に 0 で表される 1 つの元があって，F の任意の元 a に対して $a+0=a$ が成り立つ．

4. F の任意の元 a に対して，$a+a'=0$ となるような F の元 a' が存在する．

5. $ab=ba$.　　(乗法の交換律)

6. $(ab)c=a(bc)$.　　(乗法の結合律)

7. $a(b+c)=ab+ac$.　　(分配律)

8. F の中に，1 で表され，0 と異なる 1 つの元があって，F の任意の元 a に対して $a1=a$ が成り立つ．

9. F の 0 でない任意の元 a に対して，$aa''=1$ となるような F の元 a'' が存在する．

上の公理 **3** の 0 は体 F の“加法に関する単位元”または F の**零元**とよばれ，**8** の 1 は F の“乗法に関する単位元”または単に**単位元**とよばれる．また **4** の a' は $-a$ で，**9** の a'' は a^{-1}(または $1/a$)で表され，それぞれ a の加法，乗法に関する**逆元**とよばれる．$a, b\in F$ に対して $b+x=a$ を満たす F の元 x は $a+(-b)$ で与えられ，$bx=a$(ただし $b\neq 0$)を満たす F の元 x は ab^{-1} で与えられる．$a+(-b)$ を $a-b$ で，ab^{-1} を a/b で表す．このように，体においては減法，除法も‘自由にできる’のである．

体の例として，われわれはすでに実数体 $\boldsymbol{R}$，複素数体 $\boldsymbol{C}$ を知っている．実際上，本書ではこの 2 種類の体しか扱わないが，他にたとえば，有理数全体の集合や，実数を係数とする文字 x の有理式全体の集合なども，明らかにそれぞれ体をなしている．なおついでに言っておけば，p を任意の素数，n を任意の正の整数とするとき，ちょうど p^n 個の元から成るような‘有限体’も存在するのである．

問　　題

1. 次の式を計算せよ．

(a) $(1+2i)^3$　　(b) $\dfrac{5}{3-4i}$　　(c) $\dfrac{2-3i}{1+5i}$

(d) $\dfrac{1}{4i}$　　(e) $(-2i)^6$　　(f) $\left(\dfrac{2+i}{3-2i}\right)^2$

2. (4.6)を証明せよ．

3. 次の集合のうち体をなすものをいえ．

(a) $\{a+bi \mid a, b$ は整数$\}$　　(b) $\{a+bi \mid a, b$ は有理数$\}$

(c) $\{a+b\sqrt{2} \mid a, b$ は整数$\}$　　(d) $\{a+b\sqrt{2} \mid a, b$ は有理数$\}$

4. F を体とし，$a, b \in F$ とする．もし $ab=0$ ならば，$a=0$ または $b=0$ であることを証明せよ．

§2　複素平面

複素数 $\alpha=a+bi$ は実部 a，虚部 b という2つの実数の組によって定められるから，われわれはこれを座標平面上の点 (a, b) で表すことができる．このように複素数を平面上の点として表したとき，その平面を**複素平面**または**ガウス平面**といい，複素数 α を表す点を‘点 α’とよぶ．複素平面では，水平軸上の点 $(a, 0)$ は実数 a を，垂直軸上の点 $(0, b)$ $(b\neq 0)$ は純虚数 bi を表すから，水平軸，垂直軸はそれぞれ**実軸**，**虚軸**ともよばれる．

複素数 $\alpha=a+bi$ に対し，$\sqrt{a^2+b^2}$ を α の**絶対値**とよび，$|\alpha|$ で表す．すなわち

$$|\alpha| = \sqrt{a^2+b^2}.$$

これは負でない実数で，$|\alpha|=0$ となるのは $\alpha=0$ のときに限る．α が実数 a に

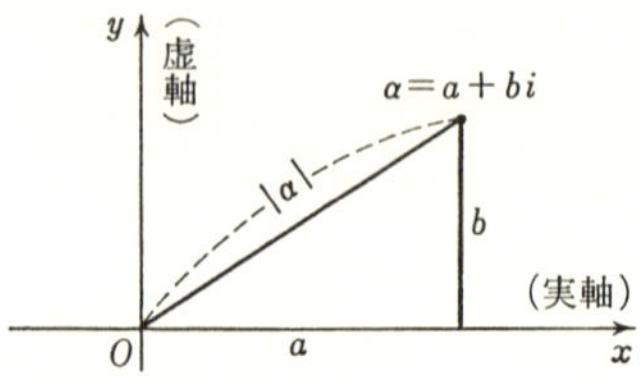

第2図

等しいときには $\sqrt{a^2}=|a|$ であるから，これはよく知られた実数 a の絶対値に等しい．幾何学的には，絶対値 $|\alpha|$ は原点 O から点 α までの距離を表している(第2図参照)．また定義から明らかに

(4.7) $$|\alpha| = |-\alpha| = |\bar{\alpha}|,$$

(4.8) $$|\alpha|^2 = \alpha\bar{\alpha}$$

が成り立つ．

次の命題は積と商の絶対値に関するものである．

命題 4.1 任意の複素数 α, β に対して

(4.9) $$|\alpha\beta| = |\alpha|\,|\beta|,$$

(4.10) $$|\alpha/\beta| = |\alpha|/|\beta| \qquad (\text{ただし } \beta \neq 0).$$

証明 (4.8), (4.6) によって

$$|\alpha\beta|^2 = (\alpha\beta)(\overline{\alpha\beta}) = \alpha\beta\cdot\bar{\alpha}\bar{\beta} = \alpha\bar{\alpha}\cdot\beta\bar{\beta} = |\alpha|^2|\beta|^2.$$

この両辺の負でない平方根をとれば (4.9) が得られる．

また $\alpha/\beta=\gamma$ とおけば，$\alpha=\beta\gamma$ であるから (4.9) によって $|\alpha|=|\beta||\gamma|$．これから (4.10) が得られる．▌

明らかに (4.9) は次のように一般化することができる：

(4.11) $$|\alpha_1\alpha_2\cdots\alpha_n| = |\alpha_1||\alpha_2|\cdots|\alpha_n|.$$

また (4.10) から特に $|1/\beta|=1/|\beta|$ が得られる．

和の絶対値に関しては次の命題が成り立つ．

命題 4.2 任意の複素数 α, β に対して

(4.12) $$|\alpha+\beta| \leqq |\alpha|+|\beta|.$$

証明 左辺の平方は

$$|\alpha+\beta|^2 = (\alpha+\beta)(\bar{\alpha}+\bar{\beta}) = \alpha\bar{\alpha}+\alpha\bar{\beta}+\bar{\alpha}\beta+\beta\bar{\beta}$$

であるが，$\bar{\alpha}\beta$ は $\alpha\bar{\beta}$ の共役であるから，(4.5) によって $\alpha\bar{\beta}+\bar{\alpha}\beta=2\,\mathrm{Re}(\alpha\bar{\beta})$，したがって

$$|\alpha+\beta|^2 = |\alpha|^2+2\,\mathrm{Re}(\alpha\bar{\beta})+|\beta|^2$$

となる．明らかに任意の複素数 γ に対して

$$\mathrm{Re}(\gamma) \leqq |\mathrm{Re}(\gamma)| \leqq |\gamma|$$

であるから，(4.9), (4.7) によって

$$\mathrm{Re}(\alpha\bar{\beta}) \leqq |\alpha\bar{\beta}| = |\alpha|\,|\bar{\beta}| = |\alpha|\,|\beta|,$$

したがって

$$|\alpha+\beta|^2 \leqq |\alpha|^2+2|\alpha||\beta|+|\beta|^2 = (|\alpha|+|\beta|)^2.$$

ゆえに(4.12)が成り立つ．▌

われわれは上で複素数αを複素平面上の点で表したが，点のかわりにαをベクトル$\overrightarrow{O\alpha}$で表すこともできる．このベクトルを単に‘ベクトルα’という．ベクトルαは，平行移動によってその始点を平面上の任意の点に移すことができる．また複素数およびベクトルの和や差の定義から明らかに，複素数としてのα, βの和や差にはそれぞれベクトルとしてのα, βの和や差が対応している．ベクトルαの長さは絶対値$|\alpha|$に等しい．

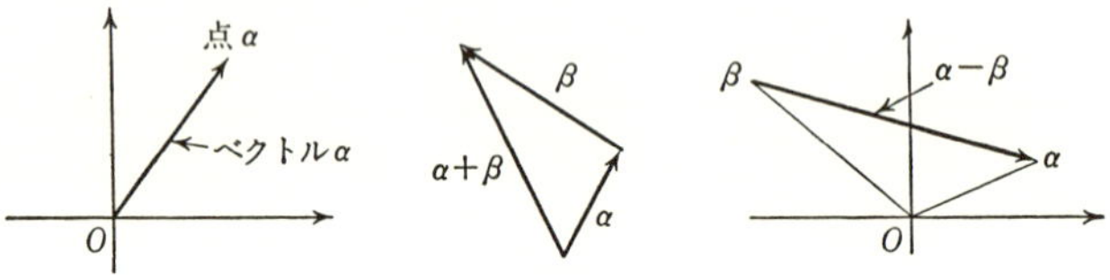

第3図

このように複素数をベクトルとして解釈すれば，多くのことがらにいっそう鮮明な幾何学的解釈が与えられる．たとえば不等式(4.12)は，第3図(b)にえがかれているように，三角形の1辺の長さが他の2辺の長さの和をこえないことを示している．その意味で(4.12)は**三角不等式**とよばれる．(しかし，命題4.2では，われわれは幾何学的直観に頼らない証明を与えたのである．)また第3図(c)のように，点βから点αに向かうベクトル$\overrightarrow{\beta\alpha}$はベクトル$\alpha-\beta$である．したがって2点$\alpha, \beta$の距離は$|\alpha-\beta|$に等しい．

問　　題

1. 点αの原点，x軸(実軸)，y軸(虚軸)に関する対称点を，それぞれαと$\bar{\alpha}$で表せ．

2. 次の複素数の絶対値を求めよ．

(a)　$-2i(3+i)(4-2i)(1+i)$　　(b)　$\dfrac{(-1+2i)(3-2i)}{(1+i)(-3-4i)}$

3. 任意の複素数α, βに対して$|\alpha+\beta|^2+|\alpha-\beta|^2=2(|\alpha|^2+|\beta|^2)$が成り立つことを示せ．また，この等式の幾何学的解釈を与えよ．

4. (4.12)で等号が成り立つのは，$\alpha=0$ であるか，または $\alpha\neq0$ で $\beta=c\alpha$, $c\geqq0$ のとき，またそのときに限ることを証明せよ．

5. $|\alpha-\beta|\leqq|\alpha|+|\beta|$ を証明せよ．等号はどんな場合に成り立つか．

6. $|\alpha|=1$ または $|\beta|=1$ ならば，$|\alpha-\beta|=|1-\bar{\alpha}\beta|$ が成り立つことを証明せよ．

7. α を複素平面上の与えられた点，r を正の実数とする．$|z-\alpha|=r$ を満たす点 z の集合，また $|z-\alpha|\leqq r$ を満たす点 z の集合は，それぞれどんな集合か．

8. α, β を複素平面上の異なる2点とする．$|(z-\alpha)/(z-\beta)|\leqq1$ を満たす点 z の集合はどんな集合か．

9. $|\alpha|<1$ かつ $|\beta|<1$ ならば

$$\left|\frac{\alpha-\beta}{1-\bar{\alpha}\beta}\right|<1$$

であることを証明せよ．

§3 極 形 式

α を0でない複素数とするとき，複素平面上で，実軸の正の部分を始線として動径 $O\alpha$ に属する角を α の**偏角**(argument)といい，$\arg\alpha$ で表す．$\arg\alpha$ は α に対して一意的には定まらないが，その1つを θ とすれば，他は $\theta+2n\pi$ (n は整数)の形となる．すなわち，2π の整数倍だけの差を度外視すれば，$\arg\alpha$ は α に対して一意的に定まる．(弧度法で 2π は 360° を表す．)

たとえば，正の実数，負の実数，純虚数の偏角はそれぞれ $0, \pi, \pm\pi/2$ である．もちろんたとえば，負の実数の偏角は $\pi+2n\pi$ であるといってもよい．

いま第4図のように，複素数 $\alpha=a+bi$ の絶対値を r，1つの偏角を θ とする．そのとき，$a=r\cos\theta$, $b=r\sin\theta$ であるから，α を

(4.13)
$$\alpha=r(\cos\theta+i\sin\theta)$$

と書くことができる．これを α の**極形式**あるいは**極表示**という．($\alpha=0$ の偏角は定義されないから，その極形式も定義されない．)

逆に，複素数 α がある r と θ (r, θ は実数で $r>0$)によって(4.13)の形に表さ

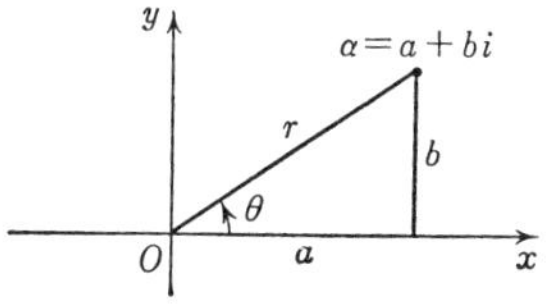

第4図

れたとすれば，r は α の絶対値，θ は α の偏角である．その証明は容易であるから，読者の練習問題としよう(問題2)．

極形式は積や商を取り扱うときに便利である．いま，2つの0でない複素数 α_1, α_2 の極形式を

$$\alpha_1 = r_1(\cos\theta_1 + i\sin\theta_1), \qquad \alpha_2 = r_2(\cos\theta_2 + i\sin\theta_2)$$

とすれば，

$$\alpha_1\alpha_2 = r_1r_2[(\cos\theta_1\cos\theta_2 - \sin\theta_1\sin\theta_2) + i(\sin\theta_1\cos\theta_2 + \cos\theta_1\sin\theta_2)]$$

となるが，加法定理(第3章§7問題4)によって，これは

$$\alpha_1\alpha_2 = r_1r_2[\cos(\theta_1+\theta_2) + i\sin(\theta_1+\theta_2)]$$

と書かれる．この結果は $\alpha_1\alpha_2$ の絶対値が r_1r_2 で，偏角が $\theta_1+\theta_2$ であることを示している．($|\alpha_1\alpha_2| = |\alpha_1||\alpha_2| = r_1r_2$ であることはすでに命題4.1でも示した．)これから次の命題が得られる．

命題 4.3　任意の0でない複素数 α_1, α_2 に対して

(4.14)　　$$\arg(\alpha_1\alpha_2) = \arg\alpha_1 + \arg\alpha_2,$$

(4.15)　　$$\arg(\alpha_1/\alpha_2) = \arg\alpha_1 - \arg\alpha_2.$$

証明　(4.14)は上に示した．また $\alpha_1/\alpha_2 = \beta$ とおけば，$\alpha_1 = \alpha_2\beta$ であるから，(4.14)によって $\arg\alpha_1 = \arg\alpha_2 + \arg\beta$．これから(4.15)が得られる．∎

(4.14)は明らかに次のように一般化される：

(4.16)　　$$\arg(\alpha_1\alpha_2\cdots\alpha_n) = \arg\alpha_1 + \arg\alpha_2 + \cdots + \arg\alpha_n.$$

また(4.15)から $\arg(1/\alpha) = -\arg\alpha$ が得られる．

(4.9), (4.14)によって，2点 α_1, α_2 ($\alpha_1 \neq 0$, $\alpha_2 \neq 0$) が与えられたとき，点 $\alpha_1\alpha_2$ を求めるには，点 α_2 を原点のまわりに $\arg\alpha_1$ だけ回転し，原点からの距離を $|\alpha_1|$ 倍すればよいことがわかる．したがって，第5図のように，$O, 1, \alpha_1$ を頂点とする三角形と，$O, \alpha_2, \alpha_1\alpha_2$ を頂点とする三角形とは“同じ向きに相似”とな

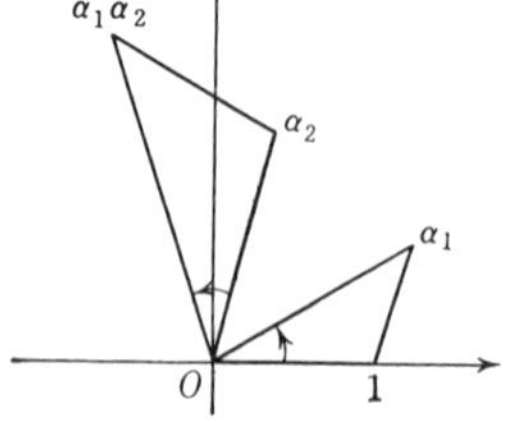

第5図

る．ただし，平面上の2つの三角形 ABC, $A'B'C'$ が同じ向きに相似であるとは，両者が相似であるだけでなく，半直線 AB を A のまわりに AC まで回転する角と，半直線 $A'B'$ を A' のまわりに $A'C'$ まで回転する角とが，向きをも含めて等しいことをいう．

いま z を1つの0でない複素数とし，(4.11), (4.16)において特に $\alpha_1=\alpha_2=\cdots=\alpha_n=z$ とおけば，

$$|z^n| = |z|^n, \qquad \arg(z^n) = n\arg z$$

となる．したがって z の極形式を $z=\rho(\cos\varphi+i\sin\varphi)$ とすれば，

$$z^n = \rho^n(\cos n\varphi+i\sin n\varphi) \tag{4.17}$$

である．この式はもちろん $n=0$ のときにも正しく，また

$$z^{-1} = \rho^{-1}[\cos(-\varphi)+i\sin(-\varphi)]$$

であるから，n が負の整数の場合にも正しい．これで次の命題が証明された．

命題 4.4　$z=\rho(\cos\varphi+i\sin\varphi)$ ならば，任意の整数 n に対して

$$z^n = \rho^n(\cos n\varphi+i\sin n\varphi)$$

が成り立つ．特に $\rho=1$ とすれば

$$(\cos\varphi+i\sin\varphi)^n = \cos n\varphi+i\sin n\varphi. \tag{4.18}$$

——

公式(4.18)を**ド・モアブルの公式**という．

問　　題

1. 次の複素数を極形式で表せ．

(a) $1-i$　(b) $-1-i$　(c) $1+\sqrt{3}i$　(d) $\sqrt{3}-i$

(e) $3i$　(f) $-2i$　(g) -5　(h) $-\sqrt{2}+\sqrt{2}i$

2. $\alpha=r(\cos\theta+i\sin\theta)$ (r, θ は実数で $r>0$) ならば，r は α の絶対値，θ は α の偏角であることを証明せよ．

3. 2点 α_1, α_2 ($\alpha_1\neq0$, $\alpha_2\neq0$) から点 α_1/α_2 を作図する方法を考えよ．

4. ド・モアブルの公式を用いて，$\cos 3\varphi$, $\sin 4\varphi$, $\cos 5\varphi$ をそれぞれ $\cos\varphi$ と $\sin\varphi$ で表せ．

5. $z=\cos\varphi+i\sin\varphi$ とし，等式

$$1+z+z^2+\cdots+z^n = \frac{z^{n+1}-1}{z-1}$$

を用いて，

$$1+\cos\varphi+\cos 2\varphi+\cdots+\cos n\varphi = \frac{1}{2}+\frac{\sin[\{n+(1/2)\}\varphi]}{2\sin(\varphi/2)}$$

を証明せよ．ただし$0<\varphi<2\pi$とする．

§4 二項方程式

前節の命題4.4を用いて，われわれはいわゆる**二項方程式**

(4.19) $$z^n = \alpha$$

を解くことができる．ここにαは与えられた0でない複素数，nは正の整数で，zは未知数である．(4.19)を解くために，αの極形式を$\alpha=r(\cos\theta+i\sin\theta)$とし，また

$$z = \rho(\cos\varphi+i\sin\varphi)$$

とする．そうすれば命題4.4によって，(4.19)は

(4.20) $$\rho^n(\cos n\varphi+i\sin n\varphi) = r(\cos\theta+i\sin\theta)$$

の形となる．(4.20)が成り立つためには，$\rho^n=r$であって，$n\varphi$がθと2πの整数倍の差を除いて一致することが必要かつ十分である．すなわち

$$\rho^n = r, \qquad n\varphi = \theta+2k\pi \ (k \text{は整数}).$$

これを解けば$\rho=\sqrt[n]{r}$，$\varphi=(\theta+2k\pi)/n$．したがって

$$z_k = \sqrt[n]{r}\left(\cos\frac{\theta+2k\pi}{n}+i\sin\frac{\theta+2k\pi}{n}\right)$$

とおけば，z_k $(k=0, \pm 1, \pm 2, \cdots)$が(4.19)の解の全体となる．しかし，これらの$z_k$は全部異なるわけではない．$(\theta+2k\pi)/n$と$(\theta+2k'\pi)/n$との差$2(k-k')\pi/n$が$2\pi$の整数倍となっているときには(またそのときに限り)，z_kと$z_{k'}$とは等しくなるからである．$2(k-k')\pi/n$が2πの整数倍であるためには，$k-k'$がnで割り切れることが必要かつ十分である．このことから$z_0, z_1, \cdots, z_{n-1}$は互いに相異なり，他の$z_k$はこれらのいずれかと一致していることがわかる．(すなわち整数kをnで割った余りをk_0とすれば，k_0は$0, 1, \cdots, n-1$のいずれかであって，z_kはz_{k_0}と一致するのである．)

以上で，次の命題が証明された．

命題 4.5 0でない複素数$\alpha=r(\cos\theta+i\sin\theta)$の$n$乗根は，複素数の範囲にちょうど$n$個存在し，それらは

$$\sqrt[n]{r}\left(\cos\frac{\theta+2k\pi}{n}+i\sin\frac{\theta+2k\pi}{n}\right),\qquad k=0,1,\cdots,n-1$$

で与えられる. ——

特に $\alpha=1$ の場合を考えれば次の系が得られる.

系 1の n 乗根は複素数の範囲に n 個存在し,

$$\cos\frac{2k\pi}{n}+i\sin\frac{2k\pi}{n},\qquad k=0,1,\cdots,n-1 \tag{4.21}$$

で与えられる. ——

$\omega=\cos(2\pi/n)+i\sin(2\pi/n)$ とおけば, (4.21)の n 個の数は明らかに $1, \omega, \omega^2, \cdots, \omega^{n-1}$ で表される. 複素平面上では, これらの点は, 単位円(原点を中心とする半径1の円)の周を1から出発して n 等分する点となっている. したがってこれらの点を順に結べば, 単位円に内接する正 n 角形が得られる. 次の第6図は $n=3$, $n=8$ の2つの場合を示している.

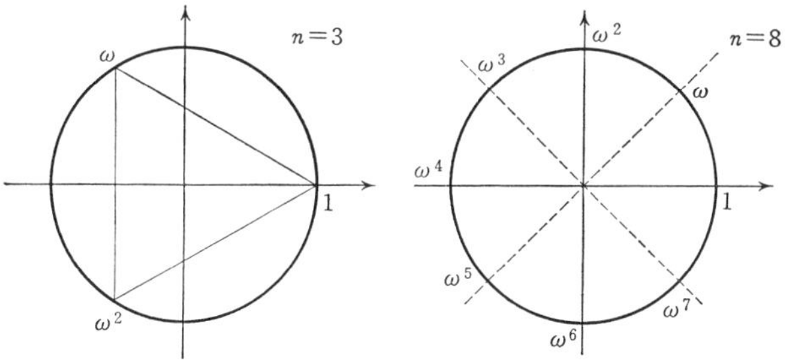

第6図

具体的に記せば, 1の3乗根(立方根)は

$$1,\qquad (-1\pm\sqrt{3}i)/2,$$

1の8乗根は

$$\pm1,\qquad \pm i,\qquad (1\pm i)/\sqrt{2},\qquad (-1\pm i)/\sqrt{2}$$

である.

本節でわれわれは, 二項方程式 $z^n=\alpha$ は複素数の範囲で必ず n 個の解をもつことを示した. 実はずっと一般に, 複素数を係数とするどんな n 次方程式も, 複素数の範囲に(重解は重複度だけ数えて)必ず n 個の解をもつのである. このことは‘代数学の基本定理’とよばれるが, この定理については, それが必要と

なる段階で，ふたたびくわしく述べるであろう．(第7章§3をみよ.)

問 題

1. 1の4乗根，6乗根を求めよ．

2. 複素数$\alpha(\neq 0)$のn乗根は，原点を中心とするある円の周をn等分することを示せ．

3. 次の累乗根を複素平面上に図示せよ．

(a) $1+i$の平方根　　(b) iの3乗根

(c) $-2+2\sqrt{3}\,i$の4乗根　　(d) -1の5乗根

§5 複素数と平面幾何学

複素平面を利用して，本節では“複素数の幾何学”あるいは“平面幾何学への複素数の応用”について二，三の例を述べる．本節を設けたのは，読者の複素数に対する親近性を増大させることが目的であるが，本書の以後の部分には関係がないから省略してもさしつかえない．

はじめに次の記号を用意する．α, β, γを複素平面上の異なる3点とするとき，半直線$\alpha\beta$が点αのまわりを半直線$\alpha\gamma$まで回転する角(あるいはベクトル$\overrightarrow{\alpha\beta}$が$\overrightarrow{\alpha\gamma}$まで回転する角)を$\angle\beta\alpha\gamma$で表す．ベクトル$\overrightarrow{\alpha\beta}, \overrightarrow{\alpha\gamma}$はそれぞれ$\beta-\alpha, \gamma-\alpha$で表されるから，$\angle\beta\alpha\gamma$は

$$\arg(\gamma-\alpha)-\arg(\beta-\alpha) = \arg\left(\frac{\gamma-\alpha}{\beta-\alpha}\right)$$

に等しい．α, β, γが同一直線上にある場合には，β, γがαからみて同じ側にあるか反対の側にあるかに応じて，$\angle\beta\alpha\gamma=0$または$\angle\beta\alpha\gamma=\pm\pi$である．

例 4.1 複素平面上の2つの三角形$\alpha\beta\gamma$, $\alpha'\beta'\gamma'$が同じ向きに相似であるためには，次の等式の成り立つことが必要かつ十分である(第7図参照)：

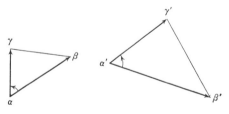

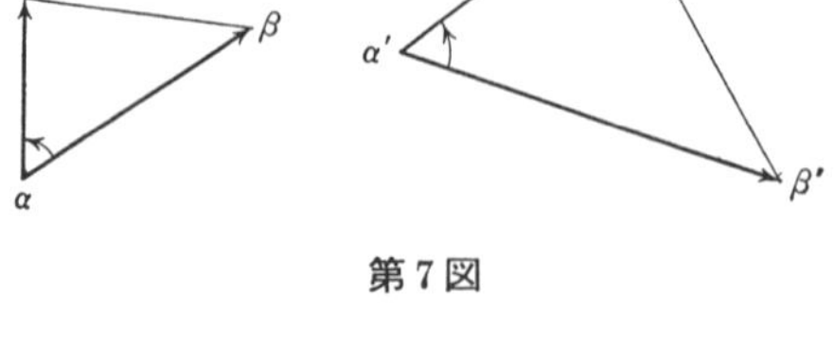

第7図

(4.22) $$\frac{\gamma-\alpha}{\beta-\alpha}=\frac{\gamma'-\alpha'}{\beta'-\alpha'}.$$

証明 $\triangle\alpha\beta\gamma$ と $\triangle\alpha'\beta'\gamma'$ が同じ向きに相似であるための必要十分条件は

(4.23) $$\frac{\text{辺}\,\alpha\gamma\,\text{の長さ}}{\text{辺}\,\alpha\beta\,\text{の長さ}}=\frac{\text{辺}\,\alpha'\gamma'\,\text{の長さ}}{\text{辺}\,\alpha'\beta'\,\text{の長さ}},$$

(4.24) $$\angle\beta\alpha\gamma=\angle\beta'\alpha'\gamma'$$

の2つが成り立つことである．これらはそれぞれ

(4.23)′ $$\left|\frac{\gamma-\alpha}{\beta-\alpha}\right|=\left|\frac{\gamma'-\alpha'}{\beta'-\alpha'}\right|,$$

(4.24)′ $$\arg\left(\frac{\gamma-\alpha}{\beta-\alpha}\right)=\arg\left(\frac{\gamma'-\alpha'}{\beta'-\alpha'}\right)$$

と同等である．(4.23)′, (4.24)′ を合わせれば(4.22)が得られる．▌

例 4.2 $\triangle\alpha\beta\gamma$ が第8図のような向きの正三角形ならば，

(4.25) $$\gamma=-\omega\alpha-\omega^2\beta$$

である．ただし $\omega=(-1+\sqrt{3}\,i)/2$ とする．

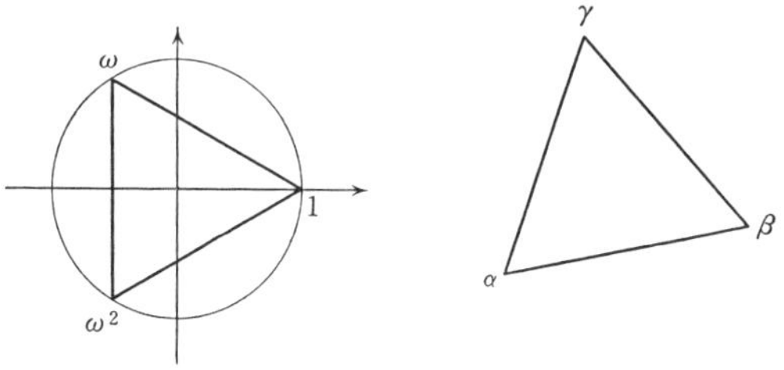

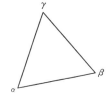

第8図

証明 ω は1の虚立方根で，$\triangle\alpha\beta\gamma$ と $\triangle 1\omega\omega^2$ とは同じ向きに相似であるから，例4.1によって

$$\frac{\gamma-\alpha}{\beta-\alpha}=\frac{\omega^2-1}{\omega-1}=\omega+1.$$

分母を払って書き直せば $\gamma=-\omega\alpha+(\omega+1)\beta$．そして $\omega^2+\omega+1=0$ であるから，(4.25)が得られる．▌

例 4.3 任意の三角形の各辺を1辺としてその外側に正三角形を作れば，それらの正三角形の重心はまた1つの正三角形の頂点をなす．

証明 三角形を複素平面上にとって $\triangle\alpha\beta\gamma$ とし，各辺を1辺として外側に作

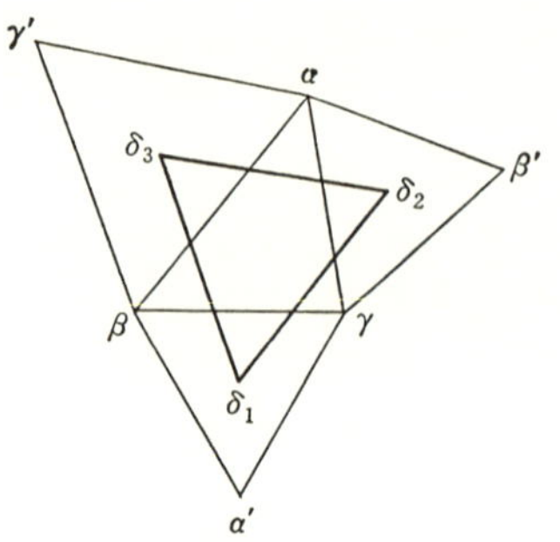

第 9 図

った正三角形を第 9 図のように $\triangle\gamma\beta\alpha'$, $\triangle\alpha\gamma\beta'$, $\triangle\beta\alpha\gamma'$，それらの重心を δ_1, δ_2, δ_3 とする．そうすれば，(4.25)によって

$$\alpha' = -\omega\gamma-\omega^2\beta, \quad \beta' = -\omega\alpha-\omega^2\gamma, \quad \gamma' = -\omega\beta-\omega^2\alpha.$$

よって

$$\delta_1 = (\alpha'+\beta+\gamma)/3 = ((1-\omega)\gamma+(1-\omega^2)\beta)/3,$$
$$\delta_2 = ((1-\omega)\alpha+(1-\omega^2)\gamma)/3,$$
$$\delta_3 = ((1-\omega)\beta+(1-\omega^2)\alpha)/3.$$

$\omega^3=1$ に注意すれば，上の 3 式から容易に

$$\delta_3 = -\omega\delta_1-\omega^2\delta_2$$

が得られる．したがってふたたび(4.25)から $\triangle\delta_1\delta_2\delta_3$ は正三角形であることがわかる．▌

例 4.4 複素平面上の異なる 4 点 $\alpha, \beta, \gamma, \delta$ が同一円周上または同一直線上にあるためには，

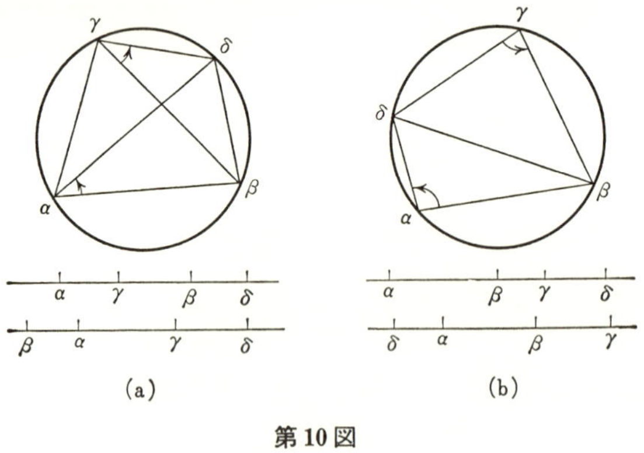

第 10 図

$$\varepsilon = \frac{\delta-\alpha}{\beta-\alpha} : \frac{\delta-\gamma}{\beta-\gamma}$$

が実数であることが必要かつ十分である．なおこの場合，$\varepsilon>0$ ならば α,γ は β,δ によって分離されず，$\varepsilon<0$ ならば α,γ は β,δ によって分離される．ただし "α,γ が β,δ によって分離される" とは，$\alpha,\beta,\gamma,\delta$ が同一円周上にある場合は，β,δ で分けられる2つの弧の一方の上に α，他方の上に γ があることを意味し，$\alpha,\beta,\gamma,\delta$ が同一直線上にある場合は，α,γ のうち一方が線分 $\beta\delta$ 上に，他方がその延長上にあることを意味する．第10図(a)は α,γ が β,δ によって分離されない場合を，(b)は分離される場合を表している．

証明 本節のはじめに注意したことから，

$$\arg\varepsilon = \arg\left(\frac{\delta-\alpha}{\beta-\alpha}\right)-\arg\left(\frac{\delta-\gamma}{\beta-\gamma}\right) = \angle\beta\alpha\delta-\angle\beta\gamma\delta.$$

ゆえに ε が正の実数であることは $\angle\beta\alpha\delta=\angle\beta\gamma\delta$，また ε が負の実数であることは $\angle\beta\alpha\delta-\angle\beta\gamma\delta=\angle\beta\alpha\delta+\angle\delta\gamma\beta=\pi$（または $-\pi$）が成り立つことを意味する．これらは明らかに，$\alpha,\beta,\gamma,\delta$ が同一円周上または同一直線上にあって，α,γ が β,δ によって分離されないこと，または分離されることと同等である．▌

例 4.5 A,B,C,D を平面上の異なる4点とすれば，

$$AB\cdot CD+AD\cdot BC \geqq AC\cdot BD \tag{4.26}$$

が成り立つ．また(4.26)が等号で成り立つのは，A,B,C,D が同一円周上または同一直線上にあって，しかも A,C が B,D によって分離される場合，かつその場合だけである．ただし(4.26)で AB 等は線分の長さを表す．

証明 A,B,C,D を複素平面上の点 $\alpha,\beta,\gamma,\delta$ で表せば，簡単な計算で

$$(\beta-\alpha)(\delta-\gamma)+(\delta-\alpha)(\gamma-\beta) = (\gamma-\alpha)(\delta-\beta) \tag{4.27}$$

の成り立つことが確かめられるから，命題4.2によって

$$|(\gamma-\alpha)(\delta-\beta)| \leqq |(\beta-\alpha)(\delta-\gamma)|+|(\delta-\alpha)(\gamma-\beta)|, \tag{4.28}$$

したがって

$$|\gamma-\alpha|\,|\delta-\beta| \leqq |\beta-\alpha|\,|\delta-\gamma|+|\delta-\alpha|\,|\gamma-\beta|.$$

これは(4.26)にほかならない．また(4.28)で等号が成り立つのは，§2問題4によって $(\delta-\alpha)(\gamma-\beta)/(\beta-\alpha)(\delta-\gamma)$ が正の実数，すなわち

$$\frac{\delta-\alpha}{\beta-\alpha} : \frac{\delta-\gamma}{\beta-\gamma}$$

が負の実数であるとき，またそのときに限る．例4.4によって，それは，A, B, C, D が同一円周上または同一直線上にあって，しかも A, C が B, D によって分離されるときと同じである．▌

例4.5から特に次のことがわかる：“平面上の四辺形が円に内接するための必要十分条件は，相対する2辺の長さの積の和が対角線の長さの積に等しいことである．” この定理は**トレミーの定理**とよばれる．

問　　題

1. 複素平面上の異なる3点 α, β, γ が1つの正三角形の頂点となるための必要十分条件は $\alpha^2+\beta^2+\gamma^2-\beta\gamma-\gamma\alpha-\alpha\beta=0$ であることを証明せよ．

2. 複素平面上で，原点 O を中心とする円に内接する三角形 $\alpha\beta\gamma$ がある．このとき頂点 α から辺 $\beta\gamma$（またはその延長）に下した垂線の足を表す複素数 λ は

$$\lambda=\frac{1}{2}\left(\alpha+\beta+\gamma-\frac{\beta\gamma}{\alpha}\right)$$

で与えられることを証明せよ．［ヒント：第11図(a)の $\triangle\alpha\gamma\lambda$ と $\triangle\alpha\alpha'\beta\,(\alpha'=-\alpha)$ とは同じ向きに相似である．］

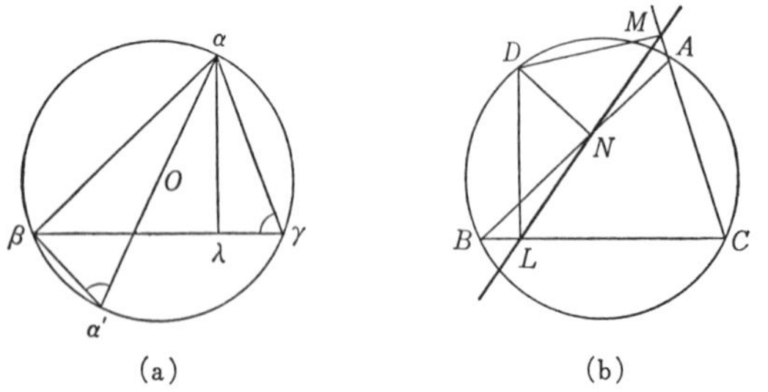

第11図

3. $\triangle ABC$ の外接円の周上の任意の点 D から辺 BC, CA, AB（またはその延長）に下した垂線の足をそれぞれ L, M, N とすれば，L, M, N は1直線上にある．（第11図(b)参照．）このことを前問を用いて証明せよ．この命題を**シムソンの定理**という．

§6　複素ベクトル空間

本章の§1で複素数全体の集合を $\boldsymbol{C}$ で表した．またこれまで複素数は主として $\alpha, \beta, \cdots$，実数は $a, b, \cdots$ で表してきた．しかしこれからは，記号 $\boldsymbol{C}$ はいつも

上の意味に用いるけれども，個々の複素数は，実数を表す記号と特に区別する必要がない限り，やはり $a, b, \cdots$ などのローマ字で表すことにする．（逆に必要な場合には実数を表すのにギリシア字も用いる．）

第2章でわれわれは実数を成分とするベクトルや行列を考えたが，それと同様に，複素数を成分とするベクトル・行列を考えることができる．n 個の複素数 $a_1, \cdots, a_n$ の順序づけられた組 $(a_1, \cdots, a_n)$ を n-**複素(数)ベクトル**といい，mn 個の複素数 $a_{ij}\,(i=1, \cdots, m;\, j=1, \cdots, n)$ を p. 46 (2.3) のように配置したものを $m\times n$ **複素行列**という．n-複素ベクトル全体の集合を $\boldsymbol{C}^n$ で，$m\times n$ 複素行列全体の集合を $M(m, n; \boldsymbol{C})$ または $\boldsymbol{C}^{m\times n}$ で表す．$M(n, n; \boldsymbol{C})$ を $M_n(\boldsymbol{C})$ と書くことも前と同様である．

複素数成分のベクトルや行列についても，前と同様に和やスカラー倍が定義される．ただし今度の場合，スカラーというのは任意の<u>複素数</u>である．たとえば，2つの $m\times n$ 複素行列 $A=(a_{ij})$, $B=(b_{ij})$ の和は $A+B=(a_{ij}+b_{ij})$，A の c 倍 $(c\in\boldsymbol{C})$ は $cA=(ca_{ij})$ と定義される．このように定義されたベクトルや行列の加法とスカラー倍に関して，p. 45, p. 49 の演算法則が，そこに書かれている c, c_1, c_2 を任意の複素数として，成立することはいうまでもない．

そこで一般に，$\boldsymbol{C}$ 上のベクトル空間の概念が次のように定義される．V が $\boldsymbol{C}$ **上のベクトル空間**あるいは**複素ベクトル空間**であるとは，V 上に加法と，複素数をスカラーとするスカラー倍，すなわち任意の $v\in V$ と任意の $c\in\boldsymbol{C}$ に対して V の元 cv を対応させる $\boldsymbol{C}\times V$ から V への写像 $(c, v)\mapsto cv$ が定義されていて，それについて p. 49–50 のベクトル空間の公理 I. **1–4**, II. **1–4** が $(c, c_1, c_2$ を任意の複素数として$)$ 満たされていることをいう．$\boldsymbol{C}^n$ や $\boldsymbol{C}^{m\times n}$ は $\boldsymbol{C}$ 上のベクトル空間をなしているのである．前章までにわれわれが考えていたのは，<u>$\boldsymbol{R}$ 上のベクトル空間</u>あるいは<u>実ベクトル空間</u>である．

第2章で実ベクトル空間について述べた諸定義および諸命題は，実数の語を複素数におきかえ，スカラーの語をいつも複素数の意味に解釈するという自明な修正を行えば，あとはなんらの変更なしに複素ベクトル空間の場合にも通用する．そのことはいちいち検証するまでもなく，読者の直覚によって認識されるであろう．また第2章で挙げた多くの例についても，$\boldsymbol{R}^2$ や $\boldsymbol{R}^3$ の幾何学に関係したものなどを除けば，$\boldsymbol{C}$ 上で類似の例が考えられる．たとえば例 2.5，例

2.7に対応して，複素数を項とする無限数列全体の集合 $\boldsymbol{C}^\infty$，複素数を係数とする文字 x の多項式全体の集合 $\boldsymbol{C}[x]$ が考えられるが，これらはいずれも $\boldsymbol{C}$ 上のベクトル空間を作っている．

第3章の諸定義および諸命題についても事情は同様である．V, W を $\boldsymbol{C}$ 上のベクトル空間とするとき，写像 $F\colon V\to W$ が**線型写像**であるとは，任意の v, $v'\in V$ および任意の複素数 c に対して，

$$F(v+v') = F(v)+F(v'), \qquad F(cv) = cF(v)$$

が成り立つことをいう．この基本的な定義のもとに第3章で展開された理論は，やはり自明な修正を除いて複素ベクトル空間の場合にもそのまま通用する．たとえば，任意の $m\times n$ 複素行列 A に対して，

$$L_A(\boldsymbol{x}) = A\boldsymbol{x} \qquad (\boldsymbol{x}\in\boldsymbol{C}^n)$$

によって線型写像 $L_A\colon \boldsymbol{C}^n\to\boldsymbol{C}^m$ が定義される．そして写像

$$A\longmapsto L_A$$

は，($\boldsymbol{C}$ 上の)ベクトル空間 $\boldsymbol{C}^{m\times n}$ からベクトル空間 $L(\boldsymbol{C}^n, \boldsymbol{C}^m)$ への同型写像となる(定理3.11，命題3.16)．複素行列の積，階数，基本変形などの定義や，それに関して成り立つ命題も実行列の場合と全く同様である．また複素係数の連立1次方程式についても――もちろんその解も複素数の範囲で考える――前に述べた連立1次方程式の理論がそのままあてはまる．さらに第3章で挙げた例の多数について，類似のことを $\boldsymbol{C}$ 上で考えることができる．

上述したように，第2章，第3章で展開されたようなベクトル空間，線型写像，行列，連立1次方程式などの一般論に関しては，$\boldsymbol{R}$ 上の場合と $\boldsymbol{C}$ 上の場合とを全く区別する必要はないのである．そこで以後，両者のいずれにも適用されるようなことがらを取り扱う場合には，$\boldsymbol{R}$ または $\boldsymbol{C}$ を1つの文字 $\boldsymbol{K}$ で代表させることにする．また今後，第2章や第3章の諸命題を引用する場合には，それらの命題は $\boldsymbol{C}$ 上の場合をも包含したものとして解釈することにする．

§7 $\boldsymbol{C}$ 上の独立性と $\boldsymbol{R}$ 上の独立性

前節の終りにいったように，第2章，第3章で述べたような議論に関しては，$\boldsymbol{R}$ 上の場合と $\boldsymbol{C}$ 上の場合とを区別する必要はない．両者を本質的に区別して扱わなければならないのは固有値問題以後である．しかし今の時点でも，次の

ような一, 二のことには注意しておかなければならない.

1つは, $\boldsymbol{C}$ 上の任意のベクトル空間は同時に $\boldsymbol{R}$ 上のベクトル空間とも考えられる, ということである. V を $\boldsymbol{C}$ 上のベクトル空間とすれば, 任意の $v\in V$ と任意の複素数 c に対して $cv\in V$ が定義されるが, ここでスカラーの動く範囲を $\boldsymbol{R}$ に'制限'すれば, V は $\boldsymbol{R}$ 上のベクトル空間となる. このように $\boldsymbol{C}$ 上の任意のベクトル空間は'自然に' $\boldsymbol{R}$ 上のベクトル空間とも考えられるのである.

いま V を $\boldsymbol{C}$ 上の1つのベクトル空間とし, $v_1, \cdots, v_n$ を V の元とする. それらが1次従属であるというのは, 少なくとも1つは0でない適当な複素数 $c_1, \cdots, c_n$ に対して

$$c_1v_1+\cdots+c_nv_n = 0 \tag{4.29}$$

が成り立つことである. しかし, もし V を $\boldsymbol{R}$ 上のベクトル空間とみなしたとすれば, $v_1, \cdots, v_n$ が1次従属であるというのは, 少なくとも1つは0でない適当な実数 $c_1, \cdots, c_n$ に対して(4.29)が成り立つ, ということになる. この2つのことはもちろん同じではない. 概念を明確にするため, 前の場合には $v_1, \cdots, v_n$ は $\boldsymbol{C}$ 上で1次従属, 後の場合には $\boldsymbol{R}$ 上で1次従属であるという. 1次独立についても同様である. 同じように, V を $\boldsymbol{C}$ 上のベクトル空間とみなすか $\boldsymbol{R}$ 上のベクトル空間とみなすかによって, 基底や次元についても, $\boldsymbol{C}$ 上の基底と $\boldsymbol{R}$ 上の基底, $\boldsymbol{C}$ 上の次元と $\boldsymbol{R}$ 上の次元, という概念の区別が生ずる. 必要がある場合には, V の $\boldsymbol{C}$ 上の次元を $\dim_{\boldsymbol{C}} V$ で, $\boldsymbol{R}$ 上の次元を $\dim_{\boldsymbol{R}} V$ で表す. (しかし V が $\boldsymbol{C}$ 上のベクトル空間であるとき, 単に1次独立, 1次従属, 基底, 次元などといえば'$\boldsymbol{C}$ 上の'意味である.)

例 4.6　$\boldsymbol{C}$ 自身も上記の意味で $\boldsymbol{R}$ 上のベクトル空間と考えられるが, そのとき $1, i$ は $\boldsymbol{R}$ 上で1次独立である. そして任意の複素数は一意的に $a+bi\ (a, b\in\boldsymbol{R})$ と表されるから, $\{1, i\}$ は $\boldsymbol{C}$ の $\boldsymbol{R}$ 上の1つの基底で, $\dim_{\boldsymbol{R}} \boldsymbol{C}=2$ となる. 他方 $\boldsymbol{C}$ を $\boldsymbol{C}$ 自身の上のベクトル空間と考えた場合には, もちろん $\dim_{\boldsymbol{C}} \boldsymbol{C}=1$ である. ——

一般に次の命題が成り立つ.

命題 4.6　V を $\boldsymbol{C}$ 上のベクトル空間, $\dim_{\boldsymbol{C}} V=n$ とし, $\{v_1, \cdots, v_n\}$ を V の $\boldsymbol{C}$ 上の基底とする. そのとき $\dim_{\boldsymbol{R}} V=2n$ であって, $\{v_1, \cdots, v_n, iv_1, \cdots, iv_n\}$ が V の $\boldsymbol{R}$ 上の1つの基底となる.

証明　V の任意の元 v は複素数 $\alpha_1, \cdots, \alpha_n$(ここでは前のように複素数をギリシア字で表す)によって，

$$v = \alpha_1 v_1 + \cdots + \alpha_n v_n$$

と表される．$\alpha_1 = a_1 + b_1 i$, $\cdots$, $\alpha_n = a_n + b_n i$ とすれば，

$$\alpha_k v_k = (a_k + b_k i) v_k = a_k v_k + b_k (i v_k)$$

であるから，

$$v = a_1 v_1 + \cdots + a_n v_n + b_1 (i v_1) + \cdots + b_n (i v_n).$$

ゆえに $\boldsymbol{R}$ 上のベクトル空間として V は $v_1, \cdots, v_n, iv_1, \cdots, iv_n$ で生成される．他方 c_k, d_k を実数として

$$c_1 v_1 + \cdots + c_n v_n + d_1 (i v_1) + \cdots + d_n (i v_n) = 0$$

とすれば，$\beta_k = c_k + d_k i$ として $\beta_1 v_1 + \cdots + \beta_n v_n = 0$ となり，$v_1, \cdots, v_n$ は $\boldsymbol{C}$ 上で1次独立であるから $\beta_1 = \cdots = \beta_n = 0$，したがって $c_1 = \cdots = c_n = d_1 = \cdots = d_n = 0$ となる．すなわち $v_1, \cdots, v_n, iv_1, \cdots, iv_n$ は $\boldsymbol{R}$ 上で1次独立である．ゆえに $\{v_1, \cdots, v_n, iv_1, \cdots, iv_n\}$ は V の $\boldsymbol{R}$ 上の基底である．▌

上とは逆に V が $\boldsymbol{R}$ 上のベクトル空間である場合には，V はそのままでは $\boldsymbol{C}$ 上のベクトル空間とはならない．しかし，$V \subset V'$ であるような $\boldsymbol{C}$ 上の適当なベクトル空間 V' を作って，$\boldsymbol{R}$ 上のベクトル空間としては V が V' の部分空間となるようにすることができる．そのことについては後に述べるが(第10章§12)，ここでは次の簡単な場合だけを考えておくことにする．

$\boldsymbol{R}$ 上のベクトル空間 $\boldsymbol{R}^m$ を考える．これは $\boldsymbol{C}$ 上のベクトル空間 $\boldsymbol{C}^m$ の部分集合である．したがって m-実ベクトルは同時に m-複素ベクトルとも考えられる．(同様に $m \times n$ 実行列は $m \times n$ 複素行列とも考えられる．) そこで次の問題が生ずる．m-実ベクトル $\boldsymbol{a}_1, \cdots, \boldsymbol{a}_n$ が $\boldsymbol{R}$ 上で1次独立であることと，(それらを $\boldsymbol{C}^m$ の要素とみて) $\boldsymbol{C}$ 上で1次独立であることとは同等であるか？　この答は肯定的であることが次のように簡単に証明される．

命題 4.7　$\boldsymbol{R}^m$ の要素 $\boldsymbol{a}_1, \cdots, \boldsymbol{a}_n$ が $\boldsymbol{R}$ 上で1次独立ならば，$\boldsymbol{C}$ 上でも1次独立である．

証明　$\alpha_1, \cdots, \alpha_n$ を複素数として

$$\alpha_1 \boldsymbol{a}_1 + \cdots + \alpha_n \boldsymbol{a}_n = \boldsymbol{0}$$

とする．$\alpha_k = a_k + b_k i$ とすれば，

$$(a_1\boldsymbol{a}_1+\cdots+a_n\boldsymbol{a}_n)+i(b_1\boldsymbol{a}_1+\cdots+b_n\boldsymbol{a}_n)=\mathbf{0}.$$

上式の括弧でくくった2つの項はともに実ベクトルであるから，これより

$$a_1\boldsymbol{a}_1+\cdots+a_n\boldsymbol{a}_n=\mathbf{0},\qquad b_1\boldsymbol{a}_1+\cdots+b_n\boldsymbol{a}_n=\mathbf{0}.$$

したがって $a_1=\cdots=a_n=0$, $b_1=\cdots=b_n=0$. ゆえに $\alpha_1=\cdots=\alpha_n=0$ となる．これで主張が証明された．

別証 参考のため，命題4.7についてもう1つ別証を述べておく．（上の証明では $\boldsymbol{R}$ と $\boldsymbol{C}$ の特殊な性質が用いられているが，次の証明では $\boldsymbol{R}$ が $\boldsymbol{C}$ の‘部分体’であることしか用いない．その意味でこの証明はもっと‘一般の場合’にも通用するのである.）

$\boldsymbol{R}^m$ の要素 $\boldsymbol{a}_1, \cdots, \boldsymbol{a}_n$ が1次独立であるから，$n\leqq m$ であって，$\boldsymbol{R}^m$ の適当な $m-n$ 個のベクトルを補充して $\boldsymbol{R}^m$ の基底 $\{\boldsymbol{a}_1, \cdots, \boldsymbol{a}_n, \cdots, \boldsymbol{a}_m\}$ を作ることができる．そのとき $\boldsymbol{R}^m$ の基本ベクトル $\boldsymbol{e}_1, \cdots, \boldsymbol{e}_m$ はいずれも $\boldsymbol{a}_1, \cdots, \boldsymbol{a}_n, \cdots, \boldsymbol{a}_m$ の(実係数の)1次結合となる．そして $\boldsymbol{C}^m$ の任意の要素 $\boldsymbol{u}$ は $\boldsymbol{e}_1, \cdots, \boldsymbol{e}_m$ の複素係数の1次結合であるから，$\boldsymbol{u}$ は $\boldsymbol{a}_1, \cdots, \boldsymbol{a}_n, \cdots, \boldsymbol{a}_m$ の複素係数の1次結合の形に書かれる．すなわち $\boldsymbol{C}^m$ は($\boldsymbol{C}$ 上のベクトル空間として)$\boldsymbol{a}_1, \cdots, \boldsymbol{a}_n, \cdots, \boldsymbol{a}_m$ によって生成される．ゆえに $\{\boldsymbol{a}_1, \cdots, \boldsymbol{a}_n, \cdots, \boldsymbol{a}_m\}$ は $\boldsymbol{C}^m$ の $\boldsymbol{C}$ 上の基底となり，したがって $\boldsymbol{a}_1, \cdots, \boldsymbol{a}_n$ は $\boldsymbol{C}$ 上で1次独立である．▮

命題4.7から連立1次方程式に関して一,二の命題が得られるが，それは下の練習問題に挙げることにする．読者は，問題2に述べられている性質は，1次方程式に固有なものであることに注意されたい．なぜなら，たとえば2次方程式については，$x^2+1=0$ のように，実数解をもたないが複素数解をもつものがあるからである．

問　　題

1. 実係数の同次連立1次方程式

$$\begin{cases} a_{11}x_1+a_{12}x_2+\cdots+a_{1n}x_n=0 \\ \cdots\cdots\cdots \\ a_{m1}x_1+a_{m2}x_2+\cdots+a_{mn}x_n=0 \end{cases}$$

が自明でない複素数解をもつならば，自明でない実数解をもつことを証明せよ．

2. 連立1次方程式

$$\begin{cases} a_{11}x_1+a_{12}x_2+\cdots+a_{1n}x_n=b_1 \\ \qquad\cdots\cdots\cdots \\ a_{m1}x_1+a_{m2}x_2+\cdots+a_{mn}x_n=b_m \end{cases}$$

において，a_{ij}, b_i は実数とする．もしこの方程式が実数解をもたなければ，複素数解ももたないことを証明せよ．

3. A を実数成分の $m\times n$ 行列とする．A を実行列とみて A で定まる $\boldsymbol{R}^n$ から $\boldsymbol{R}^m$ への線型写像を L_A，また A を複素行列とみて A で定まる $\boldsymbol{C}^n$ から $\boldsymbol{C}^m$ への線型写像を $\tilde{L}_A$ とする．L_A と $\tilde{L}_A$ の階数は等しいこと，すなわち，A を実行列とみたときの階数と複素行列とみたときの階数とは等しいことを示せ．

第5章　行　列　式

この章では行列式の概念について解説する．われわれはここでは，はじめに行列式をその基本性質によって定義し，次にその一意的存在を証明するという構成をとる．行列式の実際の計算や行列式の連立1次方程式その他への重要な応用の根拠となるものは，その基本性質にあるのであって，いわゆる行列式の'定義式'(§5の(5.18))にあるのではないからである．行列式の一意的存在の証明にあてられる§3–§5は幾分むずかしいが，もし読者が理論の追跡に困難を感ずるならば，定義，命題など主要な筋を把握することにとどめて，証明の細部は省略してもよい．なお本章の最後の節では，2次および3次の行列式について幾何学的な解釈が与えられる．

§1　行列式写像

第4章§6で述べたように，われわれは以後$\boldsymbol{R}$または$\boldsymbol{C}$を代表的に1つの文字$\boldsymbol{K}$で表す．

nを1つの正の整数とし，fを$M_n(\boldsymbol{K})$から$\boldsymbol{K}$への写像，すなわち$\boldsymbol{K}$の元を成分とするn次の各正方行列Aにそれぞれ1つのスカラー$f(A)$ $(\in\boldsymbol{K})$を対応させる写像とする．通例のようにAの列ベクトル表示を

$$A=(\boldsymbol{a}_1, \boldsymbol{a}_2, \cdots, \boldsymbol{a}_n)$$

とすれば，$f(A)$を

$$f(\boldsymbol{a}_1, \boldsymbol{a}_2, \cdots, \boldsymbol{a}_n)$$

とも書くことができる．この記法は，fが，n個のn–列ベクトルを変数とし，値としてスカラーをとる，$\boldsymbol{K}^n\times\cdots\times\boldsymbol{K}^n$ (n個)から$\boldsymbol{K}$への'n変数の写像'とも考えられることを示している．

このfについて次のような条件を考える．

I. fは列についてn**重線型**である．これはfがn個の列のどれについても線型であること，すなわち$1\leqq i\leqq n$を満たす任意の整数iと，$\boldsymbol{K}^n$の任意の元$\boldsymbol{a}_1, \cdots, \boldsymbol{a}_{i-1}, \boldsymbol{a}_i, \boldsymbol{a}_i', \boldsymbol{a}_{i+1}, \cdots, \boldsymbol{a}_n$および任意の$c\in\boldsymbol{K}$に対して

$$f(\boldsymbol{a}_1, \cdots, \boldsymbol{a}_{i-1}, \boldsymbol{a}_i+\boldsymbol{a}_i{}', \boldsymbol{a}_{i+1}, \cdots, \boldsymbol{a}_n)$$
$$= f(\boldsymbol{a}_1, \cdots, \boldsymbol{a}_{i-1}, \boldsymbol{a}_i, \boldsymbol{a}_{i+1}, \cdots, \boldsymbol{a}_n)+f(\boldsymbol{a}_1, \cdots, \boldsymbol{a}_{i-1}, \boldsymbol{a}_i', \boldsymbol{a}_{i+1}, \cdots, \boldsymbol{a}_n),$$
$$f(\boldsymbol{a}_1, \cdots, \boldsymbol{a}_{i-1}, c\boldsymbol{a}_i, \boldsymbol{a}_{i+1}, \cdots, \boldsymbol{a}_n) = cf(\boldsymbol{a}_1, \cdots, \boldsymbol{a}_{i-1}, \boldsymbol{a}_i, \boldsymbol{a}_{i+1}, \cdots, \boldsymbol{a}_n)$$

が成り立つ，という意味である.

II. f は列について**交代的**である．これは行列 $A=(\boldsymbol{a}_1, \cdots, \boldsymbol{a}_n)$ の列のうちに等しいものがあるならば，すなわち，ある $i, j\,(1\leqq i\leqq n,\ 1\leqq j\leqq n,\ i\neq j)$ について $\boldsymbol{a}_i=\boldsymbol{a}_j$ ならば，$f(A)=0$ である，という意味である.

以下で示すように，上の条件 **I, II** を満たすような写像 $f\colon M_n(\boldsymbol{K})\to\boldsymbol{K}$ は定数倍を除いて一意的に決定される．（命題 5.7 参照.）特に，条件 **I, II** のほかに，n 次の単位行列 I に対して $f(I)=1$，という条件を満たす f はただ 1 つだけ存在する．それを‘行列式写像’とよび，記号 det で表す．定義をくり返して述べよう.

定義 n 次の**行列式写像**とは，次の 3 つの性質をもつような写像 $\det\colon M_n(\boldsymbol{K})\to\boldsymbol{K}$ である.

I. det は列について n 重線型である.

II. det は列について交代的である.

III. I を n 次の単位行列とすれば $\det I=1$ である.

上にも述べたように，これについて次の‘基本定理’が成り立つが，この定理の証明は§3 と§5 で与えることにする.

定理 5.1 任意の正の整数 n に対して，n 次の行列式写像

$$\det :\ M_n(\boldsymbol{K})\to\boldsymbol{K}$$

がただ 1 つ存在する.

写像 $\det\colon M_n(\boldsymbol{K})\to\boldsymbol{K}$ による行列 $A=(\boldsymbol{a}_1, \boldsymbol{a}_2, \cdots, \boldsymbol{a}_n)$ の像

$$\det(A) = \det(\boldsymbol{a}_1, \boldsymbol{a}_2, \cdots, \boldsymbol{a}_n)$$

を A の**行列式**(determinant)という．$\det(A)$ は $\det A$ または $|A|$ とも書く．$A=(a_{ij})$ の成分を用いて書くときには，$\det A$ を

$$\begin{vmatrix} a_{11} & \cdots & a_{1n} \\ \vdots & & \vdots \\ a_{n1} & \cdots & a_{nn} \end{vmatrix}$$

で表す．また A の行，列あるいは成分をそのまま行列式 $\det A$ の行，列あるいは成分という．

以下本節では定理 5.1 をひとまず承認して，det の基本性質 **I**, **II** からさらにどのような性質が導かれるかをみておくことにしよう．

1. 行列 A の 2 つの列を入れかえれば $\det A$ は符号だけが変わる．すなわち A の第 i 列と第 j 列 $(i<j)$ を入れかえた行列を A' とすれば，

(5.1) $$\det A' = -\det A.$$

証明 $A=(\boldsymbol{a}_1, \cdots, \boldsymbol{a}_n)$ の第 i 列 $\boldsymbol{a}_i$ と第 j 列 $\boldsymbol{a}_j$ をともに $\boldsymbol{a}_i+\boldsymbol{a}_j$ におきかえ，他の列はそのままにした行列の行列式は，性質 **II** によって

(5.2) $$\det(\boldsymbol{a}_1, \cdots, \underline{\boldsymbol{a}_i+\boldsymbol{a}_j}, \cdots, \underline{\boldsymbol{a}_i+\boldsymbol{a}_j}, \cdots, \boldsymbol{a}_n) = 0$$

である．ただし (5.2) で下線の 2 列は第 i 列と第 j 列を表す．性質 **I** の第 i 列に関する線型性によって，(5.2) の左辺は

$$\det(\boldsymbol{a}_1, \cdots, \boldsymbol{a}_i, \cdots, \boldsymbol{a}_i+\boldsymbol{a}_j, \cdots, \boldsymbol{a}_n)+\det(\boldsymbol{a}_1, \cdots, \boldsymbol{a}_j, \cdots, \boldsymbol{a}_i+\boldsymbol{a}_j, \cdots, \boldsymbol{a}_n)$$

に等しく，さらに第 j 列に関する線型性によって，これは

$$\begin{aligned} &\det(\boldsymbol{a}_1, \cdots, \boldsymbol{a}_i, \cdots, \boldsymbol{a}_i, \cdots, \boldsymbol{a}_n) \\ +&\det(\boldsymbol{a}_1, \cdots, \boldsymbol{a}_i, \cdots, \boldsymbol{a}_j, \cdots, \boldsymbol{a}_n) \\ +&\det(\boldsymbol{a}_1, \cdots, \boldsymbol{a}_j, \cdots, \boldsymbol{a}_i, \cdots, \boldsymbol{a}_n) \\ +&\det(\boldsymbol{a}_1, \cdots, \boldsymbol{a}_j, \cdots, \boldsymbol{a}_j, \cdots, \boldsymbol{a}_n) \end{aligned}$$

に等しい．ふたたび **II** によって上式の第 1 項と第 4 項は 0 となるから，

$$\det(\boldsymbol{a}_1, \cdots, \boldsymbol{a}_i, \cdots, \boldsymbol{a}_j, \cdots, \boldsymbol{a}_n)+\det(\boldsymbol{a}_1, \cdots, \boldsymbol{a}_j, \cdots, \boldsymbol{a}_i, \cdots, \boldsymbol{a}_n) = 0,$$

すなわち

$$\det A+\det A' = 0.$$

これで (5.1) が証明された．▌

性質 **II** を交代性とよぶのは，性質 **I** と合わせたとき，これから上の **1** が導かれるからである．

逆に **1** からは (性質 **I** を用いなくても) **II** が導かれる．実際 **1** を仮定し，行列 A の第 i 列と第 j 列 $(i<j)$ が等しいとすれば，(5.1) の A' は A 自身と等しいか

ら，$\det A=-\det A$，したがって $\det A=0$ となる．

2. 1つの列に他の列のスカラー倍を加えても行列式の値は変わらない．

証明 $A=(\boldsymbol{a}_1, \cdots, \boldsymbol{a}_i, \cdots, \boldsymbol{a}_j, \cdots, \boldsymbol{a}_n)$ の第 i 列に第 j 列の c 倍を加えた行列の行列式

$$\det(\boldsymbol{a}_1, \cdots, \boldsymbol{a}_i+c\boldsymbol{a}_j, \cdots, \boldsymbol{a}_j, \cdots, \boldsymbol{a}_n) \tag{5.3}$$

は，第 i 列に関する線型性によって

$$\det(\boldsymbol{a}_1, \cdots, \boldsymbol{a}_i, \cdots, \boldsymbol{a}_j, \cdots, \boldsymbol{a}_n)+c\det(\boldsymbol{a}_1, \cdots, \boldsymbol{a}_j, \cdots, \boldsymbol{a}_j, \cdots \boldsymbol{a}_n)$$

に等しく，この第2項は0に等しい．ゆえに行列式(5.3)は $\det A$ に等しい．▌

3. $A=(\boldsymbol{a}_1, \cdots, \boldsymbol{a}_n)$ の n 個の列が1次従属ならば $\det A=0$ である．

証明 仮定によって

$$c_1\boldsymbol{a}_1+c_2\boldsymbol{a}_2+\cdots+c_n\boldsymbol{a}_n=\boldsymbol{0} \tag{5.4}$$

となるような少なくとも1つは0でないスカラー $c_1, c_2, \cdots, c_n$ が存在する．たとえば $c_1\neq 0$ とし，(5.4)の第2項以下を右辺に移項して両辺を c_1^{-1} 倍すれば，

$$\boldsymbol{a}_1=b_2\boldsymbol{a}_2+\cdots+b_n\boldsymbol{a}_n \qquad (b_i=-c_1^{-1}c_i)$$

となるから，第1列に関する線型性によって

$$\begin{aligned}\det A &= \det(b_2\boldsymbol{a}_2+\cdots+b_n\boldsymbol{a}_n, \boldsymbol{a}_2, \cdots\cdots, \boldsymbol{a}_n)\\ &= \quad b_2\det(\boldsymbol{a}_2, \boldsymbol{a}_2, \boldsymbol{a}_3, \cdots, \boldsymbol{a}_n)\\ &\quad +b_3\det(\boldsymbol{a}_3, \boldsymbol{a}_2, \boldsymbol{a}_3, \cdots, \boldsymbol{a}_n)\\ &\quad \cdots\cdots\cdots\cdots\\ &\quad +b_n\det(\boldsymbol{a}_n, \boldsymbol{a}_2, \boldsymbol{a}_3, \cdots, \boldsymbol{a}_n).\end{aligned}$$

上式の $n-1$ 個の行列式には，どれにも2つの等しい列が含まれているから，これらの値はすべて0に等しい．ゆえに $\det A=0$ である．▌

4. $A=(\boldsymbol{a}_1, \cdots, \boldsymbol{a}_n)$ において $\det A\neq 0$ ならば，n 個の列 $\boldsymbol{a}_1, \cdots, \boldsymbol{a}_n$ は1次独立で，$\operatorname{rank} A=n$ である．いいかえれば A は正則である．(行列の正則性の定義については，第3章§10，p. 112参照.)

証明 これは**3**の対偶に過ぎない．▌

実は後に示すように**3**および**4**はその逆も成り立つのである(定理5.11).

4によって，$\det A\neq 0$ ならば A は正則であるから，任意の $\boldsymbol{b}\in\boldsymbol{K}^n$ に対して，連立1次方程式

$$A\boldsymbol{x}=\boldsymbol{b}, \tag{5.5}$$

あるいは

$$x_1\boldsymbol{a}_1+x_2\boldsymbol{a}_2+\cdots+x_n\boldsymbol{a}_n=\boldsymbol{b} \tag{5.5$'$}$$

は一意的な解を有する．その解は次の定理によって与えられる．

定理 5.2　$A\in M_n(\boldsymbol{K})$，$A=(\boldsymbol{a}_1, \cdots, \boldsymbol{a}_n)$，$\det A\neq 0$ とし，$\boldsymbol{b}\in\boldsymbol{K}^n$ とする．そのとき，連立1次方程式(5.5)あるいは(5.5)$'$は一意的な解をもち，その解は

$$x_j=\frac{\det(\boldsymbol{a}_1, \cdots, \overset{j}{\boldsymbol{b}}, \cdots, \boldsymbol{a}_n)}{\det A} \qquad (j=1, \cdots, n) \tag{5.6}$$

で与えられる．ただし(5.6)の分子は A の第 j 列 $\boldsymbol{a}_j$ を $\boldsymbol{b}$ でおきかえた行列の行列式を表す．

証明　解の一意性はすでにわかっているから，その解 x_j が(5.6)で与えられることだけを示せばよい．そのために，行列 $A=(\boldsymbol{a}_1, \cdots, \boldsymbol{a}_n)$ の第 j 列 $\boldsymbol{a}_j$ を $\boldsymbol{b}$ でおきかえた行列の行列式 $\det(\boldsymbol{a}_1, \cdots, \boldsymbol{b}, \cdots, \boldsymbol{a}_n)$ を計算する．$\boldsymbol{b}$ に(5.5)$'$の左辺の式を代入し，第 j 列に関する線型性を用いれば，

$$\begin{aligned}&\det(\boldsymbol{a}_1, \cdots, \boldsymbol{a}_{j-1}, \boldsymbol{b}, \boldsymbol{a}_{j+1}, \cdots, \boldsymbol{a}_n)\\&=\det\left(\boldsymbol{a}_1, \cdots, \boldsymbol{a}_{j-1}, \sum_{k=1}^{n}x_k\boldsymbol{a}_k, \boldsymbol{a}_{j+1}, \cdots, \boldsymbol{a}_n\right)\\&=\sum_{k=1}^{n}x_k\det(\boldsymbol{a}_1, \cdots, \boldsymbol{a}_{j-1}, \boldsymbol{a}_k, \boldsymbol{a}_{j+1}, \cdots, \boldsymbol{a}_n).\end{aligned}$$

この和で，j 以外の k に対しては $\det(\boldsymbol{a}_1, \cdots, \boldsymbol{a}_{j-1}, \boldsymbol{a}_k, \boldsymbol{a}_{j+1}, \cdots, \boldsymbol{a}_n)$ は等しい2列を含むから，その値は0に等しい．したがって $k=j$ に対する項，すなわち $x_j\det A$ のみが残り，

$$\det(\boldsymbol{a}_1, \cdots, \boldsymbol{a}_{j-1}, \boldsymbol{b}, \boldsymbol{a}_{j+1}, \cdots, \boldsymbol{a}_n)=x_j\det A$$

となる．これから(5.6)が得られる．∎

$A, \boldsymbol{b}$ の成分を用いて，(5.5)を具体的に

$$\begin{cases}a_{11}x_1+\cdots+a_{1n}x_n=b_1\\ \cdots\cdots\cdots\\ a_{n1}x_1+\cdots+a_{nn}x_n=b_n\end{cases}$$

と書けば，(5.6)は

(5.6)′
$$x_j = \frac{\begin{vmatrix} a_{11} & \cdots & \overset{j}{\breve{b_1}} & \cdots & a_{1n} \\ \vdots & & \vdots & & \vdots \\ a_{n1} & \cdots & b_n & \cdots & a_{nn} \end{vmatrix}}{\begin{vmatrix} a_{11} & \cdots & a_{1n} \\ \vdots & & \vdots \\ a_{n1} & \cdots & a_{nn} \end{vmatrix}} \qquad (j=1, \cdots, n)$$

と書かれる．(5.6)あるいは(5.6)′を**クラメルの公式**という．この公式における分母は一定の行列式 $\det A$ で，分子は $x_1, x_2, \cdots, x_n$ の順に，$\det A$ の第1列，第2列，…，第 n 列が順次定数項ベクトル $\boldsymbol{b}$ におきかえられるのである．

行列式の計算が簡単になされるようなある種の場合には，われわれは，クラメルの公式を用いて連立1次方程式の解を効率よく求めることができる．(行列式の計算法については§6をみよ．) しかし本来，この公式は理論的な意味で重要性をもつものであって，解の実際の計算には必ずしも適していない．通常の場合，実際に解を求める計算は，第3章§12,§13に述べた方法のほうがはるかに効率的である．

§2 2次の行列式

定理5.1の証明にはいる前に，予備的に $n=1,2$ の場合を考察しておく．

$n=1$ の場合には，1次の行列は数(スカラー)と同一視され，性質 **III** によって $\det(1)=1$，また任意の $a \in \boldsymbol{K}$ に対して性質 **I** により

$$\det(a) = \det(a \cdot 1) = a \cdot \det(1) = a$$

である．逆に任意の $a \in \boldsymbol{K}$ に対して $\det(a)=a$ と定義すれば，**I, III** が成り立つことは明らかである．($n=1$ の場合には性質 **II** は考える必要がない．)

次に $n=2$ の場合を考え，

(5.7)
$$A = \begin{bmatrix} a & b \\ c & d \end{bmatrix}$$

を2次の行列とする．$\boldsymbol{e}_1=(1,0)^{\mathrm{T}}$，$\boldsymbol{e}_2=(0,1)^{\mathrm{T}}$ を $\boldsymbol{K}^2$ の2つの基本列ベクトルとすれば，(5.7)の2つの列は

$$\boldsymbol{a}_1 = a\boldsymbol{e}_1 + c\boldsymbol{e}_2, \qquad \boldsymbol{a}_2 = b\boldsymbol{e}_1 + d\boldsymbol{e}_2$$

と表されるから，det の性質 **I** によって

$$\begin{aligned}\det A &= \det(a\boldsymbol{e}_1+c\boldsymbol{e}_2, b\boldsymbol{e}_1+d\boldsymbol{e}_2)\\ &= \det(a\boldsymbol{e}_1, b\boldsymbol{e}_1)+\det(a\boldsymbol{e}_1, d\boldsymbol{e}_2)+\det(c\boldsymbol{e}_2, b\boldsymbol{e}_1)+\det(c\boldsymbol{e}_2, d\boldsymbol{e}_2)\\ &= ab\det(\boldsymbol{e}_1, \boldsymbol{e}_1)+ad\det(\boldsymbol{e}_1, \boldsymbol{e}_2)+bc\det(\boldsymbol{e}_2, \boldsymbol{e}_1)+cd\det(\boldsymbol{e}_2, \boldsymbol{e}_2).\end{aligned}$$

性質 **II** により，この式の第1項と第4項は0に等しく，また前節の **1** によって $\det(\boldsymbol{e}_2, \boldsymbol{e}_1)=-\det(\boldsymbol{e}_1, \boldsymbol{e}_2)$ であるから，

$$\begin{aligned}\det A &= ad\det(\boldsymbol{e}_1, \boldsymbol{e}_2)-bc\det(\boldsymbol{e}_1, \boldsymbol{e}_2)\\ &= (ad-bc)\cdot\det(\boldsymbol{e}_1, \boldsymbol{e}_2).\end{aligned}$$

そこで最後に，性質 **III** の $\det(\boldsymbol{e}_1, \boldsymbol{e}_2)=1$ を用いれば，

$$\det A = \begin{vmatrix} a & b \\ c & d \end{vmatrix} = ad-bc \tag{5.8}$$

となる．これで $\det\colon M_2(\boldsymbol{K})\to\boldsymbol{K}$ が性質 **I, II, III** を満たすならば，任意の2次の行列(5.7)に対してその行列式は(5.8)で与えられなければならないことがわかった．

逆に，任意の2次の行列(5.7)に対して，その行列式を(5.8)で定義したとすれば，この写像 $\det\colon M_2(\boldsymbol{K})\to\boldsymbol{K}$ が **I, II, III** を満たすことは，次のように容易に確かめられる．まず **I** については，

$$\begin{aligned}\det\begin{bmatrix} a+a' & b \\ c+c' & d \end{bmatrix} &= (a+a')d-b(c+c')\\ &= (ad-bc)+(a'd-bc') = \det\begin{bmatrix} a & b \\ c & d \end{bmatrix}+\det\begin{bmatrix} a' & b \\ c' & d \end{bmatrix},\\ \det\begin{bmatrix} \lambda a & b \\ \lambda c & d \end{bmatrix} &= (\lambda a)d-b(\lambda c)\\ &= \lambda(ad-bc) = \lambda\det\begin{bmatrix} a & b \\ c & d \end{bmatrix} \qquad (\lambda\in\boldsymbol{K}).\end{aligned}$$

すなわち det は第1列に関して線型である．第2列に関する線型性も全く同様にして確かめられる．また **II, III** は

$$\det\begin{bmatrix} a & a \\ c & c \end{bmatrix} = ac-ac = 0, \qquad \det\begin{bmatrix} 1 & 0 \\ 0 & 1 \end{bmatrix} = 1\cdot1-0\cdot0 = 1$$

から明らかである．以上で，$n=2$ の場合，行列式写像が一意的に存在することが証明された．

われわれは以下の3節(§3, 4, 5)で任意の n に対して行列式写像が一意的に

存在することを証明する．上の $n=1,2$ の場合には，われわれはまず **I, II, III** を満たす写像がどのようなものでなければならないかを決定し，次にその式によって定義された写像が実際に **I, II, III** を満たすことを示した．一般の n の場合にもその方向をたどることができるが，われわれは以下では，むしろ逆に **I, II, III** を満たす写像 det の存在をまず証明し，そのあとで一意性を証明することにする．以下の手法は本質的にはアルチン(Artin)による．

§3 行列式写像の存在

以下の3節では行列式写像の一意的存在を証明する．これらの節の議論は本書の今までの部分とくらべて若干程度が高い．したがって，もし読者が理論的なことにあまり深入りしたくないならば，これらの節では用語の定義や公式，命題の内容，全体的な流れなどを理解するだけにとどめ，証明の細部は省略してもよい．

本節ではまず行列式写像の存在を証明する．この証明の過程には，後に行列式の計算法の基礎となる1つの重要な公式が含まれている．

証明の簡易化のため，はじめに，det の性質 **I, II** のうち，交代性 **II** はそれより少し弱い次の性質 **II′** におきかえることができることに注意しておく．

II′． 行列 $A=(\boldsymbol{a}_1, \cdots, \boldsymbol{a}_n)$ の2つの隣り合う列が等しければ，すなわちある j $(1 \leqq j < n)$ について $\boldsymbol{a}_j = \boldsymbol{a}_{j+1}$ ならば，$\det A = 0$ である．

実際 **I, II′** から **II** は次のようにして導かれる．まず det: $M_n(\boldsymbol{K}) \to \boldsymbol{K}$ が **I, II′** を満たすならば，**I, II** から §1 の **1** を示したのと全く同様にして，**I, II′** から次の性質 **1′** を証明することができる．

1′． 行列 A の隣り合う2列を入れかえれば $\det A$ は符号だけが変わる．

このことは明らかであろう．前の **1** の証明における $\boldsymbol{a}_i$ と $\boldsymbol{a}_j$ をただ $\boldsymbol{a}_j$ と $\boldsymbol{a}_{j+1}$ におきかえて論ずればよいからである．

そこで **II** を示すために，行列 A が等しい2つの列をもつとする．そのとき，A から出発して，隣り合う2列の入れかえを何回か行えば，隣り合う2列が等しいような行列 A' に達することができるが，**1′** によって，$\det A$ と $\det A'$ はたかだか符号だけが異なるに過ぎない．そして **II′** により $\det A'=0$ であるから $\det A=0$ となる．これで **II** が導かれた．

さて任意の n に対して，行列式写像 $\det\colon M_n(\boldsymbol{K})\to\boldsymbol{K}$ が存在することを，n に関する数学的帰納法によって証明しよう．$n=1,2$ の場合は前節で示したから，$n\geqq 3$ とし，$n-1$ 次の行列については **I, II, III** を満たす写像 $\det\colon M_{n-1}(\boldsymbol{K})\to\boldsymbol{K}$ がすでに定義されているものと仮定する．

$A=(a_{ij})$ を n 次の行列とする．i, j を $1\leqq i\leqq n$, $1\leqq j\leqq n$ を満たす1組の整数とするとき，A の第 i 行と第 j 列をとり除いた行列

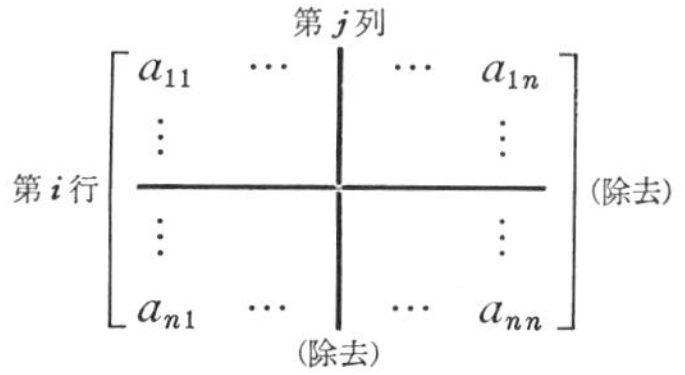

を A_{ij} で表すことにする．これは $n-1$ 次の行列であるから，われわれの仮定によって $\det(A_{ij})$ が定義されている．

さて，いま $1\leqq i\leqq n$ を満たす整数 i を任意に1つ固定しておき，n 次の行列 $A=(a_{ij})$ に対して，スカラー $D(A)$ を

(5.9)　$$D(A)=(-1)^{i+1}a_{i1}\det(A_{i1})+\cdots+(-1)^{i+n}a_{in}\det(A_{in})$$

と定める．(5.9)の右辺の一般項

(5.10)　$$(-1)^{i+j}a_{ij}\det(A_{ij})$$

は，成分 a_{ij} にその成分の位置する行と列をとり去った行列の行列式を掛け，それに‘符号’$(-1)^{i+j}$ をつけたものである．(5.9)は $j=1, 2, \cdots, n$ に関する(5.10)の総和である．(第1図参照.)

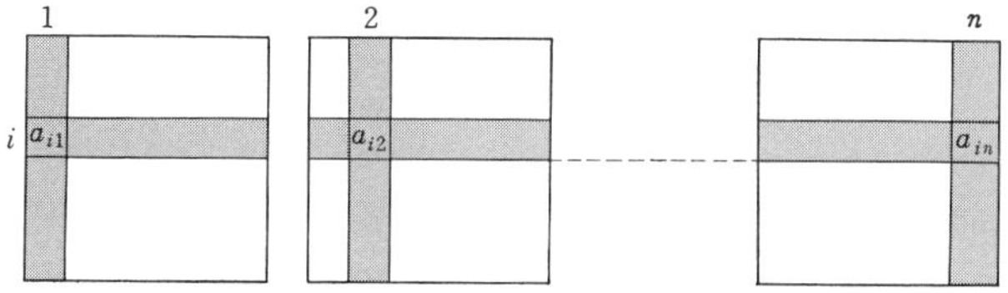

第1図

この $D\colon M_n(\boldsymbol{K})\to\boldsymbol{K}$ が性質 **I, II′, III** を満足することを示そう．

I の証明　k を $1\leqq k\leqq n$ を満たす1つの整数とし，$D(A)$ が A の第 k 列について線型であることを証明する．それには $j=1, 2, \cdots, n$ のおのおのについて

$a_{ij}\det(A_{ij})$がそうであることを示せばよい．$j\neq k$ならば，A_{ij}のうちに第k列は‘残っている’から，帰納法の仮定によって$\det(A_{ij})$は第k列に関し線型であり，他方a_{ij}は第k列には無関係である．したがって$a_{ij}\det(A_{ij})$は第k列に関して線型となる：

$A_{ij}=$ 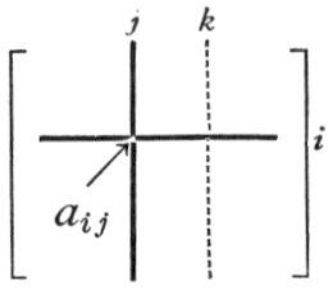

$(j\neq k)$,　　$A_{ik}=$ 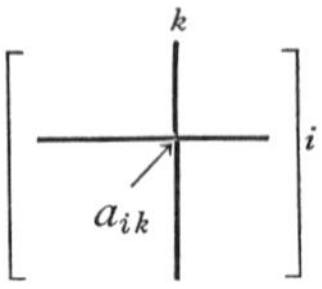

.

また$j=k$の場合には，A_{ik}では第k列が‘取り去られている’から，$\det(A_{ik})$は第k列に無関係であるが，他方a_{ik}は第k列に関して線型である．ゆえに$a_{ik}\det(A_{ik})$も第k列に関して線型となる．これでわれわれの主張が証明された．▌

II′の証明　Aの第k列と第$k+1$列$(1\leqq k<n)$が等しいとする．(5.10)においてjがkにも$k+1$にも等しくなければ，

$A_{ij}=$ 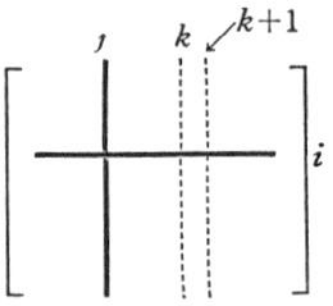

は2つの隣り合う等しい列をもっているから，帰納法の仮定によって$\det(A_{ij})=0$である．したがって和(5.9)において$j=k$と$j=k+1$に対する2つの項だけが残り，

(5.11)　　$D(A)=(-1)^{i+k}a_{ik}\det(A_{ik})+(-1)^{i+k+1}a_{i,k+1}\det(A_{i,k+1})$

となる．しかも，われわれの仮定とA_{ik}, $A_{i,k+1}$の意味から，明らかに$A_{ik}=A_{i,k+1}$であり，また$a_{ik}=a_{i,k+1}$である．よって(5.11)の右辺の2つの項は符号だけが相異なる．ゆえに$D(A)=0$である．▌

IIIの証明　Aをn次の単位行列I_nとする．その場合(5.9)の右辺は，i以外のjに対しては$a_{ij}=0$であるから，

$$D(A)=(-1)^{i+i}a_{ii}\det(A_{ii})$$

となる．さらに$a_{ii}=1$であり，A_{ii}は$n-1$次の単位行列I_{n-1}であるから，帰納法の仮定によって$\det(A_{ii})=1$である．ゆえに$D(A)=D(I_n)=1$となる．▌

以上で $D\colon M_n(\boldsymbol{K})\to\boldsymbol{K}$ は行列式写像であることが証明された．数学的帰納法により，これで，すべての正の整数 n に対して行列式写像 $\det\colon M_n(\boldsymbol{K})\to\boldsymbol{K}$ が存在することが示されたのである．

§4 置　　換

行列式写像の一意性の証明に進む前に，置換について述べておく．

n 文字の集合，たとえば $\{1,2,\cdots,n\}$ を考える．本章ではこの集合を J_n で表す．J_n からそれ自身への全単射を J_n の**置換**という．σ が J_n の置換で，$\sigma(1)=p_1$，$\sigma(2)=p_2$，…，$\sigma(n)=p_n$ であるとき，σ を記号

(5.12)
$$\begin{pmatrix} 1 & 2 & \cdots & n \\ p_1 & p_2 & \cdots & p_n \end{pmatrix}$$

で表す．下段の $p_1,p_2,\cdots,p_n$ は $1,2,\cdots,n$ を並べかえたもの，いわゆる $1,2,\cdots,n$ の**順列**である．明らかに，J_n の1つの置換を定めることは，$1,2,\cdots,n$ の1つの順列を定めることと同等である．（英語では順列も置換もともに permutation である．）ただし，置換を表す記法(5.12)においては，上段の文字の真下にそれに対応する文字が書かれていればよく，必ずしも上段を $1,2,\cdots,n$ の順に並べる必要はない．

例 5.1　$J_3=\{1,2,3\}$ の置換は，

$$\begin{pmatrix} 1 & 2 & 3 \\ 1 & 2 & 3 \end{pmatrix},\ \begin{pmatrix} 1 & 2 & 3 \\ 2 & 3 & 1 \end{pmatrix},\ \begin{pmatrix} 1 & 2 & 3 \\ 3 & 1 & 2 \end{pmatrix};\ \begin{pmatrix} 1 & 2 & 3 \\ 1 & 3 & 2 \end{pmatrix},\ \begin{pmatrix} 1 & 2 & 3 \\ 3 & 2 & 1 \end{pmatrix},\ \begin{pmatrix} 1 & 2 & 3 \\ 2 & 1 & 3 \end{pmatrix}$$

の6個である．このうちたとえば左から2番目の置換は

$$\begin{pmatrix} 2 & 3 & 1 \\ 3 & 1 & 2 \end{pmatrix}$$

と書くこともできる．——

一般に J_n の置換は，全部で

(5.13)
$$n\times(n-1)\times(n-2)\times\cdots\times2\times1$$

個存在する．このことは次のように証明される．まず，1に対応させる p_1 は，J_n のどの元をとってもよいから，その選び方は n 通りある．次に p_1 を定めたとき，2に対応させる p_2 は，J_n から p_1 をとり除いた残りの $n-1$ 個の元から任意にとることができるから，その選び方は $n-1$ 通りある．さらに p_1,p_2 を

定めたとき，p_3 は，J_n から p_1 と p_2 をとり除いた残りの $n-2$ 個の元から任意にとることができるから，その選び方は $n-2$ 通りある．以下同様に考えれば，J_n の置換は結局 $n\times(n-1)\times\cdots\times 1$ 個存在することがわかる．

(5.13)の数を n の**階乗**とよび，$n!$ で表す．はじめのいくつかを記せば，

$$1! = 1, \quad 2! = 2\times 1 = 2, \quad 3! = 3\times 2\times 1 = 6, \quad 4! = 4\times 3\times 2\times 1 = 24,$$
$$5! = 5\times 4! = 120, \quad 6! = 6\times 5! = 720, \quad 7! = 7\times 6! = 5040,$$
$$8! = 40320, \quad 9! = 362880, \quad 10! = 3628800$$

である．これにみられるように $n!$ は n とともに急激に増大する．たとえば 20! は

$$20! = 2432902008176640000$$

となる．

$J_n=\{1, 2, \cdots, n\}$ の $n!$ 個の置換のうち，J_n の恒等写像，すなわち

$$\begin{pmatrix} 1 & 2 & \cdots & n \\ 1 & 2 & \cdots & n \end{pmatrix}$$

は**恒等置換**とよばれる．ここではこれを e で表す．

σ, σ' が J_n の2つの置換ならば，合成写像 $\sigma\circ\sigma'$ も J_n の置換である．これを σ, σ' の**合成置換**または**積**とよび，通常 $\circ$ をはぶいて単に $\sigma\sigma'$ と書く．

また σ が J_n の置換ならば，逆写像 σ^{-1} も J_n の置換である．σ^{-1} を σ の**逆置換**という．

例 5.2

$$\sigma = \begin{pmatrix} 1 & 2 & 3 \\ 2 & 3 & 1 \end{pmatrix}, \quad \sigma' = \begin{pmatrix} 1 & 2 & 3 \\ 2 & 1 & 3 \end{pmatrix}$$

ならば，$(\sigma\sigma')(1)=\sigma(2)=3$，$(\sigma\sigma')(2)=\sigma(1)=2$，$(\sigma\sigma')(3)=\sigma(3)=1$ であるから，

$$\sigma\sigma' = \begin{pmatrix} 1 & 2 & 3 \\ 3 & 2 & 1 \end{pmatrix}$$

である．同様にして計算すれば

$$\sigma'\sigma = \begin{pmatrix} 1 & 2 & 3 \\ 1 & 3 & 2 \end{pmatrix}$$

であり，また

$$\sigma^{-1} = \begin{pmatrix} 2 & 3 & 1 \\ 1 & 2 & 3 \end{pmatrix} = \begin{pmatrix} 1 & 2 & 3 \\ 3 & 1 & 2 \end{pmatrix}$$

である. ——

J_n の $n!$ 個の置換全体の集合を S_n で表す.

J_n の 2 元 $i, j (i \neq j)$ を入れかえ, 他の元をすべて固定するような置換を $(i\ j)$ で表し, **互換**とよぶ. たとえば例 5.2 の σ' は互換で $\sigma'=(1\ 2)$ である. τ が互換ならば, 明らかに $\tau^{-1}=\tau$ である.

命題 5.3 $n \geqq 2$ ならば, S_n の任意の元 σ は互換の積として表される.

証明 $n=2$ のときは明らかであるから, $n>2$ とし, $n-1$ 個の文字の置換についてはわれわれの主張が成り立つと仮定する. $\sigma \in S_n$ とし, $\sigma(n)=k$ とする. もし $k=n$ ならば, σ は $J_{n-1}=\{1, 2, \cdots, n-1\}$ の置換と考えられるから, 帰納法の仮定によって,

$$\sigma = \tau_1\tau_2\cdots\tau_s \qquad (\tau_i \text{ は } J_{n-1} \text{ の 2 元の互換})$$

と表される. また $k \neq n$ ならば, k と n を交換する互換 $(k\ n)$ を τ とすれば, $\tau\sigma(n)=\tau(k)=n$ となるから, 上のように $\tau\sigma=\tau_1\tau_2\cdots\tau_s$ (τ_i は J_{n-1} の 2 元の互換) と表され, したがって

$$\sigma = \tau^{-1}\tau_1\tau_2\cdots\tau_s = \tau\tau_1\tau_2\cdots\tau_s$$

となる. これでわれわれの命題が証明された. ▌

例 5.3 たとえば, 置換

$$\sigma = \begin{pmatrix} 1 & 2 & 3 & 4 \\ 3 & 1 & 4 & 2 \end{pmatrix}$$

は, 互換の積として

$$\sigma = (2\quad 4)(2\quad 3)(1\quad 2)$$

と表される. また, これは

$$\sigma = (1\quad 3)(2\quad 3)(3\quad 4),$$
$$\sigma = (3\quad 4)(1\quad 3)(2\quad 4)(1\quad 2)(2\quad 3)$$

などとも表される. (読者はこのことを確かめよ.) ——

上の例 5.3 でみたように, 与えられた置換 σ を互換の積として表す方法は 1 通りではない. しかし, σ が偶数個の互換の積となるか奇数個の互換の積となるかは, σ によっていずれかに確定している. そのことを示すために, 行列式写像 $\det: M_n(\boldsymbol{K}) \to \boldsymbol{K}$ を考える. われわれはすでにその存在を知っている. (実はそれは一意的であるが, ここではとにかく 1 つの $\det: M_n(\boldsymbol{K}) \to \boldsymbol{K}$ を固定

して考えるものとする.) det の交代性によって, J_n の任意の置換 ρ と任意の互換 τ, および任意の $\boldsymbol{a}_1, \cdots, \boldsymbol{a}_n \in \boldsymbol{K}^n$ に対して

$$\det(\boldsymbol{a}_{\tau\rho(1)}, \cdots, \boldsymbol{a}_{\tau\rho(n)}) = -\det(\boldsymbol{a}_{\rho(1)}, \cdots, \boldsymbol{a}_{\rho(n)})$$

である. なぜなら, 順列 $\tau\rho(1), \cdots, \tau\rho(n)$ は順列 $\rho(1), \cdots, \rho(n)$ のある2文字を入れかえたものであり, したがって行列 $(\boldsymbol{a}_{\tau\rho(1)}, \cdots, \boldsymbol{a}_{\tau\rho(n)})$ は行列 $(\boldsymbol{a}_{\rho(1)}, \cdots, \boldsymbol{a}_{\rho(n)})$ のある2列を入れかえたものとなっているからである. このことから容易に, 一般に $\sigma \in S_n$ が r 個の互換の積 $\sigma = \tau_1\tau_2\cdots\tau_r$ となるならば,

$$\det(\boldsymbol{a}_{\sigma(1)}, \cdots, \boldsymbol{a}_{\sigma(n)}) = (-1)^r \det(\boldsymbol{a}_1, \cdots, \boldsymbol{a}_n)$$

となることがわかる. (読者は r に関する数学的帰納法によってこのことを証明せよ.) 特に $\boldsymbol{a}_1 = \boldsymbol{e}_1$, $\cdots$, $\boldsymbol{a}_n = \boldsymbol{e}_n$ の場合を考えれば, det の性質 **III** によって

$$\det(\boldsymbol{e}_1, \cdots, \boldsymbol{e}_n) = \det(I_n) = 1$$

であるから,

$$\det(\boldsymbol{e}_{\sigma(1)}, \cdots, \boldsymbol{e}_{\sigma(n)}) = (-1)^r$$

となる. これから直ちに次の命題が得られる.

命題 5.4 $n \geqq 2$ とし, σ を S_n の任意の元とする.

$$\sigma = \tau_1\tau_2\cdots\tau_r = \tau_1'\tau_2'\cdots\tau_s' \qquad (\tau_i, \tau_j' \text{ は互換})$$

ならば, r, s はともに偶数であるか, またはともに奇数である.

証明 上に述べたように, $\sigma = \tau_1\tau_2\cdots\tau_r$ から

$$\det(\boldsymbol{e}_{\sigma(1)}, \cdots, \boldsymbol{e}_{\sigma(n)}) = (-1)^r$$

が得られ, 他方 $\sigma = \tau_1'\tau_2'\cdots\tau_s'$ から

$$\det(\boldsymbol{e}_{\sigma(1)}, \cdots, \boldsymbol{e}_{\sigma(n)}) = (-1)^s$$

が得られる. したがって $(-1)^r = (-1)^s$. ゆえに r と s の奇偶は一致する. ▌

σ が偶数個の互換の積であるか奇数個の互換の積であるかに応じて, σ をそれぞれ**偶置換**, **奇置換**という. 恒等置換は偶置換, 任意の互換は奇置換である.

例 5.4 例5.3の置換は奇置換である.

例 5.5 例5.1に挙げた S_3 の6個の元のうち, はじめの3つは偶置換, あとの3つは奇置換である. ——

置換 σ に対して, その**符号** $\mathrm{sgn}(\sigma)$ を

$$\mathrm{sgn}(\sigma) = \begin{cases} +1, & \sigma \text{ が偶置換のとき} \\ -1, & \sigma \text{ が奇置換のとき} \end{cases}$$

と定義する．(sgn は sign の略である．) 前に述べたことからわかるように，任意の $\boldsymbol{a}_1, \cdots, \boldsymbol{a}_n \in \boldsymbol{K}^n$ に対して

$$\det(\boldsymbol{a}_{\sigma(1)}, \cdots, \boldsymbol{a}_{\sigma(n)}) = \operatorname{sgn}(\sigma)\cdot\det(\boldsymbol{a}_1, \cdots, \boldsymbol{a}_n) \tag{5.14}$$

である．

命題 5.5 S_n の任意の元 σ, σ' に対して

$$\operatorname{sgn}(\sigma\sigma') = \operatorname{sgn}(\sigma)\cdot\operatorname{sgn}(\sigma'), \qquad \operatorname{sgn}(\sigma^{-1}) = \operatorname{sgn}(\sigma)$$

が成り立つ．——

証明は練習問題とする(問題 1)．

命題 5.6 $n \geqq 2$ ならば，S_n のうちに偶置換，奇置換はそれぞれ $n!/2$ 個ずつ存在する．

証明 偶置換全体の集合を A，奇置換全体の集合を B とし，また τ を 1 つの固定された互換，たとえば $\tau=(1\ 2)$ とする．そのとき，$\sigma \in A$ ならば $\tau\sigma \in B$，逆に $\rho \in B$ ならば $\tau^{-1}\rho = \tau\rho \in A$ であるから，写像 $\sigma \mapsto \tau\sigma\ (\sigma \in A)$ は A から B への全単射となる．ゆえに A, B は同数の元から成る．▌

問　題

1. 命題 5.5 を証明せよ．
2. S_4 の 24 個の元を偶置換と奇置換に分類せよ．
3. 次の置換の符号を決定せよ $(n \geqq 3)$．

(a) $\begin{pmatrix} 1 & 2 & \cdots & n-1 & n \\ 2 & 3 & \cdots & n & 1 \end{pmatrix}$　　(b) $\begin{pmatrix} 1 & 2 & \cdots & n-1 & n \\ n & n-1 & \cdots & 2 & 1 \end{pmatrix}$

§5 行列式写像の一意性

本節では行列式写像 $\det\colon M_n(\boldsymbol{K}) \to \boldsymbol{K}$ の一意性を証明する．

$A=(a_{ij})$ を n 次の行列とし，その列ベクトルを $\boldsymbol{a}_1, \cdots, \boldsymbol{a}_n$ とする．$\boldsymbol{e}_1, \cdots, \boldsymbol{e}_n$ を $\boldsymbol{K}^n$ の基本列ベクトルとすれば，

$$\boldsymbol{a}_j = \begin{bmatrix} a_{1j} \\ \vdots \\ a_{nj} \end{bmatrix} = a_{1j}\boldsymbol{e}_1 + \cdots + a_{nj}\boldsymbol{e}_n = \sum_{p=1}^{n} a_{pj}\boldsymbol{e}_p$$

であるから，

$$\det A = \det(\boldsymbol{a}_1, \boldsymbol{a}_2, \cdots, \boldsymbol{a}_n)$$
$$= \det\left(\sum_{p=1}^{n} a_{p1}\boldsymbol{e}_p,\ \sum_{p=1}^{n} a_{p2}\boldsymbol{e}_p,\ \cdots,\ \sum_{p=1}^{n} a_{pn}\boldsymbol{e}_p\right).$$

det の n 重線型性 **I** によって，この値は第1列，第2列，…，第 n 列からそれぞれ任意に1つの項 $a_{p_11}\boldsymbol{e}_{p_1}, a_{p_22}\boldsymbol{e}_{p_2}, \cdots, a_{p_nn}\boldsymbol{e}_{p_n}$ をとって作った行列の行列式

(5.15) $$\det(a_{p_11}\boldsymbol{e}_{p_1}, \cdots, a_{p_nn}\boldsymbol{e}_{p_n}) = a_{p_11}\cdots a_{p_nn} \det(\boldsymbol{e}_{p_1}, \cdots, \boldsymbol{e}_{p_n})$$

の総和に等しい．ここに $p_1, p_2, \cdots, p_n$ はそれぞれ1から n までの n 個の値をとり得るから，(5.15)のような項は全部で n^n 個生ずるが，det の交代性 **II** によって $p_1, p_2, \cdots, p_n$ のうちに同じものがあるときには $\det(\boldsymbol{e}_{p_1}, \boldsymbol{e}_{p_2}, \cdots, \boldsymbol{e}_{p_n})=0$ であるから，実際には $p_1, p_2, \cdots, p_n$ がすべて異なるような項のみが残る．そのような項について，$p_1=\sigma(1)$，$p_2=\sigma(2)$，…，$p_n=\sigma(n)$ とおけば，σ は J_n の置換であって，結局

(5.16) $$\det A = \sum_{\sigma\in S_n} a_{\sigma(1),1}\cdots a_{\sigma(n),n} \det(\boldsymbol{e}_{\sigma(1)}, \cdots, \boldsymbol{e}_{\sigma(n)})$$

となる．この右辺は S_n の $n!$ 個の元 σ に関する総和を表すのである．

さらに(5.14)によって

$$\det(\boldsymbol{e}_{\sigma(1)}, \cdots, \boldsymbol{e}_{\sigma(n)}) = \mathrm{sgn}(\sigma)\cdot\det(\boldsymbol{e}_1, \cdots, \boldsymbol{e}_n)$$

であるから，(5.16)は

(5.17) $$\det A = \sum_{\sigma\in S_n} \mathrm{sgn}(\sigma) a_{\sigma(1),1}\cdots a_{\sigma(n),n} \det(\boldsymbol{e}_1, \cdots, \boldsymbol{e}_n)$$

と書き直される．

ここまでは det の性質 **I, II** だけを用いた．そこで最後に性質 **III** の $\det(\boldsymbol{e}_1, \cdots, \boldsymbol{e}_n)=1$ を用いれば，(5.17)から

(5.18) $$\det A = \sum_{\sigma\in S_n} \mathrm{sgn}(\sigma) a_{\sigma(1),1} a_{\sigma(2),2}\cdots a_{\sigma(n),n}$$

が得られる．

(5.18)の右辺はもちろん行列 A に対して一意的に確定する．これで写像 $\det: M_n(\boldsymbol{K})\to\boldsymbol{K}$ の一意性が証明され，定理5.1の証明は完了した．

なお上にも注意したように，(5.17)を導くところまでは det の性質 **I, II** だけしか用いていない．したがって一般に写像 $D: M_n(\boldsymbol{K})\to\boldsymbol{K}$ が性質 **I, II** を満たすならば，上と同様にして

$$D(A)=\sum_{\sigma\in S_n}\operatorname{sgn}(\sigma)a_{\sigma(1),1}\cdots a_{\sigma(n),n}\cdot D(I) \qquad (I\text{ は単位行列})$$

が得られる．この右辺は $\det A\cdot D(I)$ に等しい．この結果は後にも用いるので，次の命題として掲げておく．この命題は，性質 **I, II** を満たすような写像 D: $M_n(\boldsymbol{K})\to\boldsymbol{K}$ は行列式写像の定数倍のほかにないことを示している．

命題 5.7 写像 D: $M_n(\boldsymbol{K})\to\boldsymbol{K}$ が n 重線型性 **I** と交代性 **II** を満たしているならば，任意の $A\in M_n(\boldsymbol{K})$ に対して

$$D(A)=\det A\cdot D(I)$$

である．ただし I は n 次の単位行列である．——

式(5.18)にもどろう．この式の右辺は $A=(a_{ij})$ の成分の n 次の同次多項式で，$n!$ 個の項から成り，各項の n 個の因数には各行・各列の成分が1つずつ現れている．また，$n!$ 個の項の半数の係数は $+1$，他の半数の係数は -1 である．

例 5.6 $S_2=\{e,\sigma\}$；e は恒等置換，$\sigma=(1\ 2)$；$\operatorname{sgn}(e)=1$，$\operatorname{sgn}(\sigma)=-1$ であるから，2次の行列式は

$$\begin{vmatrix} a_{11} & a_{12} \\ a_{21} & a_{22} \end{vmatrix} = a_{e(1),1}a_{e(2),2}-a_{\sigma(1),1}a_{\sigma(2),2} = a_{11}a_{22}-a_{21}a_{12}$$

である．この結果はすでに§2で述べた．

例 5.7 3次の行列式は，(5.18)および例5.1, 5.5によって

$$\begin{vmatrix} a_{11} & a_{12} & a_{13} \\ a_{21} & a_{22} & a_{23} \\ a_{31} & a_{32} & a_{33} \end{vmatrix} = \begin{array}{l} a_{11}a_{22}a_{33}+a_{21}a_{32}a_{13}+a_{31}a_{12}a_{23} \\ -a_{11}a_{32}a_{23}-a_{31}a_{22}a_{13}-a_{21}a_{12}a_{33} \end{array}$$

である．この右辺は次のような‘たすき掛けの図式’によって表される．第2図で3つの実線上の成分の積の係数は $+1$，3つの破線上の成分の積の係数は -1 である．

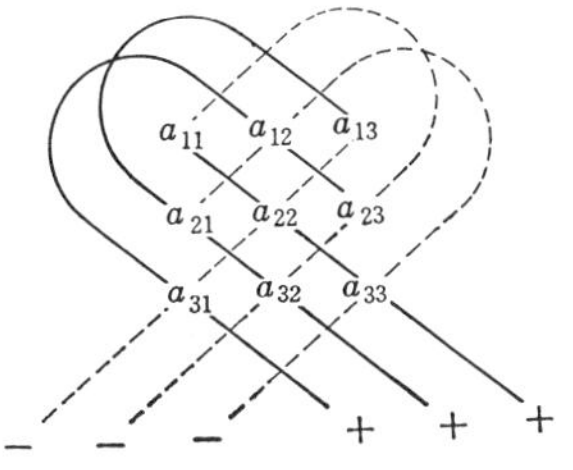

第2図

読者は$n=2$の場合はもちろん，$n=3$の場合についても上記の‘たすき掛け’の図式を記憶しておいたほうがよいであろう．しかし，$n\geqq 4$の場合には，(5.18)の式の右辺を‘完全な形’で記憶することは(項数$n!$は急激に増大するから)不可能であるし，またその必要もない．行列式の実際の計算に用いられるのは，(5.18)の式そのものではなく，**I, II, III** をはじめとする行列式の諸性質であるからである．

§6　行列式の計算

行列式についてわれわれはすでに基本性質 **I, II** のほか§1の性質 **1, 2, 3, 4** を知っている．これらの性質は列について述べられているが，同様のことは行についても成り立つ．その理由は次の定理が成り立つからである．

定理 5.8　任意の正方行列Aに対して，Aの行列式と転置行列A^{T}の行列式とは等しい．すなわち

$$\det(A)=\det(A^{\mathrm{T}}).$$

証明　$A=(a_{ij})$をn次の行列とすれば，(5.18)によって

$$\det A=\sum_{\sigma\in S_n}\mathrm{sgn}(\sigma)a_{\sigma(1),1}a_{\sigma(2),2}\cdots a_{\sigma(n),n}$$

である．右辺の項$a_{\sigma(1),1}a_{\sigma(2),2}\cdots a_{\sigma(n),n}$において，$\sigma(1),\sigma(2),\cdots,\sigma(n)$は$1,2,\cdots,n$の順列であって，$\sigma(i)=j$とおけば$i=\sigma^{-1}(j)$，したがって$a_{\sigma(i),i}=a_{j,\sigma^{-1}(j)}$であるから，因数の順序を並べかえれば，これは

$$a_{\sigma(1),1}a_{\sigma(2),2}\cdots a_{\sigma(n),n}=a_{1,\sigma^{-1}(1)}a_{2,\sigma^{-1}(2)}\cdots a_{n,\sigma^{-1}(n)}$$

と書きかえられる．そして$\mathrm{sgn}(\sigma)=\mathrm{sgn}(\sigma^{-1})$(命題5.5)であるから，

$$\det A=\sum_{\sigma\in S_n}\mathrm{sgn}(\sigma^{-1})a_{1,\sigma^{-1}(1)}a_{2,\sigma^{-1}(2)}\cdots a_{n,\sigma^{-1}(n)}.$$

さらにσがS_n全体を動けばσ^{-1}も同様であるから(もっと正確にいえば，置換σにその逆置換σ^{-1}を対応させる写像はS_nからそれ自身への全単射であるから)，われわれは上の和を

$$\det A=\sum_{\sigma\in S_n}\mathrm{sgn}(\sigma)a_{1,\sigma(1)}a_{2,\sigma(2)}\cdots a_{n,\sigma(n)}\tag{5.19}$$

と書きあらためることができる．転置行列A^{T}の(i,j)成分をb_{ij}とすれば，b_{ij}

$=a_{ji}$であるから，(5.19)の右辺は

$$\sum_{\sigma\in S_n}\mathrm{sgn}(\sigma)b_{\sigma(1),1}b_{\sigma(2),2}\cdots b_{\sigma(n),n}$$

と表され，(5.18)によってこれは$\det(A^{\mathrm{T}})$に等しい．これで定理が証明された．▌

定理5.8によって，行列式の列に関して成り立つ一般法則は，行に関しても全く同様に成り立つことがわかる．たとえば$\det A$はAの行についてもn重線型かつ交代的である．また§1の**1,2,3,4**は列の語を行におきかえても成り立つ．

$A=(a_{ij})$をn次の行列($n\geqq 3$)とし，§3のようにAの第i行と第j列とをとり除いて得られる$n-1$次の行列をA_{ij}とする．§3でわれわれは，(5.9)によって定義される写像D: $M_n(\boldsymbol{K})\to\boldsymbol{K}$が$n$次の行列式写像の性質を満たすことをみた．われわれはすでにdetの一意性も知っているから，これから次の式が得られる：

(5.20)　$$\det A=(-1)^{i+1}a_{i1}\det(A_{i1})+\cdots+(-1)^{i+n}a_{in}\det(A_{in}).$$

ただし$i(1\leqq i\leqq n)$は任意に固定された1つの整数である．(5.20)を$\det A$の**第i行に関する展開**という．

定理5.8によってわれわれは，$\det A$を列に関して展開することもできる．$\det A$の**第j列に関する展開**は

(5.21)　$$\det A=(-1)^{1+j}a_{1j}\det(A_{1j})+\cdots+(-1)^{n+j}a_{nj}\det(A_{nj})$$

である．

上の結果をあらためて定理として述べておこう．

定理 5.9　$A=(a_{ij})$をn次の行列とすれば，

(5.20)′　$$\det A=\sum_{j=1}^{n}(-1)^{i+j}a_{ij}\det(A_{ij})\qquad(\text{第}i\text{行に関する展開})$$

(5.21)′　$$\det A=\sum_{i=1}^{n}(-1)^{i+j}a_{ij}\det(A_{ij})\qquad(\text{第}j\text{列に関する展開})$$

が成り立つ．ただし(5.20)′のi，(5.21)′のjはそれぞれ任意に固定された1つの整数(もちろん$1\leqq i\leqq n$，$1\leqq j\leqq n$)である．

例 5.8　3次の行列式の第1行に関する展開は

$$\begin{vmatrix} a_{11} & a_{12} & a_{13} \\ a_{21} & a_{22} & a_{23} \\ a_{31} & a_{32} & a_{33} \end{vmatrix} = a_{11}\begin{vmatrix} a_{22} & a_{23} \\ a_{32} & a_{33} \end{vmatrix} - a_{12}\begin{vmatrix} a_{21} & a_{23} \\ a_{31} & a_{33} \end{vmatrix} + a_{13}\begin{vmatrix} a_{21} & a_{22} \\ a_{31} & a_{32} \end{vmatrix},$$

第2列に関する展開は

$$\begin{vmatrix} a_{11} & a_{12} & a_{13} \\ a_{21} & a_{22} & a_{23} \\ a_{31} & a_{32} & a_{33} \end{vmatrix} = -a_{12}\begin{vmatrix} a_{21} & a_{23} \\ a_{31} & a_{33} \end{vmatrix} + a_{22}\begin{vmatrix} a_{11} & a_{13} \\ a_{31} & a_{33} \end{vmatrix} - a_{32}\begin{vmatrix} a_{11} & a_{13} \\ a_{21} & a_{23} \end{vmatrix}$$

である．読者は上の両式の右辺がいずれも例5.7で与えた結果と一致することを確かめられたい．——

(5.20)′, (5.21)′ に現れる項$(-1)^{i+j}a_{ij}\det(A_{ij})$は，行列 A の(i,j)成分 a_{ij} に，その成分の位置する行と列とをとり除いた行列の行列式を掛け，それに ± の符号をつけたものである．その符号は左上隅の + からはじめて，次のような‘市松模様’によって決定される：

$$\begin{array}{|cccc|} + & - & + & \cdots \\ - & + & - & \cdots \\ + & - & + & \cdots \\ \vdots & \vdots & \vdots & \end{array}\,.$$

定理5.9に述べた行または列に関する展開によって，われわれは，与えられた行列式の計算をそれより小さい次数の行列式の計算に帰着させることができる．これが行列式計算の原則的な方法である．その際なるべく多くの0を含んでいる行または列に関して展開すると，結果が簡単になって都合がよい．たとえば下の左のような行列式を第1行に関して展開すれば

$$\begin{vmatrix} a_{11} & 0 & 0 & 0 \\ a_{21} & a_{22} & a_{23} & a_{24} \\ a_{31} & a_{32} & a_{33} & a_{34} \\ a_{41} & a_{42} & a_{43} & a_{44} \end{vmatrix} = a_{11}\begin{vmatrix} a_{22} & a_{23} & a_{24} \\ a_{32} & a_{33} & a_{34} \\ a_{42} & a_{43} & a_{44} \end{vmatrix}$$

となる．与えられた行列式を，このように‘成分0が多い’行列式に直すためには，§1の性質**2**(およびそれに対応する行に関する性質)が用いられる．

一，二の例を示そう．

例 5.9　次の行列式を計算せよ：

$$\begin{vmatrix} 3 & 0 & -4 & 2 \\ -6 & 2 & 0 & 10 \\ 4 & 1 & 2 & 3 \\ 7 & 3 & -1 & 5 \end{vmatrix}.$$

解 与えられた行列式の第2行から第3行の2倍を引き，第4行から第3行の3倍を引いても，行列式の値は変わらない．したがって

$$\begin{vmatrix} 3 & 0 & -4 & 2 \\ -6 & 2 & 0 & 10 \\ 4 & 1 & 2 & 3 \\ 7 & 3 & -1 & 5 \end{vmatrix} = \begin{vmatrix} 3 & 0 & -4 & 2 \\ -14 & 0 & -4 & 4 \\ 4 & 1 & 2 & 3 \\ -5 & 0 & -7 & -4 \end{vmatrix}.$$

右辺の行列式を第2列に関して展開すれば，

$$(*) \qquad -1\times\begin{vmatrix} 3 & -4 & 2 \\ -14 & -4 & 4 \\ -5 & -7 & -4 \end{vmatrix}.$$

第3列に関する線型性によって，これは

$$-2\times\begin{vmatrix} 3 & -4 & 1 \\ -14 & -4 & 2 \\ -5 & -7 & -2 \end{vmatrix}$$

に等しく，この第2行から第1行の2倍を引き，第3行に第1行の2倍を加えれば，これは

$$-2\times\begin{vmatrix} 3 & -4 & 1 \\ -20 & 4 & 0 \\ 1 & -15 & 0 \end{vmatrix}$$

に等しい．最後に第3列に関して展開すれば，求める値は

$$-2\times1\times\begin{vmatrix} -20 & 4 \\ 1 & -15 \end{vmatrix} = -2\times\{(-20)\cdot(-15)-4\cdot1\} = -592$$

となる．(もちろん(*)から例5.7を用いて直接に計算してもよい.) ▌

例 5.10 次の行列式を計算せよ．ただし a は定数とする：

$$\begin{vmatrix} a & 1 & 1 & 1 \\ 1 & a & 1 & 1 \\ 1 & 1 & a & 1 \\ 1 & 1 & 1 & a \end{vmatrix}.$$

解

$$\begin{vmatrix} a & 1 & 1 & 1 \\ 1 & a & 1 & 1 \\ 1 & 1 & a & 1 \\ 1 & 1 & 1 & a \end{vmatrix} = \begin{vmatrix} a+3 & 1 & 1 & 1 \\ a+3 & a & 1 & 1 \\ a+3 & 1 & a & 1 \\ a+3 & 1 & 1 & a \end{vmatrix}$$

$$= (a+3)\begin{vmatrix} 1 & 1 & 1 & 1 \\ 1 & a & 1 & 1 \\ 1 & 1 & a & 1 \\ 1 & 1 & 1 & a \end{vmatrix} = (a+3)\begin{vmatrix} 1 & 0 & 0 & 0 \\ 1 & a-1 & 0 & 0 \\ 1 & 0 & a-1 & 0 \\ 1 & 0 & 0 & a-1 \end{vmatrix}$$

$$= (a+3)\begin{vmatrix} a-1 & 0 & 0 \\ 0 & a-1 & 0 \\ 0 & 0 & a-1 \end{vmatrix} = (a+3)(a-1)^3.$$

上の変形は次の順序で行われた.

1. 第1列に第2列, 第3列, 第4列を加える.

2. 第1列から $a+3$ をくくり出す.

3. 第2,3,4列のそれぞれから第1列を引く.

4. 第1行に関して展開する.

5. 例5.7の公式を用いる. ∎

例 5.11　n 次の正方行列 $A=(a_{ij})$ において左上隅から右下隅に向かう線を対角線といい, 対角線上の成分 $a_{ii}\ (i=1, 2, \cdots, n)$ を**対角成分**という. 対角線より左下の成分がすべて0であるような行列を**上三角行列**, 対角線より右上の成分がすべて0であるような行列を**下三角行列**という:

上三角行列　　　　下三角行列

$$\begin{bmatrix} a_{11} & a_{12} & \cdots & a_{1n} \\ & a_{22} & \cdots & a_{2n} \\ \text{\Large 0} & & \ddots & \vdots \\ & & & a_{nn} \end{bmatrix}, \quad \begin{bmatrix} a_{11} & & & \text{\Large 0} \\ a_{21} & a_{22} & & \\ \vdots & \vdots & \ddots & \\ a_{n1} & a_{n2} & \cdots & a_{nn} \end{bmatrix}.$$

(大きな0はその部分の成分がすべて0であることを示す)

$A=(a_{ij})$ が上三角行列または下三角行列ならば, $\det A$ はその対角成分の積に等しいこと, すなわち

$$\det A = a_{11}a_{22}\cdots a_{nn}$$

であることを証明せよ. ——

これはnに関する数学的帰納法によって直ちに証明されるから, 読者の練習問題とする(問題2).

本節の最後に, 正方行列$A=(a_{ij})$の成分が文字xの多項式$a_{ij}(x)$である場合にも, 数の場合と全く同様に行列式$\det A$を計算することができることに注意しておく. その場合$\det A$はxの多項式となる. 一般にAの各成分がいくつかの文字の多項式ならば, 行列式$\det A$もそれらの文字の多項式である. (文字を含む行列式の計算の一例は例5.10に示した.) Aの各成分が変数tの'関数'であるような場合も事情は同じことである. そのとき$\det A$はtの関数となる.

問　題

1. 次の行列式の値を求めよ.

(a) $\begin{vmatrix} 1 & 0 & -8 \\ -9 & 15 & -6 \\ 12 & -5 & 7 \end{vmatrix}$　(b) $\begin{vmatrix} 3 & 0 & -5 \\ 0 & 2 & -9 \\ 4 & -1 & 0 \end{vmatrix}$　(c) $\begin{vmatrix} 3 & -2 & 1 \\ -2 & 1 & 3 \\ 1 & 3 & -2 \end{vmatrix}$

(d) $\begin{vmatrix} 1 & 0 & 3 \\ 0 & 1 & -2 \\ -3 & 2 & 1 \end{vmatrix}$　(e) $\begin{vmatrix} 2 & -9 & 4 \\ -7 & 5 & -3 \\ 6 & -1 & 8 \end{vmatrix}$　(f) $\begin{vmatrix} 1 & 2 & 3 \\ 4 & 5 & 6 \\ 7 & 8 & 9 \end{vmatrix}$

(g) $\begin{vmatrix} 1 & 1 & -2 & 4 \\ 3 & 1 & 2 & 5 \\ 0 & 1 & 1 & 3 \\ 2 & -5 & 3 & 0 \end{vmatrix}$　(h) $\begin{vmatrix} 1 & 0 & -2 & 1 \\ 0 & -2 & 1 & 1 \\ -2 & 1 & 1 & 0 \\ 1 & 1 & 0 & -2 \end{vmatrix}$　(i) $\begin{vmatrix} 0 & 1 & 2 & -3 \\ -1 & 0 & 0 & 1 \\ -2 & 0 & 0 & 4 \\ 3 & -1 & -4 & 0 \end{vmatrix}$

(j) $\begin{vmatrix} 1 & 2 & 3 & 4 \\ 4 & 1 & 2 & 3 \\ 3 & 4 & 1 & 2 \\ 2 & 3 & 4 & 1 \end{vmatrix}$　(k) $\begin{vmatrix} 1 & 2 & 3 & 4 \\ 12 & 13 & 14 & 5 \\ 11 & 16 & 15 & 6 \\ 10 & 9 & 8 & 7 \end{vmatrix}$　(l) $\begin{vmatrix} 1 & 2 & 5 & 10 \\ 4 & 3 & 6 & 11 \\ 9 & 8 & 7 & 12 \\ 16 & 15 & 14 & 13 \end{vmatrix}$

(m) $\begin{vmatrix} 1 & 1 & 1 & 0 & 0 \\ 1 & 1 & 0 & 0 & 1 \\ 1 & 0 & 0 & 1 & 1 \\ 0 & 0 & 1 & 1 & 1 \\ 0 & 1 & 1 & 1 & 0 \end{vmatrix}$　(n) $\begin{vmatrix} 1 & -2 & -3 & 0 & -5 \\ 2 & 0 & 1 & -4 & -3 \\ -2 & 3 & 0 & 0 & 5 \\ -5 & 2 & -2 & 5 & 7 \\ -3 & -1 & -5 & 2 & -2 \end{vmatrix}$

2. 例5.11を証明せよ.

3. 次の行列式を計算せよ.

(a) $\begin{vmatrix} a & b & c \\ b & c & a \\ c & a & b \end{vmatrix}$ (b) $\begin{vmatrix} 1 & a & b \\ -a & 1 & c \\ -b & -c & 1 \end{vmatrix}$ (c) $\begin{vmatrix} a+b & c & c \\ a & b+c & a \\ b & b & c+a \end{vmatrix}$

(d) $\begin{vmatrix} 1 & 1 & 1 & 1 \\ 1 & 1+x & 1 & 1 \\ 1 & 1 & 1+y & 1 \\ 1 & 1 & 1 & 1+z \end{vmatrix}$ (e) $\begin{vmatrix} 1 & a & b & c+d \\ 1 & b & c & d+a \\ 1 & c & d & a+b \\ 1 & d & a & b+c \end{vmatrix}$

4. α, β を実数として次の行列式の値を求めよ:

$$\begin{vmatrix} \cos\alpha\cos\beta & \cos\alpha\sin\beta & -\sin\alpha \\ \sin\alpha\cos\beta & \sin\alpha\sin\beta & \cos\alpha \\ -\sin\beta & \cos\beta & 0 \end{vmatrix}.$$

5. 次の等式を成り立たせる x の値を求めよ. ただし $x \in \boldsymbol{C}$ とする.

(a) $\begin{vmatrix} x & 1 & 0 & 0 \\ 0 & x & 1 & 0 \\ 0 & 0 & x & 1 \\ 1 & 0 & 0 & x \end{vmatrix} = 0$ (b) $\begin{vmatrix} x & 1 & 0 & x \\ 0 & x & x & 1 \\ 1 & x & x & 0 \\ x & 0 & 1 & x \end{vmatrix} = 0$

6. 行列式を用いて次の連立1次方程式を解け. (定理5.2参照.)

(a) $\begin{cases} 3x+\ y+z=-5 \\ 4x+3y-z=-2 \\ 5x+4y+z=6 \end{cases}$ (b) $\begin{cases} x+2y-z-w=3 \\ x-\ y+z+w=3 \\ x-\ y-z \qquad =4 \\ x \qquad\quad +w=4 \end{cases}$

7. 任意の $i, j(=1, 2, \cdots, n)$ に対して $a_{ij}=-a_{ji}$(したがって特に $a_{ii}=0$)であるような n 次の正方行列 $A=(a_{ij})$ を交代行列という. 奇数次の交代行列の行列式は0であることを証明せよ.

8. $A=(a_{ij})$ を n 次の正方行列とし, また σ を $\{1, 2, \cdots, n\}$ の1つの置換とする. $b_{ij}=a_{\sigma(i)\sigma(j)}$ とおき, b_{ij} を (i, j) 成分とする行列を B とすれば, $\det B=\det A$ であることを証明せよ.

9. $A=(a_{ij})$ を n 次の正方行列とし, $c_{ij}=(-1)^{i+j}a_{ij}$ とおく. 行列 $C=(c_{ij})$ の行列式は A の行列式に等しいことを示せ.

10. 数学的帰納法によって, 次の等式を証明せよ.

(a) $$\begin{vmatrix} x & -1 & 0 & \cdots & 0 & 0 \\ 0 & x & -1 & \cdots & 0 & 0 \\ & & \cdots\cdots\cdots & & & \\ 0 & 0 & 0 & \cdots & x & -1 \\ a_0 & a_1 & a_2 & \cdots & a_{n-1} & a_n \end{vmatrix} = a_0+a_1x+a_2x^2+\cdots+a_nx^n$$

(b) $$\overbrace{\begin{vmatrix} 1+x^2 & x & 0 & \cdots\cdots & 0 \\ x & 1+x^2 & x & \cdots\cdots & 0 \\ 0 & x & 1+x^2 & \cdots\cdots & 0 \\ & & \cdots\cdots\cdots\cdots & & \\ 0 & 0 & 0 & \cdots\cdots & x \\ 0 & 0 & 0 & \cdots\ x & 1+x^2 \end{vmatrix}}^{n} = 1+x^2+x^4+\cdots+x^{2n}$$

11. (a) 次の等式を証明せよ:

$$\begin{vmatrix} 1 & 1 & 1 \\ x_1 & x_2 & x_3 \\ {x_1}^2 & {x_2}^2 & {x_3}^2 \end{vmatrix} = (x_2-x_1)(x_3-x_1)(x_3-x_2).$$

(b) 帰納法によって

$$\begin{vmatrix} 1 & 1 & \cdots & 1 \\ x_1 & x_2 & \cdots & x_n \\ {x_1}^2 & {x_2}^2 & \cdots & {x_n}^2 \\ & \cdots\cdots\cdots & & \\ {x_1}^{n-1} & {x_2}^{n-1} & \cdots & {x_n}^{n-1} \end{vmatrix} = \prod_{i<j}(x_j-x_i)$$

を証明せよ．ここに右辺は，i, j が $1 \leqq i < j \leqq n$ を満たす整数の組を動くときのすべての項 x_j-x_i の積を意味する．この行列式をヴァンデルモンドの行列式という．[ヒント: 各行の x_1 倍をそのすぐ下の行から引くという操作を，下のほうからはじめてつぎつぎに行え．]

12. $A=(\boldsymbol{a}_1, \cdots, \boldsymbol{a}_n)$ を n 次の正方行列とし，

$$\boldsymbol{b}_1 = \boldsymbol{a}_1+\boldsymbol{a}_2, \quad \boldsymbol{b}_2 = \boldsymbol{a}_2+\boldsymbol{a}_3, \quad \cdots, \quad \boldsymbol{b}_{n-1} = \boldsymbol{a}_{n-1}+\boldsymbol{a}_n, \quad \boldsymbol{b}_n = \boldsymbol{a}_n+\boldsymbol{a}_1$$

を列ベクトルとする行列を $B=(\boldsymbol{b}_1, \cdots, \boldsymbol{b}_n)$ とする．$\det A = D$ であるとき，$\det B$ は何になるか．

13. $A=(a_{ij})$ を複素成分の正方行列とし，その各成分を共役複素数におきかえた行列を $\bar{A}=(\bar{a}_{ij})$ とする．$\det(\bar{A})=\overline{\det A}$ であることを証明せよ．

§7 積の行列式

行列の積の行列式については次の定理が成り立つ．

定理 5.10 A, B を 2 つの n 次の正方行列とすれば，

(5.22) $$\det(AB) = \det A \cdot \det B.$$

証明 A を固定し，$\det(AB)$ を 'B の関数' と考えて

$$D(B) = \det(AB)$$

とおく．$B=(\boldsymbol{b}_1, \cdots, \boldsymbol{b}_n)$ とすれば，$AB=(A\boldsymbol{b}_1, \cdots, A\boldsymbol{b}_n)$ であるから，

$$D(B) = D(\boldsymbol{b}_1, \cdots, \boldsymbol{b}_n) = \det(A\boldsymbol{b}_1, \cdots, A\boldsymbol{b}_n)$$

である．この写像 D は B の列に関して n 重線型である．たとえば第1列については，

$$\begin{aligned} D(\boldsymbol{b}_1+\boldsymbol{b}_1', \boldsymbol{b}_2, \cdots, \boldsymbol{b}_n) &= \det(A(\boldsymbol{b}_1+\boldsymbol{b}_1'), A\boldsymbol{b}_2, \cdots, A\boldsymbol{b}_n) \\ &= \det(A\boldsymbol{b}_1+A\boldsymbol{b}_1', A\boldsymbol{b}_2, \cdots, A\boldsymbol{b}_n) \\ &= \det(A\boldsymbol{b}_1, A\boldsymbol{b}_2, \cdots, A\boldsymbol{b}_n)+\det(A\boldsymbol{b}_1', A\boldsymbol{b}_2, \cdots, A\boldsymbol{b}_n) \\ &= D(\boldsymbol{b}_1, \boldsymbol{b}_2, \cdots, \boldsymbol{b}_n)+D(\boldsymbol{b}_1', \boldsymbol{b}_2, \cdots, \boldsymbol{b}_n), \end{aligned}$$

$$\begin{aligned} D(c\boldsymbol{b}_1, \boldsymbol{b}_2, \cdots, \boldsymbol{b}_n) &= \det(A(c\boldsymbol{b}_1), A\boldsymbol{b}_2, \cdots, A\boldsymbol{b}_n) \\ &= \det(c(A\boldsymbol{b}_1), A\boldsymbol{b}_2, \cdots, A\boldsymbol{b}_n) \\ &= c\det(A\boldsymbol{b}_1, A\boldsymbol{b}_2, \cdots, A\boldsymbol{b}_n) = cD(\boldsymbol{b}_1, \boldsymbol{b}_2, \cdots, \boldsymbol{b}_n). \end{aligned}$$

他の列についても同様である．また B の2つの列が等しければ，AB の2つの列が等しくなるから，$D(B)=\det(AB)=0$ となる．すなわち D は列に関して交代的である．ゆえに命題5.7によって

$$D(B) = \det B \cdot D(I) \qquad (I \text{ は } n \text{ 次の単位行列})$$

となる．ここで $D(I)=\det(AI)=\det A$ であるから，

$$D(B) = \det B \cdot \det A.$$

これは(5.22)にほかならない．▮

系 A が正則行列ならば，$\det A \neq 0$ であって，

$$\det(A^{-1}) = (\det A)^{-1}.$$

証明 A が正則ならば，逆行列 A^{-1} が存在して，$AA^{-1}=I$ であるから，定理5.10によって

$$\det(A) \cdot \det(A^{-1}) = \det(I) = 1.$$

これから結論が得られる．▮

上の系によって，§1の性質**4**(p.160)はその逆も成り立つことがわかる．したがって次の定理が得られる．この定理は正方行列の正則性を行列式によって特徴づけたものである．

定理 5.11 正方行列 A が正則であるためには $\det A \neq 0$ であるこ

とが必要かつ十分である.

われわれはこれまでに，正方行列 A が正則であることを表す数多くの同等な条件を学んだ．念のため下にその二,三を再記しておく．(ただし A は n 次とする.)

1. A は逆行列をもつ.
2. A の n 個の列ベクトルは1次独立である.
3. A の n 個の行ベクトルは1次独立である.
4. $\det A \neq 0$ である.

読者はこのほかにどのような同等な条件があったか，思い出してみられたい.

次の命題は定理5.11の1つの系である.

命題 5.12 A を n 次の正方行列とするとき，同次連立1次方程式

(5.23) $$A\boldsymbol{x} = \boldsymbol{0} \qquad (\boldsymbol{x}, \boldsymbol{0} \text{ は } n\text{-列ベクトル})$$

が自明でない解をもつための必要十分条件は，$\det A=0$ であることである.

証明 命題3.24(p.112)によって，1次方程式(5.23)が自明でない解をもつことは A が正則でないことと同等である．定理5.11によって，それは $\det A=0$ であることと同等である. ▌

問題

1. 行列

$$A = \begin{bmatrix} a & b & c & d \\ -b & a & -d & c \\ -c & d & a & -b \\ -d & -c & b & a \end{bmatrix}$$

とその転置行列との積 AA^{T} を求めよ．その結果から $|A|=(a^2+b^2+c^2+d^2)^2$ であることを導け.

2. B を m 次，D を n 次の正方行列とし，A は

$$A = \begin{bmatrix} B & C \\ O & D \end{bmatrix} \quad \text{または} \quad A = \begin{bmatrix} B & O \\ C & D \end{bmatrix}$$

の形の $m+n$ 次の正方行列とする．そのとき $|A|=|B||D|$ であることを証明せよ．[ヒント：たとえば $\begin{bmatrix} B & C \\ O & D \end{bmatrix} = \begin{bmatrix} I_m & C \\ O & D \end{bmatrix}\begin{bmatrix} B & O \\ O & I_n \end{bmatrix}$ となる.]

3. 平面 $\boldsymbol{R}^2$ の3点 (x_1, y_1), (x_2, y_2), (x_3, y_3) が1直線上にあるための必要十分条件は

$$\begin{vmatrix} x_1 & y_1 & 1 \\ x_2 & y_2 & 1 \\ x_3 & y_3 & 1 \end{vmatrix} = 0$$

で与えられることを証明せよ．［ヒント：問題の条件は a, b, c に関する連立1次方程式 $ax_i + by_i + c = 0\ (i=1,2,3)$ が自明でない解をもつことと同等である．］

4. 前問にならって，空間の4点 (x_i, y_i, z_i) $(i=1,2,3,4)$ が同一平面上にあるための必要十分条件を，行列式を用いて表せ．

5. A が $m\times n$ 行列，B が $n\times m$ 行列で，$n<m$ ならば，$\det(AB)=0$ であることを証明せよ．

6. n 次の正方行列 $A=(a_{ij})$ $(n\geqq 2)$ において，

$$a_{ii} = 1 \quad (i=1, \cdots, n), \qquad |a_{ij}| < 1/(n-1) \quad (i, j=1, \cdots, n;\ i\neq j)$$

ならば，$\det A\neq 0$ であることを証明せよ．［ヒント：同次連立1次方程式

$$\begin{cases} x_1 + a_{12}x_2 + \cdots + a_{1n}x_n = 0 \\ \cdots\cdots\cdots \\ a_{n1}x_1 + a_{n2}x_2 + \cdots + \quad x_n = 0 \end{cases}$$

が自明でない解をもつとして矛盾を導け.］

§8　余因子行列と逆行列

$A=(a_{ij})$ を n 次の正方行列とする．前のように A の第 i 行と第 j 列とをとり除いて得られる $n-1$ 次の行列を A_{ij} で表す．そのとき

$$(-1)^{i+j}\det(A_{ij})$$

を，A の (i,j) **余因子**または a_{ij} の**余因子**という．以下これを $\varDelta_{ij}$ で表す．

命題 5.13　$A=(a_{ij})$ を n 次の正方行列，その (i,j) 余因子を $\varDelta_{ij}$ とすれば，次のことが成り立つ．

1. i, k を n 以下の1組の正の整数とするとき，

$$(5.24)\qquad \sum_{j=1}^{n} a_{ij}\varDelta_{kj} = \begin{cases} \det A, & i=k \text{ のとき} \\ 0, & i\neq k \text{ のとき}. \end{cases}$$

2. j, l を n 以下の1組の正の整数とするとき，

$$(5.25)\qquad \sum_{i=1}^{n} a_{ij}\varDelta_{il} = \begin{cases} \det A, & j=l \text{ のとき} \\ 0, & j\neq l \text{ のとき}. \end{cases}$$

証明　**1** だけ示す．**2** の証明も同様である．

$i=k$ のとき (5.24) の左辺が $\det A$ に等しいことは，(5.20)$'$ ですでに示されて

いる．次に $i \neq k$ とし，行列 A の第 k 行以外はそのままにして，第 k 行を第 i 行でおきかえた行列を A' とする．そうすれば A' の第 i 行と第 k 行とは等しくなるから $\det A'=0$ である．他方 $\det A'$ を第 k 行に関して展開すれば，

$$\det A' = \sum_{j=1}^{n} (-1)^{k+j} a_{kj}' \det(A_{kj}'). \tag{5.26}$$

ただし(5.26)で a_{kj}' は A' の (k,j) 成分，A_{kj}' は A' の第 k 行と第 j 列とをとり除いた行列である．しかるに A' の作り方から明らかに，$a_{kj}'=a_{ij}$，$A_{kj}'=A_{kj}$ であるから，(5.26)の右辺は(5.24)の左辺に等しい．ゆえに $i \neq k$ ならば

$$\sum_{j=1}^{n} a_{ij}\varDelta_{kj} = 0$$

である．▌

いま $\varDelta_{ji}$ を (i,j) 成分とする n 次の正方行列を $\tilde{A}$ とする．（添字の順序に注意せよ！）そうすれば，行列の積の成分の公式(3.19)(p. 98)によって，(5.24)の左辺は $A\tilde{A}$ の (i,k) 成分を，(5.25)の左辺は $\tilde{A}A$ の (l,j) 成分を表している．したがって命題5.13から，行列 $A\tilde{A}, \tilde{A}A$ はともに，対角成分がすべて $\det A$ に等しく，他の成分はすべて0に等しいような行列となることがわかる．行列 $\tilde{A}$ を A の**余因子行列**とよぶことにすれば，この結果は次のように簡単に述べられる．

命題 5.14　A を n 次の正方行列，$\tilde{A}$ をその余因子行列とすれば，

$$A\tilde{A} = \tilde{A}A = (\det A)I_n \tag{5.27}$$

である．——

特に A が正則行列である場合には，これから次の命題が得られる．

命題 5.15　A を正則な正方行列とすれば，その逆行列 A^{-1} は

$$\frac{1}{\det A}\tilde{A}$$

に等しい．いいかえれば A^{-1} の (i,j) 成分は $\varDelta_{ji}/\det A$ に等しい．

問　　題

1. $ad-bc \neq 0$ のとき，行列

$$A = \begin{bmatrix} a & b \\ c & d \end{bmatrix}$$

の逆行列を求めよ．

2. A が n 次の正則行列のとき，$A^{-1}=(\boldsymbol{x}_1, \cdots, \boldsymbol{x}_n)$ とすれば，

$$A\boldsymbol{x}_j = \boldsymbol{e}_j \qquad (j=1, \cdots, n)$$

である．(p. 129 の(3. 50)参照．) このこととクラメルの公式(5. 6)を用いて，命題 5. 15 の別証を与えよ．

3. 命題 5. 15 を用いて次の行列の逆行列を求めよ．

(a) $\begin{bmatrix} 1 & i & i \\ -i & 1 & i \\ -i & -i & 1 \end{bmatrix}$ (i は虚数単位)　　(b) $\begin{bmatrix} -1/2 & 1/2 & 1/\sqrt{2} \\ 1/2 & -1/2 & 1/\sqrt{2} \\ 1/\sqrt{2} & 1/\sqrt{2} & 0 \end{bmatrix}$

4. n 次正方行列 A の余因子行列を $\tilde{A}$ とすれば，$|\tilde{A}|=|A|^{n-1}$ であることを証明せよ．［ヒント：A が正則の場合は(5. 27)から直ちに出る．］

5. A は整数を成分とする正方行列とする．A が正則で，かつ A^{-1} も整数を成分とする行列となるためには，$\det A=\pm 1$ であることが必要かつ十分であることを証明せよ．

6. $A=(a_{ij})$ を n 次の正方行列とし，その (i, j) 余因子を Δ_{ij} とする．A の各成分に一定の数 x を加えて得られる行列を $A_x=(a_{ij}+x)$ とすれば，

$$|A_x| = |A|+x\left(\sum_{i=1}^{n}\sum_{j=1}^{n}\Delta_{ij}\right)$$

であることを証明せよ．

§9 行列の階数と小行列式

本章ではこれまで正方行列のみを考えてきたが，この節では一般の型の行列にもどる．行列の階数という概念が行列式の言葉を用いてどのように表現されるかを以下に述べよう．

A を $m\times n$ 行列とし，p を $p\leqq m$，$p\leqq n$ を満たす 1 つの正の整数とする．A の p 個の行と p 個の列とを任意にとり出して作った p 次の正方行列の行列式を，A の p **次の小行列式**という．

例 5.12 A が 3×4 行列

$$A = \begin{bmatrix} a_{11} & a_{12} & a_{13} & a_{14} \\ a_{21} & a_{22} & a_{23} & a_{24} \\ a_{31} & a_{32} & a_{33} & a_{34} \end{bmatrix}$$

ならば，その 2 次の小行列式は

$$\begin{vmatrix} a_{11} & a_{12} \\ a_{21} & a_{22} \end{vmatrix}, \quad \begin{vmatrix} a_{11} & a_{13} \\ a_{21} & a_{23} \end{vmatrix}, \quad \begin{vmatrix} a_{11} & a_{14} \\ a_{31} & a_{34} \end{vmatrix}, \quad \begin{vmatrix} a_{22} & a_{24} \\ a_{32} & a_{34} \end{vmatrix}, \quad \text{等々}$$

である．'組合せ'の理論を知っている読者は，A の2次の小行列式が全部で ${}_3C_2\times{}_4C_2=3\times6=18$ 個存在することを，容易にみいだすであろう．——

一般に $m\times n$ 行列の p 次の小行列式は全部で ${}_mC_p\times{}_nC_p$ 個存在する．

さて小行列式の概念を用いれば，行列の階数は次の命題によって特徴づけられる．

命題 5.16　行列 A の階数は，A の0でない小行列式の最大次数に等しい．すなわち，A の階数が r ならば，A の r 次の小行列式のうちに0でないものが存在し，r より大きい次数の小行列式は(もし存在すれば)すべて0に等しい．

証明　A を $m\times n$ 行列とし，$\mathrm{rank}\,A=r$ とする．まず，A の r 次の小行列式のうちに0でないものが存在することを示そう．$\mathrm{rank}\,A=r$ であるから，A の m 個の行のうちに r 個の1次独立なものが存在する．たとえば A の第 $i_1,\cdots,i_r$ 行 $(1\leqq i_1<\cdots<i_r\leqq m)$ が1次独立であるとし，A のそれらの行から作られる $r\times n$ 行列を

$$A'=\begin{bmatrix} a_{i_11} & \cdots & a_{i_1n} \\ \vdots & & \vdots \\ a_{i_r1} & \cdots & a_{i_rn} \end{bmatrix}$$

とする．A' の階数も r に等しいから，A' の n 個の列のうちに r 個の1次独立なものがある．たとえば A' の第 $j_1,\cdots,j_r$ 列 $(1\leqq j_1<\cdots<j_r\leqq n)$ が1次独立であるとし，A' のそれらの列から作られる $r\times r$ 行列を

$$A''=\begin{bmatrix} a_{i_1j_1} & \cdots & a_{i_1j_r} \\ \vdots & & \vdots \\ a_{i_rj_1} & \cdots & a_{i_rj_r} \end{bmatrix}$$

とする．そうすれば $\mathrm{rank}\,A''=r$ であるから，A'' は r 次の正則行列で，したがって定理5.11により $\det(A'')\neq0$ である．これで，A の r 次の小行列式のうちに0でないものが存在することが証明された．

次に，r より大きい次数の A の小行列式は(もし存在すれば)必ず0であることを示そう．そのためにまず，任意に与えられた $m\times n$ 行列の一部分の列ベクトルから成る $m\times p$ 行列 $(p\leqq n)$ や一部分の行ベクトルから成る $q\times n$ 行列 $(q\leqq m)$ の階数は，いずれももとの行列の階数をこえないことに注意する．そのことは，階数の語をそれぞれ列階数または行階数(第3章§10参照)の意味に

解釈すれば，明らかであろう．これからまた一般に，与えられた行列のいくつかの行といくつかの列とをとり出して作った行列の階数はもとの行列の階数をこえないことがわかる．さてそこで，$\mathrm{rank}\,A=r$，$r<m$，$r<n$ と仮定し，s を $r<s\leqq m$，$r<s\leqq n$ を満たす任意の整数とする．B を A の任意の s 個の行および列をとり出して作った s 次の正方行列とすれば，上に述べたように $\mathrm{rank}\,B\leqq\mathrm{rank}\,A$ であるから，$\mathrm{rank}\,B\leqq r<s$ である．ゆえに B は正則でなく，したがって $\det B=0$ である．これでわれわれの主張が証明された．▌

上の命題 5.16 によれば，われわれは，原理的には，小行列式を計算することによって行列の階数を求めることができる．しかし，この命題の意義は，前の定理 5.2 や命題 5.15 などと同じく，そのような実用面よりもむしろ理論的な面にある．成分が具体的な数値で与えられた行列の階数を実際に求めるためには，命題 5.16 によるよりも，基本変形(第3章§11)によるほうがはるかに効率がよい．しかし，型が小さく，ある種の規則的な形をし，しかも文字を含んでいるような行列の階数を調べる場合などには，実際的にも命題 5.16 がしばしば有効に用いられる．

例 5.13 行列

$$A=\begin{bmatrix} a & 1 & 1 & 1 \\ 1 & a & 1 & 1 \\ 1 & 1 & a & 1 \\ 1 & 1 & 1 & a \end{bmatrix}$$

の階数を求めよ．ただし a は実数の定数とする．

解 例 5.10 でみたように

$$\det A=(a+3)(a-1)^3$$

である．したがって $a\neq-3$，$a\neq1$ ならば $\det A\neq0$ となり，$\mathrm{rank}\,A=4$ である．$a=-3$ の場合には，容易にわかるように

$$\begin{vmatrix} -3 & 1 & 1 \\ 1 & -3 & 1 \\ 1 & 1 & -3 \end{vmatrix}\neq0$$

であるから，$\mathrm{rank}\,A=3$ であり，また $a=1$ の場合は明らかに $\mathrm{rank}\,A=1$ である．▌

問　　題

1. 行列Aのあるr行とr列から成る小行列式が0でなく，それらの行と列を含む$r+1$次の小行列式がすべて0であるとする．そのとき$\mathrm{rank}\,A=r$であることを証明せよ．(これは命題5.16の精密化である．)

2. a, b, cを実数とするとき，行列

$$\begin{bmatrix} a & b & c \\ c & a & b \\ b & c & a \end{bmatrix}$$

の階数を求めよ．(もちろんa, b, cの関係によって，結果はいろいろになる．)

3. 次の連立1次方程式を解け．

(a) $$\begin{cases} x_1+\ \ x_2+\ \ x_3 = 1 \\ a_1x_1+a_2x_2+a_3x_3 = b \\ a_1{}^2x_1+a_2{}^2x_2+a_3{}^2x_3 = b^2 \end{cases}$$

(b) $$\begin{cases} ax_1+x_2+x_3+\cdots+x_n = b \\ x_1+ax_2+x_3+\cdots+x_n = b \\ \cdots\cdots\cdots \\ x_1+x_2+x_3+\cdots+ax_n = b \end{cases}$$

4. $A=(a_{ij})$をn次$(n\geqq 2)$の正方行列，Δ_{ij}を(i, j)余因子とする．$\mathrm{rank}\,A=n-1$ならば，命題5.16によって，あるi_0, j_0に対して$\Delta_{i_0j_0}\neq 0$となる．そのとき，連立1次方程式

$$A\boldsymbol{x} = \boldsymbol{0}$$

の任意の解は$\boldsymbol{x}_0=(\Delta_{i_01}, \cdots, \Delta_{i_0n})^{\mathrm{T}}$のスカラー倍であることを証明せよ．

§10 面積・体積と行列式

実数成分の2次および3次の行列式は，面積および体積という幾何学的な意味をもっている．本章の最後にそのことを説明しておこう．

$\boldsymbol{a}, \boldsymbol{b}$を平面$\boldsymbol{R}^2$の2つのベクトルとする．$O$を座標の原点とし，$A, B$を$\overrightarrow{OA}=\boldsymbol{a}$，$\overrightarrow{OB}=\boldsymbol{b}$であるような点とする．$OA, OB$を2辺とする平行四辺形$OAPB$(第3図)を，簡単に$\boldsymbol{a}, \boldsymbol{b}$を2辺とする，あるいは$\boldsymbol{a}, \boldsymbol{b}$で張られる平行四辺形という．その面積$S$を求めよう．

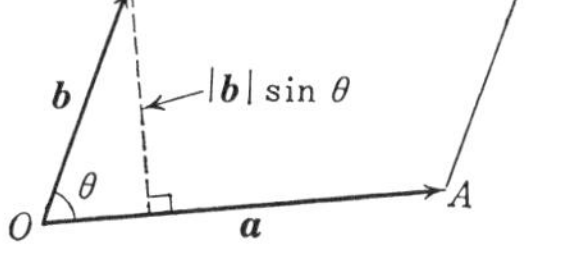

第3図

もし $\boldsymbol{a}, \boldsymbol{b}$ が1次従属ならば，$OAPB$ は1つの線分に‘退化’するから，面積は $S=0$ である．$\boldsymbol{a}, \boldsymbol{b}$ が1次独立のとき，第3図のように $\boldsymbol{a}, \boldsymbol{b}$ のなす角を θ とすれば，B から辺 OA に下した垂線の長さは $|\boldsymbol{b}|\sin\theta$ であるから，

$$S = |\boldsymbol{a}|\,|\boldsymbol{b}|\sin\theta$$

である．この両辺を平方し，$\sin^2\theta=1-\cos^2\theta$，$|\boldsymbol{a}|\,|\boldsymbol{b}|\cos\theta=\boldsymbol{a}\cdot\boldsymbol{b}$ に注意すれば，

$$S^2 = |\boldsymbol{a}|^2|\boldsymbol{b}|^2-(\boldsymbol{a}\cdot\boldsymbol{b})^2 \tag{5.28}$$

となる．この結果をベクトルの成分で表すために，$\boldsymbol{a}=(a_1, a_2)^{\mathrm{T}}$，$\boldsymbol{b}=(b_1, b_2)^{\mathrm{T}}$ とすれば(便宜上 $\boldsymbol{a}, \boldsymbol{b}$ は列ベクトルとする)，

$$\begin{aligned}|\boldsymbol{a}|^2|\boldsymbol{b}|^2-(\boldsymbol{a}\cdot\boldsymbol{b})^2 &= ({a_1}^2+{a_2}^2)({b_1}^2+{b_2}^2)-(a_1b_1+a_2b_2)^2\\ &= (a_1b_2-a_2b_1)^2,\end{aligned}$$

ゆえに

$$S = |a_1b_2-a_2b_1|. \tag{5.29}$$

行列式の語を用いれば，この右辺は2次の行列式 $\det(\boldsymbol{a}, \boldsymbol{b})$ の絶対値に等しい．これで次の命題が証明された．(実は(5.28),(5.29)はすでに第1章§4の問題7,8に記されている．)

命題 5.17 平面 $\boldsymbol{R}^2$ の2つのベクトル $\boldsymbol{a}, \boldsymbol{b}$ で張られる平行四辺形の面積は $|\det(\boldsymbol{a}, \boldsymbol{b})|$ に等しい．——

参考のため，命題5.17について，下にもう1つ別証を述べておこう．この別証は上記の簡単な証明にくらべていくらか長いけれども，面積と行列式との関係を，より本質的に表しており，幾何学的には，直観的にきわめて明らかなことしか用いない．さらにまた，この証明に用いられる基本的なアイデアと手法は，そのまま3次元以上の場合にも適用することができる．

別証 ベクトル $\boldsymbol{a}, \boldsymbol{b}$ で張られる平行四辺形の面積を $S(\boldsymbol{a}, \boldsymbol{b})$ で表すことにする．また $S_0(\boldsymbol{a}, \boldsymbol{b})$ を次のように定める：

$$S_0(\boldsymbol{a}, \boldsymbol{b}) = \begin{cases} S(\boldsymbol{a}, \boldsymbol{b}), & \det(\boldsymbol{a}, \boldsymbol{b})>0 \text{ のとき} \\ -S(\boldsymbol{a}, \boldsymbol{b}), & \det(\boldsymbol{a}, \boldsymbol{b})<0 \text{ のとき} \\ 0, & \boldsymbol{a}, \boldsymbol{b} \text{ が1次従属のとき.} \end{cases}$$

そうすればわれわれが証明すべきことは，

$$S_0(\boldsymbol{a}, \boldsymbol{b}) = \det(\boldsymbol{a}, \boldsymbol{b}) \tag{5.30}$$

ということになる．これを示すために行列式の特徴づけを用いる．すなわち，

$S_0(\boldsymbol{a}, \boldsymbol{b})$が行列式の基本性質**I, II, III**を満たすことを示すのである．それができれば，定理5.1によって(5.30)が結論される．

IIIと**II**の検証は簡単である．実際**III**については，基本ベクトル$\boldsymbol{e}_1, \boldsymbol{e}_2$によって張られる‘単位正方形’の面積は1であり，また$\det(\boldsymbol{e}_1, \boldsymbol{e}_2)>0$であるから，$S_0(\boldsymbol{e}_1, \boldsymbol{e}_2)=1$となる．性質**II**(交代性)の$S_0(\boldsymbol{a}, \boldsymbol{a})=0$は定義から明らかである．

性質**I**について，$S_0(\boldsymbol{a}, \boldsymbol{b})$が第1列$\boldsymbol{a}$に関して線型であることを以下に証明しよう．(もちろん第2列$\boldsymbol{b}$に関する線型性も同様にして証明される．) まず

$$S_0(c\boldsymbol{a}, \boldsymbol{b}) = cS_0(\boldsymbol{a}, \boldsymbol{b}) \tag{5.31}$$

を証明する．$\boldsymbol{a}, \boldsymbol{b}$が1次従属のとき，または$c=0$のときには(5.31)は明らかであるから，$\boldsymbol{a}, \boldsymbol{b}$は1次独立とし，また$c\neq0$とする．(第4図参照.)

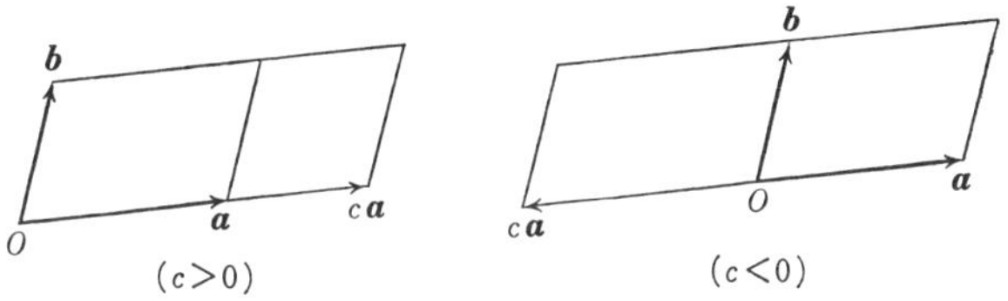

第4図

$c>0$ならば$\det(c\boldsymbol{a}, \boldsymbol{b})$と$\det(\boldsymbol{a}, \boldsymbol{b})$は同符号で,

$$S(c\boldsymbol{a}, \boldsymbol{b}) = cS(\boldsymbol{a}, \boldsymbol{b})$$

であるから，$\det(\boldsymbol{a}, \boldsymbol{b})>0$の場合は

$$S_0(c\boldsymbol{a}, \boldsymbol{b}) = S(c\boldsymbol{a}, \boldsymbol{b}) = cS(\boldsymbol{a}, \boldsymbol{b}) = cS_0(\boldsymbol{a}, \boldsymbol{b}),$$

$\det(\boldsymbol{a}, \boldsymbol{b})<0$の場合は

$$S_0(c\boldsymbol{a}, \boldsymbol{b}) = -S(c\boldsymbol{a}, \boldsymbol{b}) = -cS(\boldsymbol{a}, \boldsymbol{b}) = cS_0(\boldsymbol{a}, \boldsymbol{b}).$$

したがって(5.31)が成り立つ．$c<0$のときには，$\det(c\boldsymbol{a}, \boldsymbol{b})$と$\det(\boldsymbol{a}, \boldsymbol{b})$が異符号で，$S(c\boldsymbol{a}, \boldsymbol{b})=-cS(\boldsymbol{a}, \boldsymbol{b})$であることに注意すれば，同様にして(5.31)が証明される．(読者はみずからその証明を試みよ.)

線型性のもう1つの条件を示す前に，1次独立なベクトル$\boldsymbol{a}, \boldsymbol{b}$に対して

$$S_0(\boldsymbol{a}+\boldsymbol{b}, \boldsymbol{b}) = S_0(\boldsymbol{a}, \boldsymbol{b}) \tag{5.32}$$

が成り立つことに注意する．実際，第5図の陰影をつけた2つの三角形の面積は等しいから，$\boldsymbol{a}+\boldsymbol{b}$と$\boldsymbol{b}$で張られる平行四辺形の面積は$\boldsymbol{a}$と$\boldsymbol{b}$で張られる平

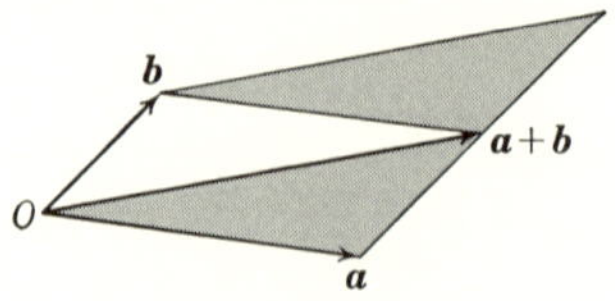

第5図

行四辺形の面積に等しい．そして $\det(\boldsymbol{a}+\boldsymbol{b},\boldsymbol{b})=\det(\boldsymbol{a},\boldsymbol{b})$ であるから，(5.32) が得られる．

(5.31) と (5.32) から，われわれはさらに，1次独立なベクトル $\boldsymbol{a},\boldsymbol{b}$ に対して，等式

(5.33) $$S_0(c\boldsymbol{a}+d\boldsymbol{b},\boldsymbol{b}) = cS_0(\boldsymbol{a},\boldsymbol{b})$$

を導き出すことができる．$d=0$ の場合は (5.33) は (5.31) そのものであるし，$d\neq0$ ならば

$$\begin{aligned} S_0(c\boldsymbol{a}+d\boldsymbol{b},\boldsymbol{b}) &= S_0(d(d^{-1}c\boldsymbol{a}+\boldsymbol{b}),\boldsymbol{b}) \\ &= dS_0(d^{-1}c\boldsymbol{a}+\boldsymbol{b},\boldsymbol{b}) = dS_0(d^{-1}c\boldsymbol{a},\boldsymbol{b}) \\ &= d\cdot d^{-1}cS_0(\boldsymbol{a},\boldsymbol{b}) = cS_0(\boldsymbol{a},\boldsymbol{b}) \end{aligned}$$

となるからである．

さて以上の準備のもとに線型性のもう1つの条件

(5.34) $$S_0(\boldsymbol{a}_1+\boldsymbol{a}_2,\boldsymbol{b}) = S_0(\boldsymbol{a}_1,\boldsymbol{b})+S_0(\boldsymbol{a}_2,\boldsymbol{b})$$

を証明しよう．$\boldsymbol{b}=\boldsymbol{0}$ ならば明らかであるから，$\boldsymbol{b}\neq\boldsymbol{0}$ とし，ベクトル $\boldsymbol{a}$ を $\boldsymbol{a},\boldsymbol{b}$ が1次独立となるようにとる．そのとき $\boldsymbol{a}_1,\boldsymbol{a}_2$ はいずれも $\boldsymbol{a},\boldsymbol{b}$ の1次結合として

$$\boldsymbol{a}_1 = c_1\boldsymbol{a}+d_1\boldsymbol{b}, \qquad \boldsymbol{a}_2 = c_2\boldsymbol{a}+d_2\boldsymbol{b}$$

と表されるから，(5.33) によって

$$\begin{aligned} S_0(\boldsymbol{a}_1,\boldsymbol{b}) &= S_0(c_1\boldsymbol{a}+d_1\boldsymbol{b},\boldsymbol{b}) = c_1S_0(\boldsymbol{a},\boldsymbol{b}), \\ S_0(\boldsymbol{a}_2,\boldsymbol{b}) &= S_0(c_2\boldsymbol{a}+d_2\boldsymbol{b},\boldsymbol{b}) = c_2S_0(\boldsymbol{a},\boldsymbol{b}), \end{aligned}$$

また

$$\begin{aligned} S_0(\boldsymbol{a}_1+\boldsymbol{a}_2,\boldsymbol{b}) &= S_0((c_1+c_2)\boldsymbol{a}+(d_1+d_2)\boldsymbol{b},\ \boldsymbol{b}) \\ &= (c_1+c_2)S_0(\boldsymbol{a},\boldsymbol{b}). \end{aligned}$$

ゆえに (5.34) が成り立つ．以上でわれわれの証明は完了した．▌

次に空間の場合を考え，$\boldsymbol{a},\boldsymbol{b},\boldsymbol{c}$ を空間 $\boldsymbol{R}^3$ の3つのベクトルとする．前のよ

うに O を座標の原点とし，$\overrightarrow{OA}=\boldsymbol{a}$, $\overrightarrow{OB}=\boldsymbol{b}$, $\overrightarrow{OC}=\boldsymbol{c}$ とする．OA, OB, OC を3辺とする平行六面体 $OAPB$-$CQRS$(第6図)を，$\boldsymbol{a}, \boldsymbol{b}, \boldsymbol{c}$ を3辺とする，あるいは $\boldsymbol{a}, \boldsymbol{b}, \boldsymbol{c}$ で張られる平行六面体という．

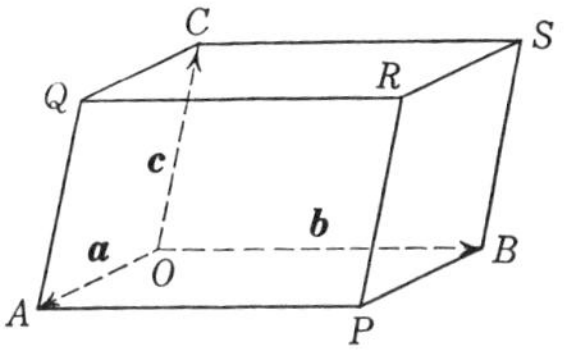

第6図

上の平行六面体の体積を V とすれば，平面上の平行四辺形の場合と同様に，V は $|\det(\boldsymbol{a}, \boldsymbol{b}, \boldsymbol{c})|$ に等しい．なぜなら，前にも注意したごとく，命題5.17の別証に述べた方法は，3次元以上の場合にも同じように通用するものであるからである．しかしここではふたたび‘初等幾何学’にもどって，もっと平易な証明を与えておこう．

ベクトル $\boldsymbol{a}, \boldsymbol{b}, \boldsymbol{c}$ の成分表示を

$$\boldsymbol{a} = (a_1, a_2, a_3)^{\mathrm{T}}, \quad \boldsymbol{b} = (b_1, b_2, b_3)^{\mathrm{T}}, \quad \boldsymbol{c} = (c_1, c_2, c_3)^{\mathrm{T}}$$

とする．また $\boldsymbol{x}=(x_1, x_2, x_3)^{\mathrm{T}}$ を $\boldsymbol{R}^3$ の任意のベクトルとして，

$$A(\boldsymbol{x}) = \begin{bmatrix} a_1 & b_1 & x_1 \\ a_2 & b_2 & x_2 \\ a_3 & b_3 & x_3 \end{bmatrix}$$

とおく．行列 $A(\boldsymbol{x})$ の第3列の成分 x_1, x_2, x_3 の余因子はそれぞれ

(5.35) $$\Delta_1 = a_2b_3-a_3b_2, \quad \Delta_2 = a_3b_1-a_1b_3, \quad \Delta_3 = a_1b_2-a_2b_1$$

で，これは $\boldsymbol{x}$ に関係しない．この余因子を成分とするベクトルを

$$\boldsymbol{u} = (\Delta_1, \Delta_2, \Delta_3)^{\mathrm{T}}$$

とすれば，

(5.36) $$\det(A(\boldsymbol{x})) = \boldsymbol{u}\cdot\boldsymbol{x}$$

である．実際 $\det(A(\boldsymbol{x}))$ を第3列に関して展開すれば

$$\det(A(\boldsymbol{x})) = x_1\Delta_1+x_2\Delta_2+x_3\Delta_3$$

となるからである．

明らかに $\det(A(\boldsymbol{a}))=0$, $\det(A(\boldsymbol{b}))=0$ であるから，(5.36)によって $\boldsymbol{u}\cdot\boldsymbol{a}=0$, $\boldsymbol{u}\cdot\boldsymbol{b}=0$ である．すなわちベクトル $\boldsymbol{u}$ はベクトル $\boldsymbol{a}, \boldsymbol{b}$ の両方に直交し，したが

って第6図の平行六面体の‘底面’ $OAPB$ に垂直である．

一方 $\boldsymbol{u}$ の長さを計算すれば，$\boldsymbol{u}$ の定義と(5.35)から

$$|\boldsymbol{u}|^2 = (a_2b_3-a_3b_2)^2+(a_3b_1-a_1b_3)^2+(a_1b_2-a_2b_1)^2$$

である．計算によって容易に確かめられるように，これは

$$|\boldsymbol{a}|^2|\boldsymbol{b}|^2-(\boldsymbol{a}\cdot\boldsymbol{b})^2 = (a_1{}^2+a_2{}^2+a_3{}^2)(b_1{}^2+b_2{}^2+b_3{}^2)-(a_1b_1+a_2b_2+a_3b_3)^2$$

に等しい．第6図の底面 $OAPB$ の面積を S とすれば，これから

(5.37)　$$|\boldsymbol{u}| = S$$

であることがわかる．なぜなら(5.28)の $S^2=|\boldsymbol{a}|^2|\boldsymbol{b}|^2-(\boldsymbol{a}\cdot\boldsymbol{b})^2$ という公式は，明らかに，空間の2つのベクトルで張られる平行四辺形の面積に対しても成り立つからである．

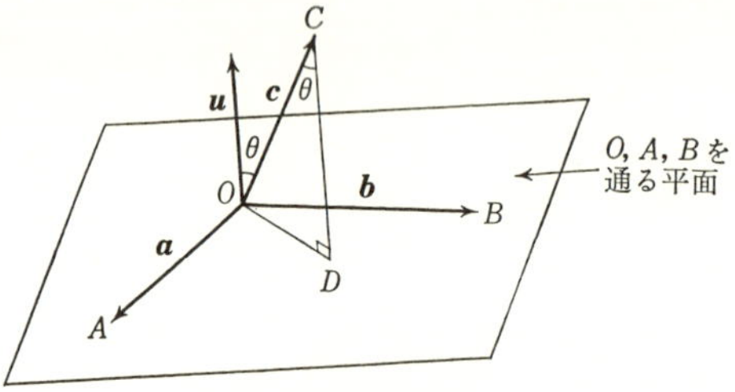

第7図

さて第7図のように C から底面 $OAPB$ に下した垂線を CD とすれば，

(5.38)　$$V = S\times(CD\text{ の長さ})$$

である．前述したことから CD はベクトル $\boldsymbol{u}$ に平行であるから，$\boldsymbol{c}$ が $\boldsymbol{u}$ となす角を θ とすれば，

(5.39)　$$CD\text{ の長さ} = |\boldsymbol{c}|\,|\cos\theta|$$

である．(第7図では θ は鋭角となっているが，これは鈍角となる場合もあるから，$\cos\theta$ は正とは限らない．したがって(5.39)において $\cos\theta$ はその絶対値をとっておかなければならない．) (5.37), (5.38), (5.39)によって

$$V = |\boldsymbol{u}|\,|\boldsymbol{c}|\,|\cos\theta| = |\boldsymbol{u}\cdot\boldsymbol{c}|.$$

(5.36)によってこの右辺は $|\det(A(\boldsymbol{c}))|=|\det(\boldsymbol{a}, \boldsymbol{b}, \boldsymbol{c})|$ に等しい．これで命題5.17と平行的に次の命題が証明された．

命題 5.18　空間 $\boldsymbol{R}^3$ の3つのベクトル $\boldsymbol{a}, \boldsymbol{b}, \boldsymbol{c}$ で張られる平行六面体の体積

は $|\det(\boldsymbol{a}, \boldsymbol{b}, \boldsymbol{c})|$ に等しい.

問　　題

1. $\boldsymbol{R}^3$ のベクトル $\boldsymbol{a}=(a_1, a_2, a_3)$, $\boldsymbol{b}=(b_1, b_2, b_3)$ に対して，ベクトル $\boldsymbol{a}\times\boldsymbol{b}$ を

$$\boldsymbol{a}\times\boldsymbol{b} = (a_2b_3-a_3b_2, a_3b_1-a_1b_3, a_1b_2-a_2b_1)$$

と定義する．これを $\boldsymbol{a}, \boldsymbol{b}$ の**ベクトル積**という．本文を参照して，このベクトル積の幾何学的意味を述べよ.

2. 次のことを確かめよ．((e)においては $\boldsymbol{a}, \boldsymbol{b}, \boldsymbol{c}$ は‘列ベクトル’とする.)

(a) $\boldsymbol{a}\times\boldsymbol{b} = -\boldsymbol{b}\times\boldsymbol{a}, \qquad \boldsymbol{a}\times\boldsymbol{a} = \boldsymbol{0}.$

(b) $(\boldsymbol{a}+\boldsymbol{a}')\times\boldsymbol{b} = \boldsymbol{a}\times\boldsymbol{b}+\boldsymbol{a}'\times\boldsymbol{b}, \qquad \boldsymbol{a}\times(\boldsymbol{b}+\boldsymbol{b}') = \boldsymbol{a}\times\boldsymbol{b}+\boldsymbol{a}\times\boldsymbol{b}'.$

(c) $(c\boldsymbol{a})\times\boldsymbol{b} = \boldsymbol{a}\times(c\boldsymbol{b}) = c(\boldsymbol{a}\times\boldsymbol{b}).$

(d) $(\boldsymbol{a}\times\boldsymbol{b})\cdot\boldsymbol{a} = 0, \qquad (\boldsymbol{a}\times\boldsymbol{b})\cdot\boldsymbol{b} = 0.$

(e) $(\boldsymbol{a}\times\boldsymbol{b})\cdot\boldsymbol{c} = \boldsymbol{a}\cdot(\boldsymbol{b}\times\boldsymbol{c}) = \det(\boldsymbol{a}, \boldsymbol{b}, \boldsymbol{c}).$

(f) $(\boldsymbol{a}\times\boldsymbol{b})\times\boldsymbol{c} = (\boldsymbol{a}\cdot\boldsymbol{c})\boldsymbol{b}-(\boldsymbol{b}\cdot\boldsymbol{c})\boldsymbol{a}.$

3. 平面 $\boldsymbol{R}^2$ の 3 点 (x_1, y_1), (x_2, y_2), (x_3, y_3) を 3 項点とする三角形の面積は

$$\frac{1}{2}\mathrm{abs}\begin{vmatrix} 1 & 1 & 1 \\ x_1 & x_2 & x_3 \\ y_1 & y_2 & y_3 \end{vmatrix}$$

で与えられることを示せ．ここに記号 abs は絶対値(absolute value)を表す.

4. 空間 $\boldsymbol{R}^3$ の 4 点 (x_i, y_i, z_i) $(i=1, 2, 3, 4)$ を頂点とする四面体の体積は

$$\frac{1}{6}\mathrm{abs}\begin{vmatrix} 1 & 1 & 1 & 1 \\ x_1 & x_2 & x_3 & x_4 \\ y_1 & y_2 & y_3 & y_4 \\ z_1 & z_2 & z_3 & z_4 \end{vmatrix}$$

で与えられることを示せ.

第6章　線型写像と行列,
ベクトル空間の直和

本章は2つの部分にわかれる．前半(§1–§5)では，有限次元ベクトル空間の間の線型写像，特に線型変換について，その行列表現の問題が扱われる．数ベクトル空間の間の線型写像と行列との関係については第3章で述べたが，本章の議論はその延長線上にあって，以前の議論をより一般的にし，かつ深化させるものである．しかし，線型変換の表現行列の標準化の問題や対角化可能性の問題などは，次章以後に延期される．

後半(§6, §7)では，ベクトル空間の直和の概念について，基本的な諸事項が述べられる．この概念が線型変換の表現行列の簡約化のためにどのような貢献をするかは，後の章で明らかになるであろう．

§1　線型写像の行列表現

前章と同じく $\boldsymbol{R}$ または $\boldsymbol{C}$ を代表的に文字 $\boldsymbol{K}$ で表す．本章の前半では，$\boldsymbol{K}$ 上の有限次元ベクトル空間の間の線型写像を行列で表現する問題を考える．以後ベクトル空間というのはいつも $\boldsymbol{K}$ 上のベクトル空間の意味とし，行列というのはいつも $\boldsymbol{K}$ の元を成分とする行列の意味とする．また数空間 $\boldsymbol{K}^n$ のベクトルは断わらない限り<u>列ベクトル</u>の形に書くものとする．

はじめに第2章，第3章の内容から，いくつかのことを思い出しておく．

V を $\boldsymbol{K}$ 上の n 次元ベクトル空間とし，$\{v_1, \cdots, v_n\}$ を V の基底とする．ここに基底というのはくわしくは<u>順序基底</u>(p. 67)の意味であって，以下も同様とする．このような順序基底を今後 α, β 等のギリシア文字で表す．たとえば上の基底 $\{v_1, \cdots, v_n\}$ を α で表せば，それに対して

$$\varphi_\alpha(\boldsymbol{e}_1) = v_1, \quad \varphi_\alpha(\boldsymbol{e}_2) = v_2, \quad \cdots, \quad \varphi_\alpha(\boldsymbol{e}_n) = v_n$$

となるような $\boldsymbol{K}^n$ から V への同型写像 φ_α が一意的に存在する．ただし $\varepsilon = \{\boldsymbol{e}_1, \cdots, \boldsymbol{e}_n\}$ は $\boldsymbol{K}^n$ の標準基底である．逆に φ: $\boldsymbol{K}^n \to V$ が同型写像ならば，$\varphi(\boldsymbol{e}_1) = v_1$, $\cdots$, $\varphi(\boldsymbol{e}_n) = v_n$ とするとき，$\{v_1, \cdots, v_n\}$ は V の基底であって，それ

をαとすれば$\varphi=\varphi_\alpha$となる．このようにVの基底αと同型写像φ_α: $\boldsymbol{K}^n\to V$とは1対1に対応する．今後本章では，記号φ_αはいつも，与えられたベクトル空間Vの基底αから上のようにして定められる，数空間からVへの同型写像の意味に用いる．

上のように$\alpha=\{v_1, \cdots, v_n\}$を$V$の基底とすれば，$V$の任意の元$v$は$v_1, \cdots, v_n$の1次結合として，一意的に

$$v = x_1v_1+x_2v_2+\cdots+x_nv_n$$

と表される．このとき，$\boldsymbol{K}^n$のベクトル

$$\begin{bmatrix} x_1 \\ \vdots \\ x_n \end{bmatrix} = x_1\boldsymbol{e}_1+x_2\boldsymbol{e}_2+\cdots+x_n\boldsymbol{e}_n$$

を基底αに関するvの座標ベクトルあるいは単に座標という．このベクトルを以後，記号$[v]_\alpha$で表す．これは明らかに，同型写像φ_α: $\boldsymbol{K}^n\to V$によるvの逆像$\varphi_\alpha{}^{-1}(v)$にほかならない．すなわち

$$[v]_\alpha = \varphi_\alpha{}^{-1}(v) \tag{6.1}$$

である．

次に，数ベクトル空間の間の線型写像と行列との関係について復習する．Aを$\boldsymbol{K}$の元を成分とする$m\times n$行列とすれば，

$$L_A(\boldsymbol{x}) = A\boldsymbol{x} \qquad (\boldsymbol{x}\in\boldsymbol{K}^n)$$

によって定義される写像L_A: $\boldsymbol{K}^n\to\boldsymbol{K}^m$は，$\boldsymbol{K}^n$から$\boldsymbol{K}^m$への線型写像である．逆に任意の線型写像$L$: $\boldsymbol{K}^n\to\boldsymbol{K}^m$はただ1つの$m\times n$行列$A$によって$L=L_A$と表される．$A$の列ベクトル表示を

$$A = (\boldsymbol{a}_1, \cdots, \boldsymbol{a}_n)$$

とし，上のように$\boldsymbol{K}^n$の標準基底を$\varepsilon=\{\boldsymbol{e}_1, \cdots, \boldsymbol{e}_n\}$とすれば，

$$L_A(\boldsymbol{e}_j) = \boldsymbol{a}_j \qquad (j=1, \cdots, n) \tag{6.2}$$

である．さらにくわしく，Aの(i,j)成分をa_{ij}とし，また$\boldsymbol{K}^m$の標準基底を$\delta=\{\boldsymbol{d}_1, \cdots, \boldsymbol{d}_m\}$で表すことにすれば，

$$\boldsymbol{a}_j = \begin{bmatrix} a_{1j} \\ \vdots \\ a_{mj} \end{bmatrix} = \sum_{i=1}^{m} a_{ij}\boldsymbol{d}_i$$

であるから，(6.2)は

$$L_A(\boldsymbol{e}_j) = \sum_{i=1}^{m} a_{ij}\boldsymbol{d}_i \qquad (j=1, \cdots, n) \tag{6.3}$$

とも書かれる．

さて以上の準備のもとに，一般の有限次元ベクトル空間の間の線型写像を行列で表現する話にはいろう．

V, W をそれぞれ $\boldsymbol{K}$ 上の n 次元，m 次元のベクトル空間とし，

$$F:\ V \longrightarrow W$$

を V から W への線型写像とする．$\alpha=\{v_1, \cdots, v_n\}$，$\beta=\{w_1, \cdots, w_m\}$ をそれぞれ V, W の基底とする．このとき $\varphi_\beta{}^{-1}\circ F\circ\varphi_\alpha$ は $\boldsymbol{K}^n$ から $\boldsymbol{K}^m$ への線型写像であるから，

$$\varphi_\beta{}^{-1}\circ F\circ\varphi_\alpha = L_A \tag{6.4}$$

となるような $m\times n$ 行列 A がただ1つ存在する．この行列 A を V の基底 α，W の基底 β に関する F の**表現行列**という．

$$\begin{array}{ccc} \boldsymbol{K}^n & \xrightarrow{\ L_A\ } & \boldsymbol{K}^m \\ {\scriptstyle\varphi_\alpha}\downarrow & & \uparrow{\scriptstyle\varphi_\beta{}^{-1}} \\ V & \xrightarrow[\ F\ ]{} & W \end{array}$$

上のように $\boldsymbol{K}^n, \boldsymbol{K}^m$ の標準基底をそれぞれ $\varepsilon=\{\boldsymbol{e}_1, \cdots, \boldsymbol{e}_n\}$，$\delta=\{\boldsymbol{d}_1, \cdots, \boldsymbol{d}_m\}$ とし，$A=(a_{ij})$ とすれば，$\varphi_\alpha, \varphi_\beta$ の意味によって $\varphi_\alpha(\boldsymbol{e}_j)=v_j$，$\varphi_\beta(\boldsymbol{d}_i)=w_i$ であるから，

$$(F\circ\varphi_\alpha)(\boldsymbol{e}_j) = F(\varphi_\alpha(\boldsymbol{e}_j)) = F(v_j),$$

$$(\varphi_\beta\circ L_A)(\boldsymbol{e}_j) = \varphi_\beta\left(\sum_{i=1}^{m} a_{ij}\boldsymbol{d}_i\right) = \sum_{i=1}^{m} a_{ij}\varphi_\beta(\boldsymbol{d}_i) = \sum_{i=1}^{m} a_{ij}w_i.$$

そして(6.4)から $F\circ\varphi_\alpha=\varphi_\beta\circ L_A$ であるから，

$$F(v_j) = \sum_{i=1}^{m} a_{ij}w_i \qquad (j=1, \cdots, n). \tag{6.5}$$

すなわち表現行列 A の成分 a_{ij} は(6.5)によって与えられる．あるいは直接にこの式(6.5)をもって，表現行列 $A=(a_{ij})$ の定義とみることもできる．

(6.5)を完全な形で書けば

$$(6.5)' \qquad \begin{cases} F(v_1) = a_{11}w_1 + a_{21}w_2 + \cdots + a_{m1}w_m \\ \cdots\cdots\cdots\cdots \\ F(v_n) = a_{1n}w_1 + a_{2n}w_2 + \cdots + a_{mn}w_m \end{cases}$$

である．読者は，(本書の定義によれば)表現行列 A は(6.5)′の係数をそのまま並べたものではなく，その転置であることに注意されたい．

基底 α, β に関する F の表現行列を，以後しばしば

$$[F]_\beta^\alpha$$

という記号で表す．上に注意したように，この行列の第 j 列は，$F(v_j)$ の基底 $\beta=\{w_1, \cdots, w_m\}$ に関する座標ベクトル，すなわち $[F(v_j)]_\beta$ である．

命題 6.1　V, W をそれぞれ n 次元，m 次元のベクトル空間，$F\colon V \to W$ を線型写像とし，α, β をそれぞれ V, W の基底とする．v を V の1つの元とし，その F による像を

$$(6.6) \qquad w = F(v)$$

とする．このとき F の α, β に関する表現行列を $A=(a_{ij})$，v の α に関する座標ベクトル，w の β に関する座標ベクトルをそれぞれ

$$\boldsymbol{x} = \begin{bmatrix} x_1 \\ \vdots \\ x_n \end{bmatrix}, \qquad \boldsymbol{y} = \begin{bmatrix} y_1 \\ \vdots \\ y_m \end{bmatrix}$$

とすれば，

$$(6.7) \qquad \boldsymbol{y} = A\boldsymbol{x},$$

くわしく書けば

$$(6.7)' \qquad y_i = \sum_{j=1}^{n} a_{ij}x_j \qquad (i=1, \cdots, m)$$

が成り立つ．上に導入した記号を用いれば，(6.7), (6.7)′は

$$(6.7)'' \qquad [w]_\beta = [F]_\beta^\alpha [v]_\alpha$$

とも書かれる．

証明　命題に述べられているように $[v]_\alpha = \boldsymbol{x}$，$[w]_\beta = \boldsymbol{y}$ とすれば，(6.1)によって

$$v = \varphi_\alpha(\boldsymbol{x}), \qquad w = \varphi_\beta(\boldsymbol{y})$$

であるから，(6.6)から

$$\varphi_\beta(\boldsymbol{y}) = F(\varphi_\alpha(\boldsymbol{x})).$$

したがって

$$\boldsymbol{y} = ({\varphi_\beta}^{-1}\circ F\circ\varphi_\alpha)(\boldsymbol{x}) = L_A(\boldsymbol{x}) = A\boldsymbol{x}.$$

これで命題が証明された. ▌

上の命題6.1は，与えられた基底に関して V や W の元を座標ベクトルで表現し，また線型写像 $F\colon V\to W$ を行列で表現すれば，(6.6)という関係が，(6.7)あるいは(6.7)″のような行列の間の関係式に‘翻訳’されることを示している.

次の命題は第3章命題3.16の一般化である.

命題 6.2　V, W, α, β に関する仮定は命題6.1と同じとする. そのとき，$L(V, W)$ の各元 F に表現行列 $[F]_\beta^\alpha$ を対応させる写像

$$F \longmapsto [F]_\beta^\alpha$$

は，ベクトル空間 $L(V, W)$ からベクトル空間 $\boldsymbol{K}^{m\times n}$ への同型写像である.

証明　上のように $F\in L(V, W)$ からは，(6.4)の $L_A={\varphi_\beta}^{-1}\circ F\circ\varphi_\alpha$ によって表現行列 $A=[F]_\beta^\alpha$ が定まり，逆に任意の $m\times n$ 行列 A からは，$F=\varphi_\beta\circ L_A\circ{\varphi_\alpha}^{-1}$ によって A を表現行列にもつような $F\in L(V, W)$ が定まる. したがって写像 $F\mapsto[F]_\beta^\alpha$ は $L(V, W)$ から $\boldsymbol{K}^{m\times n}$ への全単射である. この写像が加法およびスカラー倍を保存することの証明は読者の練習問題としよう(問題2). ▌

次の命題は合成写像の表現行列に関するものである.

命題 6.3　V, W, Z を $\boldsymbol{K}$ 上の有限次元ベクトル空間とし，

$$F: V \longrightarrow W, \qquad G: W \longrightarrow Z$$

を線型写像とする. α, β, γ をそれぞれ V, W, Z の基底とし，それらの基底に関する F, G および $G\circ F$ の表現行列をそれぞれ A, B, C とすれば，

$$C = BA$$

である. 上に導入した記号によれば，この関係は

$$[G\circ F]_\gamma^\alpha = [G]_\gamma^\beta[F]_\beta^\alpha \tag{6.8}$$

と書かれる.

証明　$A=[F]_\beta^\alpha$，$B=[G]_\gamma^\beta$ とすれば，定義によって

$${\varphi_\beta}^{-1}\circ F\circ\varphi_\alpha = L_A, \qquad {\varphi_\gamma}^{-1}\circ G\circ\varphi_\beta = L_B$$

であるから，

$$L_B\circ L_A = ({\varphi_\gamma}^{-1}\circ G\circ\varphi_\beta)\circ({\varphi_\beta}^{-1}\circ F\circ\varphi_\alpha) = {\varphi_\gamma}^{-1}\circ(G\circ F)\circ\varphi_\alpha$$

となる.（下の図式参照.）

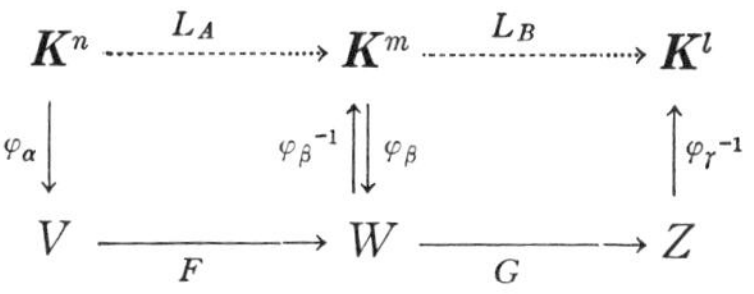

ゆえに，$BA=C$ とおけば $L_C=\varphi_\gamma{}^{-1}\circ(G\circ F)\circ\varphi_\alpha$. これは $[G\circ F]^\alpha_\gamma=C$ を意味する. ▌

問　　題

1. $m\times n$ 行列 A が与えられたとき，線型写像 L_A: $\boldsymbol{K}^n\to\boldsymbol{K}^m$ を，$\boldsymbol{K}^n, \boldsymbol{K}^m$ の標準基底 $\varepsilon=\{\boldsymbol{e}_1, \cdots, \boldsymbol{e}_n\}$，$\delta=\{\boldsymbol{d}_1, \cdots, \boldsymbol{d}_m\}$ に関して表現する行列は A 自身に等しいこと，すなわち $[L_A]^\varepsilon_\delta=A$ であることを示せ.

2. 命題 6.2 の証明を完成せよ.

§2　基底変換と座標変換

V を $\boldsymbol{K}$ 上の n 次元ベクトル空間とし，

$$\alpha=\{v_1, \cdots, v_n\}, \qquad \alpha'=\{v_1', \cdots, v_n'\}$$

を V の 2 つの基底とする. そのとき

(6.9) $$\varphi_\alpha{}^{-1}\circ\varphi_{\alpha'}=L_P$$

によって定義される n 次の正方行列 P を，α から α' への**基底変換行列**という. 本書ではこれを記号 $\mathbf{T}_{\alpha\to\alpha'}$ で表す.

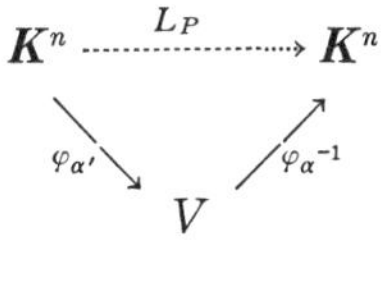

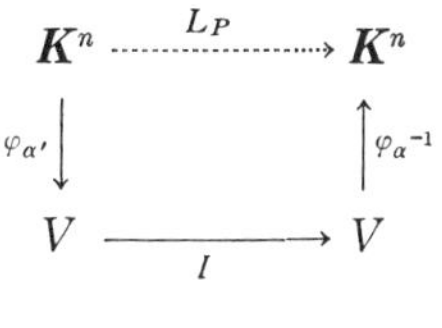

V の恒等写像を I とすれば，$\varphi_\alpha{}^{-1}\circ\varphi_{\alpha'}$ は $\varphi_\alpha{}^{-1}\circ I\circ\varphi_{\alpha'}$ とも書かれるから，$P=\mathbf{T}_{\alpha\to\alpha'}$ は恒等写像 I: $V\to V$ の基底 α', α に関する表現行列 $[I]^{\alpha'}_\alpha$ に等しい.（上の図式および(6.4)をみよ.）それゆえ $P=(p_{ij})$ とすれば，(6.5)から

(6.10) $$v_j'=\sum_{i=1}^n p_{ij}v_i \qquad (j=1, \cdots, n)$$

が得られる. なぜなら $I(v_j')=v_j'$ であるからである. この式(6.10)は基底変換

行列の具体的な内容を表している．

$L_P=\varphi_\alpha{}^{-1}\circ\varphi_{\alpha'}$ は $\boldsymbol{K}^n$ の正則な線型変換であるから，P は正則な行列である．そして $\varphi_\alpha{}^{-1}\circ\varphi_{\alpha'}$ の逆変換は $\varphi_{\alpha'}{}^{-1}\circ\varphi_\alpha$ となるから，P の逆行列 P^{-1} は基底変換行列 $\mathbf{T}_{\alpha'\to\alpha}$ に等しい．すなわち次の命題が成り立つ．

命題 6.4 V を n 次元ベクトル空間とし，α,α' を V の2つの基底とすれば，基底変換行列 $P=\mathbf{T}_{\alpha\to\alpha'}$ は n 次の正則行列で，$P^{-1}=\mathbf{T}_{\alpha'\to\alpha}$ である．——

次の命題は，基底変換が座標ベクトルにどのような影響をおよぼすかという問題に答えるものである．

命題 6.5 V を n 次元ベクトル空間，α,α' を V の2つの基底とし，基底変換行列 $\mathbf{T}_{\alpha\to\alpha'}$ を $P=(p_{ij})$ とする．そのとき V の元 v の α,α' に関する座標ベクトルをそれぞれ

$$\boldsymbol{x}=\begin{bmatrix} x_1 \\ \vdots \\ x_n \end{bmatrix},\qquad \boldsymbol{x}'=\begin{bmatrix} x_1' \\ \vdots \\ x_n' \end{bmatrix}$$

とすれば，

$$\boldsymbol{x}=P\boldsymbol{x}', \tag{6.11}$$

くわしく書けば

$$x_i=\sum_{j=1}^n p_{ij}x_j' \qquad (i=1,\cdots,n) \tag{6.11$'$}$$

が成り立つ．(6.11)あるいは(6.11)$'$は

$$[v]_\alpha=P[v]_{\alpha'} \tag{6.11$''$}$$

と書くこともできる．

証明 先にも注意したように $P=\mathbf{T}_{\alpha\to\alpha'}$ は $[I]_\alpha^{\alpha'}$ (I は V の恒等写像) と考えられ，もちろん $I(v)=v$ であるから，命題6.1によって $[v]_\alpha=[I]_\alpha^{\alpha'}[v]_{\alpha'}$．これが主張にほかならない．▌

上の(6.10)と(6.11)$'$の両式を並べてみれば，基底変換と座標変換の相互関係が印象的に表示される．読者の参照あるいは記憶の便宜のために，もう一度それらを下に併記しておこう：

$$v_j'=\sum_{i=1}^n p_{ij}v_i \qquad (j=1,\cdots,n), \tag{6.10}$$

(6.11)′ $$x_i = \sum_{j=1}^{n} p_{ij} x_j{}' \qquad (i=1, \cdots, n).$$

次の命題は，ある意味で命題6.4の逆である．すなわち，それは，任意の正則行列が基底変換行列と考えられることを示している．

命題 6.6 V を n 次元ベクトル空間，α を V の1つの基底，P を n 次の正則行列とする．そのとき V の基底 α' で，$P=\mathbf{T}_{\alpha\to\alpha'}$ となるものが存在する．

証明 P が正則であるから，L_P は $\boldsymbol{K}^n$ の正則な線型変換である．したがって $\varphi_\alpha \circ L_P$ は $\boldsymbol{K}^n$ から V への同型写像となる．ゆえに V のある基底 α' によって $\varphi_\alpha \circ L_P = \varphi_{\alpha'}$ と表され，$L_P = \varphi_\alpha{}^{-1} \circ \varphi_{\alpha'}$ であるから，$P=\mathbf{T}_{\alpha\to\alpha'}$ となる．▌

命題6.6をもっと具体的に述べれば，$\alpha=\{v_1, \cdots, v_n\}$ が V の基底で $P=(p_{ij})$ が n 次の正則行列であるとき，(6.10)によって $v_1{}', \cdots, v_n{}'$ を定めれば $\{v_1{}', \cdots, v_n{}'\}$ も V の基底となる，ということである．この $\{v_1{}', \cdots, v_n{}'\}$ が命題にいわれている α' である．

問　　題

1. V, α, P に関する仮定は命題6.6と同じとする．そのとき，V の基底 α'' で $P=\mathbf{T}_{\alpha''\to\alpha}$ となるものが存在することを示せ．

§3 行列の対等

ふたたび§1の状況にもどって，V, W をそれぞれ $\boldsymbol{K}$ 上の n 次元，m 次元のベクトル空間とし，

$$F\colon V \longrightarrow W$$

を線型写像とする．V, W にそれぞれ基底 α, β を定めれば，F は $m\times n$ 行列 $[F]_\beta^\alpha$ によって表現されるが，もちろんこの表現行列は基底 α, β のとり方に依存する．しかし，その階数は一定で，F の階数に等しい．すなわち次の命題が成り立つ．

命題 6.7 V, W をそれぞれ n 次元，m 次元のベクトル空間，$F\colon V\to W$ を線型写像とし，V, W の基底 α, β に関する F の表現行列を $[F]_\beta^\alpha = A$ とする．そのとき行列 A の階数は線型写像 F の階数に等しい．

証明　(6.4)によって$L_A=\varphi_\beta{}^{-1}\circ F\circ\varphi_\alpha$であるから，命題3.21により

$$\mathrm{rank}(L_A)\leqq\mathrm{rank}\,F$$

である．一方φ_α: $\boldsymbol{K}^n\to V$，φ_β: $\boldsymbol{K}^m\to W$は同型写像であるから，(6.4)は$F=\varphi_\beta\circ L_A\circ\varphi_\alpha{}^{-1}$と書き直され，したがってふたたび命題3.21により

$$\mathrm{rank}\,F\leqq\mathrm{rank}(L_A)$$

である．上の2式から$\mathrm{rank}(L_A)=\mathrm{rank}\,F$．そして行列$A$の階数は線型写像$L_A$の階数に等しいから，上の結論が得られる．▌

次の命題は基底変換によって表現行列がどのように変わるかを示している．

命題 6.8　前のようにV, Wをそれぞれn次元，m次元のベクトル空間，F: $V\to W$を線型写像とする．α,α'をVの2つの基底，β,β'をWの2つの基底とし，$[F]_\beta^\alpha=A$，$[F]_{\beta'}^{\alpha'}=A'$とする．そのとき

$$A'=QAP \tag{6.12}$$

が成り立つ．ただしP, QはそれぞれV, Wにおける基底変換行列

$$P=\mathbf{T}_{\alpha\to\alpha'},\qquad Q=\mathbf{T}_{\beta'\to\beta}$$

である．

証明　表現行列の定義(6.4)によって

$$L_A=\varphi_\beta{}^{-1}\circ F\circ\varphi_\alpha,\qquad L_{A'}=\varphi_{\beta'}{}^{-1}\circ F\circ\varphi_{\alpha'}$$

であり，また基底変換行列の定義(6.9)によって

$$L_P=\varphi_\alpha{}^{-1}\circ\varphi_{\alpha'},\qquad L_Q=\varphi_{\beta'}{}^{-1}\circ\varphi_\beta$$

である．これより，

$$\begin{aligned}L_Q\circ L_A\circ L_P&=(\varphi_{\beta'}{}^{-1}\circ\varphi_\beta)\circ(\varphi_\beta{}^{-1}\circ F\circ\varphi_\alpha)\circ(\varphi_\alpha{}^{-1}\circ\varphi_{\alpha'})\\&=\varphi_{\beta'}{}^{-1}\circ F\circ\varphi_{\alpha'}=L_{A'}.\end{aligned}$$

ゆえに(6.12)が成り立つ．▌

(6.12)の$Q=\mathbf{T}_{\beta'\to\beta}$，$P=\mathbf{T}_{\alpha\to\alpha'}$はそれぞれ$m$次，$n$次の正則行列である．そこで次の定義を設ける．

A, A'をともに$m\times n$行列とするとき，

$$A'=QAP$$

となるようなm次の正則行列Qとn次の正則行列Pとが存在するならば，A'はAに**対等**(あるいは**同値**)であるという．

命題6.8によれば，線型写像F: $V\to W$の表現行列Aは，基底を変更した

とき，A に対等な行列に変わるのである．

逆に A が $F: V\to W$ の１つの表現行列で，$A'=QAP$ (Q, P は正則行列)ならば，A' は同じ線型写像 F を他の基底によって表現したものと考えられる．なぜなら，命題 6.6 および §2 の問題 1 によって，正則行列 Q, P は，それぞれ W, V における適当な基底変換の行列と考えられるからである．命題 6.7 により，行列の階数はそれが表現する線型写像の階数に等しいから，上記のことから，行列 A' が行列 A に対等ならば，A' の階数は A の階数に等しいことがわかる．(もちろんこの結論は，命題 6.7 の証明と同様に，命題 3.21 あるいは第 3 章 §10 問題 6 を用いて直接にも容易に示すことができる．)

命題 6.9 $m\times n$ 行列 A, A' に対して，A' が A に対等であることを $A\sim A'$ で表せば，関係 $\sim$ は $\boldsymbol{K}^{m\times n}$ における'同値関係'である．すなわち，任意の A, $A', A''\in\boldsymbol{K}^{m\times n}$ に対して

1. $A\sim A$ (反射律)

2. $A\sim A'$ ならば $A'\sim A$ (対称律)

3. $A\sim A'$ かつ $A'\sim A''$ ならば $A\sim A''$ (推移律)

が成り立つ．

証明 どれもほとんど明らかである．たとえば **2** は，$A'=QAP$ (Q, P は正則行列)ならば $A=Q^{-1}A'P^{-1}$ となることからわかる．**1** と **3** の証明は練習問題とする(問題 1)．▌

次の命題は線型写像の表現行列の'標準形'を与える．

命題 6.10 V, W をそれぞれ n 次元，m 次元のベクトル空間とし，$F: V\to W$ を線型写像とする．F の階数が r ならば，V, W の基底 α, β を適当に選んで，F を次の形の行列で表現することができる：

$$\begin{bmatrix} I_r & O_{r,n-r} \\ O_{m-r,r} & O_{m-r,n-r} \end{bmatrix}. \tag{6.13}$$

もちろんここで I_r は r 次の単位行列を表し，O はそれぞれ付記された添数の型の零行列を表す．

証明 $\operatorname{Ker} F$ は $n-r$ 次元であるから，その基底を $\{v_{r+1}, \cdots, v_n\}$ とし，それを拡張した V の基底を $\alpha=\{v_1, \cdots, v_r, v_{r+1}, \cdots, v_n\}$ とする．そのとき

$$F(v_1)=w_1, \quad \cdots, \quad F(v_r)=w_r \tag{6.14}$$

とおけば，$\{w_1, \cdots, w_r\}$は$\mathrm{Im}\,F$の基底となる.（定理3.19の証明を参照せよ.）そこで$\{w_1, \cdots, w_r\}$を拡張したWの基底を$\beta=\{w_1, \cdots, w_r, w_{r+1}, \cdots, w_m\}$とする. そうすれば，(6.14)および$F(v_{r+1})=0$, $\cdots$, $F(v_n)=0$より，表現行列$[F]_\beta^\alpha$は明らかに(6.13)の形となる. ▌

命題6.10から直ちに次の命題が得られる.

命題 6.11　Aが$m\times n$行列で$\mathrm{rank}\,A=r$ならば，Aは(6.13)の形の行列と対等である. すなわち

$$QAP=\begin{bmatrix} I_r & O \\ O & O \end{bmatrix}$$

となるようなm次の正則行列Q，n次の正則行列Pが存在する.

証明　V, Wを任意にとったn次元，m次元のベクトル空間，α, βを任意に定めたV, Wの基底とし，これらの基底に関してAを表現行列にもつVからWへの線型写像をFとする.（たとえば$V=\boldsymbol{K}^n$, $W=\boldsymbol{K}^m$とし，α, βをそれぞれ$\boldsymbol{K}^n, \boldsymbol{K}^m$の標準基底，$F=L_A$とすればよい.）$F$の階数は$r$であるから，命題6.10によって，$V, W$の基底$\alpha', \beta'$を適当にとり直せば$F$は行列(6.13)で表現される. これは$A$が行列(6.13)と対等であることを示している. ▌

命題 6.12　2つの$m\times n$行列A, A'が対等であるための必要十分条件は$\mathrm{rank}\,A=\mathrm{rank}\,A'$であることである.

証明　A, A'が対等ならば$\mathrm{rank}\,A=\mathrm{rank}\,A'$であることは先に注意した. 逆に$\mathrm{rank}\,A=\mathrm{rank}\,A'=r$ならば，$A, A'$はいずれも行列(6.13)と対等であるから，命題6.9によってAとA'は対等となる. ▌

問　　題

1. 命題6.9の**1**, **3**を証明せよ.

2. $\dim V=n$, $\dim W=m$, $\alpha=\{v_1, \cdots, v_n\}$を$V$の基底，$\beta=\{w_1, \cdots, w_m\}$を$W$の基底とし，$F$: $V\to W$を線型写像，$[F]_\beta^\alpha=A$とする. このとき

$$A=([F(v_1)]_\beta, \cdots, [F(v_n)]_\beta)$$

となることを用いて，命題6.7の別証を与えよ.

3. 以下の3問は，定理3.27(p.114)と命題6.11との関係，あるいは定理3.27による命題6.11の別証を与える. はじめに，行列の基本変形とは次のようなものであった

ことを思い出しておく．

A.　第 i 行と第 j 行 $(i \neq j)$ を入れかえる．

B.　第 i 行を c 倍 $(c \neq 0)$ する．

C.　第 i 行に，第 j 行の c 倍 $(i \neq j)$ を加える．

A′.　第 i 列と第 j 列 $(i \neq j)$ を入れかえる．

B′.　第 i 列を c 倍 $(c \neq 0)$ する．

C′.　第 i 列に，第 j 列の c 倍 $(i \neq j)$ を加える．

いま，n 次の単位行列 I_n に，列基本変形 **A′, B′, C′** をほどこして得られる行列を，それぞれ

$$I_n(i, j), \qquad I_n(i;\, c), \qquad I_n(i, j;\, c)$$

で表すことにする．これらを n 次の基本行列という．

$m \times n$ 行列 A に変形 **A′, B′, C′** をほどこすことは，それぞれ，A に右から行列 $I_n(i, j)$, $I_n(i;\, c)$, $I_n(i, j;\, c)$ を掛けることにほかならないことを証明せよ．

4. $m \times n$ 行列 A に行基本変形 **A, B, C** をほどこすことは，それぞれ，A に左から行列 $I_m(i, j)$, $I_m(i;\, c)$, $I_m(j, i;\, c)$ を掛けることにほかならないことを証明せよ．

5. 問題 3, 4 と定理 3. 27 から，命題 6. 11 を導け．

6. $I_n(i, j)$, $I_n(i;\, c)$, $I_n(i, j;\, c)$ の逆行列は，それぞれ

$$I_n(i, j), \qquad I_n(i;\, c^{-1}), \qquad I_n(i, j;\, -c)$$

に等しいことを示せ．

7. n 次の任意の正則行列は，n 次の基本行列の積として表されることを証明せよ．

§4　線型変換の行列表現

本節では有限次元ベクトル空間 V の線型変換の行列表現について考察する．実際上この場合が最も重要である．

もちろん前節の議論は $V = W$ の場合を除外しているわけではないから，たとえば命題 6. 10 によって，線型変換 $F\colon V \to V$ の階数が r ならば，V の2つの基底 α, β を適当にとれば，それらに関する F の表現行列 $[F]_\beta^\alpha$ は (6. 13) のような‘標準形’(しかもこの場合は $m = n$) となる．しかしこの結果からは，F の具体的な性質について，なんら実効のある情報は得られない．定義域としての V と終域としての V にそれぞれ別の基底をとるということは，実際的には全く意味のないことであるからである．(一般の線型写像 $F\colon V \to W$ の場合にも，命題 6. 10 は，F の性質それ自身の解明には，ほとんど役に立たない．この命

題の意義はむしろ，それから命題6.11のような，行列に関する重要な結果が導かれるところにあるのである.）

そこでベクトル空間 V の線型変換の行列表現については次のように定義する．いま V の次元を n とし，$\alpha=\{v_1, \cdots, v_n\}$ を V の基底とする．そのとき，F の基底 α, α に関する表現行列 $[F]_\alpha^\alpha$ を簡単に F の基底 α に関する表現行列とよぶ．以後これを

$$[F]_\alpha$$

で表す.

$[F]_\alpha=A$ は n 次の正方行列で，それを $A=(a_{ij})$ とすれば，定義によって

$$F(v_j)=\sum_{i=1}^{n} a_{ij}v_i \qquad (j=1, \cdots, n) \tag{6.15}$$

である.

例 6.1　$\boldsymbol{K}^3$ の線型変換

$$F: \begin{bmatrix} x \\ y \\ z \end{bmatrix} \longmapsto \begin{bmatrix} x \\ x-y+2z \\ y-4z \end{bmatrix}$$

を基底 $\{\boldsymbol{u}_1, \boldsymbol{u}_2, \boldsymbol{u}_3\}$，ただし

$$\boldsymbol{u}_1=(1,0,0)^{\mathrm{T}}, \quad \boldsymbol{u}_2=(1,1,0)^{\mathrm{T}}, \quad \boldsymbol{u}_3=(1,1,1)^{\mathrm{T}},$$

に関して表現してみよう．簡単な計算によって

$$F(\boldsymbol{u}_1)=\begin{bmatrix} 1 \\ 1 \\ 0 \end{bmatrix}=\boldsymbol{u}_2, \qquad F(\boldsymbol{u}_2)=\begin{bmatrix} 1 \\ 0 \\ 1 \end{bmatrix}=\boldsymbol{u}_1-\boldsymbol{u}_2+\boldsymbol{u}_3,$$

$$F(\boldsymbol{u}_3)=\begin{bmatrix} 1 \\ 2 \\ -3 \end{bmatrix}=-\boldsymbol{u}_1+5\boldsymbol{u}_2-3\boldsymbol{u}_3.$$

したがって，基底 $\{\boldsymbol{u}_1, \boldsymbol{u}_2, \boldsymbol{u}_3\}$ に関する表現行列は

$$\begin{bmatrix} 0 & 1 & -1 \\ 1 & -1 & 5 \\ 0 & 1 & -3 \end{bmatrix}$$

である.

例 6.2

$$A=\begin{bmatrix} 3/2 & 1 \\ 1/2 & 1 \end{bmatrix}$$

として，線型変換 L_A: $\boldsymbol{R}^2 \to \boldsymbol{R}^2$ を考える．$\boldsymbol{R}^2$ の標準基底$\{\boldsymbol{e}_1, \boldsymbol{e}_2\}$に関する $L_{\boldsymbol{A}}$ の表現行列はもちろん A 自身である．他方

$$\boldsymbol{p}_1=(2,1)^{\mathrm{T}}, \qquad \boldsymbol{p}_2=(-1,1)^{\mathrm{T}}$$

とおけば，

$$A\boldsymbol{p}_1=\begin{bmatrix} 3/2 & 1 \\ 1/2 & 1 \end{bmatrix}\begin{bmatrix} 2 \\ 1 \end{bmatrix}=\begin{bmatrix} 4 \\ 2 \end{bmatrix}=2\boldsymbol{p}_1,$$

$$A\boldsymbol{p}_2=\begin{bmatrix} 3/2 & 1 \\ 1/2 & 1 \end{bmatrix}\begin{bmatrix} -1 \\ 1 \end{bmatrix}=\begin{bmatrix} -1/2 \\ 1/2 \end{bmatrix}=\frac{1}{2}\boldsymbol{p}_2$$

であるから，基底$\{\boldsymbol{p}_1, \boldsymbol{p}_2\}$に関する L_A の表現行列は

$$\begin{bmatrix} 2 & 0 \\ 0 & 1/2 \end{bmatrix} \tag{6.16}$$

となる．したがって，この基底に関して座標$(x_1, x_2)^{\mathrm{T}}$ をもつ $\boldsymbol{R}^2$ の元の L_A による像を$(y_1, y_2)^{\mathrm{T}}$ とすれば，

$$y_1=2x_1, \qquad y_2=\frac{1}{2}x_2 \tag{6.17}$$

である．このことから，写像 L_A に対して，次のように，具体的に鮮明な解釈が与えられる．いま直線 $x=2y$ を x_1 軸，直線 $x=-y$ を x_2 軸とし，それらの正の方向はそれぞれベクトル $\boldsymbol{p}_1, \boldsymbol{p}_2$ の向きとして，平面に新しい座標軸を設ける．ただしこれらの座標軸は直交していないから，いわゆる‘斜交座標軸’である．そうすれば(6.17)から，L_A は(それを‘点に点を対応させる写像’とみれば)，平面の各点を，その x_1 座標を 2 倍し，x_2 座標を 1/2 倍した点にうつす写像であることがわかる．次ページの第 1 図はそれを示している．

読者は上記の，L_A の性質に関する鮮明な情報は，$\boldsymbol{R}^2$ の基底を標準基底ではなく基底$\{\boldsymbol{p}_1, \boldsymbol{p}_2\}$にとることによってはじめて得られるものであることに注意されたい．——

V の線型変換全体の集合を p. 102 のように $L(V)$ で表し，また前のように($\boldsymbol{K}$ の元を成分とする)n 次の正方行列全体の集合を $M_n(\boldsymbol{K})$ で表す．V の 1 つの基底 α を定めておけば，$L(V)$ の各元 F に対してその表現行列$[F]_\alpha$ が定ま

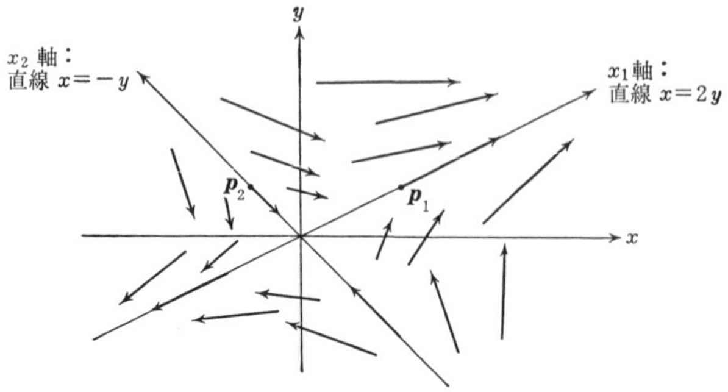

第1図

るが，この写像

$$F \longmapsto [F]_\alpha$$

について次のことが成り立つ.

命題 6.13 $\dim V=n$ とし，上の写像 $F\mapsto[F]_\alpha$ を ρ とすれば，

1. ρ はベクトル空間 $L(V)$ からベクトル空間 $M_n(\boldsymbol{K})$ への同型写像である. すなわち ρ: $L(V)\to M_n(\boldsymbol{K})$ は全単射で，線型変換の和，c 倍にそれぞれ行列の和，c 倍を対応させる.

2. ρ は線型変換の積(合成)に行列の積を対応させる.

3. ρ は V の恒等変換に単位行列を対応させる. いいかえれば，ρ によって $L(V)$, $M_n(\boldsymbol{K})$ の乗法の単位元どうしが互いに対応する.

4. ρ は正則な線型変換に正則な行列を対応させ，逆変換に逆行列を対応させる. すなわち F が正則な線型変換であることと $[F]_\alpha=A$ が正則な行列であることとは同等であって，かつその場合 $[F^{-1}]_\alpha=A^{-1}$ となる.

証明 **1, 2** は命題 6.2，命題 6.3 による. **3, 4** も明らかであるが，くわしくは読者の練習問題とする(問題 1). ∎

上の命題 6.13 は，写像空間 $L(V)$ と行列空間 $M_n(\boldsymbol{K})$ とが全く同じ代数的構造をもっていること，そして写像

$$\rho:\ F \longmapsto [F]_\alpha$$

がその代数的構造を保存することを示している.

問　　題

1. 命題6.13の**3**, **4**を証明せよ.

2. $\boldsymbol{p}_1=(1,1)^{\mathrm{T}}$, $\boldsymbol{p}_2=(1,-1)^{\mathrm{T}}$とする. 標準基底に関して次の行列で表される$\boldsymbol{K}^2$の線型変換を基底$\{\boldsymbol{p}_1,\boldsymbol{p}_2\}$に関して表す行列を求めよ.

$$\text{(a)}\ \begin{bmatrix}2 & -1\\ 3 & 0\end{bmatrix}\qquad \text{(b)}\ \begin{bmatrix}1 & 2\\ 2 & 1\end{bmatrix}\qquad \text{(c)}\ \begin{bmatrix}0 & 5\\ -3 & 0\end{bmatrix}$$

3. $\boldsymbol{p}_1=(3,1)^{\mathrm{T}}$, $\boldsymbol{p}_2=(1,-1)^{\mathrm{T}}$とする. 基底$\{\boldsymbol{p}_1,\boldsymbol{p}_2\}$に関して前問の行列で表される$\boldsymbol{K}^2$の線型変換を標準基底に関して表す行列を求めよ.

4. 次の$\boldsymbol{K}^3$の線型変換を標準基底に関して表現する行列を求めよ. また基底$\{\boldsymbol{u}_1,\boldsymbol{u}_2,\boldsymbol{u}_3\}$に関して表現する行列を求めよ. ただし$\boldsymbol{u}_1,\boldsymbol{u}_2,\boldsymbol{u}_3$は例6.1で与えたベクトルとする.

$$\text{(a)}\quad F:\begin{bmatrix}x\\ y\\ z\end{bmatrix}\longmapsto\begin{bmatrix}x+y\\ y+z\\ z+x\end{bmatrix}\qquad \text{(b)}\quad G:\begin{bmatrix}x\\ y\\ z\end{bmatrix}\longmapsto\begin{bmatrix}x-2y+3z\\ 4y-5z\\ 6z\end{bmatrix}$$

5. 次の関係によって$\boldsymbol{x}=(x_1,x_2,x_3,x_4)^{\mathrm{T}}$に$\boldsymbol{y}=(y_1,y_2,y_3,y_4)^{\mathrm{T}}$を対応させる写像は$\boldsymbol{K}^4$の線型変換であることを示し, $\boldsymbol{K}^4$の標準基底に関するその表現行列を求めよ.

$$\text{(a)}\quad \begin{bmatrix}y_1 & y_2\\ y_3 & y_4\end{bmatrix}=\begin{bmatrix}x_1 & x_2\\ x_3 & x_4\end{bmatrix}^{\mathrm{T}}.$$

$$\text{(b)}\quad \begin{bmatrix}y_1 & y_2\\ y_3 & y_4\end{bmatrix}=\begin{bmatrix}a_1 & a_2\\ a_3 & a_4\end{bmatrix}\begin{bmatrix}x_1 & x_2\\ x_3 & x_4\end{bmatrix}\qquad (a_i\text{は定数}).$$

6. 実変数tの実係数の2次以下の多項式$a+bt+ct^2$ $(a,b,c\in\boldsymbol{R})$全体が作る$\boldsymbol{R}$上のベクトル空間をVとする. αを1つの実定数とする. 各$f(t)$に$f(t+\alpha)$を対応させる写像FはVの線型変換であることを示し, Vの基底$\{1,t,t^2\}$に関するその表現行列を求めよ. また各$f(t)$に$f'(t)$を対応させる微分作用子$D\colon V\to V$(例3.16でみたようにこれもVの線型変換である)を, 上の基底に関して表現する行列を求めよ.

7*. tを実変数とし, $a\cos t+b\sin t$ $(a,b\in\boldsymbol{R})$の形の関数全体が作る$\boldsymbol{R}$上のベクトル空間をVとする. 前問の写像F,DはこのVの線型変換でもあることを示し, Vの基底$\{\cos t,\sin t\}$に関するそれらの表現行列を求めよ.

8*. tを実変数とし, $ae^t+bte^t+ct^2e^t$ $(a,b,c\in\boldsymbol{R})$の形の関数全体が作る$\boldsymbol{R}$上のベクトル空間をVとする. 問題6の写像F,DはVの線型変換であることを示し, Vの基底$\{e^t,te^t,t^2e^t\}$に関するそれらの表現行列を求めよ.

§5　行列の相似

前節にひき続いて線型変換の行列表現を考察する. 線型変換の場合には, 基底変換と表現行列との間に次の関係が成り立つ.

命題 6.14　V を $\boldsymbol{K}$ 上の n 次元ベクトル空間，F を V の線型変換とする．α, α' を V の2つの基底とし，F の α に関する表現行列を $[F]_\alpha = A$，α' に関する表現行列を $[F]_{\alpha'} = A'$ とする．そのとき，基底変換行列 $\mathbf{T}_{\alpha\to\alpha'}$ を P とすれば，

$$A' = P^{-1}AP \tag{6.18}$$

が成り立つ．

証明　この場合，命題6.8の Q は基底変換行列 $\mathbf{T}_{\alpha'\to\alpha}$ に等しく，したがって P^{-1} に等しい．ゆえに上の結論が得られる．▌

2つの n 次の正方行列 A, A' に対して $A' = P^{-1}AP$ となるような n 次の正則行列 P が存在するとき，A' は A に**相似**であるという．基底の変更によって，線型変換の表現行列は相似な行列に変わるのである．

命題 6.15　n 次の正方行列 A, A' に対し，A' が A に相似であることを $A \approx A'$ で表せば，$\approx$ は $M_n(\boldsymbol{K})$ における同値関係である．すなわち

1. $A \approx A$.

2. $A \approx A'$ ならば $A' \approx A$.

3. $A \approx A'$ かつ $A' \approx A''$ ならば $A \approx A''$. ——

証明は練習問題とする(問題1)．

次の命題は命題6.14の特別な場合である．

命題 6.16　A を n 次の正方行列とし，$\alpha = \{\boldsymbol{p}_1, \cdots, \boldsymbol{p}_n\}$ を $\boldsymbol{K}^n$ の1つの基底とする．そのとき $\boldsymbol{p}_1, \cdots, \boldsymbol{p}_n$ を列ベクトルとする n 次の正則行列を

$$P = (\boldsymbol{p}_1, \cdots, \boldsymbol{p}_n)$$

とすれば，$L_A: \boldsymbol{K}^n \to \boldsymbol{K}^n$ の α に関する表現行列は

$$[L_A]_\alpha = P^{-1}AP \tag{6.19}$$

である．

証明　$\boldsymbol{K}^n$ の標準基底を $\varepsilon = \{\boldsymbol{e}_1, \cdots, \boldsymbol{e}_n\}$ とすれば，L_A の ε に関する表現行列 $[L_A]_\varepsilon$ は A 自身に等しい．また $P = (p_{ij})$ とすれば，

$$\boldsymbol{p}_j = \sum_{i=1}^{n} p_{ij}\boldsymbol{e}_i \qquad (j=1, \cdots, n)$$

であって，これは基底変換行列 $\mathbf{T}_{\varepsilon\to\alpha}$ が P にほかならないことを示している．ゆえに命題6.14から上の結論が得られる．▌

例 6.3　例6.2の行列 A と基底 $\alpha = \{\boldsymbol{p}_1, \boldsymbol{p}_2\}$ について，等式(6.19)を確かめ

てみよう．この場合

$$P=(\boldsymbol{p}_1,\boldsymbol{p}_2)=\begin{bmatrix}2 & -1\\ 1 & 1\end{bmatrix},\qquad P^{-1}=\begin{bmatrix}1/3 & 1/3\\ -1/3 & 2/3\end{bmatrix}$$

であるから，

$$P^{-1}AP=\begin{bmatrix}1/3 & 1/3\\ -1/3 & 2/3\end{bmatrix}\begin{bmatrix}3/2 & 1\\ 1/2 & 1\end{bmatrix}\begin{bmatrix}2 & -1\\ 1 & 1\end{bmatrix}.$$

この右辺を計算すれば(読者は計算を実行せよ!)，

$$\begin{bmatrix}2 & 0\\ 0 & 1/2\end{bmatrix}$$

となり，この結果はたしかに例 6.2 の(6.16)で得た$[L_A]_\alpha$と等しい．——

ふたたび一般の場合の命題 6.14 にもどって，F を V の線型変換，α,α' を V の 2 つの基底とし，$[F]_\alpha=A$，$[F]_{\alpha'}=A'$ とする．そのとき(6.18)によって $A'=P^{-1}AP$ であるから，両辺の行列式をとれば，定理 5.10 とその系により

$$\begin{aligned}\det A' &= \det(P^{-1})\cdot\det A\cdot\det P\\ &= (\det P)^{-1}\cdot\det A\cdot\det P=\det A\end{aligned}$$

となる．すなわち表現行列の行列式は基底のとり方には関係なく一定である．それゆえこれを線型変換 F の**行列式**と定義することができる．これを $\det F$ で表せば，定義によって

$$\det F=\det[F]_\alpha\qquad(\alpha\text{ は }V\text{ の任意の基底})$$

である．

さて，線型変換の行列表現については，なるべく簡単な行列によって表現されることがのぞましいのはいうまでもない．本節で述べたことから，V の与えられた線型変換を，適当な基底を選んでできるだけ簡単な行列で表現する問題は，与えられた正方行列と相似な行列で，できるだけ簡単な形のものをみいだす問題と，同等であることがわかる．対等な行列については(6.13)のようなきわめて簡単な‘標準形’が得られるが，相似な行列についてはこのような簡明な結果は期待されない．対等の場合には QAP の Q,P を‘独立に’とることができるのに対し，相似の場合には $Q=P^{-1}$ という制約がつけられるからである．期待される最も簡明な状態は，線型変換 F が適当な基底によって対角行列で表現されることである．ただし**対角行列**というのは，次ページ上に示すような，

対角成分以外の成分がすべて0であるような正方行列のことである：

$$\begin{bmatrix} a_{11} & & & \text{\huge 0} \\ & a_{22} & & \\ & & \ddots & \\ \text{\huge 0} & & & a_{nn} \end{bmatrix}.$$

線型変換 F が適当な基底によって対角行列で表現されるとき，F は**対角化可能**であるという．同じ意味で，n 次の正方行列 A に対し適当な n 次の正則行列 P をとれば $P^{-1}AP$ が対角行列となるとき，A は**対角化可能**(くわしくはP によって対角化可能)であるという．たとえば例6.2の行列 A あるいは線型変換 L_A: $\boldsymbol{R}^2 \to \boldsymbol{R}^2$ は，(6.16)でみたように，対角化可能である．しかし，すべての線型変換あるいはすべての正方行列が対角化可能であるというのは，残念ながら真実ではない．どのような線型変換あるいは正方行列が対角化可能であるか，また，より一般に，与えられた正方行列に相似な行列の‘標準形’としてどのようなものをとり得るかという問題については，次章以後でくわしく考察されるであろう．

問　　題

1. 命題6.15を証明せよ．

2. 前節の問題2(a), (b), (c)のおのおのについて行列 $P^{-1}AP$ を計算し，前に得た結果と比較せよ．ただし A は問題に与えられている行列で，P は $P=(\boldsymbol{p}_1, \boldsymbol{p}_2)$ である．

3. F, G を有限次元ベクトル空間 V の線型変換とする．F が正則であるためには $\det F \neq 0$ であることが必要かつ十分であることを示せ．また

$$\det(FG) = \det F \cdot \det G$$

であることを示せ．

4. $a \neq 0$ ならば，行列

$$\begin{bmatrix} 1 & a \\ 0 & 1 \end{bmatrix}$$

は対角化できないことを証明せよ．

5. $\boldsymbol{a}, \boldsymbol{b}, \boldsymbol{c}$ を空間 $\boldsymbol{R}^3$ の3つのベクトルとし，L を $\boldsymbol{R}^3$ の線型変換とする．$\boldsymbol{a}, \boldsymbol{b}, \boldsymbol{c}$ で張られる平行六面体の体積を V とし，$L(\boldsymbol{a}), L(\boldsymbol{b}), L(\boldsymbol{c})$ で張られる平行六面体の体積を V' とすれば，

$$V' = V \cdot |\det L|$$

であることを証明せよ．

§6　部分空間の直和

本章の残りの部分ではベクトル空間の‘直和’について述べる．この概念は本章のこれまでの部分と直接には接続しないが，それ自身重要であるばかりでなく，後の章でみるように，線型変換の行列表現の簡約化のために大きな役割を演ずるのである．本章の以後の部分では，ベクトル空間は必ずしも有限次元とは仮定しない．

V を $\boldsymbol{K}$ 上のベクトル空間とし，U, W を V の部分空間とする．そのとき，集合

$$U+W = \{u+w \mid u \in U,\ \ w \in W\}$$

が V の部分空間をなすこと，これを U と W の**和**とよぶことは，第2章§9で述べた．

いま $Z=U+W$ とおけば，定義によって，Z の任意の元 z は U の元 u と W の元 w の和として

$$z = u+w; \quad u \in U,\ \ w \in W \tag{6.20}$$

と表される．もし Z の任意の元 z の(6.20)のような表し方が<u>一意的</u>であるならば，和 $Z=U+W$ は U と W の**直和**であるという．その場合 $U+W$ を

$$U \oplus W$$

と書く．

命題 6.17　U, W をベクトル空間 V の部分空間とするとき，次の2つの条件は同等である．

1. 和 $U+W$ は直和である．

2. U, W に共通な元は0しかない．すなわち $U \cap W=\{0\}$ である．

証明　まず**1**を仮定する．そのとき，もし $U \cap W$ が0以外の元 z を含むならば，z は

$$z = z+0; \quad z \in U,\ \ 0 \in W,$$
$$z = 0+z; \quad 0 \in U,\ \ z \in W$$

と2通りに表され，表現(6.20)の一意性に反する．ゆえに $U \cap W=\{0\}$ でなければならない．

逆に**2**を仮定する．z を $Z=U+W$ の任意の元とし，

$$z = u+w = u'+w' \qquad (u, u' \in U;\ w, w' \in W)$$

とすれば，

$$u-u' = w'-w$$

であるが，この左辺は U に右辺は W に属するから，この両辺は $U\cap W$ に属し，したがって仮定によりこの元は0に等しい．すなわち $u-u'=w'-w=0$．よって $u=u'$, $w=w'$．ゆえに z を(6.20)のように表すしかたは一意的である．∎

命題 6.18　前命題において U, W が V の有限次元部分空間であるならば，一般には

$$\dim(U+W) \leqq \dim U+\dim W \tag{6.21}$$

であって，$U+W$ が直和であるとき，またそのときに限って

$$\dim(U+W) = \dim U+\dim W \tag{6.22}$$

が成り立つ．かつ，(6.22)が成り立つ場合，U の1つの基底を $\alpha_U=\{u_1, \cdots, u_s\}$，$W$ の1つの基底を $\alpha_W=\{w_1, \cdots, w_t\}$ (ただし $\dim U=s$, $\dim W=t$) とすれば，

$$\alpha = \{u_1, \cdots, u_s, w_1, \cdots, w_t\}$$

が直和 $U\oplus W$ の基底となる．

証明　定理2.16によって

$$\dim(U\cap W)+\dim(U+W) = \dim U+\dim W$$

であるから，一般に(6.21)が成り立ち，$U\cap W=\{0\}$ であるとき，またそのときに限って(6.22)が成り立つ．命題6.17によって，それは $U+W$ が直和である場合にほかならない．命題の最後の部分の基底に関する主張は，定理2.16の証明のあとですでに注意した．(p.73参照.) ∎

命題6.18で U, W の和が直和であるときには，命題の最後の部分で述べられているように，U, W の(順序)基底 α_U, α_W の元をそのままの順に並べれば，$U\oplus W$ の(順序)基底 α が得られる．この α を，以後

$$\alpha = (\alpha_U, \alpha_W)$$

で表す．

例 6.4　$\boldsymbol{K}$ の元を成分とする n 次の正方行列 A が $A^{\mathrm{T}}=A$ を満たすとき，A を**対称行列**とよび，$A^{\mathrm{T}}=-A$ を満たすとき，A を**交代行列**とよぶ．$A=(a_{ij})$

とすれば，A が対称行列であることは，すべての $i, j(=1, \cdots, n)$ に対して $a_{ij}=a_{ji}$ が成り立つことを意味し，A が交代行列であることは，すべての $i, j(=1, \cdots, n)$ に対して $a_{ij}=-a_{ji}$ が成り立つことを意味する．(したがって特に交代行列においてはその対角成分はすべて 0 である．)

いま $V=M_n(\boldsymbol{K})$ とし，n 次の対称行列全体の集合を U，n 次の交代行列全体の集合を W とする．U や W が V の部分空間であることは直ちに証明される．(読者は証明せよ．) また，任意の $A \in V$ に対して，

$$B = \frac{1}{2}(A+A^{\mathrm{T}}), \qquad C = \frac{1}{2}(A-A^{\mathrm{T}})$$

とおけば，明らかに $B \in U$，$C \in W$ であって，

$$A = B+C$$

となるから，$V=U+W$ である．さらに明らかに $U \cap W=\{O\}$ (O は零行列) であるから，$V=M_n(\boldsymbol{K})$ は U と W の直和 $V=U \oplus W$ となる．次元に関しては

$$\dim U = \frac{n(n+1)}{2}, \qquad \dim W = \frac{n(n-1)}{2}$$

であって，その和はたしかに $\dim V=n^2$ に等しい．U や W の次元が上の式で与えられることの証明は練習問題としよう (問題 1)．——

一般に U, W がベクトル空間 V の部分空間で，

$$V = U \oplus W$$

であるとき，W を，V における U の**補空間**という．たとえば例 6.4 の U, W は，互いに他の，$V=M_n(\boldsymbol{K})$ における補空間となっている．次の命題に示すように，V が有限次元ベクトル空間ならば，その任意の部分空間 U に対して，U の V における補空間が存在する．ただしそれは U に対して一意的には定まらない．(なお実は，次の命題は V や U を有限次元と仮定しなくても成り立つのである．)

命題 6.19　V を有限次元ベクトル空間，U をその部分空間とすれば，

$$V = U \oplus W$$

となるような V の部分空間 W が存在する．

証明　U の基底を $\{u_1, \cdots, u_r\}$，それを拡張して得られる V の基底を $\{u_1, \cdots, u_r, w_1, \cdots, w_s\}$ ($\dim U=r$，$\dim V=r+s$) とし，$w_1, \cdots, w_s$ で生成される V の

部分空間をWとすれば，明らかに$V=U+W$, $U\cap W=\{0\}$であるから，$V=U\oplus W$となる．▌

和や直和の概念はもちろん3個以上の部分空間に対しても定義される．以下にその概略を述べる．

Vをベクトル空間，$U_1, U_2, \cdots, U_r$をVの部分空間とする．そのとき，集合

$$\{u_1+u_2+\cdots+u_r \mid u_i\in U_i\,(i=1,2,\cdots,r)\}$$

がVの部分空間となることは直ちに示される．（読者は証明せよ．）これを$U_1, U_2, \cdots, U_r$の**和**とよび，$U_1+U_2+\cdots+U_r$で表す．

$U_1+U_2+\cdots+U_r$の任意の元zは

$$z = u_1+u_2+\cdots+u_r, \qquad u_i\in U_i \ (i=1,2,\cdots,r) \tag{6.23}$$

の形に書かれるが，もし$U_1+U_2+\cdots+U_r$の任意の元zの(6.23)のような表し方が一意的であるならば，この和は**直和**であるといわれる．その場合には

$$U_1\oplus U_2\oplus\cdots\oplus U_r$$

と書く．

次の2つの命題はそれぞれ命題6.17，命題6.18の一般化である．

命題 6.20 Vをベクトル空間，$U_1, U_2, \cdots, U_r$をVの部分空間とするとき，次の3つの条件は互いに同等である．

1. 和$U_1+U_2+\cdots+U_r$は直和である．

2. 任意の$i\,(1\leqq i\leqq r)$に対して

$$(U_1+\cdots+U_{i-1}+U_{i+1}+\cdots+U_r)\cap U_i = \{0\}. \tag{6.24}$$

3. 任意の$i\,(2\leqq i\leqq r)$に対して

$$(U_1+\cdots+U_{i-1})\cap U_i = \{0\}. \tag{6.25}$$

すなわち

$$U_1\cap U_2 = \{0\},\ (U_1+U_2)\cap U_3 = \{0\},\ \cdots,\ (U_1+\cdots+U_{r-1})\cap U_r = \{0\}.$$

証明 **1**から**2**が，**2**から**3**が，**3**から**1**がそれぞれ導かれることを示せばよい．

まず**1**を仮定し，iを$1\leqq i\leqq r$を満たす任意の1つの整数とする．もし$U_1+\cdots+U_{i-1}+U_{i+1}+\cdots+U_r$と$U_i$とが0でない元$z$を共有するならば，$z$は適当な$u_1\in U_1$, $\cdots$, $u_{i-1}\in U_{i-1}$, $u_{i+1}\in U_{i+1}$, $\cdots$, $u_r\in U_r$によって$z=u_1+\cdots+u_{i-1}+u_{i+1}+\cdots+u_r$と書かれるから，(6.23)の形の表現として，$z$は

$$z = u_1+\cdots+u_{i-1}+0+u_{i+1}+\cdots+u_r,$$
$$z = 0 +\cdots+0 \quad +z+0 \quad +\cdots+0$$

という2通りの表現をもつ．これは仮定に反するから，$U_1+\cdots+U_{i-1}+U_{i+1}+\cdots+U_r$ と U_i は0以外の元を共有しない．すなわち(6.24)が成り立つ．これで**2**が証明された．

2から**3**が導かれることは明らかである．

最後に**3**を仮定し，z を $U_1+U_2+\cdots+U_r$ の任意の元とする．

$$z = u_1+u_2+\cdots+u_r = u_1'+u_2'+\cdots+u_r' \qquad (u_i, u_i' \in U_i)$$

とすれば，

$$(u_1+\cdots+u_{r-1})-(u_1'+\cdots+u_{r-1}') = u_r'-u_r$$

であって，この左辺は $U_1+\cdots+U_{r-1}$ に，右辺は U_r に属するから，(6.25)の $i=r$ の場合の条件によって，この両辺は0に等しい．したがって $u_r=u_r'$，また

$$u_1+\cdots+u_{r-1} = u_1'+\cdots+u_{r-1}'.$$

次にこの式を

$$(u_1+\cdots+u_{r-2})-(u_1'+\cdots+u_{r-2}') = u_{r-1}'-u_{r-1}$$

と書き直し，(6.25)の $i=r-1$ の場合の条件を用いれば，上と同様にしてこれから $u_{r-1}=u_{r-1}'$, $u_1+\cdots+u_{r-2}=u_1'+\cdots+u_{r-2}'$ が得られる．以下同様にしていけば，結局すべての $i=1,\cdots,r$ に対して $u_i=u_i'$ であることがわかる．すなわち z を(6.23)のように表すしかたは一意的である．これで**1**が導かれた．▌

命題 6.21　前命題において，$U_1, U_2, \cdots, U_r$ を V の有限次元部分空間とする．そのとき一般には

$$\dim(U_1+\cdots+U_r) \leqq \dim U_1+\cdots+\dim U_r$$

であって，$U_1+\cdots+U_r$ が直和であるときまたそのときに限って，等式

$$\dim(U_1+\cdots+U_r) = \dim U_1+\cdots+\dim U_r$$

が成り立つ．かつ，その場合，$i=1, \cdots, r$ のおのおのに対し，U_i の基底を $\alpha^{(i)}=\{u_1^{(i)}, \cdots, u_{k_i}^{(i)}\}$ $(\dim U_i=k_i)$ とすれば，$\alpha^{(1)}, \alpha^{(2)}, \cdots, \alpha^{(r)}$ の元を並べて得られる $k_1+k_2+\cdots+k_r$ 個の元の組

$$\alpha = \{u_1^{(1)}, \cdots, u_{k_1}^{(1)}, u_1^{(2)}, \cdots, u_{k_2}^{(2)}, \cdots, u_1^{(r)}, \cdots, u_{k_r}^{(r)}\}$$

は $U_1\oplus\cdots\oplus U_r$ の基底となる．——

この証明は練習問題として読者にゆだねよう(問題3)．

上の命題の最後の部分に掲げた $U_1\oplus\cdots\oplus U_r$ の基底 α を，以後

$$\alpha = (\alpha^{(1)}, \alpha^{(2)}, \cdots, \alpha^{(r)})$$

で表すことにする．

問　　題

1. 例6.4の U, W の次元に関する主張を証明せよ．

2. V を有限次元ベクトル空間，U_1, U_2 を V の部分空間とし，$V=U_1+U_2$ とする．そのとき U_2 の部分空間 U_2' で，

$$V = U_1\oplus U_2'$$

となるものが存在することを示せ．

3. 命題6.21を証明せよ．

4. 有限次元ベクトル空間 V の1つの基底 α をいくつかの互いに交わらない部分集合 $\alpha^{(1)}, \alpha^{(2)}, \cdots, \alpha^{(r)}$ に分割し，おのおのの部分集合で張られる部分空間をそれぞれ $U_1, U_2, \cdots, U_r$ とすれば，$V=U_1\oplus U_2\oplus\cdots\oplus U_r$ であることを証明せよ．

5. V をベクトル空間，$v_1, v_2, \cdots, v_n$ を V の 0 でない元とし，v_i で張られる1次元部分空間を $\langle v_i\rangle$ とする．$\{v_1, v_2, \cdots, v_n\}$ が V の基底であることは，

$$V = \langle v_1\rangle\oplus\langle v_2\rangle\oplus\cdots\oplus\langle v_n\rangle$$

であることと同等であることを示せ．

6. 実変数 t の実数値関数全体が作る $\boldsymbol{R}$ 上のベクトル空間を V とする．V の元 f で，すべての $t\in\boldsymbol{R}$ に対し $f(-t)=f(t)$ という性質をもつものを**偶関数**とよび，$f(-t)=-f(t)$ という性質をもつものを**奇関数**とよぶ．偶関数全体の集合，奇関数全体の集合をそれぞれ U, W とすれば，これらは V の部分空間であって，$V=U\oplus W$ であることを証明せよ．

§7　直和分解と射影

V を $\boldsymbol{K}$ 上のベクトル空間とし，U, W を

$$V = U\oplus W \tag{6.26}$$

であるような V の部分空間とする．このとき V は U, W の**直和に分解される**といい，U や W をこの直和分解における**直和因子**という．この場合，V の任意の元 v に対して，

$$v = u+w;\quad u\in U,\ w\in W \tag{6.27}$$

となるような u および w がそれぞれ一意的に定まる．したがって V の各元 v に(6.27)の $u\in U$ を対応させれば V から U への1つの写像が，また v に(6.27)の $w\in W$ を対応させれば V から W への1つの写像が得られる．これらの写像をそれぞれ，V から U への W に沿う**射影**あるいは V から W への U に沿う**射影**という．

例 6.5　$V=\boldsymbol{R}^2$，$\boldsymbol{a}=(1,0)$，$\boldsymbol{b}=(1,3)$ とし，$\boldsymbol{a}$ または $\boldsymbol{b}$ で張られる1次元部分空間をそれぞれ $\langle\boldsymbol{a}\rangle=U$，$\langle\boldsymbol{b}\rangle=W$ とする．そのとき $V=U\oplus W$ であって，$V=\boldsymbol{R}^2$ から U への W に沿う射影を P，また V から W への U に沿う射影を Q とすれば，たとえば $\boldsymbol{v}=(5,3)$ は

$$\boldsymbol{v} = 4\boldsymbol{a}+\boldsymbol{b}$$

と表されるから，$P(\boldsymbol{v})=4\boldsymbol{a}=(4,0)$，$Q(\boldsymbol{v})=\boldsymbol{b}=(1,3)$ である．また $\boldsymbol{v}'=(-2,2)$ は

$$\boldsymbol{v}' = -\frac{8}{3}\boldsymbol{a}+\frac{2}{3}\boldsymbol{b}$$

と書かれるから，$P(\boldsymbol{v}')=(-8/3)\boldsymbol{a}=(-8/3,0)$，$Q(\boldsymbol{v}')=(2/3)\boldsymbol{b}=(2/3,2)$ である．(次の第2図をみよ．) ——

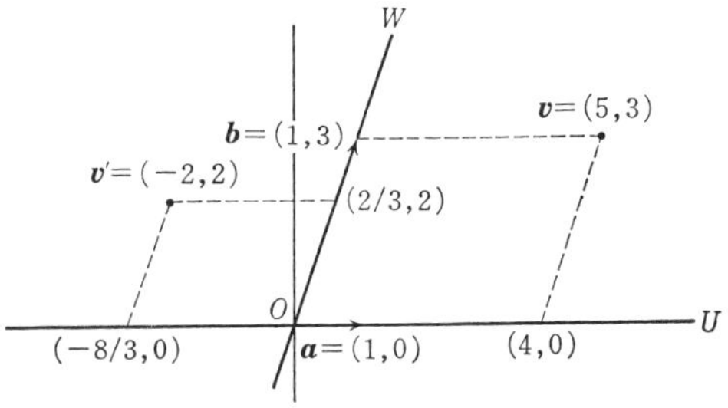

第2図

一般の場合にもどって，V が(6.26)のように直和分解されているものとし，V から U への W に沿う射影を P とする．この写像 P: $V\to U$ は線型写像である．実際 $v, v'\in V$，$c\in \boldsymbol{K}$ とし，

$$v = u+w, \qquad v' = u'+w' \quad (u, u'\in U;\ w, w'\in W)$$

とすれば，

$$v+v' = (u+u')+(w+w') \qquad (u+u'\in U,\ \ w+w'\in W),$$
$$cv = (cu)+(cw) \qquad (cu\in U,\ \ cw\in W)$$

であるから，$P(v+v')=u+u'=P(v)+P(v')$，$P(cv)=cu=cP(v)$ となる．また明らかに U の元 u に対しては $P(u)=u$，W の元 w に対しては $P(w)=0$ であり，逆に V の元 v に対して，$P(v)=v$ ならば $v\in U$，また $P(v)=0$ ならば $v\in W$ である．

上記の V から U への射影 P は本来は V から U への写像であるが，$U\subset V$ であるから，これを V からそれ自身への写像と考えることもできる．以下ではそのように考えることにする．そうすれば，上に述べたことから，P は V の線型変換であって，また

$$\mathrm{Im}\,P = U, \qquad \mathrm{Ker}\,P = W$$

である．さらに V の任意の元 $v=u+w\,(u\in U,\ w\in W)$ に対して $P(v)=u$，したがって

$$P(P(v)) = P(u) = u = P(v)$$

であるから，線型変換 P^2 は P 自身と等しい．ただし P^2 は積 PP（合成変換 $P\circ P$）の意味である．

同様にして，V が(6.26)のように直和分解されているとき，V から W への U に沿う射影を Q とすれば，Q は V の線型変換であって，

$$\mathrm{Im}\,Q = W, \qquad \mathrm{Ker}\,Q = U, \qquad Q^2 = Q$$

である．また任意の $v\in V$ に対して $P(v)\in U$，したがって $Q(P(v))=0$ であるから，$QP=0$（この0は零写像を表す）となる．同様に $PQ=0$ である．さらに，任意の $v\in V$ に対して

$$v = u+w = P(v)+Q(v) = (P+Q)(v)$$

であるから，$P+Q$ は V の恒等変換 I に等しい．

上記のことを次の命題としてまとめておく．

命題 6.22　$V=U\oplus W$ であるとき，V から U への W に沿う射影を P，また V から W への U に沿う射影を Q とすれば，

$$P^2 = P, \qquad Q^2 = Q, \qquad PQ = QP = 0, \qquad P+Q = I$$

であり，また

$$\mathrm{Im}\,P = \mathrm{Ker}\,Q = U, \qquad \mathrm{Ker}\,P = \mathrm{Im}\,Q = W$$

である．——

一般に $F^2=F$ であるような V の線型変換 F を V の**射影子**とよぶ．上にみた

ように，V の直和分解(6.26)からは，それぞれの直和因子への(他の直和因子に沿う)射影として2つの射影子が得られるのである．

逆に次の命題が成り立つ．

命題 6.23　P がベクトル空間 V の射影子ならば，$\mathrm{Im}\,P=U$，$\mathrm{Ker}\,P=W$ とおくとき，

$$V = U \oplus W$$

であって，与えられた P は V から U への W に沿う射影に等しい．

証明　まず $V=U+W$ を示す．v を V の任意の元とし，

$$u = P(v), \qquad w = v-P(v)$$

とおけば，$v=u+w$ であって，もちろん $u \in \mathrm{Im}\,P=U$，また

$$P(w) = P(v)-P^2(v) = P(v)-P(v) = 0$$

であるから，$w \in \mathrm{Ker}\,P=W$．ゆえに $V=U+W$ である．次に $U \cap W=\{0\}$ を示す．$u \in U$ ならば，ある $v \in V$ によって $u=P(v)$ と書かれるから，

$$P(u) = P^2(v) = P(v) = u,$$

一方 $w \in W$ ならば $P(w)=0$ である．このことから U, W に共通な元は0しかないことがわかる．これで $V=U \oplus W$ が証明された．

さて，はじめにいったように，$v \in V$ を

$$v = u+w; \quad u \in U, \ w \in W$$

と書くとき，$u=P(v)$，$w=v-P(v)$ である．したがって P は，V から U への W に沿う射影に等しい．▌

上記の直和分解と射影(あるいは射影子)との関係は，さらに次のように一般化される．以下は要点を概説するだけにとどめ，命題の証明は読者に練習問題として残しておくこととする．

V をベクトル空間，$U_1, U_2, \cdots, U_r$ を V の部分空間とし，

$$V = U_1 \oplus U_2 \oplus \cdots \oplus U_r \tag{6.28}$$

とする．このとき V の任意の元 v は一意的に

$$v = u_1+u_2+\cdots+u_r, \qquad u_i \in U_i \ (i=1,2,\cdots,r) \tag{6.29}$$

と書かれる．したがって v に(6.29)の u_i を対応させて，V から U_i への写像を定義することができる．この写像を直和分解(6.28)から定まる V から U_i への射影という．これについて次の命題が成り立つ．

命題 6.24 直和分解(6.28)から定まる V から U_i への射影を $P_i(i=1, \cdots, r)$ とし，P_i を V からそれ自身への写像とみなすことにすれば，次のことが成り立つ．

1. $P_i(i=1, \cdots, r)$ は V の線型変換である．

2. $\mathrm{Im}\, P_i = U_i \quad (i=1, \cdots, r)$.

3. $P_i^2 = P_i \quad (i=1, \cdots, r)$.

4. $i \neq j$ ならば $P_iP_j=0$.

5. $P_1+P_2+\cdots+P_r = I$.

ここに I は V の恒等変換を表す．——

証明は練習問題とする(問題2).

次の命題は上の命題の逆である．

命題 6.25 $P_i(i=1, \cdots, r)$ がベクトル空間 V の射影子で，前命題の **4** および **5** を満たすならば，$\mathrm{Im}\, P_i=U_i$ とおくとき，

$$V = U_1 \oplus U_2 \oplus \cdots \oplus U_r$$

となる．——

この証明も読者の練習問題とする(問題3).

問　題

1. P がベクトル空間 V の射影子ならば，$Q=I-P$ も V の射影子であって，$PQ=QP=0$, $\mathrm{Im}\, P=\mathrm{Ker}\, Q$, $\mathrm{Ker}\, P=\mathrm{Im}\, Q$ であることを示せ．

2. 命題 6.24 を証明せよ．

3. 命題 6.25 を証明せよ．(なお問題12をみよ．)

4. 命題 6.25 において，与えられた P_i は，結論の直和分解 $V=U_1\oplus\cdots\oplus U_r$ から定まる V から U_i への射影に等しいことを示せ．

5. F を有限次元ベクトル空間 V の線型変換とする．次の4つの条件は互いに同等であることを証明せよ．

(i) $V = \mathrm{Im}\, F \oplus \mathrm{Ker}\, F$　　(ii) $\mathrm{Im}\, F \cap \mathrm{Ker}\, F = \{0\}$

(iii) $\mathrm{Ker}\, F^2 = \mathrm{Ker}\, F$　　(iv) $\mathrm{Im}\, F^2 = \mathrm{Im}\, F$

6. ベクトル空間 V の線型変換 F が $\mathrm{Ker}\, F^2=\mathrm{Ker}\, F$, $\mathrm{Im}\, F^2=\mathrm{Im}\, F$ を満たすならば，$V=\mathrm{Im}\, F\oplus\mathrm{Ker}\, F$ であることを証明せよ．この問題では V を有限次元とは仮定しない．

7. n 次の正方行列 A が $A^2=A$ を満たすならば，$P^{-1}AP$ が

$$\begin{bmatrix} I_r & O_{r,n-r} \\ O_{n-r,r} & O_{n-r,n-r} \end{bmatrix}$$

となるような n 次の正則行列 P が存在することを示せ．ここに $r=\mathrm{rank}\,A$ である．

8. F を，$F^2=I$ であるような，ベクトル空間 V の線型変換とする．そのとき

$$U = \{v \mid v \in V,\ F(v)=v\}, \qquad W = \{v \mid v \in V,\ F(v)=-v\}$$

とおけば，U, W は V の部分空間であって，$V=U\oplus W$ となることを証明せよ．さらに，もし V が有限次元で $\dim V=n$ ならば，

$$\mathrm{rank}(F-I)+\mathrm{rank}(F+I) = n$$

であることを示せ．

9. n 次の正方行列 A が $A^2=I_n$ を満たすならば，$P^{-1}AP$ が

$$\begin{bmatrix} I_r & O_{r,n-r} \\ O_{n-r,r} & -I_{n-r} \end{bmatrix}$$

となるような n 次の正則行列 P が存在することを示せ．

10. F, G が n 次元ベクトル空間 V の線型変換で，$F+G=I$ ならば，

$$\mathrm{rank}\,F+\mathrm{rank}\,G \geqq n$$

であることを示せ．また，もしここで等号が成り立つならば，

$$F^2 = F, \qquad G^2 = G, \qquad FG = GF = 0$$

であることを証明せよ．

11. V を有限次元ベクトル空間とすれば，V の任意の線型変換 F は，V の適当な射影子 P と正則な線型変換 G とによって $F=GP$ と表されることを示せ．

12. $P_1, P_2, \cdots, P_r$ がベクトル空間 V の線型変換で，命題 6.24 の条件 **4, 5** を満たすならば，おのおのの P_i は V の射影子であることを示せ．

第7章　固有値と固有ベクトル

われわれは本章と次章で，行列の‘標準化’の問題を論ずる．まず本章では，線型変換および行列について，固有値・固有ベクトル・固有多項式などの概念を定義し，それに関する基本的な事項を説明する．これらの概念は線型変換の研究にとってきわめて重要なものである．特に本章で，われわれは，固有値および固有ベクトルの概念が行列の‘対角化’とどのように関連しているかをみる．(より一般的な，行列の‘標準化’については，次章で述べる.）最後の§6では，対角化理論の1つの応用として，1次漸化式によって定められる数列について論ずる．

§1　固有値・固有ベクトル

本節では，線型変換と行列について，固有値および固有ベクトルの概念を定義し，いくつかの例を与える．

まず線型変換の固有値と固有ベクトルは次のように定義される．

定義　V を $\boldsymbol{K}$ 上のベクトル空間, F を V の線型変換とする．(本章でも今まで通り $\boldsymbol{K}$ は $\boldsymbol{R}$ または $\boldsymbol{C}$ を表す.）V のある 0 でない元 v と $\boldsymbol{K}$ のある元 α に対して

(7.1)
$$F(v) = \alpha v$$

が成り立つとき, α を F の**固有値**とよび, v を固有値 α に対する(あるいは α に属する) F の**固有ベクトル**という．

すなわち，V の元 $v(\neq 0)$ が F の固有ベクトルであるというのは，F による v の像が v 自身のスカラー倍となることである．幾何学的な表現をすれば，変換 F によって v の‘方向’が変わらないことである，といってもよい．v が F の固有ベクトルであるとき，(7.1)を満たす $\alpha\in\boldsymbol{K}$ は，もちろん v に対して一意的に定まる．いいかえれば，F の任意の固有ベクトルは，それぞれ F のただ

1つの固有値に属している．他方αがFの固有値ならば，定義によって(7.1)を満たす0でないベクトルvが存在するが，そのようなvはただ1つには限らない．実際，vがαに対する1つの固有ベクトルならば，

$$F(cv) = cF(v) = c(\alpha v) = \alpha(cv)$$

であるから，vの任意のスカラー倍cv(ただし$c \neq 0$)もαに対する固有ベクトルである．

われわれはまた，Fの固有値に対して次のような述べ方をすることができる．すなわち，$\alpha \in \boldsymbol{K}$が$F$の固有値であるというのは，線型変換

$$F-\alpha I \qquad (I \text{ は } V \text{ の恒等変換})$$

の核が0以外の元を含むことである．なぜなら，(7.1)は$F(v)-\alpha v=0$，あるいは

$$(F-\alpha I)(v) = 0$$

と書き直すことができるからである．Vが有限次元ならば，このことはまた，線型変換$F-\alpha I$が正則でないこととも同等である．

次に，行列の固有値および固有ベクトルを定義しよう．

定義　Aを$\boldsymbol{K}$の元を成分とするn次の正方行列，すなわち$M_n(\boldsymbol{K})$の元とする．$\boldsymbol{K}^n$の$\boldsymbol{0}$でない元$\boldsymbol{x}$(縦ベクトル)と$\boldsymbol{K}$の元αに対して

(7.2)　$$A\boldsymbol{x} = \alpha \boldsymbol{x}$$

が成り立つとき，αをAの**固有値**，$\boldsymbol{x}$をαに対する(あるいはαに属する)Aの**固有ベクトル**という．

いいかえれば，行列$A \in M_n(\boldsymbol{K})$の固有値・固有ベクトルというのは，$A$で定まる$\boldsymbol{K}^n$の線型変換$L_A$の固有値・固有ベクトルにほかならない．実際，$L_A$の定義によって，上の(7.2)は

(7.2)′　$$L_A(\boldsymbol{x}) = \alpha \boldsymbol{x}$$

とも書かれるからである．

なお上に定義した$A \in M_n(\boldsymbol{K})$の固有値と固有ベクトルは，くわしくは$A$の$\boldsymbol{K}$における固有値・固有ベクトルとよばれる．このような‘冠詞’をつける必要は，特にAが実行列である場合に生ずる．なぜなら，Aが実行列ならば，同

時にそれを複素行列とも考えることができるから，実数の範囲だけで考えるか複素数の範囲で考えるかによって，A の $\boldsymbol{R}$ における固有値・固有ベクトルと，$\boldsymbol{C}$ における固有値・固有ベクトルとの区別が生ずるのである．前者は A で定まる $\boldsymbol{R}^n$ の線型変換

$$\boldsymbol{x} \longmapsto A\boldsymbol{x}, \qquad \text{ただし} \quad \boldsymbol{x} \in \boldsymbol{R}^n$$

の固有値・固有ベクトルであり，後者は A で定まる $\boldsymbol{C}^n$ の線型変換

$$\boldsymbol{x} \longmapsto A\boldsymbol{x}, \qquad \text{ただし} \quad \boldsymbol{x} \in \boldsymbol{C}^n$$

の固有値・固有ベクトルである．われわれはこれらの線型変換を同じ記号 L_A で表すけれども，どちらの意味に用いているかは，文脈によって，そのつど明らかにされるであろう．

命題 7.1 V を $\boldsymbol{K}$ 上の有限次元ベクトル空間，F をその線型変換とし，V の1つの基底に関する F の表現行列を A とする．そのとき，F の固有値は A の $\boldsymbol{K}$ における固有値に等しい．

証明 与えられた基底に関する V の元 v の座標ベクトルを $\boldsymbol{x}(\in\boldsymbol{K}^n)$ とすれば，v と $\alpha\in\boldsymbol{K}$ に関する関係

$$F(v) = \alpha v$$

は，命題6.1によって，

$$A\boldsymbol{x} = \alpha\boldsymbol{x}$$

と書き直される．このことからわれわれの結論は明らかである．▌

以下，いくつかの例を挙げよう．

例 7.1 A を2次の実行列

$$A = \begin{bmatrix} 1 & 1 \\ 4 & -2 \end{bmatrix}$$

とする．A の $\boldsymbol{R}$ における固有値と固有ベクトル(線型変換 L_A: $\boldsymbol{R}^2 \to \boldsymbol{R}^2$ の固有値と固有ベクトル)を求めよう．実数 α が A の固有値ならば，

$$\begin{bmatrix} 1 & 1 \\ 4 & -2 \end{bmatrix}\begin{bmatrix} x_1 \\ x_2 \end{bmatrix} = \alpha\begin{bmatrix} x_1 \\ x_2 \end{bmatrix}$$

を満たす $\boldsymbol{R}^2$ の $\boldsymbol{0}$ でない元 $\boldsymbol{x}=(x_1, x_2)^{\mathrm{T}}$ が存在する．上の式を書き直せば

$$\begin{cases} x_1 + x_2 = \alpha x_1 \\ 4x_1 - 2x_2 = \alpha x_2 \end{cases} \quad \text{または} \quad \begin{cases} (\alpha-1)x_1 - x_2 = 0 \\ -4x_1 + (\alpha+2)x_2 = 0. \end{cases}$$

この連立1次方程式が自明でない解をもつためには，命題5.12によって

$$\begin{vmatrix} \alpha-1 & -1 \\ -4 & \alpha+2 \end{vmatrix} = 0 \quad \text{すなわち} \quad \alpha^2+\alpha-6=0$$

でなければならない．この2次方程式を解けば

$$\alpha = 2, -3.$$

ゆえに A の固有値は2と -3 である．

A の($\boldsymbol{R}$ における)固有ベクトルを求めるには，$\alpha=2$ または $\alpha=-3$ とおいて，($\boldsymbol{R}$ の範囲で)上の連立1次方程式を解けばよい．それを実行すれば，固有値2に対する固有ベクトルは

$$\begin{cases} x_1+\ x_2 = 2x_1 \\ 4x_1-2x_2 = 2x_2 \end{cases} \quad \text{より} \quad \boldsymbol{x} = c\begin{bmatrix} 1 \\ 1 \end{bmatrix},$$

また固有値 -3 に対する固有ベクトルは

$$\begin{cases} x_1+\ x_2 = -3x_1 \\ 4x_1-2x_2 = -3x_2 \end{cases} \quad \text{より} \quad \boldsymbol{x} = c\begin{bmatrix} 1 \\ -4 \end{bmatrix}$$

であることがわかる．ここに c は0でない任意の実数である．

例 7.2 a, b を $a^2+b^2=1$，$b\neq 0$ であるような2つの実数として，

$$A = \begin{bmatrix} a & -b \\ b & a \end{bmatrix}$$

とおき，この行列で定まる線型変換 L_A: $\boldsymbol{R}^2 \to \boldsymbol{R}^2$ を考える．もし $\alpha \in \boldsymbol{R}$ が L_A の固有値ならば，前例と同様にして

$$\begin{bmatrix} a & -b \\ b & a \end{bmatrix}\begin{bmatrix} x_1 \\ x_2 \end{bmatrix} = \alpha\begin{bmatrix} x_1 \\ x_2 \end{bmatrix},$$

すなわち

$$\begin{cases} ax_1-bx_2 = \alpha x_1 \\ bx_1+ax_2 = \alpha x_2 \end{cases} \quad \text{または} \quad \begin{cases} (\alpha-a)x_1+bx_2 = 0 \\ -bx_1+(\alpha-a)x_2 = 0 \end{cases}$$

が自明でない実数解をもつことになるから，

$$\begin{vmatrix} \alpha-a & b \\ -b & \alpha-a \end{vmatrix} = (\alpha-a)^2+b^2 = 0$$

でなければならない．しかし $b\neq 0$ であるから，α の2次方程式

$$(\alpha-a)^2+b^2 = 0$$

は実数の範囲には解をもたない．ゆえに線型変換 L_A: $\boldsymbol{R}^2 \to \boldsymbol{R}^2$ の固有値は存在

せず，したがって固有ベクトルも存在しない．

上記のことは，次のように幾何学的に考えれば，より明白である．第1図のように単位円周上に点(a, b)をとり，ベクトル(a, b)がx軸の正の方向となす角を$\theta\,(0\leqq\theta<2\pi)$とすれば，

$$a=\cos\theta, \qquad b=\sin\theta$$

であるから，行列Aは

$$A=\begin{bmatrix} \cos\theta & -\sin\theta \\ \sin\theta & \cos\theta \end{bmatrix}$$

と表される．したがって線型変換L_Aは原点のまわりの角θの回転にほかならない．そして仮定により$b=\sin\theta\neq0$（すなわち$\theta\neq0$, $\theta\neq\pi$）であるから，$\boldsymbol{x}$が$\boldsymbol{0}$でないベクトルならば，$L_A(\boldsymbol{x})$は$\boldsymbol{x}$と平行でない．

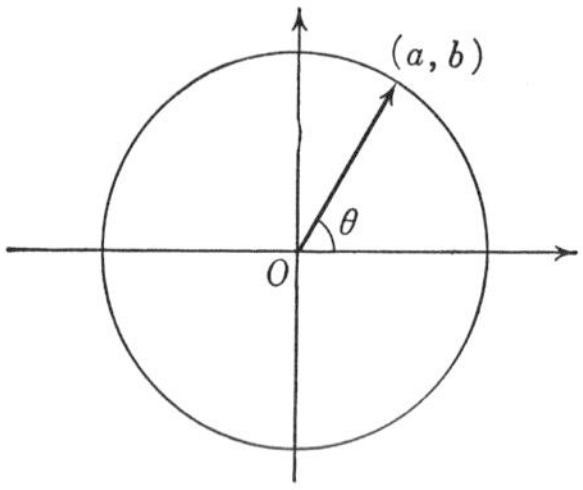

第1図

例 7.3 幾何学的意味から離れて，複素数の範囲で考えれば，前例の行列

$$A=\begin{bmatrix} a & -b \\ b & a \end{bmatrix}$$

は固有値および固有ベクトルをもっている．実際，前例の考察で現れたαに関する2次方程式$(\alpha-a)^2+b^2=0$は，複素数の範囲では，解

$$\alpha=a\pm bi$$

をもつからである．これらが行列Aの$\boldsymbol{C}$における固有値である．

おのおのの固有値に対する固有ベクトルは例7.1の場合と同様にして求められる．結果を記せば，固有値$a+bi, a-bi$に対する固有ベクトルは，それぞれ

$$c\begin{bmatrix} 1 \\ -i \end{bmatrix}, \qquad c\begin{bmatrix} 1 \\ i \end{bmatrix}$$

となる．ただしcは0でない任意の複素数である．この検証は読者の練習問題

に残しておこう(問題1).

例 7.4　V を $\boldsymbol{K}$ 上の任意のベクトル空間とする．a を $\boldsymbol{K}$ の1つの元として，

$$F = aI \qquad (I \text{ は } V \text{ の恒等変換})$$

とおく．このとき，任意の $v \in V$ に対して

$$F(v) = av$$

であるから，F はただ1つの固有値 a をもち，V の0以外のすべての元はその固有値に対する固有ベクトルである．

例 7.5　$\boldsymbol{K}$ の元を項とする無限数列

$$\boldsymbol{a} = (a_0, a_1, a_2, \cdots, a_n, \cdots)$$

全体が作る $\boldsymbol{K}$ 上のベクトル空間を $\boldsymbol{K}^\infty$ とする．(第2章例2.5参照．なおそこでは無限数列を α, β などで表したが，以後では有限次元の数ベクトルと同じく $\boldsymbol{a}, \boldsymbol{b}$ などで表すことにする．α, β のような文字はスカラー，特に固有値に対して用いたいからである.）$\boldsymbol{K}^\infty$ の各元 $\boldsymbol{a}=(a_n)$ に対し，

$$b_n = a_{n+1} \qquad (n=0, 1, 2, \cdots)$$

とおいて，$\boldsymbol{a}$ に

$$\begin{aligned}\boldsymbol{b} &= (b_0, b_1, b_2, \cdots, b_n, \cdots)\\ &= (a_1, a_2, a_3, \cdots, a_{n+1}, \cdots)\end{aligned}$$

を対応させる写像を F とすれば，F は明らかに $\boldsymbol{K}^\infty$ の線型変換である．後に引用する便宜上，この F を‘ずらし写像’とよぶ．実際 F は

$$\boldsymbol{a} = (a_0, a_1, a_2, a_3, a_4, \cdots)$$

↙ ↙ ↙ ↙

$$F(\boldsymbol{a}) = (a_1, a_2, a_3, a_4, \cdots\cdots)$$

のように，数列の項を1つずつ前にずらせているからである．この F の固有値と固有ベクトルについて調べるために，$\boldsymbol{K}^\infty$ の元 $\boldsymbol{a}=(a_n)$ と $c \in \boldsymbol{K}$ に対して

(7.3)
$$F(\boldsymbol{a}) = c\boldsymbol{a}$$

という関係を考える．F の定義によれば，(7.3)は

$$a_1 = ca_0, \quad a_2 = ca_1, \quad \cdots, \quad a_{n+1} = ca_n, \quad \cdots$$

が成り立つこと，すなわち $\boldsymbol{a}=(a_n)$ が公比 c の等比数列であることを意味している．したがって $\boldsymbol{K}$ の任意の元は変換 F の固有値であって，固有値 c に対する固有ベクトルは，等比数列

$$(1, c, c^2, \cdots, c^n, \cdots)$$

の0でないスカラー倍である.

例 7.6* すべての実数tに対して定義された無限回微分可能な実数値関数全体が作る$\boldsymbol{R}$上のベクトル空間をVとする(第3章例3.17参照). DをVの各元$f(t)$に導関数$f'(t)$を対応させる写像——'微分作用子'——とする. これはVの線型変換である. この線型変換Dの固有ベクトルについて考えよう. 定義によって, Dの固有ベクトルは

(7.4) $$f'(t) = cf(t) \qquad (c\text{ は定数})$$

となるような関数$f(t)$である. いいかえれば, ある定数$c \in \boldsymbol{R}$に対して'微分方程式'(7.4)の解となるような関数がDの固有ベクトルである. $c \in \boldsymbol{R}$が与えられたとき, 関数$f(t) = Ke^{ct}$(Kは任意の定数)は

$$f'(t) = K \cdot ce^{ct} = c \cdot Ke^{ct} = cf(t)$$

となるから, 微分方程式(7.4)の解である. 逆に(7.4)の解はこの形の関数に限る. 実際$f(t)$を(7.4)の任意の解とするとき, $h(t) = f(t)e^{-ct}$とおけば,

$$\begin{aligned} h'(t) &= f'(t)e^{-ct} - cf(t)e^{-ct} \\ &= (f'(t) - cf(t))e^{-ct} = 0 \end{aligned}$$

となるから, $h(t)$は定数である. よってそれをKとおけば, $f(t) = Ke^{ct}$となる. これで, 定数cが与えられたとき, 微分方程式(7.4)のすべての解はKe^{ct}で与えられることが確かめられた. ——以上のことから次のことがわかる. 微分作用子D: $V \to V$の固有値はすべての実数である. そして実数cに属するDの固有ベクトルはKe^{ct}($K \neq 0$)の形の関数である.

問 題

1. 例7.3の後半の部分を確かめよ.

2. 次の2次の実行列Aに対して, 線型変換L_A: $\boldsymbol{R}^2 \to \boldsymbol{R}^2$の固有値と固有ベクトルを求めよ.

(a) $\begin{bmatrix} 2 & 1 \\ 1 & 2 \end{bmatrix}$ (b) $\begin{bmatrix} 3 & 1 \\ -1 & 1 \end{bmatrix}$ (c) $\begin{bmatrix} 1 & -1 \\ 2 & -1 \end{bmatrix}$

3. 問題2の行列Aの$\boldsymbol{C}$における固有値と固有ベクトルを求めよ.

4. Fを例7.5の線型変換F: $\boldsymbol{K}^\infty \to \boldsymbol{K}^\infty$とする. $\boldsymbol{K}$の任意の元cは$F^2 = F \circ F$の固有

値でもあることを示し，c に対する F^2 の固有ベクトルの一般の形を書け．

5*. D: $V \to V$ を例7.6の微分作用子とする．関数 $\sin(ct)$, $\cos(ct)$ $(c \neq 0)$ は $D^2 = D \circ D$ の固有ベクトルであることを示せ．それはどのような固有値に属するか．

§2 固有多項式(特性多項式)

$A \in M_n(\boldsymbol{K})$, $A=(a_{ij})$ とする．$\alpha \in \boldsymbol{K}$ が行列 A の固有値であることは，

$$A\boldsymbol{x} = \alpha\boldsymbol{x} \tag{7.5}$$

を満たす $\mathbf{0}$ でないベクトル $\boldsymbol{x}(\in \boldsymbol{K}^n)$ が存在することを意味するが，(7.5)は $A\boldsymbol{x} - \alpha\boldsymbol{x} = \mathbf{0}$, あるいは

$$(A - \alpha I_n)\boldsymbol{x} = \mathbf{0} \tag{7.6}$$

と書き直される．ただし I_n は n 次の単位行列である．すなわち，$\alpha \in \boldsymbol{K}$ が A の固有値であることは，同次連立1次方程式(7.6)が自明でない解($\in \boldsymbol{K}^n$)をもつこと，いいかえれば，行列 $A-\alpha I_n$ あるいは $\alpha I_n - A$ が正則でないことと同等である．行列式を用いれば，そのための必要十分条件は

$$\det(\alpha I_n - A) = 0$$

によって与えられる．

そこで x を変数として，行列式

$$\det(xI_n - A) = \begin{vmatrix} x-a_{11} & -a_{12} & \cdots & -a_{1n} \\ -a_{21} & x-a_{22} & \cdots & -a_{2n} \\ & \cdots\cdots\cdots & & \\ -a_{n1} & -a_{n2} & \cdots & x-a_{nn} \end{vmatrix}$$

を考える．これは明らかに，$\boldsymbol{K}$ の元を係数とする x の n 次の多項式で，x^n の係数は1である．この多項式を行列 A の**固有多項式**または**特性多項式**とよぶ．本書ではこれを $f_A(x)$ で表す．すなわち

$$f_A(x) = \det(xI_n - A) \tag{7.7}$$

である．$\alpha \in \boldsymbol{K}$ が A の固有値であることは $f_A(\alpha) = 0$ であることにほかならない．

一般に $g(x)$ が n 次の多項式であるとき，'方程式 $g(x)=0$ の解' のことを簡単に '多項式 $g(x)$ の解' ということにすれば，上述のことから次の命題が得られる．

命題 7.2 正方行列 $A \in M_n(\boldsymbol{K})$ の $\boldsymbol{K}$ における固有値は，固有多項式 $f_A(x)$

の $\boldsymbol{K}$ 内の解に等しい．——

以下，行列の固有多項式について，二,三の例題を掲げる．

例 7.7　対角線より左下の成分がすべて0であるような正方行列を**上三角行列**という(例5.11)．A が n 次の上三角行列

$$A = \begin{bmatrix} a_{11} & a_{12} & \cdots & a_{1n} \\ & a_{22} & \cdots & a_{2n} \\ & & \ddots & \vdots \\ \text{\huge 0} & & & a_{nn} \end{bmatrix}$$

ならば，

$$f_A(x) = (x-a_{11})(x-a_{22})\cdots(x-a_{nn}) \tag{7.8}$$

である．したがって，上三角行列(特に対角行列)の固有値はその対角成分 a_{11}, $a_{22}, \cdots, a_{nn}$ である．

証明　定義(7.7)によって

$$f_A(x) = \begin{vmatrix} x-a_{11} & -a_{12} & \cdots & -a_{1n} \\ & x-a_{22} & \cdots & -a_{2n} \\ & & \ddots & \vdots \\ \text{\huge 0} & & & x-a_{nn} \end{vmatrix}$$

であるから，例5.11によって(7.8)が得られる．▌

例 7.8　一般に n 次の行列 $A=(a_{ij})$ に対して

$$f_A(x) = x^n - c_1 x^{n-1} + c_2 x^{n-2} - \cdots + (-1)^n c_n \tag{7.9}$$

とおけば，

$$c_1 = a_{11}+a_{22}+\cdots+a_{nn}, \qquad c_n = \det A$$

である．

証明　$f_A(x)=\det(xI_n-A)$ は，xI_n-A の各行・各列から1つずつとった n 個の成分の積に，適当な符号をつけて総和をとったものであるが，x^{n-1} の項は，明らかに，積

$$(x-a_{11})(x-a_{22})\cdots(x-a_{nn})$$

の展開においてだけ現れる．したがってその係数は $-(a_{11}+a_{22}+\cdots+a_{nn})$ に等しい．また $f_A(x)$ の定数項は

$$f_A(0) = \det(-A) = (-1)^n \det A$$

に等しい．▌

正方行列 $A=(a_{ij})$ の対角成分の和 $a_{11}+a_{22}+\cdots+a_{nn}$ は，A の**跡**または**トレース**(trace)とよばれ，$\mathrm{tr}(A)$ で表される．この記号を使えば，(7.9)において

$$c_1 = \mathrm{tr}(A)$$

である．$f_A(x)$ の他の係数 $c_2, \cdots, c_{n-1}$ を求めることはむずかしい．

例 7.9　A_1 が r 次の正方行列，A_2 が $n-r$ 次の正方行列で，A が

$$A = \begin{bmatrix} A_1 & B \\ O & A_2 \end{bmatrix} \quad \text{または} \quad A = \begin{bmatrix} A_1 & O \\ C & A_2 \end{bmatrix}$$

の形の n 次の正方行列ならば，

$$f_A(x) = f_{A_1}(x) f_{A_2}(x)$$

である．——

この証明には第5章§7問題2を用いればよい．くわしくは読者の練習問題としよう(問題3)．

例 7.10　A, P が n 次の正方行列で，P が正則ならば，$P^{-1}AP$ の固有多項式は A の固有多項式に等しい．

証明　P が正則ならば

$$xI_n - P^{-1}AP = P^{-1}(xI_n - A)P$$

であるから，定理5.10とその系によって

$$\begin{aligned} \det(xI_n - P^{-1}AP) &= \det(P^{-1})\cdot\det(xI_n - A)\cdot\det P \\ &= (\det P)^{-1}\cdot\det(xI_n - A)\cdot\det P \\ &= \det(xI_n - A). \end{aligned}$$

すなわち $f_{P^{-1}AP}(x)=f_A(x)$ である．▌

例 7.11　A, B がともに n 次の正方行列ならば，AB の固有多項式と BA の固有多項式とは等しい．

証明　A が正則ならば

$$A^{-1}(AB)A = BA$$

であるから，例7.10によって直ちに

$$f_{AB}(x) = f_{BA}(x) \tag{7.10}$$

が得られる．(B が正則である場合も同様である．)

A が正則でない場合には，その階数を $r(<n)$ とすれば，命題6.11によって，$QAP=A'$ が

$$A' = \begin{bmatrix} I_r & O \\ O & O \end{bmatrix}$$

となるような n 次の正則行列 Q, P が存在する．そこで $P^{-1}BQ^{-1}=B'$ とおけば，

$$A'B' = QAP \cdot P^{-1}BQ^{-1} = Q(AB)Q^{-1},$$
$$B'A' = P^{-1}BQ^{-1} \cdot QAP = P^{-1}(BA)P$$

であるから，例 7.10 によって

$$f_{A'B'}(x) = f_{AB}(x), \qquad f_{B'A'}(x) = f_{BA}(x).$$

したがって (7.10) を示すには

$$f_{A'B'}(x) = f_{B'A'}(x)$$

を証明すればよい．そのために B' を区画分けして

$$B' = \begin{bmatrix} B_1 & C \\ D & B_2 \end{bmatrix}$$

(B_1 は r 次，B_2 は $n-r$ 次の正方行列)

とおけば，直ちにわかるように

$$A'B' = \begin{bmatrix} B_1 & C \\ O & O \end{bmatrix}, \qquad B'A' = \begin{bmatrix} B_1 & O \\ D & O \end{bmatrix}.$$

したがって例 7.9 により (もちろん直接に計算しても容易にわかるが)，$f_{A'B'}(x)$，$f_{B'A'}(x)$ はともに

$$f_{B_1}(x) \cdot x^{n-r}$$

に等しい．これで証明が完了した．▮

上では正方行列の固有多項式について考えた．次に，有限次元ベクトル空間の線型変換の固有多項式を定義しよう．

V を $\boldsymbol{K}$ 上の有限次元ベクトル空間とし，F を V の線型変換とする．V の1つの基底をとって，それに関する F の表現行列を A とする．そのとき，行列 A の固有多項式 $f_A(x)$ を，線型変換 F の**固有多項式** (または**特性多項式**) と定義する．この定義は V の基底のとり方にはよらない．なぜなら，V の基底を変えれば，表現行列 A はそれに相似な行列 $A'=P^{-1}AP$ に変わるが (命題 6.14)，例 7.10 によって $f_{A'}(x)$ は $f_A(x)$ に等しいからである．

線型変換 F の固有多項式を

$$f_F(x)$$

で表す．V が $\boldsymbol{K}$ 上の n 次元ベクトル空間ならば，$f_F(x)$ は $\boldsymbol{K}$ の元を係数とする n 次の多項式である．また $f_F(x)$ の定義と命題7.1, 7.2から，直ちに次の命題が得られる．

命題 7.3　V を $\boldsymbol{K}$ 上の有限次元ベクトル空間，F を V の線型変換とすれば，F の固有値は固有多項式 $f_F(x)$ の $\boldsymbol{K}$ 内の解に等しい．

問　　題

1. A, B が n 次の行列ならば，$\mathrm{tr}(AB)=\mathrm{tr}(BA)$ であることを，直接に計算して確かめよ．

2. A, A' が n 次の行列で互いに相似ならば $\mathrm{tr}(A)=\mathrm{tr}(A')$ であることを示せ．

3. 例7.9に述べたことを証明せよ．

4. 行列 $A=cI_n$（c は定数）の固有多項式を求めよ．

5. 次の行列の固有多項式を求めよ．

(a) $\begin{bmatrix} -2 & -1 \\ 1 & 3 \end{bmatrix}$　(b) $\begin{bmatrix} 3 & -1 \\ 1 & 1 \end{bmatrix}$　(c) $\begin{bmatrix} 1 & 2 \\ 2 & 4 \end{bmatrix}$　(d) $\begin{bmatrix} 5i & 1 \\ 3 & 2i \end{bmatrix}$

(e) $\begin{bmatrix} 2 & 4 & 1 \\ 0 & -1 & -3 \\ 0 & 0 & 0 \end{bmatrix}$　(f) $\begin{bmatrix} 0 & 0 & 1 \\ 1 & 0 & 0 \\ 0 & 1 & 0 \end{bmatrix}$　(g) $\begin{bmatrix} 1 & 0 & 0 \\ -2 & 2 & -3 \\ 0 & 3 & 2 \end{bmatrix}$　(h) $\begin{bmatrix} 5 & -6 & -6 \\ -1 & 4 & 2 \\ 3 & -6 & -4 \end{bmatrix}$

6. $a\neq 0$ として，次の各行列の固有多項式を求めよ．ただし空白の部分の成分はすべて0とする．

$$\begin{bmatrix} & a \\ a & \end{bmatrix}\quad \begin{bmatrix} & & a \\ & a & \\ a & & \end{bmatrix}\quad \begin{bmatrix} & & & a \\ & & a & \\ & a & & \\ a & & & \end{bmatrix}\quad \begin{bmatrix} & & & & a \\ & & & a & \\ & & a & & \\ & a & & & \\ a & & & & \end{bmatrix}$$

7. A を3次の行列，$\tilde{A}$ をその余因子行列（第5章§8）とすれば，

$$f_A(x) = x^3-(\mathrm{tr}\, A)x^2+(\mathrm{tr}\, \tilde{A})x-\det A$$

であることを証明せよ．

§3　代数学の基本定理

命題7.2, 7.3によって，行列あるいは有限次元ベクトル空間の線型変換の固有値をみいだす問題は，それらの固有多項式の解を求める問題に帰する．この

問題については，$\boldsymbol{K}=\boldsymbol{R}$ の場合と $\boldsymbol{K}=\boldsymbol{C}$ の場合とで大きい相違がある．その一端をわれわれは例7.2, 7.3でみた．すなわち，これらの例で扱った行列 A は $\boldsymbol{R}$ の中には固有値をもたないが，$\boldsymbol{C}$ の中には固有値をもつのであった．

われわれはすでに，実係数の任意の2次方程式が複素数の範囲では必ず2つの解をもつこと，いいかえれば，実係数の任意の2次式が複素数の範囲では必ず2つの1次式の積に因数分解されることを，高等学校で学んでいる．また第4章§4では，α を任意に与えられた0でない複素数とするとき，'二項方程式' $z^n=\alpha$ が複素数の範囲に必ず n 個の解をもつ，ということをみた(命題4.5)．

実は一般に次の定理が成り立つのである．

定理 7.4 複素数を係数とする任意の n 次$(n\geqq 1)$の多項式 $f(x)$ は，複素数の範囲において必ず n 個の1次式の積に分解される．すなわち，

(7.11) $$f(x) = c(x-\alpha_1)(x-\alpha_2)\cdots(x-\alpha_n)$$

となるような複素数 $\alpha_1, \alpha_2, \cdots, \alpha_n$ が存在する．(c は $f(x)$ の最高次の係数である．) ——

この定理はダランベールによって予想され，18世紀末ガウスによって証明された．これは通常**代数学の基本定理**とよばれるが，実際には代数学のみならず解析学その他の基礎をなすものでもあって，全数学における諸定理のうち最も重要なものの1つである．

(7.11)の $\alpha_1, \alpha_2, \cdots, \alpha_n$ は $f(x)$ の n 個の解である．ただし，これらは全部相異なるとは限らない．そこで，上とは少し記法を変えて，$\alpha_1, \alpha_2, \cdots, \alpha_s$ を $f(x)$ の相異なる解の全体とすれば，(7.11)のかわりに

(7.12) $$f(x) = c(x-\alpha_1)^{n_1}(x-\alpha_2)^{n_2}\cdots(x-\alpha_s)^{n_s}$$

のように書くことができる．ただし $n_1+n_2+\cdots+n_s=n$ である．$f(x)$ が(7.12)のように因数分解されるとき，"α_i は $f(x)$ の n_i **重解**である" または "$f(x)$ の解 α_i の**重複度**は n_i である" という．重複度が1の解を**単解**(または**単純解**)とよび，重複度が2以上の解を**重解**(または**重複解**)とよぶ．また通常，断わらずに単に'解の個数'といえば，どの解も重複度だけ数えるものとする．すなわち，α_i が $f(x)$ の n_i 重解ならば，$f(x)$ は α_i という解を n_i 個もつと考えるのである．そうすれば定理7.4は次の形に述べることもできる．

定理 7.5 複素数を係数とする任意の n 次$(n\geqq 1)$の多項式は，解の重複度ま

で考慮すれば，複素数の範囲においてつねに n 個の解をもつ．——

本書では，定理 7.4(あるいは定理 7.5)の証明までは述べる余裕がない．その証明については，たとえば，松坂，“代数系入門”(岩波書店)の第 6 章§7 を参照されたい．

定理 7.4 あるいは定理 7.5 から次の 2 つの命題が得られる．

命題 7.6　V を $\boldsymbol{C}$ 上の n 次元ベクトル空間とすれば，V の任意の線型変換 F はつねに n 個の固有値をもつ．

命題 7.7　n 次の(実数成分または複素数成分の)任意の正方行列 A は，$\boldsymbol{C}$ の中では必ず n 個の固有値をもつ．——

ただし，命題 7.6 や 7.7 における‘固有値の個数’も，各固有値の重複度まで考慮に入れるのである．もちろん，線型変換 F あるいは行列 A の‘固有値 α の重複度’というのは，固有多項式 $f_F(x)$ あるいは $f_A(x)$ の解としての α の重複度の意味である．

次に実係数の多項式の実数の範囲における因数分解について考えよう．そのために，一般に複素係数の多項式

$$f(x)=c_0+c_1x+c_2x^2+\cdots+c_nx^n \qquad (c_i\in\boldsymbol{C})$$

に対し，その各係数を共役複素数でおきかえた多項式——共役多項式——を考える．それを $\bar{f}(x)$ で表すことにする．すなわち

$$\bar{f}(x)=\bar{c}_0+\bar{c}_1x+\bar{c}_2x^2+\cdots+\bar{c}_nx^n.$$

そうすれば，複素数の和・差・積と共役の関係

$$\overline{\alpha\pm\beta}=\bar{\alpha}\pm\bar{\beta}, \qquad \overline{\alpha\beta}=\bar{\alpha}\bar{\beta}$$

から，一般に

$$f(x)=g_1(x)g_2(x)\cdots g_s(x)$$

ならば，

$$\bar{f}(x)=\bar{g}_1(x)\bar{g}_2(x)\cdots\bar{g}_s(x)$$

であることが容易に導かれる．(読者はくわしく考えよ．) したがって，$f(x)$ の $\boldsymbol{C}$ における 1 次式への分解を，(7.11)のように

$$f(x)=c(x-\alpha_1)(x-\alpha_2)\cdots(x-\alpha_n)$$

とすれば，

$$\bar{f}(x)=\bar{c}(x-\bar{\alpha}_1)(x-\bar{\alpha}_2)\cdots(x-\bar{\alpha}_n)$$

となる．すなわち $\alpha_1, \alpha_2, \cdots, \alpha_n$ が $f(x)$ の解ならば，$\bar{f}(x)$ の解は $\bar{\alpha}_1, \bar{\alpha}_2, \cdots, \bar{\alpha}_n$ である．特に $f(x)$ が実係数である場合には，$f(x)=\bar{f}(x)$ であるから，$\alpha_1, \alpha_2, \cdots, \alpha_n$ と $\bar{\alpha}_1, \bar{\alpha}_2, \cdots, \bar{\alpha}_n$ とは全体として一致する．このことから，実係数の多項式 $f(x)$ が $\boldsymbol{C}$ の中に虚数解（実数でない解）α をもつならば，共役複素数 $\bar{\alpha}$ も $f(x)$ の解であって，しかも α の重複度は $\bar{\alpha}$ の重複度に等しいことがわかる．いいかえれば，$f(x)$ を複素数の範囲で１次式の積に分解したとき，$x-\alpha$ と $x-\bar{\alpha}$ とは同じ回数現れる．よって，これらの因数を１つずつ対にしてまとめることができる．$\alpha=a+bi\,(a, b\in\boldsymbol{R},\ b\neq 0)$ とすれば，

$$(x-\alpha)(x-\bar{\alpha}) = (x-a)^2+b^2$$

であって，これは実係数の２次式である．もちろん，この２次式は実数の範囲においては‘既約’である．

以上の考察から次の命題が得られる．

命題 7.8　実係数の定数でない多項式 $f(x)$ は，実数の範囲では，１次式または既約な２次式の積に因数分解される．すなわち

$$f(x) = c(x-\alpha_1)\cdots(x-\alpha_p)\{(x-a_1)^2+b_1{}^2\}\cdots\{(x-a_q)^2+b_q{}^2\} \tag{7.13}$$

と表される．ここに $c, \alpha_1, \cdots, \alpha_p, a_1, b_1, \cdots, a_q, b_q$ は実数で，$b_1\neq 0,\ \cdots,\ b_q\neq 0$ である．$f(x)$ の次数を n とすれば，$p+2q$ は n に等しい．——

(7.13) における $\alpha_1, \cdots, \alpha_p$ は多項式 $f(x)$ の実数解である．もちろん，これらは全部相異なるとは限らない．同様に (7.13) における２次の因数も全部相異なるとは限らない．また (7.13) において，２次の因数が現れないこともあるし，１次の因数が現れないこともある．２次の因数が現れない場合には，$f(x)$ の $\boldsymbol{C}$ における n 個の解（n は $f(x)$ の次数）はすべて実数である．他方１次の因数が現れない場合には，$f(x)$ は実数解をもたない．

問　　題

1. 次のことを証明せよ．

(a)　V が $\boldsymbol{R}$ 上の奇数次元のベクトル空間ならば，V の任意の線型変換 F は少なくとも１つの固有値を（したがってまた固有ベクトルを）もつ．

(b)　A が奇数次の実行列ならば，A は $\boldsymbol{R}$ において少なくとも１つの固有値を（したがってまた固有ベクトルを）もつ．

§4 対角化の条件

V を $\boldsymbol{K}$ 上の有限次元ベクトル空間，F を V の線型変換とする．

p. 214 で述べたように，V の適当な基底 $\mathcal{B}$ をとれば，それに関する F の表現行列

$$[F]_{\mathcal{B}}$$

が対角行列となるとき，F は**対角化可能**であるという．

また，行列 $A \in M_n(\boldsymbol{K})$ に対して，適当な正則行列 $P \in M_n(\boldsymbol{K})$ をとれば，

$$P^{-1}AP$$

が対角行列となるとき，A は $\boldsymbol{K}$ において**対角化可能**であるという．

命題 7.9 F を $\boldsymbol{K}$ 上の有限次元ベクトル空間 V の線型変換とし，V の 1 つの基底に関する F の表現行列を A とすれば，F が対角化可能であることは A が $\boldsymbol{K}$ において対角化可能であることと同等である．——

この証明は第 6 章 §5 に論じたことから直ちに得られる．

$\boldsymbol{K}=\boldsymbol{C}$ の場合には，線型変換 F や行列 A が対角化可能であることを，F や A が**半単純**であるともいう．

なお上で V の基底を $\mathcal{B}$ と書いた．第 6 章では基底を α, β のようなギリシア文字で表したけれども，今後必要がある場合には，ベクトル空間の基底を $\mathcal{B}$, $\mathcal{B}'$ などで表すことにする．前にもいったように，α, β などの文字はスカラー，特に固有値を表す文字として保存しておきたいからである．

次の定理は定義から直ちに証明される．

> **定理 7.10** 有限次元ベクトル空間 V の線型変換 F が対角化可能であるための必要十分条件は，F の固有ベクトルから成るような V の基底が存在することである．
>
> くわしくいえば，V の基底 $\mathcal{B}=\{v_1, \cdots, v_n\}$ に関する次の 2 つの条件は同等である．
>
> **1.** $\mathcal{B}$ に関する F の表現行列 $[F]_{\mathcal{B}}$ は対角行列である．
>
> **2.** $v_1, \cdots, v_n$ はすべて F の固有ベクトルである．

証明 表現行列 $[F]_{\mathcal{B}}$ が対角行列

$$
(7.14)\qquad \begin{bmatrix} \alpha_1 & & & \\ & \alpha_2 & & \\ & & \ddots & \\ & & & \alpha_n \end{bmatrix}
$$

となるならば，

$$
F(v_1) = \alpha_1 v_1, \quad F(v_2) = \alpha_2 v_2, \quad \cdots, \quad F(v_n) = \alpha_n v_n
$$

であるから，$v_1, \cdots, v_n$ はいずれも F の固有ベクトルである．逆に $v_1, \cdots, v_n$ がすべて固有ベクトルで，それぞれ固有値 $\alpha_1, \cdots, \alpha_n$ に属するならば，明らかに $[F]_{\mathscr{B}}$ は対角行列(7.14)となる．∎

定理 7.11　$A \in M_n(\boldsymbol{K})$ が $\boldsymbol{K}$ において対角化可能であるための必要十分条件は，A の $\boldsymbol{K}$ における固有ベクトルから成るような $\boldsymbol{K}^n$ の基底が存在すること，いいかえれば，A の $\boldsymbol{K}$ における n 個の1次独立な固有ベクトルが存在することである．

証明　線型変換

$$
L_A : \boldsymbol{K}^n \longrightarrow \boldsymbol{K}^n
$$

に対して定理7.10を適用すればよい．∎

上の定理7.11は定理7.10を行列に対して翻訳したものに過ぎない．これらの定理のように，線型変換と行列については，一方に関する命題から，他方に関する(同等の内容の)命題が直ちに導き出される．このような‘翻訳’は通常なんら困難なく行われるから，今後は特に必要がある場合を除き，一方に関する命題のみを述べて，他方に関する命題の叙述は読者自身にゆだねることにする．

定理7.11に関連する次の命題は，行列 A が対角化可能である場合に，A を対角化する正則行列の具体的な形を与える．

命題 7.12　$A \in M_n(\boldsymbol{K})$ が $\boldsymbol{K}$ において対角化可能であるとき，A を対角化する行列 P，くわしくいえば $P^{-1}AP$ が対角行列となるような正則行列 P は，次のようにして求められる．すなわち，A の($\boldsymbol{K}$ における)n 個の1次独立な固有ベクトルを $\boldsymbol{p}_1, \cdots, \boldsymbol{p}_n$ とし，それらを列ベクトルとする行列を $P=(\boldsymbol{p}_1, \cdots, \boldsymbol{p}_n)$ とすれば，

$$P^{-1}AP = \begin{bmatrix} \alpha_1 & & & \\ & \alpha_2 & & \\ & & \ddots & \\ & & & \alpha_n \end{bmatrix}$$

となる．ここに

$$A\boldsymbol{p}_1 = \alpha_1\boldsymbol{p}_1, \quad A\boldsymbol{p}_2 = \alpha_2\boldsymbol{p}_2, \quad \cdots, \quad A\boldsymbol{p}_n = \alpha_n\boldsymbol{p}_n$$

である．

証明 $\boldsymbol{p}_1, \cdots, \boldsymbol{p}_n$ を命題に述べられているような A の固有ベクトルとすれば，$\mathcal{B}=\{\boldsymbol{p}_1, \cdots, \boldsymbol{p}_n\}$ は $\boldsymbol{K}^n$ の基底で，命題 6.16 により，$L_A: \boldsymbol{K}^n \to \boldsymbol{K}^n$ の $\mathcal{B}$ に関する表現行列が $P^{-1}AP$ となる．このことから上の主張は明らかである．▮

なお行列の対角化については，読者は次のことに注意しておかなければならない．それは，A が実行列であるとき，A が $\boldsymbol{R}$ において対角化可能であることと $\boldsymbol{C}$ において対角化可能であることとは同じではない，ということである．(次の例をみよ．)

例 7.12 例 7.2 の実行列

$$A = \begin{bmatrix} a & -b \\ b & a \end{bmatrix}$$

を考える．a, b は $a^2+b^2=1$, $b \neq 0$ を満たす実数である．この行列 A は $\boldsymbol{R}$ において対角化可能ではない．なぜなら A は $\boldsymbol{R}$ の中には固有値をもたず，したがって固有ベクトルをもたないからである．しかし A は $\boldsymbol{C}$ においては対角化可能である．実際 A は $\boldsymbol{C}$ において 2 つの固有値 $a+bi, a-bi$ をもち，

$$\boldsymbol{p}_1 = \begin{bmatrix} 1 \\ -i \end{bmatrix}, \quad \boldsymbol{p}_2 = \begin{bmatrix} 1 \\ i \end{bmatrix}$$

がそれぞれこれらの固有値に属する固有ベクトルであるから，

$$P = \begin{bmatrix} 1 & 1 \\ -i & i \end{bmatrix} \quad \text{とおけば} \quad P^{-1}AP = \begin{bmatrix} a+bi & 0 \\ 0 & a-bi \end{bmatrix}$$

となる．読者は計算を実行してこのことを確かめよ (問題 1)．——

次の命題は今後しばしば用いられる．

命題 7.13 V をベクトル空間，F を V の線型変換とする．(ここでは V は有限次元とは仮定しない．) $\alpha_1, \alpha_2, \cdots, \alpha_s$ を F の相異なる固有値とすれば，それらに属する固有ベクトル $v_1, v_2, \cdots, v_s$ は 1 次独立である．

証明　s に関する数学的帰納法による．$s=1$ のときは明らかであるから，$s\geqq 2$ とし，$v_1, \cdots, v_{s-1}$ は1次独立であると仮定する．c_i をスカラーとして

$$c_1v_1+\cdots+c_{s-1}v_{s-1}+c_sv_s=0 \tag{7.15}$$

とする．両辺の F による像を考えれば，$F(v_i)=\alpha_iv_i$ であるから，

$$c_1\alpha_1v_1+\cdots+c_{s-1}\alpha_{s-1}v_{s-1}+c_s\alpha_sv_s=0.$$

他方(7.15)を α_s 倍すれば

$$c_1\alpha_sv_1+\cdots+c_{s-1}\alpha_sv_{s-1}+c_s\alpha_sv_s=0.$$

上の2式を辺々引き算すれば

$$c_1(\alpha_1-\alpha_s)v_1+\cdots+c_{s-1}(\alpha_{s-1}-\alpha_s)v_{s-1}=0.$$

これから帰納法の仮定によって $c_i(\alpha_i-\alpha_s)=0\,(i=1, \cdots, s-1)$ が得られ，$\alpha_i\neq\alpha_s$ であるから $c_i=0\,(i=1, \cdots, s-1)$ が得られる．したがってまた(7.15)から $c_s=0$ も得られる．これで主張が証明された．▌

例 7.13*　V を例7.6のベクトル空間(無限回微分可能な関数全体が作るベクトル空間)とし，$D\colon V\to V$ を微分作用子とする．$c_1, c_2, \cdots, c_n$ を相異なる実数とすれば，関数

$$e^{c_1t},\quad e^{c_2t},\quad \cdots,\quad e^{c_nt}$$

は，V の元として1次独立である．なぜなら，これらはそれぞれ，D の相異なる固有値 $c_1, c_2, \cdots, c_n$ に属する固有ベクトルであるからである．——

命題7.13の1つの系である次の定理は，実際上特に有用である．

> **定理 7.14**　V が n 次元ベクトル空間で，その線型変換 F が n 個の相異なる固有値 $\alpha_1, \alpha_2, \cdots, \alpha_n$ をもつとする．そのとき，それらに属する固有ベクトル $v_1, v_2, \cdots, v_n$ は V の基底をなし，したがって F は対角化可能である．

証明　命題7.13によって $v_1, v_2, \cdots, v_n$ は1次独立であるから，上の結論は明らかである．▌

定理7.14における仮定は，F の固有多項式 $f_F(x)$ が $\boldsymbol{K}$ 内に n 個の解をもち，しかもそれらの解がすべて単解である，ということにほかならない．

もちろんわれわれは，行列に対しても，定理7.14に対応する命題を述べる

ことができる．

例 7.14 A を3次の行列

$$A=\begin{bmatrix} 1 & 0 & 0 \\ 1 & 3 & -3 \\ -2 & 2 & -4 \end{bmatrix}$$

とする．この固有多項式を計算すれば，

$$f_A(x)=(x-1)(x-2)(x+3).$$

したがって A は($\boldsymbol{R}$ の中に)3個の異なる固有値 $1, 2, -3$ をもち，よって($\boldsymbol{R}$ において)対角化可能である．A を対角化する行列 P を求めるには，これらの固有値に属する固有ベクトルをそれぞれ求めればよい．それを実行すれば，固有値 $1, 2, -3$ に属する固有ベクトルとして，それぞれ

$$\boldsymbol{p}_1=\begin{bmatrix} 4 \\ -11 \\ -6 \end{bmatrix},\quad \boldsymbol{p}_2=\begin{bmatrix} 0 \\ 3 \\ 1 \end{bmatrix},\quad \boldsymbol{p}_3=\begin{bmatrix} 0 \\ 1 \\ 2 \end{bmatrix}$$

が得られる．したがって

$$P=\begin{bmatrix} 4 & 0 & 0 \\ -11 & 3 & 1 \\ -6 & 1 & 2 \end{bmatrix} \quad \text{とおけば} \quad P^{-1}AP=\begin{bmatrix} 1 & 0 & 0 \\ 0 & 2 & 0 \\ 0 & 0 & -3 \end{bmatrix}$$

となる．読者はこの例に述べた計算をくわしく実行せよ(問題2)．——

問　題

1. 例7.12の計算を実行せよ．

2. 例7.14の計算を実行し，結果を確かめよ．

3. 次の行列は $\boldsymbol{R}$ において対角化可能であるか．$\boldsymbol{C}$ においてはどうか．対角化できる場合，それを対角化する正則行列 P を求めよ．

(a) $\begin{bmatrix} 1 & 2 \\ 0 & 1 \end{bmatrix}$　(b) $\begin{bmatrix} 1 & 2 \\ 3 & -4 \end{bmatrix}$　(c) $\begin{bmatrix} 1 & -2 \\ 5 & 3 \end{bmatrix}$

4. 次の行列について前問と同じ問に答えよ．

(a) $\begin{bmatrix} 0 & 0 & 1 \\ 0 & 2 & 0 \\ 3 & 0 & 0 \end{bmatrix}$　(b) $\begin{bmatrix} 1 & 3 & 5 \\ 0 & 1 & 0 \\ -2 & -2 & 3 \end{bmatrix}$

5*. $c_1, c_2, \cdots, c_n$ をすべて相異なる正の実数とする．そのとき，関数

$$\sin(c_1 t), \quad \sin(c_2 t), \quad \cdots, \quad \sin(c_n t)$$

は，例7.6のベクトル空間 V の元として1次独立であることを示せ．

§5　固有空間

V を $\boldsymbol{K}$ 上のベクトル空間，F を V の線型変換とし，$\alpha \in \boldsymbol{K}$ を F の1つの固有値とする．そのとき，α に対する F の固有ベクトルの全体に0をつけ加えたものは，V の1つの部分空間を作る．それは線型変換 $F-\alpha I$（I は V の恒等変換）の核

$$\mathrm{Ker}(F-\alpha I)$$

にほかならない．実際 $v(\neq 0)$ が α に対する固有ベクトルであることは，

$$(F-\alpha I)(v) = 0$$

が成り立つことと同等であるからである．この部分空間を固有値 α に対する**固有空間**とよぶ．以後これを $W(\alpha)$ で表す．すなわち

$$W(\alpha) = \mathrm{Ker}(F-\alpha I)$$

である．固有値の定義によって，固有空間 $W(\alpha)$ は V の $\{0\}$ でない部分空間である．

命題 7.15　$\alpha_1, \alpha_2, \cdots, \alpha_s$ を線型変換 F の相異なる固有値とすれば，固有空間の和 $W(\alpha_1)+W(\alpha_2)+\cdots+W(\alpha_s)$ は直和である．

証明　$Z=W(\alpha_1)+\cdots+W(\alpha_s)$ とおく．z を Z の任意の元とし，

$$z = v_1+\cdots+v_s = v_1'+\cdots+v_s'; \quad v_i, v_i' \in W(\alpha_i)$$

とする．そのとき $v_i-v_i'=v_i''$ とおけば

$$v_1''+\cdots+v_s'' = 0, \qquad v_i'' \in W(\alpha_i) \tag{7.16}$$

となるが，命題7.13によって相異なる固有値に対する固有ベクトルは1次独立であるから，(7.16)が成り立つためには，明らかに

$$v_1'' = \cdots = v_s'' = 0$$

でなければならない．ゆえに $v_i=v_i'$ $(i=1, \cdots, s)$．すなわち Z の元を $W(\alpha_i)$ の元の和として表すしかたは一意的である．▌

命題 7.16　V を $\boldsymbol{K}$ 上の n 次元ベクトル空間，F を V の線型変換，$\alpha \in \boldsymbol{K}$ を F の重複度 m の固有値とする．すなわち，固有多項式 $f_F(x)$ が $\boldsymbol{K}$ において

(7.17)　$f_F(x) = (x-\alpha)^m g(x)$　($g(x)$は$n-m$次式)

と分解され，$g(x)$はαを解にもたないとする．そのとき，αに対する固有空間$W(\alpha)$の次元はmをこえない．

証明　$\dim W(\alpha)=m'$とし，$W(\alpha)$の1つの基底を$\{v_1, \cdots, v_{m'}\}$，それを拡張したVの基底を$\{v_1, \cdots, v_{m'}, \cdots, v_n\}$とする．この基底に関して$F$を表現する行列を$A$とすれば，$F(v_i)=\alpha v_i\,(i=1, \cdots, m')$であるから，$A$は

$$A = \left[\begin{array}{ccc|c} \alpha & & & \\ & \ddots & & * \\ & & \alpha & \\ \hline & O & & B \end{array}\right] \begin{array}{l} \left.\vphantom{\begin{array}{c}\alpha\\ \ddots\\ \alpha\end{array}}\right\} m' \\ \left.\vphantom{O}\right\} n-m' \end{array}$$

の形となる．したがって例7.9により$f_F(x)=f_A(x)$は$(x-\alpha)^{m'}$と$f_B(x)$の積に等しい．すなわち

$$f_F(x) = (x-\alpha)^{m'} f_B(x).$$

これと(7.17)とを比較すれば

$$(x-\alpha)^m g(x) = (x-\alpha)^{m'} f_B(x).$$

そして$g(x)$はαを解にもたないのであるから，$m' \leqq m$でなければならない．▌

上の命題7.16の主張は，後に第8章定理8.8でもっと精密化されることを注意しておこう．(p.269参照.)

命題 7.17　Vを$\boldsymbol{K}$上のn次元ベクトル空間，FをVの線型変換とする．固有多項式$f_F(x)$が$\boldsymbol{K}$において完全に1次式の積に因数分解されて，

$$f_F(x) = (x-\alpha_1)^{n_1}(x-\alpha_2)^{n_2}\cdots(x-\alpha_s)^{n_s}$$

となるとする．ここに$\alpha_1, \alpha_2, \cdots, \alpha_s$は$\boldsymbol{K}$の相異なる元，$n_1, n_2, \cdots, n_s$は正の整数で，$n_1+n_2+\cdots+n_s=n$である．このとき，次の3つの条件は互いに同等である．

1. Fは対角化可能である．

2. Vは固有空間の直和

$$V = W(\alpha_1)\oplus W(\alpha_2)\oplus\cdots\oplus W(\alpha_s)$$

となる．

3. 各$i=1, \cdots, s$に対して，$\dim W(\alpha_i)$はα_iの重複度n_iに等しい．

証明 各$i=1,\cdots,s$に対して$\dim W(\alpha_i)=n_i'$とおく．そうすれば各$W(\alpha_i)$の中にn_i'個の1次独立なFの固有ベクトルが存在し，命題7.15によって固有空間の和は直和であるから，Vの中には全部で$n_1'+\cdots+n_s'$個の1次独立な固有ベクトルが存在する．それらは$W(\alpha_1)\oplus\cdots\oplus W(\alpha_s)$の基底である．$F$が対角化可能であることは，それらの$n_1'+\cdots+n_s'$個の固有ベクトルが$V$の基底をなすことにほかならないから，条件**1**と**2**とは同等である．また命題7.16によって，各$i=1,\cdots,s$に対して$n_i'\leqq n_i$であるから，**2**が成り立つためには，明らかに

$$n_i' = n_i \qquad (i=1,\cdots,s)$$

の成り立つことが必要かつ十分である．すなわち条件**2**と**3**も同等である．▌

もちろん本節に述べた諸命題についても，われわれは行列に対して，それぞれ，これらに対応する命題を述べることができる．

例 7.15 （この例および次の例の計算は読者の練習問題とする．）

$$A=\begin{bmatrix} 0 & 1 & 1 \\ -4 & 4 & 2 \\ 2 & -1 & 1 \end{bmatrix}$$

とすれば，

$$f_A(x)=(x-2)^2(x-1).$$

よってAは2つの固有値2, 1をもつ．固有値2に対する固有空間は2つの1次独立な固有ベクトルを含み，

$$W(2)=\langle \boldsymbol{p}_1, \boldsymbol{p}_2\rangle\,; \quad \boldsymbol{p}_1=\begin{bmatrix} 1 \\ 1 \\ 1 \end{bmatrix}, \quad \boldsymbol{p}_2=\begin{bmatrix} 0 \\ 1 \\ -1 \end{bmatrix}.$$

また固有値1に対する固有空間は

$$W(1)=\langle \boldsymbol{p}_3\rangle, \quad \boldsymbol{p}_3=\begin{bmatrix} 1 \\ 2 \\ -1 \end{bmatrix}.$$

ゆえにAは対角化可能で，

$$P=\begin{bmatrix} 1 & 0 & 1 \\ 1 & 1 & 2 \\ 1 & -1 & -1 \end{bmatrix} \text{ とおけば } \quad P^{-1}AP=\begin{bmatrix} 2 & & \\ & 2 & \\ & & 1 \end{bmatrix}.$$

例 7.16

$$A=\begin{bmatrix}1 & 2 & 4\\ 0 & 1 & 4\\ 0 & 0 & -3\end{bmatrix} \quad \text{とすれば} \quad f_A(x)=(x-1)^2(x+3).$$

固有値1の重複度は2であるが，それに対する固有空間は1次元で

$$W(1)=\langle \boldsymbol{p}\rangle, \qquad \boldsymbol{p}=\begin{bmatrix}1\\ 0\\ 0\end{bmatrix}.$$

また固有値 -3 に対する固有空間は

$$W(-3)=\langle \boldsymbol{q}\rangle, \qquad \boldsymbol{q}=\begin{bmatrix}1\\ 2\\ -2\end{bmatrix}.$$

ゆえに $W(1)\oplus W(-3)$ は2次元で $\boldsymbol{K}^3$ 全体とはならない．したがって A は対角化可能ではない．（実際には，A が対角化可能でないことを結論するためには，固有値1に対する固有空間の次元がその重複度より小さいことをみるだけで十分である．）——

上の2つの例でみたように，$\boldsymbol{K}$ 上の有限次元ベクトル空間の線型変換 F あるいは行列 A の固有多項式が $\boldsymbol{K}$ 内で完全に1次式の積に分解されても，それが重解をもつ場合には，F あるいは A の対角化可能性について一定の結論を下すことはできない．それに対して，固有多項式の解がすべて単解である場合には，定理7.14によって F や A は対角化可能である．これが定理7.14の重用される所以である．もちろんこれは対角化可能であるための1つの十分条件に過ぎないが，その内容が簡単であるため実用上の価値が大きいのである．

問　　題

1. 例7.15の計算をくわしく行え．

2. 例7.16の計算をくわしく行え．

3. 2次の行列

$$\begin{bmatrix}a & c\\ 0 & b\end{bmatrix}, \qquad c\neq 0$$

が対角化可能であるための必要十分条件を求めよ．

4. 下の2つの行列のうち，左側の行列は対角化可能であり，右側の行列は対角化可

能でないことを示せ.

$$\begin{bmatrix} 0 & 0 & 0 & 1 \\ 0 & 0 & 1 & 0 \\ 0 & 1 & 0 & 0 \\ 1 & 0 & 0 & 0 \end{bmatrix} \qquad \begin{bmatrix} 0 & 0 & 1 & 1 \\ 0 & 0 & 1 & 0 \\ 0 & 1 & 0 & 0 \\ 1 & 1 & 0 & 0 \end{bmatrix}$$

§6 漸化式で定められる数列

この節では定理7.14の1つの応用として，漸化式で定められる数列の一般項を求める問題について述べよう.

例7.5の，無限数列全体が作るベクトル空間$\boldsymbol{K}^{\infty}$を考える．ここでは簡単のため$\boldsymbol{K}=\boldsymbol{C}$とする．$\boldsymbol{C}^{\infty}$の元$\boldsymbol{a}=(a_n)$の連続する3つの項の間に

(7.18) $$a_{n+2} = c_1 a_{n+1} + c_2 a_n \qquad (n=0,1,2,\cdots)$$

という関係が成り立つとき，$\boldsymbol{a}=(a_n)$は**長さ2の1次漸化式**を満たすという．ここに$c_1, c_2\,(\in\boldsymbol{C})$は与えられた定数である．(くわしくはこの形の漸化式は**同次1次**の漸化式とよばれる.)

漸化式(7.18)を満たす数列全体の集合をVとすれば，Vは$\boldsymbol{C}^{\infty}$の部分空間である．実際$\boldsymbol{a}=(a_n)$，$\boldsymbol{a}'=(a_n')$がともにVの元ならば，

$$\begin{aligned} a_{n+2}+a_{n+2}' &= (c_1a_{n+1}+c_2a_n)+(c_1a_{n+1}'+c_2a_n') \\ &= c_1(a_{n+1}+a_{n+1}')+c_2(a_n+a_n'), \\ \lambda a_{n+2} &= \lambda(c_1a_{n+1}+c_2a_n) = c_1(\lambda a_{n+1})+c_2(\lambda a_n) \end{aligned}$$

であるから，$\boldsymbol{a}+\boldsymbol{a}'=(a_n+a_n')$，$\lambda\boldsymbol{a}=(\lambda a_n)$ $(\lambda\in\boldsymbol{C})$も$V$の元となる.

Vの任意の元$\boldsymbol{a}=(a_n)$は，明らかにそのはじめの2項a_0, a_1の値によって完全に決定される．他方Vの元のはじめの2項の値は任意に与えることができる．特に，はじめの2項が1,0であるVの元，はじめの2項が0,1であるVの元を，それぞれ

$$\boldsymbol{e}_1 = (1,\ 0,\ \cdots\cdots),$$
$$\boldsymbol{e}_2 = (0,\ 1,\ \cdots\cdots)$$

とすれば，$\boldsymbol{e}_1, \boldsymbol{e}_2$は1次独立で，$V$の任意の元

$$\boldsymbol{a} = (a_0,\ a_1,\ \cdots\cdots)$$

は$\boldsymbol{e}_1, \boldsymbol{e}_2$の1次結合として$\boldsymbol{a}=a_0\boldsymbol{e}_1+a_1\boldsymbol{e}_2$と表される．したがって$V$は2次元のベクトル空間で，$\{\boldsymbol{e}_1, \boldsymbol{e}_2\}$がその1つの基底である.

さて漸化式(7.18)に対して，多項式

$$f(x) = x^2 - c_1 x - c_2 \tag{7.19}$$

を，その**固有多項式**(または**特性多項式**)という．そのようによぶのは次の理由からである．

例7.5でわれわれは‘ずらし写像’Fを考えた．それは$\boldsymbol{C}^\infty$の各元$\boldsymbol{a}=(a_n)=(a_0, a_1, a_2, \cdots)$に，$b_n=a_{n+1}$とおいて定められる数列

$$\boldsymbol{b} = (b_0, b_1, b_2, \cdots) = (a_1, a_2, a_3, \cdots)$$

を対応させる写像であった．明らかに$\boldsymbol{a} \in V$ならば$F(\boldsymbol{a}) \in V$であるから，Fの定義域・終域をVに制限したものは，Vの線型変換と考えられる．そして

$$\boldsymbol{e}_1 = (1, 0, c_2, \cdots\cdots),$$
$$\boldsymbol{e}_2 = (0, 1, c_1, \cdots\cdots)$$

のFによる像は，それぞれ

$$F(\boldsymbol{e}_1) = (0, c_2, \cdots\cdots) = c_2\boldsymbol{e}_2,$$
$$F(\boldsymbol{e}_2) = (1, c_1, \cdots\cdots) = \boldsymbol{e}_1 + c_1\boldsymbol{e}_2$$

であるから，Vの線型変換と考えたFを基底$\{\boldsymbol{e}_1, \boldsymbol{e}_2\}$に関して表現する行列は

$$\begin{bmatrix} 0 & 1 \\ c_2 & c_1 \end{bmatrix}$$

となる．この行列の固有多項式を計算すれば

$$\begin{vmatrix} x & -1 \\ -c_2 & x-c_1 \end{vmatrix} = x^2 - c_1 x - c_2.$$

すなわち(7.19)の$f(x)$は線型変換F: $V \to V$の固有多項式$f_F(x)$に等しい．

いま，この固有多項式$f(x)=f_F(x)$が2つの相異なる解α, βをもつと仮定する．すなわち

$$f(x) = (x-\alpha)(x-\beta), \qquad \alpha \neq \beta$$

であるとする．そうすれば，定理7.14によってF: $V \to V$は対角化可能であって，固有値αに対する固有ベクトル$\boldsymbol{u}$と固有値βに対する固有ベクトル$\boldsymbol{v}$とがベクトル空間Vの基底をなす．例7.5でみたように，固有値α, βに対するFの固有ベクトルは，それぞれ公比α, βの等比数列であるから，われわれは$\boldsymbol{u}, \boldsymbol{v}$として

$$\boldsymbol{u} = (1, \alpha, \alpha^2, \cdots, \alpha^n, \cdots),$$

$$\boldsymbol{v}=(1,\beta,\beta^2,\cdots,\beta^n,\cdots)$$

をとることができる．この$\{\boldsymbol{u},\boldsymbol{v}\}$が$V$の基底をなすから，$V$の任意の元$\boldsymbol{a}=(a_n)$は$\boldsymbol{u},\boldsymbol{v}$の1次結合として

$$\boldsymbol{a}=A\boldsymbol{u}+B\boldsymbol{v}\qquad(A,B\text{ は定数})$$

と表される．したがって

$$a_n=A\alpha^n+B\beta^n \tag{7.20}$$

である．これが漸化式(7.18)を満たす数列の一般項の‘一般の形’である．

もしa_0とa_1の値が与えられているならば，われわれは連立1次方程式

$$A+B=a_0,\qquad A\alpha+B\beta=a_1$$

を解いて，(7.20)の定数A,Bの値を定めることができる．

例 7.17 $a_0=0$, $a_1=1$であって，漸化式

$$a_{n+2}=a_{n+1}+a_n\qquad(n=0,1,2,\cdots) \tag{7.21}$$

を満たす数列を**フィボナッチの数列**という．そのはじめの数項を書けば

0, 1, 1, 2, 3, 5, 8, 13, 21, 34, 55, 89, …

である．この数列の一般項を求めよ．

解 漸化式(7.21)の固有多項式は

$$x^2-x-1$$

である．これは2つの相異なる実数解

$$\alpha=\frac{1+\sqrt{5}}{2},\qquad \beta=\frac{1-\sqrt{5}}{2}$$

をもつ．したがってA,Bを定数として

$$a_n=A\alpha^n+B\beta^n=A\left(\frac{1+\sqrt{5}}{2}\right)^n+B\left(\frac{1-\sqrt{5}}{2}\right)^n$$

と書くことができる．$a_0=0$, $a_1=1$であるから

$$A+B=0,\qquad A\alpha+B\beta=1.$$

これをA,Bについて解けば$A=1/\sqrt{5}$, $B=-1/\sqrt{5}$．したがって

$$a_n=\frac{1}{\sqrt{5}}(\alpha^n-\beta^n)=\frac{1}{\sqrt{5}}\left\{\left(\frac{1+\sqrt{5}}{2}\right)^n-\left(\frac{1-\sqrt{5}}{2}\right)^n\right\} \tag{7.22}$$

である．(7.22)は**ビネ**(Binet)**の公式**とよばれる．

定義から明らかに，フィボナッチ数列の各項は整数である．しかし，上の

(7.22)による一般項の表現には，見かけ上，無理数が含まれている．▌

例 7.18　漸化式

(7.23)　$$a_{n+2} = a_{n+1} - 2a_n \qquad (n=0,1,2,\cdots)$$

によって定められる数列の一般項を求めよ．

解　漸化式(7.23)の固有多項式は

$$x^2 - x + 2$$

で，2つの(互いに共役な)虚数解

(7.24)　$$\alpha = \frac{1+\sqrt{7}\,i}{2}, \qquad \beta = \bar{\alpha} = \frac{1-\sqrt{7}\,i}{2}$$

をもつ．したがって一般項の一般形は

$$a_n = A\alpha^n + B\beta^n = A\left(\frac{1+\sqrt{7}\,i}{2}\right)^n + B\left(\frac{1-\sqrt{7}\,i}{2}\right)^n$$

である．

もし数列の最初の2項が，たとえば $a_0=0$，$a_1=1$ と与えられているならば，$A+B=0$，$A\alpha+B\beta=1$ から，$A=-i/\sqrt{7}$，$\beta=i/\sqrt{7}$．したがって

(7.25)　$$a_n = -\frac{i}{\sqrt{7}}\left(\frac{1+\sqrt{7}\,i}{2}\right)^n + \frac{i}{\sqrt{7}}\left(\frac{1-\sqrt{7}\,i}{2}\right)^n$$

となる．この場合にも，最初の2項の値と漸化式の形から明らかに，すべての項は整数である．しかし上の式(7.25)には‘虚数’が用いられている．

実際には，われわれは上の a_n を‘実数だけで表す’こともできる．それには次のように(7.24)の α および $\beta=\bar{\alpha}$ を極形式で表せばよい．複素数 α の偏角を θ とすれば，

$$\alpha = \sqrt{2}\,(\cos\theta + i\sin\theta), \qquad \beta = \sqrt{2}\,(\cos\theta - i\sin\theta).$$

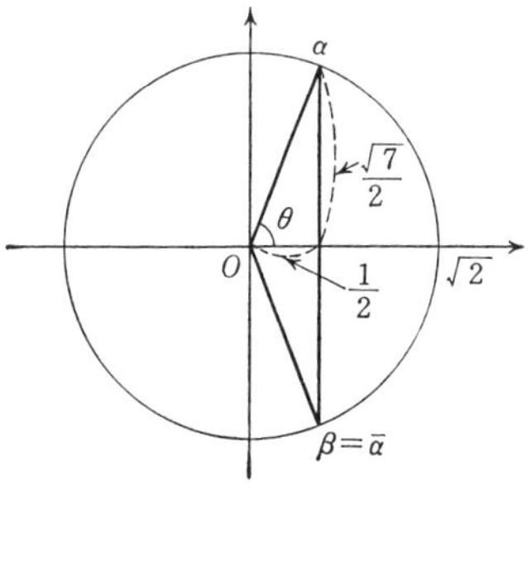

第2図

そこで命題4.4を用いて

$$a_n = \frac{1}{\sqrt{7}}(-i\alpha^n + i\beta^n)$$

を計算すれば,

$$a_n = \frac{2(\sqrt{2})^n}{\sqrt{7}} \sin n\theta \tag{7.26}$$

となる. ただし $\theta = \arg\alpha$ は

$$\cos\theta = 1/2\sqrt{2}, \qquad \sin\theta = \sqrt{7}/2\sqrt{2}$$

を満たすような角である(第2図参照). (7.26)を導出する計算は読者にまかせよう(問題1). ▌

上ではわれわれは長さ2の1次漸化式について述べた. 同様のことは, 任意の長さの1次漸化式についても成り立つ. たとえば長さ3の場合には次のようになる.

c_1, c_2, c_3 を定数として, **長さ3の1次漸化式**

$$a_{n+3} = c_1 a_{n+2} + c_2 a_{n+1} + c_3 a_n \qquad (n = 0, 1, 2, \cdots) \tag{7.27}$$

を考える. この漸化式を満たす数列 $\boldsymbol{a} = (a_n)$ 全体の集合をふたたび V で表せば, V は3次元のベクトル空間で,

$$\boldsymbol{e}_1 = (1, 0, 0, c_3, \cdots\cdots),$$
$$\boldsymbol{e}_2 = (0, 1, 0, c_2, \cdots\cdots),$$
$$\boldsymbol{e}_3 = (0, 0, 1, c_1, \cdots\cdots)$$

がその1つの基底をなす. また, ずらし写像 F をこの V 上に制限して考えたものは V の線型変換となっている.

前と同じく, 多項式

$$f(x) = x^3 - c_1 x^2 - c_2 x - c_3 \tag{7.28}$$

を漸化式(7.27)の**固有多項式**という. これは, 線型変換 $F: V \to V$ の固有多項式に等しい. 実際

$$F(\boldsymbol{e}_1) = (0, 0, c_3, \cdots\cdots) = c_3 \boldsymbol{e}_3,$$
$$F(\boldsymbol{e}_2) = (1, 0, c_2, \cdots\cdots) = \boldsymbol{e}_1 + c_2 \boldsymbol{e}_3,$$
$$F(\boldsymbol{e}_3) = (0, 1, c_1, \cdots\cdots) = \boldsymbol{e}_2 + c_1 \boldsymbol{e}_3$$

であるから, 基底 $\{\boldsymbol{e}_1, \boldsymbol{e}_2, \boldsymbol{e}_3\}$ に関する F の表現行列は

$$\begin{bmatrix} 0 & 1 & 0 \\ 0 & 0 & 1 \\ c_3 & c_2 & c_1 \end{bmatrix}$$

となり，その固有多項式を計算すれば

$$\begin{vmatrix} x & -1 & 0 \\ 0 & x & -1 \\ -c_3 & -c_2 & x-c_1 \end{vmatrix} = x^3-c_1x^2-c_2x-c_3$$

となる.

それゆえ，もし(7.28)が3つの相異なる解 α, β, γ をもつならば，前と同様に，3つの等比数列 (α^n), (β^n), (γ^n) がベクトル空間 V の基底となり，したがって V の任意の元 $\boldsymbol{a}=(a_n)$ の一般項は

$$a_n = A\alpha^n+B\beta^n+C\gamma^n$$

と表される. ここに A, B, C は任意の定数である. もし'初期値' a_0, a_1, a_2 が与えられているならば，それから A, B, C の値を決定することができる.

任意の長さの1次漸化式について，上記の長さ2, 3の場合の結果を一般化して述べることは，もはや容易であろう. くわしくは読者自身にまかせよう(問題3).

ただし本節の議論が通用するのは，与えられた漸化式の固有多項式が単解のみをもつ場合である. 固有多項式が重解を含む場合については，第8章§14をみられたい.

問題

1. 例7.18において，(7.25)が(7.26)のように書きあらためられることを示せ.

2. $a_0=1$, $a_1=0$, $a_2=4$ であって，長さ3の1次漸化式

$$a_{n+3} = 4a_{n+2}-a_{n+1}-6a_n \qquad (n=0, 1, 2, \cdots)$$

を満たす数列 (a_n) の一般項を求めよ.

3. 数列 (a_n) に関する長さ p の1次漸化式とは

$$(*) \qquad a_{n+p} = c_1a_{n+p-1}+c_2a_{n+p-2}+\cdots+c_pa_n \qquad (n=0, 1, 2, \cdots)$$

の形の関係式 ($c_1, c_2, \cdots, c_p$ は定数) をいい，

$$f(x) = x^p-c_1x^{p-1}-c_2x^{p-2}-\cdots-c_p$$

をその固有多項式という. (*)の固有多項式が p 個の相異なる解 α_1, α_2, $\cdots$, α_p をもつな

らば，(*)を満たす数列の一般項は

$$a_n = A_1\alpha_1{}^n + A_2\alpha_2{}^n + \cdots + A_p\alpha_p{}^n$$

で与えられることを証明せよ．ここに $A_1, A_2, \cdots, A_p$ は任意の定数である．

4. $a_0=1$，$a_1=2$，$a_{n+2}=-2a_{n+1}-3a_n\,(n=0,1,2,\cdots)$ を満たす数列の一般項を，適当な角の三角関数を用いて表せ．

5. 実数列 (a_n) が長さ2の1次漸化式

$$a_{n+2} = c_1a_{n+1} + c_2a_n \qquad (c_1, c_2 \text{ は実の定数})$$

を満たし，その漸化式の固有多項式 $x^2-c_1x-c_2$ が虚数解 $\alpha, \bar{\alpha}$ をもつならば，a_n は適当な複素数 A によって

$$a_n = A\alpha^n + \bar{A}\bar{\alpha}^n$$

と表されることを示せ．

第8章　行列の標準化

本章は本書の1つの中心部である．（読者は，第9,10章を先にして，この章を後に回してもよい．）本章では，線型変換に関する古典的な中心理論であるジョルダン(Jordan)の標準形と，それに関連する事項が述べられる．ジョルダンの標準形(§9 定理8.18, 8.20)にいたる道筋はいろいろあるが，本書では，三角化定理(§1)から出発して，ハミルトン-ケーレーの定理(§3)を導き，それをもとに分解定理(§4)を証明する，という構成をとった．（分解定理には§4，§5で2通りの証明が与えられている．）これは論理的に必ずしも最短ではないけれども，比較的自然な道である．§6,7,8は，標準形に達するためのもう1つの柱である‘べき零変換’の分析にあてられる．べき零変換の‘不変系の一意性’(§7)は学習の難しいところであるが，ここでは，記号的に繁雑な一般証明のかわりに，1つの具体的な例を用いて鮮明な印象が得られるようにした．

§12,13では，標準形に関連して，$S+N$ 分解が述べられる．また最後の2節(§14,15)では，標準形の簡単な応用として，漸化式で定められる数列と定数係数の同次線型微分方程式が論じられている．

われわれは本章で，抽象的な概念を推論の過程にもちこむことを避け，終始初等的な概念だけで議論が進められるようにした．そのためにページ数はいくらか増大したが，われわれは見かけ上の節約よりも，より実質的な節約(たとえば読者の思考時間の短縮)に重きをおいたのである．

§1　行列の三角化

本章では‘行列の標準化’についてさらに深く考察するが，前提条件として次の仮定をおく．

V を $\boldsymbol{K}$ 上の n 次元ベクトル空間，F を V の線型変換とする．今後本章では，断わらない限り，<u>F の固有多項式 $f_F(x)$ が $\boldsymbol{K}$ 内で n 個の1次式の積に分解される</u>，いいかえれば，<u>F が $\boldsymbol{K}$ 内に(重複度まで考慮すれば) n 個の固有値をもつ</u>と仮定する．

同様に，行列 $A\in M_n(\boldsymbol{K})$ についても，固有多項式 $f_A(x)$ が $\boldsymbol{K}$ 内で n 個の1次式の積に分解されると仮定する．

代数学の基本定理によって，$\boldsymbol{K}=\boldsymbol{C}$ ならば，この仮定は任意の線型変換および行列に対して成立している．$\boldsymbol{K}=\boldsymbol{R}$ の場合には，この仮定はすべての線型変換や行列に対しては成り立たないが，上の仮定を満たすような線型変換や行列については，本章の議論はそのまま（$\boldsymbol{R}$ 内でも）通用するのである．

まず，上の仮定のもとに次の**三角化定理**を証明しよう．以後断わらない限り，三角行列というのは上三角行列の意味であるとする．

定理 8.1　V を $\boldsymbol{K}$ 上の n 次元ベクトル空間，F を V の線型変換とし，F の固有値を $\alpha_1, \alpha_2, \cdots, \alpha_n$ とする．そのとき，F は V の適当な基底によって，三角行列

$$(8.1)\qquad \begin{bmatrix} \alpha_1 & & * \\ & \alpha_2 & \\ & & \ddots & \\ & & & \alpha_n \end{bmatrix}$$

で表現される．

証明　n に関する数学的帰納法による．$n=1$ の場合は明らかであるから，$n\geqq 2$ とし，$n-1$ 次元のベクトル空間の線型変換については定理が成り立つと仮定する．まず F の固有値 α_1 に対する1つの固有ベクトル v_1 をとり，次に $w_2, \cdots, w_n$ を $\{v_1, w_2, \cdots, w_n\}$ が V の基底となるようにとる．$w_2, \cdots, w_n$ で生成される $n-1$ 次元の部分空間を W とすれば，

$$V=\langle v_1\rangle\oplus W$$

である．w を W の任意の元とすれば，

$$F(w)=cv_1+\tilde{w}$$

となるような $c\in\boldsymbol{K}$，$\tilde{w}\in W$ がそれぞれ一意的に定まる．w にこの $\tilde{w}$ を対応させる写像を F_1 とすれば，F_1 は W から W への写像であって，

$$F(w)=cv_1+F_1(w)$$

と表される．$F_1\colon W\to W$ が W の線型変換であることは直ちに証明される（問

題 1). また W の基底 $\{w_2, \cdots, w_n\}$ に関する F_1 の表現行列を A_1 とすれば，V の基底 $\{v_1, w_2, \cdots, w_n\}$ に関する F の表現行列 A は，明らかに

$$A = \begin{bmatrix} \alpha_1 & * & \cdots & * \\ 0 & & & \\ \vdots & & A_1 & \\ 0 & & & \end{bmatrix}$$

の形となる．よって

$$f_A(x) = (x-\alpha_1)f_{A_1}(x),$$

すなわち

$$f_F(x) = (x-\alpha_1)f_{F_1}(x).$$

そして $f_F(x)=(x-\alpha_1)(x-\alpha_2)\cdots(x-\alpha_n)$ であるから，

$$f_{F_1}(x) = (x-\alpha_2)\cdots(x-\alpha_n)$$

となる．すなわち線型変換 $F_1\colon W\to W$ は $\alpha_2, \cdots, \alpha_n$ を固有値にもっている．ゆえに帰納法の仮定によって，W の基底 $\{w_2, \cdots, w_n\}$ を適当な基底 $\{v_2, \cdots, v_n\}$ にとり直せば，F_1 はそれに関して三角行列

$$\begin{bmatrix} \alpha_2 & & * \\ & \ddots & \\ & & \alpha_n \end{bmatrix}$$

で表現される．したがって，V の基底 $\{v_1, v_2, \cdots, v_n\}$ に関する F の表現行列は (8.1) のような三角行列となる．▌

問　　題

1. 上の定理 8.1 の証明で，写像 $F_1\colon W\to W$ が W の線型変換であると述べた部分をくわしく考えよ．

2. 三角化の定理を用いて，n 次元ベクトル空間 V の線型変換 F の固有値が $\alpha_1, \alpha_2, \cdots, \alpha_n$ ならば，

$$\det F = \alpha_1\alpha_2\cdots\alpha_n$$

であることを証明せよ．

3. 例 7.8 (p. 234) を用いて前問の別証を与えよ．

4. 有限次元ベクトル空間の線型変換 F が正則であるためには，F が 0 を固有値にもたないことが必要かつ十分である．このことを証明せよ．

§2　フロベニウスの定理

前節に引き続いて，V を $\boldsymbol{K}$ 上の n 次元ベクトル空間，F を V の線型変換とする．$\boldsymbol{K}$ の元を係数とする変数 x の任意の多項式

(8.2)
$$\rho(x) = c_0+c_1x+c_2x^2+\cdots+c_rx^r$$

に対して，V の線型変換

(8.3)
$$c_0I+c_1F+c_2F^2+\cdots+c_rF^r$$

を，$\rho(x)$ の x に F を'代入'して得られる'F の多項式'とよび，$\rho(F)$ で表す．ただし(8.3)で I は V の恒等変換，$F^2, F^3, \cdots$ は F を 2 回，3 回，… 合成した線型変換である．一般に V の線型変換の間では和や積(合成)，さらにスカラー倍を自由につくることができるから，このように，与えられた線型変換 F の，$\boldsymbol{K}$ の元を係数とする多項式が考えられるのである．

明らかに，多項式 $\rho_1(x), \rho_2(x) \in \boldsymbol{K}[x]$ に対して，

$$\lambda(x) = \rho_1(x)+\rho_2(x), \qquad \mu(x) = \rho_1(x)\rho_2(x)$$

とおけば，

$$\lambda(F) = \rho_1(F)+\rho_2(F), \qquad \mu(F) = \rho_1(F)\rho_2(F)$$

である．3 つ以上の多項式の和や積についても同様である．

特に，線型変換 F の多項式であるようないくつかの線型変換 $\rho_1(F), \rho_2(F), \cdots, \rho_s(F)$ の積(合成)

$$\rho_1(F)\rho_2(F)\cdots\rho_s(F)$$

については，その因数の順序を任意に変更し得ることに注意しておこう．

同様にしてわれわれは，n 次の正方行列 A についても，'A の多項式'を定義することができる．すなわち(8.2)の多項式 $\rho(x)$ に対して，行列

$$c_0I_n+c_1A+\cdots+c_rA^r \qquad (I_n \text{ は } n \text{ 次の単位行列})$$

を $\rho(A)$ と定義するのである．

次の補題は定理 8.2 を証明するための準備である．

補題　A, B が n 次の三角行列

$$A = \begin{bmatrix} \alpha_1 & & * \\ & \alpha_2 & & \\ & & \ddots & \\ & & & \alpha_n \end{bmatrix}, \quad B = \begin{bmatrix} \beta_1 & & * \\ & \beta_2 & & \\ & & \ddots & \\ & & & \beta_n \end{bmatrix}$$

ならば，積 AB は三角行列

$$AB = \begin{bmatrix} \alpha_1\beta_1 & & * & \\ & \alpha_2\beta_2 & & \\ & & \ddots & \\ & & & \alpha_n\beta_n \end{bmatrix}$$

である．——

この証明は行列の積の定義から直ちになされるから，読者の練習問題とする(問題 1)．

> **定理 8.2**　$\boldsymbol{K}$ 上の n 次元ベクトル空間 V の線型変換 F の固有値が $\alpha_1, \alpha_2, \cdots, \alpha_n$ ならば，$\rho(x) \in \boldsymbol{K}[x]$ に対して，線型変換 $\rho(F)$ の固有値は $\rho(\alpha_1), \rho(\alpha_2), \cdots, \rho(\alpha_n)$ である．いいかえれば
>
> $$f_F(x) = (x-\alpha_1)(x-\alpha_2)\cdots(x-\alpha_n)$$
>
> ならば，
>
> $$f_{\rho(F)}(x) = (x-\rho(\alpha_1))(x-\rho(\alpha_2))\cdots(x-\rho(\alpha_n))$$
>
> である．

証明　F の固有値が $\alpha_1, \cdots, \alpha_n$ ならば，定理 8.1 によって，V の適当な基底 $\mathcal{B} = \{v_1, \cdots, v_n\}$ に関して，F を三角行列

$$A = \begin{bmatrix} \alpha_1 & & * \\ & \ddots & \\ & & \alpha_n \end{bmatrix}$$

で表現することができる．そのとき補題によって

$$A^2 = \begin{bmatrix} {\alpha_1}^2 & & * \\ & \ddots & \\ & & {\alpha_n}^2 \end{bmatrix}, \qquad A^3 = \begin{bmatrix} {\alpha_1}^3 & & * \\ & \ddots & \\ & & {\alpha_n}^3 \end{bmatrix}, \qquad \cdots$$

であるから，多項式

$$\rho(x) = \sum_{k=0}^{r} c_k x^k$$

に対して，$\rho(A)$ は明らかに

$$\rho(\alpha_1) = \sum_{k=0}^{r} c_k {\alpha_1}^k, \qquad \cdots, \qquad \rho(\alpha_n) = \sum_{k=0}^{r} c_k {\alpha_n}^k$$

を対角成分とする三角行列

$$\rho(A) = \begin{bmatrix} \rho(\alpha_1) & & * \\ & \ddots & \\ & & \rho(\alpha_n) \end{bmatrix}$$

となる．$\rho(A)$は基底$\mathcal{B}$に関する$\rho(F)$の表現行列であるから，これから定理の結論が得られる．▌

定理 8.2 は**フロベニウス**(Frobenius)**の定理**とよばれる．

問　　題

1. この節の補題を証明せよ．

2. αを線型変換Fの1つの固有値，vをαに対するFの固有ベクトルとすれば，vは$\rho(\alpha)$に対する$\rho(F)$の固有ベクトルでもあることを示せ．

§3 ハミルトン-ケーリーの定理

次の定理は**ハミルトン-ケーリー**(Hamilton-Cayley)**の定理**とよばれ，線型変換の理論においてきわめて重要な役割を演ずる．

この定理もまた，フロベニウスの定理と同じく，三角化定理(定理 8.1)から導かれる．

定理 8.3 Vの任意の線型変換Fに対し，その固有多項式$f_F(x)$のxにFを代入して得られる線型変換$f_F(F)$はVの‘零変換’である．すなわち

$$f_F(F) = 0 \qquad (\text{零変換})$$

が成り立つ．

証明 $f_F(x)=(x-\alpha_1)(x-\alpha_2)\cdots(x-\alpha_n)$とすれば，

$$f_F(F) = (F-\alpha_1 I)(F-\alpha_2 I)\cdots(F-\alpha_n I)$$

である．定理 8.1 によって，Vの適当な基底$\{v_1, \cdots, v_n\}$をとれば，それに関してFは三角行列

$$(8.4)\qquad \begin{bmatrix} \alpha_1 & & * & \\ & \alpha_2 & & \\ & & \ddots & \\ & & & \alpha_n \end{bmatrix}$$

によって表現される．$f_F(F)=0$ であることを示すには，この基底に含まれる元 $v_i\,(i=1, \cdots, n)$ に対して

$$(f_F(F))(v_i) = 0$$

であることをいえばよい．そうすれば，すべての $v \in V$ に対して $(f_F(F))(v)=0$ となるからである．

まず $F(v_1)=\alpha_1 v_1$ であるから

$$(8.5)\qquad (F-\alpha_1 I)(v_1) = 0$$

である．次に r を $2 \leqq r \leqq n$ である任意の整数とし，$i=1, \cdots, r-1$ のおのおのに対して

$$(8.6)\qquad (F-\alpha_1 I)\cdots(F-\alpha_{r-1} I)(v_i) = 0$$

が成り立つと仮定する．そのとき，$i=1, \cdots, r$ に対して

$$(8.7)\qquad (F-\alpha_1 I)\cdots(F-\alpha_{r-1} I)(F-\alpha_r I)(v_i) = 0$$

が成り立つことを証明しよう．$i=1, \cdots, r-1$ に対しては仮定によって(8.6)が成り立つから，当然

$$(F-\alpha_r I)\{(F-\alpha_1 I)\cdots(F-\alpha_{r-1} I)(v_i)\} = 0,$$

したがって

$$(F-\alpha_1 I)\cdots(F-\alpha_{r-1} I)(F-\alpha_r I)(v_i) = 0$$

である．また行列(8.4)の第 r 列は

$$(a_{1r}, \cdots, a_{r-1,r}, \alpha_r, 0, \cdots, 0)^{\mathrm{T}}$$

の形であるから，

$$F(v_r) = a_{1r}v_1 + \cdots + a_{r-1,r}v_{r-1} + \alpha_r v_r.$$

したがって

$$(F-\alpha_r I)(v_r) = a_{1r}v_1 + \cdots + a_{r-1,r}v_{r-1}.$$

すなわち $(F-\alpha_r I)(v_r)$ は $v_1, \cdots, v_{r-1}$ の 1 次結合である．そして $i=1, \cdots, r-1$ に対しては(8.6)が成り立つと仮定したから，

$$(F-\alpha_1 I)\cdots(F-\alpha_{r-1} I)(F-\alpha_r I)(v_r) = 0$$

となる．これで$i=1, \cdots, r$に対して(8.7)の成り立つことが証明された．

上の議論を最初の(8.5)から出発して$r=2, \cdots, n$と進めれば，結局$i=1, \cdots, n$のすべてに対して

$$(F-\alpha_1 I)\cdots(F-\alpha_n I)(v_i) = 0,$$

すなわち$(f_F(F))(v_i)=0$の成り立つことがわかる．これが証明すべきことであった．▌

定理8.3を行列に関して翻訳すれば次の定理が得られる．

定理 8.4 任意の正方行列Aに対して

$$f_A(A) = O \qquad (\text{右辺は零行列})$$

が成り立つ．

定理8.4は行列Aの成分が実数であるか複素数であるかにはかかわりなく成り立つことに注意しよう．実際，Aが実行列である場合にも，われわれはそれを複素行列と考えることができ，$\boldsymbol{K}=\boldsymbol{C}$においては，本章でわれわれが前提としている‘仮定’が必ず満たされるからである．

このことから逆に，定理8.3は，$\boldsymbol{R}$上のn次元ベクトル空間Vの任意の線型変換Fに対しても――“$f_F(x)$が$\boldsymbol{R}$内で1次式の積に分解される”という仮定なしに――成立することがわかる．なぜなら，FをVのある基底に関して表現する実行列をAとすれば，$f_A(A)=O$が成り立つから，この結果を逆に線型変換Fに対して翻訳し直せば，$f_F(F)=0$が得られるのである．

問　　題

1. Aを2次の行列

$$A = \begin{bmatrix} a & b \\ c & d \end{bmatrix}$$

とすれば，$f_A(x) = x^2-(a+d)x+(ad-bc)$であるから，

$$f_A(A) = A^2-(a+d)A+(ad-bc)I$$

となる．この右辺を実際に計算して$f_A(A)=O$となることを確かめよ．

§4　分解定理

今まで通りVを$\boldsymbol{K}$上のn次元ベクトル空間，FをVの線型変換とし，Fの固有多項式$f_F(x)$は$\boldsymbol{K}$内で1次式の積に因数分解されると仮定する．（もっともこの仮定は本節では定理8.8以外には用いない．）

αをFの1つの固有値とする．ある正の整数lに対して

$$(F-\alpha I)^l(v)=0$$

となるようなVの0でない元vを，固有値αに対する(またはαに属する)Fの**広義の固有ベクトル**という．

直ちに示されるように，固有値αに対する広義の固有ベクトル全体に0をつけ加えたものは，Vの1つの部分空間を作る(問題1)．これをαに対する**広義の固有空間**とよび，以後$\widetilde{W}(\alpha)$で表す．前のように固有値αに対する固有空間を$W(\alpha)$で表せば(第7章§5)，明らかに

$$W(\alpha)\subset\widetilde{W}(\alpha)$$

である．（なお広義の固有ベクトル，広義の固有空間などの概念は，Vが無限次元である場合にも，上と同様に定義される．次の補題A, B, 命題8.5, 8.6においても，Vが有限次元であるという仮定は必要でない．）

さて本節の主目標は定理8.8(p. 269)の証明である．そのためにはいくつかの命題を準備しておかなければならない．

補題 A　G, Hをベクトル空間Vの交換可能な線型変換，すなわち$GH=HG$であるような線型変換とし，vをVの1つの元とする．もし

$$G^l(v)=0,\qquad H^m(v)=0 \tag{8.8}$$

となるような正の整数l, mが存在するならば，

$$(G+H)^t(v)=0$$

となるような正の整数tが存在する．

証明　G, Hが交換可能であるから，数の場合と同じように，正の整数tに対して$(G+H)^t$を，二項定理を用いて

$$(G+H)^t=G^t+\binom{t}{1}G^{t-1}H+\binom{t}{2}G^{t-2}H^2+\cdots+\binom{t}{t-1}GH^{t-1}+H^t$$

と表すことができる．（ここで記号$\binom{t}{r}$は組合せの数${}_t\mathrm{C}_r$を表す．）この各項は$G^rH^s\,(r+s=t)$のスカラー倍であるが，tを十分大きく，たとえば$t\geqq l+m-1$

であるようにとれば，$r \geqq l$ または $s \geqq m$ のいずれかが成り立つから，仮定(8.8)によって $G^r(v)=0$ または $H^s(v)=0$ が成り立ち，したがって

$$G^rH^s(v) = 0$$

となる．ゆえに $(G+H)^t(v)=0$ である．▌

補題 B　α を線型変換 F の1つの固有値，v を α に対する F の広義の固有ベクトルとする．そのとき，α と異なる任意のスカラー β および任意の正の整数 m に対して，

$$(F-\beta I)^m(v)$$

も α に対する広義の固有ベクトルである．

証明　$(F-\beta I)^m(v)=v'$ とおく．仮定により，ある正の整数 l に対して

$$(F-\alpha I)^l(v) = 0$$

が成り立つから，v' についても

$$(F-\alpha I)^l(v') = (F-\beta I)^m\{(F-\alpha I)^l(v)\} = 0$$

が成り立つ．残るのは $v' \neq 0$ の証明である．もし $v'=(F-\beta I)^m(v)=0$ ならば，

$$G = \alpha I-F, \qquad H = F-\beta I$$

とおくとき，$G^l(v)=0$，$H^m(v)=0$ が成り立ち，G, H は交換可能であるから，補題Aによって，ある正の整数 t に対して $(G+H)^t(v)=0$ とならなければならない．しかるに $G+H=(\alpha-\beta)I$ であるから，

$$(G+H)^t(v) = (\alpha-\beta)^t v$$

となり，$\alpha \neq \beta$，$v \neq 0$ であるから $(G+H)^t(v)$ はけっして0とはなり得ない．これで矛盾が導かれた．▌

命題 8.5　$\alpha_1, \alpha_2, \cdots, \alpha_s$ を F の相異なる固有値とし，$v_1, v_2, \cdots, v_s$ をそれぞれこれらの固有値に対する広義の固有ベクトルとすれば，$v_1, v_2, \cdots, v_s$ は1次独立である．

証明　s に関する帰納法による．$s=1$ のときは明らかである．$s \geqq 2$ とし，c_i をスカラーとして

$$c_1v_1+\cdots+c_{s-1}v_{s-1}+c_sv_s = 0 \tag{8.9}$$

とする．v_s は α_s に対する広義の固有ベクトルであるから，$(F-\alpha_sI)^l(v_s)=0$ となるような正の整数 l が存在する．そこで(8.9)の両辺の $(F-\alpha_sI)^l$ による像を考えれば，

$$c_1(F-\alpha_s I)^l(v_1)+\cdots+c_{s-1}(F-\alpha_s I)^l(v_{s-1})=0.$$

$(F-\alpha_s I)^l(v_i)=v_i'\,(i=1,\cdots,s-1)$ とおけば

$$c_1v_1'+\cdots+c_{s-1}v_{s-1}'=0.$$

仮定によって $\alpha_i \neq \alpha_s\,(i=1,\cdots,s-1)$ であるから，補題Bにより v_i' は固有値 α_i に対する広義の固有ベクトルである．ゆえに，帰納法の仮定から $c_1=\cdots=c_{s-1}=0$ が得られ，したがってまた $c_s=0$ が得られる．これで主張が証明された．▌

命題 8.6 $\alpha_1,\alpha_2,\cdots,\alpha_s$ を F の相異なる固有値とすれば，広義の固有空間の和 $\widetilde{W}(\alpha_1)+\widetilde{W}(\alpha_2)+\cdots+\widetilde{W}(\alpha_s)$ は直和である．

証明 これは(命題 7.13 から命題 7.15 が導かれたように)命題 8.5 から直ちに導かれる．▌

上の 2 つの命題 8.5, 8.6 はそれぞれ命題 7.13, 7.15 の一般化となっている．

補題 C G,H を n 次元ベクトル空間 V の線型変換とすれば

(8.10) $$\dim(\mathrm{Ker}\,GH) \leqq \dim(\mathrm{Ker}\,G)+\dim(\mathrm{Ker}\,H).$$

証明 $\mathrm{Im}\,H=V'$ とし，G の定義域を V' に縮小した V' から V への線型写像を G' とすれば，定理 3.19 によって

$$\dim V'-\dim(\mathrm{Im}\,G')=\dim(\mathrm{Ker}\,G')$$

である．明らかに $\mathrm{Im}\,G'=\mathrm{Im}\,GH$ であるから，

(8.11) $$\dim(\mathrm{Im}\,H)-\dim(\mathrm{Im}\,GH)=\dim(\mathrm{Ker}\,G').$$

ふたたび定理 3.19 によって

$$\dim(\mathrm{Im}\,H)=n-\dim(\mathrm{Ker}\,H),\qquad \dim(\mathrm{Im}\,GH)=n-\dim(\mathrm{Ker}\,GH)$$

であるから，(8.11)の左辺は

$$\dim(\mathrm{Ker}\,GH)-\dim(\mathrm{Ker}\,H)$$

に等しい．また明らかに $\mathrm{Ker}\,G'=V'\cap\mathrm{Ker}\,G\subset\mathrm{Ker}\,G$ であるから，(8.11)の右辺は $\dim(\mathrm{Ker}\,G)$ をこえない．したがって

$$\dim(\mathrm{Ker}\,GH)-\dim(\mathrm{Ker}\,H)\leqq\dim(\mathrm{Ker}\,G).$$

これから(8.10)が得られる．▌

補題 D $G_1,G_2,\cdots,G_s$ を n 次元ベクトル空間 V の線型変換とし，それらの積を $G=G_1G_2\cdots G_s$ とすれば，

(8.12) $$\dim(\mathrm{Ker}\,G)\leqq\sum_{i=1}^{s}\dim(\mathrm{Ker}\,G_i).$$ ——

これは補題Cからsに関する帰納法によって直ちに導かれるから，読者の練習問題とする(問題2).

命題 8.7　$G_1, G_2, \cdots, G_s$がn次元ベクトル空間Vの線型変換で，

$$G_1G_2\cdots G_s = 0$$

ならば，$V_i=\mathrm{Ker}\, G_i$とおくとき，

$$\sum_{i=1}^{s} \dim V_i \geqq n \tag{8.13}$$

が成り立つ.

証明　仮定により$G=G_1G_2\cdots G_s=0$であるから，この場合(8.12)の左辺の$\dim(\mathrm{Ker}\, G)$は$\dim V=n$に等しい．したがって(8.13)が得られる. ▌

Vをベクトル空間，FをVの線型変換とする．Vの部分空間WがFに関して**不変**，あるいは簡単に**F-不変**であるというのは，$v\in W$ならば必ず$F(v)\in W$であることをいう．WがF-不変ならば，Fの定義域，終域をともにWに制限したものはWの線型変換となる．これをFのWへの**縮小**という.

例 8.1　Vの線型変換Fに対して，$\mathrm{Im}\, F$, $\mathrm{Ker}\, F$はいずれもF-不変な部分空間である.

例 8.2　$v\neq 0$がFの固有ベクトルであることは，1次元部分空間$\langle v\rangle$がF-不変であることと同等である.

例 8.3　αをFの1つの固有値とするとき，αに対する固有空間$W(\alpha)$や広義の固有空間$\widetilde{W}(\alpha)$はF-不変である.

——以上の例の証明はどれも容易である.

例 8.4　一般に$\rho(x)$を任意の多項式とするとき，

$$\mathrm{Im}\, \rho(F), \qquad \mathrm{Ker}\, \rho(F)$$

はF-不変な部分空間である．——

この証明は読者の練習問題としよう(問題3).

例 8.5　Vを有限次元ベクトル空間，FをVの線型変換とし，VがF-不変な部分空間$V_i\ (i=1, 2, \cdots, s)$の直和に分解されるとする:

$$V = V_1 \oplus V_2 \oplus \cdots \oplus V_s.$$

このときFのV_iへの縮小をF_iとし，V_iの基底$\mathcal{B}_i$に関するF_iの表現行列をA_iとすれば，Vの基底$\mathcal{B}=(\mathcal{B}_1, \mathcal{B}_2, \cdots, \mathcal{B}_s)$に関する$F$の表現行列は

$$A = \begin{bmatrix} A_1 & & & \\ & A_2 & & \\ & & \ddots & \\ & & & A_s \end{bmatrix}$$

となる．ここに A_i は $\dim V_i$ に等しい次数の正方行列で，A はそれらの正方行列を対角型に並べた行列である．（上の空白の部分の成分はすべて0である．）この表現行列の形から，特に

$$f_F(x) = f_{F_1}(x) f_{F_2}(x) \cdots f_{F_s}(x)$$

が得られる．この例に述べたことのくわしい考察も読者の練習問題としよう（問題4）．——

さて以上の準備のもとに次の**分解定理**を証明することができる．

> **定理 8.8** V を $\boldsymbol{K}$ 上の n 次元ベクトル空間，F を V の線型変換とし，$f_F(x)$ の $\boldsymbol{K}$ における因数分解を
>
> (8.14) $$f_F(x) = (x-\alpha_1)^{n_1}(x-\alpha_2)^{n_2}\cdots(x-\alpha_s)^{n_s}$$
>
> とする．ここに $\alpha_1, \alpha_2, \cdots, \alpha_s$ は F の相異なる固有値で，$n_1+n_2+\cdots+n_s=n$ である．このとき，α_i に対する広義の固有空間 $\widetilde{W}(\alpha_i)$ は
>
> $$\mathrm{Ker}\,(F-\alpha_i I)^{n_i}$$
>
> に等しく，V は
>
> $$V = \widetilde{W}(\alpha_1) \oplus \widetilde{W}(\alpha_2) \oplus \cdots \oplus \widetilde{W}(\alpha_s)$$
>
> と直和分解される．また $\widetilde{W}(\alpha_i)$ の次元は固有値 α_i の重複度に等しい．すなわち
>
> (8.15) $$\dim \widetilde{W}(\alpha_i) = n_i \qquad (i=1, \cdots, s)$$
>
> である．

証明 ハミルトン-ケーレーの定理（定理8.3）によって $f_F(F)=0$，すなわち

$$(F-\alpha_1 I)^{n_1}(F-\alpha_2 I)^{n_2}\cdots(F-\alpha_s I)^{n_s} = 0$$

である．したがって命題8.7により，

$$W_i = \mathrm{Ker}\,(F-\alpha_i I)^{n_i} \qquad (i=1, \cdots, s)$$

とおけば，

(8.16) $$\sum_{i=1}^{s} \dim W_i \geqq n$$

となる．一方明らかに

(8.17) $$W_i \subset \widetilde{W}(\alpha_i) \qquad (i=1, \cdots, s)$$

であって，命題8.6により広義の固有空間の和は直和であるから，

(8.18) $$\sum_{i=1}^{s}\dim W_i \leqq \sum_{i=1}^{s}\dim \widetilde{W}(\alpha_i) = \dim(\widetilde{W}(\alpha_1)\oplus\cdots\oplus\widetilde{W}(\alpha_s)) \leqq n$$

上の(8.16), (8.17), (8.18)から明らかに，

$$\dim(\widetilde{W}(\alpha_1)\oplus\cdots\oplus\widetilde{W}(\alpha_s)) = n, \qquad \dim W_i = \dim \widetilde{W}(\alpha_i),$$

すなわち

$$V = \widetilde{W}(\alpha_1)\oplus\cdots\oplus\widetilde{W}(\alpha_s), \qquad W_i = \widetilde{W}(\alpha_i)$$

が得られる．

最後に，次元に関する主張(8.15)は次のように証明される．$\widetilde{W}(\alpha_i)=W_i$ は F-不変で，F の $\widetilde{W}(\alpha_i)$ への縮小を F_i とすれば，例8.5によって

$$f_F(x) = f_{F_1}(x)f_{F_2}(x)\cdots f_{F_s}(x)$$

である．ここで F_i は α_i 以外の固有値をもたない．実際，v を $\widetilde{W}(\alpha_i)$ の0でない元とすれば，補題Bから特に，α_i と異なるスカラー β に対して $(F-\beta I)(v) \neq 0$，したがって $F(v) \neq \beta v$ となる．これは F が $\widetilde{W}(\alpha_i)$ 上では α_i 以外の固有値をもたないことを示している．したがって，$\dim \widetilde{W}(\alpha_i)=n_i'$ とすれば，

$$f_{F_i}(x) = (x-\alpha_i)^{n_i'}$$

でなければならない．これより

$$f_F(x) = (x-\alpha_1)^{n_1'}(x-\alpha_2)^{n_2'}\cdots(x-\alpha_s)^{n_s'}.$$

これと(8.14)とを比較すれば，各 $i=1, \cdots, s$ に対して $n_i'=n_i$ でなければならないことがわかる．これで(8.15)が証明された．▌

問　　題

1. α を V の線型変換 F の固有値とするとき，α に対する広義の固有ベクトル全体に0をつけ加えたものは V の部分空間をなすことを証明せよ．

2. p.267の補題Dを証明せよ．

3. F を V の線型変換，$\rho(x)$ を多項式とする．$\operatorname{Im}\rho(F)$, $\operatorname{Ker}\rho(F)$ は V の F-不変な部分空間であることを証明せよ．

4. 例8.5をくわしく考えよ．

5. F を n 次元ベクトル空間 V の線型変換とする．V の基底 $\{v_1, v_2, \cdots, v_n\}$ に関する F の表現行列が三角行列であることは，部分空間の列

$$\langle v_1\rangle,\ \langle v_1, v_2\rangle,\ \langle v_1, v_2, v_3\rangle,\ \cdots,\ \langle v_1, v_2, \cdots, v_n\rangle$$

がいずれも F-不変であることと同等であることを示せ．

6. V の線型変換 F の固有多項式 $f_F(x)$ が(8.14)のように因数分解されるとする．固有値 α_i に対する F の固有空間を $W(\alpha_i)$，広義の固有空間を $\widetilde{W}(\alpha_i)$ とする．そのとき F が対角化可能であるための必要十分条件は

$$W(\alpha_i) = \widetilde{W}(\alpha_i) \qquad (i=1, \cdots, s)$$

であることを示せ．

§5　多項式論による分解定理の別証と拡張

前節の分解定理は，多項式論からの1つの命題を援用すれば，'もっと短く' 証明される．本節ではそれについて述べる．実際にはこれが分解定理の'普通の証明' である．

(前節でその普通の方法を選ばなかったのは，多項式論の利用をなるべく避けようとしたからである．しかし，以下で引用される多項式論からの命題はきわめて基本的な性質のものであるから，この機会にそれに触れておくことは，けっして無意味ではない．)

本節で読者に要求される多項式に関する予備知識はごくわずかである．それらは約数(因数)，倍数，公約数などの概念と，除法の定理である．多項式の間で，整数の場合と同様に，約数，倍数などの概念が定義されることは，誰も知っていよう．(数の場合と区別するために'約式'，'倍式' などの語が用いられることもある．) また，これも整数の場合と同様に，多項式に関して次の除法の定理が成り立つ．

除法の定理　$u(x), v(x) \in \boldsymbol{K}[x]$ とし，$v(x)$ は0ではないとする．そのとき

(8.19)　　$u(x) = Q(x)v(x) + r(x), \qquad r(x)$ の次数 $< v(x)$ の次数

を満たすような $Q(x), r(x) \in \boldsymbol{K}[x]$ が，それぞれただ1つ存在する．——

この定理も($\boldsymbol{K}=\boldsymbol{R}$ の場合については)読者はすでに中学や高校において'経験的' に学んでいる．(8.19)の $Q(x), r(x)$ は，それぞれ，$u(x)$ を $v(x)$ で割ったときの'商'，'余り'(または'剰余')である．ここではこの定理の'きちんとした

証明'にまではさかのぼらない.

(8.19)の"$r(x)$の次数<$v(x)$の次数"という表現には，もちろん$r(x)=0$である場合も含まれている．$r(x)=0$となるのは，$u(x)$が$v(x)$で割り切れる，すなわち$v(x)$が$u(x)$の約数である場合である．(正確には，(8.19)の

$$\text{“}r(x)\text{の次数} < v(x)\text{の次数”}$$

という表現は，

$$\text{“}r(x) = 0 \quad \text{または} \quad r(x)\text{の次数} < v(x)\text{の次数”}$$

という表現にあらためるべきであろう．多項式0の次数は普通は定義されないからである.)

さて分解定理のために必要な，多項式に関する命題というのは，次のようなものである.

命題 8.9 $\rho_1(x), \rho_2(x), \cdots, \rho_s(x)$が$\boldsymbol{K}$の元を係数とする多項式($\boldsymbol{K}[x]$の元)で，全体として定数以外に公約数をもたないと仮定する．そのとき

$$M_1(x)\rho_1(x)+M_2(x)\rho_2(x)+\cdots+M_s(x)\rho_s(x) = 1 \tag{8.20}$$

となるような$M_1(x), M_2(x), \cdots, M_s(x)$ ($\in\boldsymbol{K}[x]$)が存在する.

証明 $U_i(x)$を任意の多項式($\boldsymbol{K}[x]$の任意の元)として

$$U_1(x)\rho_1(x)+U_2(x)\rho_2(x)+\cdots+U_s(x)\rho_s(x)$$

の形に表される多項式全体の集合をSとする．そうすれば直ちにわかるように，Sについて次の**1, 2**が成り立つ.

1. $g(x), h(x)\in S$ならば，$g(x)\pm h(x)$もSの要素である.

2. $g(x)\in S$ならば，任意の$Q(x)\in\boldsymbol{K}[x]$に対して$Q(x)g(x)$もSの要素である.

上の**1, 2**の証明は読者の練習問題としよう(問題1).

さてSに属する0でない多項式のうち，次数が最小のもの(の1つ)を$v(x)$とする．$v(x)\in S$であるから，適当な$M_1(x), \cdots, M_s(x)\in\boldsymbol{K}[x]$によって

$$v(x) = M_1(x)\rho_1(x)+\cdots+M_s(x)\rho_s(x)$$

と書かれる．いま，この$v(x)$がSに属するすべての多項式を割り切ることを証明しよう．$g(x)\in S$とし，$g(x)$を$v(x)$で割り算して，商を$Q(x)$, 余りを$r(x)$とする:

$$g(x) = Q(x)v(x)+r(x), \qquad r(x)\text{の次数} < v(x)\text{の次数}.$$

このとき$v(x)\in S$, $g(x)\in S$であるから，Sの性質**1, 2**によって

$$r(x) = g(x) - Q(x)v(x)$$

も S の要素となる．そして $v(x)$ は S に含まれる 0 でない多項式のうち次数が最小のものであったから，$r(x)=0$ でなければならない．したがって $g(x)=Q(x)v(x)$．これで S の任意の要素は $v(x)$ の倍数であることが示された．

特に S の定義から明らかに $\rho_1(x), \cdots, \rho_s(x)$ はいずれも S の要素となるから，$\rho_1(x), \cdots, \rho_s(x)$ はいずれも $v(x)$ で割り切れる．いいかえれば $v(x)$ は $\rho_1(x), \cdots, \rho_s(x)$ の公約数である．しかるに仮定によって $\rho_1(x), \cdots, \rho_s(x)$ は定数以外に公約数をもたない．ゆえに $v(x)$ は定数でなければならない．もちろん S の要素の任意の定数倍はまた S の要素であるから，われわれは $v(x)=1$ とすることができる．しかも $v(x)=M_1(x)\rho_1(x)+\cdots+M_s(x)\rho_s(x)$ であった．これで (8.20) を満たすような多項式 $M_1(x), \cdots, M_s(x)$ の存在することが証明された．▌

命題 8.9 を用いて分解定理 8.8 の別証を次のように与えることができる．

分解定理の別証　定理 8.8 のように

$$f_F(x) = (x-\alpha_1)^{n_1}(x-\alpha_2)^{n_2}\cdots(x-\alpha_s)^{n_s}$$

とし，各 $i=1, \cdots, s$ に対して

$$\rho_i(x) = \frac{f_F(x)}{(x-\alpha_i)^{n_i}}$$

とおく．すなわち $\rho_i(x)$ は $f_F(x)$ の因数のうち $(x-\alpha_i)^{n_i}$ だけを取り除いた残りの因数の積である．この $\rho_1(x), \cdots, \rho_s(x)$ は全体として定数以外の公約数をもたない．なぜなら，もし定数でない公約数 $d(x)$ をもつとすれば，$d(x)$ は $f_F(x)$ の因数の一部であるから，ある i に対して $x-\alpha_i$ を因数に含むはずであるが，$\rho_i(x)$ は $x-\alpha_i$ では割り切れないからである．したがって命題 8.9 により

$$M_1(x)\rho_1(x)+M_2(x)\rho_2(x)+\cdots+M_s(x)\rho_s(x) = 1$$

を満たす $M_1(x), \cdots, M_s(x)$ が存在する．上の等式の x に F を‘代入’すれば，

$$M_1(F)\rho_1(F)+M_2(F)\rho_2(F)+\cdots+M_s(F)\rho_s(F) = I.$$

簡単に $M_i(F)\rho_i(F)=P_i$ とおけば

(8.21)　$$P_1+P_2+\cdots+P_s = I$$

となる．さらにこの P_i について

(8.22)　$$P_iP_j = 0 \qquad (i \neq j),$$

(8.23)　$$P_i^2 = P_i \qquad (i=1, \cdots, s)$$

が成り立つ．実際 $i \neq j$ ならば $\rho_i(x)\rho_j(x)$ は明らかに $f_F(x)$ で割り切れ，$f_F(F)=0$ であるから，$\rho_i(F)\rho_j(F)=0$，よって $P_iP_j=0$ である．次に(8.21)の両辺に P_i を掛ければ，(8.22)によって左辺は $(P_1+\cdots+P_i+\cdots+P_s)P_i=P_i^2$ となるから，(8.23)が得られる．

上の(8.21), (8.22), (8.23)から，命題6.25によって，V は $\mathrm{Im}\,P_i=U_i$ の直和に分解されることがわかる．すなわち

(8.24)
$$V = U_1 \oplus U_2 \oplus \cdots \oplus U_s$$

である．この分解における直和因子 $\mathrm{Im}\,P_i=U_i$ が実は定理8.8の前掲の証明中の

$$W_i = \mathrm{Ker}\,(F-\alpha_i I)^{n_i}$$

に等しいことを証明しよう．

まず，$(x-\alpha_i)^{n_i}\rho_i(x)=f_F(x)$ であるから，$(F-\alpha_i I)^{n_i}\rho_i(F)=0$，したがって

$$(F-\alpha_i I)^{n_i}P_i = 0.$$

ゆえに任意の $v \in V$ に対して $P_i(v) \in \mathrm{Ker}\,(F-\alpha_i I)^{n_i}$，したがって

$$\mathrm{Im}\,P_i \subset \mathrm{Ker}\,(F-\alpha_i I)^{n_i},$$

すなわち $U_i \subset W_i$ である．逆に $v \in \mathrm{Ker}\,(F-\alpha_i I)^{n_i}$，すなわち $(F-\alpha_i I)^{n_i}(v)=0$ ならば，i 以外の j に対しては $\rho_j(x)$ は $(x-\alpha_i)^{n_i}$ で割り切れるから，$\rho_j(F)(v)=0$，よって $P_j(v)=0$ となる．したがって(8.21)から

$$v = P_1(v)+\cdots+P_i(v)+\cdots+P_s(v) = P_i(v),$$

ゆえに $v=P_i(v) \in \mathrm{Im}\,P_i$ である．したがって $\mathrm{Ker}\,(F-\alpha_i I)^{n_i} \subset \mathrm{Im}\,P_i$，すなわち $W_i \subset U_i$ となる．以上で $U_i=W_i$ であることが証明された．

ゆえに(8.24)は

$$V = W_1 \oplus \cdots \oplus W_s, \qquad W_i = \mathrm{Ker}\,(F-\alpha_i I)^{n_i}$$

と書き直される．これからさらに

$$V = \widetilde{W}(\alpha_1) \oplus \cdots \oplus \widetilde{W}(\alpha_s), \qquad W_i = \widetilde{W}(\alpha_i)$$

が得られることは，$W_i \subset \widetilde{W}(\alpha_i)$ であることと $\widetilde{W}(\alpha_1)+\cdots+\widetilde{W}(\alpha_s)$ が直和であることに注意すれば，直ちにわかる．$W_i=\widetilde{W}(\alpha_i)$ の次元に関する主張の証明は前の通りである．以上で定理8.8が再証明された．▌

なお上の証明を仔細に観察すれば，ここでわれわれが本質的に用いているのは，多項式に関する命題8.9のほかには，$f_F(x)$ の因数分解および $\underline{f_F(F)=0}$ と

いう性質だけであることがわかる．したがってわれわれは，上の証明の手法をそっくりそのまま踏襲することによって(証明の細部についてもほとんど同じ論法で)，もっと一般に次の命題 8.10——**分解定理の拡張**——を証明することができる．(上の分解定理は，下の命題 8.10 において，$g(x), g_i(x)$ がそれぞれ $f_F(x)$, $(x-\alpha_i)^{n_i}$ であるときにあたる．) 繁を避けるため，われわれはここでは命題だけを掲げることにし，証明は与えない．意欲をもつ読者は証明の詳細を実行されたい．

命題 8.10 V を $\boldsymbol{K}$ 上の有限次元ベクトル空間，F を V の線型変換とする．$g(x) \in \boldsymbol{K}[x]$ を $g(F)=0$ であるような多項式とする．また $g(x)$ が $\boldsymbol{K}[x]$ において

$$g(x) = g_1(x)g_2(x)\cdots g_s(x)$$

と因数分解され，$g_1(x), g_2(x), \cdots, g_s(x)$ は，そのうちのどの 2 つも定数以外に公約数をもたないとする．そのとき

$$W_i = \mathrm{Ker}\, g_i(F)$$

とおけば，V は

$$V = W_1 \oplus W_2 \oplus \cdots \oplus W_s$$

と直和分解される．——

問　題

1. 命題 8.9 の証明中の **1, 2** を確かめよ．

2. 一般に多項式 $\rho_1(x), \rho_2(x), \cdots, \rho_s(x)$ の最大公約数を $d(x)$ とすれば，

$$U_1(x)\rho_1(x) + U_2(x)\rho_2(x) + \cdots + U_s(x)\rho_s(x)$$

の形に書かれる多項式全体の集合は，$d(x)$ の倍数全体の集合と一致することを示せ．

3. 整数に関して，命題 8.9 および上の問題 2 に相当する命題を述べ，かつそれを証明せよ．

§6 べき零変換

定理 8.8 でみたように，ベクトル空間 V の線型変換 F の固有多項式の分解を

$$f_F(x) = (x-\alpha_1)^{n_1}\cdots(x-\alpha_s)^{n_s}$$

とすれば，V は

$$V = \widetilde{W}(\alpha_1)\oplus\cdots\oplus\widetilde{W}(\alpha_s)$$

と直和分解され，$\widetilde{W}(\alpha_i)$ は $\mathrm{Ker}\,(F-\alpha_i I)^{n_i}$ に等しい．それゆえ，$(F-\alpha_i I)^{n_i}$ は $\widetilde{W}(\alpha_i)$ 上では‘零変換’となっている．このことから示唆されるように，ある累乗が零変換となるような線型変換の研究が，一般の線型変換の研究のために重要である．以下の3節ではそのような変換について考察する．

定義 F をベクトル空間 V の線型変換とする．ある正の整数 l に対して $F^l=0$ となるならば，F を V の**べき零変換**という．

次の命題は直ちに証明される．

命題 8.11 n 次元ベクトル空間 V の線型変換 F に関する次の2つの条件は互いに同等である．

1. F はべき零である．

2. $f_F(x)=x^n$ である．

証明 1を仮定し，ある正の整数 l に対して $F^l=0$ とする．F の1つの表現行列を A とし，α を A の $\boldsymbol{C}$ における任意の固有値とする．$\boldsymbol{x}\in\boldsymbol{C}^n$ を α に対する A の固有ベクトルとすれば，

$$A\boldsymbol{x} = \alpha\boldsymbol{x},\ \ A^2\boldsymbol{x} = \alpha(A\boldsymbol{x}) = \alpha^2\boldsymbol{x},\ \ A^3\boldsymbol{x} = \alpha^2(A\boldsymbol{x}) = \alpha^3\boldsymbol{x},\ \ \cdots.$$

よって $A^l\boldsymbol{x}=\alpha^l\boldsymbol{x}$ となるが，$A^l=O$ であるから $\alpha^l\boldsymbol{x}=\boldsymbol{0}$．したがって $\alpha=0$ でなければならない．すなわち A の $\boldsymbol{C}$ における固有値は0のみである．これから明らかに $f_A(x)=x^n$，すなわち**2**が得られる．逆に**2**を仮定すれば，ハミルトン-ケーレーの定理によって $F^n=0$ であるから，**1**が得られる． ∎

F が V のべき零変換であるとき，$F^l=0$ となるような正の整数 l の最小値を F の**指数**という．したがって F の指数が q ならば，$F^{q-1}\neq 0$，$F^q=0$ である．零変換の指数は1である．

V が n 次元ベクトル空間で，F が V の指数 q のべき零変換ならば，上の命題8.11の証明からわかるように $q\leqq n$ である．このことは，次の命題のように，もっと精密化される．次の命題の証明はハルモス(Halmos)による．

命題 8.12 F を n 次元ベクトル空間 V の指数 q のべき零変換とし，v_0 を

$F^{q-1}(v_0)\neq 0$ であるような V の元とする．($F^{q-1}\neq 0$ であるからそのような元が存在する．）そのとき次のことが成り立つ．

1. $v_0, F(v_0), F^2(v_0), \cdots, F^{q-1}(v_0)$ は1次独立である．

2. $U=\langle v_0, F(v_0), F^2(v_0), \cdots, F^{q-1}(v_0)\rangle$ は F-不変である．

3. $V=U\oplus W$ となるような F-不変な部分空間 W が存在する．

証明 **1.** $c_0, c_1, \cdots, c_{q-1}$ をスカラーとして

$$c_0v_0+c_1F(v_0)+c_2F^2(v_0)+\cdots+c_{q-1}F^{q-1}(v_0) = 0 \tag{8.25}$$

とする．この式の F^{q-1} による像を考えれば，左辺の第2項以下は0となるから，$c_0F^{q-1}(v_0)=0$，したがって $c_0=0$．次に

$$c_1F(v_0)+c_2F^2(v_0)+\cdots+c_{q-1}F^{q-1}(v_0) = 0$$

の F^{q-2} による像を考えれば，$c_1F^{q-1}(v_0)=0$，したがって $c_1=0$．以下同様にして $c_0=c_1=\cdots=c_{q-1}=0$ が得られる．

2. これは明らかである．実際

$$F(U) = \langle F(v_0), F^2(v_0), \cdots, F^{q-1}(v_0)\rangle$$

となる．($F=0$ のときには $U=\langle v_0\rangle$，$F(U)=\{0\}$ である．)

3. q に関する数学的帰納法によって証明する．（この部分の証明がいちばん困難である．）$q=1$ のときは F は零変換であるから，主張は明らかである．そこで $q\geqq 2$ とし，指数 $q-1$ のべき零変換に対しては主張が成り立つと仮定する．$\mathrm{Im}\,F=V'$ とおく．これは F-不変で，F の V' への縮小は明らかに指数 $q-1$ のべき零変換である．そして $F(U)=U'$，$F(v_0)=v_0'$ とおけば，

$$v_0'\in V',\qquad F^{q-2}(v_0')\neq 0,\qquad U' = \langle v_0', F(v_0'), \cdots, F^{q-2}(v_0')\rangle$$

であるから，帰納法の仮定によって

$$V' = U'\oplus W' \tag{8.26}$$

となるような V' の F-不変な部分空間 W' が存在する．

明らかに $U'=U\cap V'$ で，$U'\cap W'=\{0\}$ であるから

$$U\cap W' = U\cap(V'\cap W') = (U\cap V')\cap W' = U'\cap W' = \{0\},$$

すなわち

$$U\cap W' = \{0\} \tag{8.27}$$

である．

さて第3章§9問題2によって，

$$W_0 = F^{-1}(W') = \{v \mid v \in V,\ F(v) \in W'\}$$

とおけば，W_0 は V の部分空間である．これについて

(8.28) $$V = U + W_0$$

が成り立つことを示そう．v を V の任意の元とすれば，(8.26)によって

$$F(v) = u' + w'\ ;\quad u' \in U',\ w' \in W'$$

となるような u', w' が存在する．$u' = F(u)$, $u \in U$ とすれば，

$$w' = F(v) - F(u) = F(v-u)$$

であるから，$v-u \in W_0$．よって $v-u = w_0$ とおけば，$v = u + w_0$; $u \in U$, $w_0 \in W_0$ となる．これで(8.28)が示された．

W' の F-不変性によって，W' の任意の元は W_0 に属する．すなわち $W' \subset W_0$ である．それゆえ $U \cap W_0$, W' はともに W_0 の部分空間となるが，(8.27)によって和 $(U \cap W_0) + W'$ は直和である．W_0 における $(U \cap W_0) \oplus W'$ の1つの補空間を W'' とする．すなわち

$$W_0 = (U \cap W_0) \oplus W' \oplus W''.$$

このとき $W = W' \oplus W''$ とおけば，この W がわれわれの要求を満たすものとなるのである．実際，まず $(U \cap W_0) \cap W = \{0\}$ であるが，$W \subset W_0$ であるから，この左辺は $U \cap W$ に等しい．したがって

$$U \cap W = \{0\}$$

である．次に $U + W \supset (U \cap W_0) + W = W_0$ で，(8.28)により $V = U + W_0$ であるから，明らかに

$$V = U + W$$

となる．これで $V = U \oplus W$ であることが証明された．最後に $w \in W$ ならば，$w \in W_0$ であるから $F(w) \in W'$，したがって $F(w) \in W$ である．すなわち W は F-不変である．これですべての証明が完了した．▌

命題8.12からさらに次の命題が得られる．

命題 8.13　F を n 次元ベクトル空間 V の指数 q のべき零変換とする．そのとき，V の元 $v_1, v_2, \cdots, v_r$ および正の整数の列 $q_1, q_2, \cdots, q_r$ で，次の性質をもつものが存在する．

1. $q = q_1 \geqq q_2 \geqq \cdots \geqq q_r$,　$q_1 + q_2 + \cdots + q_r = n$.

2. n 個の元

$$
(8.29) \qquad \begin{cases} v_1, & F(v_1), & \cdots, & F^{q_1-1}(v_1) \\ v_2, & F(v_2), & \cdots, & F^{q_2-1}(v_2) \\ & \cdots\cdots\cdots\cdots & & \\ v_r, & F(v_r), & \cdots, & F^{q_r-1}(v_r) \end{cases}
$$

は V の基底をなす.

3. $F^{q_1}(v_1) = 0,\ F^{q_2}(v_2) = 0,\ \cdots,\ F^{q_r}(v_r) = 0.$

証明 $V = V_1$, $q = q_1$ とし，命題 8.12 の v_0 を v_1 と書きあらためて

$$U_1 = \langle v_1, F(v_1), \cdots, F^{q_1-1}(v_1)\rangle$$

とおく．そのとき命題 8.12 の **3** によって $V_1 = U_1 \oplus V_2$ となるような F-不変な部分空間 V_2 が存在する．F を V_2 に縮小したべき零変換の指数を q_2 とすれば，もちろん $q_2 \leqq q_1$ である．そこで $F^{q_2-1}(v_2) \neq 0$ であるような V_2 の元 v_2 をとって

$$U_2 = \langle v_2, F(v_2), \cdots, F^{q_2-1}(v_2)\rangle$$

とおく．そうすれば，ふたたび前命題の **3** によって $V_2 = U_2 \oplus V_3$ となるような F-不変な部分空間 V_3 が存在し，F の V_3 への縮小の指数 q_3 は $\leqq q_2$ である．この操作を続ければ，部分空間の列 $V_1, V_2, \cdots$ はいつかは$\{0\}$に達するから，$V = V_1$ は

$$V = U_1 \oplus U_2 \oplus \cdots \oplus U_r$$

と直和分解される．ここに各 U_i は，$F^{q_i-1}(v_i) \neq 0$, $F^{q_i}(v_i) = 0$ であるような V の適当な元 v_i によって

$$U_i = \langle v_i, F(v_i), \cdots, F^{q_i-1}(v_i)\rangle$$

と表され，$\dim U_i = q_i$ は $q = q_1 \geqq q_2 \geqq \cdots \geqq q_r$, $q_1 + q_2 + \cdots + q_r = n$ を満足する．これで命題が証明された．▌

なお命題 8.13 の基底(8.29)は，各行を反対の順に並べかえれば

$$
(8.29)' \qquad \begin{cases} F^{q_1-1}(v_1), & \cdots, & F(v_1), & v_1 \\ F^{q_2-1}(v_2), & \cdots, & F(v_2), & v_2 \\ & \cdots\cdots\cdots\cdots & & \\ F^{q_r-1}(v_r), & \cdots, & F(v_r), & v_r \end{cases}
$$

となる．場合によっては，(8.29)′ のように書いたほうがむしろつごうがよいのである．

§7　べき零変換の不変系

前節の命題 8.13 において，与えられたべき零変換 F に対し，元 $v_1, v_2, \cdots, v_r$ は一意的にはきまらないが，整数の列

$$(q_1, q_2, \cdots, q_r)$$

は一意的に定まり，F の‘不変系’とよばれる．本節ではそのことを 1 つの具体的な例によって説明する．(ここでは‘不変系の一意性’について一般的な証明は述べない．それは記号的に繁雑で，かえって鮮明な印象が得られないからである．)

いま，V を $\dim V=24$ であるベクトル空間，F を V の指数 7 のべき零変換とし，V の 1 つの基底が

$$(8.30)\quad \begin{cases} F^6(v_1),\ F^5(v_1),\ F^4(v_1),\ F^3(v_1),\ F^2(v_1),\ F(v_1),\ v_1 \\ F^5(v_2),\ F^4(v_2),\ F^3(v_2),\ F^2(v_2),\ F(v_2),\ v_2 \\ F^5(v_3),\ F^4(v_3),\ F^3(v_3),\ F^2(v_3),\ F(v_3),\ v_3 \\ F^2(v_4),\ F(v_4),\ v_4 \\ F(v_5),\ v_5 \end{cases}$$

によって与えられるとする．ただし

$$F^7(v_1) = F^6(v_2) = F^6(v_3) = F^3(v_4) = F^2(v_5) = 0$$

である．命題 8.13 の記法によれば，

$$q_1 = 7, \qquad q_2 = 6, \qquad q_3 = 6, \qquad q_4 = 3, \qquad q_5 = 2$$

であって，$7+6+6+3+2=24$ は与えられたベクトル空間 V の次元に等しい．

上の (8.30) ではわれわれは (8.29)′ の書き方を用いた．次の第 1 図は (8.30) の 24 個の元の‘配置’を表している．

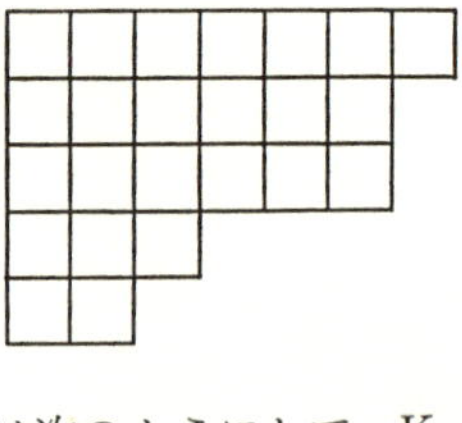

第 1 図

さてこのとき，われわれは次のようにして，$\mathrm{Ker}\, F, \mathrm{Ker}\, F^2, \cdots$ などの基底を求めることができる．

まず，$\mathrm{Ker}\, F$ の基底は，(8.30) の左端の元

(8.31) $$F^6(v_1),\ \ F^5(v_2),\ \ F^5(v_3),\ \ F^2(v_4),\ \ F(v_5)$$

によって与えられる．実際，V の任意の元 v は(8.30)の24個の元の1次結合として一意的に表されるが，それに変換 F をほどこした結果が $F(v)=0$ となるためには，v が(8.31)の5個の元のみの1次結合となっていることが明らかに必要かつ十分であるからである．

次に $\mathrm{Ker}\,F^2$ の基底は，(8.31)にさらに，その次の左端の元

$$F^5(v_1),\ \ F^4(v_2),\ \ F^4(v_3),\ \ F(v_4),\ \ v_5$$

をつけ加えたものによって与えられる．その理由は上と同じように説明される．($\mathrm{Ker}\,F \subset \mathrm{Ker}\,F^2$ であることはいうまでもない．)

以下同様にして，$\mathrm{Ker}\,F, \mathrm{Ker}\,F^2, \mathrm{Ker}\,F^3, \cdots$ の基底は，それぞれ第1図の，第1列，第1列と第2列，第1列と第2列と第3列，… によって与えられることがわかる．次の第2図の陰影の部分がそれぞれの基底を表している．

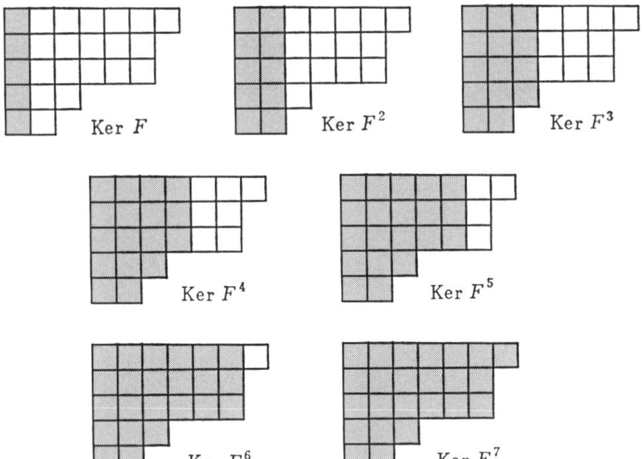

第2図

上の図から，$\mathrm{Ker}\,F, \mathrm{Ker}\,F^2, \cdots$ の次元は，それぞれ

(8.32) $$\begin{cases} \dim(\mathrm{Ker}\,F)=5,\ \ \dim(\mathrm{Ker}\,F^2)=10,\ \ \dim(\mathrm{Ker}\,F^3)=14, \\ \qquad \dim(\mathrm{Ker}\,F^4)=17,\qquad \dim(\mathrm{Ker}\,F^5)=20, \\ \qquad \dim(\mathrm{Ker}\,F^6)=23,\qquad \dim(\mathrm{Ker}\,F^7)=24 \end{cases}$$

であることがわかる．F の指数が7であるから，$\mathrm{Ker}\,F^7$ は全空間 V に等しい．

逆にわれわれは，(8.32)のようなデータから，第1図の図式を(したがって(8.30)のような V の基底を)，次のようにして再構成することができる．

すなわち，$\dim(\mathrm{Ker}\, F^i)=d_i\ (i=1,\cdots,7)$ とし，

$$e_i = d_i - d_{i-1} \qquad (i=1,\cdots,7)$$

とおけば(ただし $d_0=0$ とする)，

$$d_0 = 0,\ d_1 = 5,\ d_2 = 10,\ d_3 = 14,\ d_4 = 17,\ d_5 = 20,\ d_6 = 23,\ d_7 = 24$$

より

$$e_1 = 5,\ e_2 = 5,\ e_3 = 4,\ e_4 = 3,\ e_5 = 3,\ e_6 = 3,\ e_7 = 1.$$

この e_i の値は第1図の第 i 列の元の個数にほかならない．

それゆえ，(8.32)から上のようにして d_i, e_i の値を求め，第3図のように e_1 個，e_2 個，… のコマを上端をそろえて左から順に縦に並べれば，第1図の図式が再現され，次にこの図を‘横にみる’ことによって，

$$q_1 = 7, \qquad q_2 = 6, \qquad q_3 = 6, \qquad q_4 = 3, \qquad q_5 = 2$$

が得られる．もちろん(8.32)のデータは与えられたべき零変換 F によって確定しているから，$q_1, q_2, \cdots$ なども F に対して一意的に確定することになる．

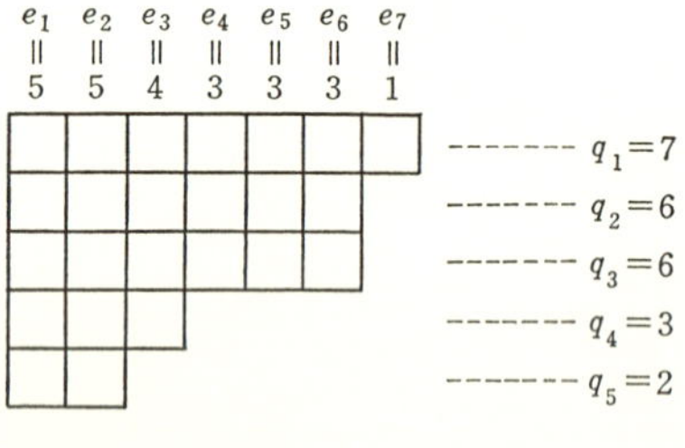

第3図

上に得た結果を次の命題として述べておく．

命題 8.14 命題8.13における整数の列$(q_1, q_2, \cdots, q_r)$は，与えられたべき零変換 F に対して一意的に定まる．——

この整数の列$(q_1, q_2, \cdots, q_r)$をべき零変換 F の**不変系**という．上述したことから明らかに，不変系の‘長さ’r は $\mathrm{Ker}\, F$ の次元に等しい．

特に，n 次元ベクトル空間 V のべき零変換 F の指数が n であることは，その不変系がただ1個の数

$$n$$

から成ること，いいかえれば不変系の長さが1であることと同等である．した

がって次の命題が得られる.

命題 8.15 F を n 次元ベクトル空間 V のべき零変換とする. F の不変系が $(q_1, q_2, \cdots, q_r)$ ならば, r は $\dim(\mathrm{Ker}\, F)$ に等しい. 特に F の指数が n であるためには, $\dim(\mathrm{Ker}\, F)=1$ であることが必要かつ十分である.

問　　題

1. 本節の説明を参照して, 一般に次のことが成り立つことを確かめよ. F を n 次元ベクトル空間 V の指数 q のべき零変換とし,

$$\dim(\mathrm{Ker}\, F^i) = d_i \qquad (i=1, \cdots, q)$$

とすれば

$$0 < d_1 < d_2 < \cdots < d_q = n.$$

また $d_0=0$ として

$$e_i = d_i - d_{i-1} \qquad (i=1, \cdots, q)$$

とおけば

$$e_1 \geqq e_2 \geqq \cdots \geqq e_q.$$

2. 前問の記号を用い, さらに $d_{q+1}=n$, $e_{q+1}=0$ として,

$$\varepsilon_i = e_i - e_{i+1} = 2d_i - d_{i+1} - d_{i-1} \qquad (i=1, \cdots, q)$$

とおく. そのとき, F の不変系の中に数 i (ただし $1 \leqq i \leqq q$) が現れる回数は ε_i に等しいことを確かめよ.

3. V を有限次元ベクトル空間, F を V の任意の線型変換とする. そのとき

$$\mathrm{Ker}\, F \subset \mathrm{Ker}\, F^2 \subset \mathrm{Ker}\, F^3 \subset \cdots$$

であるが, $\dim(\mathrm{Ker}\, F^k)$ は $\dim V$ をこえないから,

$$\mathrm{Ker}\, F^q = \mathrm{Ker}\, F^{q+1}$$

となるような正の整数 q が存在する. このとき次のことを示せ.

(a) 任意の整数 $k \geqq q$ に対して $\mathrm{Ker}\, F^k = \mathrm{Ker}\, F^q$ である.

(b) $\mathrm{Ker}\, F^q = U$, $\mathrm{Im}\, F^q = W$ とおけば, V は

$$V = U \oplus W$$

と直和分解され, F は U 上ではべき零, W 上では正則である.

(c) U' を, その上では F がべき零であるような, V の任意の F-不変な部分空間とすれば, $U' \subset U$ である.

(d) W' を, その上では F が正則であるような, V の任意の F-不変な部分空間とすれば, $W' \subset W$ である.

§8 べき零変換の表現行列

一般論にもどって，V を n 次元のベクトル空間，F を V の線型変換とする．v_0 を V の1つの元，q を1つの正の整数とし，$F^{q-1}(v_0)\neq 0$，$F^q(v_0)=0$ とする．そのとき

$$v_0,\quad F(v_0),\quad F^2(v_0),\quad \cdots,\quad F^{q-1}(v_0)$$

は1次独立で，

$$U=\langle v_0, F(v_0), \cdots, F^{q-1}(v_0)\rangle=\langle F^{q-1}(v_0), \cdots, F(v_0), v_0\rangle$$

は q 次元の F-不変な部分空間である．(命題8.12の**1,2**の証明参照．) また F の U への縮小は明らかに指数 q のべき零変換で，それを U の基底

$$w_1=F^{q-1}(v_0),\ \ w_2=F^{q-2}(v_0),\ \ \cdots,\ \ w_{q-1}=F(v_0),\ \ w_q=v_0$$

に関して表現する行列は

$$(8.33)\qquad \begin{bmatrix} 0 & 1 & & & \\ & 0 & 1 & & \\ & & 0 & \ddots & \\ & & & \ddots & 1 \\ & & & & 0 \end{bmatrix} \qquad (q\,\text{次})$$

となる．実際

$$(8.34)\qquad F(w_1)=0,\ \ F(w_2)=w_1,\ \ \cdots,\ \ F(w_{q-1})=w_{q-2},\ \ F(w_q)=w_{q-1}$$

であるからである．(8.33)は対角線の1つ右上の斜線上に1が並び，他の成分がすべて0である q 次の正方行列である．本章では以後この行列を N_q で表す．N_1 は数0である．

逆に，U が q 次元の F-不変な部分空間で，F の U への縮小が U のある基底 $\{w_1, w_2, \cdots, w_q\}$ に関して行列 N_q で表されるとすれば，(8.34)が成り立つから，$w_q=v_0$ とおけば，$w_1, w_2, \cdots, w_q$ はそれぞれ $F^{q-1}(v_0), F^{q-2}(v_0), \cdots, v_0$ と表され，

$$U=\langle F^{q-1}(v_0), \cdots, F(v_0), v_0\rangle, \qquad F^q(v_0)=0$$

となる．したがって F の U への縮小は指数 q のべき零変換である．

命題8.13と上記のことから次の命題が得られる．

命題 8.16 F を n 次元ベクトル空間 V の指数 q のべき零変換とし，その不変系を

$$(q_1, q_2, \cdots, q_r)\,;$$

$$q = q_1 \geqq q_2 \geqq \cdots \geqq q_r, \qquad q_1+q_2+\cdots+q_r = \boldsymbol{n}$$

とすれば，F は V の適当な基底に関して，行列

$$\begin{bmatrix} N_{q_1} & & & \\ & N_{q_2} & & \\ & & \ddots & \\ & & & N_{q_r} \end{bmatrix} \tag{8.35}$$

で表現される．逆に V のある基底に関してこの形の行列で表現される線型変換は，不変系 $(q_1, q_2, \cdots, q_r)$ のべき零変換である．

証明 F が不変系 $(q_1, q_2, \cdots, q_r)$ のべき零変換であるとし，命題 8.13 に述べられているような V の元 $v_1, v_2, \cdots, v_r$ をとって，

$$U_i = \langle F^{q_i-1}(v_i), \cdots, F(v_i), v_i\rangle$$

とおけば，$V=U_1\oplus U_2\oplus\cdots\oplus U_r$ であって，U_i 上への F の縮小を，U_i の基底

$$\mathcal{B}_i = \{F^{q_i-1}(v_i), \cdots, F(v_i), v_i\}$$

に関して表現する行列は N_{q_i} となる．したがって V の基底 $\mathcal{B}=(\mathcal{B}_1, \cdots, \mathcal{B}_r)$ に関する F の表現行列は (8.35) の形となる．

逆の証明は命題の前に注意したことからほとんど明らかである．くわしい考察は読者にゆだねよう (問題 1). ▌

命題 8.16 は，(8.35) の行列が，不変系が $(q_1, q_2, \cdots, q_r)$ であるべき零変換の表現行列の標準形を与えることを示している．

例 8.6 $\dim V=3$ ならば，V のべき零変換の不変系は

$$3, \quad (2,1), \quad (1,1,1)$$

のいずれかである．したがって V のべき零変換の表現行列の標準形は次の 3 つの行列のいずれかとなる：

$$\begin{bmatrix} 0 & 1 & 0 \\ 0 & 0 & 1 \\ 0 & 0 & 0 \end{bmatrix}, \quad \begin{bmatrix} 0 & 1 & 0 \\ 0 & 0 & 0 \\ 0 & 0 & 0 \end{bmatrix}, \quad \begin{bmatrix} 0 & 0 & 0 \\ 0 & 0 & 0 \\ 0 & 0 & 0 \end{bmatrix}.$$

例 8.7 4 次元ベクトル空間のべき零変換の不変系は

$$4, \ (3,1), \ (2,2), \ (2,1,1), \ (1,1,1,1)$$

のいずれかである．それぞれの場合に応じて表現行列の標準形は

$$
\begin{bmatrix} 0 & 1 & & \\ & 0 & 1 & \\ & & 0 & 1 \\ & & & 0 \end{bmatrix},\quad
\left[\begin{array}{ccc|c} 0 & 1 & & \\ & 0 & 1 & \\ & & 0 & \\ \hline & & & 0 \end{array}\right],\quad
\left[\begin{array}{cc|cc} 0 & 1 & & \\ & 0 & & \\ \hline & & 0 & 1 \\ & & & 0 \end{array}\right],
$$

$$
\left[\begin{array}{cc|c|c} 0 & 1 & & \\ & 0 & & \\ \hline & & 0 & \\ \hline & & & 0 \end{array}\right],\quad
\left[\begin{array}{c|c|c|c} 0 & & & \\ \hline & 0 & & \\ \hline & & 0 & \\ \hline & & & 0 \end{array}\right].
$$

となる．もちろん空白の部分の成分はすべて0である．——

これまで§6,7,8でわれわれは‘べき零変換’について述べてきた．同様のことは‘べき零行列’に対しても成り立つ．もちろん $A \in M_n(\boldsymbol{K})$ が**べき零行列**であるというのは，ある正の整数 l に対して

$$A^l = O \qquad \text{（右辺は零行列）}$$

が成り立つことである．それは線型変換 $L_A: \boldsymbol{K}^n \to \boldsymbol{K}^n$ がべき零であることにほかならない．べき零行列 A の指数や不変系は L_A の指数または不変系として定義される．一般に，F が $\boldsymbol{K}$ 上の n 次元ベクトル空間 V の線型変換で，A がその1つの表現行列ならば，F がべき零であることと A がべき零であることとは同等である．さらにその場合，F の指数や不変系は A のそれと一致する．これらのことはどれも明らかであろう．

次の命題は，命題8.16を行列に対して翻訳したものである．この証明も読者にゆだねよう(問題2)．

命題 8.17　n 次のべき零行列 A の不変系が $(q_1, q_2, \cdots, q_r)$（ただし $q_1 \geqq q_2 \geqq \cdots \geqq q_r$, $q_1+q_2+\cdots+q_r=n$）ならば，A は(8.35)の行列と相似である．逆に(8.35)の行列と相似な行列は不変系 $(q_1, q_2, \cdots, q_r)$ のべき零行列である．2つの n 次のべき零行列 A, B が相似であるためには，両者の不変系が一致することが必要かつ十分である．

問　　題

1. 命題8.16の逆の部分を証明せよ．

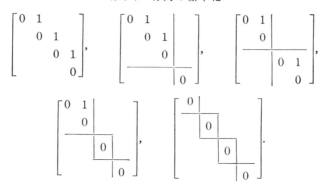

2. 命題 8.17 を証明せよ.

3. べき零行列の跡は 0 であることを証明せよ.

4. A, B が n 次のべき零行列で, $AB=BA$ ならば, AB や $A+B$ もべき零であることを示せ.

5. A が n 次のべき零行列ならば, I_n+A は正則行列であることを示し, $(I_n+A)^{-1}$ を A の多項式として表せ.

6. 5 次元ベクトル空間のべき零変換について, 表現行列のすべての標準形を列挙せよ.

7. 6 次元の場合について前問と同じ問に答えよ.

§9 ジョルダンの標準形

V を $\boldsymbol{K}$ 上の n 次元ベクトル空間, F を V の任意の線型変換とする. 本節では F の表現行列の標準形について最終的な結果を与えよう.

はじめに, F が $\boldsymbol{K}$ 内にただ 1 つの(重複度 n の)固有値 α をもつ特別な場合, すなわち

$$f_F(x) = (x-\alpha)^n$$

である場合を考える. この場合は

$$(F-\alpha I)^n = 0$$

であるから, $G=F-\alpha I$ は V のべき零変換である. したがって命題 8.16 により, G の不変系を

$$(q_1, q_2, \cdots, q_r);$$

$$\text{ただし}\quad q_1 \geqq q_2 \geqq \cdots \geqq q_r, \qquad q_1+q_2+\cdots+q_r = n$$

とすれば, V の適当な基底 $\mathcal{B}$ に関して, G は p. 285 の行列(8.35)で表現される. $F=G+\alpha I$ であるから, 同じ基底 $\mathcal{B}$ に関する F の表現行列 $[F]_{\mathcal{B}}$ は行列(8.35)に行列 αI_n を加えたもの, すなわち

$$(8.36)\qquad \begin{bmatrix} \alpha I_{q_1}+N_{q_1} & & & \\ & \alpha I_{q_2}+N_{q_2} & & \\ & & \ddots & \\ & & & \alpha I_{q_r}+N_{q_r} \end{bmatrix}$$

となる. それゆえ, $\alpha \in \boldsymbol{K}$ と正の整数 q に対し, 行列 αI_q+N_q を記号 $J(\alpha, q)$ で表すことにすれば, (8.36)は

$$\begin{bmatrix} J(\alpha, q_1) & & & \\ & J(\alpha, q_2) & & \\ & & \ddots & \\ & & & J(\alpha, q_r) \end{bmatrix} \tag{8.37}$$

と書かれる．$J(\alpha, q)=\alpha I_q+N_q$ は q 次の正方行列

$$J(\alpha, q) = \begin{bmatrix} \alpha & 1 & & & \\ & \alpha & 1 & & \\ & & \alpha & \ddots & \\ & & & \ddots & 1 \\ & & & & \alpha \end{bmatrix} \quad (q \text{ 次})$$

である．この形の行列を固有値 α の**ジョルダン細胞**または簡単に **α 細胞**という．$J(\alpha, 1)$ は数 α である．

逆に線型変換 $F\colon V \to V$ が V のある基底 $\mathcal{B}$ に関して行列(8.37)で表現されるとすれば，(8.37)は対角成分がすべて α の上三角行列であるから，

$$f_F(x) = (x-\alpha)^n$$

となり，α は F のただ1つの（重複度 n の）固有値である．そして行列(8.37)から αI_n を引いた行列は(8.35)となるから，$G=F-\alpha I$ は V の不変系 $(q_1, q_2, \cdots, q_r)$ のべき零変換である．

記述の便宜上，われわれは以後，行列(8.37)を

$$J(\alpha;\, q_1, q_2, \cdots, q_r)$$

という記号で表すことにする．

次に一般の場合を考え，$f_F(x)$ が $\boldsymbol{K}$ において，定理8.8のように，

$$f_F(x) = (x-\alpha_1)^{n_1}(x-\alpha_2)^{n_2}\cdots(x-\alpha_s)^{n_s}$$

と因数分解されるとする．ここに $\alpha_1, \alpha_2, \cdots, \alpha_s$ は F の相異なる固有値で，$n_1+n_2+\cdots+n_s=n$ である．定理8.8によって，このとき

$$W_i = \operatorname{Ker}(F-\alpha_i I)^{n_i}$$

とおけば，W_i は α_i に対する F の広義の固有空間 $\widetilde{W}(\alpha_i)$ に等しく，V は

$$V = W_1 \oplus W_2 \oplus \cdots \oplus W_s$$

と直和分解される．各 W_i は F-不変で，W_i 上では $F-\alpha_i I$ はべき零変換である．それゆえ，F の W_i への縮小を F_i とすれば，F_i に対して前述の結果を適

用することができる．すなわちW_i上で，べき零変換$G_i=F-\alpha_i I=F_i-\alpha_i I$の不変系を

$$(q_{i,1}, q_{i,2}, \cdots, q_{i,r_i});$$

$$\text{ただし}\quad q_{i,1} \geqq q_{i,2} \geqq \cdots \geqq q_{i,r_i}, \qquad q_{i,1}+q_{i,2}+\cdots+q_{i,r_i} = n_i$$

とすれば，W_iの基底$\mathcal{B}_i$を適当にとることによって，表現行列$[F_i]_{\mathcal{B}_i}=J_i$を

$$J_i = J(\alpha_i; q_{i,1}, q_{i,2}, \cdots, q_{i,r_i})$$

の形にすることができる．各W_i上にこのような基底$\mathcal{B}_i$をとれば，Vの基底$\mathcal{B}=(\mathcal{B}_1, \cdots, \mathcal{B}_s)$に関する$F$の表現行列$[F]_{\mathcal{B}}=J$は

$$J = \begin{bmatrix} J_1 & & & \\ & J_2 & & \\ & & \ddots & \\ & & & J_s \end{bmatrix} \tag{8.38}$$

となる．(8.38)のような行列Jを**ジョルダン行列**とよび，$J_1, J_2, \cdots, J_s$をJの中の**ブロック**（くわしくはJ_iを固有値α_iに対するブロック）という．ブロック

$$J_i = J(\alpha_i; q_{i,1}, q_{i,2}, \cdots, q_{i,r_i}) \tag{8.39}$$

は，$q_{i,1}$次，$q_{i,2}$次，…，q_{i,r_i}次のα_i細胞を対角型に並べた$q_{i,1}+q_{i,2}+\cdots+q_{i,r_i}=n_i$次の行列である．

以上で，線型変換Fは，Vの適当な基底に関してジョルダン行列で表現されることが示された．さらにこのジョルダン行列は，ブロック$J_1, J_2, \cdots, J_s$の順序を除けば，Fに対して一意的に定まることに注意しよう．実際，固有値α_iに対するブロックJ_iの次数n_iはα_iの重複度として一意的に決定されるし，また(8.39)の$q_{i,1}, q_{i,2}, \cdots, q_{i,r_i}$は$W_i=\mathrm{Ker}\,(F-\alpha_i I)^{n_i}$上におけるべき零変換$G_i=F-\alpha_i I=F_i-\alpha_i I$の不変系として，やはりただ1通りに定まるからである．

これで次の定理が証明された．

定理 8.18　Vを$\boldsymbol{K}$上のn次元ベクトル空間，FをVの線型変換とし，$f_F(x)$の$\boldsymbol{K}$における因数分解を

$$f_F(x) = (x-\alpha_1)^{n_1}\cdots(x-\alpha_s)^{n_s} \qquad (n_1+\cdots+n_s=n)$$

とする．このとき，Vの適当な基底に関して，Fはジョルダン行列

$$J = \begin{bmatrix} J_1 & & & \\ & J_2 & & \\ & & \ddots & \\ & & & J_s \end{bmatrix}$$

で表現される．ただし

$$J_i = J(\alpha_i;\, q_{i,1}, q_{i,2}, \cdots, q_{i,r_i});$$

$$q_{i,1} \geqq q_{i,2} \geqq \cdots \geqq q_{i,r_i}, \qquad q_{i,1}+q_{i,2}+\cdots+q_{i,r_i} = n_i$$

である．またこのジョルダン行列は，$J_1, J_2, \cdots, J_s$ の順序を除けば F に対して一意的に決定される．

線型変換 F を表すジョルダン行列を，F の(表現行列の)**ジョルダンの標準形**または単に**標準形**という．

F のジョルダンの標準形の中の α_i 細胞の個数に関する次の命題は，しばしば有用である．この命題は命題 8.15 から導かれる．

命題 8.19　仮定(および記号)は定理 8.18 と同じとする．そのとき，F のジョルダンの標準形の中に現れる α_i 細胞の個数 r_i は，$\mathrm{Ker}(F-\alpha_i I)$ の次元，すなわち α_i に対する固有空間 $W(\alpha_i)$ の次元に等しい．——

証明は読者の練習問題とする(問題 1)．

定理 8.18 と平行して，行列について次の命題が成り立つ．

定理 8.20　$A \in M_n(\boldsymbol{K})$ とし，$f_A(x)$ が $\boldsymbol{K}$ において完全に 1 次式の積に分解されるとする．そのとき，適当な正則行列 $P \in M_n(\boldsymbol{K})$ をとれば，$P^{-1}AP$ はジョルダン行列となる．またそのジョルダン行列は，その中のブロックの順序を除けば，A に対して一意的に定まる．

行列 A に対して定理 8.20 の意味で一意的に定まるジョルダン行列を，A の**ジョルダンの標準形**(または単に**標準形**)という．

次の命題は明らかであろう．くわしくは読者の練習問題とする(問題 2)．

命題 8.21　$A, B \in M_n(\boldsymbol{K})$ とし，$f_A(x)$ も $f_B(x)$ もともに $\boldsymbol{K}$ において完全に 1 次式の積に分解されるとする．そのとき，A, B が $\boldsymbol{K}$ において相似である(す

なわち $B=P^{-1}AP$ となるような正則行列 $P\in M_n(\boldsymbol{K})$ が存在する)ための必要十分条件は，A, B のジョルダンの標準形が(ブロックの順序を除いて)一致することである.

例 8.8 複素成分の 2 次の行列のジョルダンの標準形の型は

$$\begin{bmatrix} \alpha & 0 \\ 0 & \beta \end{bmatrix},\quad \begin{bmatrix} \alpha & 1 \\ 0 & \alpha \end{bmatrix},\quad \begin{bmatrix} \alpha & 0 \\ 0 & \alpha \end{bmatrix} \tag{8.40}$$

の 3 つである. また 3 次の行列のジョルダンの標準形の型は

$$\begin{gathered} \begin{bmatrix} \alpha & 0 & 0 \\ 0 & \beta & 0 \\ 0 & 0 & \gamma \end{bmatrix},\quad \begin{bmatrix} \alpha & 1 & 0 \\ 0 & \alpha & 0 \\ 0 & 0 & \beta \end{bmatrix},\quad \begin{bmatrix} \alpha & 0 & 0 \\ 0 & \alpha & 0 \\ 0 & 0 & \beta \end{bmatrix}, \\ \begin{bmatrix} \alpha & 1 & 0 \\ 0 & \alpha & 1 \\ 0 & 0 & \alpha \end{bmatrix},\quad \begin{bmatrix} \alpha & 1 & 0 \\ 0 & \alpha & 0 \\ 0 & 0 & \alpha \end{bmatrix},\quad \begin{bmatrix} \alpha & 0 & 0 \\ 0 & \alpha & 0 \\ 0 & 0 & \alpha \end{bmatrix} \end{gathered} \tag{8.41}$$

の 6 つである. したがって，複素成分の任意の 2 次の行列は(8.40)の 3 つの行列のいずれか 1 つと相似であり，任意の 3 次の行列は(8.41)の 6 つの行列のいずれか 1 つと相似となる. ただし上記で α, β, γ は相異なる複素数である. ——

ジョルダンの標準形の実際の計算例については§11 をみられたい.

問　　題

1. 命題 8.19 を証明せよ.
2. 命題 8.21 を証明せよ.
3. 複素成分の 4 次の行列について，ジョルダンの標準形のすべての型を求めよ.
4. 5 次の行列について前問と同じ問に答えよ.

§10 最小多項式

ふたたび V を $\boldsymbol{K}$ 上の n 次元ベクトル空間，F を V の線型変換とする. 本節では最初からは $f_F(x)$ が $\boldsymbol{K}$ 内で 1 次式の積に分解されるとは仮定しない.

われわれはすでに $g(F)=0$ となるような 0 でない多項式 $g(x)\in\boldsymbol{K}[x]$ の存在を知っている. たとえば固有多項式 $f_F(x)$ はそのような多項式の 1 つである. $g(F)=0$ となるような 0 でない多項式 $g(x)$ のうち，次数が最小であって，最高次の係数が1であるものを，線型変換 F の**最小多項式**という．本書ではこれを $\varphi_F(x)$ で表す．

命題 8.22　$g(x)\in \boldsymbol{K}[x]$ に対して $g(F)=0$ となるための必要十分条件は，$g(x)$ が $\varphi_F(x)$ で割り切れることである．

証明　$g(F)=0$ とし，多項式 $g(x)$ を $\varphi_F(x)$ で割った商を $Q(x)$，余りを $r(x)$ とする．すなわち

$$g(x) = Q(x)\varphi_F(x)+r(x), \qquad r(x)\text{の次数} < \varphi_F(x)\text{の次数}.$$

このとき $g(F)=0$，$\varphi_F(F)=0$ であるから，$r(F)=0$．したがって $\varphi_F(x)$ の定義により $r(x)=0$ でなければならない．ゆえに $g(x)=Q(x)\varphi_F(x)$．すなわち $g(x)$ は $\varphi_F(x)$ で割り切れる．逆は明らかである．▌

上の命題から特に F の最小多項式は一意的に定まることがわかる．実際 $\varphi_F(x), \tilde{\varphi}_F(x)$ がともに F の最小多項式ならば，両者は互いに他を割り切るから，一方が他方の定数倍となる．しかも両者の最高次の係数が1であるから，$\varphi_F(x)=\tilde{\varphi}_F(x)$ である．

系　固有多項式 $f_F(x)$ は最小多項式 $\varphi_F(x)$ で割り切れる．

証明　$f_F(F)=0$ であるから，これは明らかである．▌

例 8.9　F を V の指数 q のべき零変換とすれば，定義および命題8.22から直ちにわかるように，F の最小多項式は $\varphi_F(x)=x^q$ である．——

上と同様に，正方行列 $A\in M_n(\boldsymbol{K})$ に対しても最小多項式 $\varphi_A(x)$ が定義される．それは $g(A)=O$（零行列）となるような0でない多項式 $g(x)\in \boldsymbol{K}[x]$ のうち，次数が最小で，最高次の係数が1に等しいものである．これについても命題8.22とその系に対応する命題が成り立つことはいうまでもない．

ただし行列の最小多項式に関しては，われわれが答えておくべき問題が1つある．それは A が実行列であるとき，$\boldsymbol{R}$ の範囲で考えた A の最小多項式と $\boldsymbol{C}$ の範囲で考えたそれとが等しいか，という問題である．実際には両者は一致するが，そのことはけっして自明ではない．両者が一致することの証明を次に述べよう．

$A\in M_n(\boldsymbol{R})$ とし，$\boldsymbol{R}$ の範囲における A の最小多項式を $\varphi(x)$，$\boldsymbol{C}$ の範囲におけるそれを $\tilde{\varphi}(x)$ とする．もちろん $\varphi(x)$ は複素係数の多項式とも考えられるから，命題8.22によって $\varphi(x)$ は $\tilde{\varphi}(x)$ で割り切れる．一方

$$\tilde{\varphi}(x) = x^r + c_1 x^{r-1} + \cdots + c_{r-1}x + c_r, \qquad c_i \in \boldsymbol{C}$$

とすれば，

$$A^r + c_1 A^{r-1} + \cdots + c_{r-1}A + c_r I_n = O$$

であるから，$A^r, A^{r-1}, \cdots, I_n$ は $\boldsymbol{C}$ 上で1次従属である．そして $A^r, A^{r-1}, \cdots, I_n$ は実行列であるから，第4章命題4.7により，これらは $\boldsymbol{R}$ 上でも1次従属でなければならない．($M_n(\boldsymbol{R})$ の元を $\boldsymbol{R}^{n^2}$ の元とみなして命題4.7を適用すればよい．）ゆえに，少なくとも1つは0でない適当な実数 $a_0, a_1, \cdots, a_r$ に対して

$$a_0 A^r + a_1 A^{r-1} + \cdots + a_{r-1}A + a_r I_n = O$$

が成り立つ．このことは，r 次以下の，実係数の0でないある多項式 $u(x)$ に対して $u(A)=O$ が成り立つことを意味している．命題8.22によって，この $u(x)$ は $\varphi(x)$ で割り切れるから，

$$\varphi(x) \text{の次数} \leqq r = \tilde{\varphi}(x) \text{の次数}$$

となる．ところが $\varphi(x)$ は $\tilde{\varphi}(x)$ の倍数であった．したがって結局両者の次数は等しく，$\varphi(x)$ は $\tilde{\varphi}(x)$ の定数倍となる．そして両者の最高次の係数は1であるから，$\varphi(x)=\tilde{\varphi}(x)$ でなければならない．これでわれわれの主張が証明された．

次に，今までの仮定にもどって，$f_F(x)$（あるいは $f_A(x)$）が $\boldsymbol{K}$ 内で1次式の積に因数分解されるとする．その仮定のもとで $\varphi_F(x)$（あるいは $\varphi_A(x)$）の具体的な形を求めよう．

まず次の命題を証明する．

命題 8.23 α が線型変換 F の固有値ならば $\varphi_F(\alpha)=0$ である．

証明 フロベニウスの定理（定理8.2）によって $\varphi_F(\alpha)$ は $\varphi_F(F)$ の固有値である．そして $\varphi_F(F)=0$ であるから $\varphi_F(\alpha)=0$ となる．▌

上の命題は固有多項式 $f_F(x)$ の任意の解は同時に最小多項式 $\varphi_F(x)$ の解でもあることを示している．

命題 8.24 前の通り $f_F(x)$ の $\boldsymbol{K}$ における因数分解を

$$f_F(x) = (x-\alpha_1)^{n_1}(x-\alpha_2)^{n_2}\cdots(x-\alpha_s)^{n_s}$$

とする．そのとき $\varphi_F(x)$ は

$$\varphi_F(x) = (x-\alpha_1)^{\nu_1}(x-\alpha_2)^{\nu_2}\cdots(x-\alpha_s)^{\nu_s}; \tag{8.42}$$

$$\text{ただし}\quad 1 \leqq \nu_1 \leqq n_1,\ 1 \leqq \nu_2 \leqq n_2,\ \cdots,\ 1 \leqq \nu_s \leqq n_s$$

の形となる．

証明　命題 8.22 の系によって $\varphi_F(x)$ は $f_F(x)$ の約数であるが，他方，上にいったように $f_F(x)$ の任意の解は $\varphi_F(x)$ の解である．ゆえに $\varphi_F(x)$ は (8.42) の形でなければならない．▌

与えられたベクトル空間の次元(あるいは行列の次数)が小さく，固有多項式 $f_F(x)$ (あるいは $f_A(x)$) の因数分解が知られているときには，われわれは命題 8.24 を用いて，固有多項式の適当な形の約数について‘1つ1つためす’ことにより，最小多項式 $\varphi_F(x)$ (あるいは $\varphi_A(x)$) をみいだすことができる．

例 8.10　次の行列の最小多項式を求めよ:

$$A=\begin{bmatrix}1&0&0\\0&1&0\\0&0&-2\end{bmatrix},\qquad B=\begin{bmatrix}-2&0&3\\0&2&1\\0&-1&0\end{bmatrix}.$$

解　A, B ともに固有多項式は

$$(x-1)^2(x+2)$$

となる．したがって最小多項式は

$$(x-1)(x+2)\quad\text{または}\quad(x-1)^2(x+2)$$

のいずれかである．多項式 $(x-1)(x+2)$ に A または B を代入して計算すれば，

$$(A-I)(A+2I)=\begin{bmatrix}0&0&0\\0&0&0\\0&0&-3\end{bmatrix}\begin{bmatrix}3&0&0\\0&3&0\\0&0&0\end{bmatrix}=O,$$

$$(B-I)(B+2I)=\begin{bmatrix}-3&0&3\\0&1&1\\0&-1&-1\end{bmatrix}\begin{bmatrix}0&0&3\\0&4&1\\0&-1&2\end{bmatrix}\neq O.$$

ゆえに

$$\varphi_A(x)=(x-1)(x+2),\qquad \varphi_B(x)=(x-1)^2(x+2)$$

である．▌

実際には命題 8.24 は次のようにもっと精密化される．次の命題では定理 8.18 の記号を引用する．

命題 8.25　各 $i=1,\cdots,s$ に対し，前命題の (8.42) の ν_i は定理 8.18 における $q_{i,1}$ に等しい．すなわち，定理 8.18 の $q_{i,1}$ を簡単に q_i と書くことにすれば，

$$\varphi_F(x)=(x-\alpha_1)^{q_1}(x-\alpha_2)^{q_2}\cdots(x-\alpha_s)^{q_s}\tag{8.43}$$

である．

証明 (8.43)の右辺$(x-\alpha_1)^{q_1}(x-\alpha_2)^{q_2}\cdots(x-\alpha_s)^{q_s}$を$\tilde{\varphi}(x)$とおく．前のように

$$W_i = \mathrm{Ker}\,(F-\alpha_i I)^{n_i} \qquad (i=1, \cdots, s)$$

とおけば，各W_i上では$F-\alpha_i I$はべき零変換で，その指数が$q_{i,1}=q_i$に等しい．いいかえれば，W_i上でのFの最小多項式は

$$(x-\alpha_i)^{q_i}$$

である．(もっと正確にいえばFのW_iへの縮小F_iの最小多項式が$(x-\alpha_i)^{q_i}$である．) $\varphi_F(F)=0$であるから，もちろん各W_i上でも$\varphi_F(F)=0$である．したがって命題8.22により$\varphi_F(x)$は$(x-\alpha_i)^{q_i}$で割り切れる．これが$i=1, \cdots, s$のすべてについて成り立つから，$\tilde{\varphi}(x)$は$\varphi_F(x)$の約数となる．

他方W_i上で$(F-\alpha_i I)^{q_i}=0$であるから，$\tilde{\varphi}(F)$は各W_i上で'零変換'である．Vは$W_i\,(i=1, \cdots, s)$の直和であるから，V上で$\tilde{\varphi}(F)=0$であり，よって$\tilde{\varphi}(x)$は$\varphi_F(x)$で割り切れる．ゆえに$\tilde{\varphi}(x)=\varphi_F(x)$である．▌

命題8.25に関連して，最後に，線型変換Fが対角化可能であるための一般的な必要十分条件を述べておく．

Fが対角化可能であるというのは，明らかに，Fを表現するジョルダン行列が対角行列になることと同等である．そしてFのジョルダン行列が対角行列であることは，その中のすべてのジョルダン細胞が1次の行列であるということにほかならない．定理8.18の記号を用いれば，そのための必要十分条件は，明らかに，すべての$i=1, \cdots, s$に対して$q_{i,1}=1$が成り立つことである．このことと命題8.25を合わせれば，次の定理が得られる．

定理 8.26 $f_F(x)$の$\boldsymbol{K}$における因数分解を

$$f_F(x) = (x-\alpha_1)^{n_1}(x-\alpha_2)^{n_2}\cdots(x-\alpha_s)^{n_s}$$

とすれば，Fが対角化可能であるためには，Fの最小多項式が

$$\varphi_F(x) = (x-\alpha_1)(x-\alpha_2)\cdots(x-\alpha_s)$$

となること，いいかえれば$\varphi_F(x)$が<u>重解をもたない</u>ことが必要かつ十分である．

第7章の定理7.14(p.244)はこの命題の特別な場合であったのである．

問　　題

1. 例8.8の(8.40)(p.291)の行列の最小多項式を求めよ.

2. 同じく(8.41)の行列の最小多項式を求めよ.

3. $a \neq 0$ とするとき，次の行列の最小多項式を求めよ.（空白の部分の成分はすべて0とする.）

$$\begin{bmatrix} & & a \\ & a & \\ a & & \end{bmatrix} \qquad \begin{bmatrix} & & & a \\ & & a & \\ & a & & \\ a & & & \end{bmatrix} \qquad \begin{bmatrix} & & & & a \\ & & & a & \\ & & a & & \\ & a & & & \\ a & & & & \end{bmatrix}$$

4. ある正の整数 m に対して $A^m = I_n$ となるような n 次の(複素)行列 A のジョルダンの標準形は対角行列で，その対角成分はすべて1の m 乗根であることを示せ.

5. A は $A^2 = A$ であるような正方行列とする.

(a)　A の最小多項式 $\varphi_A(x)$ を求めよ.

(b)　A の固有値を求めよ.

(c)　$\mathrm{tr}(A) = \mathrm{rank}(A)$ であることを証明せよ.

§11　標準形の計算

本節では一,二の簡単な例について実際にジョルダンの標準形を計算する. 与えられた線型変換あるいは行列のジョルダンの標準形を実際に求めることは，一般には非常に困難な問題である. ここでは，われわれがこれまでに蓄積してきた知識を利用することによって，簡単に標準形が求められる一,二の例を挙げるだけにとどめる.（標準形を計算するための一般的な方法も——原理的な意味では——存在するが，本書ではそれには立ち入らない. ジョルダンの標準形の意義は，主として理論的な面にあるからである.）

例 8.11　次の行列のジョルダンの標準形を求めよ.（単に“ジョルダンの標準形を求めよ”といえば，“$\boldsymbol{C}$ の範囲において求めよ”という意味である.）

$$A = \begin{bmatrix} 0 & 0 & 1 \\ -1 & 0 & 0 \\ 0 & -1 & 0 \end{bmatrix}, \quad B = \begin{bmatrix} -2 & 0 & 3 \\ 0 & 2 & 1 \\ 0 & -1 & 0 \end{bmatrix}, \quad C = \begin{bmatrix} 3 & 2 & -2 \\ -2 & -1 & 2 \\ 1 & 1 & 0 \end{bmatrix}.$$

解　**1.** 行列 A の固有多項式を計算すれば,

$$f_A(x) = x^3 - 1 = (x-1)(x-\omega)(x-\omega^2).$$

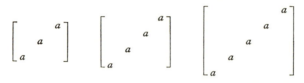

したがって標準形は

$$\begin{bmatrix}1 & 0 & 0\\ 0 & \omega & 0\\ 0 & 0 & \omega^2\end{bmatrix} \quad (\omega \text{ は } 1 \text{ の虚立方根}).$$

2. 行列 B は例 8.10 で扱ったものである．そこでみたように，

$$f_B(x) = (x-1)^2(x+2),$$
$$\varphi_B(x) = (x-1)^2(x+2).$$

ゆえに B は対角化可能ではない．よってその標準形は

$$\begin{bmatrix}1 & 1 & 0\\ 0 & 1 & 0\\ 0 & 0 & -2\end{bmatrix}.$$

3. 行列 C の固有多項式は

$$f_C(x) = \begin{vmatrix}x-3 & -2 & 2\\ 2 & x+1 & -2\\ -1 & -1 & x\end{vmatrix} = x(x-1)^2.$$

多項式 $x(x-1)$ に C を代入して計算すれば

$$C(C-I) = \begin{bmatrix}3 & 2 & -2\\ -2 & -1 & 2\\ 1 & 1 & 0\end{bmatrix}\begin{bmatrix}2 & 2 & -2\\ -2 & -2 & 2\\ 1 & 1 & -1\end{bmatrix} = O.$$

ゆえに C の最小多項式は

$$\varphi_C(x) = x(x-1)$$

で，C は対角化可能である．よってその標準形は

$$\begin{bmatrix}1 & 0 & 0\\ 0 & 1 & 0\\ 0 & 0 & 0\end{bmatrix}.$$

▮

例 8.12 次の行列のジョルダンの標準形を求めよ：

$$\begin{bmatrix}0 & -3 & -1 & -2\\ 2 & 0 & 1 & -1\\ 2 & 4 & 3 & 3\\ -2 & 2 & -1 & 3\end{bmatrix}.$$

解 (この例の計算の詳細は読者の練習問題とする.)

与えられた行列を A として，固有多項式を計算すれば，

$$
\begin{aligned}
f_A(x) &= (x-2)^2(x^2-2x+2)\\
&= (x-2)^2\{x-(1+i)\}\{x-(1-i)\}.
\end{aligned}
$$

$1+i, 1-i$ は $f_A(x)$ の単解であるが，2は重解である．そこで，固有値2に対するジョルダン細胞の個数を調べるために，

$$
A\boldsymbol{x} = 2\boldsymbol{x},
$$

すなわち

$$
\begin{cases}
-2x_1-3x_2-x_3-2x_4 = 0\\
2x_1-2x_2+x_3-\ x_4 = 0\\
2x_1+4x_2+x_3+3x_4 = 0\\
-2x_1+2x_2-x_3+\ x_4 = 0
\end{cases}
$$

を解けば，固有値2に対する固有空間 $W(2)$ は1次元で，

$$
W(2) = \langle \boldsymbol{p} \rangle, \qquad \boldsymbol{p} = \begin{bmatrix} 1\\ 0\\ -2\\ 0 \end{bmatrix}
$$

であることがわかる．したがって，固有値2に対するジョルダン細胞はただ1個で(命題8.19)，ジョルダンの標準形は

$$
\begin{bmatrix}
2 & 1 & 0 & 0\\
0 & 2 & 0 & 0\\
0 & 0 & 1+i & 0\\
0 & 0 & 0 & 1-i
\end{bmatrix}
$$

となる．▌

問　　題

1. 例8.12の計算をくわしく行え．

2. 次の行列のジョルダンの標準形を求めよ．

(a) $\begin{bmatrix} 0 & -1\\ 1 & 0 \end{bmatrix}$　(b) $\begin{bmatrix} 0 & -1\\ 1 & 2 \end{bmatrix}$　(c) $\begin{bmatrix} -3 & -2 & -1\\ 0 & 1 & 2\\ 3 & 4 & 5 \end{bmatrix}$

(d) $\begin{bmatrix} 2 & 0 & 0\\ 3 & -1 & 0\\ 1 & -1 & 2 \end{bmatrix}$　(e) $\begin{bmatrix} 2 & 0 & 0\\ 3 & -1 & 0\\ 1 & 0 & 2 \end{bmatrix}$　(f) $\begin{bmatrix} 0 & 4 & -4\\ 1 & 0 & 2\\ 2 & -4 & 6 \end{bmatrix}$

3. 問題 2 の行列のうち，対角化できるものについて，それを対角化する正則行列 P を求めよ．

4. 次の行列のジョルダンの標準形を求めよ．a は与えられた定数とする．

(a) $\begin{bmatrix} 0 & 1 & a & -2 \\ 1 & 0 & 1 & 0 \\ 0 & 0 & 0 & 1 \\ 0 & 0 & 1 & 0 \end{bmatrix}$　　(b) $\begin{bmatrix} 0 & -1 & 0 & a \\ 1 & 0 & 0 & 0 \\ 0 & 0 & 0 & -1 \\ 0 & 0 & 1 & 0 \end{bmatrix}$

5. F を n 次元ベクトル空間 V の線型変換とし，

$$f_F(x) = (x-\alpha)^n$$

であるとする．また α に対する F の固有空間 $W(\alpha)=\mathrm{Ker}(F-\alpha I)$ の次元は 1 であるとし，v_1 を $(F-\alpha I)v_1=0$ を満たす 1 つの 0 でない元とする．そのとき次のことを示せ．

(a)　上の v_1 から出発して，順次に

$$(F-\alpha I)v_2 = v_1,\ (F-\alpha I)v_3 = v_2,\ \cdots,\ (F-\alpha I)v_n = v_{n-1}$$

を満たす V の元 $v_2, \cdots, v_n$ を求めることができる．

(b)　上に求めた $\{v_1, v_2, \cdots, v_n\}$ は V の基底をなし，この基底に関する F の表現行列は，

$$J(\alpha, n) = \begin{bmatrix} \alpha & 1 & & & \\ & \alpha & 1 & & \\ & & \alpha & \ddots & \\ & & & \ddots & 1 \\ & & & & \alpha \end{bmatrix}$$

となる．

6. 次の行列のジョルダンの標準形を求めよ．

(a) $\begin{bmatrix} 1 & -1 & 1 \\ 1 & 3 & 0 \\ 0 & 0 & 2 \end{bmatrix}$　　(b) $\begin{bmatrix} 0 & -1 & 0 & 0 \\ 1 & 2 & 0 & 0 \\ 0 & 1 & 0 & -1 \\ 0 & 0 & 1 & 2 \end{bmatrix}$

また，前問と第 6 章の命題 6.16 を用いて，これらの行列をジョルダン行列に変換する行列 P（すなわち $P^{-1}AP$ が標準形となるような正則行列 P）を求めよ．

§12　$S+N$ 分解

標準形に関連して，ここで，線型変換あるいは行列の '$S+N$ 分解' について述べておく．計算上はこのほうが，しばしば標準形よりも有効である．この節および次節では <u>$\boldsymbol{K}=\boldsymbol{C}$ とする</u>．

前の通り，F を n 次元ベクトル空間 V の線型変換とし，その固有多項式の分解を

$$f_F(x) = (x-\alpha_1)^{n_1}\cdots(x-\alpha_s)^{n_s} \qquad (n_1+\cdots+n_s=n)$$

とする．また，これも前のように

$$W_i = \widetilde{W}(\alpha_i) = \mathrm{Ker}\,(F-\alpha_i I)^{n_i} \qquad (i=1,\cdots,s)$$

とする．F および $F-\alpha_i I$ の W_i への縮小をそれぞれ F_i, G_i とすれば，

$$F_i = \alpha_i I_{W_i}+G_i$$

であって，G_i は W_i のべき零変換である．いま，各 W_i 上で $\alpha_i I_{W_i}$ と一致するような V の線型変換を R，また各 W_i 上で G_i と一致するような V の線型変換を G とする．すなわち R, G は，V の元

$$v = v_1+v_2+\cdots+v_s\,; \quad v_i \in W_i$$

に対し，それぞれ

(8.44) $$R(v) = \alpha_1 v_1+\alpha_2 v_2+\cdots+\alpha_s v_s,$$

(8.45) $$G(v) = G_1(v_1)+G_2(v_2)+\cdots+G_s(v_s)$$

として定義される線型変換である．そうすれば，明らかに

$$F = R+G, \qquad RG = GR$$

であって，各 G_i は W_i 上でべき零であるから，G は V のべき零変換である．定理 8.18 のように V の適当な基底 $\mathcal{B}$ をとって，F をジョルダン行列

(8.46) $$J = \begin{bmatrix} J_1 & & \\ & \ddots & \\ & & J_s \end{bmatrix};$$

$$J_i = J(\alpha_i;\, q_{i,1}, q_{i,2}, \cdots, q_{i,r_i})$$

で表現すれば，(8.46)の対角成分だけを抽出した対角行列

$$\begin{bmatrix} \alpha_1 I_{n_1} & & \\ & \ddots & \\ & & \alpha_s I_{n_s} \end{bmatrix}$$

が $[R]_{\mathcal{B}}$ にほかならず，(8.46)の対角成分を抹消した(対角成分を 0 におきかえた)行列が $[G]_{\mathcal{B}}$ にほかならない．したがって特に線型変換 R は対角化可能である．

以上で次の命題が証明された．

命題 8.27　n 次元ベクトル空間 V の任意の線型変換 F は，

$$F = R+G; \tag{8.47}$$

$$R \text{ は対角化可能，} G \text{ はべき零，} RG = GR$$

と表される．——

特に F がただ１つの(重複度 n の)固有値 α をもつ場合，すなわち

$$f_F(x) = (x-\alpha)^n$$

である場合には，分解(8.47)はきわめて簡単である．それは

$$R = \alpha I, \quad G = F-\alpha I$$

とおくことによって得られる．

一般の場合には，直和分解 $V=W_1\oplus\cdots\oplus W_s$ から定まる V から W_i への射影を P_i とすれば，R は

$$R = \alpha_1 P_1+\alpha_2 P_2+\cdots+\alpha_s P_s \tag{8.48}$$

と書かれる．なぜなら(8.44)の右辺は

$$\alpha_1 P_1(v)+\cdots+\alpha_s P_s(v) = (\alpha_1 P_1+\cdots+\alpha_s P_s)(v)$$

と表されるからである．

命題 8.27 を行列に対して述べかえれば次の命題が得られる．

命題 8.28　任意の n 次の正方行列 A は，$SN=NS$ であるような，n 次の対角化可能な行列 S とべき零行列 N との和として

$$A = S+N \tag{8.49}$$

と表される．——

対角化可能であることをしばしば**半単純**であるともいい，(8.47)の R, G(あるいは(8.49)の S, N)をそれぞれ F(あるいは A)の**半単純部分**，**べき零部分**という．また上記のような分解を，通常，F あるいは A の $S+N$ **分解**と略称する．S は semi-simple(半単純)，N は nilpotent(べき零)の頭文字である．(上では $S+N$ 分解の１つの特別なしかたを説明したのであるが，実は次節に示すように，命題 8.27 や 8.28 のような分解はただ１通りしか存在しないのである．)

例 8.13　次の行列を $S+N$ 分解せよ：

$$A = \begin{bmatrix} 2 & 1 \\ -9 & -4 \end{bmatrix}.$$

解　固有多項式を計算すれば

$$f_A(x) = (x+1)^2.$$

したがって

$$S = \begin{bmatrix} -1 & 0 \\ 0 & -1 \end{bmatrix}, \quad N = \begin{bmatrix} 3 & 1 \\ -9 & -3 \end{bmatrix}$$

が A の $S+N$ 分解を与える. ▮

例 8.14 次の行列の半単純部分，べき零部分を求めよ:

$$A = \begin{bmatrix} 0 & -1 & 1 & 0 \\ 1 & 0 & 0 & 1 \\ 0 & 0 & 0 & -1 \\ 0 & 0 & 1 & 0 \end{bmatrix}.$$

解 固有多項式は

$$f_A(x) = (x-i)^2(x+i)^2$$

となるから，A の固有値は $i, -i$ の 2 つである. これらに対する広義の固有空間 W_1, W_2 は，それぞれ

$$W_1 = \{\boldsymbol{x} \mid \boldsymbol{x} \in \boldsymbol{C}^4,\ (A-iI)^2\boldsymbol{x}=\boldsymbol{0}\},$$
$$W_2 = \{\boldsymbol{x} \mid \boldsymbol{x} \in \boldsymbol{C}^4,\ (A+iI)^2\boldsymbol{x}=\boldsymbol{0}\}$$

で与えられ，いずれも $\boldsymbol{C}^4$ の 2 次元の部分空間である. 行列 $(A-iI)^2$ を計算すれば，方程式 $(A-iI)^2\boldsymbol{x}=\boldsymbol{0}$ は

$$\begin{cases} -2x_1+2ix_2-2ix_3-2x_4 = 0 \\ -2ix_1-2x_2+2x_3-2ix_4 = 0 \\ \qquad\qquad -2x_3+2ix_4 = 0 \\ \qquad\qquad -2ix_3-2x_4 = 0 \end{cases}$$

と書かれることがわかる. これを解けば，W_1 の 1 つの基底として，

$$\boldsymbol{p}_1 = \begin{bmatrix} 1 \\ -i \\ 0 \\ 0 \end{bmatrix}, \quad \boldsymbol{p}_2 = \begin{bmatrix} 0 \\ 0 \\ 1 \\ -i \end{bmatrix}$$

が得られる. 同様にして，W_2 の基底として

$$\boldsymbol{p}_3 = \begin{bmatrix} 1 \\ i \\ 0 \\ 0 \end{bmatrix}, \quad \boldsymbol{p}_4 = \begin{bmatrix} 0 \\ 0 \\ 1 \\ i \end{bmatrix}$$

が得られる.

さて，A の半単純部分 S は，(半単純部分の定義(8.44)または(8.48)からわかるように)，W_1 上では恒等変換の i 倍，W_2 上では恒等変換の $-i$ 倍と一致するような $\boldsymbol{C}^4$ の線型変換を表す行列である．いいかえれば，S は

(8.50)　$S\boldsymbol{p}_1 = i\boldsymbol{p}_1, \quad S\boldsymbol{p}_2 = i\boldsymbol{p}_2, \quad S\boldsymbol{p}_3 = -i\boldsymbol{p}_3, \quad S\boldsymbol{p}_4 = -i\boldsymbol{p}_4$

を満たすような行列である．(8.50)は

$$S(\boldsymbol{p}_1, \boldsymbol{p}_2, \boldsymbol{p}_3, \boldsymbol{p}_4) = (i\boldsymbol{p}_1, i\boldsymbol{p}_2, -i\boldsymbol{p}_3, -i\boldsymbol{p}_4),$$

すなわち

$$S\begin{bmatrix} 1 & 0 & 1 & 0 \\ -i & 0 & i & 0 \\ 0 & 1 & 0 & 1 \\ 0 & -i & 0 & i \end{bmatrix} = \begin{bmatrix} i & 0 & -i & 0 \\ 1 & 0 & 1 & 0 \\ 0 & i & 0 & -i \\ 0 & 1 & 0 & 1 \end{bmatrix}$$

と書かれるから，

$$S = \begin{bmatrix} i & 0 & -i & 0 \\ 1 & 0 & 1 & 0 \\ 0 & i & 0 & -i \\ 0 & 1 & 0 & 1 \end{bmatrix} \begin{bmatrix} 1 & 0 & 1 & 0 \\ -i & 0 & i & 0 \\ 0 & 1 & 0 & 1 \\ 0 & -i & 0 & i \end{bmatrix}^{-1}.$$

これを計算すれば

$$S = \begin{bmatrix} 0 & -1 & 0 & 0 \\ 1 & 0 & 0 & 0 \\ 0 & 0 & 0 & -1 \\ 0 & 0 & 1 & 0 \end{bmatrix}$$

となる．これで A の半単純部分が求められた．A のべき零部分は

$$N = A - S = \begin{bmatrix} 0 & 0 & 1 & 0 \\ 0 & 0 & 0 & 1 \\ 0 & 0 & 0 & 0 \\ 0 & 0 & 0 & 0 \end{bmatrix}$$

として得られる．この例の計算の詳細は読者の練習問題としよう(問題1)．▌

なお上の例8.14では，行列 A の固有値は虚数で，計算の過程に虚数が現れるが，最後に得られた S や N は実行列である．実は，A が実行列ならば，その半単純部分やべき零部分も必ず実行列となるのである．(次節の問題3参照.)

問　　題

1. 例8.14の計算をくわしく検討せよ．

2. 次の行列の半単純部分およびべき零部分を求めよ．

(a) $\begin{bmatrix} 0 & -1 \\ 1 & 0 \end{bmatrix}$　(b) $\begin{bmatrix} 0 & -1 \\ 1 & 2 \end{bmatrix}$　(c) $\begin{bmatrix} 1 & -1 \\ 1 & 3 \end{bmatrix}$　(d) $\begin{bmatrix} 1 & 1 \\ -1 & -1 \end{bmatrix}$

3. 次の行列の半単純部分およびべき零部分を求めよ．

(a) $\begin{bmatrix} 2 & 0 & 0 \\ 3 & -1 & 0 \\ 1 & -1 & 2 \end{bmatrix}$　(b) $\begin{bmatrix} 2 & 0 & 0 \\ 3 & -1 & 0 \\ 1 & 0 & 2 \end{bmatrix}$　(c) $\begin{bmatrix} 0 & 4 & -4 \\ 1 & 0 & 2 \\ 2 & -4 & 6 \end{bmatrix}$

4. 次の行列を $S+N$ 分解せよ：

$$\begin{bmatrix} 0 & -1 & 0 & 2 \\ 1 & 0 & 0 & 0 \\ 0 & 0 & 0 & -1 \\ 0 & 0 & 1 & 0 \end{bmatrix}.$$

§13　$S+N$ 分解の一意性

前節の命題8.27, 8.28に述べた線型変換や行列の $S+N$ 分解は実は<u>一意的</u>である．記述に完結性を与えるため，本節ではそのことを証明する．(本節の議論は幾分こまかいから，読者は結論だけに留意して，証明を省略してもよい．なお効率上，以下の証明では，§5の“多項式論による分解定理の別証”の一部分を引用するが，これによらない証明法もある．)

前節のように，F を n 次元ベクトル空間の線型変換とし，

$$f_F(x) = (x-\alpha_1)^{n_1}(x-\alpha_2)^{n_2}\cdots(x-\alpha_s)^{n_s}$$

とする．R および G は，それぞれ前節の(8.44), (8.45)で定義された半単純変換，べき零変換とする．以下この特定の R と G をそれぞれ R_0, G_0 と書くことにする．(8.48)によって，R_0 は

$$R_0 = \alpha_1 P_1 + \alpha_2 P_2 + \cdots + \alpha_s P_s \tag{8.51}$$

と書かれる．P_i は直和分解 $V = W_1 \oplus \cdots \oplus W_s$ から定まる V から W_i への射影である．ここでわれわれは p. 273–274 の“分解定理の別証”を再度観察する．そうすれば，各 P_i は‘F の多項式’として

$$P_i = M_i(F)\rho_i(F)$$

と表されていることがわかる．(実は“分解定理の別証”では，$M_i(F)\rho_i(F)$ を

P_i とおいたとき，P_i が $P_1+\cdots+P_s=I$, $P_iP_j=0\,(i\neq j)$ を満たす射影子であって，$\operatorname{Im}P_i=U_i$ が $\operatorname{Ker}(F-\alpha_iI)^{n_i}=W_i$ に等しいことを示したのであった.）したがって R_0 は F の多項式である．よってまた $G_0=F-R_0$ も F の多項式となる．このように R_0, G_0 が F の多項式の形に書かれるという事実が，以下の証明で利用されるのである.

このことを注意した上で，いくつかの補題を用意する.

補題 A R を V の半単純な線型変換，W を V の R-不変な部分空間とする．そのとき R の W への縮小を $\tilde{R}$ とすれば，$\tilde{R}$ も半単純である.

証明 定理 8.26 によって R の最小多項式 $\varphi_R(x)$ は重解をもたない．そして $\varphi_R(R)=0$ であるから，もちろん W 上でも $\varphi_R(R)=0$, すなわち $\varphi_R(\tilde{R})=0$ である．したがって $\tilde{R}$ の最小多項式 $\varphi_{\tilde{R}}(x)$ は $\varphi_R(x)$ の約数である．ゆえに $\varphi_{\tilde{R}}(x)$ も重解をもたない．したがってふたたび定理 8.26 によって $\tilde{R}$ は半単純である. ▌

補題 B R, R' がともに V の半単純な線型変換で，$RR'=R'R$ ならば，V のある基底 $\mathcal{B}$ に関して，表現行列 $[R]_{\mathcal{B}}$, $[R']_{\mathcal{B}}$ は同時に対角行列となる．したがって $R\pm R'$ も半単純である.

証明 R の相異なる固有値を $\alpha_1, \cdots, \alpha_s$ とすれば，R は半単純であるから，命題 7.17 によって，V は R の固有空間 $W(\alpha_i)$ の直和となる:

$$V=W(\alpha_1)\oplus W(\alpha_2)\oplus\cdots\oplus W(\alpha_s).$$

ここで各 $W(\alpha_i)$ は R'-不変である．実際，$v\in W(\alpha_i)$ ならば $R(v)=\alpha_iv$ であるが，$RR'=R'R$ であるから，

$$R(R'(v))=R'(R(v))=R'(\alpha_iv)=\alpha_iR'(v),$$

したがって $R'(v)\in W(\alpha_i)$ となる．ゆえに $W(\alpha_i)$ は R'-不変である．R' は半単純であるから，補題 A によって，R' の $W(\alpha_i)$ への縮小 R_i' も半単純である．したがって $W(\alpha_i)$ の適当な基底 $\mathcal{B}_i$ をとれば，表現行列 $[R_i']_{\mathcal{B}_i}=A_i'$ は対角行列となる．各 $W(\alpha_i)$ 上にこのような基底 $\mathcal{B}_i$ をとって $\mathcal{B}=(\mathcal{B}_1, \cdots, \mathcal{B}_s)$ とすれば，V の基底 $\mathcal{B}$ に関する R' の表現行列

$$[R']_{\mathcal{B}}=A'=\begin{bmatrix} A_1' & & & \\ & A_2' & & \\ & & \ddots & \\ & & & A_s' \end{bmatrix}$$

は対角行列である．一方 $\mathcal{B}$ に属する各ベクトルは R の固有ベクトルであるから，表現行列 $[R]_{\mathcal{B}}=A$ は当然対角行列となる．これで R, R' は V の適当な基底 $\mathcal{B}$ によって同時に対角行列で表現されることが示された．命題の最後の部分は $[R\pm R']_{\mathcal{B}}=A\pm A'$ が対角行列となることから明らかである．▌

補題 C G, G' がともに V のべき零変換で，$GG'=G'G$ ならば，$G\pm G'$ もべき零である．——

この証明は読者の練習問題とする．(証明には二項定理を用いればよい．なおこの命題は，すでに行列に関して，§8 問題 4 に提出されている．)

補題 D V の線型変換 T が半単純であると同時にべき零ならば，$T=0$ である．

証明 T が半単純であるから，V の適当な基底をとれば，T は対角行列

$$B=\begin{bmatrix}\beta_1 & & & \\ & \beta_2 & & \\ & & \ddots & \\ & & & \beta_n\end{bmatrix}$$

で表現される．他方 T はべき零であるから，その固有値 $\beta_1, \beta_2, \cdots, \beta_n$ はすべて0に等しい．よって $B=O$，$T=0$ である．▌

以上の補題を用いて，われわれの目標である次の命題を証明することができる．

命題 8.29 有限次元ベクトル空間の線型変換 F を

$$F=R+G;\quad R\text{は半単純，}G\text{はべき零，}RG=GR$$

のように分解する方法はただ1通りである．同様に，正方行列 A を

$$A=S+N;\quad S\text{は半単純，}N\text{はべき零，}SN=NS$$

のように分解する方法はただ1通りである．

証明 線型変換について証明する．$F=R_0+G_0$ を，前にいった特定の分解とし，$F=R+G$ を任意の分解とする．仮定によって R と G は交換可能であるから，明らかに R や G は F とも交換可能である．したがって R や G は，F の任意の多項式とも交換可能となる．しかるにはじめに注意したように R_0, G_0 は F の多項式である．したがって R と R_0，G と G_0 はそれぞれ交換可能となる．ゆえに補題 B, C により，$R-R_0$ は半単純，G_0-G はべき零である．しか

も $R-R_0=G_0-G$ であるから，補題Dによって $R-R_0=G_0-G=0$，したがって $R=R_0$，$G=G_0$ となる．これで一意性が証明された．▮

問　　題

1. S, S' がともに n 次の半単純行列で，$SS'=S'S$ ならば，適当な正則行列 P によって，$P^{-1}SP, P^{-1}S'P$ は同時に対角行列となることを示せ．

2. $A=(a_{ij})$ を複素正方行列とし，その各成分を共役複素数でおきかえた複素共役行列を $\bar{A}=(\bar{a}_{ij})$ とする．A の半単純部分，べき零部分をそれぞれ S, N とすれば，$\bar{A}$ の半単純部分，べき零部分はそれぞれ $\bar{S}, \bar{N}$ となることを証明せよ．

3. 前問と $S+N$ 分解の一意性を用いて，次のことを証明せよ：A が実数成分の正方行列ならば，その半単純部分 S，べき零部分 N も実行列である．

§14 漸化式で定められる数列(再論)

本節と次節では，標準形の理論の簡単な応用例について述べる．本節では第7章§6で扱った"漸化式で定められる数列"を再考する．

複素数の無限数列全体のベクトル空間を $\boldsymbol{C}^\infty$ とする．$c_1, c_2, \cdots, c_p (\in \boldsymbol{C})$ を定数として，**長さ p の1次漸化式**

$$a_{n+p} = c_1a_{n+p-1}+c_2a_{n+p-2}+\cdots+c_pa_n \qquad (n=0, 1, 2, \cdots) \tag{8.52}$$

を満足する数列 $\boldsymbol{a}=(a_n)$ 全体が作る $\boldsymbol{C}^\infty$ の部分空間を V とする．V は $\boldsymbol{C}^\infty$ の p 次元の部分空間で，'ずらし写像' F に関して不変である．第7章§6で——$p=2, 3$ の場合については本文で，一般の場合については問題3で——みたように，もし(8.52)の固有多項式

$$f(x) = x^p-c_1x^{p-1}-c_2x^{p-2}-\cdots-c_p \tag{8.53}$$

が p 個の<u>単解</u> $\alpha_1, \alpha_2, \cdots, \alpha_p$ をもつならば，p 個の等比数列

$$(\alpha_1{}^n),\ (\alpha_2{}^n),\ \cdots,\ (\alpha_p{}^n)$$

が V の基底をなし，したがって V の任意の元 $\boldsymbol{a}=(a_n)$ の一般項は

$$a_n = A_1\alpha_1{}^n+A_2\alpha_2{}^n+\cdots+A_p\alpha_p{}^n \qquad (A_i \text{は定数})$$

と表される．(8.53)の $f(x)$ は，V の線型変換とみた F(より正しくいえば F の V への縮小)の固有多項式 $f_F(x)$ に等しい．

本節では，$f(x)=f_F(x)$ の解が単解のみとは限らない一般の場合について考

察する．

はじめに

$$f(x) = (x-\alpha)^p$$

である場合を考える．この場合は，V の線型変換としての F はただ1つの固有値 α をもつが，$\mathrm{Ker}\,(F-\alpha I)$，すなわち α に対する固有空間 $W(\alpha)$ は，等比数列 (α^n) を基底とする1次元空間であるから，命題8.19によって，F（の V への縮小）のジョルダンの標準形 J はただ1個のジョルダン細胞から成り，

$$(8.54)\qquad J = J(\alpha, p) = \begin{bmatrix} \alpha & 1 & & & \\ & \alpha & 1 & & \\ & & \ddots & \ddots & \\ & & & & 1 \\ & & & & \alpha \end{bmatrix} \qquad (p\text{次})$$

となる．もっとくわしくいえば，$F-\alpha I$ は V の指数 p のべき零変換で，V の適当な元 $\boldsymbol{b}$ をとれば，

$$\boldsymbol{a}_1 = (F-\alpha I)^{p-1}\boldsymbol{b},\ \ \cdots,\ \ \boldsymbol{a}_{p-1} = (F-\alpha I)\boldsymbol{b},\ \ \boldsymbol{a}_p = \boldsymbol{b}$$

が V の基底をなし，それに関する F の表現行列が(8.54)となる．$(F-\alpha I)\boldsymbol{a}_1 = (F-\alpha I)^p\boldsymbol{b} = \boldsymbol{0}$ であるから，$\boldsymbol{a}_1$ は等比数列 (α^n)（のスカラー倍）である．

それゆえ上のような基底を求めるには，$\boldsymbol{a}_1 = (\alpha^n)$ から出発して，順次に方程式

$$(8.55)\qquad \begin{cases} (F-\alpha I)\boldsymbol{a}_2 = \boldsymbol{a}_1 \\ \qquad\cdots\cdots\cdots \\ (F-\alpha I)\boldsymbol{a}_p = \boldsymbol{a}_{p-1} \end{cases}$$

を解いて，$\boldsymbol{a}_2, \cdots, \boldsymbol{a}_p$ を定めればよい．ここでは紙面の節約のため，‘天降りに’答を与えよう．すなわち $\boldsymbol{a}_1, \boldsymbol{a}_2, \cdots, \boldsymbol{a}_p$ はそれぞれ第 n 項が

$$(8.56)\qquad \alpha^n,\ \binom{n}{1}\alpha^{n-1},\ \binom{n}{2}\alpha^{n-2},\ \cdots,\ \binom{n}{p-1}\alpha^{n-p+1}$$

であるような数列である．（記号 $\binom{n}{k}$ は組合せの数 ${}_n\mathrm{C}_k$ を表す．）実際，第 n 項が

$$\binom{n}{k}\alpha^{n-k} \qquad (k=1, \cdots, p-1)$$

である数列に $F-\alpha I$ をほどこした数列の第 n 項は

$$\binom{n+1}{k}\alpha^{n+1-k}-\alpha\cdot\binom{n}{k}\alpha^{n-k}=\binom{n}{k-1}\alpha^{n-k+1}$$

となるから，第 n 項が(8.56)で与えられる数列 $\boldsymbol{a}_1, \boldsymbol{a}_2, \cdots, \boldsymbol{a}_p$ はたしかに(8.55)を満たしている．

ただし上に与えた $\boldsymbol{a}_1, \boldsymbol{a}_2, \cdots, \boldsymbol{a}_p$ が実際 V の元であること，すなわち漸化式(8.52)を満たすことについては，一応検証が必要であろう．その検証はいろいろな方法によってなされるが，たとえば次のように考えればよい．ずらし写像 F の定義によれば，漸化式(8.52)は，数列 $\boldsymbol{a}=(a_n)$ について，

$$F^p(\boldsymbol{a}) = c_1F^{p-1}(\boldsymbol{a})+c_2F^{p-2}(\boldsymbol{a})+\cdots+c_p\boldsymbol{a},$$

すなわち

$$(F^p-c_1F^{p-1}-c_2F^{p-2}-\cdots-c_pI)\boldsymbol{a} = \boldsymbol{0}$$

が成り立つことを意味している．いいかえれば，$\boldsymbol{a}\in\boldsymbol{C}^\infty$ が V に属することは，

(8.57) $$(f(F))(\boldsymbol{a}) = \boldsymbol{0}$$

が成り立つことにほかならない．しかるに今の場合 $f(F)=(F-\alpha I)^p$ であって，$\boldsymbol{a}_p=\boldsymbol{b}$ は $(F-\alpha I)^p\boldsymbol{b}=\boldsymbol{0}$ を満たしているから，V の元である．したがって $(F-\alpha I)\boldsymbol{a}_p=\boldsymbol{a}_{p-1}$, $(F-\alpha I)\boldsymbol{a}_{p-1}=\boldsymbol{a}_{p-2}$, $\cdots$ もすべて V の元となる．

以上で次のことが証明された．

漸化式(8.52)の固有多項式が $f(x)=(x-\alpha)^p$ ならば，(8.52)を満たす数列 $\boldsymbol{a}=(a_n)$ は，第 n 項が(8.56)で与えられる p 個の数列の1次結合である．したがって a_n は

(8.58) $$a_n = \sum_{k=0}^{p-1} A_k\binom{n}{k}\alpha^{n-k} \qquad (A_k \text{ は定数})$$

と表される．

(8.58)の項 $\binom{n}{k}\alpha^{n-k}$ を

$$\binom{n}{k}\alpha^{n-k} = \frac{n(n-1)\cdots(n-k+1)}{\alpha^k\cdot k!}\alpha^n$$

と書きあらためて，すべての項を α^n でくくり，係数を n の多項式として整理すれば，(8.58)は

(8.59) $$a_n = \left(\sum_{k=0}^{p-1} B_kn^k\right)\alpha^n \qquad (B_k \text{ は定数})$$

の形にも書かれる．ここに α^n の‘係数’は n のたかだか $p-1$ 次の多項式である．(8.58)または(8.59)には p 個の任意定数が含まれているが，もし‘初期値’ $a_0, a_1, \cdots, a_{p-1}$ が与えられているならば，それらからこれらの定数の値を決定することができる．(なお上では $\alpha \neq 0$ とした．それは(8.52)において $c_p \neq 0$ と仮定してよいからである．実際，もし $c_p=0$ ならば，(8.52)は長さが‘p より小さい’漸化式となる．)

上に述べた特別の場合から次の一般の場合の命題を得ることはきわめて容易である．次の命題の証明は読者の練習問題としよう．

命題 8.30 漸化式(8.52)の固有多項式 $f(x)$ が

$$f(x) = (x-\alpha_1)^{p_1}(x-\alpha_2)^{p_2}\cdots(x-\alpha_s)^{p_s};$$

$$\alpha_1, \cdots, \alpha_s \text{ は相異なる複素数で } p_1+\cdots+p_s=p$$

と因数分解されるとする．そのとき，(8.52)を満たす数列 $\boldsymbol{a}=(a_n)$ の第 n 項は

$$\alpha_1{}^n,\quad \binom{n}{1}\alpha_1{}^{n-1},\quad \cdots,\quad \binom{n}{p_1-1}\alpha_1{}^{n-p_1+1},$$

$$\cdots\cdots\cdots\cdots$$

$$\alpha_s{}^n,\quad \binom{n}{1}\alpha_s{}^{n-1},\quad \cdots,\quad \binom{n}{p_s-1}\alpha_s{}^{n-p_s+1}$$

の定数係数の1次結合として表される．あるいは

$$a_n = \sum_{i=1}^{s} P_i(n)\alpha_i{}^n$$

とも書かれる．ここに $P_i(n)$ は，たかだか p_i-1 次の n の多項式である．——

なお前の(8.57)に記したように，$\boldsymbol{a} \in \boldsymbol{C}^\infty$ が漸化式(8.52)を満たすことは $(f(F))(\boldsymbol{a})=\boldsymbol{0}$ であることと同等である．いいかえれば，(8.52)を満たす数列が作るベクトル空間 V は，$\boldsymbol{C}^\infty$ の線型変換 $f(F)$ の核

$$\mathrm{Ker}\, f(F)$$

にほかならない．これは V の構造に対してもう1つの見方を与える．たとえばわれわれは，この事実を起点として，命題 8.10(分解定理の拡張)を用いて，もっと端的に V の直和分解をみいだすこともできるであろう．しかし上では，われわれは，多少迂遠ながら，$f(x)$ が実際に線型変換 F: $V \to V$ の固有多項式であることをまず認識して，そのことを議論の出発点としたのであった．

例 8.15 $a_0=4$, $a_1=2$, $a_2=1$ であって，漸化式

$$a_{n+3} = 12a_{n+1}-16a_n \qquad (n=0,1,2,\cdots) \tag{8.60}$$

を満たす数列の一般項を求めよ．

解 (8.60)の固有多項式は

$$f(x) = x^3-12x+16 = (x-2)^2(x+4).$$

ゆえに一般項は，A, B, C を定数として

$$a_n = A\cdot 2^n+B\cdot n2^{n-1}+C\cdot(-4)^n$$

と表される．$a_0=4$, $a_1=2$, $a_2=1$ より

$$A+C = 4, \qquad 2A+B-4C = 2, \qquad 4A+4B+16C = 1.$$

これを解いて $A=15/4$, $B=-9/2$, $C=1/4$. よって

$$\begin{aligned} a_n &= \frac{15}{4}\cdot 2^n-\frac{9}{2}\cdot n2^{n-1}+\frac{1}{4}\cdot(-4)^n \\ &= (15-9n)2^{n-2}-(-4)^{n-1}. \end{aligned}$$

▮

問　題

1. 命題 8.30 を証明せよ．

2. $a_0=3$, $a_1=3$, $a_2=6$ であって，漸化式

$$a_{n+3} = 6a_{n+2}-12a_{n+1}+8a_n \qquad (n=0,1,2,\cdots)$$

を満たす数列の一般項を求めよ．

3. $a_0=0$, $a_1=1$, $a_2=2$, $a_3=3$ であって，漸化式

$$a_{n+4} = -2a_{n+2}-a_n \qquad (n=0,1,2,\cdots)$$

を満たす数列の一般項を求めよ．

§15* 定数係数の線型微分方程式

最後に定数係数の線型微分方程式について述べる．この節の議論は，本質的に前節のそれときわめて類似している．(なお本節では，読者が微分積分学についてある程度の知識をもっていることを仮定する．)

ここでは便宜上，実変数 t の‘複素数値関数’ $f(t)$ を考える．$f(t)$ の実部，虚部をそれぞれ $u(t), v(t)$ で表せば，

$$f(t) = u(t)+iv(t)$$

と書くことができる．$u(t), v(t)$ は t の‘実数値関数’である．$f(t)$ が連続あるいは微分可能であるというのは，$u(t)$, $v(t)$ の両方がそれぞれ連続あるいは微分可能であることをいう．$f(t)$ が微分可能であるとき，その導関数を

$$f'(t) = u'(t)+iv'(t)$$

と定義する．この複素数値関数の微分についても，実数値関数の微分の場合と同様の諸公式——和・差・積・商に関する公式，合成関数の微分に関する公式——などが成り立つ．また $f'(t)=0$ となるのは，$f(t)$ が定数である場合に限る．

次に，複素数 α に対して e^α の意味を次のように定める．まず実数 b に対して

$$e^{ib} = \cos b+i\sin b$$

とおき，$\alpha=a+bi$ に対して

$$e^\alpha = e^a e^{ib} = e^a(\cos b+i\sin b)$$

とおく．すなわち e^α は，絶対値が e^a，偏角が b である複素数を表すのである．それゆえ，複素数 $\alpha=a+bi$ と実変数 t に対して，‘関数’ $e^{\alpha t}$ は

$$e^{\alpha t} = e^{at}(\cos bt+i\sin bt)$$

を表すことになる．この関数を微分すれば，

$$(e^{at}\cos bt)' = ae^{at}\cos bt-be^{at}\sin bt,$$
$$(e^{at}\sin bt)' = ae^{at}\sin bt+be^{at}\cos bt$$

であるから，

$$\begin{aligned}\frac{d}{dt}(e^{\alpha t}) &= e^{at}\{(a\cos bt-b\sin bt)+i(b\cos bt+a\sin bt)\}\\ &= e^{at}(a+ib)(\cos bt+i\sin bt)\\ &= \alpha e^{\alpha t}.\end{aligned}$$

したがって実数値関数の場合と同様に，K, α が複素数の定数であるときにも，

$$f(t) = Ke^{\alpha t} \quad \text{に対して} \quad f'(t) = \alpha f(t)$$

が成り立つ．逆に，複素数 α が与えられたとき，‘微分方程式’

$$f'(t) = \alpha f(t)$$

の解が $f(t)=Ke^{\alpha t}$ に限ることも，前と同様にして証明される．(第7章例7.6参照.)

さて，関数 $y=f(t)$ に関する n **階の線型微分方程式**とは

(8.61) $$\frac{d^n y}{dt^n}+c_1(t)\frac{d^{n-1}y}{dt^{n-1}}+\cdots+c_{n-1}(t)\frac{dy}{dt}+c_n(t)y=b(t)$$

の形の方程式をいう．ここに $c_1(t),\cdots,c_n(t),b(t)$ は与えられた連続関数である．また簡単のため，$y=f(t)$ は無限回微分可能な関数とする．特に $b(t)=0$ であるときには

(8.62) $$\frac{d^n y}{dt^n}+c_1(t)\frac{d^{n-1}y}{dt^{n-1}}+\cdots+c_{n-1}(t)\frac{dy}{dt}+c_n(t)y=0$$

を n 階の同次線型微分方程式という．

明らかに，関数 y_1, y_2 が(8.62)の解ならば，y_1+y_2 や ay (a は定数)も(8.62)の解である．すなわち(8.62)の解全体は1つのベクトル空間を作っている．一方‘コーシー(Cauchy)の存在定理’によれば，t の1つの‘初期値’t_0 と $t=t_0$ における

$$y=f(t),\ \ y'=f'(t),\ \ y''=f''(t),\ \ \cdots,\ \ y^{(n-1)}=f^{(n-1)}(t)$$

の値

(8.63) $$(u_0, u_1, u_2, \cdots, u_{n-1})$$

を任意に与えたとき，この‘初期条件’を満たすような(8.62)の解がただ1つ存在する．(このことについては微分方程式論の書物を参照せよ．) したがって，(8.62)の解空間は n 次元のベクトル空間である．

以下，最も簡単な場合として，定数係数の同次線型微分方程式

(8.64) $$\frac{d^n y}{dt^n}+c_1\frac{d^{n-1}y}{dt^{n-1}}+\cdots+c_{n-1}\frac{dy}{dt}+c_n y=0$$

を考える．その解空間 V の構造を調べよう．

関数 $y=f(t)$ に $y'=f'(t)$ を対応させる微分作用子を D とすれば，V は明らかに D–不変である．D の V への縮小の固有多項式を求めるために，上の初期条件(8.63)がそれぞれ

$$(1,\ 0,\ 0,\ \cdots,\ 0),$$
$$(0,\ 1,\ 0,\ \cdots,\ 0),$$
$$\cdots\cdots\cdots$$
$$(0,\ 0,\ 0,\ \cdots,\ 1)$$

であるときの(8.64)の解をそれぞれ $y_1, y_2, \cdots, y_n$ とすれば，これらは V の基底をなし，明らかに

$$Dy_1 = -c_n y_n,$$
$$Dy_2 = y_1 - c_{n-1} y_n,$$
$$\cdots\cdots\cdots$$
$$Dy_n = y_{n-1} - c_1 y_n$$

となる．これから D: $V \to V$ の固有多項式 $g(x)$ を計算すれば

(8.65)　$$g(x) = x^n + c_1 x^{n-1} + c_2 x^{n-2} + \cdots + c_n$$

が得られる．(このへんの議論の組み立て方は，前の数列空間の‘ずらし写像’の場合と全く同様である．)

(8.65) の $g(x)$ を線型微分方程式 (8.64) の**固有多項式** (または**特性多項式**) という．上に示したように，これは線型変換 D: $V \to V$ の固有多項式であるから，V 上で $g(D)=0$ である．(もちろんこのことはもっと直接にもわかる．実際 (8.64) は

$$(D^n + c_1 D^{n-1} + c_2 D^{n-2} + \cdots + c_n) y = 0,$$

すなわち $(g(D))(y)=0$ と書き直されるからである．いいかえれば，(8.64) の解空間は線型変換 $g(D)$ の核に等しい．)

さて以上に説明したことと，固有値 α に対する D の固有空間が関数 $e^{\alpha t}$ を基底とする1次元空間であることに注意すれば，§14と同じようにして，V の構造について次の結果が得られる．(はじめに2つの特別な場合を述べ，次に一般の結果を与える．)

I. 固有多項式 $g(x)$ が n 個の単解 $\alpha_1, \alpha_2, \cdots, \alpha_n$ をもつ場合．

この場合は，n 個の関数

$$e^{\alpha_1 t},\quad e^{\alpha_2 t},\quad \cdots,\quad e^{\alpha_n t}$$

が V の基底をなす．すなわち，微分方程式 (8.64) の任意の解 $y=f(t)$ はこれらの関数の1次結合として表される．

II. $g(x)=(x-\alpha)^n$ となる場合．

この場合は，$z_1=\varphi_1(t)=e^{\alpha t}$ から出発して

(8.66)　$$\begin{cases} (D-\alpha I)z_2 = z_1 \\ \cdots\cdots\cdots \\ (D-\alpha I)z_n = z_{n-1} \end{cases}$$

を満たす関数を順次に求めれば，関数 $z_i=\varphi_i(t)$ $(i=1, \cdots, n)$ が V の基底をなす．

(それに関する $D\colon V\to V$ の表現行列がジョルダン行列 $J(\alpha, n)$ となる.) ここでも‘天降りに’答を記せば, $z_1=\varphi_1(t)$, $z_2=\varphi_2(t)$, $\cdots$, $z_n=\varphi_n(t)$ はそれぞれ

$$(8.67)\qquad e^{\alpha t},\ \frac{t}{1!}e^{\alpha t},\ \frac{t^2}{2!}e^{\alpha t},\ \cdots,\ \frac{t^{n-1}}{(n-1)!}e^{\alpha t}$$

となる. 実際

$$\begin{aligned}(D-\alpha I)\frac{t^k}{k!}e^{\alpha t} &= \frac{kt^{k-1}}{k!}e^{\alpha t}+\frac{t^k}{k!}\alpha e^{\alpha t}-\alpha\cdot\frac{t^k}{k!}e^{\alpha t}\\ &= \frac{t^{k-1}}{(k-1)!}e^{\alpha t}\qquad (k=1,\cdots,n-1)\end{aligned}$$

であるから, 関数(8.67)は(8.66)を満たしている.

もちろん(8.67)において分母の定数因数ははぶくことができるから, (8.67)のかわりに

$$(8.67)'\qquad e^{\alpha t},\ te^{\alpha t},\ t^2e^{\alpha t},\ \cdots,\ t^{n-1}e^{\alpha t}$$

が V の基底であるといってもよい. したがって V の任意の元 $f(t)$ は

$$f(t)=P(t)e^{\alpha t}$$

と表される. $P(t)$ は次数が $n-1$ をこえない t の多項式である.

一般の場合の結果を記せば次のようになる. (くわしい考察は読者にゆだねる.)

命題 8.31 定数係数の同次線型微分方程式(8.64)の固有多項式 $g(x)=x^n+c_1x^{n-1}+\cdots+c_n$ が

$$g(x)=(x-\alpha_1)^{n_1}(x-\alpha_2)^{n_2}\cdots(x-\alpha_s)^{n_s};$$
$$\alpha_1,\cdots,\alpha_s \text{ は相異なる複素数で } n_1+\cdots+n_s=n$$

と因数分解されるとする. そのとき(8.64)の任意の解 $y=f(t)$ は

$$(8.68)\qquad \begin{cases} e^{\alpha_1 t}, & te^{\alpha_1 t}, & \cdots, & t^{n_1-1}e^{\alpha_1 t}\\ & \cdots\cdots\cdots & & \\ e^{\alpha_s t}, & te^{\alpha_s t}, & \cdots, & t^{n_s-1}e^{\alpha_s t}\end{cases}$$

の(複素係数の) 1次結合となる. あるいは

$$(8.69)\qquad y=f(t)=\sum_{i=1}^{s}P_i(t)e^{\alpha_i t}$$

と表される. ここに $P_i(t)$ は次数が n_i-1 をこえない t の(複素係数の)多項式である. ——

最後に，(8.64)において係数 c_i がすべて実数であるとき，(8.64)を満たす実数値関数を求める問題を考えよう．この問題についても，もし固有多項式 $g(x)$ の解 $\alpha_1, \alpha_2, \cdots, \alpha_s$ がすべて実数ならば，結論は命題8.31と同じである．ただし，もちろんこの場合には，解 $y=f(t)$ は関数(8.68)の‘実係数の’1次結合である．あるいは(8.69)の $P_i(t)$ は‘実係数の’多項式である．

固有多項式 $g(x)$ が虚数解 $\alpha=a+bi$ をもつ場合には，第7章§3でみたように共役複素数 $\bar{\alpha}=a-bi$ も $g(x)$ の解であって，α と $\bar{\alpha}$ の重複度は同じである．簡単のため，いま，

$$g(x) = (x-\alpha)^m(x-\bar{\alpha})^m = \{(x-a)^2+b^2\}^m \qquad (2m=n)$$

となる特別な場合を考える．明らかに $b>0$ と仮定してよい．このとき，(8.64)の解である‘複素数値関数’ $y=f(t)$ は，

(8.70)　　$e^{\alpha t},\ te^{\alpha t},\ \cdots,\ t^{m-1}e^{\alpha t};\ e^{\bar{\alpha}t},\ te^{\bar{\alpha}t},\ \cdots,\ t^{m-1}e^{\bar{\alpha}t}$

の‘複素係数の’1次結合

$$f(t) = \sum_{k=0}^{m-1} C_k t^k e^{\alpha t} + \sum_{k=0}^{m-1} D_k t^k e^{\bar{\alpha}t}$$

である．その共役複素関数 $\bar{f}(t)$ を考えれば，$\overline{e^{\alpha t}}=e^{\bar{\alpha}t}$ であるから，

$$\bar{f}(t) = \sum_{k=0}^{m-1} \bar{C}_k t^k e^{\bar{\alpha}t} + \sum_{k=0}^{m-1} \bar{D}_k t^k e^{\alpha t}.$$

$f(t)$ が実数値関数であることは $f(t)=\bar{f}(t)$ が成り立つことにほかならないが，関数系(8.70)は $\boldsymbol{C}$ 上で1次独立であるから，$f(t)=\bar{f}(t)$ となるためには $\bar{C}_k=D_k$ であることが必要かつ十分である．ゆえに(8.64)の解である実数値関数 $y=f(t)$ は

$$f(t) = \sum_{k=0}^{m-1} (C_k t^k e^{\alpha t} + \bar{C}_k t^k e^{\bar{\alpha}t}) = \sum_{k=0}^{m-1} 2\,\mathrm{Re}\,(C_k t^k e^{\alpha t})$$

と表される．$C_k=A_k+iB_k$ (A_k, B_k は実数) とおけば，これは

$$f(t) = \sum_{k=0}^{m-1} 2(A_k t^k e^{at}\cos bt - B_k t^k e^{at}\sin bt)$$

と書かれる．いいかえれば，$f(t)$ は $2m$ 個の関数

$$t^k e^{at}\cos bt, \qquad t^k e^{at}\sin bt \qquad (k=0, 1, \cdots, m-1)$$

の実係数の1次結合である．これはまた

$$Q(t)e^{at}\cos bt + R(t)e^{at}\sin bt$$

の形に書くこともできる．$Q(t), R(t)$ は次数が $m-1$ をこえない実係数の t の多項式である．

一般には次の命題が成り立つ．（これもくわしい考察は読者にゆだねる．）

命題 8.32 同次線型微分方程式(8.64)において係数 $c_1, c_2, \cdots, c_n$ がすべて実数であるとし，その固有多項式 $g(x)$ が実数の範囲において

$$g(x) = (x-\alpha_1)^{l_1}\cdots(x-\alpha_p)^{l_p}\{(x-a_1)^2+b_1{}^2\}^{m_1}\cdots\{(x-a_q)^2+b_q{}^2\}^{m_q}$$

と因数分解されるとする．ただし，$\alpha_1, \cdots, \alpha_p$ は $g(x)$ の相異なる実数解，$a_1+b_1i, \cdots, a_q+b_qi\,(b_1>0,\ \cdots,\ b_q>0)$ は $g(x)$ の相異なる虚数解で，$l_1+\cdots+l_p+2m_1+\cdots+2m_q=n$ である．そのとき，(8.64)を満たす任意の実数値関数 $y=f(t)$ は，

$$\begin{aligned} &t^k e^{\alpha_i t} && (1\leqq i\leqq p,\ 0\leqq k\leqq l_i-1),\\ &t^k e^{a_j t}\cos b_j t && (1\leqq j\leqq q,\ 0\leqq k\leqq m_j-1),\\ &t^k e^{a_j t}\sin b_j t && (1\leqq j\leqq q,\ 0\leqq k\leqq m_j-1) \end{aligned}$$

の実係数の1次結合である．あるいは

$$f(t) = \sum_{i=1}^{p} P_i(t)e^{\alpha_i t}+\sum_{j=1}^{q} Q_j(t)e^{a_j t}\cos b_j t+\sum_{j=1}^{q} R_j(t)e^{a_j t}\sin b_j t$$

と表される．ここに $P_i(t)$ は次数が l_i-1 をこえない実係数の多項式，$Q_j(t)$ および $R_j(t)$ は次数が m_j-1 をこえない実係数の多項式である．――

命題8.32を実際に活用することは，下記の演習問題において読者みずから試みられたい．

……以上で本章を終わることにする．本章では，われわれは，行列の標準化についての一般的な議論を行い，また $S+N$ 分解や，標準形の簡単な応用などについて述べた．（特殊な線型変換や行列の標準化の問題は，さらに第9章，第10章でも扱われる．）はじめにいったように，本章の議論は，線型変換あるいは行列の固有多項式が $\boldsymbol{K}$ 内で1次式の積に分解されることを前提としている．それゆえたとえば，実ベクトル空間の一般の線型変換の($\boldsymbol{R}$ の範囲における)標準形については，上では完全な解答は与えられていない．実数空間での結果を得ることを主目的とするならば，この‘実標準形’の問題も重要であるが，ここでは省略した．これらのことまでくわしく述べると，長くなり過ぎるから

である．（しかし‘実標準形’を得るためにも，われわれはジョルダンの標準形を経由しなければならない．標準形の問題は，複素空間において，はじめて見通しよく論ぜられるのである．）実ベクトル空間の線型変換の実標準形や，$S+N$分解の意義ないし効用などについては，たとえば，スメール-ハーシュ，“力学系入門”（岩波書店）をみられたい．本書の付録II, IIIにも，それらについての概略が述べられている．

問　　題

1. 複素数α, βに対しても$e^{\alpha+\beta}=e^{\alpha}e^{\beta}$が成り立つことを示せ．

2. 命題8.31をくわしく考えよ．

3. 命題8.32をくわしく考えよ．

4. 次の微分方程式を満たす実数値関数$y=f(t)$を求めよ．

(a) $y''-a^2y=0 \quad (a>0)$　　(b) $y''+a^2y=0 \quad (a>0)$

(c) $y''-y'+y=0$　　(d) $y'''-12y'-16y=0$

(e) $y'''+y'=0$　　(f) $y'''+6y''+12y'+8y=0$

5. 次の微分方程式を満たす実数値関数$y=f(t)$を求めよ．

(a) $\dfrac{d^4y}{dt^4}-6\dfrac{d^2y}{dt^2}+8\dfrac{dy}{dt}-3y=0$

(b) $\dfrac{d^4y}{dt^4}+4\dfrac{d^2y}{dt^2}+4y=0$

(c) $\dfrac{d^4y}{dt^4}+40\dfrac{dy}{dt}+39y=0$

第9章　エルミート双1次形式，内積空間

本書の第1章でわれわれは2次元や3次元の幾何学について述べ，$\boldsymbol{R}^2$ や $\boldsymbol{R}^3$ における内積の幾何学的意味に触れた．しかし，第2章以後に展開したベクトル空間と線型写像に関する一般論では，われわれはもっぱら線型演算(加法とスカラー倍)だけを扱ってきた．(第3章で n-数ベクトルの内積の定義も述べたが，それはただ行列の積を定義するための準備であって，幾何学的内容には触れなかった.）本章ではわれわれは，双1次形式・対称双1次形式・2次形式，共役双1次形式・エルミート双1次形式・エルミート形式などの一般的定義からはじめて，それらに関する基本的な事項を説明し，その後に，正値エルミート双1次形式として内積の概念を導入する．内積の定義されたベクトル空間は内積空間とよばれるが，本章の後半(§6以後)でみるように，内積空間においてはベクトルの長さなどの概念が定義され，通常の幾何学(ユークリッド幾何学)で扱われるような議論が展開される．その意味で，内積空間は，単なるベクトル空間よりも，はるかに豊富な幾何学的性質をもつのである．

なお一般的な2次形式やエルミート形式の理論も古典的な幾何学において重要であるが，実用上はこれらも内積空間において考えられることが多い．(それについては次章の§6–§8で再説する.）したがって本章と次章を読むのに，読者は本章の§6の内積空間から出発し，本章の§1–§5は次章の適当な個所に(たとえば§6の前に)挿入する，という順序をとることもできる．その場合には p. 338 に掲げられている内積の性質を‘内積の公理’とみなして読みはじめればよい．

§1　双1次形式，共役双1次形式

今まで通り $\boldsymbol{K}$ は $\boldsymbol{R}$ または $\boldsymbol{C}$ を表す．本章ではまず次の定義から出発する．

定義　V を $\boldsymbol{K}$ 上のベクトル空間とし，f を $V\times V$ から $\boldsymbol{K}$ への写像，すなわち V の任意の元の対(つい)(u, v)に対して1つのスカラー $f(u,$

$v)\in\boldsymbol{K}$ を対応させる写像とする．f が V 上の**双1次形式**であるとは，f が2つの変数の双方について線型('2重線型')であること，すなわち

1. $f(u+u', v) = f(u, v)+f(u', v)$,

2. $f(cu, v) = cf(u, v)$,

3. $f(u, v+v') = f(u, v)+f(u, v')$,

4. $f(u, cv) = cf(u, v)$

が成り立つことをいう．f がさらに

5. $f(u, v) = f(v, u)$

を満たすときには，f は**対称双1次形式**とよばれる．ただし上記で u, u', v, v' は V の任意の元，c は $\boldsymbol{K}$ の任意の元である．

明らかに対称双1次形式については，われわれは条件**1, 2, 5**を仮定するだけでよい．条件**3, 4**は**1, 2, 5**から直ちに導かれるからである．

次の定義は上の定義を少し変更したものである．

定義　V を $\boldsymbol{K}$ 上のベクトル空間とし，$f\colon V\times V\to\boldsymbol{K}$ とする．f が V 上の**共役双1次形式**であるとは，f が第1変数については'共役線型'，第2変数については線型であること，すなわち

1. $f(u+u', v) = f(u, v)+f(u', v)$,

2′. $f(cu, v) = \bar{c}f(u, v)$,

3. $f(u, v+v') = f(u, v)+f(u, v')$,

4. $f(u, cv) = cf(u, v)$

が成り立つことをいう．f がさらに

5′. $f(u, v) = \overline{f(v, u)}$

を満たすときには，f は**エルミート**(Hermite)**双1次形式**とよばれる．（もちろん $a\in\boldsymbol{K}$ に対して $\bar{a}$ はその共役複素数を表す．）

$\boldsymbol{K}=\boldsymbol{R}$ の場合には，任意の $a\in\boldsymbol{R}$ に対して $a=\bar{a}$ であるから，上の2つの定義は全く同じものとなる．すなわち，双1次形式と共役双1次形式，また対称双1次形式とエルミート双1次形式の概念はそれぞれ一致する．$\boldsymbol{K}=\boldsymbol{C}$ の場合に

はこれらの概念は一致しないが, $\boldsymbol{K}=\boldsymbol{C}$ の場合に, 実ベクトル空間の場合の双1次形式または対称双1次形式の概念の自然な拡張と考えられるのは, むしろ共役双1次形式とエルミート双1次形式のほうである.

(共役双1次形式の定義を, 上では“f が第1変数について共役線型, 第2変数について線型”としたが, その反対に“f が第1変数について線型, 第2変数について共役線型”としている書物もある. もちろん, どちらの定義をとっても, 理論の本質にはなんら変わりがない.)

なおエルミート双1次形式については, われわれは条件 **1**, **2′**, **5′** (または **3**, **4**, **5′**) を仮定するだけでよい. たとえば **2′**, **5′** を仮定すれば, 条件 **4** は

$$f(u, cv) = \overline{f(cv, u)} = \overline{\bar{c}f(v, u)} = c\overline{f(v, u)} = cf(u, v)$$

として導かれる.

実ベクトル空間上の対称双1次形式は, くわしくは**実対称双1次形式**あるいはまた**実エルミート双1次形式**ともよばれる.

命題 9.1　f を V 上の双1次形式または共役双1次形式とし, u_i, v_j を V の任意の元, a_i, b_j を任意のスカラー $(i=1, \cdots, m;\ j=1, \cdots, n)$ とする. そのとき, f が双1次形式ならば

$$(9.1)\qquad f\Bigl(\sum_{i=1}^{m} a_i u_i, \sum_{j=1}^{n} b_j v_j\Bigr) = \sum_{i,j} a_i b_j f(u_i, v_j),$$

f が共役双1次形式ならば

$$(9.2)\qquad f\Bigl(\sum_{i=1}^{m} a_i u_i, \sum_{j=1}^{n} b_j v_j\Bigr) = \sum_{i,j} \bar{a}_i b_j f(u_i, v_j)$$

が成り立つ. ただし (9.1), (9.2) の右辺は $i=1, \cdots, m;\ j=1, \cdots, n$ に関する mn 個の項の和を表す.

証明　たとえば, f が双1次形式ならば, (9.1) の左辺は, すべての $i=1, \cdots, m;\ j=1, \cdots, n$ に関する

$$f(a_i u_i, b_j v_j) = a_i b_j f(u_i, v_j)$$

の総和に等しい. したがって (9.1) が成り立つ. (9.2) についても同様である. ▌

命題 9.2　f を V 上のエルミート双1次形式とすれば, 任意の $v \in V$ に対して $f(v, v)$ は実数である.

証明　$\boldsymbol{K}=\boldsymbol{R}$ の場合はいうまでもない．$\boldsymbol{K}=\boldsymbol{C}$ の場合にも，エルミート双1次形式の条件 **5′** によって $f(v,v)=\overline{f(v,v)}$ であるから，$f(v,v)$ は実数である．∎

問　　題

1. V を $\boldsymbol{K}$ 上のベクトル空間，f, f' をともに $V\times V$ から $\boldsymbol{K}$ への写像，$a\in\boldsymbol{K}$ とする．そのとき，写像

$$f+f' : V\times V\to\boldsymbol{K}, \qquad af : V\times V\to\boldsymbol{K}$$

を，それぞれ

$$(f+f')(u,v) = f(u,v)+f'(u,v),$$
$$(af)(u,v) = af(u,v)$$

によって定義する．f, f' がともに V 上の双1次形式，またはともに共役双1次形式ならば，$f+f', af$ も V 上の双1次形式または共役双1次形式であることを示せ．

2. f が V 上の双1次形式であるとき，$f' : V\times V\to\boldsymbol{K}$ を

$$f'(u,v) = f(v,u)$$

と定義すれば，f' も双1次形式であること，また $f+f'$ は対称双1次形式であることを示せ．

3. f が V 上の共役双1次形式であるとき，$f' : V\times V\to\boldsymbol{K}$ を

$$f'(u,v) = \overline{f(v,u)}$$

と定義すれば，f' も共役双1次形式であること，また $f+f'$ はエルミート双1次形式であることを示せ．

§2　双1次形式・共役双1次形式の行列表現

V を $\boldsymbol{K}$ 上の n 次元ベクトル空間，f を V 上の双1次形式または共役双1次形式とする．$\mathcal{B}=\{v_1,\cdots,v_n\}$ を V の1つの基底とし，

$$f(v_i, v_j) = a_{ij} \qquad (i=1,\cdots,n;\ j=1,\cdots,n)$$

とおく．このとき a_{ij} を (i,j) 成分とする正方行列 $A=(a_{ij})\in M_n(\boldsymbol{K})$ を，基底 $\mathcal{B}$ に関する f の**表現行列**または単に f の**行列**とよび，記号 $[f]_{\mathcal{B}}$ で表す．(この記号は線型写像の表現行列に対して用いたものと同じであるが，混乱の恐れはないであろう．)

命題 9.3　$V, f, \mathcal{B}, A=(a_{ij})$ の意味は上の通りとする．u, v を V の任意の元とし，それらの $\mathcal{B}$ に関する座標ベクトル $[u]_{\mathcal{B}}, [v]_{\mathcal{B}}$ (この記号も第6章で用い

た)を，それぞれ

$$[u]_{\mathcal{B}} = \boldsymbol{x} = \begin{bmatrix} x_1 \\ \vdots \\ x_n \end{bmatrix}, \qquad [v]_{\mathcal{B}} = \boldsymbol{y} = \begin{bmatrix} y_1 \\ \vdots \\ y_n \end{bmatrix}$$

とする．そのとき，f が双1次形式ならば

(9.3)
$$f(u, v) = \sum_{i,j=1}^{n} a_{ij} x_i y_j,$$

f が共役双1次形式ならば

(9.4)
$$f(u, v) = \sum_{i,j=1}^{n} a_{ij} \bar{x}_i y_j$$

である．(上の2式の右辺は i, j がそれぞれ1から n まで動くときの n^2 個の項の和を表す.）$\boldsymbol{x}, \boldsymbol{y}$ を上のように列ベクトルとすれば，これらの式は行列の積の形で，簡単に

(9.3)′
$$f(u, v) = \boldsymbol{x}^{\mathrm{T}} A \boldsymbol{y},$$

(9.4)′
$$f(u, v) = \bar{\boldsymbol{x}}^{\mathrm{T}} A \boldsymbol{y}$$

とも書かれる．ここに $\bar{\boldsymbol{x}}$ は $\boldsymbol{x}$ の各成分を共役複素数におきかえたベクトル($\boldsymbol{x}$ の‘共役ベクトル’)である．

証明　座標ベクトルの定義によって

$$u = \sum_{i=1}^{n} x_i v_i, \qquad v = \sum_{i=1}^{n} y_i v_i$$

である．したがって(9.1)または(9.2)により，f が双1次形式ならば

$$f(u, v) = \sum_{i,j=1}^{n} x_i y_j f(v_i, v_j),$$

f が共役双1次形式ならば

$$f(u, v) = \sum_{i,j=1}^{n} \bar{x}_i y_j f(v_i, v_j)$$

となる．そして $f(v_i, v_j) = a_{ij}$ であるから，(9.3)または(9.4)が得られる．

これらが(9.3)′, (9.4)′ のように書かれることをみるのも容易である．たとえば(9.3)については，その右辺は

$$\sum_{i=1}^{n} \left\{ x_i \left(\sum_{j=1}^{n} a_{ij} y_j \right) \right\}$$

と書かれ，$\sum_{j=1}^{n} a_{ij} y_j$ は n-列ベクトル $A\boldsymbol{y}$ の第 i 座標であるから，上の式は n-行ベクトル $\boldsymbol{x}^{\mathrm{T}}$ と n-列ベクトル $A\boldsymbol{y}$ の積 $\boldsymbol{x}^{\mathrm{T}} A \boldsymbol{y}$(これは1つのスカラーである)に

等しい．同様に(9.4)の右辺は $\bar{\boldsymbol{x}}^{\mathrm{T}}A\boldsymbol{y}$ に等しい．▌

上とは逆に，われわれは任意に正方行列 A を与えて，V 上の双1次形式または共役双1次形式を定義することができる．くわしくいえば次の命題が成り立つ．

命題 9.4　V を $\boldsymbol{K}$ 上の n 次元ベクトル空間，$\mathcal{B}$ を V の1つの基底とする．$A=(a_{ij})$ を $M_n(\boldsymbol{K})$ の任意の元とする．そのとき，任意の $u, v \in V$ に対し，$[u]_{\mathcal{B}}=\boldsymbol{x}$，$[v]_{\mathcal{B}}=\boldsymbol{y}$ として

$$f(u,v)=\sum_{i,j=1}^{n}a_{ij}x_iy_j=\boldsymbol{x}^{\mathrm{T}}A\boldsymbol{y} \tag{9.5}$$

と定義すれば f は V 上の双1次形式，また

$$f(u,v)=\sum_{i,j=1}^{n}a_{ij}\bar{x}_iy_j=\bar{\boldsymbol{x}}^{\mathrm{T}}A\boldsymbol{y} \tag{9.6}$$

と定義すれば f は V 上の共役双1次形式である．また，これらの f の基底 $\mathcal{B}$ に関する表現行列は与えられた行列 A に等しい．

証明　たとえば(9.6)で定義された f が第1変数について共役線型であることは，

$$f(u+u',v)=\overline{\boldsymbol{x}+\boldsymbol{x}'}^{\mathrm{T}}A\boldsymbol{y}=\bar{\boldsymbol{x}}^{\mathrm{T}}A\boldsymbol{y}+\bar{\boldsymbol{x}}'^{\mathrm{T}}A\boldsymbol{y}=f(u,v)+f(u',v),$$
$$f(cu,v)=\overline{c\boldsymbol{x}}^{\mathrm{T}}A\boldsymbol{y}=\bar{c}\bar{\boldsymbol{x}}^{\mathrm{T}}A\boldsymbol{y}=\bar{c}f(u,v)$$

として証明される．(ただし $[u]_{\mathcal{B}}=\boldsymbol{x}$，$[u']_{\mathcal{B}}=\boldsymbol{x}'$，$[v]_{\mathcal{B}}=\boldsymbol{y}$ とする．) 他の条件の検証も容易である．また $\mathcal{B}=\{v_1, \cdots, v_n\}$ とすれば，$[v_i]_{\mathcal{B}}, [v_j]_{\mathcal{B}}$ はそれぞれ基本ベクトル $\boldsymbol{e}_i, \boldsymbol{e}_j$ であるから，(9.5)または(9.6)で定義された f について明らかに $f(v_i, v_j)=a_{ij}$ となる．すなわち，(9.5)または(9.6)の f の基底 $\mathcal{B}$ に関する表現行列は与えられた行列 A に等しい．▌

例 9.1　命題9.3および命題9.4から特に，$\boldsymbol{K}^n$ 上の双1次形式または共役双1次形式について次の結論が得られる．すなわち，$\boldsymbol{K}^n$ 上の任意の双1次形式または共役双1次形式 f は，それぞれ，ある正方行列 $A=(a_{ij})\in M_n(\boldsymbol{K})$ によって，任意の

$$\boldsymbol{x}=\begin{bmatrix}x_1\\ \vdots\\ x_n\end{bmatrix},\qquad \boldsymbol{y}=\begin{bmatrix}y_1\\ \vdots\\ y_n\end{bmatrix}$$

に対し,

$$f(\boldsymbol{x},\boldsymbol{y})=\sum_{i,j=1}^{n}a_{ij}x_iy_j=\boldsymbol{x}^{\mathrm{T}}A\boldsymbol{y}, \tag{9.7}$$

$$f(\boldsymbol{x},\boldsymbol{y})=\sum_{i,j=1}^{n}a_{ij}\bar{x}_iy_j=\bar{\boldsymbol{x}}^{\mathrm{T}}A\boldsymbol{y} \tag{9.8}$$

として与えられる. 逆に行列 $A=(a_{ij})\in M_n(\boldsymbol{K})$ が任意に与えられたとき, 写像 $f:\boldsymbol{K}^n\times\boldsymbol{K}^n\to\boldsymbol{K}$ を(9.7)または(9.8)によって定義すれば, f はそれぞれ $\boldsymbol{K}^n$ 上の双1次形式または共役双1次形式となる. A は $\boldsymbol{K}^n$ の標準基底 $\{\boldsymbol{e}_1,\cdots,\boldsymbol{e}_n\}$ に関する f の表現行列に等しく, したがって f に対して一意的に定まる.

命題 9.5 f を V 上の双1次形式または共役双1次形式, $\mathcal{B}$ を V の基底とし, $[f]_{\mathcal{B}}=A$ とする. f が双1次形式であるとき, f が対称であるためには,

$$A=A^{\mathrm{T}} \tag{9.9}$$

の成り立つことが必要かつ十分である. また f が共役双1次形式であるとき, f がエルミートであるためには,

$$A=\bar{A}^{\mathrm{T}} \tag{9.10}$$

の成り立つことが必要かつ十分である. ただし $\bar{A}$ は A の各成分を共役複素数におきかえた行列(A の'共役行列')を表し, $\bar{A}^{\mathrm{T}}$ はその転置を表す.

証明 どちらも同様であるから, f が共役双1次形式である場合を証明する. $\mathcal{B}=\{v_1,\cdots,v_n\}$, $A=(a_{ij})$ とする. f がエルミート双1次形式ならば,

$$f(v_i,v_j)=\overline{f(v_j,v_i)}\quad すなわち\quad a_{ij}=\bar{a}_{ji}$$

であるから, (9.10)が成り立つ. 逆に(9.10)が成り立つならば, 任意の $u,v\in V$, $[u]_{\mathcal{B}}=\boldsymbol{x}$, $[v]_{\mathcal{B}}=\boldsymbol{y}$ に対し, (9.4)′ によって

$$f(u,v)=\bar{\boldsymbol{x}}^{\mathrm{T}}A\boldsymbol{y},$$
$$f(v,u)=\bar{\boldsymbol{y}}^{\mathrm{T}}A\boldsymbol{x}=(\bar{\boldsymbol{y}}^{\mathrm{T}}A\boldsymbol{x})^{\mathrm{T}}=\boldsymbol{x}^{\mathrm{T}}A^{\mathrm{T}}\bar{\boldsymbol{y}}$$

であるから,

$$\overline{f(v,u)}=\bar{\boldsymbol{x}}^{\mathrm{T}}\bar{A}^{\mathrm{T}}\boldsymbol{y}=\bar{\boldsymbol{x}}^{\mathrm{T}}A\boldsymbol{y}=f(u,v)$$

となる. よって f はエルミート双1次形式である. ▌

(9.9)を満たす正方行列 A を**対称行列**, (9.10)を満たす正方行列 A を**エルミート行列**という. また(9.10)の右辺 $\bar{A}^{\mathrm{T}}=\overline{A^{\mathrm{T}}}$ を A の**共役転置行列**または**随伴行列**とよび, 以後本書では A^* で表す. エルミート行列とは $A^*=A$ であるよ

うな行列である．（実行列については，転置行列と随伴行列の概念は一致する．また対称行列とエルミート行列の概念も一致する．）

命題9.5によって，対称双1次形式の表現行列は対称行列，エルミート双1次形式の表現行列はエルミート行列である．

最後に，V の基底を変更したとき，双1次形式や共役双1次形式の表現行列がどのように変わるかを考える．

$\mathcal{B}, \mathcal{B}'$ を V の2つの基底とし，基底変換行列 $\mathbf{T}_{\mathcal{B}\to\mathcal{B}'}$ (p. 201 参照)を P とする．f を V 上の双1次形式とし，$[f]_{\mathcal{B}}=A$，$[f]_{\mathcal{B}'}=A'$ とする．u, v を V の任意の2元とし，

$$[u]_{\mathcal{B}} = \boldsymbol{x}, \quad [u]_{\mathcal{B}'} = \boldsymbol{x}', \quad [v]_{\mathcal{B}} = \boldsymbol{y}, \quad [v]_{\mathcal{B}'} = \boldsymbol{y}'$$

とする．そのとき，第6章命題6.5によって

$$\boldsymbol{x} = P\boldsymbol{x}', \quad \boldsymbol{y} = P\boldsymbol{y}'$$

であるから，(9.3)′により

$$f(u, v) = \boldsymbol{x}^{\mathrm{T}}A\boldsymbol{y} = (P\boldsymbol{x}')^{\mathrm{T}}A(P\boldsymbol{y}') = \boldsymbol{x}'^{\mathrm{T}}(P^{\mathrm{T}}AP)\boldsymbol{y}'.$$

これは $A'=P^{\mathrm{T}}AP$ であることを示している．同様にして，f が共役双1次形式である場合には $A'=\bar{P}^{\mathrm{T}}AP$ となることが証明される．（この証明は練習問題とする．）すなわち，次の命題が成り立つ．

命題 9.6　f を V 上の双1次形式または共役双1次形式，$\mathcal{B}, \mathcal{B}'$ を V の2つの基底とし，$[f]_{\mathcal{B}}=A$，$[f]_{\mathcal{B}'}=A'$ とする．このとき，f が双1次形式ならば

$$A' = P^{\mathrm{T}}AP,$$

f が共役双1次形式ならば

$$A' = \bar{P}^{\mathrm{T}}AP = P^*AP$$

である．ただし P は基底変換行列 $P=\mathbf{T}_{\mathcal{B}\to\mathcal{B}'}$ である．

問　　題

1. 命題9.6の，共役双1次形式 f の表現行列に関する変換法則 $A'=P^*AP$ を証明せよ．

2. $A, B \in M_n(\boldsymbol{K})$ とする．$(A+B)^*=A^*+B^*$，$(AB)^*=B^*A^*$，$(A^*)^*=A$ を示せ．

3. $A, P \in M_n(\boldsymbol{K})$ とする．A が対称行列ならば $P^{\mathrm{T}}AP$ も対称行列，A がエルミート行列ならば P^*AP もエルミート行列であることを示せ．

§3　2次形式，エルミート形式

V を $\boldsymbol{K}$ 上のベクトル空間とする．

定義　f が V 上の対称双1次形式またはエルミート双1次形式であるとき，

(9.11) $$g(v) = f(v, v)$$

によって定義される $g\colon V \to \boldsymbol{K}$ を，それぞれ，f から定まる V 上の**2次形式**または**エルミート形式**という．

$\boldsymbol{K}=\boldsymbol{R}$ の場合には2次形式とエルミート形式の概念は一致する．実ベクトル空間上の2次形式は**実2次形式，実エルミート形式**などともよばれる．

命題9.2によって，g が V 上のエルミート形式ならば，任意の $v \in V$ に対して $g(v)$ は実数である．

次の補題は命題9.7の証明のための準備である．

補題　f が V 上の対称双1次形式ならば，V の任意の元 u, v に対して

(9.12) $$f(u, v) = \frac{1}{2}\{f(u+v, u+v) - f(u, u) - f(v, v)\}$$

が成り立つ．また f が V 上のエルミート双1次形式ならば

(9.13) $$\operatorname{Re} f(u, v) = \frac{1}{2}\{f(u+v, u+v) - f(u, u) - f(v, v)\}$$

が成り立つ．ただし $a \in \boldsymbol{K}$ に対して $\operatorname{Re}(a)$ はその実部を表す．

証明　どちらの場合も

$$f(u+v, u+v) = f(u, u) + f(u, v) + f(v, u) + f(v, v)$$

であるから，

$$f(u+v, u+v) - f(u, u) - f(v, v) = f(u, v) + f(v, u).$$

この右辺は，f が対称双1次形式ならば $2f(u, v)$ に等しく，f がエルミート双1次形式ならば

$$f(u, v) + \overline{f(u, v)} = 2 \operatorname{Re} f(u, v)$$

に等しい．これから(9.12)または(9.13)が得られる．▌

命題 9.7　g を V 上の2次形式またはエルミート形式とする．そのとき(9.

11)を満たす V 上の対称双1次形式またはエルミート双1次形式 f は，g に対して一意的に定まる．

証明 まず g が2次形式である場合を考える．f を(9.11)を満たす対称双1次形式とすれば，(9.12)によって，任意の $u, v \in V$ に対して

$$f(u,v) = \frac{1}{2}\{g(u+v)-g(u)-g(v)\}.$$

これは f が g に対して一意的に定まることを示している．

次に g をエルミート形式とし，f を(9.11)を満たすエルミート双1次形式とする．$\boldsymbol{K}=\boldsymbol{R}$ の場合は上で証明はすんでいるから，$\boldsymbol{K}=\boldsymbol{C}$ とする．その場合，(9.13)によって

$$\mathrm{Re}\, f(u,v) = \frac{1}{2}\{g(u+v)-g(u)-g(v)\}. \tag{9.14}$$

この式の u に iu(i は虚数単位)を代入すれば

$$\mathrm{Re}\, f(iu,v) = \frac{1}{2}\{g(iu+v)-g(iu)-g(v)\}.$$

$\boldsymbol{K}=\boldsymbol{C}$ と仮定しているから，このように $u \in V$ に対してその'i 倍' iu が考えられるのである．ここで

$$f(iu,v) = \bar{i}f(u,v) = -if(u,v)$$

であるから，$\mathrm{Re}\, f(iu,v)$ は $f(u,v)$ の虚部 $\mathrm{Im}\, f(u,v)$ に等しい．(問題1参照．)したがって

$$\mathrm{Im}\, f(u,v) = \frac{1}{2}\{g(iu+v)-g(iu)-g(v)\}. \tag{9.15}$$

上の(9.14), (9.15)は $f(u,v)$ の実部，虚部がそれぞれ g から一意的に定まることを示している．ゆえに $f(u,v)$ は g から一意的に定まる．これで主張が証明された．∎

V 上の2次形式またはエルミート形式 g に対して，(9.11)を成り立たせる対称双1次形式またはエルミート双1次形式 f を g の**極形式**という．命題9.7は g の極形式 f の一意性を示しているのである．2次形式またはエルミート形式 g を研究することは，結局は，その極形式 f を研究することにほかならない．

次に V が有限次元であるとし，$\mathcal{B}$ を V の1つの基底とする．g を V 上の2次形式またはエルミート形式とし，f を g の極形式とする．このとき，f の表

現行列$[f]_{\mathcal{B}}$を，$\mathcal{B}$に関するgの表現行列ともよび，$[g]_{\mathcal{B}}$とも書く．定義および命題9.5によって，2次形式の表現行列は対称行列，エルミート形式の表現行列はエルミート行列である．

次の命題は命題9.3, 9.4から直ちに導かれる．証明は読者にまかせよう．

命題 9.8　Vをn次元ベクトル空間，gをV上の2次形式またはエルミート形式とする．$\mathcal{B}$をVの1つの基底とし，表現行列$[g]_{\mathcal{B}}$を$A=(a_{ij})$とする．そのとき，Vの任意の元vに対して$[v]_{\mathcal{B}}=\boldsymbol{x}$とすれば，$g$が2次形式ならば

$$g(v) = \sum_{i,j=1}^{n} a_{ij}x_ix_j = \boldsymbol{x}^{\mathrm{T}}A\boldsymbol{x}, \tag{9.16}$$

gがエルミート形式ならば

$$g(v) = \sum_{i,j=1}^{n} a_{ij}\bar{x}_ix_j = \bar{\boldsymbol{x}}^{\mathrm{T}}A\boldsymbol{x} \tag{9.17}$$

である．逆に，対称行列またはエルミート行列Aが任意に与えられたとき，それぞれ(9.16)または(9.17)によって$g\colon V\to\boldsymbol{K}$を定義すれば，$g$は$V$上の2次形式またはエルミート形式である．

問　題

1.　任意の複素数αに対して$\mathrm{Re}(-i\alpha)=\mathrm{Im}(\alpha)$を示せ．

2.　命題9.8を証明せよ．

3.　命題9.8において，対称行列またはエルミート行列Aにより(9.16)または(9.17)で定義されるV上の2次形式またはエルミート形式をg_Aと書くことにする．すなわちAが対称行列であるかエルミート行列であるかに応じて

$$g_A(v) = \boldsymbol{x}^{\mathrm{T}}A\boldsymbol{x} \quad \text{または} \quad g_A(v) = \bar{\boldsymbol{x}}^{\mathrm{T}}A\boldsymbol{x}$$

とする．このとき次のことを証明せよ：A, Bが2つの対称行列または2つのエルミート行列で，$g_A=g_B$ならば，$A=B$である．

4.　Vを$\boldsymbol{K}$上のベクトル空間，fをV上の任意の双1次形式(対称とは仮定しない)とする．そのとき

$$g(v) = f(v, v)$$

によって写像$g\colon V\to\boldsymbol{K}$を定義すれば，$g$は$V$上の2次形式であることを示せ．その極形式は何か．

5.　Vを$\boldsymbol{K}$上のベクトル空間，fをV上の任意の共役双1次形式(エルミートとは仮定しない)とする．そのとき

$$g(v) = \mathrm{Re}\, f(v, v)$$

によって写像 $g\colon V \to \boldsymbol{K}$ を定義すれば，g は V 上のエルミート形式であることを示せ．その極形式は何か．

§4　エルミート双1次形式の直交基底

$\boldsymbol{K}=\boldsymbol{R}$ の場合には，エルミート双1次形式・エルミート形式の概念は，対称双1次形式・2次形式の概念とそれぞれ一致する．$\boldsymbol{K}=\boldsymbol{C}$ の場合には一致しないが，先にもいったように，複素ベクトル空間において，実ベクトル空間の場合の対称双1次形式や2次形式の概念の自然な拡張と考えられるもの——あるいは実対称双1次形式や実2次形式の理論を複素数の立場から統制するもの——は，エルミート双1次形式・エルミート形式の概念である．そこで以下では，簡単のため，われわれはエルミート双1次形式およびエルミート形式のみを考察する．(それゆえ以下に論ずることは，実対称双1次形式や実2次形式の理論は包含するが，複素ベクトル空間上の対称双1次形式や2次形式に対しては必ずしも適用されない．)

V を $\boldsymbol{K}$ 上のベクトル空間，f を V 上のエルミート双1次形式とする．V の元 u, v は，$f(u, v)=0$ を満たすとき，f に関して**直交**するといわれる．$f(u, v)=0$ ならば，$f(v, u)=\overline{f(u, v)}=0$ であるから，直交という概念は u, v について‘対称的’である．

以下 f を有限次元ベクトル空間 V 上のエルミート双1次形式とする．

> **定義**　$\mathcal{B}=\{v_1, \cdots, v_n\}$ が V の基底で，そのうちのどの2つの元も f に関して直交するとき，すなわち $i \neq j$ ならば $f(v_i, v_j)=0$ であるとき，$\mathcal{B}$ を f に関する**直交基底**という．

f に関する直交基底は同時にまた f から定まるエルミート形式 g に関する直交基底ともよばれる．

次の命題は定義から明らかである．

命題 9.9　V の基底 $\mathcal{B}$ が f に関する直交基底であることは，表現行列 $[f]_{\mathcal{B}}$ が対角行列であることと同等である．——

われわれは次に，任意のエルミート双1次形式に対して直交基底が存在することを証明しよう.

> **定理 9.10**　V を有限次元ベクトル空間とするとき，V 上の任意のエルミート双1次形式 f に対して，それに関する V の直交基底が存在する.

証明　$\dim V=n$ に関する数学的帰納法による．$n=1$ の場合には証明すべきことは何もないから，$n\geqq 2$ とし，$n-1$ 次元のベクトル空間については主張が成り立つと仮定して，n の場合を証明する．そのために次の2つの場合に分けて考える.

I. すべての $v\in V$ に対して $f(v,v)=0$ である場合.

この場合には，V の任意の元 u,v に対して $f(u,v)=0$ となる．実際，p. 327 の補題の(9.13)によって，この場合，任意の $u,v\in V$ に対して

$$\mathrm{Re}\,f(u,v)=0$$

である．$\boldsymbol{K}=\boldsymbol{R}$ ならば $\mathrm{Re}\,f(u,v)=f(u,v)$ であるから，これですでに主張は示されている．$\boldsymbol{K}=\boldsymbol{C}$ の場合には，上式の u に iu を代入すれば

$$\mathrm{Re}\,f(iu,v)=\mathrm{Re}\,(-if(u,v))=0.$$

そして前にいったように $\mathrm{Re}\,(-if(u,v))=\mathrm{Im}\,f(u,v)$ であるから，$\mathrm{Im}\,f(u,v)=0$ となる．したがってやはり $f(u,v)=0$ である．ゆえにこの場合は V の任意の2元が f に関して直交している．それゆえ V の任意の基底が f に関する直交基底となる.

II. $f(v,v)\neq 0$ となる V の元 v が存在する場合.

v_1 を $f(v_1,v_1)\neq 0$ である V の1つの元とし，v_1 と直交するような V の元全体の集合を W とする．すなわち

$$W=\{w\,|\,w\in V,\ \ f(v_1,w)=0\}.$$

直ちにわかるように W は V の部分空間である．また任意の $v\in V$ に対して，$a=f(v_1,v)/f(v_1,v_1)$ とおけば，

$$f(v_1,v-av_1)=f(v_1,v)-af(v_1,v_1)=f(v_1,v)-f(v_1,v)=0$$

となるから，$v-av_1=w$ とおけば，$v=av_1+w$，$w\in W$ である．したがって

$$V=\langle v_1\rangle+W$$

となる．そして $v_1\notin W$ であるから $\langle v_1\rangle\cap W=\{0\}$．よって

$$V=\langle v_1\rangle\oplus W$$

である．W は V の $n-1$ 次元の部分空間であるから，帰納法の仮定によって f に関する W の直交基底 $\{v_2, \cdots, v_n\}$ が存在する．しかも W の元はすべて v_1 と直交している．したがって $\{v_2, \cdots, v_n\}$ の先頭に v_1 をつけ加えれば，$\{v_1, v_2, \cdots, v_n\}$ は f に関する V の直交基底となる．これで主張が証明された．▌

なお，この定理には，後に第10章§6で別証が与えられることに注意しておこう．

$\mathcal{B}=\{v_1, \cdots, v_n\}$ をエルミート双1次形式 f に関する直交基底とし，

$$f(v_i, v_i)=c_i \qquad (i=1, \cdots, n)$$

とおけば，$\mathcal{B}$ に関する表現行列 $[f]_{\mathcal{B}}$ は，対角行列

$$\begin{bmatrix} c_1 & & & \\ & c_2 & & \\ & & \ddots & \\ & & & c_n \end{bmatrix}$$

となる．命題9.2により，この対角成分 $c_1, c_2, \cdots, c_n$ はすべて<u>実数</u>である．

定理9.10と命題9.6から，行列に関して次の命題が得られる．

命題 9.11 任意のエルミート行列 $A\in M_n(\boldsymbol{K})$ に対して，適当な正則行列 $P\in M_n(\boldsymbol{K})$ をとれば，P^*AP は対角行列となる．——

次の命題も明らかである．

命題 9.12 上のように f を V 上のエルミート双1次形式，$\mathcal{B}=\{v_1, \cdots, v_n\}$ を f に関する V の直交基底とし，

$$f(v_i, v_i)=c_i \qquad (i=1, \cdots, n)$$

とする．そのとき，V の元

$$v=\sum_{i=1}^{n} x_i v_i, \qquad w=\sum_{i=1}^{n} y_i v_i$$

に対して

$$f(v, w)=\sum_{i=1}^{n} c_i \bar{x}_i y_i \tag{9.18}$$

が成り立つ．特に

(9.19)
$$g(v) = f(v, v) = \sum_{i=1}^{n} c_i \bar{x}_i x_i = \sum_{i=1}^{n} c_i |x_i|^2$$

である．ただし，g は f から定まるエルミート形式である．▌

上の2つの命題の証明は読者の練習問題としよう．

問　　題

1. 命題 9.11 を証明せよ．
2. 命題 9.12 を証明せよ．
3. f が V 上の対称双1次形式であるときにも，$f(u, v)=0$ となるような V の2元 u, v は f に関して**直交する**といい，そのうちのどの2元も直交するような V の基底 $\{v_1, \cdots, v_n\}$ を f に関する**直交基底**という．有限次元ベクトル空間 V 上の任意の対称双1次形式 f に対して，それに関する V の直交基底が存在することを証明せよ．
4. 任意の対称行列 $A \in M_n(\boldsymbol{K})$ に対して，適当な正則行列 $P \in M_n(\boldsymbol{K})$ をとれば，$P^{\mathrm{T}}AP$ は対角行列となることを示せ．

§5　シルヴェスターの慣性法則

V を $\boldsymbol{K}$ 上のベクトル空間，f を V 上のエルミート双1次形式とする．すでに知っているように，任意の $v \in V$ に対して $f(v, v)$ は実数である．もし，すべての $v \in V$ に対して $f(v, v) \geqq 0$ であるならば f は**半正**(または**半正値**)であるといい，0以外のすべての v に対して $f(v, v) > 0$ となるならば f は**正**(または**正値**)であるという．同様に，すべての $v \in V$ に対して $f(v, v) \leqq 0$ であるならば f は**半負**(または**半負値**)，0以外のすべての v に対して $f(v, v) < 0$ となるならば f は**負**(または**負値**)であるという．('半正'，'正' のかわりに，それぞれ '正'，'真正' という語を用いている書物もある．)

命題 9.13　V を $\boldsymbol{K}$ 上の n 次元ベクトル空間，f を V 上のエルミート双1次形式，$\mathcal{B} = \{v_1, \cdots, v_n\}$ を f に関する V の直交基底とし，命題 9.12 のように

(9.20)
$$f(v_i, v_i) = c_i \qquad (i=1, \cdots, n)$$

とする．そのとき，

1. f が半正であるためには $c_i \geqq 0 (i=1, \cdots, n)$，正であるためには $c_i > 0 (i=1, \cdots, n)$ であることが，それぞれ必要かつ十分である．
2. f が半負であるためには $c_i \leqq 0 (i=1, \cdots, n)$，負であるためには $c_i < 0 (i

$=1,\cdots,n$)であることが，それぞれ必要かつ十分である．

証明　1だけ示す．(2も全く同様である．) f が半正ならば $c_i=f(v_i,v_i)\geqq 0$, f が正ならば $c_i=f(v_i,v_i)>0$ であることはいうまでもない．逆に，すべての $i=1,\cdots,n$ に対して $c_i\geqq 0$ とすれば，(9.19)により，V の任意の元 $v=\sum_{i=1}^{n} x_i v_i$ に対して

$$f(v,v)=\sum_{i=1}^{n} c_i|x_i|^2 \geqq 0$$

となるから，f は半正である．さらに，もしすべての $i=1,\cdots,n$ に対して $c_i>0$ ならば，上で $f(v,v)=0$ となるのは，明らかに $x_i=0\,(i=1,\cdots,n)$，すなわち $v=0$ であるときに限る．よって f は正である．▌

一般のエルミート双1次形式については，(9.20)の c_i のうちに，正の数，負の数および0が混在するが，それらの‘個数’について次の古典的な定理が成り立つ．この定理は**シルヴェスター**(Sylvester)**の慣性法則**とよばれる．

定理 9.14　上のように V を n 次元ベクトル空間，f を V 上のエルミート双1次形式，$\mathcal{B}=\{v_1,\cdots,v_n\}$ を f に関する V の直交基底とし，$f(v_i,v_i)=c_i\,(i=1,\cdots,n)$ とする．そのとき，$c_i>0$, $c_i<0$, $c_i=0$ である i の個数をそれぞれ $p,q,s\,(p+q+s=n)$ とすれば，p,q,s は(直交基底 $\mathcal{B}$ のとり方には関係なく) f に対して確定している．

証明　$\mathcal{B}'=\{w_1,\cdots,w_n\}$ を f に関する他の直交基底，$f(w_i,w_i)=d_i\,(i=1,\cdots,n)$ とし，$d_i>0$, $d_i<0$, $d_i=0$ となる i の個数をそれぞれ p',q',s' とする．必要があれば番号をつけかえて

$$c_1>0,\ \cdots,\ c_p>0,\qquad c_{p+1}\leqq 0,\ \cdots,\ c_n\leqq 0,$$
$$d_1>0,\ \cdots,\ d_{p'}>0,\qquad d_{p'+1}\leqq 0,\ \cdots,\ d_n\leqq 0$$

とし，

$$U=\langle v_1,\cdots,v_p\rangle,\qquad W=\langle w_{p'+1},\cdots,w_n\rangle$$

とおく．そうすれば，命題9.13によって f は U 上では正値，W 上では半負値である．いいかえれば，v が U の0以外の元ならば $f(v,v)>0$ であり，他方 $v\in W$ ならば $f(v,v)\leqq 0$ である．このことから直ちに $U\cap W$ は0以外に共通元

をもたないことがわかる．したがって

$$\dim(U+W) = \dim U+\dim W = p+(n-p').$$

もちろんこれは $\dim V=n$ をこえないから，$p+(n-p')\leqq n$，したがって $p\leqq p'$ となる．$\mathcal{B}, \mathcal{B}'$ の役割を交換して考えれば $p'\leqq p$ も得られるから，$p=p'$ である．全く同様にして $q=q'$ であることもわかる．したがってまた $s=s'$ である．▌

定理 9.14 における整数の組 (p, q) をエルミート双 1 次形式 f の**符号**という．また $p+q=r$ を f の**階数**，$n-r=s$ を f の**退化次数**とよぶ．f が正，半正，負，半負であることは，それぞれ，その符号が $(n,0)$, $(p,0)$, $(0,n)$, $(0,q)$ であることと同等である．

V 上のエルミート形式 g が正であるとは，その極形式 f が正であることをいう．半正，負，半負についても同様である．g の符号，階数，退化次数なども，極形式 f のそれとして定義される．

エルミート双 1 次形式 f (またはエルミート形式 g) の退化次数が 0 であるとき，f (または g) は**非退化**あるいは**正則**であるという．

上ではわれわれはエルミート双 1 次形式またはエルミート形式に対して，正，半正，符号などの概念を定義した．同様の概念はエルミート行列に対しても定義される．たとえば，エルミート行列 $A\in M_n(\boldsymbol{K})$ が正であるとは，A で定まる $\boldsymbol{K}^n$ 上のエルミート双 1 次形式

$$(\boldsymbol{x}, \boldsymbol{y}) \longmapsto \bar{\boldsymbol{x}}^{\mathrm{T}} A \boldsymbol{y} \tag{9.21}$$

が正であることをいう．半正，負，半負などの概念についても同様である．また A の符号は，エルミート双 1 次形式 (9.21) の符号として定義される．明らかに，任意の n 次元ベクトル空間 V 上で，与えられた基底に関して A を表現行列にもつエルミート双 1 次形式の符号は A の符号に等しい．

問　題

1. f を n 次元ベクトル空間 V 上のエルミート双 1 次形式，$\mathcal{B}$ を V の任意の基底とする．f の階数は表現行列 $[f]_{\mathcal{B}}$ の階数に等しいことを示せ．また f が正則であることは行列 $[f]_{\mathcal{B}}$ が正則であることと同等であることを示せ．

2. f を n 次元ベクトル空間 V 上のエルミート双 1 次形式とし，V_0 を，f に関して V のすべての元と直交するような V の元全体の集合とする．V_0 は V の部分空間であ

ることを示せ．また，V_0 の次元は f の退化次数に等しいことを示せ．（この V_0 はエルミート双1次形式 f の核とよばれる．f が正則であることは，その核が $\{0\}$ であることにほかならない．）

§6　内積空間

V を $\boldsymbol{K}$ 上のベクトル空間とする．V 上の正値エルミート双1次形式は，しばしば簡単に，V 上の**内積**とよばれる．本章では以後，その上に1つの特別な内積が定められているようなベクトル空間について考察する．

はじめに内積の簡単な例を挙げよう．

例 9.2　$\boldsymbol{K}^n$ の元

$$\boldsymbol{x} = \begin{bmatrix} x_1 \\ \vdots \\ x_n \end{bmatrix}, \qquad \boldsymbol{y} = \begin{bmatrix} y_1 \\ \vdots \\ y_n \end{bmatrix}$$

に対し，

$$\Phi(\boldsymbol{x}, \boldsymbol{y}) = \sum_{i=1}^{n} \bar{x}_i y_i = \bar{x}_1 y_1 + \cdots + \bar{x}_n y_n$$

とおけば，$\Phi\colon \boldsymbol{K}^n \times \boldsymbol{K}^n \to \boldsymbol{K}$ は $\boldsymbol{K}^n$ 上の1つの内積である．これは，$\boldsymbol{K}^n$ の標準基底に関して単位行列 I_n で表現される正値エルミート双1次形式にほかならない．この Φ を $\boldsymbol{K}^n$ 上の**標準内積**または**自然内積**という．本書では以後，$\Phi(\boldsymbol{x}, \boldsymbol{y})$ を $(\boldsymbol{x}|\boldsymbol{y})$ で表す．すなわち

$$(\boldsymbol{x}|\boldsymbol{y}) = \sum_{i=1}^{n} \bar{x}_i y_i = \bar{\boldsymbol{x}}^{\mathrm{T}} \boldsymbol{y} \tag{9.22}$$

である．

（前に第3章で定義した‘内積’ $\boldsymbol{x}\cdot\boldsymbol{y} = \sum_{i=1}^{n} x_i y_i = \boldsymbol{x}^{\mathrm{T}}\boldsymbol{y}$ は，$\boldsymbol{K}=\boldsymbol{R}$ の場合には上の標準内積と一致するが，$\boldsymbol{K}=\boldsymbol{C}$ の場合には一致しない．第3章の $\boldsymbol{x}\cdot\boldsymbol{y}$ は，$\boldsymbol{K}=\boldsymbol{C}$ の場合には，本節の定義の意味での内積——すなわち正値エルミート双1次形式——ではない．）

例 9.3　V を $\boldsymbol{K}$ 上の任意の n 次元ベクトル空間とし，$\mathcal{B}$ を任意に定めた V の1つの基底とする．そのとき，V の元 u, v に対し，その座標ベクトルを $[u]_{\mathcal{B}} = \boldsymbol{x}$，$[v]_{\mathcal{B}} = \boldsymbol{y}$ として，

$$f(u, v) = (\boldsymbol{x}|\boldsymbol{y}) = \bar{\boldsymbol{x}}^{\mathrm{T}} \boldsymbol{y} \tag{9.23}$$

と定義すれば，$f\colon V\times V\to \boldsymbol{K}$ は V 上の１つの内積である．

例 9.4* 実数の閉区間 $0\leqq t\leqq 1$ の上で定義された実数値連続関数全体が作る $\boldsymbol{R}$ 上のベクトル空間を V とする．V の任意の元 $f(t), g(t)$ に対し，

$$\Phi(f, g)=\int_0^1 f(t)g(t)dt$$

と定義すれば，$\Phi\colon V\times V\to \boldsymbol{R}$ は V 上の１つの内積である．この証明は読者の練習問題としよう(問題 6)．——

さて，われわれは次の定義を与える．

定義 $\boldsymbol{K}$ 上のベクトル空間 V は，その上に１つの内積 f_0 が定められているとき，**内積空間**とよばれる．

すなわち内積空間というのは，ベクトル空間 V とその上の１つの内積 f_0 とを合わせて考えたものである．より形式的にいえば，V と f_0 との組(V, f_0)のことである．

内積空間においては，下にみるように‘ベクトルの長さ’などの‘計量的’な概念が定義され，それについて古典的な幾何学(いわゆる‘ユークリッド幾何学’)で扱われるような議論が展開される．そのため，内積空間は，**計量ベクトル空間**，**一般ユークリッド・ベクトル空間**などともよばれる．特に有限次元の内積空間は**ユークリッド・ベクトル空間**とよばれる．

例 9.3 によって，$\boldsymbol{K}$ 上の任意の有限次元ベクトル空間は，もし必要があるならば，その上に１つの内積を導入して，ユークリッド・ベクトル空間として取り扱うことができる．

(内積空間には，上記のほかにも，さらにいくつもの名称がある．またそれらの言葉の用法は，こまかい点で，書物により必ずしも一定していない．他書を参照する際は注意されたい．)

以下本章では，われわれは１つの内積空間 V——正確には(V, f_0)——について考える．$u, v\in V$ に対し，$f_0(u, v)$を‘u, v の内積’とよび，以後は文字 f_0 をはぶいて，簡単に

$$(u|v)$$

と書く．（普通はもっと簡単に(u, v)と書かれるが，単なる2元の組との区別を明らかにするために，本書では上の記号を採用した．）定義によって，$f_0(u, v)=(u|v)$は次の性質を満たしている．

1. $(u+u'|v) = (u|v)+(u'|v)$.

2. $(cu|v) = \bar{c}(u|v)$.

3. $(u|v+v') = (u|v)+(u|v')$.

4. $(u|cv) = c(u|v)$.

5. $(u|v) = \overline{(v|u)}$.

6. すべての$v\in V$に対して$(v|v)\geqq 0$．さらに，もし$v\neq 0$ならば$(v|v)>0$.

もちろん上記の**2, 4**におけるcは$\boldsymbol{K}$の任意の元である．

われわれは，エルミート双1次形式の一般論から離れて，上の**1-6**を‘内積の公理’と考えることもできる．内積空間Vとは，この公理を満たすような$V\times V$から$\boldsymbol{K}$への写像

$$(u, v)\longmapsto (u|v)$$

の定義されたベクトル空間である．

次の定理の不等式は内積空間において基本的である．これは，**シュヴァルツ**(Schwarz)**の不等式**とよばれる．

定理 9.15 Vを内積空間とすれば，その任意の元u, vに対して

(9.24) $$|(u|v)|^2 \leqq (u|u)(v|v)$$

が成り立つ．

証明 $v=0$ならば(9.24)の両辺はともに0であるから，この不等式はたしかに成り立つ．

そこで$v\neq 0$とする．$a, b\in\boldsymbol{K}$とすれば，内積の性質**6**によって

$$(au+bv|au+bv) \geqq 0.$$

内積の性質**1-5**を用いて上式の左辺を展開すれば

$$\bar{a}a(u|u)+\bar{a}b(u|v)+a\bar{b}\overline{(u|v)}+\bar{b}b(v|v)\geqq 0.$$

この不等式は，任意の $a, b\in\boldsymbol{K}$ に対して成り立つから，特に $a=(v|v)$，$\boldsymbol{b}=-\overline{(u|v)}$ とおけば，

$$(v|v)^2(u|u)-(v|v)|(u|v)|^2-(v|v)|(u|v)|^2+|(u|v)|^2(v|v)\geqq 0,$$

すなわち

$$(v|v)^2(u|u)-(v|v)|(u|v)|^2\geqq 0.$$

$(v|v)>0$ であるから

$$(v|v)(u|u)-|(u|v)|^2\geqq 0.$$

これで(9.24)が導かれた. ▌

V が内積空間ならば，任意の $v\in V$ に対して $(v|v)$ は負でない実数であるから，その負でない平方根 $\sqrt{(v|v)}$ をとることができる．これを v の**長さ**または**ノルム**とよび，$\|v\|$ で表す．(長さを $|v|$ で表すこともあるが，ここでは‘数の絶対値’との混同を避けるため $\|v\|$ という記号を用いることにする．第1章では $\boldsymbol{R}^2$ や $\boldsymbol{R}^3$ の元 $\boldsymbol{a}$ の長さを $|\boldsymbol{a}|$ と書いたが，これは高校数学の記法に従ったのである.)

ノルム $\|v\|$ の定義によって

$$\|v\|^2=(v|v)$$

であるから，上の(9.24)は $|(u|v)|^2\leqq\|u\|^2\|v\|^2$ と書かれる．この両辺の平方根をとれば

(9.24)′ $$|(u|v)|\leqq\|u\|\,\|v\|.$$

これはシュヴァルツの不等式の別の形である.

例 9.5 $\boldsymbol{K}^n$ 上の標準内積について，$\boldsymbol{K}^n$ の元

$$\boldsymbol{x}=\begin{bmatrix}x_1\\ \vdots\\ x_n\end{bmatrix}$$

の長さは

$$\|\boldsymbol{x}\|=\sqrt{(\boldsymbol{x}|\boldsymbol{x})}=\sqrt{\bar{\boldsymbol{x}}^{\mathrm{T}}\boldsymbol{x}}=\sqrt{\sum_{i=1}^{n}|x_i|^2}$$

である．くわしくはこれを $\boldsymbol{x}$ の‘ユークリッド的長さ’または‘ユークリッド・ノルム’という.

$\boldsymbol{K}=\boldsymbol{R}$ のときには，$\boldsymbol{x}\in\boldsymbol{R}^n$ の長さは

$$\|\boldsymbol{x}\| = \sqrt{\sum_{i=1}^{n} x_i{}^2} = \sqrt{x_1{}^2+x_2{}^2+\cdots+x_n{}^2}$$

である．これはたしかに $n=2,3$ の場合のベクトルの長さの一般化となっている．

例 9.6 前例と同じく，$\boldsymbol{K}^n$ 上の標準内積について考える．そのとき，シュヴァルツの不等式

$$|(\boldsymbol{x}|\boldsymbol{y})|^2 \leqq \|\boldsymbol{x}\|^2\|\boldsymbol{y}\|^2$$

は，$\boldsymbol{x},\boldsymbol{y}$ の座標を用いて具体的に表せば，

$$\left|\sum_{i=1}^{n} \bar{x}_i y_i\right|^2 \leqq \sum_{i=1}^{n}|x_i|^2\cdot\sum_{i=1}^{n}|y_i|^2$$

の形となる．

命題 9.16 内積空間 V において，ノルムは次の性質をもつ．

1. 任意の $v\in V$ に対して $\|v\|\geqq 0$．ここで $\|v\|=0$ となるのは $v=0$ のときに限る．

2. スカラー $c\in\boldsymbol{K}$ と $v\in V$ に対して $\|cv\|=|c|\,\|v\|$．

3. 任意の $u,v\in V$ に対して

(9.25) $$\|u+v\| \leqq \|u\|+\|v\|.$$

証明 1は明らかである．

2. $\|cv\|^2=(cv|cv)=\bar{c}c(v|v)=|c|^2\|v\|^2$．これから結論が得られる．

3. $\|u+v\|^2=(u+v|u+v)$ を計算すれば

$$\begin{aligned}\|u+v\|^2 &= (u|u)+(u|v)+(v|u)+(v|v)\\ &= (u|u)+(u|v)+\overline{(u|v)}+(v|v)\\ &= \|u\|^2+2\,\mathrm{Re}\,(u|v)+\|v\|^2.\end{aligned}$$

一般に $a\in K$ に対して，明らかに

$$\mathrm{Re}\,(a) \leqq |\mathrm{Re}\,(a)| \leqq |a|$$

であるから，

$$\|u+v\|^2 \leqq \|u\|^2+2|(u|v)|+\|v\|^2.$$

そしてシュヴァルツの不等式(9.24)′によって $|(u|v)|\leqq\|u\|\,\|v\|$ であるから，

$$\|u+v\|^2 \leqq \|u\|^2+2\|u\|\,\|v\|+\|v\|^2 = (\|u\|+\|v\|)^2.$$

ゆえに(9.25)が成り立つ. ▌

上の(9.25)は**三角不等式**とよばれる. 象徴的な図をえがけば次の第1図のようになる.

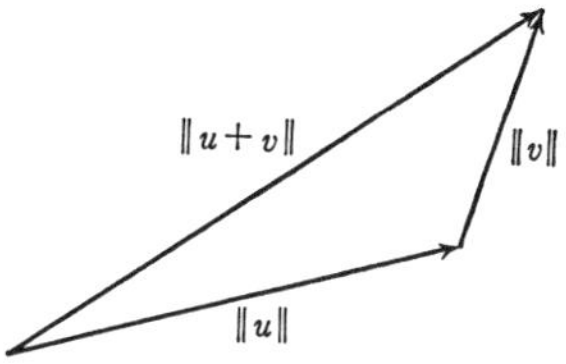

第1図

長さが1であるベクトルは**単位ベクトル**とよばれる. 命題9.16の**2**によって, v が0でないベクトルならば

$$\frac{1}{\|v\|}v \qquad \left(\text{これを通常}\ \frac{v}{\|v\|}\ \text{と書く}\right)$$

は単位ベクトルである.

なお実内積空間においては, (9.24)′ によって, $u\neq 0$, $v\neq 0$ ならば

$$-1\leqq\frac{(u|v)}{\|u\|\,\|v\|}\leqq 1 \tag{9.26}$$

である. したがって

$$\frac{(u|v)}{\|u\|\,\|v\|}=\cos\theta$$

となるような角 θ (ただし $0\leqq\theta\leqq\pi$) がただ1つ存在する. この θ を($\boldsymbol{R}^2$ や $\boldsymbol{R}^3$ の場合にちなんで)ベクトル u, v のなす**角**という.

複素内積空間においては角は定義されない. ($\boldsymbol{K}=\boldsymbol{C}$ の場合には $(u|v)$ は一般に複素数であるから, 不等式(9.24)′ を(9.26)のように書き直すことはできないのである.)

問　　題

1. 内積空間において, 等式

$$\|u+v\|^2+\|u-v\|^2=2(\|u\|^2+\|v\|^2)$$

を証明せよ. (この等式は平行四辺形の法則, 中線定理などとよばれる. 次の第2図参照.)

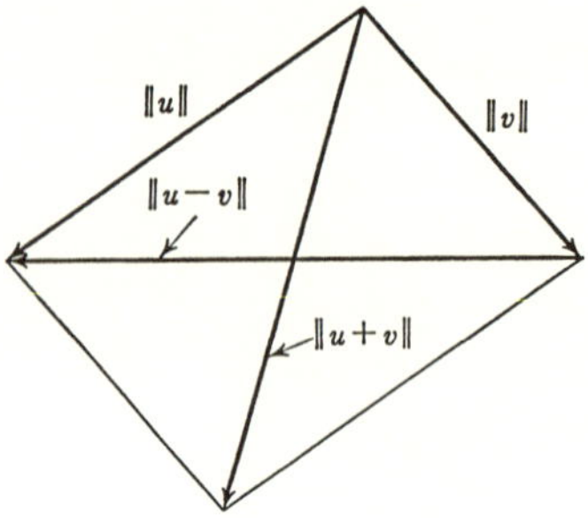

第2図

2. 内積空間 V の元 u, v に対し，$|(u|v)|=\|u\|\,\|v\|$ が成り立つための必要十分条件は，u, v が1次従属であることである．このことを証明せよ．

3. u, v を内積空間 V の0でない元とする．次の3つの条件は互いに同等であることを示せ．

(i) $u = cv,\ c > 0$.　(ii) $(u|v) = \|u\|\,\|v\|$.　(iii) $\|u+v\| = \|u\|+\|v\|$.

4. $v_1, v_2, \cdots, v_r$ を内積空間 V の0でない元とするとき，

$$\|v_1+v_2+\cdots+v_r\| \leqq \|v_1\|+\|v_2\|+\cdots+\|v_r\|$$

であることを証明せよ．等号はどんな場合に成り立つか．

5. V を $\boldsymbol{R}$ 上の内積空間とし，u, v を $\|u\|\leqq 1$，$\|v\|\leqq 1$ であるような V の元とする．このとき，$0\leqq a\leqq 1$，$0\leqq b\leqq 1$，$a+b=1$ を満たす任意の実数 a, b に対して $\|au+bv\|\leqq 1$ が成り立つことを証明せよ．

6*. 例9.4に述べたことを証明せよ．

7*. 例9.4の内積空間に定理9.15を適用して，区間 $0\leqq t\leqq 1$ の上で定義された任意の2つの実数値連続関数 $f(t), g(t)$ に対し，不等式

$$\left(\int_0^1 f(t)g(t)dt\right)^2 \leqq \int_0^1 (f(t))^2 dt \cdot \int_0^1 (g(t))^2 dt$$

が成り立つことを示せ．

8*. 前問で等号が成り立つのはどんな場合であるか．

9*. 実数の区間 $0\leqq t\leqq 1$ の上で定義された連続な複素数値関数全体が作る $\boldsymbol{C}$ 上のベクトル空間を V とする．V の元 $f(t)=u(t)+iv(t)$ ($u(t), v(t)$ は実数値連続関数) に対し，その積分を

$$\int_0^1 f(t)dt = \int_0^1 u(t)dt + i\int_0^1 v(t)dt$$

と定義する．また $f(t)=u(t)+iv(t)$ に対し，その共役複素関数 $\bar{f}(t)$ を $\bar{f}(t)=u(t)-iv(t)$ と定義する．

V の任意の元 $f(t), g(t)$ に対し,

$$\Phi(f,g) = \int_0^1 \bar{f}(t)g(t)dt$$

として写像 Φ: $V\times V\to \boldsymbol{C}$ を定義すれば, Φ は V 上の1つの内積であることを証明せよ.

§7 正規直交基底

V を内積空間とする.

V の元 u, v は, $(u|v)=0$ であるとき, **直交**するといわれる. V の元 $v_1, v_2, \cdots, v_r$ がどれも0でなく, どの2つも互いに直交するとき, これらの元は**直交系**をなすといわれる. $v_1, v_2, \cdots, v_r$ が直交系で, さらに $\|v_i\|=1\,(i=1, 2, \cdots, r)$ であるとき, これらは**正規直交系**をなすといわれる.

V が有限次元であるとき, V の基底 $\{v_1, v_2, \cdots, v_n\}$ で直交系または正規直交系をなすものを, V の**直交基底**または**正規直交基底**という.

明らかに, $\{v_1, v_2, \cdots, v_n\}$ が V の直交基底であるならば,

$$v_i' = \frac{v_i}{\|v_i\|} \qquad (i=1, 2, \cdots, n)$$

によって定められる $\{v_1', v_2', \cdots, v_n'\}$ は V の正規直交基底である.

例 9.7 標準内積を導入した内積空間 $\boldsymbol{K}^n$ において, 標準基底 $\{\boldsymbol{e}_1, \boldsymbol{e}_2, \cdots, \boldsymbol{e}_n\}$ は正規直交基底である. 実際, 標準内積の定義によって, 明らかに

$$(\boldsymbol{e}_i|\boldsymbol{e}_i) = 1, \qquad (\boldsymbol{e}_i|\boldsymbol{e}_j) = 0 \quad (i\neq j)$$

となっている.

例 9.8 V を $\boldsymbol{K}$ 上の n 次元ベクトル空間とし, f を例9.3のようにして定義された V 上の内積とする. この内積 f に関して, 与えられた基底 $\mathscr{B}$ は V の正規直交基底である. ——

われわれはすでに, 有限次元ベクトル空間上の任意のエルミート双1次形式に対して, それに関する直交基底が存在することを知っている(定理9.10). それゆえ特に, 有限次元の内積空間 V には必ず直交基底が, したがってまた正規直交基底が存在する.

次の定理は, あらかじめ任意に与えられた V の基底から, あらためて V の正規直交基底を構成する具体的な方法を与える. またこの定理は, 有限次元内積空間における正規直交基底の存在を, 直接にも示している. この定理に述べ

る方法は**グラム-シュミット**(Gram-Schmidt)**の正規直交化法**とよばれる．

定理 9.17　V を n 次元の内積空間とし，$\{w_1, w_2, \cdots, w_n\}$ を V の任意の基底とする．そのとき

$$v_1' = w_1, \qquad v_1 = \frac{v_1'}{\|v_1'\|},$$

$$v_2' = w_2 - \overline{(w_2|v_1)}v_1, \qquad v_2 = \frac{v_2'}{\|v_2'\|},$$

$$v_3' = w_3 - \overline{(w_3|v_1)}v_1 - \overline{(w_3|v_2)}v_2, \qquad v_3 = \frac{v_3'}{\|v_3'\|},$$

$$\cdots\cdots\cdots\cdots \qquad \cdots$$

$$v_n' = w_n - \overline{(w_n|v_1)}v_1 - \cdots - \overline{(w_n|v_{n-1})}v_{n-1}, \qquad v_n = \frac{v_n'}{\|v_n'\|}$$

として順次に元 $v_1, v_2, \cdots, v_n$ を定めれば，$\{v_1, v_2, \cdots, v_n\}$ は V の正規直交基底である．さらに，$r=1, 2, \cdots, n$ に対して

$$\langle w_1, w_2, \cdots, w_r\rangle = \langle v_1, v_2, \cdots, v_r\rangle \tag{9.27}$$

が成り立つ．

証明　任意の $r=1, \cdots, n$ に対して，$v_1, \cdots, v_r$ が正規直交系で，しかも(9.27)を満たすことを，r に関する帰納法によって証明する．

まず $\langle w_1\rangle=\langle v_1\rangle$，$\|v_1\|=1$ であることは明らかである．そこで r を $2\leqq r\leqq n$ を満たす任意の1つの整数とし，$v_1, \cdots, v_{r-1}$ は正規直交系で，

$$\langle w_1, \cdots, w_{r-1}\rangle = \langle v_1, \cdots, v_{r-1}\rangle \tag{9.28}$$

が成り立っていると仮定する．そのとき v_r', v_r を

$$v_r' = w_r - \overline{(w_r|v_1)}v_1 - \overline{(w_r|v_2)}v_2 - \cdots - \overline{(w_r|v_{r-1})}v_{r-1}, \tag{9.29}$$

$$v_r = \frac{v_r'}{\|v_r'\|} \tag{9.30}$$

によって定めれば，$v_1, \cdots, v_{r-1}, v_r$ は正規直交系で(9.27)が成り立つことを示そう．v_r' の定義(9.29)によって

$$v_r' \in \langle v_1, \cdots, v_{r-1}, w_r\rangle, \qquad w_r \in \langle v_1, \cdots, v_{r-1}, v_r'\rangle$$

であるから，

$$\langle v_1, \cdots, v_{r-1}, w_r\rangle = \langle v_1, \cdots, v_{r-1}, v_r'\rangle.$$

ゆえに(9.28)によって

$$\langle w_1, \cdots, w_{r-1}, w_r\rangle = \langle v_1, \cdots, v_{r-1}, w_r\rangle = \langle v_1, \cdots, v_{r-1}, v_r'\rangle$$

である．したがって $v_1, \cdots, v_{r-1}, v_r'$ は r 次元部分空間 $\langle w_1, \cdots, w_r\rangle$ の基底をなしている．特に $v_r' \neq 0$ であるから，(9.30)によって単位ベクトル v_r を作ることができる．また v_r' の定義(9.29)と $v_1, \cdots, v_{r-1}$ に関する仮定から，任意の $i=1, \cdots, r-1$ に対して

$$\begin{aligned}(v_r'|v_i) &= \left(w_r - \sum_{k=1}^{r-1} \overline{(w_r|v_k)} v_k \middle| v_i\right)\\ &= (w_r|v_i) - \sum_{k=1}^{r-1} (w_r|v_k)(v_k|v_i)\\ &= (w_r|v_i) - (w_r|v_i) = 0\end{aligned}$$

となる．なぜなら $(v_k|v_i)=0\,(k\neq i)$，$(v_i|v_i)=1$ であるからである．すなわち v_r' は，したがって v_r は，$v_1, \cdots, v_{r-1}$ のすべてと直交している．しかも

$$\langle w_1, \cdots, w_{r-1}, w_r\rangle = \langle v_1, \cdots, v_{r-1}, v_r'\rangle = \langle v_1, \cdots, v_{r-1}, v_r\rangle$$

である．これで主張が導かれた．

以上の議論から，帰納法によって，$v_1, v_2, \cdots, v_n$ は正規直交系で，$\langle w_1, w_2, \cdots, w_n\rangle = V$ の基底をなしていることがわかる．すなわち $\{v_1, v_2, \cdots, v_n\}$ は V の正規直交基底である．これで定理が証明された．▮

例 9.9　$\boldsymbol{R}^4$ の3元

$$\boldsymbol{a}_1 = (1,1,1,0), \quad \boldsymbol{a}_2 = (1,1,0,1), \quad \boldsymbol{a}_3 = (1,0,1,1)$$

によって生成される $\boldsymbol{R}^4$ の3次元部分空間を V とする．その正規直交基底を求めよ．(この例では紙面の節約のため，$\boldsymbol{R}^4$ の元を行ベクトルの形に書く．)

解　グラム-シュミットの方法によって，V の基底 $\{\boldsymbol{a}_1, \boldsymbol{a}_2, \boldsymbol{a}_3\}$ を‘正規直交化’する．その過程は次の通り：

$$\boldsymbol{b}_1' = \boldsymbol{a}_1, \quad \|\boldsymbol{b}_1'\| = \sqrt{3},$$

$$\boldsymbol{b}_1 = \frac{1}{\sqrt{3}}\boldsymbol{b}_1' = \left(\frac{1}{\sqrt{3}}, \frac{1}{\sqrt{3}}, \frac{1}{\sqrt{3}}, 0\right).$$

$$\begin{aligned}\boldsymbol{b}_2' &= \boldsymbol{a}_2 - (\boldsymbol{a}_2|\boldsymbol{b}_1)\boldsymbol{b}_1\\ &= (1,1,0,1) - \frac{2}{\sqrt{3}}\left(\frac{1}{\sqrt{3}}, \frac{1}{\sqrt{3}}, \frac{1}{\sqrt{3}}, 0\right) = \left(\frac{1}{3}, \frac{1}{3}, -\frac{2}{3}, 1\right),\end{aligned}$$

$$\|\boldsymbol{b}_2'\| = \frac{\sqrt{15}}{3}, \qquad \boldsymbol{b}_2 = \frac{3}{\sqrt{15}}\boldsymbol{b}_2' = \left(\frac{1}{\sqrt{15}}, \frac{1}{\sqrt{15}}, -\frac{2}{\sqrt{15}}, \frac{3}{\sqrt{15}}\right).$$

$$\begin{aligned}\boldsymbol{b}_3' &= \boldsymbol{a}_3 - (\boldsymbol{a}_3|\boldsymbol{b}_1)\boldsymbol{b}_1 - (\boldsymbol{a}_3|\boldsymbol{b}_2)\boldsymbol{b}_2 \\ &= (1,0,1,1) - \frac{2}{\sqrt{3}}\left(\frac{1}{\sqrt{3}}, \frac{1}{\sqrt{3}}, \frac{1}{\sqrt{3}}, 0\right) \\ &\quad - \frac{2}{\sqrt{15}}\left(\frac{1}{\sqrt{15}}, \frac{1}{\sqrt{15}}, -\frac{2}{\sqrt{15}}, \frac{3}{\sqrt{15}}\right) \\ &= \left(\frac{1}{5}, -\frac{4}{5}, \frac{3}{5}, \frac{3}{5}\right),\end{aligned}$$

$$\|\boldsymbol{b}_3'\| = \frac{\sqrt{35}}{5}, \qquad \boldsymbol{b}_3 = \frac{5}{\sqrt{35}}\boldsymbol{b}_3' = \left(\frac{1}{\sqrt{35}}, -\frac{4}{\sqrt{35}}, \frac{3}{\sqrt{35}}, \frac{3}{\sqrt{35}}\right).$$

上に求めた$\{\boldsymbol{b}_1, \boldsymbol{b}_2, \boldsymbol{b}_3\}$が V の正規直交基底である．▌

$\mathcal{B}=\{v_1, \cdots, v_n\}$が V の正規直交基底ならば，V の内積の $\mathcal{B}$ に関する表現行列，すなわち$(v_i|v_j)$を(i,j)成分とする n 次の正方行列は単位行列 I_n である．

命題 9.18　$\mathcal{B}=\{v_1, \cdots, v_n\}$を V の正規直交基底とし，V の元 v に対して

$$[v]_{\mathcal{B}} = \boldsymbol{x} = \begin{bmatrix} x_1 \\ \vdots \\ x_n \end{bmatrix}$$

とすれば

$$x_i = \overline{(v|v_i)} = (v_i|v) \qquad (i=1, \cdots, n) \tag{9.31}$$

である．

証明　座標ベクトルの意味によって

$$v = \sum_{k=1}^{n} x_k v_k$$

である．これを$(v_i|v)$の v に代入して計算すれば

$$(v_i|v) = \left(v_i \middle| \sum_{k=1}^{n} x_k v_k\right) = \sum_{k=1}^{n} x_k (v_i|v_k) = x_i$$

となる．▌

命題 9.19　前命題と同じ仮定のもとに，V の元 v, w の $\mathcal{B}$ に関する座標ベクトルを

$$[v]_{\mathcal{B}} = \boldsymbol{x}, \qquad [w]_{\mathcal{B}} = \boldsymbol{y}$$

とすれば，

(9.32)
$$(v|w) = \sum_{i=1}^{n} \bar{x}_i y_i = \bar{\boldsymbol{x}}^{\mathrm{T}} \boldsymbol{y} = (\boldsymbol{x}|\boldsymbol{y}),$$

特に

(9.33)
$$\|v\| = \sqrt{(v|v)} = \sqrt{\sum_{i=1}^{n} |x_i|^2} = \|\boldsymbol{x}\|$$

である.

証明　これは命題 9.12 から明らかである．すなわち，その命題における f を V 上の与えられた内積とすれば，$(v_i|v_i)=c_i=1$ であるから，(9.18), (9.19) から直ちに (9.32), (9.33) が得られる．（もちろんここで直接に計算しても，これらの結果を得るのは容易である.）▮

問　　題

1. $v_1, v_2, \cdots, v_r$ が内積空間 V の直交系ならば，$v_1, v_2, \cdots, v_r$ は 1 次独立であることを示せ.

2. V を n 次元内積空間，$v_1, \cdots, v_r$ を V の正規直交系とすれば，これを拡大した V の正規直交基底 $\{v_1, \cdots, v_r, \cdots, v_n\}$ が存在することを示せ.

3. 実内積空間において次のことを証明せよ.

(a)　u, v が直交するためには
$$\|u+v\|^2 = \|u\|^2 + \|v\|^2$$
の成り立つことが必要かつ十分である．(**ピタゴラスの定理とその逆**)

(b)　$u+v, u-v$ が直交するためには $\|u\|=\|v\|$ であることが必要かつ十分である.

4. 複素内積空間の場合に前問の命題は成り立つか.

5. $\boldsymbol{R}^4$ の次のベクトルで生成される 3 次元部分空間の正規直交基底を求めよ：
$$\boldsymbol{a}_1 = (2, 0, 0, -1), \qquad \boldsymbol{a}_2 = (1, 2, 0, 3), \qquad \boldsymbol{a}_3 = (-1, 3, 4, 0).$$

§8　計量同型写像(等長写像，ユニタリ写像)

内積空間の‘同型’については次のように定義する.

定義　V, V' を $\boldsymbol{K}$ 上の内積空間とする．写像 $F: V \to V'$ は，次の 2 つの条件を満たすとき，V から V' への**内積空間としての同型写像**，**計量同型写像**，**等長(線型)写像**，**ユニタリ(線型)写像**などとよばれる.

1. F は V から V' へのベクトル空間としての同型写像である.

2. F は内積を保存する．すなわち，V の任意の元 u, v に対して

$$(F(u)|F(v)) = (u|v)$$

が成り立つ．

V から V' への計量同型写像が存在するとき，V と V' は**内積空間として同型**または**計量同型**であるといわれる．

以下われわれは有限次元の内積空間について考える．

命題 9.20　V, V' を $\boldsymbol{K}$ 上の同じ次元の内積空間とし，$F\colon V \to V'$ を線型写像とする．（F が同型写像であることは仮定しない．）そのとき，次の4条件は互いに同等である．

1. F は計量同型写像である．

2. 任意の $u, v \in V$ に対して $(F(u)|F(v))=(u|v)$.

3. F はベクトルの長さを保存する．すなわち任意の $v \in V$ に対して

$$\|F(v)\| = \|v\|.$$

4. F は長さ1のベクトル（単位ベクトル）を長さ1のベクトルにうつす．すなわち

$$\|v\| = 1 \quad \text{ならば} \quad \|F(v)\| = 1.$$

証明　まず**2**と**3**が同等であることを証明する．**2**から**3**は，$u=v$ とおいて直ちに得られる．逆に**3**を仮定する．命題 9.16 の証明でみたように

$$\|u+v\|^2 = \|u\|^2+2\,\mathrm{Re}\,(u|v)+\|v\|^2.$$

この式の u, v に $F(u), F(v)$ を代入して，$F(u)+F(v)=F(u+v)$ に注意すれば，

$$\|F(u+v)\|^2 = \|F(u)\|^2+2\,\mathrm{Re}\,(F(u)|F(v))+\|F(v)\|^2.$$

したがって**3**を仮定すれば，上の2式から

$$\mathrm{Re}\,(F(u)|F(v)) = \mathrm{Re}\,(u|v)$$

が導かれる．$\boldsymbol{K}=\boldsymbol{R}$ ならば，これで**2**が得られる．$\boldsymbol{K}=\boldsymbol{C}$ の場合には，上式の u に iu を代入して内積の性質を用いれば，

$$\mathrm{Im}\,(F(u)|F(v)) = \mathrm{Im}\,(u|v)$$

が得られるから，やはり $(F(u)|F(v))=(u|v)$ となる．

次に**3**と**4**が同等であることを証明する．**3**から**4**が得られることは明らかである．逆に**4**を仮定すれば，V の元 $v\,(\neq 0)$ に対して $v/\|v\|$ は単位ベクトル

であるから，

$$\left\|F\left(\frac{v}{\|v\|}\right)\right\| = 1,$$

したがって

$$\left\|\frac{1}{\|v\|}F(v)\right\| = \frac{1}{\|v\|}\|F(v)\| = 1,$$

すなわち $\|F(v)\|=\|v\|$ となる．よって **3** が成り立つ．

以上で **2, 3, 4** は同等であることが証明された．

最後に **1** を仮定すれば，定義によって **2** が成り立つ．他方 **3** を仮定すれば，特に $v\neq 0$ のとき $F(v)\neq 0$ となるから，F の核は $\{0\}$ に等しく，したがって F は単射である．V, V' は同じ次元のベクトル空間と仮定されているから，定理 3.20 によって F はベクトル空間としての同型写像となる．ゆえに F: $V\to V'$ は計量同型写像である．▌

計量同型写像を‘等長写像’とよぶのは，命題 9.20 の条件 **3** が成り立つからである．また，それを‘ユニタリ(unitary)写像’ともよぶのは，命題 9.20 の条件 **4** のように，単位ベクトル(unit vector)を単位ベクトルにうつすからである．

命題 9.21 V, V' をともに $\boldsymbol{K}$ 上の n 次元内積空間，F: $V\to V'$ を線型写像とする．$\mathcal{B}=\{v_1, \cdots, v_n\}$ を V の 1 つの正規直交基底とする．そのとき，次の 2 つの条件は同等である．

1. F は計量同型写像である．

2. $\{F(v_1), \cdots, F(v_n)\}$ は V' の正規直交基底である．

証明 **1** から **2** が導かれることは前命題の **2, 3** から明らかである．逆に $\mathcal{B}'=\{F(v_1), \cdots, F(v_n)\}$ が V' の正規直交基底であるとする．そのとき，$u, v\in V$ に対して

$$[u]_{\mathcal{B}} = \boldsymbol{x} = \begin{bmatrix} x_1 \\ \vdots \\ x_n \end{bmatrix}, \qquad [v]_{\mathcal{B}} = \boldsymbol{y} = \begin{bmatrix} y_1 \\ \vdots \\ y_n \end{bmatrix}$$

とすれば，F は線型であるから $[F(u)]_{\mathcal{B}'}=\boldsymbol{x}$, $[F(v)]_{\mathcal{B}'}=\boldsymbol{y}$ が成り立ち，命題 9.19 によって $(u|v), (F(u)|F(v))$ はどちらも

$$(\boldsymbol{x}|\boldsymbol{y}) = \sum_{i=1}^{n} \bar{x}_i y_i$$

に等しい．ゆえに F は計量同型写像である．▌

命題 9.22　$\boldsymbol{K}$ 上の任意の2つの n 次元内積空間 V, V' は計量同型である．

証明　$\mathcal{B}=\{v_1, \cdots, v_n\}$，$\mathcal{B}'=\{v_1', \cdots, v_n'\}$ をそれぞれ V, V' の正規直交基底とし，線型写像 $F: V\to V'$ を

$$F(v_i) = v_i' \qquad (i=1, \cdots, n)$$

により定義すれば，前命題によって F は V から V' への計量同型写像となる．▌

系　$\boldsymbol{K}$ 上の任意の n 次元内積空間 V は，標準内積をそなえた内積空間 $\boldsymbol{K}^n$ と計量同型である．すなわち，n 次元実内積空間は $\boldsymbol{R}^n$ と，n 次元複素内積空間は $\boldsymbol{C}^n$ とそれぞれ計量同型である．——

具体的に V から $\boldsymbol{K}^n$ への計量同型写像を与えるには，V の1つの正規直交基底 $\mathcal{B}$ をとって，V の各元 v にその座標ベクトル $[v]_{\mathcal{B}}\in\boldsymbol{K}^n$ を対応させればよい．

問　　題

1.　V, V' を $\boldsymbol{K}$ 上の同じ次元の内積空間とする．写像 F: $V\to V'$（'線型' とは仮定しない!）が内積を保存すれば，すなわち任意の $u, v\in V$ に対して

$$(F(u)|F(v)) = (u|v)$$

が成り立つとすれば，F は計量同型写像であることを次の順序で証明せよ．

(a)　$\{v_1, \cdots, v_n\}$ を V の正規直交基底とすれば，$\{F(v_1), \cdots, F(v_n)\}$ は V' の正規直交基底となることを示せ．

(b)　任意の $j\,(1\leqq j\leqq n)$ に対して

$$(F(c_1v_1+\cdots+c_nv_n)-c_1F(v_1)-\cdots-c_nF(v_n)|F(v_j)) = 0$$

が成り立つことを示せ．

(c)　(b) から

$$F(c_1v_1+\cdots+c_nv_n) = c_1F(v_1)+\cdots+c_nF(v_n)$$

を（すなわち F の線型性を）導け．

2.　V, V' を $\boldsymbol{R}$ 上の同じ次元の内積空間とする．写像 F: $V\to V'$（'線型' とは仮定しない）が次の条件

(i)　$F(0) = 0$,

(ii)　任意の $u, v\in V$ に対して $\|F(u)-F(v)\| = \|u-v\|$

を満たすならば，F は計量同型写像であることを証明せよ．

§9　直交補空間，正射影

V を $\boldsymbol{K}$ 上の内積空間とする．

S を V の空でない部分集合とするとき，S のすべての元と直交するような V の元全体の集合を $S^{\perp}$ で表す．これが V の部分空間であることは直ちに証明される(問題1)．$S^{\perp}$ を S の**直交空間**という．

定理 9.23　V を有限次元内積空間，W をその部分空間とすれば，

(9.34)
$$V = W \oplus W^{\perp}$$

が成り立つ．

証明　$\dim V = n$，$\dim W = r$ とする．$\{v_1, \cdots, v_r\}$ を W の1つの正規直交基底とする．§7問題2によって，われわれはこれを V の正規直交基底 $\{v_1, \cdots, v_r, \cdots, v_n\}$ に拡大することができる．このとき，V の元 v に対して

(9.35)
$$v = x_1 v_1 + \cdots + x_r v_r + x_{r+1} v_{r+1} + \cdots + x_n v_n$$

とすれば，$x_i = (v_i | v)$ $(i=1, \cdots, n)$ であるが(命題9.18)，v が W のすべての元と直交するためには，明らかに v が $v_1, \cdots, v_r$ と直交すること，すなわち

$$x_i = (v_i | v) = 0 \qquad (i=1, \cdots, r)$$

であることが必要かつ十分である．それは v が $v_{r+1}, \cdots, v_n$ の1次結合となっていることと同等である．したがって $W^{\perp}$ は $v_{r+1}, \cdots, v_n$ で生成される部分空間 $\langle v_{r+1}, \cdots, v_n \rangle$ に等しい．ゆえに(9.34)が成り立つ．▌

系　V を n 次元内積空間，W をその r 次元部分空間とすれば，$\dim W^{\perp} = n - r$ である．また $(W^{\perp})^{\perp} = W$ が成り立つ．

証明　前半は(9.34)から明らかである．後半は定理9.23の証明における W と $W^{\perp}$ の役割を交換して考えればよい．▌

V が有限次元の内積空間であるとき，その任意の部分空間 W に対して，$W^{\perp}$ は W の**直交補空間**とよばれる．その理由は(9.34)が成り立つからである．定理9.23の系によって，W と $W^{\perp}$ とは‘互いに他の’直交補空間である．

直交補空間 $W^{\perp}$ に沿う V から W への射影を**正射影**という(第3図)．

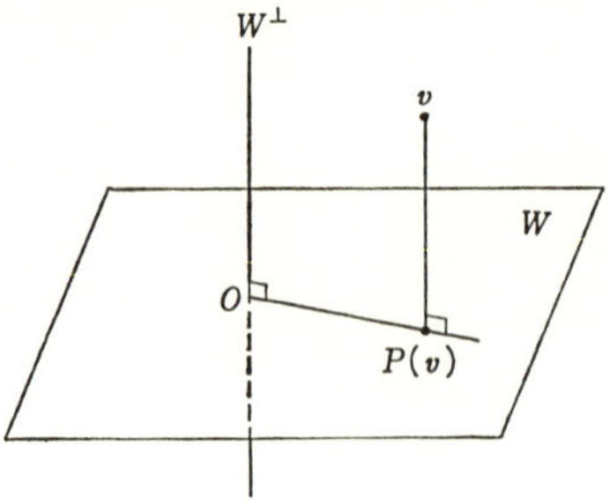

第 3 図

V から W への正射影を P とすれば，定理 9.23 の証明からわかるように，V の元 v に対して，$P(v)$ は (9.35) のはじめの r 項の和となる．すなわち，$\{v_1, \cdots, v_r\}$ を W の正規直交基底とすれば，

(9.36) $$P(v) = \sum_{i=1}^{r}(v_i\,|\,v)v_i = \sum_{i=1}^{r}\overline{(v\,|\,v_i)}v_i$$

である．

例 9.10 V を例 9.9 の $\boldsymbol{R}^4$ の部分空間とし，P を $\boldsymbol{R}^4$ から V への正射影とする．$\boldsymbol{u}=(1, 2, 3, 4)$ とする．公式 (9.36) を用いて $P(\boldsymbol{u})$ を求めてみよう．そのために例 9.9 で求めた V の正規直交基底 $\{\boldsymbol{b}_1, \boldsymbol{b}_2, \boldsymbol{b}_3\}$ を用いる．そうすれば

$$\begin{aligned}P(\boldsymbol{u}) &= (\boldsymbol{u}\,|\,\boldsymbol{b}_1)\boldsymbol{b}_1+(\boldsymbol{u}\,|\,\boldsymbol{b}_2)\boldsymbol{b}_2+(\boldsymbol{u}\,|\,\boldsymbol{b}_3)\boldsymbol{b}_3 \\ &= \frac{6}{\sqrt{3}}\left(\frac{1}{\sqrt{3}}, \frac{1}{\sqrt{3}}, \frac{1}{\sqrt{3}}, 0\right)+\frac{9}{\sqrt{15}}\left(\frac{1}{\sqrt{15}}, \frac{1}{\sqrt{15}}, -\frac{2}{\sqrt{15}}, \frac{3}{\sqrt{15}}\right) \\ &\quad +\frac{14}{\sqrt{35}}\left(\frac{1}{\sqrt{35}}, -\frac{4}{\sqrt{35}}, \frac{3}{\sqrt{35}}, \frac{3}{\sqrt{35}}\right) \\ &= (3, 1, 2, 3).\end{aligned}$$

これが正射影 P による $\boldsymbol{u}$ の像である．

問　題

1. V の空でない部分集合 S に対して $S^\perp$ は V の部分空間であることを示せ．

2. (以下の問題 2-6 では V は有限次元の内積空間とする．) V の部分空間 W_1, W_2 に対して次のことを示せ．

(a) $W_1 \subset W_2$ ならば $W_1^\perp \supset W_2^\perp$.

(b) $(W_1+W_2)^\perp = W_1^\perp \cap W_2^\perp$.

(c)　$(W_1 \cap W_2)^\perp = W_1{}^\perp + W_2{}^\perp$.

3. $v_1, \cdots, v_r$ を V の正規直交系とすれば，V の任意の元 v に対して

$$\sum_{i=1}^{r} |(v \mid v_i)|^2 \leqq \|v\|^2$$

が成り立つことを示せ．(これをベッセル-パーシヴァルの不等式という．) 等号はどんな場合に成り立つか．

4. v_1 を V の 0 でない元とし，V から 1 次元部分空間 $\langle v_1 \rangle$ への正射影を P とすれば，任意の $v \in V$ に対して

$$P(v) = \frac{(v_1 \mid v)}{(v_1 \mid v_1)} v_1$$

であることを示せ．

5. W を V の部分空間とし，V から W への正射影を P とする．次のことを示せ．

(a)　任意の $v \in V$ に対して $\|P(v)\| \leqq \|v\|$.

(b)　任意の $v \in V$ と任意の $w \in W$ に対して

$$\|v - P(v)\| \leqq \|v - w\|.$$

(c)　(b)において等号が成り立つのは $w = P(v)$ のときに限る．

6. W を V の部分空間とし，P を W のある補空間 W' に沿う V から W への射影とする．もし，すべての $v \in V$ に対して $\|P(v)\| \leqq \|v\|$ が成り立つならば，P は V から W への正射影であること(すなわち $W' = W^\perp$ であること)を証明せよ．

7. $\boldsymbol{a}_1, \boldsymbol{a}_2, \boldsymbol{a}_3$ を例 9.9 の $\boldsymbol{R}^4$ の 3 つのベクトルとする．例 9.9 のように $V = \langle \boldsymbol{a}_1, \boldsymbol{a}_2, \boldsymbol{a}_3 \rangle$ とし，$\boldsymbol{R}^4$ から V への正射影を P とする．$\boldsymbol{u} = (1, 2, 3, 4)$ とする．

$$P(\boldsymbol{u}) = c_1 \boldsymbol{a}_1 + c_2 \boldsymbol{a}_2 + c_3 \boldsymbol{a}_3$$

とおき，$\boldsymbol{u} - P(\boldsymbol{u})$ が $\boldsymbol{a}_1, \boldsymbol{a}_2, \boldsymbol{a}_3$ のそれぞれと直交することを用いて c_1, c_2, c_3 の値を定め，その結果から $P(\boldsymbol{u})$ を求めよ．こうして得た答を例 9.10 で得た答と比較せよ．

第10章　内積空間の線型変換と2次形式

本章は大別して2つの内容から成る．前半で扱われるのは，有限次元内積空間の線型変換の正規直交基底による表現行列の標準化，特に対角化の問題である．これは行列のみの言葉でいえば，与えられた行列の，ユニタリ行列による($\boldsymbol{K}=\boldsymbol{R}$の場合には直交行列による)標準化の問題となる．これに関する基本的な結果が§3-§5で与えられる．さらに実内積空間の正規変換(特に直交変換)については，この問題が，本章の最後の2節でふたたび取り上げられる．

もう1つは，内積空間上のエルミート形式($\boldsymbol{K}=\boldsymbol{R}$の場合には2次形式)の基礎理論である．これについてもその標準形を求めることが古典的な1つの主題であるが，それに関する基本的なことがらが本章の後半で述べられる．§6の‘変換と形式の対応関係’は，前半と後半の内容の橋渡しをなすものである．

本章の§10で，2次形式の標準化の簡単な1つの幾何学的応用として，2次曲線論の一端(2次曲線の分類)を述べた．(しかし紙数の関係上，2次曲面の分類までは述べなかった．) 参考までにいえば，高次元空間の2次超曲面論については，彌永先生の“幾何学序説”(岩波書店)に精細な叙述がなされている．

§1　等長変換，ユニタリ変換

Vを$\boldsymbol{K}$上の内積空間とする．本章ではわれわれはVが有限次元である場合のみを考察する．

> **定義**　Vからそれ自身への等長写像はVの**等長変換**または**ユニタリ変換**とよばれる．

$\boldsymbol{K}=\boldsymbol{R}$のときには，ユニタリ変換はまた，通常，**直交変換**という名でよばれる．

命題 10.1　$\mathcal{B}=\{v_1, \cdots, v_n\}$を$V$の1つの正規直交基底とし，$F$を$V$の線型変換とする．そのとき次の2つの条件は同等である．

1. F はユニタリ変換である.

2. $\{F(v_1), \cdots, F(v_n)\}$ は V の正規直交基底である.

証明 命題 9.21 から明らかである. ▌

特に内積空間 $\boldsymbol{K}^n$ に対して上の命題を適用すれば，行列に関して次の命題が得られる. ただし内積空間 $\boldsymbol{K}^n$ というのは“標準内積をそなえた内積空間 $\boldsymbol{K}^n$”の意味である.

命題 10.2 $A \in M_n(\boldsymbol{K})$ とし，その列ベクトル表示を

$$A = (\boldsymbol{a}_1, \cdots, \boldsymbol{a}_n)$$

とする. $L_A: \boldsymbol{K}^n \to \boldsymbol{K}^n$ を A によって定まる $\boldsymbol{K}^n$ の線型変換とする. そのとき，次の 3 つの条件は互いに同等である.

1. L_A は $\boldsymbol{K}^n$ のユニタリ変換である.

2. $\{\boldsymbol{a}_1, \cdots, \boldsymbol{a}_n\}$ は $\boldsymbol{K}^n$ の正規直交基底である.

3. $A^*A = I_n$ である. ここに A^* は A の随伴行列を表す.

証明 $\boldsymbol{K}^n$ の標準基底 $\{\boldsymbol{e}_1, \cdots, \boldsymbol{e}_n\}$ は正規直交基底で，

$$L_A(\boldsymbol{e}_j) = \boldsymbol{a}_j \qquad (j=1, \cdots, n)$$

である. したがって前命題から条件 **1**, **2** の同等性が得られる. また **2** は

$$(\boldsymbol{a}_i | \boldsymbol{a}_j) = \bar{\boldsymbol{a}}_i{}^{\mathrm{T}} \boldsymbol{a}_j = \begin{cases} 1 & (i=j \text{ のとき}) \\ 0 & (i \neq j \text{ のとき}) \end{cases} \tag{10.1}$$

が成り立つことを意味するが，$(\boldsymbol{a}_i | \boldsymbol{a}_j) = \bar{\boldsymbol{a}}_i{}^{\mathrm{T}} \boldsymbol{a}_j$ は，$\bar{\boldsymbol{a}}_1{}^{\mathrm{T}}, \cdots, \bar{\boldsymbol{a}}_n{}^{\mathrm{T}}$ を行ベクトルとする行列

$$\begin{bmatrix} \bar{\boldsymbol{a}}_1{}^{\mathrm{T}} \\ \vdots \\ \bar{\boldsymbol{a}}_n{}^{\mathrm{T}} \end{bmatrix} \quad \text{すなわち} \quad \bar{A}^{\mathrm{T}} = A^*$$

と A との積 A^*A の (i, j) 成分にほかならない. ゆえに条件 **2** は条件 **3** と同等である. ▌

$A^*A = I_n$ を満たす正方行列 A を n 次の**ユニタリ行列**という. いいかえれば，A がユニタリであるとは $A^* = A^{-1}$ が成り立つことである. (したがって A がユニタリならば，もちろん $AA^* = I_n$ も成り立つ.) 実のユニタリ行列は，通常，**直交行列**とよばれる.

命題 10.3 $\mathcal{B} = \{v_1, \cdots, v_n\}$ を V の正規直交基底とし，F を V の線型変換，

F の $\mathcal{B}$ に関する表現行列を $[F]_{\mathcal{B}}=A$ とする．そのとき次の2つの条件は同等である．

1. F はユニタリ変換である．

2. A はユニタリ行列である．

証明　$\varphi: \boldsymbol{K}^n \to V$ を

$$\varphi(\boldsymbol{e}_j) = v_j \qquad (j=1, \cdots, n)$$

によって定義される同型写像とすれば，φ はユニタリ写像で，表現行列の定義により

$$\varphi^{-1}\circ F\circ\varphi = L_A, \qquad \varphi\circ L_A\circ\varphi^{-1} = F$$

である．このことから直ちに，F が V のユニタリ変換であることと L_A が $\boldsymbol{K}^n$ のユニタリ変換であることとは同等であることがわかる．したがって，命題10.2から上の結論が得られる．▌

有限次元の内積空間において，その‘ユークリッド幾何学’的な性質に注目する場合は，線型変換を行列で表現するのに，正規直交基底によって表現するのが普通である．上の命題10.3は，その意味でユニタリ変換とユニタリ行列とが対応していることを示している．

例 10.1　$\boldsymbol{R}^2$ の直交変換，あるいは2次の直交行列(実ユニタリ行列)について調べてみよう．

$$A = \begin{bmatrix} a & b \\ c & d \end{bmatrix}$$

を2次の直交行列とすれば，$A^{\mathrm{T}}A=I$ より

$$\begin{cases} a^2+c^2 = 1 \\ ab+cd = 0 \\ b^2+d^2 = 1. \end{cases}$$

したがって

$$(a^2+c^2)(b^2+d^2)-(ab+cd)^2 = (ad-bc)^2 = 1,$$
$$ad-bc = \pm 1$$

となる．$ad-bc=1$ ならば，

$$ab+cd = 0, \qquad ad-bc = 1$$

の左の式に b を，右の式に d を掛けて加えれば $a=d$ が得られ，左の式に a を，

右の式に $-c$ を掛けて加えれば $b=-c$ が得られる．同様にして $ad-bc=-1$ の場合は，$a=-d$，$b=c$ が得られる．ゆえに2次の直交行列は

$$A=\begin{bmatrix} a & -c \\ c & a \end{bmatrix} \quad \text{または} \quad A=\begin{bmatrix} a & c \\ c & -a \end{bmatrix}$$

のいずれかの形となる．ただし a, c は

$$a^2+c^2=1$$

を満たす実数である．これらの行列によって表現される $\boldsymbol{R}^2$ の線型変換 L_A はそれぞれ次のようになる．

I. $A=\begin{bmatrix} a & -c \\ c & a \end{bmatrix}$，$a^2+c^2=1$ の場合．

この場合は適当な角 θ によって

$$a=\cos\theta, \qquad c=\sin\theta, \qquad A=\begin{bmatrix} \cos\theta & -\sin\theta \\ \sin\theta & \cos\theta \end{bmatrix}$$

と書くことができる．すなわち L_A は原点のまわりの角 θ の回転である．$a=\pm1$，$c=0$ の場合(0° または 180° の回転の場合)を除けば，L_A は固有値，固有ベクトルをもたない．

II. $A=\begin{bmatrix} a & c \\ c & -a \end{bmatrix}$，$a^2+c^2=1$ の場合．

この場合は，直ちに計算されるように，A は固有値 ±1 をもつ．$c\neq0$ ならば，固有値1または -1 に属する固有ベクトルは，それぞれ

$$\boldsymbol{v}_1=\begin{bmatrix} 1 \\ (1-a)/c \end{bmatrix}, \qquad \boldsymbol{v}_2=\begin{bmatrix} -1 \\ (1+a)/c \end{bmatrix}$$

のスカラー倍である．(読者はこのことを確かめよ．) そして

$$1\cdot(-1)+\frac{(1-a)}{c}\cdot\frac{(1+a)}{c}=-1+\frac{1-a^2}{c^2}=0$$

であるから，$\boldsymbol{v}_1, \boldsymbol{v}_2$ は互いに直交している．そこでこれらを‘正規化’して

$$\boldsymbol{u}_1=\frac{\boldsymbol{v}_1}{\|\boldsymbol{v}_1\|}, \qquad \boldsymbol{u}_2=\frac{\boldsymbol{v}_2}{\|\boldsymbol{v}_2\|}$$

とおけば，$\mathcal{B}=\{\boldsymbol{u}_1, \boldsymbol{u}_2\}$ は $\boldsymbol{R}^2$ の正規直交基底で，$\mathcal{B}$ に関する L_A の行列は

$$A'=U^{-1}AU=\begin{bmatrix} 1 & 0 \\ 0 & -1 \end{bmatrix} \qquad (\text{ただし } U=(\boldsymbol{u}_1, \boldsymbol{u}_2))$$

となる．ゆえに新基底に関して座標(y_1, y_2)をもつ点は，L_Aによって座標$(y_1, -y_2)$の点にうつる．いいかえれば，L_Aは直線$y=\dfrac{1-a}{c}x$に関する対称移動（折り返し）である．（第1図参照．）

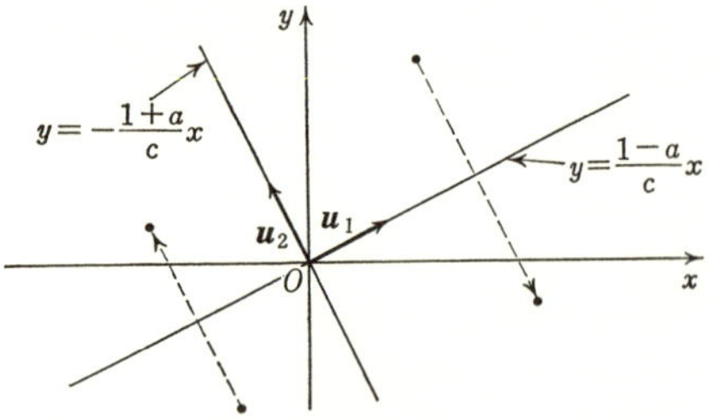

第1図

$c=0$のときには，$a=1$であるか$a=-1$であるかに応じて，L_Aはx軸またはy軸に関する対称移動となる．――以上で，**II**の場合は，L_Aは原点を通る直線に関する対称移動であることがわかった．

それゆえわれわれは次のように結論することができる．平面$\boldsymbol{R}^2$の直交変換は，"原点のまわりの回転"または"原点を通る直線に関する対称移動"である．

なお，L_Aが回転であるときには$\det A=1$，対称移動であるときには$\det A=-1$であることに注意しておこう．

命題 10.4　Fをn次元内積空間Vのユニタリ変換とする．$\boldsymbol{K}=\boldsymbol{C}$ならば，$F$は（重複度まで考慮すれば）$n$個の固有値をもつが，それらはすべて絶対値1の複素数である．$\boldsymbol{K}=\boldsymbol{R}$の場合には，$F$の固有値は（もし存在すれば）1または$-1$である．

証明　$c\in\boldsymbol{K}$がFの固有値ならば，$F(v)=cv$を満たすVの0でない元vが存在する．Fはユニタリであるから

$$\|F(v)\|=\|v\| \quad したがって \quad |c|\,\|v\|=\|v\|.$$

ゆえに$|c|=1$である．▌

命題 10.4′　複素ユニタリ行列の固有値は絶対値1の複素数である．直交行列の固有値は（もし存在すれば）1または-1である．

証明　これは命題10.4の述べかえに過ぎない．▌

問　　題

1. A, B が n 次のユニタリ行列ならば，$A^{\mathrm{T}}, A^{-1}, AB$ もユニタリ行列であることを示せ．

2. $A \in M_n(\boldsymbol{K})$ の n 個の行ベクトルを $\boldsymbol{a}^1, \cdots, \boldsymbol{a}^n$ とする．A がユニタリ行列であることは，$\{\boldsymbol{a}^1, \cdots, \boldsymbol{a}^n\}$ が $\boldsymbol{K}^n$ の正規直交基底をなすこととも同等であることを示せ．

3. A が直交行列ならば $\det A = 1$ または $\det A = -1$ であることを示せ．

4. $V = M_n(\boldsymbol{K})$ とする．V の元 X, Y に対し

$$(X | Y) = \mathrm{tr}(X^* Y)$$

とおけば，これは内積の公理を満足することを示せ．ただし上式の右辺は行列 X^*Y のトレースを表す(p. 235 参照)．

5. $V = M_n(\boldsymbol{K})$ に前問の内積を導入して，内積空間と考える．A を V の1つの定められた元とし，φ_A: $V \to V$ を

$$\varphi_A(X) = AX \qquad (X \in V)$$

によって定義する．これは V の線型変換であることを示せ．また φ_A が V のユニタリ変換であるためには，A がユニタリ行列であることが必要かつ十分であることを示せ．

§2 随伴変換

本章では以後，有限次元内積空間の線型変換の<u>正規直交基底による表現行列</u>の標準化，特に対角化の問題について考える．

はじめに次のことに注意しておく．

命題 10.5 $\mathcal{B} = \{v_1, \cdots, v_n\}$ を内積空間 V の正規直交基底とし，$\mathcal{B}' = \{v_1', \cdots, v_n'\}$ を V の他の基底とする．$\mathcal{B}'$ が V の正規直交基底であるためには，基底変換行列 $U = \mathbf{T}_{\mathcal{B} \to \mathcal{B}'}$ がユニタリ行列であることが必要かつ十分である．

証明 基底変換行列の定義から明らかに，$U = \mathbf{T}_{\mathcal{B} \to \mathcal{B}'}$ は，

$$F(v_j) = v_j' \qquad (j = 1, \cdots, n)$$

によって定義される V の線型変換 F の $\mathcal{B}$ に関する表現行列 $[F]_{\mathcal{B}}$ に等しい．ゆえに命題 10.1, 10.3 から上の結論が得られる．▌

命題 10.5 によって，V の線型変換 F のある正規直交基底に関する表現行列を A とすれば，他の正規直交基底に関する表現行列は

$$U^{-1}AU = U^*AU \qquad (U \text{ はユニタリ行列})$$

の形となる．したがって，たとえば"F が V のある正規直交基底に関して対角

行列で表現される”ということは，“適当なユニタリ行列Uをとれば$U^{-1}AU$が対角行列となる”ということと同等である．

この意味での‘対角化可能性’の必要十分条件を与えるために，まず次の命題10.6によって‘随伴変換’の概念を導入する．

はじめに簡単な補題を述べておこう．

補題　u, u'がVの元で，すべての$v\in V$に対して

(10.2)
$$(u|v) = (u'|v)$$

が成り立つならば，$u=u'$である．

証明　(10.2)は

$$(u-u'|v) = 0$$

と書き直されるから，特に$v=u-u'$とおけば，$u-u'=0$すなわち$u=u'$が得られる．▌

命題 10.6　FをVの線型変換とするとき，すべての$u, v\in V$に対して

(10.3)
$$(G(u)|v) = (u|F(v))$$

が成り立つようなVの線型変換Gが(Fに対して)ただ1つ存在する．

証明　まずGの一意性を示そう．G, G'がともに命題に述べられている性質をもつようなVの線型変換ならば，すべての$u, v\in V$に対して

$$(G(u)|v) = (G'(u)|v).$$

したがって上の補題から，すべての$u\in V$に対して$G(u)=G'(u)$，よって$G=G'$である．

次にGの存在を証明する．そのためにVの1つの正規直交基底$\mathcal{B}$をとって$[F]_{\mathcal{B}}=A$とする．そのとき$u, v\in V$に対して$[u]_{\mathcal{B}}=\boldsymbol{x}$，$[v]_{\mathcal{B}}=\boldsymbol{y}$とすれば，$[F(v)]_{\mathcal{B}}=A\boldsymbol{y}$であるから，命題9.19によって

$$(u|F(v)) = (\boldsymbol{x}|A\boldsymbol{y}) = \bar{\boldsymbol{x}}^{\mathrm{T}}A\boldsymbol{y}$$

である．この右辺は

$$\bar{\boldsymbol{x}}^{\mathrm{T}}A\boldsymbol{y} = \overline{(\bar{A}^{\mathrm{T}}\boldsymbol{x})}^{\mathrm{T}}\boldsymbol{y} = \overline{(A^*\boldsymbol{x})}^{\mathrm{T}}\boldsymbol{y} = (A^*\boldsymbol{x}|\boldsymbol{y})$$

と書き直される．それゆえ$\mathcal{B}$に関してA^*を表現行列にもつVの線型変換をGとすれば，同じく命題9.19によって，上式の値は$(G(u)|v)$に等しい．すなわち

$$(u|F(v)) = (G(u)|v).$$

ゆえに(10.3)が成り立つ. ▌

命題 10.6 の G を F の**随伴変換**とよぶ. ここではこれを F^* で表す. 上の証明で示されているように, V のある正規直交基底 $\mathcal{B}$ に関して F を表現する行列が A ならば, 同じ基底 $\mathcal{B}$ に関して F^* を表現する行列は A の随伴行列 A^* である. この事実は V の正規直交基底 $\mathcal{B}$ のとり方には関係しない.

定義によって, 任意の $u, v \in V$ に対して

(10.4) $$(F^*(u)|v) = (u|F(v))$$

である.

($\boldsymbol{K}=\boldsymbol{R}$ のときには, 随伴行列 A^* は転置行列 A^{T} に等しい. そのため, この場合には, F^* のかわりに F^{T} と書き, F の**転置変換**とよぶことがある.)

次の命題は, その内容を行列に翻訳すれば, 直ちに証明される. この証明は読者の練習問題としよう(問題 1).

命題 10.7 V の任意の線型変換 F, G および任意の $c \in \boldsymbol{K}$ に対して

$$(F+G)^* = F^*+G^*, \qquad (cF)^* = \bar{c}F^*,$$
$$(FG)^* = G^*F^*, \qquad (F^*)^* = F$$

が成り立つ. ——

上の命題によって特に $(F^*)^*=F$ であるから, (10.4)の F を F^* にかえれば, すべての $u, v \in V$ に対して

(10.4)′ $$(F(u)|v) = (u|F^*(v))$$

の成り立つこともわかる.

命題 10.8 V の線型変換 F がユニタリ変換であるための必要十分条件は, $F^*F=I_V$ (V の恒等変換), いいかえれば $F^*=F^{-1}$ が成り立つことである.

証明 これは, 上に述べたように随伴変換が随伴行列によって表現されることに注意すれば, 命題 10.3 から明らかである.

別証 F がユニタリであることは, すべての $u, v \in V$ に対して

(10.5) $$(F(u)|F(v)) = (u|v)$$

が成り立つことを意味するが, 随伴変換の定義によって(10.5)は

$$(F^*F(u)|v) = (u|v)$$

と書き直される. これは明らかに $F^*F=I_V$ であることと同等である. ▌

$F^*=F$ であるような線型変換 F は**エルミート変換**とよばれる. いいかえれ

ば，Fがエルミートであるとは，すべての$u, v \in V$に対して

(10.6)
$$(F(u)|v) = (u|F(v))$$

が成り立つことである．Vの正規直交基底に関してFを表現する行列をAとすれば，Fがエルミート変換であることはAがエルミート行列であること，すなわち$A^*=A$であることと同等である．

実エルミート変換，すなわち実ベクトル空間上のエルミート変換の(正規直交基底に関する)表現行列は実の対称行列である．したがって実エルミート変換は(**実**)**対称変換**ともよばれる．

命題 10.9　n次元内積空間Vのエルミート変換Fは(重複度まで考慮すれば)n個の固有値をもち，それらはすべて実数である．

証明　まず$\boldsymbol{K}=\boldsymbol{C}$とする．$c$を$F$の固有値とし，$v$を$c$に対する固有ベクトルとすれば，

$$(F(v)|v) = (cv|v) = \bar{c}\|v\|^2,$$
$$(v|F(v)) = (v|cv) = c\|v\|^2.$$

(10.6)によってこれらの値は等しいから，$\bar{c}\|v\|^2=c\|v\|^2$，よって$c=\bar{c}$．すなわちcは実数である．

$\boldsymbol{K}=\boldsymbol{R}$の場合にも命題10.9の結論が成り立つことは，行列を経由して考えればわかる．すなわち上記のことから，任意のエルミート行列の($\boldsymbol{C}$における)固有値はすべて実数である．したがって特にn次の実対称行列は，実数の範囲にn個の固有値をもつ．ゆえに$\boldsymbol{R}$上のn次元内積空間の対称変換は($\boldsymbol{R}$内に)n個の固有値をもつことになる．▌

次の命題はすでに上の証明のうちに述べられている．

命題 10.9′　エルミート行列(特に実対称行列)の固有値はすべて実数である．

問　　題

1. 命題10.7を証明せよ．

2. FをVの線型変換，F^*をその随伴変換とするとき，

$$(\operatorname{Im} F)^{\perp} = \operatorname{Ker} F^*, \qquad (\operatorname{Ker} F)^{\perp} = \operatorname{Im} F^*$$

が成り立つことを証明せよ．

3. W_1, W_2をVの部分空間とし，$W_2=W_1{}^{\perp}$とする．そのとき定理9.23によって

$V=W_1\oplus W_2$ である．V の元 $v=w_1+w_2(w_1\in W_1,\ w_2\in W_2)$ に対し，

$$F(v)=w_1-w_2$$

とおけば，F はユニタリかつエルミート変換であることを示せ．

4. F が V のユニタリかつエルミート変換ならば，$W_2=W_1{}^{\perp}$ であるような V の部分空間 W_1, W_2 が存在して，V の元 $v=w_1+w_2(w_1\in W_1,\ w_2\in W_2)$ に対し $F(v)=w_1-w_2$ であることを示せ．

§3　正規変換，テプリッツの定理

ユニタリ変換やエルミート変換を特別な場合として含む概念として，次の概念を定義する．

> **定義**　有限次元内積空間 V の線型変換 F は，$F^*F=FF^*$ を満たすとき，V の**正規変換**とよばれる．

明らかに，ユニタリ変換やエルミート変換は正規変換である．

上の定義に応じて，$A^*A=AA^*$ を満たす正方行列 A は**正規行列**とよばれる．V の線型変換 F が正規であるためには，V の正規直交基底に関するその表現行列が正規であることが必要かつ十分である．

さて本節のわれわれの目標は定理 10.11 の証明である．本節では以下 $\boldsymbol{K}=\boldsymbol{C}$ と仮定する．

はじめに 1 つの概念と 2 つの補題を準備する．

F を V の線型変換，W を V の部分空間とする．もし，$v\in W$ ならば必ず $F(v)\in W$ であるとき，W は F に関して**不変**，あるいは簡単に F-**不変**であるという．W が F-不変な部分空間ならば，F の定義域と終域をともに W に制限して考えたものは W の線型変換となる．これを F の W への**縮小**という．(第 8 章を先に読んだ読者はすでに第 8 章§4 でこの定義に出会っている．)

補題 A　$\dim V\geqq 1$ とし，F, G を V の線型変換とする．もし $FG=GF$ ならば，V の中に F, G に共通な固有ベクトルが存在する．

証明　$\boldsymbol{K}=\boldsymbol{C}$ と仮定したから，$\{0\}$ でないベクトル空間の任意の線型変換は固有値・固有ベクトルをもっている．いま α を F の 1 つの固有値とし，それに

対する F の固有空間を W とする．W は V の $\{0\}$ でない部分空間で，かつ G-不変である．なぜなら，$v\in W$ ならば，

$$F(G(v)) = G(F(v)) = G(\alpha v) = \alpha G(v),$$

よって $G(v)\in W$ となるからである．それゆえ，G の W への縮小が考えられ，W の中にその固有ベクトル w_0 が存在する．もちろん w_0 は F の固有ベクトルでもあるから，これで主張が証明された．▌

補題 B　上と同じく $\dim V\geqq 1$ とし，F,G は $FG=GF$ であるような V の線型変換とする．そのとき，V の適当な正規直交基底 $\mathcal{B}$ をとれば，$\mathcal{B}$ に関する F,G の表現行列 $[F]_{\mathcal{B}}$, $[G]_{\mathcal{B}}$ はともに上三角行列となる．

証明　$\dim V=n$ に関する帰納法によって証明する．$n=1$ のときは明らかである．$n\geqq 2$ とし，$n-1$ 次元の場合には主張が成り立つと仮定する．$FG=GF$ の両辺の随伴変換を考えれば $G^*F^*=F^*G^*$ となるから，F^* と G^* も交換可能である．したがって補題 A により，F^*, G^* に共通な固有ベクトル $\tilde{v}$ が存在する．$\tilde{v}$ と直交する V の元全体の集合を W とすれば，W は $n-1$ 次元の部分空間で，

$$V = W\oplus\langle\tilde{v}\rangle$$

である(定理 9.23)．さらにこの W は F-不変かつ G-不変である．実際 $v\in W$ ならば $(v|\tilde{v})=0$ であるが，$F^*(\tilde{v})$ はあるスカラー α によって $\alpha\tilde{v}$ と書かれるから，

$$(F(v)|\tilde{v}) = (v|F^*(\tilde{v})) = (v|\alpha\tilde{v}) = \alpha(v|\tilde{v}) = 0.$$

ゆえに $F(v)$ も W の元である．これで W は F-不変であることが示された．全く同様にして W の G-不変性も証明される．そこで F,G の W への縮小を F', G' とすれば，帰納法の仮定によって，W の適当な正規直交基底 $\mathcal{B}'=\{v_1, \cdots, v_{n-1}\}$ に関して，F', G' はそれぞれ $n-1$ 次の上三角行列

$$\begin{bmatrix} a_{11} & \cdots & a_{1,n-1} \\ & \ddots & \vdots \\ & & a_{n-1,n-1} \end{bmatrix}, \quad \begin{bmatrix} b_{11} & \cdots & b_{1,n-1} \\ & \ddots & \vdots \\ & & b_{n-1,n-1} \end{bmatrix}$$

で表現される．この $\mathcal{B}'$ に $v_n=\tilde{v}/\|\tilde{v}\|$ をつけ加えれば，$\mathcal{B}=\{v_1, \cdots, v_{n-1}, v_n\}$ は V の正規直交基底であって，これに関する F,G の表現行列は，明らかにそれぞれ

$$\begin{bmatrix} a_{11} & \cdots & a_{1,n-1} & a_{1n} \\ & \ddots & \vdots & \vdots \\ & & a_{n-1,n-1} & a_{n-1,n} \\ & & & a_{nn} \end{bmatrix}, \quad \begin{bmatrix} b_{11} & \cdots & b_{1,n-1} & b_{1n} \\ & \ddots & \vdots & \vdots \\ & & b_{n-1,n-1} & b_{n-1,n} \\ & & & b_{nn} \end{bmatrix}$$

の形の上三角行列となる．▌

補題Bにおいて特に$G=F$または$G=I_V$とおけば，次の命題が得られる．

命題 10.10　Vを有限次元の複素内積空間とすれば，Vの任意の線型変換FはVの適当な正規直交基底に関して上三角行列で表現される．——

さてわれわれは，上の補題Bを用いて，次の定理を証明することができる．この定理は**テプリッツ**(Toeplitz)**の定理**とよばれる．

> **定理 10.11**　Vを有限次元の複素内積空間，FをVの線型変換とする．FがVの適当な正規直交基底に関して対角行列で表現されるための必要十分条件は，Fが正規変換であることである．

証明　Fが正規変換ならば，定義によって$F^*F=FF^*$であるから，補題Bにより，Vの適当な正規直交基底$\mathscr{B}$に関する表現行列$[F]_{\mathscr{B}}$, $[F^*]_{\mathscr{B}}$はともに上三角行列となる．しかるに$[F]_{\mathscr{B}}=A$とおけば，$[F^*]_{\mathscr{B}}=A^*$であって，Aが上三角行列ならば$A^*=\overline{A}^{\mathrm{T}}$は下三角行列である：

$A =$ 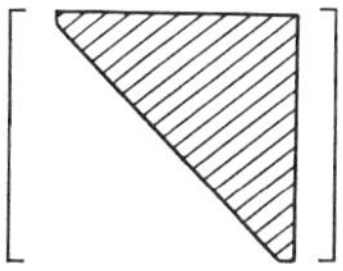, $\quad A^* = \overline{A}^{\mathrm{T}} =$ 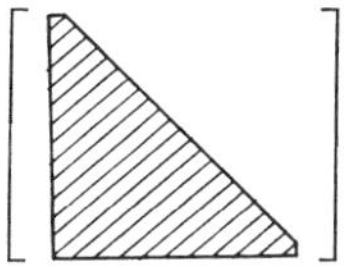.

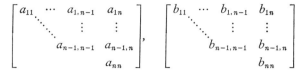

それゆえ今の場合，A^*は上三角行列であると同時に下三角行列であるから，対角行列でなければならない．したがってA自身対角行列でなければならない．これで，正規変換は適当な正規直交基底により対角行列で表現されることが証明された．

逆に，Vのある正規直交基底$\mathscr{B}$に関するFの表現行列$[F]_{\mathscr{B}}=A$が対角行列

$$A = \begin{bmatrix} \alpha_1 & & \\ & \ddots & \\ & & \alpha_n \end{bmatrix} \tag{10.7}$$

であるとする．そのとき$[F^*]_{\mathcal{B}}=A^*$も対角行列

$$A^* = \begin{bmatrix} \bar{\alpha}_1 & & \\ & \ddots & \\ & & \bar{\alpha}_n \end{bmatrix} \tag{10.8}$$

であるから，明らかに$A^*A=AA^*$，したがって$F^*F=FF^*$である．すなわちFは正規変換である．∎

定理10.11を行列の言葉に翻訳すれば次のようになる．

> **定理 10.11′** n次の複素行列Aがユニタリ行列によって対角化される(すなわち，適当なn次のユニタリ行列Uをとれば
>
> $$U^{-1}AU = U^*AU$$
>
> が対角行列となる)ための必要十分条件は，Aが正規行列であることである．

最後に，ある意味で命題10.4，命題10.9の逆にあたる次の命題を述べておく．

命題 10.12 FをVの正規変換とするとき，Fの固有値がすべて絶対値1の複素数ならばFはユニタリ変換，Fの固有値がすべて実数ならばFはエルミート変換である．

証明 定理10.11によって，Vの適当な正規直交基底$\mathcal{B}$をとれば，表現行列$[F]_{\mathcal{B}}=A$は(10.7)のような対角行列となる．ここで対角成分$\alpha_1, \cdots, \alpha_n$は$F$の固有値である．$[F^*]_{\mathcal{B}}=A^*$は対角行列(10.8)であるから，もし$\alpha_1, \cdots, \alpha_n$がすべて絶対値1の複素数ならば，

$$A^*A = \begin{bmatrix} |\alpha_1|^2 & & \\ & \ddots & \\ & & |\alpha_n|^2 \end{bmatrix} = \begin{bmatrix} 1 & & \\ & \ddots & \\ & & 1 \end{bmatrix} = I_n,$$

したがって$F^*F=I_V$となる．すなわちFはユニタリ変換である．また$\alpha_1, \cdots, \alpha_n$がすべて実数ならば，$A^*=A$，したがって$F^*=F$であるから，$F$はエルミート変換である．∎

問　　題

1. V の線型変換 F に関する次の 3 つの条件は互いに同等であることを示せ．

(i)　F は正規変換である．

(ii)　任意の $u, v \in V$ に対して $(F(u) | F(v)) = (F^*(u) | F^*(v))$．

(iii)　任意の $v \in V$ に対して $\|F(v)\| = \|F^*(v)\|$．

2. （この問題は第 8 章を読んでいる読者に対するものである．）定理 8.1 と定理 9.17 とを用いて命題 10.10 の別証を与えよ．

§4　正規変換のスペクトル分解

前節にひき続いて，本節でも有限次元複素内積空間の正規変換を考察する．

V を n 次元複素内積空間，F を V の正規変換とし，$\alpha_1, \alpha_2, \cdots, \alpha_s$ を F の相異なる固有値の全体とする．定理 10.11 によって F は対角化可能であるから，α_i に対する F の固有空間を $W(\alpha_i)$ とすれば，命題 7.17 により，V は

$$V = W(\alpha_1) \oplus W(\alpha_2) \oplus \cdots \oplus W(\alpha_s)$$

と直和分解される．しかも定理 10.11 によれば，F は V のある正規直交基底 $\mathcal{B} = \{v_1, \cdots, v_n\}$ に関して対角行列で表現され，$W(\alpha_i)$ は，$\mathcal{B}$ の元のうち α_i に対する固有ベクトルとなっているものの全体によって生成される部分空間に等しい．したがって，$i \neq j$ ならば，$W(\alpha_i)$ の任意の元と $W(\alpha_j)$ の任意の元とは直交している．すなわち，正規変換 F の相異なる固有値に対する固有ベクトルは直交するのである．

以上のことを次の命題として述べておこう．

命題 10.13　V を有限次元複素内積空間，F を V の正規変換とする．$\alpha_1, \alpha_2, \cdots, \alpha_s$ を F の相異なる固有値の全体とし，$W(\alpha_i)$ を α_i に対する F の固有空間とする．そのとき，V は

(10.9)　$$V = W(\alpha_1) \oplus W(\alpha_2) \oplus \cdots \oplus W(\alpha_s)$$

と直和分解される．また $i \neq j$ ならば，$W(\alpha_i)$ の任意の元と $W(\alpha_j)$ の任意の元とは直交する．（このことを簡単に"$W(\alpha_i)$ と $W(\alpha_j)$ とが直交する"という．）——

実際に F を'対角化'する V の正規直交基底を求めるには，まず F の相異なる固有値 $\alpha_1, \alpha_2, \cdots, \alpha_s$ を求め，次に各 $W(\alpha_i)$ の中にその正規直交基底をとればよい．

例 10.2　行列 $A=\begin{bmatrix} 0 & i & -1 \\ -i & 0 & -i \\ -1 & i & 0 \end{bmatrix}$ をユニタリ行列によって対角化せよ.

解　A はエルミート行列であるから，ユニタリ行列によって対角化される. まず A の固有多項式を求めれば,

$$f_A(x)=\begin{vmatrix} x & -i & 1 \\ i & x & i \\ 1 & -i & x \end{vmatrix}=(x-1)^2(x+2).$$

固有値1に対する固有空間 $W(1)$ は，方程式 $A\boldsymbol{x}=\boldsymbol{x}$ を解いて

$$W(1)=\{(x_1, x_2, x_3)^{\mathrm{T}} \mid -x_1+ix_2-x_3=0\}.$$

よってその1組の基底として，たとえば

$$\boldsymbol{v}_1=(1, -i, 0)^{\mathrm{T}}, \qquad \boldsymbol{v}_2=(1, 0, -1)^{\mathrm{T}}$$

をとることができる. 定理9.17の方法でこれを‘正規直交化’すれば，$W(1)$ の正規直交基底として

$$\boldsymbol{u}_1=\left(\frac{1}{\sqrt{2}}, -\frac{i}{\sqrt{2}}, 0\right)^{\mathrm{T}}, \qquad \boldsymbol{u}_2=\left(\frac{1}{\sqrt{6}}, \frac{i}{\sqrt{6}}, -\frac{2}{\sqrt{6}}\right)^{\mathrm{T}}$$

が得られる. また固有値 -2 に対する固有空間 $W(-2)$ は，方程式 $A\boldsymbol{x}=-2\boldsymbol{x}$ を解いて

$$W(-2)=\{(x_1, x_2, x_3)^{\mathrm{T}} \mid x_1=-ix_2=x_3\}.$$

ゆえに $W(-2)$ の基底として，単位ベクトル

$$\boldsymbol{u}_3=\left(\frac{1}{\sqrt{3}}, \frac{i}{\sqrt{3}}, \frac{1}{\sqrt{3}}\right)^{\mathrm{T}}$$

がとられる. ゆえに A はユニタリ行列

$$U=(\boldsymbol{u}_1, \boldsymbol{u}_2, \boldsymbol{u}_3)=\begin{bmatrix} 1/\sqrt{2} & 1/\sqrt{6} & 1/\sqrt{3} \\ -i/\sqrt{2} & i/\sqrt{6} & i/\sqrt{3} \\ 0 & -2/\sqrt{6} & 1/\sqrt{3} \end{bmatrix}$$

によって対角化され,

$$U^{-1}AU=U^*AU=\begin{bmatrix} 1 & & \\ & 1 & \\ & & -2 \end{bmatrix}$$

となる. ▎

命題 10.13 の最後の部分からわかるように，直和分解(10.9)において，たとえば $W(\alpha_2)\oplus\cdots\oplus W(\alpha_s)$ は $W(\alpha_1)$ の直交補空間である．したがって，直和分解(10.9)から定まる V から $W(\alpha_i)$ への射影を P_i とすれば，P_i は正射影である．

一般に正射影については次の命題が成り立つ．

命題 10.14 W を V の部分空間，W' を V における W の1つの補空間とし，P を V から W への W' に沿う射影とする．P を V の線型変換とみなせば $P^2=P$, $\mathrm{Im}\,P=W$, $\mathrm{Ker}\,P=W'$ であるが(命題 6.22)，P が正射影であるためには(いいかえれば $W'=W^{\perp}$ であるためには)，P がエルミート変換であること，すなわち $P^*=P$ の成り立つことが必要かつ十分である．

証明 まず P が正射影であるとする．そのとき V の任意の元 v_1, v_2 に対し，

$$v_1 = w_1+w_1' \qquad (w_1\in W,\ w_1'\in W^{\perp}),$$
$$v_2 = w_2+w_2' \qquad (w_2\in W,\ w_2'\in W^{\perp})$$

とすれば，

$$(P(v_1)|v_2) = (w_1|w_2+w_2') = (w_1|w_2),$$
$$(v_1|P(v_2)) = (w_1+w_1'|w_2) = (w_1|w_2)$$

となるから，$(P(v_1)|v_2)=(v_1|P(v_2))$．これは $P^*=P$ であることを意味している．

逆に V から W への W' に沿う射影 P が $P^*=P$ を満たすとする．そのとき任意の $w\in W$，任意の $w'\in W'$ に対して，$P(w)=w$, $P^*(w')=P(w')=0$ であるから，

$$(w|w') = (P(w)|w') = (w|P^*(w')) = (w|0) = 0$$

となる．すなわち W と W' とは直交する．このことから $W'=W^{\perp}$ という結論を得るのは容易である(問題 1)．▌

命題 10.14 によって，$P^2=P=P^*$ であるような V の線型変換 P，すなわちエルミート変換であるような射影子 P は，V の**正射影子**とよばれる．

ふたたび命題 10.13 に記述された状態にもどって，F を V の正規変換，$\alpha_1, \cdots, \alpha_s$ を F の相異なる固有値の全体とする．そのとき V は(10.9)のように直和分解されるが，この直和分解から定まる V から $W(\alpha_i)$ への射影を P_i とすれば，P_i は正射影子であって，かつ

$$P_iP_j = 0 \quad (i\neq j), \qquad P_1+\cdots+P_s = I$$

を満足する．（ただし I は V の恒等変換である．）また，V の任意の元 $v=w_1+\cdots+w_s$ $(w_i\in W(\alpha_i))$ に対し，

$$\begin{aligned} F(v) &= F(w_1)+F(w_2)+\cdots+F(w_s) \\ &= \alpha_1 w_1+\alpha_2 w_2+\cdots+\alpha_s w_s \\ &= \alpha_1 P_1(v)+\alpha_2 P_2(v)+\cdots+\alpha_s P_s(v) \\ &= (\alpha_1 P_1+\alpha_2 P_2+\cdots+\alpha_s P_s)(v) \end{aligned}$$

であるから，

$$F = \alpha_1 P_1+\alpha_2 P_2+\cdots+\alpha_s P_s$$

となる．すなわち次の命題が成り立つ．

命題 10.15 命題 10.13 の仮定のもとに，直和分解(10.9)から定まる V から $W(\alpha_i)$ への射影を P_i とすれば，$P_i\,(i=1,\cdots,s)$ は

$$P_iP_j = 0 \quad (i\neq j), \qquad P_1+\cdots+P_s = I \tag{10.10}$$

を満たす正射影子であって，F は

$$F = \alpha_1 P_1+\alpha_2 P_2+\cdots+\alpha_s P_s \tag{10.11}$$

と表される．——

上の式(10.11)を正規変換 F の**スペクトル分解**という．（‘スペクトル’の語には必ずしも明確な定義がないが，‘固有値全体の集合’という意味合いをもつ言葉である．）

例 10.3 例 10.2 の行列

$$A = \begin{bmatrix} 0 & i & -1 \\ -i & 0 & -i \\ -1 & i & 0 \end{bmatrix}$$

のスペクトル分解を求めよ．（もちろんここでは，行列とそれで定まる $\boldsymbol{C}^3$ の線型変換とを同一視して考えるのである．）

解 A の固有値は 1 と -2 で，例 10.2 でみたように

$$\boldsymbol{u}_1 = \begin{bmatrix} 1/\sqrt{2} \\ -i/\sqrt{2} \\ 0 \end{bmatrix}, \quad \boldsymbol{u}_2 = \begin{bmatrix} 1/\sqrt{6} \\ i/\sqrt{6} \\ -2/\sqrt{6} \end{bmatrix}, \quad \boldsymbol{u}_3 = \begin{bmatrix} 1/\sqrt{3} \\ i/\sqrt{3} \\ 1/\sqrt{3} \end{bmatrix}$$

とおけば，$\{\boldsymbol{u}_1, \boldsymbol{u}_2\}$ は固有空間 $W(1)$ の基底，$\{\boldsymbol{u}_3\}$ は固有空間 $W(-2)$ の基底となり，$U=(\boldsymbol{u}_1, \boldsymbol{u}_2, \boldsymbol{u}_3)$ が A を対角化するユニタリ行列となるのであった．

さて，$\boldsymbol{C}^3$ から $W(1)$ への正射影(を与える行列) P_1 は

$$P_1\boldsymbol{u}_1 = \boldsymbol{u}_1, \quad P_1\boldsymbol{u}_2 = \boldsymbol{u}_2, \quad P_1\boldsymbol{u}_3 = \boldsymbol{0}$$

を満たし，$W(-2)$ への正射影(を与える行列) P_2 は

$$P_2\boldsymbol{u}_1 = \boldsymbol{0}, \quad P_2\boldsymbol{u}_2 = \boldsymbol{0}, \quad P_2\boldsymbol{u}_3 = \boldsymbol{u}_3$$

を満たさなければならない．したがって P_1, P_2 は，それぞれ

$$P_1U = (\boldsymbol{u}_1, \boldsymbol{u}_2, \boldsymbol{0}),$$
$$P_2U = (\boldsymbol{0}, \boldsymbol{0}, \boldsymbol{u}_3)$$

となるような行列として決定される．

これから P_1, P_2 を求めると，

$$\begin{aligned} P_1 &= (\boldsymbol{u}_1, \boldsymbol{u}_2, \boldsymbol{0})U^{-1} = (\boldsymbol{u}_1, \boldsymbol{u}_2, \boldsymbol{0})U^* \\ &= \begin{bmatrix} 1/\sqrt{2} & 1/\sqrt{6} & 0 \\ -i/\sqrt{2} & i/\sqrt{6} & 0 \\ 0 & -2/\sqrt{6} & 0 \end{bmatrix} \begin{bmatrix} 1/\sqrt{2} & i/\sqrt{2} & 0 \\ 1/\sqrt{6} & -i/\sqrt{6} & -2/\sqrt{6} \\ 1/\sqrt{3} & -i/\sqrt{3} & 1/\sqrt{3} \end{bmatrix} \\ &= \begin{bmatrix} 2/3 & i/3 & -1/3 \\ -i/3 & 2/3 & -i/3 \\ -1/3 & i/3 & 2/3 \end{bmatrix}, \end{aligned}$$

また

$$\begin{aligned} P_2 &= (\boldsymbol{0}, \boldsymbol{0}, \boldsymbol{u}_3)U^{-1} = (\boldsymbol{0}, \boldsymbol{0}, \boldsymbol{u}_3)U^* \\ &= \begin{bmatrix} 0 & 0 & 1/\sqrt{3} \\ 0 & 0 & i/\sqrt{3} \\ 0 & 0 & 1/\sqrt{3} \end{bmatrix} \begin{bmatrix} 1/\sqrt{2} & i/\sqrt{2} & 0 \\ 1/\sqrt{6} & -i/\sqrt{6} & -2/\sqrt{6} \\ 1/\sqrt{3} & -i/\sqrt{3} & 1/\sqrt{3} \end{bmatrix} \\ &= \begin{bmatrix} 1/3 & -i/3 & 1/3 \\ i/3 & 1/3 & i/3 \\ 1/3 & -i/3 & 1/3 \end{bmatrix}. \end{aligned}$$

(実際には $P_1+P_2=I$ であるから，先に P_2 を計算して，P_1 は $P_1=I-P_2$ として求めたほうが速い．)

ゆえに行列 A のスペクトル分解 $A=P_1-2P_2$ は，

$$\begin{bmatrix} 0 & i & -1 \\ -i & 0 & -i \\ -1 & i & 0 \end{bmatrix} = \begin{bmatrix} 2/3 & i/3 & -1/3 \\ -i/3 & 2/3 & -i/3 \\ -1/3 & i/3 & 2/3 \end{bmatrix} - 2\begin{bmatrix} 1/3 & -i/3 & 1/3 \\ i/3 & 1/3 & i/3 \\ 1/3 & -i/3 & 1/3 \end{bmatrix}$$

となる．

問　　題

1. 命題10.14の証明の最後の部分を完成せよ.

2. FをVの正規変換, αをFの1つの固有値とすれば, $\bar{\alpha}$はF^*の固有値であって, αに対するFの固有空間と$\bar{\alpha}$に対するF^*の固有空間とは等しいことを示せ.

3. Vの線型変換Pが正射影子であることは, Pが固有値$1, 0$のみをもつエルミート変換であることと同等である. このことを証明せよ.

4. P, QをVの2つの正射影子とし, $\mathrm{Im}\,P=W$, $\mathrm{Im}\,Q=W'$とする. WとW'が直交するための必要十分条件は$PQ=0$(あるいは$QP=0$)であることを示せ.

5. Vの線型変換Fが, (10.10)を満たすような正射影子$P_1, \cdots, P_s$(ただし$P_i \neq 0$)と相異なる複素数$\alpha_1, \cdots, \alpha_s$によって

$$(*)\qquad F=\alpha_1 P_1+\cdots+\alpha_s P_s$$

と表されるならば, Fは正規変換であることを示せ. また上の式(*)はFのスペクトル分解にほかならないこと, すなわち$\alpha_1, \cdots, \alpha_s$は$F$の相異なる固有値の全体で, P_iはα_iに対するFの固有空間への正射影であることを示せ.

6. 例10.2, 例10.3の計算をくわしく検討せよ.

7. 行列$A=\begin{bmatrix} 1+i & i \\ -i & 1+i \end{bmatrix}$は正規行列であることを示し, これを対角化するユニタリ行列Uおよび$U^{-1}AU=U^*AU$を求めよ.

8. 次のユニタリ行列またはエルミート行列を対角化するユニタリ行列Uおよび対角化された行列Dを求めよ.

(a) $\begin{bmatrix} 0 & 0 & i \\ 0 & i & 0 \\ i & 0 & 0 \end{bmatrix}$　　(b) $\begin{bmatrix} i/\sqrt{2} & 1/\sqrt{2} & 0 \\ 1/\sqrt{2} & i/\sqrt{2} & 0 \\ 0 & 0 & 1 \end{bmatrix}$

(c) $\begin{bmatrix} 0 & i & i \\ -i & 0 & i \\ -i & -i & 0 \end{bmatrix}$　　(d) $\begin{bmatrix} 1 & 0 & 0 \\ 0 & 0 & \omega \\ 0 & \omega^2 & 0 \end{bmatrix}$

ただしωは1の虚立方根($\omega^3=1$, $\omega \neq 1$)とする.

9. 問題7の行列のスペクトル分解を求めよ.

10. 問題8の行列(a), (c)のスペクトル分解を求めよ.

§5　実対称変換

本節では$\boldsymbol{K}=\boldsymbol{R}$の場合を考える. Vが実内積空間である場合には, FがVの正規変換であっても, 適当な正規直交基底によって対角行列で表現されるとは限らない. なぜならFの表現行列の(複素数の範囲における)固有値は必ず

しも実数ばかりではないからである．

$\boldsymbol{K}=\boldsymbol{R}$ の場合には，前の定理 10.11(テプリッツの定理)は次のように修正される．

定理 10.16 V を有限次元の実内積空間，F を V の線型変換とする．F が V の適当な正規直交基底に関して対角行列で表現されるための必要十分条件は，F がエルミート変換(実対称変換)であることである．

証明 まず，(実)対称変換 F は適当な正規直交基底によって対角行列で表現されること，いいかえれば F の固有ベクトルから成るような V の正規直交基底が存在することを，$\dim V=n$ に関する帰納法によって証明しよう．$n=1$ のときは明らかであるから，$n\geqq 2$ とし，$n-1$ 次元の場合には主張が成り立つと仮定する．命題 10.9 によって F は(実数の)固有値を，したがって固有ベクトルをもつ．F の 1 つの固有ベクトルを $\tilde{v}$ とし，

$$W=\langle\tilde{v}\rangle^{\perp}$$

とおく．W は V の $n-1$ 次元の部分空間で $V=W\oplus\langle\tilde{v}\rangle$ である．さらにこの W は F-不変である．実際 $v\in W$ ならば $(v|\tilde{v})=0$ であるが，$F(\tilde{v})=\alpha\tilde{v}$ となるような $\alpha\in\boldsymbol{R}$ が存在するから，

$$(F(v)|\tilde{v})=(v|F(\tilde{v}))=(v|\alpha\tilde{v})=\alpha(v|\tilde{v})=0.$$

したがって $F(v)\in W$ となる．すなわち W は F-不変である．F の W への縮小はもちろん W の対称変換であるから，帰納法の仮定によって，F の固有ベクトルから成るような W の正規直交基底 $\mathscr{B}'=\{v_1,\cdots,v_{n-1}\}$ が存在する．これに $v_n=\tilde{v}/\|\tilde{v}\|$ をつけ加えれば，$\mathscr{B}=\{v_1,\cdots,v_{n-1},v_n\}$ は V の正規直交基底で，その元はすべて F の固有ベクトルである．これで主張が証明された．

逆に，F が V のある正規直交基底 $\mathscr{B}$ に関して対角行列

$$A=\begin{bmatrix}\alpha_1 & & \\ & \ddots & \\ & & \alpha_n\end{bmatrix}\qquad(\alpha_i\in\boldsymbol{R})$$

で表現されるとする．そのとき $[F^*]_{\mathscr{B}}$ は A^{T} に等しいが，A は対角行列であるから $A^{\mathrm{T}}=A$，したがって $F^*=F$ である．ゆえに F は対称変換である．∎

定理 10.16 を行列に対して述べかえれば次のようになる.

定理 10.16′　n 次の実行列 A が直交行列によって対角化される(すなわち，適当な n 次の直交行列 U をとれば

$$U^{-1}AU = U^{\mathrm{T}}AU$$

が対角行列となる)ための必要十分条件は，A が対称行列であることである.

さらに複素内積空間の正規変換に対する命題 10.13, 10.15 と平行して，次の命題 10.17, 10.18 が定理 10.16 から導かれる.

命題 10.17　V を有限次元実内積空間，F を V の対称変換とする．$\alpha_1, \alpha_2, \cdots, \alpha_s$ を F の相異なる固有値の全体とし，$W(\alpha_i)$ を α_i に対する F の固有空間とする．そのとき，$i \neq j$ ならば $W(\alpha_i)$ と $W(\alpha_j)$ とは直交し，V は

$$V = W(\alpha_1) \oplus W(\alpha_2) \oplus \cdots \oplus W(\alpha_s) \tag{10.12}$$

と直和分解される.

命題 10.18　前命題の仮定のもとに，直和分解(10.12)から定まる V から $W(\alpha_i)$ への射影を P_i とすれば，$P_i\,(i=1, \cdots, s)$ は

$$P_iP_j = 0 \quad (i \neq j), \qquad P_1 + \cdots + P_s = I$$

を満たす正射影子であって，F は

$$F = \alpha_1 P_1 + \alpha_2 P_2 + \cdots + \alpha_s P_s \tag{10.13}$$

と表される. ——

これらの証明は前と全く同様である．読者はそのことを確かめられたい.

なお実内積空間の場合には，正射影子は，対称変換であるような射影子である．上の(10.13)は対称変換 F の**スペクトル分解**とよばれる.

計算練習のため，最後に，対称行列の直交行列による対角化の一例を挙げておく.

例 10.4　行列 $A = \begin{bmatrix} 4 & 1 & 1 \\ 1 & 4 & 1 \\ 1 & 1 & 4 \end{bmatrix}$ を直交行列によって対角化せよ.

解　A の固有多項式を計算すれば

$$f_A(x) = \begin{vmatrix} x-4 & -1 & -1 \\ -1 & x-4 & -1 \\ -1 & -1 & x-4 \end{vmatrix} = (x-3)^2(x-6).$$

固有値3に対する固有空間$W(3)$は，方程式$A\boldsymbol{x}=3\boldsymbol{x}$を解いて

$$W(3) = \{(x_1, x_2, x_3)^{\mathrm{T}} \mid x_1+x_2+x_3=0\}.$$

ゆえにその正規直交基底として，たとえば

$$\boldsymbol{u}_1 = \left(\frac{1}{\sqrt{2}}, -\frac{1}{\sqrt{2}}, 0\right)^{\mathrm{T}}, \qquad \boldsymbol{u}_2 = \left(\frac{1}{\sqrt{6}}, \frac{1}{\sqrt{6}}, -\frac{2}{\sqrt{6}}\right)^{\mathrm{T}}$$

をとることができる．また固有値6に対する固有空間$W(6)$は，方程式$A\boldsymbol{x}=6\boldsymbol{x}$を解いて

$$W(6) = \{(x_1, x_2, x_3)^{\mathrm{T}} \mid x_1=x_2=x_3\}.$$

ゆえにその正規直交基底として

$$\boldsymbol{u}_3 = \left(\frac{1}{\sqrt{3}}, \frac{1}{\sqrt{3}}, \frac{1}{\sqrt{3}}\right)^{\mathrm{T}}$$

が得られる．それゆえ，Aは直交行列

$$U = (\boldsymbol{u}_1, \boldsymbol{u}_2, \boldsymbol{u}_3) = \begin{bmatrix} 1/\sqrt{2} & 1/\sqrt{6} & 1/\sqrt{3} \\ -1/\sqrt{2} & 1/\sqrt{6} & 1/\sqrt{3} \\ 0 & -2/\sqrt{6} & 1/\sqrt{3} \end{bmatrix}$$

によって対角化され，

$$U^{-1}AU = U^{\mathrm{T}}AU = \begin{bmatrix} 3 & & \\ & 3 & \\ & & 6 \end{bmatrix}$$

となる．

問　　題

1. 例10.4の計算を確かめよ．

2. 次の対称行列を対角化する直交行列Uおよび対角化された行列Dを求めよ．(ただし(e),(f)のaは実数の定数とする．)

(a) $\begin{bmatrix} 0 & 0 & 1 \\ 0 & 1 & 0 \\ 1 & 0 & 0 \end{bmatrix}$　(b) $\begin{bmatrix} 1 & 2 & 0 \\ 2 & 1 & 0 \\ 0 & 0 & 3 \end{bmatrix}$　(c) $\begin{bmatrix} 1 & -2 & -2 \\ -2 & -1 & 0 \\ -2 & 0 & -1 \end{bmatrix}$

(d) $\begin{bmatrix} 2 & -2 & 0 \\ -2 & 3 & -2 \\ 0 & -2 & 4 \end{bmatrix}$　　(e) $\begin{bmatrix} a & 1 & 1 \\ 1 & a & 1 \\ 1 & 1 & a \end{bmatrix}$　　(f) $\begin{bmatrix} -1 & -1 & a \\ -1 & a & -1 \\ a & -1 & -1 \end{bmatrix}$

3. 次の対称行列について前問と同じ問に答えよ.

(a) $\begin{bmatrix} 2 & 0 & 0 & -1 \\ 0 & 2 & -1 & 0 \\ 0 & -1 & 2 & 0 \\ -1 & 0 & 0 & 2 \end{bmatrix}$　　(b) $\begin{bmatrix} 1 & 2 & 2 & 0 \\ 2 & -1 & 0 & 2 \\ 2 & 0 & -1 & -2 \\ 0 & 2 & -2 & 1 \end{bmatrix}$

4. 例10.4の行列のスペクトル分解を求めよ.

5. 問題2の行列(a), (b), (c)のスペクトル分解を求めよ.

§6　エルミート変換とエルミート双1次形式

ふたたび一般の場合にもどって，$\boldsymbol{K}=\boldsymbol{R}$ または $\boldsymbol{C}$ とし，V を $\boldsymbol{K}$ 上の有限次元内積空間とする. V の線型変換と V 上の共役双1次形式とは，次の命題に述べるような関係によって結びつけられる.

命題 10.19　V を有限次元内積空間とするとき，

1. F が V の線型変換ならば，任意の $u, v\in V$ に対し

(10.14)　$$f(u,v) = (u|F(v))$$

として定められる f は V 上の共役双1次形式である.

2. 逆に f を V 上の任意の共役双1次形式とすれば，すべての $u, v\in V$ に対して(10.14)が成り立つような V の線型変換 F がただ1つ存在する.

証明　**1** の証明は読者にゆだねる(問題1).

2. f を V 上の共役双1次形式とし，V の1つの正規直交基底 $\mathcal{B}$ に関する f の表現行列を A とする. そのとき $u, v\in V$ の座標ベクトルを $[u]_{\mathcal{B}}=\boldsymbol{x}$, $[v]_{\mathcal{B}}=\boldsymbol{y}$ とすれば，命題9.3の(9.4)′によって

$$f(u,v) = \bar{\boldsymbol{x}}^{\mathrm{T}}A\boldsymbol{y}$$

である. この右辺は $(\boldsymbol{x}|A\boldsymbol{y})$ に等しいから，基底 $\mathcal{B}$ に関して A を表現行列にもつ V の線型変換を F とすれば，

$$f(u,v) = \bar{\boldsymbol{x}}^{\mathrm{T}}A\boldsymbol{y} = (\boldsymbol{x}|A\boldsymbol{y}) = (u|F(v)).$$

すなわち(10.14)が成り立つ. F の一意性は明らかである. ▌

この命題により，有限次元内積空間 V 上の共役双1次形式 f と V の線型変換 F とは，

(10.14) $$f(u,v)=(u|F(v))$$

という関係によって1対1に対応することがわかる．上の証明に示されているように，V の正規直交基底 $\mathcal{B}$ に関する f の表現行列 $[f]_{\mathcal{B}}$ は，f に対応する線型変換 F の表現行列 $[F]_{\mathcal{B}}$ に等しい．

命題 10.20 上の対応(10.14)において，f がエルミート双1次形式であるためには，F がエルミート変換であることが必要かつ十分である．

証明 f がエルミートであることは

(10.15) $$\overline{f(v,u)}=f(u,v)$$

が成り立つことを意味するが，この右辺は $(u|F(v))$ に，左辺は

$$\overline{f(v,u)}=\overline{(v|F(u))}=(F(u)|v)$$

に等しいから，(10.15)は

$$(F(u)|v)=(u|F(v))$$

が成り立つことと同等である．これは F がエルミート変換であることにほかならない．▌

この命題によって，内積空間上のエルミート双1次形式とエルミート変換については，一方に関する命題から他方に関する命題を導き出すことが可能になる．たとえば，エルミート双1次形式 f とエルミート変換 F とが(10.14)によって対応しているとき，V の任意の正規直交基底 $\mathcal{B}$ に関して

$$[f]_{\mathcal{B}}=[F]_{\mathcal{B}}$$

が成り立つが，定理10.11および定理10.16によって，$\mathcal{B}$ を適当にとれば $[F]_{\mathcal{B}}$ は対角行列となる．したがって $[f]_{\mathcal{B}}$ が対角行列となるが，それは $\mathcal{B}$ が f に関する直交基底であることを示している．(p.330の定義および命題9.9参照.) すなわち次の定理が成り立つ．

定理 10.21 有限次元内積空間 V 上の任意のエルミート双1次形式 f に対して，V の正規直交基底でしかも f に関する直交基底となるものが存在する．

なお，この定理は定理9.10を包含していること(したがって上に述べたことは定理9.10の別証を与えていること)に注意しておこう．なぜなら，第9章例9.3(p.336)によって，任意の有限次元ベクトル空間は，必要があれば1つの内積を導入して，内積空間として取り扱うことができるからである．

一方，内積空間の場合には，その上のエルミート双1次形式の行列表現に際しても，正規直交基底を用いるのが，幾何学的にのぞましい．上の定理10.21は，そのような基底のみに限っても，なおかつ定理9.10の結論が得られることを示しているのである．

問　　題

1. 命題10.19の1を証明せよ．

2. 正規直交基底のみを用いる場合，エルミート双1次形式 f の表現行列の，基底変換にともなう変換則は，f に対応するエルミート変換 F の表現行列の変換則と一致することを確かめよ．

§7　エルミート形式・2次形式の標準形

V を n 次元内積空間，g を V 上のエルミート形式，f を g の極形式であるエルミート双1次形式とする．($\boldsymbol{K}=\boldsymbol{R}$ の場合には，g は実2次形式，f は実対称双1次形式である．)

前項のように f に対応するエルミート変換を F とし，F の固有値を $\alpha_1, \alpha_2, \cdots, \alpha_n$ とすれば，命題10.9によって α_i はすべて実数である．(もちろん α_i のうちには同じものもあり得る．) V の適当な正規直交基底 $\mathcal{B}=\{v_1, \cdots, v_n\}$ をとれば，F は $\mathcal{B}$ に関して対角行列

$$\begin{bmatrix} \alpha_1 & & & \\ & \alpha_2 & & \\ & & \ddots & \\ & & & \alpha_n \end{bmatrix} \tag{10.16}$$

で表現される．この対角行列(10.16)は g(あるいは f)の $\mathcal{B}$ に関する表現行列に等しい．

したがって，V の元 v の $\mathcal{B}$ に関する座標ベクトルを

$$[v]_{\mathcal{B}} = \boldsymbol{x} = \begin{bmatrix} x_1 \\ \vdots \\ x_n \end{bmatrix}$$

とすれば，命題9.12に述べたように

$$g(v) = \alpha_1|x_1|^2+\alpha_2|x_2|^2+\cdots+\alpha_n|x_n|^2 \tag{10.17}$$

となる．

明らかに，エルミート形式gが正，半正，負，半負であることは，それぞれ

$$\alpha_i > 0 \qquad (i=1, \cdots, n),$$
$$\alpha_i \geqq 0 \qquad (i=1, \cdots, n),$$
$$\alpha_i < 0 \qquad (i=1, \cdots, n),$$
$$\alpha_i \leqq 0 \qquad (i=1, \cdots, n)$$

であることと同等である．また一般に，gの符号が(p, q)であるというのは，$\alpha_i\,(i=1, \cdots, n)$のうちに正の数，負の数がそれぞれ$p, q$個存在する，ということにほかならない．

いま，gの符号を(p, q)とし，必要があれば番号をつけかえて，

$$\alpha_1 > 0,\ \cdots,\ \alpha_p > 0,\ \alpha_{p+1} < 0,\ \cdots,\ \alpha_{p+q} < 0,$$
$$\alpha_{p+q+1} = \cdots = \alpha_n = 0$$

とする．このとき

$$\tilde{v}_j = \frac{1}{\sqrt{\alpha_j}}v_j \qquad (j=1, \cdots, p),$$
$$\tilde{v}_k = \frac{1}{\sqrt{-\alpha_k}}v_k \qquad (k=p+1, \cdots, p+q),$$
$$\tilde{v}_l = v_l \qquad (l=p+q+1, \cdots, n)$$

とおけば，$\tilde{\mathcal{B}}=\{\tilde{v}_1, \cdots, \tilde{v}_n\}$も$V$の基底であって——ただし‘正規直交’ではない——，

$$g(\tilde{v}_j) = f(\tilde{v}_j, \tilde{v}_j) = 1 \qquad (j=1, \cdots, p),$$
$$g(\tilde{v}_k) = f(\tilde{v}_k, \tilde{v}_k) = -1 \qquad (k=p+1, \cdots, p+q),$$
$$g(\tilde{v}_l) = f(\tilde{v}_l, \tilde{v}_l) = 0 \qquad (l=p+q+1, \cdots, n),$$
$$f(\tilde{v}_r, \tilde{v}_s) = 0 \qquad (r \neq s)$$

となる．したがって，$v \in V$の，この基底$\tilde{\mathcal{B}}$に関する座標ベクトルをあらためて$\boldsymbol{x}=(x_1, \cdots, x_n)^{\mathrm{T}}$とすれば，

(10.18) $$g(v)=|x_1|^2+\cdots+|x_p|^2-|x_{p+1}|^2-\cdots-|x_{p+q}|^2$$

となる.

以上のことを次の命題にまとめておこう.

命題 10.22 g を n 次元内積空間 V 上のエルミート形式とする. g の極形式を f とし, f に対応するエルミート変換 F の固有値を $\alpha_1, \alpha_2, \cdots, \alpha_n$ とすれば, V の適当な正規直交基底に関する座標ベクトルによって $g(v)$ は(10.17)で表される. また g の符号が (p,q) ならば, V の適当な基底に関する座標ベクトルによって $g(v)$ は(10.18)で表される. ——

(10.17)および(10.18)を, それぞれ, エルミート形式 g の, ユークリッド幾何学の立場における**標準形**(以下略してE-標準形), アフィン幾何学の立場における**標準形**(以下略してA-標準形)という. 上にいったようにE-標準形を与える基底は正規直交基底に限られるが, A-標準形についてはそのような制限はない. (実際には, 前ページの基底 $\tilde{\mathscr{B}}$ は'正規直交'ではないけれども, 直交基底である. すなわち, 直交基底のみに限ってもA-標準形を与えることはできるのである. しかしA-標準形においては, われわれはエルミート形式の符号だけに関心をもつので, より自由に一般の基底をとることを許すのである.)

なおここでは, ユークリッド幾何学とかアフィン幾何学などの語のくわしい説明にまでは立ち入らぬこととしよう.

$\boldsymbol{K}=\boldsymbol{R}$ の場合には, (10.17), (10.18)はそれぞれ次のようになる:

(10.17)′ $$g(v)=\alpha_1x_1^2+\alpha_2x_2^2+\cdots+\alpha_nx_n^2,$$

(10.18)′ $$g(v)=x_1^2+\cdots+x_p^2-x_{p+1}^2-\cdots-x_{p+q}^2.$$

行列の言葉でいえば, あらかじめ与えられた V の1つの正規直交基底に関する g の表現行列を A とするとき, g のE-標準形またはA-標準形を作ることは, それぞれ, 適当なユニタリ行列 U または適当な正則行列 P をみいだして, $U^*AU=U^{-1}AU$ または P^*AP を,

$$\begin{bmatrix} \alpha_1 & & & \\ & \alpha_2 & & \\ & & \ddots & \\ & & & \alpha_n \end{bmatrix},$$

または

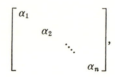

$$\begin{bmatrix} \left.\begin{matrix}1&&\\&\ddots&\\&&1\end{matrix}\right\}p & & \\ & \left.\begin{matrix}-1&&\\&\ddots&\\&&-1\end{matrix}\right\}q & \\ & & \begin{matrix}0&&\\&\ddots&\\&&0\end{matrix}\end{bmatrix}$$

の形にすることを意味している.

第9章§5でも述べたが，エルミート行列 $A\in M_n(\boldsymbol{K})$ が，たとえば正値であるというのは，$\boldsymbol{K}^n$ 上のエルミート形式

$$g(\boldsymbol{x}) = \bar{\boldsymbol{x}}^{\mathrm{T}}A\boldsymbol{x} \tag{10.19}$$

が正値であることである．一般にエルミート行列 A の符号は，エルミート形式(10.19)のそれとして定義される．明らかに A の符号は，任意の n 次元ベクトル空間上で，与えられた基底に関して A を表現行列にもつエルミート形式の符号に等しい．

エルミート形式あるいはエルミート行列の正値性に関する次の判定条件(命題10.23)は，しばしば有用である．

いま n 次の行列 $A=(a_{ij})$ に対して，その最初の k 行 k 列から成る行列を A_k で表すことにする．すなわち

$$A_k = \begin{bmatrix} a_{11} & \cdots & a_{1k} \\ \vdots & & \vdots \\ a_{k1} & \cdots & a_{kk} \end{bmatrix}.$$

このとき次の命題が成り立つ．

命題 10.23 g を n 次元ベクトル空間 V 上のエルミート形式，V の1つの基底 $\mathcal{B}$ に関する g の表現行列を $[g]_{\mathcal{B}}=A$ とする．そのとき，g が正値であるためには，

$$\det A_k > 0 \qquad (k=1, \cdots, n) \tag{10.20}$$

の成り立つことが必要かつ十分である．

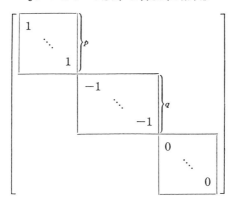

証明　Vは内積空間であると仮定して証明しても一般性を失わないから，以下そのように仮定する．gの極形式をfとし，また$\mathcal{B}=\{v_1, \cdots, v_n\}$とする．

まずgが正値であるとする．$V_k=\langle v_1, \cdots, v_k\rangle$とおき，$g$を$V_k$上に制限して考えたエルミート形式を$g_k$とすれば，$V_k$の基底$\{v_1, \cdots, v_k\}$に関する$g_k$の表現行列が$A_k$に等しい．もちろん$g_k$も正値であるから，$A_k$の固有値はすべて正である．$\det A_k$はそれらの固有値の積に等しいから，

$$\det A_k > 0$$

となる．

逆に(10.20)が成り立つとき，gは正値であることを，nに関する帰納法によって証明しよう．

$n=1$のときは明らかである．そこで$n\geqq 2$とし，$V_{n-1}=\langle v_1, \cdots, v_{n-1}\rangle$上では$g$は正値であると仮定する．仮定$\det A_n=\det A>0$によって，$g$あるいはその極形式$f$は正則である．したがって$f$に対応するエルミート変換$F$も正則となる．$V_{n-1}$の直交補空間$V_{n-1}^{\perp}$は$V$の1次元部分空間であるが，それを$V_{n-1}^{\perp}=\langle w\rangle$とすれば，$F$の正則性によって

$$F(v^*) = w$$

となるような元$v^*(\neq 0)$が存在する．v^*のとり方によって，すべての$u\in V_{n-1}$に対して

$$f(u, v^*) = (u|F(v^*)) = (u|w) = 0. \tag{10.21}$$

それゆえ当然$v^*\notin V_{n-1}$で，$\mathcal{B}'=\{v_1, \cdots, v_{n-1}, v^*\}$も$V$の基底となる．$g(v^*)=f(v^*, v^*)=c$とおく．$c>0$であることを証明しよう．(10.21)によって$g$の$\mathcal{B}'$に関する表現行列$A'$は

$$A' = \left[\begin{array}{ccc|c} & & & 0 \\ & A_{n-1} & & \vdots \\ & & & 0 \\ \hline 0 & \cdots & 0 & c \end{array}\right]$$

の形となるから，

$$\det A' = c\cdot\det A_{n-1}. \tag{10.22}$$

一方$A'=P^*AP=\bar{P}^{\mathrm{T}}AP\,(P=\mathbf{T}_{\mathcal{B}\to\mathcal{B}'})$であるから，

$$\det A' = \det \bar{P}\cdot\det A\cdot\det P$$
$$= \overline{\det P}\cdot\det A\cdot\det P = |\det P|^2\cdot\det A,$$

したがって

$$\det A' > 0.$$

そして $\det A_{n-1}>0$ であるから，(10.22)によって $c>0$ となる．さて，V の任意の元 v は一意的に

$$v = u+av^*, \quad u \in V_{n-1},\ a \in \boldsymbol{K}$$

と表され，$v \neq 0$ ならば $u \neq 0$ または $a \neq 0$ である．そして(10.21)から

$$g(v) = f(v, v) = f(u+av^*, u+av^*)$$
$$= f(u, u)+|a|^2 f(v^*, v^*) = f(u, u)+c|a|^2.$$

そこで帰納法の仮定と $c>0$ に注意すれば，$v \neq 0$ のとき $g(v)>0$ であることがわかる．これで主張が証明された．▮

例 10.5 V を3次元実ベクトル空間とし，g を V のある基底 $\mathcal{B}$ に関して

$$g(v) = x_1{}^2+2x_2{}^2+6x_3{}^2-2x_1x_2-2x_2x_3-2x_3x_1$$

で表される2次形式とする．$[g]_{\mathcal{B}}=A$ とすれば，

$$A = \begin{bmatrix} 1 & -1 & -1 \\ -1 & 2 & -1 \\ -1 & -1 & 6 \end{bmatrix}$$

であるから——一般に，2次形式において $x_ix_j\,(i<j)$ の係数が c ならば，その行列の (i, j) 成分と (j, i) 成分は $c/2$ である——,

$$\det A_1 = 1 > 0, \qquad \det A_2 = \begin{vmatrix} 1 & -1 \\ -1 & 2 \end{vmatrix} = 1 > 0,$$

$$\det A_3 = \begin{vmatrix} 1 & -1 & -1 \\ -1 & 2 & -1 \\ -1 & -1 & 6 \end{vmatrix} = 1 > 0.$$

したがって g は正値である．

問　　題

1. g を n 次元ベクトル空間上のエルミート形式，A をその表現行列とする．A が半正値であるための必要十分条件は

$$\det A_k \geqq 0 \qquad (k=1, \cdots, n)$$

であることを示せ.

2. 同じく g が負値であるための必要十分条件は

$$(-1)^k \det A_k > 0 \qquad (k=1, \cdots, n)$$

であることを示せ.（ヒント: g が負値であることは $-g$ が正値であることと同等である.）

3. 実2次形式 $g(v)=x_1^2+x_2^2+x_3^2-x_1x_2-x_2x_3-x_3x_1$ は半正値であることを示せ.

4. 実2次形式 $g(v)=x_1^2+ax_2^2+bx_3^2-2x_1x_2-2x_2x_3-2x_3x_1\,(a, b\in \boldsymbol{R},\ n=3)$ が正値であるための必要十分条件を求めよ.

§8 標準形(または符号)の計算

本節では実2次形式の標準形または符号の算出法を一, 二例示する.（複素エルミート形式についても同様の計算ができるが, 簡単のため, ここでは実2次形式だけを考える.）

以下の例で, g は n 次元実内積空間 V 上の2次形式とし, $g(v)$ の式は V のある正規直交基底に関する座標を用いて書き表されているものとする.

例 10.6 2次形式

$$g(v) = -x_1^2-x_2^2-x_3^2+4x_1x_2+4x_2x_3+4x_3x_1 \qquad (n=3) \tag{10.23}$$

の E-標準形および A-標準形を求めよ.

解 与えられた基底に関する g の行列は

$$A = \begin{bmatrix} -1 & 2 & 2 \\ 2 & -1 & 2 \\ 2 & 2 & -1 \end{bmatrix}$$

で, その固有多項式を計算すれば

$$f_A(x) = (x-3)(x+3)^2$$

となる. ゆえに g の E-標準形は

$$g(v) = 3y_1^2-3y_2^2-3y_3^2,$$

また A-標準形は

$$g(v) = z_1^2-z_2^2-z_3^2 \tag{10.24}$$

である. ただし, $(y_1, y_2, y_3)^{\mathrm{T}}, (z_1, z_2, z_3)^{\mathrm{T}}$ はそれぞれ適当にとられた‘新座標系’である. ▌

例 10.7 前例において，‘旧座標系’から‘新座標系’にうつる座標変換(あるいは基底変換)の行列を求めてみよう．そのために例 10.4 の場合と同様の計算を行う．そうすれば，行列 A を対角行列

$$\begin{bmatrix} 3 & & \\ & -3 & \\ & & -3 \end{bmatrix}$$

に変形する 1 つの直交行列として，たとえば

$$U=\begin{bmatrix} 1/\sqrt{3} & 1/\sqrt{6} & -1/\sqrt{2} \\ 1/\sqrt{3} & 1/\sqrt{6} & 1/\sqrt{2} \\ 1/\sqrt{3} & -2/\sqrt{6} & 0 \end{bmatrix}$$

をとり得ることがわかる．それゆえ，$\boldsymbol{x}=(x_1, x_2, x_3)^{\mathrm{T}}$ と $\boldsymbol{y}=(y_1, y_2, y_3)^{\mathrm{T}}$ との関係は，たとえばこの U によって

$$\boldsymbol{x} = U\boldsymbol{y}$$

と表される(命題 6.5)．さらに

$$z_1 = \sqrt{3}\,y_1, \qquad z_2 = \sqrt{3}\,y_2, \qquad z_3 = \sqrt{3}\,y_3$$

であるから，$\boldsymbol{y}$ と $\boldsymbol{z}=(z_1, z_2, z_3)^{\mathrm{T}}$ との関係は

$$\boldsymbol{y} = (1/\sqrt{3})\boldsymbol{z}$$

で与えられる．したがって $P=(1/\sqrt{3})U$ とおけば

$$\boldsymbol{x} = P\boldsymbol{z}$$

となる．具体的に書けば

$$(10.25) \qquad \begin{cases} x_1 = \dfrac{1}{3}z_1+\dfrac{\sqrt{2}}{6}z_2-\dfrac{\sqrt{6}}{6}z_3 \\ x_2 = \dfrac{1}{3}z_1+\dfrac{\sqrt{2}}{6}z_2+\dfrac{\sqrt{6}}{6}z_3 \\ x_3 = \dfrac{1}{3}z_1-\dfrac{2\sqrt{2}}{6}z_2 \end{cases}$$

である．読者は前例およびこの例に述べられていることを，くわしく検証されたい(問題 1)．——

実際問題として，2 次形式の E-標準形を求めることは，普通はきわめて難しい．なぜなら，そのためには行列の固有値を求めることが必要で，それが‘きれいな’答でみつかるのは，ごくまれな場合に限られるからである．

しかし，2次形式のA-標準形あるいは符号を求めることは，それほど難しくない．2次形式の符号を求めるための実際的な方法としては，次に述べるようなラ**グランジュの方法**がある．

2次形式

$$\sum_{i,j=1}^{n} a_{ij}x_ix_j \qquad (a_{ij}=a_{ji})$$

において，$a_{11}, \cdots, a_{nn}$ のうちに0でないものがあるとき，たとえば $a_{11} \neq 0$ ならば，

$$y_1 = x_1 + \frac{a_{12}}{a_{11}}x_2 + \cdots + \frac{a_{1n}}{a_{11}}x_n, \quad y_2 = x_2, \quad \cdots, \quad y_n = x_n$$

とおく．また，もし $a_{11} = \cdots = a_{nn} = 0$ で，たとえば $a_{12} \neq 0$ であるならば，

$$x_1 = y_1 + y_2, \quad x_2 = y_1 - y_2, \quad x_3 = y_3, \quad \cdots, \quad x_n = y_n$$

とおく．以下このような‘変数変換’をくり返すのである．

具体例によってその方法を示そう．

例 10.8　4次元空間上の2次形式

(10.26)　$$g(v) = 2x_1x_2 - x_1x_3 + x_1x_4 - x_2x_3 + x_2x_4 - 2x_3x_4$$

の符号 (p, q) を求めよ．

解　$x_1^2, x_2^2, x_3^2, x_4^2$ の係数がすべて0で，x_1x_2 の係数が0でないから，まず

$$x_1 = y_1 + y_2, \quad x_2 = y_1 - y_2, \quad x_3 = y_3, \quad x_4 = y_4$$

とおく．そうすれば

$$\begin{aligned} g(v) &= 2(y_1+y_2)(y_1-y_2) - (y_1+y_2)y_3 + (y_1+y_2)y_4 \\ &\quad - (y_1-y_2)y_3 + (y_1-y_2)y_4 - 2y_3y_4 \\ &= 2y_1^2 - 2y_2^2 - 2y_1y_3 + 2y_1y_4 - 2y_3y_4 \\ &= 2\left(y_1 - \frac{1}{2}y_3 + \frac{1}{2}y_4\right)^2 - 2y_2^2 - \frac{1}{2}y_3^2 - \frac{1}{2}y_4^2 - y_3y_4. \end{aligned}$$

次に

$$z_1 = y_1 - \frac{1}{2}y_3 + \frac{1}{2}y_4, \quad z_2 = y_2, \quad z_3 = y_3, \quad z_4 = y_4$$

とおけば

$$g(v) = 2z_1{}^2 - 2z_2{}^2 - \frac{1}{2}z_3{}^2 - \frac{1}{2}z_4{}^2 - z_3 z_4$$
$$= 2z_1{}^2 - 2z_2{}^2 - \frac{1}{2}(z_3 + z_4)^2.$$

最後に

$$w_1 = z_1, \quad w_2 = z_2, \quad w_3 = z_3 + z_4, \quad w_4 = z_4$$

とおけば

$$g(v) = 2w_1{}^2 - 2w_2{}^2 - \frac{1}{2}w_3{}^2. \tag{10.27}$$

ゆえに g の符号は $p=1$, $q=2$ である. ▌

問　　題

1. 例 10.6, 10.7 の計算をくわしく実行せよ.

2. (10.23)に(10.25)を代入すれば, 実際に(10.24)が得られることを確かめよ.

3. 例 10.8 において(10.26)から(10.27)にうつる基底変換行列はどんな行列か.

4. 3 次元実ベクトル空間における次の 2 次形式の符号(p, q)を求めよ.

(a) $2x_1{}^2 - x_2{}^2 + x_1x_3 + x_2x_3$　　(b) $2x_1x_2 - x_1x_3 - x_2x_3$

(c) $ax_1x_2 + bx_2x_3 + cx_3x_1$　　(ただし $abc \neq 0$)

5. 4 次元実ベクトル空間における次の 2 次形式の符号(p, q)を求めよ.

(a) $x_1x_2 + x_1x_3 + x_1x_4 + x_2x_3 + x_2x_4 + x_3x_4$

(b) $x_1{}^2 + 4x_2{}^2 + 4x_3{}^2 - x_4{}^2 + 2x_1x_2 - 2x_1x_3 + 2x_1x_4 + 4x_2x_3 + 2x_2x_4$

(c) $3(x_1{}^2 + x_2{}^2 + x_3{}^2 + x_4{}^2) + 2x_1x_2 + 2x_1x_3 + 2x_1x_4 - 2x_2x_3 - 2x_2x_4 - 2x_3x_4$

6. n 次元実ベクトル空間における 2 次形式

$$\sum_{i=1}^{n} x_i{}^2 + \sum_{i<j} x_i x_j \tag{*}$$

は正値であることを証明せよ. ただし(*)の第 2 項は, $1 \leq i < j \leq n$ であるようなすべての整数の組(i, j)にわたる和を表す. (ヒント: 命題 10.23 を用いるとよい.)

7. n 次元実内積空間における 2 次形式

$$\sum_{i<j} x_i x_j$$

の A-標準形は

$$y_1{}^2 - y_2{}^2 - y_3{}^2 - \cdots - y_n{}^2$$

であることを証明せよ.

§9　2次曲線(I)

本節と次節では2次曲線について概説する．ただしこれらの節では，こまかい計算や証明はいちいち述べない．それらはすべて読者に練習問題として与えられる．

まず本節では，放物線，楕円，双曲線の標準形について述べる．

p を正の定数とするとき，平面 $\boldsymbol{R}^2$ 上で，方程式

$$y^2 = 4px \tag{10.28}$$

によって与えられる曲線は，周知のように**放物線**である．この放物線の**頂点**は原点，**軸**は x 軸である．

点 $F(p, 0)$ をこの放物線の**焦点**，直線 $l: x=-p$ をその**準線**という．放物線(10.28)は“焦点と準線から等距離にあるような点の軌跡”である(第2図参照).

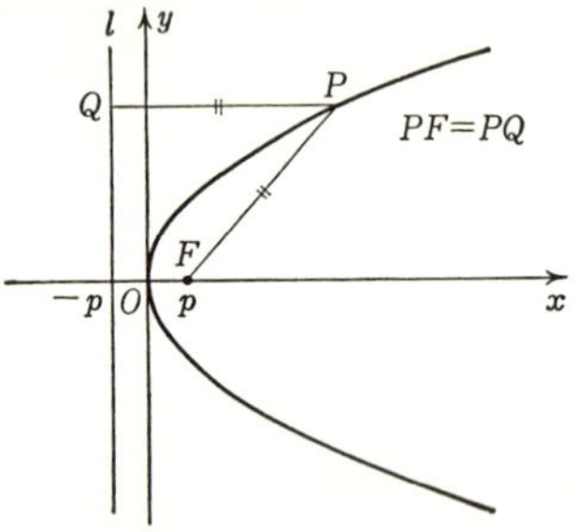

第2図

a, b を正の定数とする．方程式

$$\frac{x^2}{a^2}+\frac{y^2}{b^2}=1 \tag{10.29}$$

で表される曲線は**楕円**(だえん)とよばれる．

$a=b$ のときには，これは原点を中心とする半径 a の円である．

そこで $a \neq b$ とし，どちらでも同じことであるから，以下 $a>b$ とする．そのとき $c=\sqrt{a^2-b^2}$ とおき，2点 $F(c, 0), F'(-c, 0)$ をこの楕円の**焦点**という．楕円(10.29)は“2焦点からの距離の和が一定値 $2a$ であるような点の軌跡”である．その概形は第3図のようになる．

第3図で，原点 O を楕円の**中心**，4点 A, A', B, B' を楕円の**頂点**という．また x 軸を**長軸**，y 軸を**短軸**とよび，両者を合わせて楕円の**主軸**という．楕円は

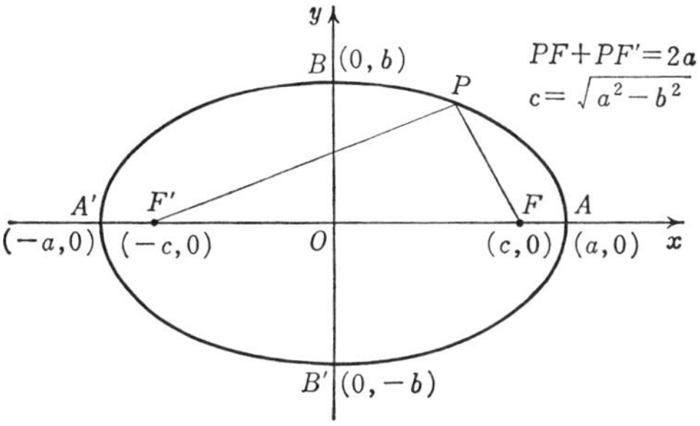

第3図

その2つの主軸に関して線対称，中心に関して点対称な図形である．$2a$, $2b$ をそれぞれ長軸，短軸の長さという．

c/a(ただし $c=\sqrt{a^2-b^2}$) を通常 e で表し，これを楕円(10.29)の**離心率**という．$c<a$ であるから，$e<1$ である．また，2直線

$$l:\ x=\frac{a}{e}=\frac{a^2}{c},\qquad l':\ x=-\frac{a}{e}=-\frac{a^2}{c}$$

を楕円の**準線**という．

楕円(10.29)は，

$$\text{(10.30)}\qquad \frac{P\text{から焦点}F\text{への距離}}{P\text{から準線}l\text{への距離}}=e\quad (<1)$$

であるような点 P の軌跡，としても特徴づけられる．上の(10.30)で，F, l はそれぞれ F', l' におきかえてもよい．(第4図参照.)

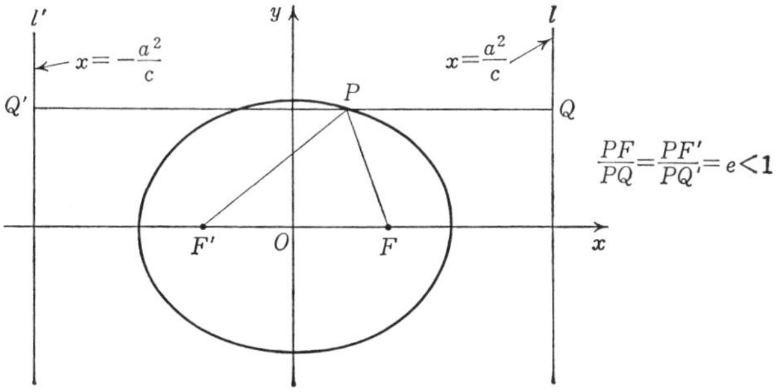

第4図

ふたたびa, bを正の定数とする．方程式

$$\frac{x^2}{a^2}-\frac{y^2}{b^2}=1 \tag{10.31}$$

で表される曲線は**双曲線**とよばれる．

$c=\sqrt{a^2+b^2}$とおき，2点$F(c,0), F'(-c,0)$をこの双曲線の**焦点**という．双曲線(10.31)は“2焦点からの距離の差が一定値$2a$であるような点の軌跡”である．その概形は第5図のようになる．この曲線は2つの‘分枝’から成り，焦点Fの側の分枝は$PF'-PF=2a$であるような点Pの軌跡，焦点F'の側の分枝は$PF-PF'=2a$であるような点Pの軌跡である．

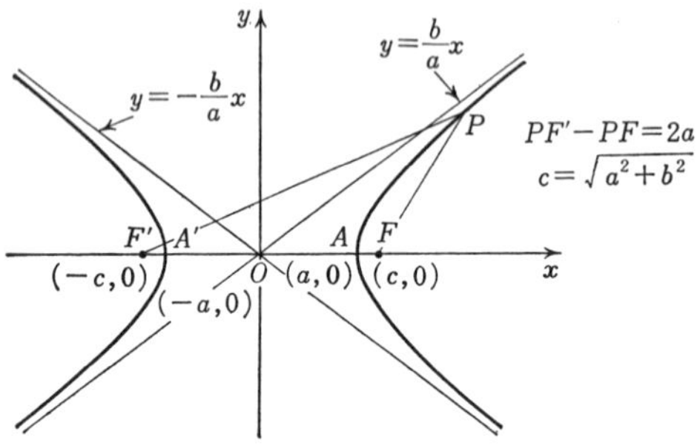

第5図

第5図で，原点Oを双曲線の**中心**，2点A, A'を**頂点**という．またx軸，y軸をこの双曲線の**主軸**という．(x軸を主軸，y軸を副軸とよぶこともある．)楕円と同じく，双曲線もその2つの主軸に関して線対称，また中心に関して点対称な図形である．

2つの直線

$$y=\frac{b}{a}x, \qquad y=-\frac{b}{a}x$$

はこの双曲線の**漸近線**とよばれる．xやyの絶対値が限りなく大きくなるとき，双曲線はこれらの漸近線に限りなく近づく．

$a=b$であるときには2つの漸近線は直交する．この場合，双曲線は**直角双曲線**とよばれる．

$c/a=e$(ただし$c=\sqrt{a^2+b^2}$)を双曲線(10.31)の**離心率**という．今度の場合は

$e>1$ である．また，2直線

$$l:\ x=\frac{a}{e}=\frac{a^2}{c},\qquad l':\ x=-\frac{a}{e}=-\frac{a^2}{c}$$

をこの双曲線の**準線**という．

双曲線(10.31)は，

(10.32) $$\frac{P\text{から焦点}F\text{への距離}}{P\text{から準線}l\text{への距離}}=e\quad(>1)$$

であるような点 P の軌跡，としても特徴づけられる．(10.32)で F, l はそれぞれ F', l' におきかえてもよい．(第6図参照．)

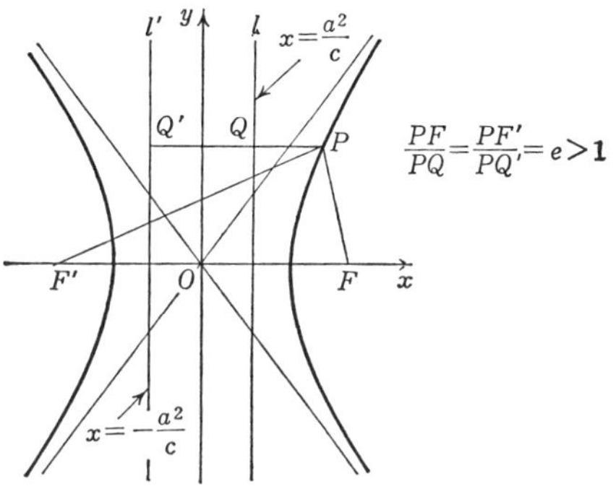

第6図

上述したように，放物線，楕円(ただし円を除く)，双曲線は，いずれも“定点からの距離とその定点を通らない定直線からの距離との比が一定であるような点の軌跡”である．その一定の比 e が $e<1$ のとき楕円，$e=1$ のとき放物線，$e>1$ のとき双曲線となるのである．

上の方程式(10.28), (10.29), (10.31)を，それぞれ，放物線，楕円，双曲線の方程式の**標準形**という．

§10　2次曲線(II)

本節では一般の2次曲線，すなわち

(10.33) $$ax^2+2hxy+by^2+2gx+2fy+c=0$$

の形の方程式で表される曲線について考察する．ただし a, h, b の少なくとも1

つは0でないとする．簡単のため(10.33)の左辺を$F(x, y)$と書く．

I. $ab-h^2 \neq 0$のとき．

この場合には，連立1次方程式

$$\begin{cases} ax+hy+g=0 \\ hx+by+f=0 \end{cases} \tag{10.34}$$

はただ1組の解をもつ．その解を(x_0, y_0)とし，

$$x = x'+x_0, \qquad y = y'+y_0$$

と座標変換すれば，$F(x, y)$の1次の項がなくなって，方程式は

$$ax'^2+2hx'y'+by'^2 = k \tag{10.35}$$

と変形される．ただし$k=-F(x_0, y_0)$である．

$x'y'$-座標軸はもとのxy-座標軸を点(x_0, y_0)が新原点となるように平行移動したものである．

そこであらためて$x'y'$-座標軸に関して方程式(10.35)を考察する．

対称行列

$$A = \begin{bmatrix} a & h \\ h & b \end{bmatrix}$$

の固有値をα, βとすれば，ふたたび(直交)座標軸を新たにとり直すことによって――ただし今度は原点は変えない――，新しい座標軸に関し，(10.35)が

$$\alpha x''^2+\beta y''^2 = k \tag{10.36}$$

の形になるようにすることができる．(10.36)の左辺は(10.35)の左辺の2次形式のE-標準形である．

明らかに$x''y''$-座標軸は，$x'y'$-座標軸を原点のまわりに，ある角だけ回転したものであるとしてよい．その角をθとすれば，

$$\begin{cases} x' = x''\cos\theta - y''\sin\theta \\ y' = x''\sin\theta + y''\cos\theta \end{cases} \tag{10.37}$$

であるから，実際にθを定めるには，(10.35)の左辺に(10.37)を代入して$x''y''$の係数が0となるようにすればよい．

その計算を実行すれば，θは

$$2h\cos 2\theta-(a-b)\sin 2\theta = 0,$$

すなわち

(10.38)
$$\tan 2\theta = \frac{2h}{a-b}$$
となるように定めればよいことがわかる．($h \neq 0$ ならば，$0<\theta<\pi/2$ の範囲で(10.38)を満たすような角はただ1つ存在する．ただし $a=b$ の場合には，$2\theta=90°$ すなわち $\theta=45°$ とする．)

さて(10.36)において α, β は行列 A の固有多項式
$$f_A(x) = x^2-(a+b)x+(ab-h^2)$$
の2つの解である．$ab-h^2 \neq 0$ と仮定しているから α, β はどちらも0ではない．ここでさらに場合を2つに分けて考える．

I.1. $ab-h^2>0$ のとき．

このときは α, β は同符号である．もし k も α, β と同符号ならば，(10.36)は
$$\frac{x''^2}{{\lambda_1}^2}+\frac{y''^2}{{\lambda_2}^2} = 1$$
の形に書き直されるから，この方程式の表す曲線は<u>楕円</u>である．また k が α, β と異符号ならば(10.36)の両辺は異符号となるから，この方程式は解をもたない．いいかえれば，(10.36)の解の集合は<u>空集合</u>である．(虚数の世界まで考えて，この場合，方程式は‘虚楕円’を表すということもある．)最後に $k=0$ の場合には，(10.36)の解は $x''=y''=0$ のみである．すなわち方程式は<u>1点</u>(‘点楕円’)を表す．

I.2. $ab-h^2<0$ のとき．

このときには α, β は異符号である．したがって $k \neq 0$ ならば，(10.36)は
$$\frac{x''^2}{{\lambda_1}^2}-\frac{y''^2}{{\lambda_2}^2} = 1 \quad \text{または} \quad \frac{y''^2}{{\lambda_2}^2}-\frac{x''^2}{{\lambda_1}^2} = 1$$
のいずれかの形に変形される．ゆえに方程式は<u>双曲線</u>を表す．また $k=0$ ならば，(10.36)は
$$\frac{x''^2}{{\lambda_1}^2}-\frac{y''^2}{{\lambda_2}^2} = \left(\frac{x''}{\lambda_1}-\frac{y''}{\lambda_2}\right)\left(\frac{x''}{\lambda_1}+\frac{y''}{\lambda_2}\right) = 0$$
の形となるから，これは($x''y''$-座標軸の)原点で交わる<u>2直線</u>
$$\frac{x''}{\lambda_1}-\frac{y''}{\lambda_2} = 0, \qquad \frac{x''}{\lambda_1}+\frac{y''}{\lambda_2} = 0$$
を表す．

II. $ab-h^2=0$ のとき．

この場合には，

$$A=\begin{bmatrix} a & h \\ h & b \end{bmatrix}$$

の固有値の1つは0で，他の1つ $\alpha=a+b$ は0ではない．したがって角 θ を(10.38)によって定め，座標軸を θ だけ回転すれば，方程式(10.33)は

(10.39) $$\alpha x'^2+2g'x'+2f'y'+c'=0,$$

または

$$\alpha y'^2+2g'x'+2f'y'+c'=0$$

の形に変形される．(より端的にいえば，たとえば $a\neq0$ の場合には，

$$\begin{cases} x=\dfrac{a}{\sqrt{a^2+h^2}}x'-\dfrac{h}{\sqrt{a^2+h^2}}y' \\ y=\dfrac{h}{\sqrt{a^2+h^2}}x'+\dfrac{a}{\sqrt{a^2+h^2}}y' \end{cases}$$

とおくことによって，(10.33)は(10.39)の形となる．) どちらでも同じであるから，いま方程式(10.39)について考える．このとき，もし $f'\neq0$ ならば，座標軸の平行移動

$$x'=x''-\frac{g'}{\alpha},\qquad y'=y''-\frac{c'}{2f'}+\frac{g'^2}{2\alpha f'}$$

によって，(10.39)は

$$\alpha x''^2+2f'y''=0$$

と変形される．これは

$$y''=4px''^2 \quad \text{または} \quad y''=-4px''^2 \quad (p>0)$$

の形に書かれるから，<u>放物線</u>を表している．また $f'=0$ ならば，(10.39)の両辺を α で割って，平行移動

$$x'=x''-\frac{g'}{\alpha},\qquad y'=y''$$

を行えば，(10.39)は

$$x''^2=c''$$

の形となる．$c''>0$ ならば，これは平行な<u>2直線</u>

$$x''=\sqrt{c''},\qquad x''=-\sqrt{c''}$$

を表し，$c''=0$ ならば1直線 $x''=0$ を表す．また $c''<0$ ならば，この方程式の表す集合は空集合(‘虚な平行2直線’)である．

以上のことを次の命題にまとめておこう．

命題 10.24　x, y に関する2次方程式(10.33)の表す曲線は，$\Delta=ab-h^2$ の符号によって次のように分類される．

1. $\Delta>0$ のときは，楕円または1点(‘点楕円’)または空集合(‘虚楕円’)である．

2. $\Delta<0$ のときは，双曲線または相交わる2直線である．

3. $\Delta=0$ のときは，放物線，または平行2直線，1直線，空集合(‘虚な平行2直線’)のいずれかである．——

$F(x,y)$ の1次の係数 $2g, 2f$ や定数項 c を用いれば，われわれは上記の分類をもっと完全な形で与えることができる．しかし，その完全な分類表はここでは省略する．

次に一例を掲げる．

例 10.9　2次曲線 $2x^2-3xy+2y^2-2x-2y=0$ を標準形に直して，その概形をかけ．

解　$\Delta=2\cdot2-(3/2)^2>0$ であるから，この曲線は楕円である．まず(10.34)に従って，連立1次方程式

$$\begin{cases} 2x-(3/2)y-1=0 \\ -(3/2)x+2y-1=0 \end{cases}$$

を解くと，$x=2$，$y=2$ を得るから，この楕円の中心は $(2,2)$ である．そこで次に，平行移動

$$x=x'+2, \qquad y=y'+2$$

を行うと，方程式は

$$2x'^2-3x'y'+2y'^2=4$$

となる．さらに，この場合は $a=b$ であるから，座標軸を $45°$ 回転すると，

$$\begin{cases} x'=x''\cos 45°-y''\sin 45°=\dfrac{1}{\sqrt{2}}x''-\dfrac{1}{\sqrt{2}}y'' \\ y'=x''\sin 45°+y''\cos 45°=\dfrac{1}{\sqrt{2}}x''+\dfrac{1}{\sqrt{2}}y'' \end{cases}$$

より，

$$\frac{1}{2}x''^2+\frac{7}{2}y''^2=4 \quad \text{すなわち} \quad \frac{x''^2}{(2\sqrt{2})^2}+\frac{y''^2}{(2\sqrt{2/7})^2}=1$$

となる．したがって，この楕円は長軸，短軸の長さがそれぞれ $4\sqrt{2}$, $4\sqrt{2/7}$ である楕円である．その概形は第7図のようになる．この図には長軸，短軸のほかに4頂点の座標も示されている．▌

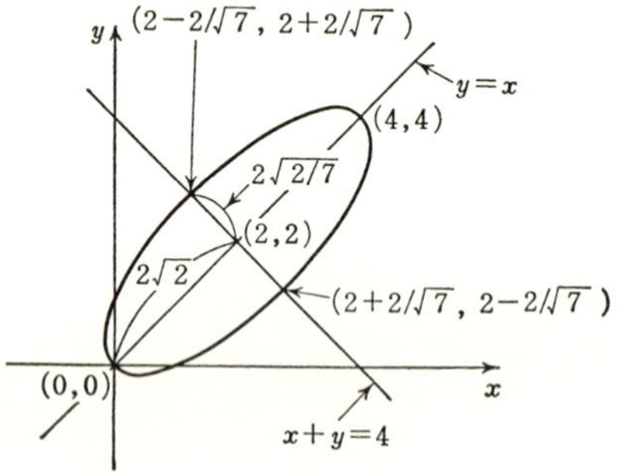

第7図

問　　題

1. 例10.9の楕円の焦点を求めよ．

2. 次の2次曲線を標準形に直して概形をかけ．

(a)　$y(y-\sqrt{3}x)=1$

(b)　$(\sqrt{3}x+y)^2=4(x-\sqrt{3}y)$

(c)　$3x^2+2xy+3y^2+8x+8y+6=0$

(d)　$x^2-2xy+y^2-2x-2y+1=0$

(e)　$x^2+2xy-y^2-2x-2y-2=0$

(f)　$2x^2+xy-y^2+4x+y+2=0$

(g)　$4x^2+6xy+3y^2-6x-6y+3=0$

§11　補　　足

この節では一,二の補遺的な事項を，例および命題として述べる．(証明は従来ほどくわしくは述べない．)

I. 正則線型変換の極表示

V を $\boldsymbol{K}$ 上の n 次元内積空間，F を V のエルミート変換とする．F が正あるいは**半正**であるとは，p. 377 の(10. 14)によって定まるエルミート形式 f が正あるいは半正であることをいう．いいかえれば，任意の $v\in V$，$v\neq 0$ に対して

$$(v|F(v)) > 0 \quad あるいは \quad (v|F(v)) \geqq 0$$

が成り立つことである．F の固有値を $\alpha_1, \cdots, \alpha_n$ とすれば，それらはそれぞれ

$$\alpha_i > 0 \qquad (i=1, \cdots, n),$$
$$\alpha_i \geqq 0 \qquad (i=1, \cdots, n)$$

であることと同等である．

例 10.10　任意の線型変換 F に対して，F^*F や FF^* は半正値エルミート変換である．もし F が正則ならば，それらは正値エルミート変換である．

証明　F^*F や FF^* がエルミート変換であることは直ちにわかる．また任意の $v\in V$ に対して

$$(v|F^*F(v)) = (F(v)|F(v)) = \|F(v)\|^2 \geqq 0.$$

よって F^*F は(同様に FF^* も)半正値である．後半は明らかである．▌

例 10.11　H が正値エルミート変換ならば，$H=H_1{}^2$ となるような正値エルミート変換 H_1 が存在する．

証明　V の適当な正規直交基底 $\mathcal{B}$ に関して，H は対角行列

$$\begin{bmatrix} \alpha_1 & & \\ & \ddots & \\ & & \alpha_n \end{bmatrix}$$

で表現される．$\alpha_1, \cdots, \alpha_n$ は H の固有値で，正の実数である．そこで $\mathcal{B}$ に関して

$$\begin{bmatrix} \sqrt{\alpha_1} & & \\ & \ddots & \\ & & \sqrt{\alpha_n} \end{bmatrix}$$

を表現行列にもつ正値エルミート変換を H_1 とすれば，$H=H_1{}^2$ となる．▌

命題 10.25　V の任意の正則線型変換 F は，正値エルミート変換 H とユニタリ変換 U との積として

$$F = HU \tag{10.40}$$

と表される．

証明　例 10. 10, 10. 11 によって $FF^*=H^2$ となるような正値エルミート変

換 H が存在する．$H^{-1}F=U$ とおけば

$$UU^* = H^{-1}F\cdot F^*(H^*)^{-1} = H^{-1}(FF^*)H^{-1} = H^{-1}H^2H^{-1} = I.$$

ゆえに U はユニタリ変換で，(10.40)が成り立つ．▌

(10.40)のような分解は実は一意的である．その証明は，例10.11の H_1 が H に対して一意的に定まることの証明に帰着されるが，ここでは省略し，読者の練習問題とする(問題3,4)．

行列の言葉に翻訳すれば，任意の正則行列 A は，正値エルミート行列 H とユニタリ行列 U との積として(一意的に)

$$A = HU \tag{10.40$'$}$$

と表される．特に $\boldsymbol{K}=\boldsymbol{C}$，$n=1$ の場合には，これは0でない複素数 z が(一意的に) $z=rz_1$; $r>0$, $|z_1|=1$ と表されることを示している．そのことの一般化という意味で，(10.40), (10.40)′ を F あるいは A の**極表示**という．

II. アダマールの不等式

例 10.12　$A=(a_{ij})$ を n 次の正値エルミート行列とすれば，その対角成分および行列式は正の実数で，かつ

$$\det A \leqq a_{11}a_{22}\cdots a_{nn} \tag{10.41}$$

が成り立つ．ここで等号が成り立つのは A が対角行列である場合に限る．

証明　A の対角成分や $\det A$ が正の実数であることは，命題10.23からわかる．(命題10.23は A の行と列に同じ置換をほどこした行列に対しても成り立つことに注意せよ．)(10.41)の証明も，命題10.23の証明(p.382-383)に少し手を加えれば得られる．以下，記号は命題10.23の証明と同じものを用いる．まずその証明における v^* は，必要があれば適当なスカラーを掛けて

$$v^* = b_1v_1+\cdots+b_{n-1}v_{n-1}+v_n$$

の形に書かれるものとしてよい．そうすれば

$$P = \mathbf{T}_{\mathcal{B}\to\mathcal{B}'} = \left[\begin{array}{ccc|c} 1 & & & b_1 \\ & \ddots & & \vdots \\ & & 1 & b_{n-1} \\ \hline & & & 1 \end{array}\right]$$

であるから $\det P=1$，したがって

(10.42)
$$\det A = \det A' = c\cdot\det A_{n-1}$$
となる．ただし $c=f(v^*, v^*)$ である．そして $u=-(b_1v_1+\cdots+b_{n-1}v_{n-1})$ とおけば，$v_n=u+v^*$ であるから，(10.21)により

(10.43)
$$a_{nn} = g(v_n) = f(u, u)+c.$$
ゆえに $c\leqq a_{nn}$ となる．したがって(10.42)から

(10.44)
$$\det A = c\cdot\det A_{n-1} \leqq a_{nn}\det A_{n-1}$$
が得られる．(10.44)で等号が成り立つのは $c=a_{nn}$ のときに限るが，(10.43)によってそれは $u=0$, $v_n=v^*$, すなわち $A=A'$ の場合である．いいかえれば A が

$$A = \left[\begin{array}{c|c} A_{n-1} & \begin{matrix} 0 \\ \vdots \\ 0 \end{matrix} \\ \hline 0 \ \cdots \ 0 & a_{nn} \end{array}\right]$$

となる場合である．これから帰納法によって結論が得られる．▌

命題 10.26　任意の n 次正則行列
$$A = (\boldsymbol{a}_1, \boldsymbol{a}_2, \cdots, \boldsymbol{a}_n)$$
に対して

(10.45)
$$|\det A| \leqq \|\boldsymbol{a}_1\|\,\|\boldsymbol{a}_2\|\cdots\|\boldsymbol{a}_n\|$$
が成り立つ．

証明　A^*A は正値エルミート行列で，その対角成分は
$$\bar{\boldsymbol{a}}_i{}^{\mathrm{T}}\boldsymbol{a}_i = (\boldsymbol{a}_i\,|\,\boldsymbol{a}_i) = \|\boldsymbol{a}_i\|^2 \qquad (i=1, \cdots, n)$$
である．ゆえに例10.12によって
$$\det(A^*A) \leqq \|\boldsymbol{a}_1\|^2\|\boldsymbol{a}_2\|^2\cdots\|\boldsymbol{a}_n\|^2.$$
この左辺は $|\det A|^2$ に等しい．▌

(10.45)を**アダマール**(Hadamard)**の不等式**という．

III. <u>ケーレー変換</u>

$A\in M_n(\boldsymbol{K})$ が $A^*=-A$ を満たすとき，A を**交代エルミート行列**という．($\boldsymbol{K}=\boldsymbol{R}$ の場合には上の条件は $A^{\mathrm{T}}=-A$ となるから，A は(実)交代行列である．)これに応じて**交代エルミート変換**の概念が定義される．

例 10.13　$U\in M_n(\boldsymbol{K})$ が -1 を固有値にもたないユニタリ行列ならば，

(10.46) $$S=(I_n-U)(I_n+U)^{-1}$$

によって定められる S は交代エルミート行列である．また，この S に対して

(10.47) $$U=(I_n-S)(I_n+S)^{-1}$$

となる．

証明　U が -1 を固有値にもたないことから，I_n+U が正則であることは直ちにわかる．I_n+U は I_n-U と交換可能であるから，$(I_n+U)^{-1}$ も同様である．よって $S=(I_n+U)^{-1}(I_n-U)$，したがって

(10.48) $$(I_n+U)S=I_n-U.$$

この両辺の随伴行列をとれば，$U^*=U^{-1}$ であるから

$$S^*(I_n+U^{-1})=I_n-U^{-1}.$$

両辺に右から U を掛けて $S^*(I_n+U)=-(I_n-U)$．ゆえに

$$S^*=-(I_n-U)(I_n+U)^{-1}=-S.$$

すなわち S は交代エルミート行列である．

また(10.48)を変形すれば $U(I_n+S)=I_n-S$．そして I_n+S は正則である(問題6参照)．ゆえに(10.47)が得られる．▌

例 10.14　$S\in M_n(\boldsymbol{K})$ が交代エルミート行列ならば，(10.47)によって定められる U はユニタリ行列で，-1 を固有値にもたない．逆に，S はこの U から(10.46)によって定められる．

証明　U がユニタリ行列であることの証明は読者にまかせる(問題7)．U が -1 を固有値にもたないことは次のように証明される．$(I_n+S)U=I_n-S$ であるから，もし $\boldsymbol{x}\in\boldsymbol{K}^n$ に対して $U\boldsymbol{x}=-\boldsymbol{x}$ となるならば，

$$(I_n+S)(-\boldsymbol{x})=(I_n-S)\boldsymbol{x},$$

すなわち $-\boldsymbol{x}-S\boldsymbol{x}=\boldsymbol{x}-S\boldsymbol{x}$，したがって $\boldsymbol{x}=\boldsymbol{0}$．ゆえに -1 は U の固有値ではない．逆の部分は前例と同様の計算によってわかる．▌

上記の2つの例から，$M_n(\boldsymbol{K})$ において，-1 を固有値にもたないユニタリ行列の全体と交代エルミート行列の全体とは関係(10.46)，(10.47)によって1対1に対応することがわかる．この対応関係(10.46)，(10.47)を**ケーレー変換**という．(ケーレー変換の意義などについては，たとえば，佐武一郎"線型代数学"(裳華房)第4章に若干の記述がある．)

問　　題

1. 任意の半正値(または正値)エルミート変換 H は，ある線型変換(または正則な線型変換) F によって $H=F^*F$ と表されることを示せ．

2. 任意の線型変換 F に対して $\mathrm{rank}(F^*F)=\mathrm{rank}\,F$ であることを証明せよ．

3. 例 10.11 の H_1 は H に対して一意的に定まることを示せ．

4. 命題 10.25 の分解(10.40)の一意性を証明せよ．

5. アダマールの不等式(10.45)において等号が成り立つのはどのような場合か．

6. 交代エルミート行列の($\boldsymbol{C}$ の範囲における)固有値はすべて純虚数であることを示せ．

7. 交代エルミート行列 S に対し，(10.47)で定義される U はユニタリ行列であることを示せ．

8. 任意の線型変換 F は，エルミート変換 T，交代エルミート変換 S の和として $F=T+S$ と表されることを示せ．また $\boldsymbol{K}=\boldsymbol{C}$ ならば，適当なエルミート変換 H_1, H_2 によって

$$F = H_1+iH_2, \qquad F^* = H_1-iH_2$$

と書かれることを示せ．

§12　実正規変換の標準形

本章の§3で，有限次元複素内積空間の正規変換は，適当な正規直交基底によって対角行列で表現されることを示した．本章では，実内積空間の正規変換について，正規直交基底による表現行列の標準形を考察する．

段落を明確にするため，以下，箇条書き風に番号をつけて述べる．(下に述べることは必ずしも当面の目的に必要なことばかりではない．なお本節では，こまかい‘型通りの証明’はいちいち述べない．)

1. V を $\boldsymbol{R}$ 上の(有限次元)ベクトル空間とする．$V_{\boldsymbol{C}}=V\times V$ とおき，$V_{\boldsymbol{C}}$ の元 $w=(u,v)$, $w'=(u',v')$ $(u,u',v,v'\in V)$ および複素数 $\alpha=a+bi\ (a,b\in\boldsymbol{R})$ に対し，和 $w+w'$，α 倍 αw を

$$\text{(10.49)} \qquad \begin{cases} w+w' = (u+u', v+v') \\ \alpha w = (au-bv, bu+av) \end{cases}$$

と定義する．この加法とスカラー倍に関して $V_{\boldsymbol{C}}$ は $\boldsymbol{C}$ 上のベクトル空間となる(問題 1)．

2. V_C の中で $(u,0)$ の形の元全体の集合を V' とすれば，V' は実ベクトル空間として V_C の部分空間をなし，写像

$$u \longmapsto (u,0)$$

は V から V' への(実ベクトル空間としての)同型写像である．よって以下 u と $(u,0)$ とを(したがって V と V' とを)同一視して，$V \subset V_C$ と考える．そうすれば

$$(u,v) = (u,0)+(0,v) = (u,0)+i(v,0)$$

であるから，V_C の任意の元 $w=(u,v)$ は一意的に

$$w = u+iv\ ; \qquad u, v \in V$$

と書かれることになる．

複素ベクトル空間 V_C を実ベクトル空間 V の**複素拡大**という．また V_C の部分集合とみなした V の元を V_C の‘実ベクトル’という．以後 V_C の部分空間，線型変換などという場合は，複素ベクトル空間としてのそれを意味する．

3. W が V の部分空間ならば，

$$W_C = \{u+iv \mid u, v \in W\}$$

は V_C の部分空間である．W_C の中の実ベクトルの集合は与えられた W に等しい．また $\dim_{\boldsymbol{R}} W=r$ ならば $\dim_{\boldsymbol{C}}(W_C)=r$ であって，$\mathcal{B}=\{v_1, \cdots, v_r\}$ が W の $\boldsymbol{R}$ 上の基底ならば，$\mathcal{B}$ は同時に W_C の $\boldsymbol{C}$ 上の基底となる(問題2)．W_C の基底とみなした $\mathcal{B}$ を以後 $\mathcal{B}_C$ と書く．

4. V_C の元 $w=u+iv\,(u, v\in V)$ に対して，$\overline{w}=u-iv$ をその‘共役ベクトル’という．明らかに

$$\overline{w_1 \pm w_2} = \overline{w}_1 \pm \overline{w}_2, \qquad \overline{\alpha w} = \bar{\alpha}\overline{w}$$

であって，w が実ベクトルであることは $w=\overline{w}$ と同等である．

5. $\boldsymbol{W}$ が V_C の部分空間ならば，

$$\overline{\boldsymbol{W}} = \{\overline{w} \mid w \in \boldsymbol{W}\}$$

も V_C の部分空間である．これを $\boldsymbol{W}$ の‘共役空間’という．$\boldsymbol{W}$ が r 次元ならば $\overline{\boldsymbol{W}}$ も r 次元で，$\{w_1, \cdots, w_r\}$ を $\boldsymbol{W}$ の基底とすれば，$\{\overline{w}_1, \cdots, \overline{w}_r\}$ が $\overline{\boldsymbol{W}}$ の基底となる．

6. 一般に $\boldsymbol{W}$ を V_C の部分空間とするとき，その中の実ベクトル全体の集合を W とすれば，W は V の部分空間であって，明らかに $W_C \subset \boldsymbol{W}$ である．W_C

$=\boldsymbol{W}$ となるための条件について，次の補題が成り立つ．

補題　V_C の部分空間 $\boldsymbol{W}$ に関する次の3つの条件は互いに同等である．

(a)　$\boldsymbol{W}$ の中の実ベクトル全体の集合を W とすれば，$\boldsymbol{W}=W_C$ である．

(b)　実ベクトルのみから成る $\boldsymbol{W}$ の基底が存在する．

(c)　$\boldsymbol{W}=\overline{\boldsymbol{W}}$ である．

証明　(a)から(b)が得られることは**3**からわかる．(b)から(c)が導かれることは明らかである．最後に(c)を仮定すれば，任意の $w=u+iv\in\boldsymbol{W}$ $(u, v\in V)$ に対し，$\overline{w}=u-iv$ も $\boldsymbol{W}$ の元となるから，

$$u=\frac{w+\overline{w}}{2},\qquad v=\frac{w-\overline{w}}{2i}$$

は $\boldsymbol{W}$ の中の実ベクトル，すなわち W の元となる．よって $\boldsymbol{W}=W_C$．すなわち(a)が成り立つ．▌

上の補題の条件を満たすような V_C の部分空間 $\boldsymbol{W}$ を‘実部分空間’という．(これは V_C の‘実ベクトル空間としての部分空間’という意味ではない．) 明らかに V_C の任意の部分空間 $\boldsymbol{W}$ に対して $\boldsymbol{W}+\overline{\boldsymbol{W}}$ は実部分空間である．

7. F を V の線型変換とする．そのとき，V_C の元 $w=u+iv$ に対して

(10.50)　$$F_C(w)=F(u)+iF(v)$$

とおけば，F_C は V_C の線型変換となる(問題3)．これを F の**複素拡大**という．F_C は V 上では与えられた F と一致し，また明らかに

$$F_C(\overline{w})=\overline{F_C(w)}$$

である．$\mathcal{B}=\{v_1, \cdots, v_n\}$ (ただし $n=\dim_R V$) を V の1つの基底とすれば，V_C の基底 $\mathcal{B}_C$ に関する F_C の表現行列は，F の $\mathcal{B}$ に関する表現行列に等しい．したがって F_C の固有多項式は F の固有多項式に等しい．(よって特にそれは‘実係数’の多項式である．) F, G がともに V の線型変換ならば，

$$(F\pm G)_C=F_C\pm G_C,\qquad (FG)_C=F_CG_C$$

である．

8. これから以後，V はその上に1つの内積が定められた実内積空間であるとする．そのとき，V_C の元 $w=u+iv$, $w'=u'+iv'$ に対して

(10.51)　$$(w|w')_C=((u|u')+(v|v'))+i((u|v')-(v|u'))$$

とおけば，$(w|w')_C$ は V_C 上の内積となる(問題4)．(もちろん(10.51)の右辺の

各項は V 上の内積を表している.）これを V 上の内積の V_C への**複素拡大**という．これは V 上では与えられた内積と一致し，また明らかに

$$(\overline{w}\,|\,\overline{w'})_C = \overline{(w\,|\,w')_C}$$

である．このようにして実内積空間の複素拡大は自然に複素内積空間となる．$\dim_{\boldsymbol{R}} V=n$ とし，$\mathcal{B}=\{v_1, \cdots, v_n\}$ を V の正規直交基底とすれば，$\mathcal{B}_C$ は V_C の正規直交基底である．

9. F を V の線型変換とすれば，F の随伴変換の複素拡大は F の複素拡大の随伴変換と一致する．すなわち

$$(F^*)_C = (F_C)^* \tag{10.52}$$

である．また F が(実)正規変換，(実)対称変換，直交変換であるのに応じて，F_C は正規変換，エルミート変換，ユニタリ変換となる(問題5).

10. さて本節の主題にはいって，F を V の正規変換とする．上にいったように，そのとき F_C は複素内積空間 V_C の正規変換である．したがって命題10.13により，F_C の相異なる固有値に対する固有空間は互いに直交し，V_C はそれらの固有空間の直和となる．以下 F_C の固有空間を，実の固有値に対するものと虚の固有値に対するものとに分けて考察する．

(a)　α が F_C の実固有値であるとき．

この場合には α は F の固有値でもある．そして V_C の元 $w=u+iv$ に対し，

$$F_C(w) = \alpha w$$

が成り立つのは，$F(u)=\alpha u$，$F(v)=\alpha v$ が同時に成り立つことと同等であるから，

$$\boldsymbol{W}(\alpha) = (W(\alpha))_C \tag{10.53}$$

となる．ただし $W(\alpha)$, $\boldsymbol{W}(\alpha)$ はそれぞれ F, F_C の α に対する固有空間を表している．ゆえに $\{z_1, \cdots, z_l\}$ (l は F あるいは F_C の固有値としての α の重複度)を $W(\alpha)$ の正規直交基底とすれば，それが同時に $\boldsymbol{W}(\alpha)$ の正規直交基底となる．この基底に関する F の $W(\alpha)$ への縮小(あるいは F_C の $\boldsymbol{W}(\alpha)$ への縮小)の表現行列は，もちろん

$$\alpha I_l = \begin{bmatrix} \alpha & & \\ & \ddots & \\ & & \alpha \end{bmatrix} \tag{10.54}$$

である.

(b) $\alpha=a+bi\,(b>0)$ が F_C の虚の固有値であるとき.

この場合には，(F_C の固有多項式は実係数の多項式であるから) α の共役複素数 $\bar{\alpha}$ も F_C の固有値であって，両者の重複度は等しい．そして直ちに示されるように

$$W(\bar{\alpha}) = \overline{W(\alpha)} \tag{10.55}$$

である(問題6)．しかも $W(\alpha)$ と $W(\bar{\alpha})$ とは直交しているから，$\{w_1, \cdots, w_m\}$ (m は F_C の固有値としての α の重複度)を $W(\alpha)$ の正規直交基底とすれば，

$$\{w_1, \cdots, w_m, \bar{w}_1, \cdots, \bar{w}_m\}$$

が $W(\alpha)\oplus W(\bar{\alpha})$ の正規直交基底となる．$W(\alpha)\oplus W(\bar{\alpha})$ は V_C の実部分空間であるから，われわれはその基底を実ベクトルの中から選び直すことができる．実際，

(10.56)

$$u_1' = \frac{w_1+\bar{w}_1}{\sqrt{2}}, \quad v_1' = \frac{i(w_1-\bar{w}_1)}{\sqrt{2}}, \quad \cdots, \quad u_m' = \frac{w_m+\bar{w}_m}{\sqrt{2}}, \quad v_m' = \frac{i(w_m-\bar{w}_m)}{\sqrt{2}}$$

とおけば，これらの実ベクトルが $W(\alpha)\oplus W(\bar{\alpha})$ の基底となる．さらにこれらは正規直交系をなしている(問題7)．実ベクトル $u_1', v_1', \cdots, u_m', v_m'$ によって $\boldsymbol{R}$ 上で生成される V の $2m$ 次元部分空間を $U(a, b)$ とすれば，

$$W(\alpha)\oplus W(\bar{\alpha}) = (U(a, b))_C \tag{10.57}$$

である．$U(a, b)$ は明らかに F-不変で，たとえば $F(u_1'), F(v_1')$ を計算すると，

$$\begin{cases} F(u_1') = au_1'+bv_1' \\ F(v_1') = -bu_1'+av_1' \end{cases} \tag{10.58}$$

となる．実際，$w_1=u_1+iv_1$ とおけば，

$$u_1' = \sqrt{2}\,u_1, \qquad v_1' = -\sqrt{2}\,v_1$$

であって，他方，等式 $F_C(w_1)=\alpha w_1$ の両辺の‘実部’，‘虚部’を比較すれば

$$\begin{cases} F(u_1) = au_1-bv_1 \\ F(v_1) = bu_1+av_1. \end{cases}$$

したがって(10.58)が得られる.

上記によって，F の $U(a, b)$ への縮小を，その正規直交基底

$$\{u_1', v_1', \cdots, u_m', v_m'\}$$

に関して表現する行列は

$$\begin{bmatrix} \boxed{\begin{matrix} a & -b \\ b & a \end{matrix}} & & \\ & \ddots & \\ & & \boxed{\begin{matrix} a & -b \\ b & a \end{matrix}} \end{bmatrix} \quad (2m\text{ 次}) \tag{10.59}$$

となる．以上で，$\alpha, \bar{\alpha}$ が F の虚の固有値$(\alpha=a+bi)$である場合には，(10.57)によって定まる V の部分空間 $U(a, b)$ は F-不変で，その正規直交基底を適当にとれば，それに関して F の $U(a, b)$ への縮小は(10.59)の形の行列で表現されることがわかった．

以上から次の命題が得られる．記述の便宜上，上の行列(10.59)を $D_m(a, b)$ と書くことにする．

命題 10.27　V を n 次元実内積空間，F を V の正規変換とし，F の固有多項式 $f_F(x)$ の実数の範囲における因数分解を

$$f_F(x) = (x-\alpha_1)^{l_1}\cdots(x-\alpha_p)^{l_p}\{(x-a_1)^2+b_1{}^2\}^{m_1}\cdots\{(x-a_q)^2+b_q{}^2\}^{m_q}$$

とする．ただし $\alpha_1, \cdots, \alpha_p$ は $f_F(x)$ の相異なる実数解，$a_1+b_1i, \cdots, a_q+b_qi$ $(b_1>0, \cdots, b_q>0)$ は $f_F(x)$ の相異なる虚数解で，$l_1+\cdots+l_p+2m_1+\cdots+2m_q=n$ である．そのとき，V の適当な正規直交基底をとれば，それに関して F は，行列

$$\alpha_1 I_{l_1},\ \cdots,\ \alpha_p I_{l_p},\ D_{m_1}(a_1, b_1),\ \cdots,\ D_{m_q}(a_q, b_q)$$

を対角型に並べた行列によって表現される．

問　　題

1. (10.49)によって定義された加法とスカラー倍に関して V_C が $\boldsymbol{C}$ 上のベクトル空間となることを示せ．

2. W が V の部分空間で，$\mathcal{B}$ が W の $\boldsymbol{R}$ 上の基底ならば，それは同時に W_C の $\boldsymbol{C}$ 上の基底となることを示せ．

3. (10.50)で定義された F_C は V_C の線型変換であることを示せ．

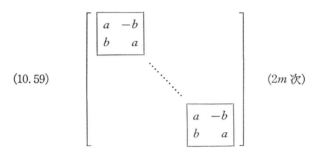

4. (10.51)の$(w|w')_C$がV_C上の内積であることを示せ.

5. 項目**9**に述べられていることを確かめよ.

6. (10.55)を確かめよ.

7. (10.56)で定められた$u_1', v_1', \cdots, u_m', v_m'$が正規直交系であることを示せ.

8. 命題10.27を行列に関する命題に翻訳せよ.

§13　直交変換の標準形

前節に述べた結果を特に直交変換に適用してみよう.

Vをn次元の実内積空間とし，FをVの直交変換とする．そのときF_CはV_Cのユニタリ変換であるから，その固有値は絶対値1の複素数である(命題10.4)．特にF_Cの実の固有値(それはFの固有値である)は1または-1となる．また虚の固有値は互いに共役なものが対をなしているが，そのうち虚部が正であるものは

$$\cos\theta+i\sin\theta \qquad (0<\theta<\pi)$$

の形に書かれる．よって次の命題が得られる.

命題 10.28　Fをn次元実内積空間Vの直交変換とすれば，Vの適当な正規直交基底に関して，Fは

$$I_l,\ \ -I_{l'},\ \ D_{m_1}(\cos\theta_1, \sin\theta_1),\ \ \cdots,\ \ D_{m_q}(\cos\theta_q, \sin\theta_q)$$

の形の行列を対角型に並べた行列によって表現される．ただし$\theta_1, \cdots, \theta_q$は

$$0<\theta_1<\pi,\ \ \cdots,\ \ 0<\theta_q<\pi$$

を満たす相異なる数であって，また$l+l'+2m_1+\cdots+2m_q=n$である．——

なお念のために記せば，$D_m(\cos\theta, \sin\theta)$は

$$\begin{bmatrix} \boxed{\begin{matrix}\cos\theta & -\sin\theta \\ \sin\theta & \cos\theta\end{matrix}} & & \\ & \ddots & \\ & & \boxed{\begin{matrix}\cos\theta & -\sin\theta \\ \sin\theta & \cos\theta\end{matrix}} \end{bmatrix} \qquad (2m\text{次})$$

の形の行列である.

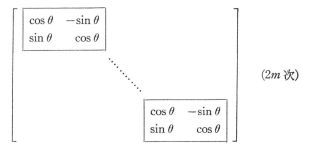

例 10.15　2次元実ベクトル空間の直交変換は，適当な正規直交基底によって，次のいずれかの形の行列で表現される：

$$\begin{bmatrix} 1 & 0 \\ 0 & 1 \end{bmatrix}, \quad \begin{bmatrix} 1 & 0 \\ 0 & -1 \end{bmatrix}, \quad \begin{bmatrix} -1 & 0 \\ 0 & -1 \end{bmatrix}, \quad \begin{bmatrix} \cos\theta & -\sin\theta \\ \sin\theta & \cos\theta \end{bmatrix}$$

$$(0<\theta<\pi).$$

(例 10.1 参照.)

例 10.16　3次元実ベクトル空間の直交変換の正規直交基底による表現行列の標準形は次のようになる：

$$\begin{bmatrix} 1 & & \\ & 1 & \\ & & 1 \end{bmatrix}, \quad \begin{bmatrix} 1 & & \\ & 1 & \\ & & -1 \end{bmatrix}, \quad \begin{bmatrix} 1 & & \\ & -1 & \\ & & -1 \end{bmatrix}, \quad \begin{bmatrix} -1 & & \\ & -1 & \\ & & -1 \end{bmatrix},$$

$$\begin{bmatrix} 1 & 0 & 0 \\ 0 & \cos\theta & -\sin\theta \\ 0 & \sin\theta & \cos\theta \end{bmatrix}, \quad \begin{bmatrix} -1 & 0 & 0 \\ 0 & \cos\theta & -\sin\theta \\ 0 & \sin\theta & \cos\theta \end{bmatrix} \quad (0<\theta<\pi).$$

問　　題

1. 命題 10.28 を行列に関する命題に述べかえよ.

2. 例 10.16 の各行列で表現される直交変換の幾何学的意味を述べよ.

3. 4次元実ベクトル空間の直交変換の標準形を列挙せよ.

4. A を n 次の直交行列とする. 次のことを示せ.

(a)　$\det A=-1$ ならば，A は -1 を固有値にもつ.

(b)　n が奇数で $\det A=1$ ならば，A は 1 を固有値にもつ.

付録 I　数学的帰納法

本書の各所で数学的帰納法による証明を述べた．ここでは，初心の読者のために，数学的帰納法とはどのような証明法であるかを説明する．

自然数

$$1,\ 2,\ 3,\ \cdots,\ n,\ \cdots$$

全体の集合を考える．通常この集合を文字 $\boldsymbol{N}$ で表す．われわれの素朴な認識によれば，集合 $\boldsymbol{N}$ は，最初の数 1 から出発して，つぎつぎに 1 を加えて得られる数の全体によって構成されたものである．このことを数学的に定式化して述べたのが次の公理である．

数学的帰納法の公理　S を $\boldsymbol{N}$ の部分集合とし，S が次の 2 つの性質をもつとする．

1. 自然数 1 は S に属する．

2. 自然数 n が S に属すれば，$n+1$ も S に属する．

このとき S はすべての自然数を含む．すなわち $S=\boldsymbol{N}$ である．——

われわれはこの公理から，自然数に関する命題について，次の重要な証明法を導き出すことができる．

いま，各自然数 n に対して命題 $P(n)$ が与えられたとする．そのとき，$P(n)$ がすべての n に対して正しいこと，いいかえれば，集合

$$S = \{n \mid P(n)\text{は正しい}\}$$

が $\boldsymbol{N}$ 全体と一致することを証明するには，S が上の公理の性質 **1, 2** をもつことを示せばよい．したがって次のことが成り立つ．

数学的帰納法　$P(n)$ を各自然数 n に対して与えられた命題とし，$P(n)$ について次の 2 つのことが示されたとする．

1. $P(1)$ は正しい．

2. $P(n)$ が正しいと仮定すれば，$P(n+1)$ も正しい．

そのとき，$P(n)$ はすべての自然数 n に対して正しい．——

この証明法の意味を少し比喩的に説明してみよう．いま，各自然数の番号をマークした小旗をもつ人を，番号 1 の人を左端にして，左から順に 1 列に並べ

たと想像する.（その列は無限列である!）また，左端の人を除き，その列中のすべての人に対して，“自分の左隣りの人が旗を上げたならば自分も旗を上げる”という‘約束’をさせておいたとする．そのとき，番号1の人に“旗を上げよ”という‘指令’を与えれば，まず番号1の人が旗を上げ，上の約束に従って番号2,3,… の人がつぎつぎに旗を上げるから，結局すべての人が旗を上げることになるであろう．上の証明法の第1段**1**は，上の比喩において‘指令’を与えると述べた部分に対応し，また第2段**2**は，‘約束’をさせると述べた部分に対応しているのである.

上の証明法は，自然数に関する命題の証明法としてきわめて強力なものである．この証明法の第2段**2**では，$P(n)$が正しいことを仮定して$P(n+1)$が正しいことを証明する．この仮定を**帰納法の仮定**という.

なおもちろん，上の**2**を次の**2′**におきかえても同じことである.

2′. $P(n-1)\,(n\geqq 2)$が正しいと仮定すれば，$P(n)$も正しい. ——

簡単な例を示そう.

例 1 任意の自然数nに対して

$$1\cdot 2+2\cdot 3+3\cdot 4+\cdots+n(n+1)=\frac{n(n+1)(n+2)}{3} \tag{1}$$

が成り立つことを証明せよ.

証明 $n=1$のときは

$$1\cdot 2=2, \qquad \frac{1\cdot 2\cdot 3}{3}=2$$

であるから，(1)が成り立つ.

次に，ある自然数nに対して(1)が成り立つと仮定する．そのとき

$$\begin{aligned}&1\cdot 2+2\cdot 3+\cdots+n(n+1)+(n+1)(n+2)\\&=\frac{n(n+1)(n+2)}{3}+(n+1)(n+2)\\&=\frac{(n+1)(n+2)(n+3)}{3}.\end{aligned}$$

したがって$n+1$のときにも(1)が成り立つ．ゆえに(1)はすべての自然数nに対して成り立つ. ▌

例 2 a,bを相異なる正数，nを2以上の自然数とすれば，

(2)
$$\frac{a^n+b^n}{2}>\left(\frac{a+b}{2}\right)^n$$

であることを証明せよ．

証明　まず $n=2$ のときは

$$\frac{a^2+b^2}{2}-\left(\frac{a+b}{2}\right)^2=\frac{(a-b)^2}{4}>0$$

であるから，(2)が成り立つ．

次に，ある自然数 n(ただし $n\geqq 2$)に対して(2)が成り立つと仮定する．そのとき

$$\frac{a^n+b^n}{2}>\left(\frac{a+b}{2}\right)^n$$

の両辺に，正数$(a+b)/2$ を掛ければ，

$$\frac{a^n+b^n}{2}\cdot\frac{a+b}{2}>\left(\frac{a+b}{2}\right)^{n+1}.$$

一方

$$\frac{a^{n+1}+b^{n+1}}{2}-\frac{a^n+b^n}{2}\cdot\frac{a+b}{2}=\frac{(a^n-b^n)(a-b)}{4}.$$

この右辺の 2 つの因数は同符号であるから，その値は正である．したがって

$$\frac{a^{n+1}+b^{n+1}}{2}>\frac{a^n+b^n}{2}\cdot\frac{a+b}{2}.$$

ゆえに

$$\frac{a^{n+1}+b^{n+1}}{2}>\left(\frac{a+b}{2}\right)^{n+1}.$$

すなわち $n+1$ のときにも(2)が成り立つ．これで証明が完了した．▌

上の例 2 では，'出発点' が 1 でなく 2 になっているが，証明の趣旨は全く同様である．一般に m を与えられた 1 つの整数とするとき，上述の数学的帰納法の出発点の 1 を m におきかえて，"m 以上の整数に対する帰納法" を考えることができる．

数学的帰納法による証明には，また，上とは少し違った形式のものもある．それを説明するために，まず，**整列性**とよばれる次の命題を証明する．この命題は，数学的帰納法の公理から直接に導かれる．

命題　T を $\boldsymbol{N}$ の空でない部分集合とすれば，T には最小の数が存在する．

証明 $\boldsymbol{N}$ の部分集合

$$\{n \mid すべての\ x \in T\ に対して\ n \leqq x\}$$

を S とおく．明らかに $1 \in S$ である．また x_0 を T の1つの元とすれば，$x_0+1 \notin S$ であるから，S は $\boldsymbol{N}$ 全体とは一致しない．したがって，

$$m \in S, \quad m+1 \notin S$$

であるような自然数 m が存在する．なぜなら，もし任意の n に対して

$$\text{“}n \in S \quad ならば \quad n+1 \in S\text{”}$$

とすれば，数学的帰納法の公理によって $S=\boldsymbol{N}$ とならなければならないからである．さて $m \in S$ であるから，すべての $x \in T$ に対して $m \leqq x$ である．もし $m \notin T$ ならば，すべての $x \in T$ に対して

$$m < x, \ したがって \quad m+1 \leqq x$$

となるが，これは $m+1 \notin S$ であることと矛盾する．したがって m は T に属し，T の最小数である．▌

この命題から，次のような，帰納法による証明法の第2形式が導かれる．

数学的帰納法(第2形式)　各自然数 n に対して命題 $P(n)$ が与えられているとし，それについて次の2つのことが示されたとする．

1. $P(1)$ は正しい．

2. n を1より大きい任意の自然数とするとき，$1 \leqq k < n$ であるすべての自然数 k に対して $P(k)$ が正しいと仮定すれば，$P(n)$ も正しい．

そのとき，$P(n)$ はすべての自然数 n に対して正しい．——

この証明法の根拠を次に説明しよう．

いま $P(n)$ について上の **1, 2** が示されたとし，$P(n)$ が正しいような n 全体の集合を S とする．われわれが主張するのは，$S=\boldsymbol{N}$ ということである．これを示すには，$S \neq \boldsymbol{N}$ と仮定して矛盾を導けばよい．$S \neq \boldsymbol{N}$ と仮定すれば，S に属さないような自然数全体の集合 T は空集合ではない．したがって上の命題により，T の最小元 n_0 が存在する．**1** によって n_0 は1ではない．また n_0 は T の最小元であるから，$1 \leqq k < n_0$ であるすべての k は S に属する．したがって **2** により，n_0 も S に属さなければならない．これは矛盾である．——

上記の‘帰納法の第2形式’においては，帰納法の仮定の部分が前よりも強い仮定になっていることに，読者は注意されたい．本書ではほとんど用いる機会

がなかったけれども，ある種の命題の証明には，帰納法のこの形式が必要となるのである．しかし，ここでは，実例にまでは立ち入らない．

なお，小さいことであるが，一言注意をつけ加える．この付録では，自然数という語を，正の整数

$$1,\ 2,\ 3,\ \cdots,\ n,\ \cdots$$

と同じ意味に用いた．しかし書物によっては，正の整数のほかに 0 も自然数のうちに含めて，

$$\boldsymbol{N} = \{0, 1, 2, \cdots, n, \cdots\}$$

としていることがある．このごろの数学書ではむしろそのほうが多いのである．

付録 II　実線型変換の標準形

この付録では，実線型変換あるいは実行列の実標準形について述べる．証明はほとんど述べないが，すでに本書の本文を読了された読者には，必要な補足は容易に与えられよう．以下を読むのに，読者は特に第 8 章§9 および第 10 章§12 を参照されたい．記号もそれらの節のものを用いる．

V を $\boldsymbol{R}$ 上の n 次元ベクトル空間とする．われわれの目標は，V の線型変換の表現行列の標準形を求めることである．しかし，その前にまず(当面の目的に対しては幾分過剰であるが) V の複素拡大 $V_{\boldsymbol{C}}$ とその線型変換について，いくつかの事項を述べておく．

1. $\boldsymbol{F}$ を $V_{\boldsymbol{C}}$ の($\boldsymbol{C}$ 上のベクトル空間としての)線型変換とする．そのとき，$\bar{\boldsymbol{F}}$: $V_{\boldsymbol{C}}\to V_{\boldsymbol{C}}$ を

$$\bar{\boldsymbol{F}}(w)=\overline{\boldsymbol{F}(\overline{w})}$$

と定義すれば，$\bar{\boldsymbol{F}}$ も $V_{\boldsymbol{C}}$ の線型変換である．この‘共役変換’をとる操作に対して，

$$\overline{\boldsymbol{F}\pm\boldsymbol{G}}=\bar{\boldsymbol{F}}\pm\bar{\boldsymbol{G}},\qquad \overline{\boldsymbol{F}\boldsymbol{G}}=\bar{\boldsymbol{F}}\bar{\boldsymbol{G}},$$

$$\overline{\alpha\boldsymbol{F}}=\bar{\alpha}\bar{\boldsymbol{F}}\qquad(\alpha\in\boldsymbol{C})$$

が成り立つ．

2. F を V の線型変換とし，その複素拡大 $F_{\boldsymbol{C}}$ を $\boldsymbol{F}$ とすれば，$\boldsymbol{F}=\bar{\boldsymbol{F}}$ である．逆に $\boldsymbol{F}=\bar{\boldsymbol{F}}$ ならば，$\boldsymbol{F}=F_{\boldsymbol{C}}$ となるような V の線型変換 F が(一意的に)存在する．

3. $V_{\boldsymbol{C}}$ の線型変換 $\boldsymbol{F}$ とその共役 $\bar{\boldsymbol{F}}$ の固有多項式については

$$f_{\bar{\boldsymbol{F}}}(x)=\bar{f}_{\boldsymbol{F}}(x)$$

が成り立つ．よって $f_{\boldsymbol{F}}(x)$ の因数分解を

$$f_{\boldsymbol{F}}(x)=(x-\alpha_1)^{n_1}(x-\alpha_2)^{n_2}\cdots(x-\alpha_s)^{n_s}$$

$$(\alpha_1,\cdots,\alpha_s\text{ は相異なる複素数},\ n_1+\cdots+n_s=n)$$

とすれば，

$$f_{\bar{\boldsymbol{F}}}(x)=(x-\bar{\alpha}_1)^{n_1}(x-\bar{\alpha}_2)^{n_2}\cdots(x-\bar{\alpha}_s)^{n_s}$$

となる．

4. α を $\boldsymbol{F}$ の1つの固有値とし，$\tilde{\boldsymbol{W}}(\alpha)$ を α に対する $\boldsymbol{F}$ の広義の固有空間，$\tilde{\boldsymbol{W}}'(\bar{\alpha})$ を $\bar{\alpha}$ に対する $\bar{\boldsymbol{F}}$ の広義の固有空間とする．そのとき

$$\tilde{\boldsymbol{W}}'(\bar{\alpha}) = \overline{\tilde{\boldsymbol{W}}(\alpha)}$$

である．第8章§9でみたように，$\tilde{\boldsymbol{W}}(\alpha)$ の適当な基底

$$\{w_1, \cdots, w_m\} \qquad (m = \dim \tilde{\boldsymbol{W}}(\alpha))$$

をとれば，$\boldsymbol{F}$ の $\tilde{\boldsymbol{W}}(\alpha)$ への縮小は，その基底に関してジョルダン・ブロック

$$J(\alpha;\ q_1, q_2, \cdots, q_r)$$

で表現される．ここに $(q_1, \cdots, q_r)$ $(q_1 \geqq \cdots \geqq q_r,\ q_1 + \cdots + q_r = m)$ は $\tilde{\boldsymbol{W}}(\alpha)$ 上でのべき零変換 $\boldsymbol{F} - \alpha I$ の不変系である．このとき，$\tilde{\boldsymbol{W}}'(\bar{\alpha})$ の基底

$$\{\bar{w}_1, \cdots, \bar{w}_m\}$$

に関して，$\bar{\boldsymbol{F}}$ の $\tilde{\boldsymbol{W}}'(\bar{\alpha})$ への縮小を表現する行列は

$$J(\bar{\alpha};\ q_1, q_2, \cdots, q_r)$$

となる．(それゆえ $\tilde{\boldsymbol{W}}'(\bar{\alpha})$ 上でのべき零変換 $\bar{\boldsymbol{F}} - \bar{\alpha} I$ の不変系も $(q_1, \cdots, q_r)$ である．)——

さてわれわれの問題にもどろう．

V を $\boldsymbol{R}$ 上の n 次元ベクトル空間，F を V の線型変換とする．複素拡大 $F_{\boldsymbol{C}}$ を考えれば，$V_{\boldsymbol{C}}$ は $F_{\boldsymbol{C}}$ の広義の固有空間の直和に分解されるが，いま，それらの固有空間を，実の固有値に対するものと虚の固有値に対するものとに分けて考察する．

I. α が $F_{\boldsymbol{C}}$ の実固有値であるとき．

このとき α は F の固有値でもあって，α に対する $F, F_{\boldsymbol{C}}$ の広義の固有空間をそれぞれ $\widetilde{W}(\alpha)$, $\tilde{\boldsymbol{W}}(\alpha)$ とすれば，

$$\tilde{\boldsymbol{W}}(\alpha) = (\widetilde{W}(\alpha))_{\boldsymbol{C}}$$

である．この場合には，第8章§9の議論が $\widetilde{W}(\alpha)$ に対してそのまま適用され，$\widetilde{W}(\alpha)$ の適当な基底に関する F (の $\widetilde{W}(\alpha)$ への縮小) の表現行列が，ジョルダン・ブロック

$$J(\alpha;\ q_1, q_2, \cdots, q_r)$$

となる．

II. $\alpha = a + bi\,(b > 0)$ が $F_{\boldsymbol{C}}$ の虚の固有値であるとき．

この場合には，$\bar{\alpha} = a - bi$ も $F_{\boldsymbol{C}}$ の固有値であって，$\alpha, \bar{\alpha}$ の重複度は等しく，

それらに対する広義の固有空間 $\tilde{\boldsymbol{W}}(\alpha)$, $\tilde{\boldsymbol{W}}(\bar{\alpha})$ の間には,

$$\tilde{\boldsymbol{W}}(\bar{\alpha}) = \overline{\tilde{\boldsymbol{W}}(\alpha)}$$

という関係がある. $\tilde{\boldsymbol{W}}(\alpha)$ の適当な基底 $\{w_1, \cdots, w_m\}$ をとれば, $\tilde{\boldsymbol{W}}(\alpha) \oplus \tilde{\boldsymbol{W}}(\bar{\alpha})$ の基底

(1) $$\{w_1, \cdots, w_m, \bar{w}_1, \cdots, \bar{w}_m\}$$

に関する F_C (の $\tilde{\boldsymbol{W}}(\alpha) \oplus \tilde{\boldsymbol{W}}(\bar{\alpha})$ への縮小) の表現行列は, ブロック

$$J(\alpha;\, q_1, \cdots, q_r), \qquad J(\bar{\alpha};\, q_1, \cdots, q_r)$$

を対角型に並べたものになる. さらに, 基底(1)の元の配列を適当に変更すれば, この表現行列を, 行列

$$\begin{bmatrix} J(\alpha;\, q_i) & \\ & J(\bar{\alpha};\, q_i) \end{bmatrix} \qquad (i=1, \cdots, r)$$

が対角型に並んだ形に変えることができる.

たとえば, 基底(1)の一部分 $w_1, \cdots, w_q, \bar{w}_1, \cdots, \bar{w}_q$ がこのようなジョルダン細胞の一対に対応しているとしよう. すなわち $\boldsymbol{U} = \langle w_1, \cdots, w_q \rangle$, $\bar{\boldsymbol{U}} = \langle \bar{w}_1, \cdots, \bar{w}_q \rangle$ とおくとき, $\boldsymbol{U} \oplus \bar{\boldsymbol{U}}$ の基底

(2) $$\{w_1, \cdots, w_q, \bar{w}_1, \cdots, \bar{w}_q\}$$

に関する F_C の表現行列が

(3) $$\begin{bmatrix} J(\alpha;\, q) & \\ & J(\bar{\alpha};\, q) \end{bmatrix}$$

の形になるとしよう. このとき, $\boldsymbol{U} \oplus \bar{\boldsymbol{U}}$ は V_C の実部分空間であるから,

$$\boldsymbol{U} \oplus \bar{\boldsymbol{U}} = U_C$$

となるような V の部分空間 U が存在し, U の $\boldsymbol{R}$ 上の基底が $\boldsymbol{U} \oplus \bar{\boldsymbol{U}}$ の $\boldsymbol{C}$ 上の基底となる. いま,

(4) $$w_k = u_k + i v_k \qquad (k=1, \cdots, q)$$

とすれば, そのような基底として, たとえば

(5) $$\{u_1, v_1', u_2, v_2', \cdots, u_q, v_q'\} \qquad (\text{ただし } v_k' = -v_k)$$

をとることができる. そして $\boldsymbol{U} \oplus \bar{\boldsymbol{U}}$ の基底(2)に関する F_C の表現行列が(3)であるから,

$$F_C(w_1) = \alpha w_1,$$
$$F_C(w_k) = w_{k-1} + \alpha w_k \qquad (2 \leqq k \leqq q).$$

これらの式の両辺の‘実部’,‘虚部’をそれぞれ比較すれば,

$$F(u_1) = au_1 + bv_1',$$
$$F(v_1') = -bu_1 + av_1',$$
$$F(u_k) = u_{k-1} + au_k + bv_k' \qquad (2 \leqq k \leqq q),$$
$$F(v_k') = v_{k-1}' - bu_k + av_k' \qquad (2 \leqq k \leqq q).$$

したがって, F の U への縮小を, その基底(5)に関して表現する行列は次のような行列となる:

$$(6) \qquad \begin{bmatrix} \begin{array}{cc|cc} a & -b & 1 & \\ b & a & & 1 \end{array} & & & \\ & \begin{array}{cc|cc} a & -b & 1 & \\ b & a & & 1 \end{array} & & \\ & & \ddots & \begin{array}{cc} 1 & \\ & 1 \end{array} \\ & & & \begin{array}{cc} a & -b \\ b & a \end{array} \end{bmatrix} \qquad (2q\ \text{次}).$$

行列(6)を $K(a, b; q)$ で表すことにする. 特に $K(a, b; 1)$ は 2 次の行列

$$\begin{bmatrix} a & -b \\ b & a \end{bmatrix}$$

である. (なお, (6)の形の表現行列を与える U の基底としては, 上の(5)のかわりに

$$(5)' \qquad \{v_1, u_1, v_2, u_2, \cdots, v_q, u_q\}$$

をとってもよい.)

以上の考察から次の結論が得られる.

V_C の実部分空間 $\tilde{\boldsymbol{W}}(\alpha) \oplus \tilde{\boldsymbol{W}}(\bar{\alpha})$ に対し, $U(a, b)$ を

$$\tilde{\boldsymbol{W}}(\alpha) \oplus \tilde{\boldsymbol{W}}(\bar{\alpha}) = (U(a, b))_C$$

となるような V の部分空間とすれば, その適当な基底に関して, F の $U(a, b)$ への縮小は, 行列

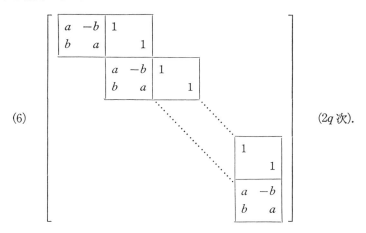

$$K(a, b;\ q_1, q_2, \cdots, q_r) \tag{7}$$

で表現される．ただし(7)は，行列 $K(a, b;\ q_1), K(a, b;\ q_2), \cdots, K(a, b;\ q_r)$ を対角型に並べた行列の略記である．

上の **I, II** を合わせれば，実線型変換の標準形について次の定理が得られる．

定理 V を $\boldsymbol{R}$ 上の n 次元ベクトル空間，F を V の線型変換とし，固有多項式 $f_F(x)$ の $\boldsymbol{R}$ の範囲における因数分解を

$$f_F(x) = (x-\alpha_1)^{l_1}\cdots(x-\alpha_s)^{l_s} \times \{(x-a_1)^2+b_1{}^2\}^{m_1}\cdots\{(x-a_t)^2+b_t{}^2\}^{m_t} \tag{8}$$

とする．($\alpha_1, \cdots, \alpha_s$ は相異なる実数解，$a_1+b_1i, \cdots, a_t+b_ti$ は相異なる虚数解，$b_1>0$, $\cdots$, $b_t>0$, $l_1+\cdots+l_s+2m_1+\cdots+2m_t=n$.) このとき，$V$ の適当な基底に関して，F は次の形の行列で表現される:

$$\begin{bmatrix} J_1 & & & & & \\ & \ddots & & & & \\ & & J_s & & & \\ & & & K_1 & & \\ & & & & \ddots & \\ & & & & & K_t \end{bmatrix}. \tag{9}$$

ただし

$$J_i = J(\alpha_i;\ p_{i,1}, p_{i,2}, \cdots, p_{i,r_i}),$$
$$p_{i,1} \geqq p_{i,2} \geqq \cdots \geqq p_{i,r_i}, \quad p_{i,1}+p_{i,2}+\cdots+p_{i,r_i} = l_i;$$
$$K_j = K(a_j, b_j;\ q_{j,1}, q_{j,2}, \cdots, q_{j,r_j}),$$
$$q_{j,1} \geqq q_{j,2} \geqq \cdots \geqq q_{j,r_j}, \quad q_{j,1}+q_{j,2}+\cdots+q_{j,r_j} = m_j.$$

上記の定理で，$(p_{i,1}, \cdots, p_{i,r_i})$ は，F の固有値 α_i に対する広義の固有空間 $\widetilde{W}(\alpha_i)$ 上でのべき零変換 $F-\alpha_i I$ の不変系，また $(q_{j,1}, \cdots, q_{j,r_j})$ は，$F_{\boldsymbol{C}}$ の固有値 a_j+b_ji に対する $F_{\boldsymbol{C}}$ の広義の固有空間 $\widetilde{\boldsymbol{W}}(a_j+b_ji)$ 上でのべき零変換 $F_{\boldsymbol{C}}-(a_j+b_ji)I$ の不変系である．(後者は複素拡大 $V_{\boldsymbol{C}}$ の中で考えたものである．)

なおもちろん，上記の定理を，'実行列の実標準形' に関する命題に翻訳することは容易である．

ついでながら最後に，1つの定義とそれに関連する注意とを述べておく．

$\boldsymbol{R}$ 上の有限次元ベクトル空間 V の線型変換 F が**半単純**であるとは，F の複素拡大 F_C が対角化可能(半単純)であることをいう．同様に，実の正方行列 A が**半単純**であるとは，複素行列とみて A が対角化可能であることをいう．(p. 241 や第 8 章 §12 で"対角化可能＝半単純"のように述べたが，これは $\boldsymbol{K}=\boldsymbol{C}$ の場合であった．実線型変換については，対角化可能と半単純とは同義語ではない．また実行列については，それが $\boldsymbol{R}$ において対角化可能であることと半単純であることとは同じではない．)

実線型変換が半単純であることは，その実標準形においては，どのような特徴となって現れるか？　この質問に答えることは容易である．

上の定理のように V を $\boldsymbol{R}$ 上の n 次元ベクトル空間，F を V の線型変換とし，$f_F(x)$ の因数分解(8)に対応して，標準形(9)が得られるとする．そのとき，F が半単純であることは，(9)において，対角部分以外に成分 1 が現れないことと同等である．(一般の場合には，対角線の 1 路または 2 路右上の斜線上に成分 1 が現れ得る．) より具体的にいえば，F が半単純であるのは，標準形(9)において，J_i が対角行列

$$\alpha_i I_{l_i}$$

に等しく，K_j が

$$\begin{bmatrix} \boxed{\begin{matrix} a_j & -b_j \\ b_j & a_j \end{matrix}} & & \\ & \ddots & \\ & & \boxed{\begin{matrix} a_j & -b_j \\ b_j & a_j \end{matrix}} \end{bmatrix} \qquad (2m_j \text{ 次})$$

の形の行列(p. 406 の記法によれば $D_{m_j}(a_j, b_j)$)となる場合である．

付録 III　行列の指数関数と線型微分方程式

この付録においては，初等解析学の知識をもつ読者を対象として，連立線型微分方程式の基本定理を含むいくつかの事項を，証明なしに解説する．

A を実数成分または複素数成分の正方行列とする．数の指数関数と同様に，行列 A に対して $\exp(A)$ または e^A を，次の級数によって定義する．(exp は exponential の略である．)

(1)
$$\exp(A) = e^A = \sum_{k=0}^{\infty} \frac{A^k}{k!} = I + \frac{A}{1!} + \frac{A^2}{2!} + \cdots + \frac{A^k}{k!} + \cdots.$$

ここに I は A と等しい次数の単位行列である．

もちろん，級数(1)は

(2)
$$\lim_{m\to\infty} \sum_{k=0}^{m} \frac{A^k}{k!} = \lim_{m\to\infty}\left(I + \frac{A}{1!} + \frac{A^2}{2!} + \cdots + \frac{A^m}{m!}\right)$$

の意味である．これが収束することは，初等解析の技法によって証明することができる．上の行列の極限(2)は‘成分ごとに’とるのである．

行列の指数関数については，たとえば次のようなことが成り立つ．

1. A, B が交換可能(すなわち $AB=BA$)ならば，

$$e^A e^B = e^B e^A = e^{A+B}.$$

2. 任意の A に対して e^A は正則で，

$$(e^A)^{-1} = e^{-A}.$$

3. P が正則で $B=P^{-1}AP$ ならば，

$$e^B = P^{-1}e^A P.$$

また次のような場合には，簡単に e^A が求められる．

4. $A=\alpha I$(I は単位行列)ならば，

$$e^A = e^{\alpha} I.$$

5. A を(8.33)(p.284)の行列，すなわち対角線の1路右上の斜線上に1が並び，他の成分がすべて0である q 次の正方行列とする．このとき，$A^2, A^3, \cdots$ はそれぞれ対角線の2路，3路，… 右上の斜線上に1が並ぶ行列となり，A^q から先は O(零行列)となる．したがってこの場合，級数(1)は‘有限級数’で，

$$e^A = I + \frac{A}{1!} + \frac{A^2}{2!} + \cdots + \frac{A^{q-1}}{(q-1)!}$$

$$= \begin{bmatrix} 1 & 1/1! & 1/2! & \cdots\cdots & 1/(q-1)! \\ & 1 & 1/1! & \ddots & \vdots \\ & & 1 & \ddots & 1/2! \\ & & & \ddots & 1/1! \\ & & & & 1 \end{bmatrix}$$

となる．——

一般に，A がべき零行列であるときには級数(1)は有限級数となるから，代数演算のみで e^A を求めることができる．

さて，行列の指数関数が重要であるのは，それを用いて，次のように定数係数の連立線型微分方程式の解を書き表すことができるからである．

いま，$x_i = x_i(t)$ $(i=1, \cdots, n)$ を実変数 t の n 個の実数値関数とし，次のような微分方程式の系を考える：

$$(3)\qquad \begin{cases} x_1' = a_{11}x_1 + a_{12}x_2 + \cdots + a_{1n}x_n \\ x_2' = a_{21}x_1 + a_{22}x_2 + \cdots + a_{2n}x_n \\ \cdots\cdots\cdots \\ x_n' = a_{n1}x_1 + a_{n2}x_2 + \cdots + a_{nn}x_n. \end{cases}$$

ただし $x_i' = x_i'(t) = dx_i/dt$ $(i=1, \cdots, n)$ であって，a_{ij} は n^2 個の実定数である．ベクトル記法を用いて

$$\boldsymbol{x} = \boldsymbol{x}(t) = \begin{bmatrix} x_1(t) \\ \vdots \\ x_n(t) \end{bmatrix}, \qquad \boldsymbol{x}' = \boldsymbol{x}'(t) = \begin{bmatrix} x_1'(t) \\ \vdots \\ x_n'(t) \end{bmatrix}$$

とおけば，(3)は $\boldsymbol{x}'(t) = A\boldsymbol{x}(t)$，あるいは簡単に

$$(4)\qquad \boldsymbol{x}' = A\boldsymbol{x}$$

と書かれる．$A = (a_{ij})$ は(3)の係数行列で，ここでは実行列である．このような微分方程式の系を**定数係数の(同次)連立線型微分方程式**という．

幾何学的あるいは物理的には，t は時間を表し，$\boldsymbol{x} = \boldsymbol{x}(t)$ は時間 t にともなって運動する $\boldsymbol{R}^n$ 内の点を表すと考えられる．時間の経過を考えれば，そのような点の軌跡は $\boldsymbol{R}^n$ 内の1つの曲線となる．$\boldsymbol{x}'(t)$ はその曲線上の点 $\boldsymbol{x}(t)$ における曲線の‘接ベクトル’である．方程式(4)は，曲線上の各点における接ベクトル

が，その点の位置ベクトルの‘線型な関数’として与えられている，という事実を表すと考えられる．方程式(4)を解くというのは，このような要請を満たす曲線をみいだすということである．

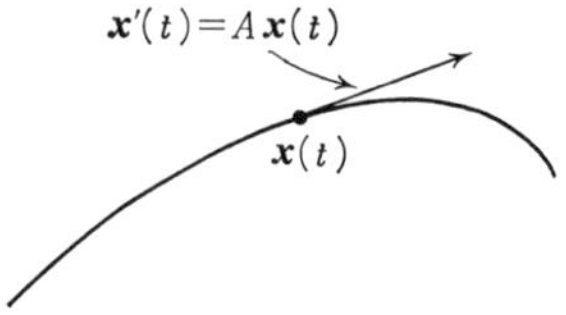

微分方程式(4)に対する**初期条件**とは，

$$\boldsymbol{x}(t_0) = \boldsymbol{x}_0$$

の形の式をいう．t_0 は1つの時刻，$\boldsymbol{x}_0$ は $\boldsymbol{R}^n$ の1つの点である．1つの初期条件を与えることは，ある時刻 t_0——通常は $t_0=0$ とする——において解曲線が通るべき点の位置を指定することにほかならない．

ところで1次元の場合には，微分方程式

$$x'(t) = ax(t)$$

の解が，初期条件 $x(0)=K$ (K は定数)のもとで，一意的に

$$x(t) = Ke^{at}$$

と定まることは，微積分学の初歩でよく知られている．(p. 232 の例 7. 6 参照．)次の定理はこれを一般化したものである．

定理 1　$A\in M_n(\boldsymbol{R})$，$\boldsymbol{x}_0\in\boldsymbol{R}^n$ が与えられたとき，微分方程式

$$\boldsymbol{x}' = A\boldsymbol{x}$$

の解で，初期条件 $\boldsymbol{x}(0)=\boldsymbol{x}_0$ を満たすものがただ1つ存在し，その解は

$$\boldsymbol{x} = \boldsymbol{x}(t) = e^{tA}\boldsymbol{x}_0 \tag{5}$$

によって与えられる．

これが定数係数の同次連立線型微分方程式に関する基本定理である．この定理の証明は，微積分学の基礎課程を習得している読者には，それほどむずかしくない．たとえば，スメール-ハーシュ，“力学系入門”(岩波書店)，第5章を参照されたい．(なお，$\boldsymbol{x}=\boldsymbol{x}(t)$ の成分を複素数値関数とし，$A\in M_n(\boldsymbol{C})$，$\boldsymbol{x}_0\in\boldsymbol{C}^n$

とした場合にも，上の定理はやはり成り立つのである.)

行列 e^{tA} の成分はもちろん t の関数である．この行列，および初期条件を与えるベクトル $\boldsymbol{x}_0$ を，それぞれ

$$e^{tA} = \begin{bmatrix} c_{11}(t) & \cdots & c_{1n}(t) \\ \vdots & & \vdots \\ c_{n1}(t) & \cdots & c_{nn}(t) \end{bmatrix}, \qquad \boldsymbol{x}_0 = \begin{bmatrix} K_1 \\ \vdots \\ K_n \end{bmatrix}$$

とすれば，(5)によって，解 $\boldsymbol{x}=\boldsymbol{x}(t)$ の成分関数は

$$(6) \qquad \begin{cases} x_1(t) = K_1c_{11}(t)+K_2c_{12}(t)+\cdots+K_nc_{1n}(t) \\ x_2(t) = K_1c_{21}(t)+K_2c_{22}(t)+\cdots+K_nc_{2n}(t) \\ \cdots\cdots\cdots \\ x_n(t) = K_1c_{n1}(t)+K_2c_{n2}(t)+\cdots+K_nc_{nn}(t) \end{cases}$$

となる．ここに K_i は与えられた定数である．すなわち，解の各成分は e^{tA} の成分関数の1次結合である.

しばしばわれわれは，座標変換によって微分方程式(4)をより簡単な形にすることができる．すなわち，ある正則行列 P によって

$$(7) \qquad \boldsymbol{x}(t) = P\boldsymbol{y}(t)$$

と座標変換すれば，$B=P^{-1}AP$ として，(4)は $\boldsymbol{y}=\boldsymbol{y}(t)$ に関する微分方程式

$$(8) \qquad \boldsymbol{y}' = B\boldsymbol{y}$$

に変換される．P を適当に選んで $B=P^{-1}AP$ を簡単な行列にすれば，(8)はもとの方程式(4)よりも簡単な形になる．そこで(8)を，$\boldsymbol{x}(0)=\boldsymbol{x}_0$ に対応して得られる $\boldsymbol{y}$ についての初期条件

$$\boldsymbol{y}(0) = \boldsymbol{y}_0, \qquad \text{ただし} \quad \boldsymbol{x}_0 = P\boldsymbol{y}_0$$

のもとで解けば，

$$\boldsymbol{y} = \boldsymbol{y}(t) = e^{tB}\boldsymbol{y}_0$$

が得られ，これを(7)に代入すれば，もとの座標による解 $\boldsymbol{x}=\boldsymbol{x}(t)$ が得られる. $\boldsymbol{y}=\boldsymbol{y}(t)$ の各成分は e^{tB} の成分関数の1次結合であるから，$\boldsymbol{x}=\boldsymbol{x}(t)$ の各成分もそれらの関数の1次結合である.

定理1にもどろう．この定理によれば，線型微分方程式(4)を解くには，指数行列 e^{tA} を計算することができればよいことになる．以下，その計算法について述べるが，一般に，行列 A に対して e^A や e^{tA} を計算するには，行列の S

$+N$ 分解(第 8 章 §12)が有効に利用されるのである.

いま，行列 A を

$$A=S+N;\quad S\text{ は半単純},\ N\text{ はべき零},\ SN=NS$$

と分解すれば，p. 420 の **1** によって

(9)
$$e^A=e^Se^N=e^Ne^S$$

である. N はべき零であるから，e^N は‘有限級数’で，前にもいったように代数演算のみで計算することができる. また半単純な S については，e^S の計算は一般に簡単である. それゆえ(9)によって e^A を計算することができる.

e^{tA} $(t\in\boldsymbol{R})$ についても，同様にして

(10)
$$e^{tA}=e^{tS}e^{tN}=e^{tN}e^{tS}$$

となる.

以下特に，A が付録 II の定理(p. 418)で述べたような‘標準形’の行列である場合を考えよう. 前に注意したことによって，われわれは，原理的には，微分方程式

$$\boldsymbol{x}'=A\boldsymbol{x}$$

を解く問題を，A が標準形である場合に還元させることができるからである.

A が標準形の行列ならば，p. 418 の式(9)およびそれに付随する説明からわかるように，A においては

$$J(\alpha;p),\qquad K(a,b;q)$$

の形の行列が対角型に並んでいる. これから直ちに，$e^A=\exp(A)$ においては

$$\exp J(\alpha;p),\qquad \exp K(a,b;q)$$

の形の行列が対角型に並ぶことがわかる. 同様に e^{tA} においては,

$$\exp(tJ(\alpha;p)),\qquad \exp(tK(a,b;q))$$

の形の行列が対角型に並ぶ. したがって結局，e^A あるいは e^{tA} の計算は，A が行列 $J=J(\alpha;p)$, $K=K(a,b;q)$ である場合の計算に帰着させられることになる.

以下これらの行列について，e^{tJ}, e^{tK} の計算の結果を述べる.

I. $J=J(\alpha;p)$ の場合.

この場合，$J=S+N$ と分解すれば，行列 tJ の半単純部分 tS は $(\alpha t)I_p$ であり，べき零部分 tN は，対角線の 1 路斜め右上に t が並び，他の成分がすべて 0 である行列である. 明らかに

$$e^{tS} = e^{\alpha t} I_p$$

であるから，(10)によって

$$e^{tJ} = e^{\alpha t} e^{tN}.$$

そこで有限級数 e^{tN} を計算すれば，

$$(11) \qquad e^{tJ} = e^{\alpha t} \begin{bmatrix} 1 & t/1! & t^2/2! & \cdots\cdots & t^{p-1}/(p-1)! \\ & 1 & t/1! & \ddots & \vdots \\ & & 1 & \ddots & t^2/2! \\ & & & \ddots & t/1! \\ & & & & 1 \end{bmatrix}$$

が得られる.

II. $K=K(a, b;\, q)$ の場合.

はじめに $q=1$ として，K が 2 次の行列

$$(12) \qquad D = D(a, b) = \begin{bmatrix} a & -b \\ b & a \end{bmatrix}$$

である場合を考える．この場合には

$$(13) \qquad e^{tD} = e^{at} \begin{bmatrix} \cos bt & -\sin bt \\ \sin bt & \cos bt \end{bmatrix} = \begin{bmatrix} e^{at}\cos bt & -e^{at}\sin bt \\ e^{at}\sin bt & e^{at}\cos bt \end{bmatrix}$$

となる．この結果を得るには，(12)の形の実行列 $D(a, b)$ に複素数 $\alpha=a+bi$ を対応させる写像を考えればよい．この写像は，(12)の形の実行列全体の集合から $\boldsymbol{C}$ への全単射を与え，しかも四則演算や極限演算を保存する．それゆえ行列 e^{tD} には，複素数

$$e^{\alpha t} = e^{at}(\cos bt + i\sin bt)$$

が対応する．このことから(13)が得られるのである.

$q>1$ の場合には，$K=S+N$ と分解すれば，tK の半単純部分 tS は，2 次の行列 $tD=tD(a, b)$ を q 個対角型に並べた $2q$ 次の行列であるから，

$$e^{tS} = \begin{bmatrix} e^{tD} & & \\ & \ddots & \\ & & e^{tD} \end{bmatrix} \qquad (2q\text{ 次})$$

となる．また，tK のべき零部分 tN は，対角線の 2 路斜め右上に t が並び，他の成分がすべて 0 である行列であるから，I を 2 次の単位行列として

$$e^{tN}=\begin{bmatrix} I & \dfrac{t}{1!}I & \cdots\cdots & \dfrac{t^{q-1}}{(q-1)!}I \\ & I & \ddots & \vdots \\ & & \ddots & \dfrac{t}{1!}I \\ & & & I \end{bmatrix} \qquad (2q\text{ 次})$$

となる．したがって

$$(14)\qquad e^{tK}=e^{tS}e^{tN}=\begin{bmatrix} e^{tD} & \dfrac{t}{1!}e^{tD} & \cdots\cdots & \dfrac{t^{q-1}}{(q-1)!}e^{tD} \\ & e^{tD} & \ddots & \vdots \\ & & \ddots & \dfrac{t}{1!}e^{tD} \\ & & & e^{tD} \end{bmatrix}$$

である．ここに $e^{tD}=e^{tD(a,b)}$ は(13)で与えられる2次の行列である．——

上の **I, II** によって，原理的には，e^{tA} の計算が完成されることになる．しかしここで重要なのは，e^{tA} の正確な形よりも，その成分に関する次のような観察である．すなわち，上の行列(11), (14)を観察し，さらに標準形における各固有値の細胞の次数の意味について考慮すれば，次のことがわかる．

1. α を A の実固有値とし，A の標準形における α 細胞の最大の次数を p とすれば，e^{tA} の成分には，関数

$$t^k e^{\alpha t} \qquad (0\leqq k\leqq p-1)$$

の定数倍が現れる．

2. $a+bi\,(b>0)$ を A の虚の固有値とし，A の<u>複素</u>標準形における $a+bi$ 細胞の最大の次数を q とすれば，e^{tA} の成分には，関数

$$t^k e^{at}\cos bt, \qquad t^k e^{at}\sin bt \qquad (0\leqq k\leqq q-1)$$

の定数倍が現れる．——

以上のことから次の定理が得られる．

定理 2　線型微分方程式 $\boldsymbol{x}'=A\boldsymbol{x}$ の解 $\boldsymbol{x}=\boldsymbol{x}(t)$ の各成分は，関数

$$(15)\qquad t^k e^{\alpha t} \qquad (0\leqq k\leqq p-1),$$

$$(16)\qquad t^k e^{at}\cos bt, \qquad t^k e^{at}\sin bt \qquad (0\leqq k\leqq q-1)$$

の1次結合である．ただし，(15)の α は A のすべての実固有値にわ

たり，(16)の $a+bi\,(b>0)$ は A のすべての虚の固有値にわたる．また p, q はそれぞれ，A のジョルダンの標準形における α 細胞，$a+bi$ 細胞の最大の次数である．

われわれはまたこの定理から，微分方程式 $\boldsymbol{x}'=A\boldsymbol{x}$ の解のある種の定性的な性質について，いくつかの重要な結論を導き出すことができる．

たとえば，いま行列 A のすべての固有値 α が

$$\text{(17)} \qquad \operatorname{Re}\alpha < 0$$

という性質をもっていたとしよう．その場合には，関数(15),(16)の形からわかるように，任意の解 $\boldsymbol{x}=\boldsymbol{x}(t)$ に対して

$$\lim_{t\to\infty} \boldsymbol{x}(t) = \boldsymbol{0}$$

となる．すなわち，この場合には，初期条件が何であっても($t=0$ のとき $\boldsymbol{R}^n$ のどの点 $\boldsymbol{x}_0$ から出発しても)，解曲線は時間の経過につれてしだいに原点に近づくのである．読者は，この結論を得るには解 $\boldsymbol{x}=\boldsymbol{x}(t)$ の具体的な形を求める必要はなく，ただ行列 A のすべての固有値について(17)という情報を知りさえすればよいことに注意されたい．

最後に，第8章§15で扱った定数係数の n 階同次線型微分方程式

$$\text{(18)} \qquad \frac{d^n y}{dt^n}+c_1\frac{d^{n-1}y}{dt^{n-1}}+\cdots+c_{n-1}\frac{dy}{dt}+c_n y = 0$$

を，ここでもう一度見直しておこう．

いま関数 $y=y(t)$ に対して

$$x_1(t) = y(t), \quad x_2(t) = y'(t), \quad x_3(t) = y''(t), \quad \cdots, \quad x_n(t) = y^{(n-1)}(t)$$

とおけば，(18)は $x_i=x_i(t)\ (i=1, \cdots, n)$ に関する連立微分方程式

$$\text{(19)} \qquad \begin{cases} x_1' &= x_2 \\ \quad\vdots & \\ x_{n-1}' &= x_n \\ x_n' &= -c_n x_1 - c_{n-1}x_2 - \cdots - c_1 x_n \end{cases}$$

の形に書きかえられる．すなわち，関数 $y=y(t)$ に対する n 階の微分方程式が，n 個の関数 $x_i=x_i(t)$ に関する1階の連立微分方程式の形に述べ直されるのである．したがって，微分方程式(18)に対しても，この付録で述べた議論の結果

を応用することができる.

行列記法で書けば，(19)は

$$
(20) \qquad \boldsymbol{x}' = A\boldsymbol{x}, \qquad A = \begin{bmatrix} 0 & 1 & 0 & \cdots\cdots & 0 \\ \vdots & 0 & 1 & & \vdots \\ \vdots & \vdots & \ddots & \ddots & \vdots \\ 0 & 0 & \cdots\cdots & 0 & 1 \\ -c_n & -c_{n-1} & \cdots\cdots & -c_2 & -c_1 \end{bmatrix}
$$

と書かれる．この微分方程式(20)の解 $\boldsymbol{x}=\boldsymbol{x}(t)$ の第1成分が(18)の解である．

われわれはすでに，微分方程式(18)の解に対して，命題 8.32(p. 317)に述べたような完全な形の結論を知っている．しかしわれわれは，上述したような新しい観点からも，前とは違う方法によって，ふたたびその結論を導き出すことができる．上の行列 A は特殊な性質をもつ行列で，そのジョルダンの標準形においては，各固有値はただ1つの細胞をもち，その細胞の次数はその固有値の重複度に等しい．微分方程式(18)の解に対して命題 8.32 のような完全かつ簡明な結論が得られるのは，主としてこうした事情によるのである．

解　答

（この解答篇では，主として数値的な問題の解答を掲げる.）

第1章

§3　**2.** $\overrightarrow{AL}=\frac{1}{2}(\boldsymbol{a}+\boldsymbol{b}),\ \overrightarrow{BM}=\frac{1}{2}\boldsymbol{b}-\boldsymbol{a},\ \overrightarrow{CN}=\frac{1}{2}\boldsymbol{a}-\boldsymbol{b}$

3. $\overrightarrow{AB}=\frac{1}{2}(\boldsymbol{a}-\boldsymbol{b}),\ \overrightarrow{AD}=\frac{1}{2}(\boldsymbol{a}+\boldsymbol{b})$

5. $\overrightarrow{AD}=\frac{2}{3}\overrightarrow{AB}+\frac{1}{3}\overrightarrow{AC},\ \overrightarrow{AE}=\frac{1}{3}\overrightarrow{AB}+\frac{2}{3}\overrightarrow{AC}$　　**6.** $\overrightarrow{MN}=\frac{1}{2}(\overrightarrow{AB}+\overrightarrow{DC})$

§4　**1.** (a) $t=13$　(b) $t=14/3$　(c) $t=\sqrt{13/2}$

5. (a) 1/2　(b) 13/18　**6.** 144/25

7. $\boldsymbol{a},\boldsymbol{b}$ のなす角を θ とすれば，$S=|\boldsymbol{a}|\,|\boldsymbol{b}|\sin\theta$,

$$S^2=|\boldsymbol{a}|^2|\boldsymbol{b}|^2\sin^2\theta=|\boldsymbol{a}|^2|\boldsymbol{b}|^2(1-\cos^2\theta)=|\boldsymbol{a}|^2|\boldsymbol{b}|^2-(\boldsymbol{a}\cdot\boldsymbol{b})^2.$$

9. 17/2

§5　**4.** P,Q,R はそれぞれ線分 AB,BC,CA を $2:1$ に内分する点. $\triangle ABC$ と $\triangle PQR$ の面積の比は $3:1$.

5. P を基準とする A,B,C,D の位置ベクトルを $\boldsymbol{a},\boldsymbol{b},c\boldsymbol{a},d\boldsymbol{b}\ (c<0,\ d<0)$ とすれば，$PA\cdot PC=PB\cdot PD$ より $c|\boldsymbol{a}|^2=d|\boldsymbol{b}|^2$. また仮定から $\boldsymbol{a}\cdot\boldsymbol{b}=0$. したがって

$$\frac{\boldsymbol{a}+\boldsymbol{b}}{2}\cdot(c\boldsymbol{a}-d\boldsymbol{b})=\frac{1}{2}(c|\boldsymbol{a}|^2-d|\boldsymbol{b}|^2)=0.$$

§6　**3.** $1+\sqrt{2}$

§7　**1.** 平行条件は $a\alpha+b\beta=0$，垂直条件は $a\beta-b\alpha=0$.

2. $\pm4/\sqrt{65}$　**5.** $11x-3y-5=0$

7. 原点からの距離は (a) $\sqrt{13}$　(b) 18/5，点 $(2,-10)$ からの距離は (a) $\sqrt{13}$　(b) 4/5.

8. (a) $\frac{3}{\sqrt{13}}x-\frac{2}{\sqrt{13}}y=\sqrt{13}$　(b) $-\frac{4}{5}x-\frac{3}{5}y=\frac{18}{5}$

§9　**3.** 点 $(-2/3,-4/3,0)$ を中心とする半径 $2\sqrt{5}/3$ の球.

4. (b) $\left(2\pm\frac{2}{\sqrt{3}},2\pm\frac{2}{\sqrt{3}},2\pm\frac{2}{\sqrt{3}}\right)$　(c) 0　**5.** $t_0=7/9$

§10　**1.** xy 平面との交点は $(7/4,13/8,0)$，zx 平面との交点は $(5,0,-13)$.

2. $(-3/4,2,55/16)$

3. (a) $2x+4y-5z=-12$　(b) $2x-3y+z=-1$　(c) $6x+3y+2z=28$

6. 原点を通る平面は $x+y-z=0$，点 $(1,-1,2)$ を通る平面は $3x-3y+z=8$.

7. $9x-23y-20z=95$　　**8.** $2\sqrt{14}/21$

9. $\dfrac{x}{2}=\dfrac{y+6}{9}=\dfrac{z+3}{5}$，方向ベクトルは $(2,9,5)$.

11. 垂線の足 $(1,-7/2,11/2)$，垂線の長さ $3\sqrt{38}/2$.

12. $27/2$　　**13.** $x+y-3z=4$　　**14.** $x+2y+3z=3\sqrt{14}$，$x+2y+3z=-3\sqrt{14}$

15. (b) $f(t_1,t_2)=|\boldsymbol{a}-t_1\boldsymbol{u}_1-t_2\boldsymbol{u}_2|^2$ とおけば，

$$f(t_1,t_2)=|\boldsymbol{a}|^2-2c_1t_1-2c_2t_2+t_1^2+t_2^2,\qquad \text{特に}\quad f(c_1,c_2)=|\boldsymbol{a}|^2-c_1^2-c_2^2.$$

よって $f(t_1,t_2)-f(c_1,c_2)=(t_1-c_1)^2+(t_2-c_2)^2\geqq 0$. 等号は $t_1=c_1$，$t_2=c_2$ のときに成立する.

第2章

§5　**3.** (a) 部分空間でない　(b) 部分空間　(c) 部分空間でない　(d) 部分空間でない　(e) 部分空間　(f) 部分空間　(g) 部分空間でない

6. (a) 媒介変数 t によって $x=t$，$y=2t$，$z=-3t$ で表される直線.

(b) 方程式 $10x+y+4z=0$ で表される平面.

§6　**2.** $x=1,-1/3$　　**4.** $a\neq-1$ ならば1次独立，$a=-1$ ならば1次従属.

§8　**3.** P_m の次元は $m+1$. その1つの基底として，$m+1$ 個の多項式 $1,x,x^2,\cdots,x^m$ をとることができる.

4. mn 次元　　**5.** $\boldsymbol{u}=(1,0)$ の座標は $(3/7,1/7)$，$\boldsymbol{v}=(-5,8)$ の座標は $(-23/7,11/7)$.

6. $(10,-8,7)$　　**7.** $\boldsymbol{a}=(-1/2,1/2,1/2)$，$\boldsymbol{b}=(1/2,-1/2,1/2)$，$\boldsymbol{c}=(1/2,1/2,-1/2)$

9. $\{v_1',\cdots,v_n'\}$ に関する座標を $(a_1',\cdots,a_n')$ とすれば，

$$a_i'=a_i-a_{i+1}\quad(1\leqq i\leqq n-1),\qquad a_n'=a_n.$$

§9　**3.** はじめの場合は

$$(W_1+W_2)\cap W_3=\langle\boldsymbol{e}_2\rangle,\qquad (W_1\cap W_3)+(W_2\cap W_3)=\langle\boldsymbol{e}_2\rangle.$$

後の場合は

$$(W_1+W_2)\cap W_3=\langle\boldsymbol{e}_1+\boldsymbol{e}_2\rangle,\qquad (W_1\cap W_3)+(W_2\cap W_3)=\{\boldsymbol{0}\}.$$

第3章

§2　**8.** $a=b$ または $a+b=1$

§3　**3.** (a) 線型でない　(b) 線型　(c) 線型　(d) 線型でない　(e) 線型

(f) $\boldsymbol{b}=\boldsymbol{0}$ ならば線型，$\boldsymbol{b}\neq\boldsymbol{0}$ の場合は線型でない.

5. 60° 回転した点は $\left(\dfrac{3}{2}-2\sqrt{3},\ \dfrac{3\sqrt{3}}{2}+2\right)$，$-135°$ 回転した点は $(1/\sqrt{2},-7/\sqrt{2})$.

§5　**3.** $\displaystyle\sum_{k=1}^{n}k^3=\frac{n^2(n+1)^2}{4}$

§6　**4.** $\begin{bmatrix} \cos\theta & -\sin\theta \\ \sin\theta & \cos\theta \end{bmatrix}$　**5.** $\begin{bmatrix} -3 & 2 \\ 1 & 2 \end{bmatrix}$

§7　**1.** (a) $\begin{bmatrix} -3 \\ 2 \end{bmatrix}$　(b) $\begin{bmatrix} 1 & 0 \\ 0 & 1 \end{bmatrix}$　(c) $\begin{bmatrix} 10 & -21 & 15 \\ 6 & -12 & 10 \end{bmatrix}$

(d) $\begin{bmatrix} 5 & 10 & 15 \\ -2 & -10 & -18 \\ -1 & 1 & 3 \end{bmatrix}$　(e) 0　(f) $\begin{bmatrix} -20 & 30 & 10 \\ 2 & -3 & -1 \\ -10 & 15 & 5 \end{bmatrix}$

5. $\begin{bmatrix} 1 & (2^n-1)a \\ 0 & 2^n \end{bmatrix}$　**6.** $\begin{bmatrix} 1 & n & n(n+1)/2 \\ 0 & 1 & n \\ 0 & 0 & 1 \end{bmatrix}$

10. $A=(a_{ij})$とすれば$A=\sum_{i,j=1}^{n} a_{ij}E_{ij}$. 仮定より任意の$p, q\,(1\leqq p\leqq n,\ 1\leqq q\leqq n)$に対して

$$AE_{pq} = E_{pq}A \quad \text{よって} \quad \sum_{i=1}^{n} a_{ip}E_{iq} = \sum_{j=1}^{n} a_{qj}E_{pj}.$$

これより$i\neq p$ならば$a_{ip}=0$; $j\neq q$ならば$a_{qj}=0$; $a_{pp}=a_{qq}$. そこで$a_{pp}=c\,(p=1, \cdots, n)$とおけば$A=cI$.

§8　**6.** mn次元

§9　**7.** (a) rank $L=2$, nullity $L=0$　(b) rank $L=2$, nullity $L=1$

(c) rank $L=2$, nullity $L=1$

8. 階数，退化次数ともに2.

10. 仮定から$\mathrm{Im}\,F\subset \mathrm{Ker}\,G$. これより$\dim(\mathrm{Im}\,F)\leqq\dim(\mathrm{Ker}\,G)$, すなわちrank $F\leqq\dim W-\mathrm{rank}\,G$.

§11　**1.** 3, 2, 2　**2.** (a) 2　(b) 4

3. $a\neq 1, -2$ならば3次元，$a=-2$ならば2次元，$a=1$ならば1次元.

§12　**1.** (a) $x_1=2\alpha$, $x_2=3\alpha$, $x_3=-\alpha$ (αは任意のスカラー)　(b) $x_1=x_2=x_3=0$

2. $x_1=-6\alpha+5\beta+3\gamma$, $x_2=\alpha$, $x_3=\beta$, $x_4=3\alpha-4\beta-2\gamma$, $x_5=\gamma$ (α, β, γは任意のスカラー)

§13　**1.** (a) $x=1$, $y=-2$, $z=-3$　(b) $x=3$, $y=0$, $z=-1$, $w=1$

2. (a) $x_1=-15-19\alpha$, $x_2=11+14\alpha$, $x_3=-2-3\alpha$, $x_4=2\alpha$ (αは任意のスカラー)

(b) $x_1=\alpha$, $x_2=12+4\alpha-4\beta$, $x_3=\beta$, $x_4=13+7\alpha-6\beta$ (α, βは任意のスカラー)

3. 解をもつための必要十分条件は$2a-b-c-d=0$. そのときの解は，αを任意のスカラーとして

$$x_1 = \frac{1}{25}(4a+12b+3c-46\alpha), \qquad x_2 = \alpha,$$

$$x_3 = \frac{1}{25}(7a-4b-c+32\alpha), \qquad x_4 = \frac{1}{25}(8a-b+6c+33\alpha).$$

4. $\begin{bmatrix} 3/7 & -2/7 & -4/7 \\ -2/7 & -1/7 & -2/7 \\ -4/7 & -2/7 & 3/7 \end{bmatrix}$, $\begin{bmatrix} 1 & 0 & 0 \\ -3 & -12 & -5 \\ -1 & -5 & -2 \end{bmatrix}$

第4章

§1　**1.** (a) $-11-2i$　(b) $\dfrac{3}{5}+\dfrac{4}{5}i$　(c) $-\dfrac{1}{2}-\dfrac{1}{2}i$　(d) $-\dfrac{1}{4}i$　(e) -64

(f) $-\dfrac{33}{169}+\dfrac{56}{169}i$

3. (a) 体でない　(b) 体　(c) 体でない　(d) 体

§2　**1.** $-\alpha,\ \bar{\alpha},\ -\bar{\alpha}$

2. (a) 40　(b) $\sqrt{13/10}$

8. 線分 $\alpha\beta$ の垂直2等分線 l に関して点 α を含む側の半平面.（l 自身も含む.）

9. $|1-\bar{\alpha}\beta|^2-|\alpha-\beta|^2$ を計算すれば $(1-|\alpha|^2)(1-|\beta|^2)>0$ となる.

§3　**1.** 絶対値と偏角だけ記す.

(a) $\sqrt{2},\ -\pi/4$　(b) $\sqrt{2},\ 5\pi/4$　(c) $2, \pi/3$　(d) $2, -\pi/6$　(e) $3, \pi/2$

(f) $2, -\pi/2$　(g) $5, \pi$　(h) $2, 3\pi/4$

4. $\cos 3\varphi=\cos^3\varphi-3\cos\varphi\sin^2\varphi$,　$\sin 4\varphi=4\cos^3\varphi\sin\varphi-4\cos\varphi\sin^3\varphi$,

$\cos 5\varphi=\cos^5\varphi-10\cos^3\varphi\sin^2\varphi+5\cos\varphi\sin^4\varphi$

§4　**1.** 4乗根は $\pm 1, \pm i$.　6乗根は $\pm 1, (1\pm\sqrt{3}i)/2, (-1\pm\sqrt{3}i)/2$.

3.

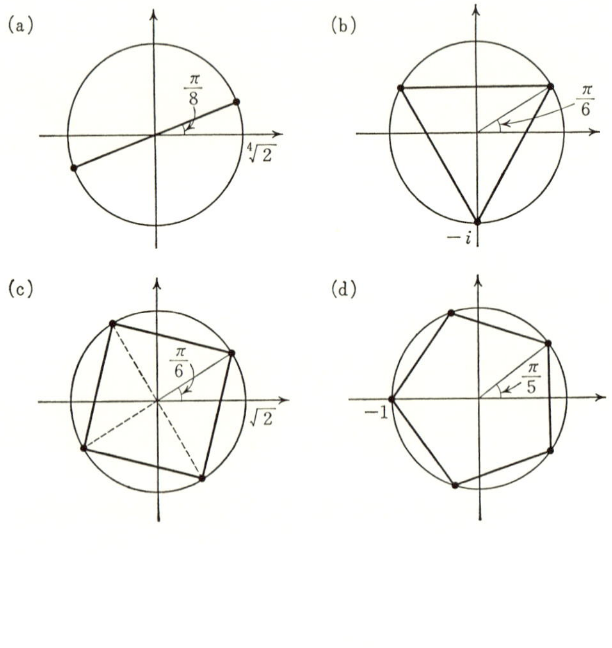

§5　**3.** 複素平面上で，$\triangle ABC$ の外接円の中心を原点にとって，A,B,C,D,L,M,N を表す複素数を $\alpha,\beta,\gamma,\delta,\lambda,\mu,\nu$ とすれば，前問より

$$\lambda=\frac{1}{2}\left(\delta+\beta+\gamma-\frac{\beta\gamma}{\delta}\right),\quad \mu=\frac{1}{2}\left(\delta+\gamma+\alpha-\frac{\gamma\alpha}{\delta}\right),\quad \nu=\frac{1}{2}\left(\delta+\alpha+\beta-\frac{\alpha\beta}{\delta}\right).$$

よって $\lambda-\mu=\dfrac{1}{2\delta}(\delta-\gamma)(\beta-\alpha)$，$\nu-\mu=\dfrac{1}{2\delta}(\delta-\alpha)(\beta-\gamma)$，$\dfrac{\nu-\mu}{\lambda-\mu}=\dfrac{\delta-\alpha}{\beta-\alpha}:\dfrac{\delta-\gamma}{\beta-\gamma}$.
例 4.4 によってこの値は実数である.

第 5 章

§4　**3.** (a) $(-1)^{n-1}$　(b) $(-1)^{n(n-1)/2}$

§6　**1.** (a) 1155　(b) 13　(c) -38　(d) 14　(e) -360　(f) 0　(g) -144　(h) 0　(i) 4　(j) -160　(k) 660　(l) -580　(m) 3　(n) 0

3. (a) $3abc-a^3-b^3-c^3$　(b) $1+a^2+b^2+c^2$　(c) $4abc$　(d) xyz　(e) 0

4. -1　**5.** (a) $\pm1,\pm i$　(b) $\pm1/2$

6. (a) $x=-5,\ y=7,\ z=3$　(b) $x=3,\ y=0,\ z=-1,\ w=1$

7. A が交代行列ならば $A^{\mathrm T}=-A$ であるから，

$$\det A=\det A^{\mathrm T}=\det(-A).$$

A の次数 n が奇数ならば $\det(-A)=(-1)^n\det A=-\det A$. よって $\det A=0$.

12. n が奇数ならば $\det B=2D$，n が偶数ならば $\det B=0$.

§7　**1.** $\delta=a^2+b^2+c^2+d^2$ とおけば，$AA^{\mathrm T}=\delta I_4$. したがって $(\det A)^2=\delta^4$. これより $\det A=\pm\delta^2$. $\det A$ の a^4 の係数は 1 であるから，$\det A=\delta^2$.

5. AB は m 次の正方行列であるが，$\operatorname{rank}(AB)\leqq\operatorname{rank}A\leqq n<m$ である.

6. ヒントの同次連立 1 次方程式が自明でない解 $x_1=\alpha_1,\ \cdots,\ x_n=\alpha_n$ をもつと仮定し，$\max\{|\alpha_1|,\cdots,|\alpha_n|\}=|\alpha_p|$ とすれば，p 番目の方程式から

$$\alpha_p=-\sum_{j\neq p}a_{pj}\alpha_j\qquad(\text{右辺は } p \text{ 以外の } j \text{ に対する和}).$$

したがって

$$|\alpha_p|\leqq\sum_{j\neq p}|a_{pj}||\alpha_j|<\frac{1}{n-1}(n-1)|\alpha_p|=|\alpha_p|$$

となって矛盾である.

§8　**1.** $$A^{-1}=\frac{1}{ad-bc}\begin{bmatrix}d&-b\\-c&a\end{bmatrix}$$

3. (a) $$\begin{bmatrix}0&-(1-i)/2&(1+i)/2\\-(1+i)/2&0&-(1-i)/2\\(1-i)/2&-(1+i)/2&0\end{bmatrix}$$ (b) $$\begin{bmatrix}-1/2&1/2&1/\sqrt2\\1/2&-1/2&1/\sqrt2\\1/\sqrt2&1/\sqrt2&0\end{bmatrix}$$

6. すべての成分が x である n-列ベクトルを $\boldsymbol{x}$ とすれば，A の第 j 列を $\boldsymbol{x}$ でおきか

えた行列の行列式は $x\left(\sum_{i=1}^{n}\Delta_{ij}\right)$ に等しい．そして $A_x=(\boldsymbol{a}_1+\boldsymbol{x}, \boldsymbol{a}_2+\boldsymbol{x}, \cdots, \boldsymbol{a}_n+\boldsymbol{x})$ であるから，

$$\begin{aligned}|A_x| &= \det(\boldsymbol{a}_1, \cdots, \boldsymbol{a}_n)+\sum_{j=1}^{n}\det(\boldsymbol{a}_1, \cdots, \boldsymbol{a}_{j-1}, \boldsymbol{x}, \boldsymbol{a}_{j+1}, \cdots, \boldsymbol{a}_n)\\ &= |A|+x(\sum_{i,j}\Delta_{ij}).\end{aligned}$$

§9　**2.** $a+b+c\neq 0$ で a, b, c がすべては等しくないとき $\operatorname{rank} A=3$．$a+b+c=0$ で a, b, c がすべては 0 でないとき $\operatorname{rank} A=2$．$a=b=c\neq 0$ のとき $\operatorname{rank} A=1$．$a=b=c=0$ のとき $\operatorname{rank} A=0$.

3. (a)についてだけ解答を述べる．

イ．a_1, a_2, a_3 がすべて異なるとき：

$$x_1=\frac{(b-a_2)(b-a_3)}{(a_1-a_2)(a_1-a_3)},\quad x_2=\frac{(b-a_1)(b-a_3)}{(a_2-a_1)(a_2-a_3)},\quad x_3=\frac{(b-a_1)(b-a_2)}{(a_3-a_1)(a_3-a_2)}.$$

ロ．a_1, a_2, a_3 のうちの 2 つだけが等しいとき：

たとえば $a_1\neq a_2=a_3$ とすると，解があるための必要十分条件は $b=a_1$ または $b=a_2$.

$b=a_1$ のときの解は $x_1=1$，$x_2=\alpha$，$x_3=-\alpha$,

$b=a_2$ のときの解は $x_1=0$，$x_2=1+\alpha$，$x_3=-\alpha$　(α は任意のスカラー).

ハ．$a_1=a_2=a_3$ のとき：

解があるための必要十分条件は $b=a_1$．その場合の解は $x_1+x_2+x_3=1$ を満たすすべての (x_1, x_2, x_3).

第6章

§2　**1.** 命題 6.6 を用いて $P^{-1}=\mathbf{T}_{\alpha\to\alpha''}$ となる α'' をとればよい．

§4　**2.** (a) $\begin{bmatrix} 2 & 3 \\ -1 & 0 \end{bmatrix}$　(b) $\begin{bmatrix} 3 & 0 \\ 0 & -1 \end{bmatrix}$　(c) $\begin{bmatrix} 1 & -4 \\ 4 & -1 \end{bmatrix}$

3. (a) $\begin{bmatrix} 3/2 & 9/2 \\ -1/2 & 1/2 \end{bmatrix}$　(b) $\begin{bmatrix} 3 & -4 \\ 0 & -1 \end{bmatrix}$　(c) $\begin{bmatrix} 3 & -12 \\ 2 & -3 \end{bmatrix}$

4. (a) それぞれ $\begin{bmatrix} 1 & 1 & 0 \\ 0 & 1 & 1 \\ 1 & 0 & 1 \end{bmatrix}$, $\begin{bmatrix} 1 & 1 & 0 \\ -1 & 0 & 0 \\ 1 & 1 & 2 \end{bmatrix}$

(b) それぞれ $\begin{bmatrix} 1 & -2 & 3 \\ 0 & 4 & -5 \\ 0 & 0 & 6 \end{bmatrix}$, $\begin{bmatrix} 1 & -5 & 3 \\ 0 & 4 & -7 \\ 0 & 0 & 6 \end{bmatrix}$

5. (a) $\begin{bmatrix} 1 & 0 & 0 & 0 \\ 0 & 0 & 1 & 0 \\ 0 & 1 & 0 & 0 \\ 0 & 0 & 0 & 1 \end{bmatrix}$　(b) $\begin{bmatrix} a_1 & 0 & a_2 & 0 \\ 0 & a_1 & 0 & a_2 \\ a_3 & 0 & a_4 & 0 \\ 0 & a_3 & 0 & a_4 \end{bmatrix}$

6. $F:\begin{bmatrix}1 & \alpha & \alpha^2\\ 0 & 1 & 2\alpha\\ 0 & 0 & 1\end{bmatrix}$　$D:\begin{bmatrix}0 & 1 & 0\\ 0 & 0 & 2\\ 0 & 0 & 0\end{bmatrix}$　**7.** $F:\begin{bmatrix}\cos\alpha & \sin\alpha\\ -\sin\alpha & \cos\alpha\end{bmatrix}$　$D:\begin{bmatrix}0 & 1\\ -1 & 0\end{bmatrix}$

8. $F:\begin{bmatrix}e^\alpha & \alpha e^\alpha & \alpha^2 e^\alpha\\ 0 & e^\alpha & 2\alpha e^\alpha\\ 0 & 0 & e^\alpha\end{bmatrix}$　$D:\begin{bmatrix}1 & 1 & 0\\ 0 & 1 & 2\\ 0 & 0 & 1\end{bmatrix}$

§6　**2.** U_2 における $U_1\cap U_2$ の補空間を U_2' とすればよい.

§7　**5.** (i)から(ii)が導かれることは明白. (ii)を仮定すれば, V の元 v に対し $F^2(v)=0$ ならば, $F(v)\in \mathrm{Im}\,F\cap\mathrm{Ker}\,F$ であるから $F(v)=0$. よって $\mathrm{Ker}\,F^2\subset\mathrm{Ker}\,F$, したがって $\mathrm{Ker}\,F^2=\mathrm{Ker}\,F$ となる. すなわち(iii)が得られる. (iii)から(iv)は, 像と核の次元に関する考察から導かれる. 最後に(iv)を仮定すれば, 任意の $v\in V$ に対し $F(v)=F^2(u)$ となる $u\in V$ が存在し, $v=F(u)+w$, $w\in\mathrm{Ker}\,F$ となるから, $V=\mathrm{Im}\,F+\mathrm{Ker}\,F$. これから(i)が得られる.

10. 前半は明らか. 後半: もし $\mathrm{rank}\,F+\mathrm{rank}\,G=n$ ならば $V=\mathrm{Im}\,F\oplus\mathrm{Im}\,G$. また $G=I-F$ より $FG=GF=F-F^2$. したがって, 任意の $v\in V$ に対し $FG(v)$, $GF(v)$ は $\mathrm{Im}\,F\cap\mathrm{Im}\,G$ に属するから, $FG(v)=GF(v)=0$. ゆえに $FG=GF=0$, $F=F^2$.

第7章

§1　**2.** (a) 固有値は1と3. それらに属する固有ベクトルは, それぞれ

$$c\begin{bmatrix}1\\ -1\end{bmatrix},\quad c\begin{bmatrix}1\\ 1\end{bmatrix}\quad (c\text{ は }0\text{ でない実数}).$$

(b) 固有値は2. それに属する固有ベクトルは

$$c\begin{bmatrix}1\\ -1\end{bmatrix}\quad (c\text{ は }0\text{ でない実数}).$$

(c) 存在しない.

3. (a) 上と同じ. ただし c は複素数($\neq 0$).　(b) 上と同じ. ただし c は複素数($\neq 0$).

(c) 固有値は i と $-i$. それらに属する固有ベクトルは, それぞれ

$$c\begin{bmatrix}1\\ 1-i\end{bmatrix},\quad c\begin{bmatrix}1\\ 1+i\end{bmatrix}\quad (c\text{ は }0\text{ でない複素数}).$$

§2　**4.** $(x-c)^n$

5. (a) x^2-x-5　(b) $(x-2)^2$　(c) x^2-5x　(d) $x^2-7ix-13$

(e) $x(x-2)(x+1)$　(f) x^3-1　(g) $(x-1)(x^2-4x+13)$　(h) $(x-2)^2(x-1)$

6. x^2-a^2, $(x-a)(x^2-a^2)$, $(x^2-a^2)^2$, $(x-a)(x^2-a^2)^2$

§4　**3.** (a) $\boldsymbol{R}$ においても $\boldsymbol{C}$ においても対角化可能でない.

(b) $\boldsymbol{R}$ において対角化可能.

$$P=\begin{bmatrix}2 & -1\\ 1 & 3\end{bmatrix},\quad P^{-1}AP=\begin{bmatrix}2 & 0\\ 0 & -5\end{bmatrix}$$

(c) $\boldsymbol{R}$ においては対角化可能でないが，$\boldsymbol{C}$ においては対角化可能.

$$P=\begin{bmatrix}2 & 2\\ -1-3i & -1+3i\end{bmatrix},\quad P^{-1}AP=\begin{bmatrix}2+3i & 0\\ 0 & 2-3i\end{bmatrix}$$

4. (a) $\boldsymbol{R}$ において対角化可能.

$$P=\begin{bmatrix}0 & 1 & 1\\ 1 & 0 & 0\\ 0 & \sqrt{3} & -\sqrt{3}\end{bmatrix},\quad P^{-1}AP=\begin{bmatrix}2 & 0 & 0\\ 0 & \sqrt{3} & 0\\ 0 & 0 & -\sqrt{3}\end{bmatrix}$$

(b) $\boldsymbol{R}$ においては対角化可能でないが，$\boldsymbol{C}$ においては対角化可能.

$$P=\begin{bmatrix}8 & 1-3i & 1+3i\\ -5 & 0 & 0\\ 3 & 2 & 2\end{bmatrix},\quad P^{-1}AP=\begin{bmatrix}1 & 0 & 0\\ 0 & 2+3i & 0\\ 0 & 0 & 2-3i\end{bmatrix}$$

§5　**3.** $a \neq b$

4. どちらの行列も固有値は ± 1 であるが，左側の行列では固有空間 $W(1)$, $W(-1)$ がともに2次元であるのに対し，右側の行列では $W(1)$, $W(-1)$ はともに1次元である.

§6　**2.** $a_n=\dfrac{1}{6}\{5\cdot(-1)^n-2^{n+1}+3^{n+1}\}$

4. $a_n=(\sqrt{3})^n\cos n\theta+\dfrac{3(\sqrt{3})^n}{\sqrt{2}}\sin n\theta$，ただし　$\cos\theta=-1/\sqrt{3}$，$\sin\theta=\sqrt{2/3}$.

第8章

§4　**6.** 命題7.17と定理8.8による.

§7　**3.** (a) $k=q+s\,(s\geqq 0)$ とおいて，s に関する帰納法による.

(b) (a)を用いて $U\cap W=\{0\}$ が証明される．F が W 上で正則であることは $\mathrm{Im}\,F^q=\mathrm{Im}\,F^{q+1}$，すなわち $F(W)=W$ であることからわかる.

§8　**4.** $A+B$ については二項定理を用いる.

5. $A^m=O$ ならば，$(I_n+A)^{-1}=I_n-A+A^2-\cdots+(-1)^{m-1}A^{m-1}$.

6. 7個　　**7.** 11個

§9　**3.** 14個　　**4.** 27個

§10　**1.** $(x-\alpha)(x-\beta)$，$(x-\alpha)^2$，$x-\alpha$

2. $(x-\alpha)(x-\beta)(x-\gamma)$，$(x-\alpha)^2(x-\beta)$，$(x-\alpha)(x-\beta)$，$(x-\alpha)^3$，$(x-\alpha)^2$，$x-\alpha$

3. $(x-a)(x+a)$　　**4.** 最小多項式は x^m-1 の約数であるから重解をもたない.

5. (a) $A=O$ ならば $\varphi_A(x)=x$，$A=I$ ならば $\varphi_A(x)=x-1$．それ以外の場合は $\varphi_A(x)=x(x-1)$.

§11　**2.**

(a) $\begin{bmatrix} i & 0 \\ 0 & -i \end{bmatrix}$　(b) $\begin{bmatrix} 1 & 1 \\ 0 & 1 \end{bmatrix}$　(c) $\begin{bmatrix} 0 & 0 & 0 \\ 0 & -3 & 0 \\ 0 & 0 & 6 \end{bmatrix}$

(d) $\begin{bmatrix} 2 & 0 & 0 \\ 0 & 2 & 0 \\ 0 & 0 & -1 \end{bmatrix}$　(e) $\begin{bmatrix} 2 & 1 & 0 \\ 0 & 2 & 0 \\ 0 & 0 & -1 \end{bmatrix}$　(f) $\begin{bmatrix} 2 & 1 & 0 \\ 0 & 2 & 0 \\ 0 & 0 & 2 \end{bmatrix}$

3.

(a) $\begin{bmatrix} 1 & 1 \\ -i & i \end{bmatrix}$　(c) $\begin{bmatrix} 1 & 4 & -1 \\ -2 & 1 & 2 \\ 1 & -2 & 5 \end{bmatrix}$　(d) $\begin{bmatrix} 0 & 1 & 0 \\ 0 & 1 & 3 \\ 1 & 0 & 1 \end{bmatrix}$

4. (a) $a \neq \pm 1$, $a=1$, $a=-1$ に応じて

$$\begin{bmatrix} 1 & 1 & 0 & 0 \\ 0 & 1 & 0 & 0 \\ 0 & 0 & -1 & 1 \\ 0 & 0 & 0 & -1 \end{bmatrix}, \begin{bmatrix} 1 & 0 & 0 & 0 \\ 0 & 1 & 0 & 0 \\ 0 & 0 & -1 & 1 \\ 0 & 0 & 0 & -1 \end{bmatrix}, \begin{bmatrix} 1 & 1 & 0 & 0 \\ 0 & 1 & 0 & 0 \\ 0 & 0 & -1 & 0 \\ 0 & 0 & 0 & -1 \end{bmatrix}.$$

(b) $a \neq 0$ であるか $a=0$ であるかに応じて

$$\begin{bmatrix} i & 1 & 0 & 0 \\ 0 & i & 0 & 0 \\ 0 & 0 & -i & 1 \\ 0 & 0 & 0 & -i \end{bmatrix}, \begin{bmatrix} i & 0 & 0 & 0 \\ 0 & i & 0 & 0 \\ 0 & 0 & -i & 0 \\ 0 & 0 & 0 & -i \end{bmatrix}.$$

6. 変換行列は1つを示す.

(a) 標準形 $\begin{bmatrix} 2 & 1 & 0 \\ 0 & 2 & 1 \\ 0 & 0 & 2 \end{bmatrix}$, 変換行列 $\begin{bmatrix} 1 & 0 & 0 \\ -1 & -1 & -1 \\ 0 & 0 & -1 \end{bmatrix}$

(b) 標準形 $\begin{bmatrix} 1 & 1 & 0 & 0 \\ 0 & 1 & 1 & 0 \\ 0 & 0 & 1 & 1 \\ 0 & 0 & 0 & 1 \end{bmatrix}$, 変換行列 $\begin{bmatrix} 0 & 0 & 1 & -1 \\ 0 & 0 & -1 & 0 \\ 1 & -1 & 0 & 0 \\ -1 & 0 & 0 & 0 \end{bmatrix}$

§12　**2.**

(a) $S = \begin{bmatrix} 0 & -1 \\ 1 & 0 \end{bmatrix}$, $N = O$　(b) $S = \begin{bmatrix} 1 & 0 \\ 0 & 1 \end{bmatrix}$, $N = \begin{bmatrix} -1 & -1 \\ 1 & 1 \end{bmatrix}$

(c) $S = \begin{bmatrix} 2 & 0 \\ 0 & 2 \end{bmatrix}$, $N = \begin{bmatrix} -1 & -1 \\ 1 & 1 \end{bmatrix}$　(d) $S = O$, $N = \begin{bmatrix} 1 & 1 \\ -1 & -1 \end{bmatrix}$

3.

(a) $S = \begin{bmatrix} 2 & 0 & 0 \\ 3 & -1 & 0 \\ 1 & -1 & 2 \end{bmatrix}$, $N = O$　(b) $S = \begin{bmatrix} 2 & 0 & 0 \\ 3 & -1 & 0 \\ 0 & 0 & 2 \end{bmatrix}$, $N = \begin{bmatrix} 0 & 0 & 0 \\ 0 & 0 & 0 \\ 1 & 0 & 0 \end{bmatrix}$

(c) $S = \begin{bmatrix} 2 & 0 & 0 \\ 0 & 2 & 0 \\ 0 & 0 & 2 \end{bmatrix}$, $N = \begin{bmatrix} -2 & 4 & -4 \\ 1 & -2 & 2 \\ 2 & -4 & 4 \end{bmatrix}$

4.
$$S=\begin{bmatrix}0&-1&0&1\\1&0&1&0\\0&0&0&-1\\0&0&1&0\end{bmatrix},\quad N=\begin{bmatrix}0&0&0&1\\0&0&-1&0\\0&0&0&0\\0&0&0&0\end{bmatrix}$$

§14　2. $a_n=3\cdot 2^{n-2}(n^2-3n+4)$

3. $a_n=\mathrm{Re}[\{(-1+2i)n-3i\}i^n]$

§15　4. 解空間の基底を記す.

(a) $\{e^{at}, e^{-at}\}$　(b) $\{\cos at, \sin at\}$　(c) $\{e^{t/2}\cos(\sqrt{3}\,t/2),\ e^{t/2}\sin(\sqrt{3}\,t/2)\}$

(d) $\{e^{-2t}, te^{-2t}, e^{4t}\}$　(e) $\{1, \cos t, \sin t\}$　(f) $\{e^{-2t}, te^{-2t}, t^2e^{-2t}\}$

5. 解空間の基底を記す.

(a) $\{e^t, te^t, t^2e^t, e^{-3t}\}$　(b) $\{\cos\sqrt{2}\,t,\ \sin\sqrt{2}\,t,\ t\cos\sqrt{2}\,t,\ t\sin\sqrt{2}\,t\}$

(c) $\{e^{-t}, e^{-3t}, e^{2t}\cos 3t, e^{2t}\sin 3t\}$

第9章

§3　3. g の極形式が一意的に定まることを用いる.

§6　2. 定理 9.15 の証明からわかるように, $v\neq 0$ のとき, $|(u|v)|=\|u\|\,\|v\|$ が成り立つための必要十分条件は, $au+bv=0\ (a=(v|v),\ b=-\overline{(u|v)})$ である.

4. 等号が成り立つのは, $v_j=c_jv_1,\ c_j>0\ (j=2,\cdots,r)$ のとき.

§7　2. $\{v_1,\cdots,v_r\}$ を V の基底 $\{v_1,\cdots,v_r,w_{r+1},\cdots,w_n\}$ に拡張して, それを正規直交化すればよい.

5. $\boldsymbol{b}_1=\dfrac{1}{\sqrt{5}}(2,0,0,-1)$, $\boldsymbol{b}_2=\dfrac{1}{\sqrt{345}}(7,10,0,14)$, $\boldsymbol{b}_3=\dfrac{1}{\sqrt{213}}(-2,7,12,-4)$

§9　6. もし $W'\neq W^{\perp}$ すなわち $W'^{\perp}\neq W$ ならば, $v\notin W$, $v\in W'^{\perp}$ であるような v が存在し,

$$v = P(v)+w', \qquad P(v)\in W,\ w'\in W'$$

とすれば, $w'\neq 0$, $\|P(v)\|^2=\|v\|^2+\|w'\|^2>\|v\|^2$ となる.

第10章

§2　4. F はユニタリかつエルミートであるから $F^2=I$. よって $W_1=\{v\,|\,F(v)=v\}$, $W_2=\{v\,|\,F(v)=-v\}$ とおけば, $V=W_1\oplus W_2$ となる. (第6章§7問題8参照.)

§4　2. F が正規ならば, §3問題1(iii)により $\mathrm{Ker}\,F=\mathrm{Ker}\,F^*$. F のかわりに $F-\alpha I$ を考えれば, これも正規であるから $\mathrm{Ker}(F-\alpha I)=\mathrm{Ker}(F^*-\bar{\alpha}I)$.

7. $U=\begin{bmatrix}1/\sqrt{2}&i/\sqrt{2}\\i/\sqrt{2}&1/\sqrt{2}\end{bmatrix}$, $U^{-1}AU=\begin{bmatrix}i&0\\0&2+i\end{bmatrix}$

8.

(a) $U=\begin{bmatrix}0 & 1/\sqrt{2} & 1/\sqrt{2}\\ 1 & 0 & 0\\ 0 & 1/\sqrt{2} & -1/\sqrt{2}\end{bmatrix},\quad D=\begin{bmatrix}i & & \\ & i & \\ & & -i\end{bmatrix}$

(b) $U=\begin{bmatrix}0 & 1/\sqrt{2} & 1/\sqrt{2}\\ 0 & 1/\sqrt{2} & -1/\sqrt{2}\\ 1 & 0 & 0\end{bmatrix},\quad D=\begin{bmatrix}1 & & \\ & (1+i)/\sqrt{2} & \\ & & (-1+i)/\sqrt{2}\end{bmatrix}$

(c) $U=\begin{bmatrix}1/\sqrt{3} & (1+\sqrt{3}i)/2\sqrt{3} & (1-\sqrt{3}i)/2\sqrt{3}\\ -1/\sqrt{3} & 1/\sqrt{3} & 1/\sqrt{3}\\ 1/\sqrt{3} & (1-\sqrt{3}i)/2\sqrt{3} & (1+\sqrt{3}i)/2\sqrt{3}\end{bmatrix},\quad D=\begin{bmatrix}0 & & \\ & \sqrt{3} & \\ & & -\sqrt{3}\end{bmatrix}$

(d) $U=\begin{bmatrix}1 & 0 & 0\\ 0 & \omega/\sqrt{2} & -\omega/\sqrt{2}\\ 0 & 1/\sqrt{2} & 1/\sqrt{2}\end{bmatrix},\quad D=\begin{bmatrix}1 & & \\ & 1 & \\ & & -1\end{bmatrix}$

9. $i\begin{bmatrix}1/2 & -i/2\\ i/2 & 1/2\end{bmatrix}+(2+i)\begin{bmatrix}1/2 & i/2\\ -i/2 & 1/2\end{bmatrix}$

§5　2.

(a) $U=\begin{bmatrix}0 & 1/\sqrt{2} & 1/\sqrt{2}\\ 1 & 0 & 0\\ 0 & 1/\sqrt{2} & -1/\sqrt{2}\end{bmatrix},\quad D=\begin{bmatrix}1 & & \\ & 1 & \\ & & -1\end{bmatrix}$

(b) $U=\begin{bmatrix}0 & 1/\sqrt{2} & 1/\sqrt{2}\\ 0 & 1/\sqrt{2} & -1/\sqrt{2}\\ 1 & 0 & 0\end{bmatrix},\quad D=\begin{bmatrix}3 & & \\ & 3 & \\ & & -1\end{bmatrix}$

(c) $U=\begin{bmatrix}0 & -2/\sqrt{6} & 1/\sqrt{3}\\ 1/\sqrt{2} & 1/\sqrt{6} & 1/\sqrt{3}\\ -1/\sqrt{2} & 1/\sqrt{6} & 1/\sqrt{3}\end{bmatrix},\quad D=\begin{bmatrix}-1 & & \\ & 3 & \\ & & -3\end{bmatrix}$

(d) $U=\begin{bmatrix}2/3 & -2/3 & 1/3\\ 2/3 & 1/3 & -2/3\\ 1/3 & 2/3 & 2/3\end{bmatrix},\quad D=\begin{bmatrix}0 & & \\ & 3 & \\ & & 6\end{bmatrix}$

(e) $U=\begin{bmatrix}1/\sqrt{2} & 1/\sqrt{6} & 1/\sqrt{3}\\ -1/\sqrt{2} & 1/\sqrt{6} & 1/\sqrt{3}\\ 0 & -2/\sqrt{6} & 1/\sqrt{3}\end{bmatrix},\quad D=\begin{bmatrix}a-1 & & \\ & a-1 & \\ & & a+2\end{bmatrix}$

(f) $U=\begin{bmatrix}1/\sqrt{3} & 1/\sqrt{6} & 1/\sqrt{2}\\ 1/\sqrt{3} & -2/\sqrt{6} & 0\\ 1/\sqrt{3} & 1/\sqrt{6} & -1/\sqrt{2}\end{bmatrix},\quad D=\begin{bmatrix}a-2 & & \\ & a+1 & \\ & & -a-1\end{bmatrix}$

3.

(a) $U=\begin{bmatrix}1/\sqrt{2} & 0 & 0 & 1/\sqrt{2}\\ 0 & 1/\sqrt{2} & 1/\sqrt{2} & 0\\ 0 & 1/\sqrt{2} & -1/\sqrt{2} & 0\\ 1/\sqrt{2} & 0 & 0 & -1/\sqrt{2}\end{bmatrix},\quad D=\begin{bmatrix}1 & & & \\ & 1 & & \\ & & 3 & \\ & & & 3\end{bmatrix}$

(b) $U=\begin{bmatrix} 1/\sqrt{3} & 1/\sqrt{3} & -1/\sqrt{3} & 0 \\ 1/\sqrt{3} & 0 & 1/\sqrt{3} & -1/\sqrt{3} \\ 0 & 1/\sqrt{3} & 1/\sqrt{3} & 1/\sqrt{3} \\ 1/\sqrt{3} & -1/\sqrt{3} & 0 & 1/\sqrt{3} \end{bmatrix}$, $D=\begin{bmatrix} 3 & & & \\ & 3 & & \\ & & -3 & \\ & & & -3 \end{bmatrix}$

4. $3\begin{bmatrix} 2/3 & -1/3 & -1/3 \\ -1/3 & 2/3 & -1/3 \\ -1/3 & -1/3 & 2/3 \end{bmatrix}+6\begin{bmatrix} 1/3 & 1/3 & 1/3 \\ 1/3 & 1/3 & 1/3 \\ 1/3 & 1/3 & 1/3 \end{bmatrix}$

§7 **4.** $a>1$, $(a-1)(b-1)>4$.

§8 **3.** $\begin{bmatrix} 1 & 1 & 1/2 & -1 \\ 1 & -1 & 1/2 & -1 \\ 0 & 0 & 1 & -1 \\ 0 & 0 & 0 & 1 \end{bmatrix}$

4. (a) $p=2$, $q=1$ (b) $p=1$, $q=2$

(c) $abc>0$ ならば $p=1$, $q=2$; $abc<0$ ならば $p=2$, $q=1$.

5. (a) $p=1$, $q=3$ (b) $p=3$, $q=1$ (c) $p=3$, $q=0$

§10 **1.** $(2+2\sqrt{6/7},\ 2+2\sqrt{6/7})$, $(2-2\sqrt{6/7},\ 2-2\sqrt{6/7})$

2. (a) 双曲線 (b) 放物線 (c) 楕円 (d) 放物線 (e) 双曲線 (f) 2直線 (g) 1点

§11 **2.** $F^*F(v)=0$ ならば

$$\|F(v)\|^2=(F(v)\,|\,F(v))=(F^*F(v)\,|\,v)=0.$$

したがって $F(v)=0$. ゆえに $\mathrm{Ker}\,F^*F=\mathrm{Ker}\,F$ である.

3. §4の問題5を用いる.

4. H, H' を正値エルミート変換, U, U' をユニタリ変換として, $HU=H'U'$ とすれば, $U^*H=U'^*H'$ より

$$HU\cdot U^*H=H'U'\cdot U'^*H', \quad よって \quad H^2=H'^2.$$

したがって前問から $H=H'$. ゆえにまた $U=U'$.

6. S を交代エルミート行列, $S\boldsymbol{x}=\alpha\boldsymbol{x}\ (\boldsymbol{x}\neq\boldsymbol{0})$ とすれば, §4問題2によって $S^*\boldsymbol{x}=\bar{\alpha}\boldsymbol{x}$. この左辺は $-S\boldsymbol{x}=-\alpha\boldsymbol{x}$ に等しいから $\bar{\alpha}=-\alpha$. よって α は純虚数である.

§13 3. 10個

索　引

さ 行

ま 行

や 行

ら 行

わ 行

松坂和夫
1927–2012年．1950年東京大学理学部数学科卒業．武蔵大学助教授，津田塾大学助教授，一橋大学教授，東洋英和女学院大学教授などを務める．
著書に，本シリーズ収録の『集合・位相入門』『線型代数入門』『代数系入門』『解析入門』のほか，『数学読本』『代数への出発』(以上，岩波書店)，『現代数学序説——集合と代数』(ちくま学芸文庫)など．

松坂和夫 数学入門シリーズ 2
線型代数入門

1980年 9月4日 初版第1刷発行
2016年 9月5日 初版第23刷発行
2018年11月6日 新装版第1刷発行
2025年 3月5日 新装版第7刷発行

著 者 松坂和夫（まつざかかずお）

発行者 坂本政謙

発行所 株式会社 岩波書店
〒101-8002 東京都千代田区一ツ橋2-5-5
電話案内 03-5210-4000
https://www.iwanami.co.jp/

印刷・理想社 表紙・半七印刷 製本・中永製本

ISBN 978-4-00-029872-8 Printed in Japan